Springer

鱼类福利学
The Welfare of Fish

原著作者◎ [挪威] 托雷·S.克里斯蒂安森　[挪威] 安德斯·费尔诺

　　　　　[希腊] 米迦勒·A.帕夫利迪斯　[荷兰] 汉斯·范德维斯

顾　　问◎朱松明　刘　鹰

主　　译◎叶章颖　李贤　赵建

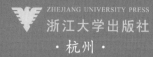

ZHEJIANG UNIVERSITY PRESS
浙江大学出版社
·杭州·

图书在版编目（CIP）数据

鱼类福利学 / (挪) 托雷·S.克里斯蒂安森等著；叶章颖，李贤，赵建主译. -- 杭州：浙江大学出版社，2025.5. -- ISBN 978-7-308-26133-3

Ⅰ.Q959.4-49

中国国家版本馆CIP数据核字第202539JJ24号

浙江省版权局著作合同登记图字：1-2025-141

First published in English under the title
The Welfare of Fish
edited by Tore S. Kristiansen, Anders Fernö, Michail A. Pavlidis and Hans van de Vis, edition: 1
Copyright © Springer Nature Switzerland AG, 2020
This edition has been translated and published under licence from
Springer Nature Switzerland AG.
Springer Nature Switzerland AG takes no responsibility and shall not be made liable for the accuracy of the translation.

鱼类福利学

叶章颖 李 贤 赵 建 主译

策划编辑	金 蕾	
责任编辑	金 蕾	
文字编辑	范一敏	
责任校对	蔡晓欢	
封面设计	黄晓意	
出版发行	浙江大学出版社	

（杭州市天目山路148号　邮政编码310007）

（网址：http://www.zjupress.com）

排　版	杭州林智广告有限公司	
印　刷	杭州宏雅印刷有限公司	
开　本	710mm×1000mm　1/16	
印　张	28	
字　数	518千	
版印次	2025年5月第1版　2025年5月第1次印刷	
书　号	ISBN 978-7-308-26133-3	
定　价	199.00元	

主译简介

叶章颖

浙江大学教授、海洋研究院研究员、博士生导师;农业生物环境工程研究所副所长。

国家大宗淡水鱼产业技术体系智能化养殖岗位科学家、农业农村部设施农业装备与信息化重点实验室副主任,中国农业工程学会理事,中国农业工程学会水产工程分会、数字乡村建设专委会副主任委员,中国农业机械学会设施农业装备服务团高级专家,中国农学会智慧农业分会常务委员,中国农业国际合作促进会动物福利国际合作分会水产动物专委会委员,浙江水产学会常务理事。

主要从事设施渔业、智能福利化养殖、养殖与作业智能装备(机器人)等方面的教学和科研工作。主持国家自然科学基金、国家重点研发计划课题、国家现代农业产业体系等多项国家级课题;以第一或通讯作者发表学术论文 70 余篇,第一发明人授权发明专利 30 余项;牵头起草国内首个淡水鱼(草鱼)养殖福利团体标准,主要参与首个智慧渔场国内和国际标准;主编和副主编教材 4 部,主译、主审、主编和副主编著作 4 部;以第一和第二完成人获省部级奖 3 项,以第一完成人获第十三届大北农科技奖等奖励 3 项。

李 贤

中国海洋大学水产学院教授、博士生导师,入选国家高层次青年人才计划项目。

研究方向为设施渔业下基于鱼类福利的养殖水环境调控,近年来聚焦于陆基循环水养殖体系下的鱼类福利评价及福利化养殖模式构建。主持国家自然科学基金、国家重点研发项目等多项国家级课题;以第一或通讯作者发表学术论文 50 余篇,以第一发明人授权发明专利 10 项、软件著作权 1 项,主编教材 1 部,副主编著作 2 部;荣获天津市科技进步奖二等奖、大连市科技进步奖一等奖、山东省青年海洋科技奖和青岛市青年科技奖等。

赵 建

浙江大学副研究员、博士生导师、生物系统工程系副系主任。

国家大宗淡水鱼产业技术体系智能化养殖岗位团队成员,中国水产学会青年工作委员会委员、水产动物行为学专业委员会委员,全国水产名词审定委员会渔业装备与工程名词审定分委员会委员。主要从事计算鱼类行为、养殖水下噪声调控、设施水产智能装备研究;近 5 年主持国家自然科学基金面上项目与青年项目、浙江省"领雁"研发攻关计划等国家级/省部级项目 8 项;获诺达思动物行为学研究杰出贡献奖、大北农科技奖、浙江省科技进步奖等 7 项。

《鱼类福利学》
译校者名单

原著作者:

[挪威] 托雷·S.克里斯蒂安森

[挪威] 安德斯·费尔诺

[希腊] 米迦勒·A.帕夫利迪斯

[荷兰] 汉斯·范德维斯

顾　问:

朱松明（浙江大学）

刘　鹰（浙江大学）

主　译:

叶章颖（浙江大学）

李　贤（中国海洋大学）

赵　建（浙江大学）

译　者（按姓氏笔画排序）:

马赫睿吉（浙江大学）

王海涛（浙江大学）

王智颖（浙江大学）

卢国兴（海南快渔生物科技有限公司）

朱飞翔（浙江大学）

向　坤（青岛蓝谷鲲鹏海洋科技有限公司）

李　鑫（中国海洋大学）

李冬春（苏州大潮水产科技有限公司）

李修松（青岛大牧人机械股份有限公司）

李耀林（中国海洋大学）

张翔宇（中国海洋大学）

张楷声（浙江大学）

罗　林（浙江邻家好医科技有限公司）

周家乐（中国海洋大学）

陶　颖（中国海洋大学）

梁勤朗（通威渔业科技有限公司）

虞孔睿（浙江大学）

审　校（按姓氏笔画排序）:

文彦慈（浙江大学）

李思怡（浙江大学）

肖润国（浙江大学）

吴陈晨（浙江大学）

沈　棋（浙江大学）

张陈庆（浙江大学）

陈　璐（Catch Welfare Platform）

陈颖茜（浙江大学）

朋泽群（浙江大学）

倪伟强（浙江大学）

徐雨晴（浙江大学）

原著动物福利系列序

　　动物福利在全球范围内越来越受到关注，特别是在那些拥有知识和技术资源的发达国家。这些国家至少有可能为农场动物、伴侣动物、动物园动物、实验动物以及表演动物提供更好的管理系统。无论出于何种目的，充足的饮食、合适的环境、良好的同伴关系以及健康状况对于动物来说都是至关重要的。

　　近年来，西方国家对动物福利给予了更多的关注。这主要是因为市场需求下对经济回报和效率的不懈追求，促进了集约化动物管理系统的发展。这种系统挑战了许多消费者的道德底线，特别是在农场和实验动物领域。牲畜是世界上最大的土地使用者，为了满足不断增长的人口需求，养殖动物的数量正在迅速增加。这导致每只动物所获得的资源减少，单个动物的价值降低，比如在家禽养殖中，拥有超过两万只鸡的群体并不罕见。在这种情况下，个体动物的福利变得不再那么重要。

　　在发展中国家，人类的生存仍然是一个每日都要面对的不确定因素，因此，动物福利需要与人类福利相平衡。通常情况下，只有当动物能提供食物、劳动、娱乐或陪伴时，它们的福利才会被优先考虑。然而，在许多情况下，动物的福利与照顾它们的人类的福利是一致的，因为快乐、健康的动物能更好地帮助人们在生存斗争中取得胜利。原则上，如果资源得到合理利用，无论是发展中国家还是发达国家都可以同时满足人类和动物的福利需求。但在现实中，世界财富的不平等地分配导致了许多地区的人类和动物的物质与精神贫困。

　　动物园动物、陪伴动物、实验动物、运动动物以及野生动物的福利问题也同样受到了越来越多的关注。尤其重要的是对繁殖计划的伦理管理，虽然基因操作技术已经非常成熟，但公众对于极端育种是以牺牲动物福利为代价越来越难以接受。几个世纪以来，培育新型基因一直让育种者们着迷。狗和猫的育种者创造了一些影响其福利的畸形代表，而现在的育种者们同样活跃在实验室中，对小鼠进行遗传操作，产生类似深远的影响。

　　曾经对于良好的动物福利至关重要的动物与人类之间的亲密联系，在如今已经变得少见了，因为这种联系已经被技术高效的生产系统所取代。在这些系统中，为了提高劳动效率，农场和实验室里的动物由越来越少的人来照料。由于现代生活的节奏忙碌，陪伴动物也可能由于与人类的接触减少而受到影响，但它们在为老年人等群体提供陪伴方面的价值正在被重新认识。动物产品的消费者也很少有机会接触到那些为了他们的利益而被饲养的动物。

　　在这个疏离而高效的世界上，人们在努力寻找道德准则来决定他们应该给予所负责的动物什么样的福利水平。一些人，特别是许多宠物的主人，致力于提供他们认为最高的福利标准，而其他人则因故意或无知而使动物生活在条件恶劣的环境中，其健康状况和福利极为低下。当今，关于动物护理和使用的多重道德标准源于广泛的文化影响，包括媒体对虐待动物行为的报道、有关伦理消费的指导方针以及活动和游说团体。

本系列丛书旨在通过撰写关于人类管理和照料的各种动物物种福利的学术论著，促进尊重动物及其福利的文化发展。早期专注于特定物种的书籍并不是详细的管理指南，描述并探讨了主要的福利问题，常参照管理动物的野生祖先的行为。具体来说，福利集中在动物的需求上，专注于营养、行为、繁殖以及物理和社会环境。在相关的情况下，还考虑到了动物福利带来的经济影响，以及需要进一步研究的关键领域。

在本书中，本系列丛书再次从单一物种的焦点转向鱼类的福利。Tore S. Kristiansen、Anders Fernö、Michail A. Pavlidis和Hans van de Vis汇集了他们在该领域的广泛的研究成果，召集了一大批作者从多个角度探讨这一主题。这是一门新兴的科学，迄今尚未引起广泛的关注，因此有必要从基础开始，从定义鱼类的神经学和大脑解剖学到提问"鱼类是否感知痛苦"等问题。从各章节可以看出，存在严重的福利问题亟需关注。其中，突出的问题包括放流捕捞和密集养鱼以及人为环境变化对鱼类福利的影响。书中还讨论了宠物鱼的行为及其与野生同类行为的相似性，以及实验室鱼类的待遇。考虑到大约有 34000 种鱼类，并且有人认为鱼类不具备感知能力，本书详细描述了鱼类的学习能力和其他的认知方面；还包括了鱼类具有不同的个性和相当惊人的记忆力。这本书无疑将成为动物福利科学这一新兴领域的参考书，并希望它能够激发新的决心来解决书中所关注的福利风险问题。

美国亚特兰大：Marieke Gartner

澳大利亚布里斯班：Clive Phillips

原著序

在一个寒冷美丽的三月天，我（托雷）沿着挪威西海岸航行，望着无尽的大海向西延伸。在这蓝色的表面之下，是一个对我们大多数人来说完全未知的世界——鱼类的世界。当我潜水或浮潜时，总是感觉到这是一个全新的、不同的地方。在这里，我可以无重力地漂浮在深渊之上，被各种不同的生物和景观包围。鱼类进化出适应这种环境的生活方式，而显然我不是。当鲭鱼毫不费力地高速游动时，我必须努力抵抗水流，以免被冲走——并且我只剩下仅够呼吸几秒钟的空气！

自从孩提时代起，我就喜欢躺在码头上看着石鲈鱼和其他的鱼类在下方游弋。今天谁在这里？它们如何互动？它们知道彼此是谁吗？我可以躺在那里数小时，沉浸在水下世界里。随时都可能发生新情况！一条大鳕鱼可能会进入视野，突然之间，"本地居民"的行为就会改变。它们不会惊慌，但明显对潜在的威胁更加警觉，而鳕鱼显然意识到自己被发现了，突袭是徒劳的。

从那时起，研究鱼类的生活已经成为所有从业人员职业生涯的重要的组成部分，而在我年轻时还不为人知的"鱼类福利"，如今至少在欧洲已是一个广为人知的概念。我们研究了养殖和野生鱼类的福利，并进行了大量关于鱼类行为、认知和压力生理学以及其他相关福利主题的基础研究。我们了解了很多关于鱼类的知识，发现了鱼类世界的巨大的多样性和丰富性，但我们同时也意识到，到目前为止，我们仅仅探索了广阔海洋中的几个岛屿。

但现在，我们即将完成《鱼类福利学》这部作品的创作之旅，这段旅程带我们到了一些意想不到的地方，无论是地理上还是科学上。编辑们第一次在克里特岛的小村庄莫霍斯会面，讨论本书的内容及如何应对来自施普林格出版社的挑战。我们认为，这应该是一项简单的任务，因为我们对鱼类福利知之甚多，但当我们重新审视我们的"知识"时，很快意识到这项挑战比我们预期的要大得多。首先，大约有34000种鱼类，它们之间的差异可能远大于青蛙和人类之间的差异。对于这些种类，我们只知道少数几种，而大多数则完全是我们不了解的。此外，即使鱼类福利是一个多维度的话题，作为科学家，最重要的方面是理解鱼类的主观体验：它们的定性体验如何使它们能够应对周围的世界？我们很快意识到，我们需要更多地了解涉及不同主题的科学家的帮助，并开始联系我们认识的专家——几乎所有人都愿意贡献他们的力量。我们并没有试图讲述一个所有的部分都能完美结合的故事；每个章节都可以独立阅读。

本书的作者们的背景各异，并且他们各自对"鱼类福利"有着自己的见解，我们并未试图达成共识。本书不仅探讨鱼类福利以及我们应该如何对待与我们互动的鱼类，还试图引导读者进入它们所栖息的世界。我们选择讲述一些关于鱼类身份、生活方式、功能、认知能力和它们如何在社会与物理环境中表现和应对的故事。我们还尝试一窥它们的大脑，并推测神经生物学的新知识和理论如何为我们提供关于成为一条鱼的感受的新见解和假设。以下是接下来 21 个章节的简短介绍。

"鱼类福利"这一概念的历史相当短暂，仅可追溯至几十年前。在第 1 章中，Tore S. Kristiansen 和 Marc Bracke 简要回顾了动物福利运动的起源，各种的福利定义，对家养动物福利的关注如何逐渐扩展到鱼类，以及这一概念引发的一些争议。至少在欧洲，鱼类福利现在已经成为动物福利立法的重要的组成部分，不断发展的水产养殖业与鱼类福利科学之间的关系变得日益重要。尽管欧洲立法已经将鱼类纳入了道德关怀的范围，但在实际对待上它们仍然不同于陆地动物，且受到的关注也较少。鱼类的痛苦可以通过科学方法进行研究，但究竟有多少痛苦则仍然是一个伦理问题。在第 2 章中，Bernice Bovenkerk 和 Franck Meijboom 向你介绍了不同的动物伦理理论，并讨论了我们对待鱼类的方式所涉及的伦理及道德关切和争议。

为了改善养殖环境中、公共和私人水族馆中以及实验研究中的鱼类福利，我们需要了解鱼类在其自然环境中的生活方式，而第 3~5 章提供了关于鱼类生态学和行为及其如何受环境影响的背景信息。在第 3 章中，Anders Fernö、Otte Bjelland 和 Tore S. Kristiansen 展现了鱼类极其多样的世界，并描述了鱼类是如何根据其生活史特征、空间动态和社会结构来适应各种栖息地的。他们还探讨了生理、行为和生态特征如何影响单个鱼类生存和繁殖的可能性。一个物种中的"个性"可能会决定它在养殖场、水族馆或实验水箱中的适应程度。为了适应环境，鱼类需要具备相关的机制和工具，但人为的环境变化可能会影响生理和发育过程，使鱼类接近其耐受极限，从而损害其福利。第 4 章中，Felicity Huntingford 探讨了野生鱼类的迷人行为，重点在于它们如何使用空间、觅食、躲避捕食者、展示攻击性行为以及求偶。这个章节讨论了控制行为表达的机制、行为的发展、功能及其系统发生的历史。养殖鱼类保留了野生同类的自然行为和本能，这对其福利有着重要的意义；Huntingford 提出了基于行为学知识来减轻不利影响的方法。由 Victoria Braithwaite 和 Ida Ahlbeck Bergdahl 撰写的第 5 章，探讨了早期生命经历对圈养鱼类物种行为发展的影响，重点关注研究设施中的斑马鱼以及后来用于补给放流的孵化场鱼类。饲养环境会影响成体表型的形成，通过物理和社会丰富化可以提高认知能力和应对挑战的能力。对于在孵化场环境中饲养并随后释放的鱼类来说，适当的行为表现可以提高释放后的存活率。

在第 6~9 章中，我们将深入探讨鱼类的大脑，探究它能为鱼类带来怎样的体验和能力。在第 6 章中，Alexander 和 Kurt Kotrschal 对鱼类神经系统解剖学、功能性及进化进行了概述。不同种类的鱼类的大脑并不相同，事实上，鱼类拥有所有脊椎动物中最广泛的大脑解剖变异。作者讨论了大脑解剖学的进化以及大脑的可塑性。大脑组织的高代谢成本限制了大脑的进化，而相对脑容量与社会复杂度、环境复杂度、食物生态以及亲代照料类型呈正相关。最后，他们报告了最近关于人工选择大、小脑容量的鳉鱼在脑容量进化成本和收益方面的实验结果。在第 7 章中，Anders Fernö、Ole Folkedal、Jonatan Nilsson 和 Tore S. Kristiansen 探讨了鱼类大脑内部发生的活动，关注点在于学习、认知和意识。目前为止，研究的所有的鱼类种群都能学习和记忆，但并非所有的事物都能被同等容易学习，错误决策的潜在成本似乎影响了形成关联所需的关联事件数量。尽管鱼类和哺乳动物的大脑在许多方面存在差异，但某些鱼类表现出执行复杂任务时的令人印象深刻的能力，这表明它们具有高级的认知能力。然而，认知能力取决于特定的物种在其自然环境中遇到的社会和环境的复杂度，并且在不同的种群、应对策略和性别之间也存在差异。因此，我们应该采用生态视角来看待鱼类的心理能力。鱼类在养殖环境中应对情况的好坏取决于它们的行为灵活性和认知能力。在第 8 章中，Ruud van den Bos 讨论了鱼类和其他的动物，包括人类的意识。这是关于如何对待鱼类的道德问题的一个方面。意识可以被理解为一种有限的精神工作空间，包含如感觉或认知等精神状态。为了确定鱼类是否有意识以及它们意识到什么，人们采取了不同的策略。第 9 章由 Tore S. Kristiansen 和 Anders Fernö 撰写，介绍了一种新的视角来理解大脑的工作方式。最近，神经科学的重大进展颠覆了传统的感知观，并暗示大脑不是反应性的而是预测性的，其主要目标是进行身体预算和活动的稳态调节。大脑持续尝试基于相似情境下的先前经验来预测来自外部世界的感官输入以及来自身体运动的本体感受信号和其他内部过程的内感受信号。预测性大脑范式有助于我们更好地理解行为和生理学，并改善鱼类福利。

鱼类是否能够感受到疼痛是近年来关于鱼类福利最激烈争论的问题之一，因为这对我们应该如何对待鱼类有着重要的影响。在第 10 章中，Lynne Sneddon 讨论了关于鱼类痛觉感知的科学知识和指标，并试图回答这个问题：鱼类能够体验到疼痛吗？

长久以来，人们知道，鱼类的生理应激反应与哺乳动物非常相似。在第 11 章中，Angelico Madaro、Tore S. Kristiansen 和 Michail A. Pavlidis 以一个新的视角审视鱼类的压力，并使用异质稳态的概念作为理解鱼类如何适应环境变化的基础。他们回顾了异质稳态的原理、神经生物学、生理学和分子生物学，这些原理构成了急性和慢性压力的过程，并探讨了一些鱼类品种的压力反应的发生和发展。在同一群体或物种内的鱼类，在行为和对压力的反应方面也显示出广泛的个体差异。在第 12 章中，Ida Beitnes Johansen、Erik Höglund 和 Øyvind Øverli 回顾了压力应对风格（即行为、生理、神经内分泌、神经可塑性和免疫）的关键成分如何受到极大的个体和遗传变异的影响，并探讨了这些特征如何影响鱼类的福利。

为了了解鱼类在养殖场中的适应情况，养鱼者需要监测和评估鱼类的福利状况、表现以及饲养环境和程序的情况。此外，在许多国家，鱼类受到与陆生动物相同的动物福利立法保护，法律和法规要求养鱼者具备足够的能力、技术和设备以确保其动物的福利。然而，由于缺乏成熟地评估或记录鱼类福利的方法，养鱼者很难知道如何遵守规定，而动物福利机构和食品监管部门也难以控制或执行这些规定。在第 13 章中，Lars H. Stien、Marc Bracke 和 Tore S. Kristiansen 讨论了福利评估的理论基础，动物福利如何与动物的基本需求相关，可以使用哪些福利指标，以及与鱼类福利评估相关的挑战。

全球的水产养殖在过去几十年里迅速扩张。1996 年，养殖鱼类的报告产量仅为 1700 万吨，但到了 2016 年，这个数字已经翻了 3 倍，超过 5400 万吨。在第 14 章中，Hans van de Vis、Jelena Kolarevic、Lars H. Stien、Tore S. Kristiansen、Marien Gerritzen、Karin van de Braak、Wout Abbink、Bjørn-Steinar Sæther 和 Chris Noble 讨论了在不同的生产系统下养殖的鱼类以及在不同的操作处理过程中面临的各种的福利挑战。他们还概述了特定的系统和操作带来的威胁，并以每种养殖系统和操作中常见的养殖品种为例，总结了一些潜在的操作缓解策略。

福利问题不仅限于养殖鱼类。在公共和私人水族馆以及实验水箱中，数十亿条鱼类面临着可能损害其福利的挑战。在第 15 章中，Thomas Torgersen 探讨了作为展示或爱好对象的观赏鱼所面临的福利问题。福利问题可以分为两类：一类是在鱼类最终进入水箱之前经历的压力性和伤害性瞬时过程导致的问题；另一类是由鱼类的需求与其饲养者提供的环境之间的差异引起的问题。一些鱼类的死亡是幸存者的福利状况不佳的间接证据，但即使那些存活并成长的鱼类也可能因生活质量的主观体验而经历较差的福利。鱼类可以通过生理适应过程调整其生理机能以适应次优的环境，或者移动到水箱的另一个部分，或者接受现状，而这三种应对方式对不同的物种都有正面和负面的后果。由 Anne Christine Utne-Palm 和 Adrian Smith 撰写的第 16 章涵盖了用作实验动物的鱼类。鱼类巨大的多样性使得充分满足特定物种的需求变得困难。作者提供了经常用于研究的鱼类物种的概览，并描述了管理它们使用的立法，以及为改善福利状况和提供规划及实施实验指南所做的努力。

第 17~19 章讨论了被捕捞工具捕捉的鱼类是否会遭受福利受损以及我们可以做些什么来减轻它们的痛苦。第 17 章由 Mike Breen、Neil Anders、Odd-Børre

Humborstad、Jonatan Nilsson、Maria Tenningen 和 Aud Vold 共同撰写，讨论了商业渔业。专门针对商业渔业中渔获物福利的研究很少。在捕捞过程中，多种压力源有可能损害鱼类福利，其中包括围困和拥挤、脱离水面以及处理过程中的物理创伤。例如，通过限制捕鱼作业的持续时间和减少渔获量可以改善福利状况，并鼓励和激励道德收获做法。第 18 章由 Odd-Børre Humborstad、Chris Noble、Bjørn-Steinar Sæther、Kjell Øivind Midling 和 Michael Breen 共同撰写，探讨了结合捕捞渔业与保持渔获活体储存或喂养的水产养殖实践的捕捞养殖模式。在鳕鱼的捕捞养殖中，已经高度关注了福利问题。作者讨论了与捕捞、运输和活体储存相关的福利挑战。在水产养殖阶段，筛选鱼类以减少不良福利的风险是很重要的。在传统的商业环境中，需要快速、稳健且用户友好的操作性福利指标，通常使用分类箱中的行为表现和反射障碍作为活力的替代指标。第 19 章由 Keno Ferter、Steven Cooke、Odd-Børre Humborstad、Jonatan Nilsson 和 Robert Arlinghaus 共同撰写，探讨了休闲钓鱼中的福利问题。捕捉那些不用于食用的鱼类会引发特殊的伦理问题。垂钓和其他的休闲钓鱼的实践不可避免地会对鱼类的福利产生负面影响，作者关注的是通过改变渔民的行为和实践来最小化这些影响。

人为干扰是影响野生鱼类福利的一个主要因素。这些干扰包括所有改变生态系统结构的外来力量，比如可能直接或间接导致死亡的有毒的化学污染物，或是破坏栖息地并影响生物生存空间和资源可用性的活动。在第 20 章中，Kathryn Hassell、Luke Barrett 和 Tim Dempster 综述了人为污染对水生环境中鱼类福利的影响。首先，他们总结了已知的各类污染物的具体影响，然后通过案例研究强调了这些影响在生态系统中的长期表现。

这本书清楚地表明，完全理解鱼类的认知能力并不是一件简单的事情，同样，鱼类的意识程度及其体验情感的能力也是复杂的议题。即便如此，我们无法避免做出对鱼类福利有重大影响的决定。在第 21 章中，作者们总结了他们从本书中学到的内容，表达了他们对鱼类福利的看法，并建议即使我们在知识上有所欠缺，也应该采取哪些行动。最后，他们提出了新的研究方向。

挪威卑尔根：Tore S. Kristiansen

挪威卑尔根：Anders Fernö

希腊赫拉克利翁：Michail A. Pavlidis

荷兰耶尔瑟克：Hans van de Vis

中文版序一

鱼类作为养殖业中的重要的组成部分，其福利问题常被忽视。随着科学研究和生产实践的深入，我们对鱼类的行为、生理和心理状态有了更深的理解。在我漫长的研究生涯中，我深刻感受到鱼类遗传育种技术的应用不仅是为了经济效益的提升，还注重通过育种改善鱼类的福利。这包括选择更适应养殖环境的品种，减少疾病的发生率，以及增强鱼类应对环境压力的能力等。

本书的内容围绕鱼类福利的多个维度展开，涉及伦理、行为、大脑结构与功能以及疼痛与意识感知等关键的科学议题，为读者提供了全面深入的研究视角，并通过丰富的案例和科学数据支持，提供了一系列细致的行为学分析和福利评估方法，这对于制定更为人道和科学的养殖策略具有直接的指导意义。

作为科技工作者，我始终认为，我们的职责不仅在于探索未知，更在于将这些探索的成果应用于实际，造福社会。我们有责任将这些研究成果转化为实际的操作标准，从而在增强养殖效率的同时，确保鱼类的福利得到实际的改善。在我的职业生涯中，我亲眼见证了遗传育种技术在改善鱼类福利方面的巨大潜力：通过选择抗病力强、适应性高的鱼类品种，我们不仅可以减少药物使用，降低生产成本，还可以显著提升鱼类的生存率和生长速度。这些技术的进步不仅为养殖业带来了经济效益，更为鱼类提供了更加适宜的生活环境，真正实现了人与自然的和谐共处。

《鱼类福利学》不仅为鱼类福利学的研究提供了坚实的理论基础和实践指导，也为我们如何更好地将现代遗传育种等技术应用于养殖管理提出了独到的见解。通过阅读本书，我们可以深刻感受到，科学技术与伦理关怀并不是对立的，唯有在尊重生命的前提下，利用先进的科技手段，才能实现养殖业的可持续发展。

总之，《鱼类福利学》是一本极具价值的译著，我期待这本书能够激发更多的科研界的关注，共同推动鱼类福利的科学研究和实际应用，为实现更加科学和可持续的鱼类养殖贡献我们的智慧和力量。

刘少军

中国工程院院士
湖南师范大学
2025 年 2 月

i

中文版序二

——关于鱼类福利研究的思考

The Welfare of Fish 系统地介绍了鱼类福利研究的历史、现状、问题和发展方向，无论对从事鱼类福利方向的科研人员，还是相关领域的管理人员都是很有价值的参考资料。中文版的主译叶章颖教授邀我为中文版写个序，我想还是谈几点想法供读者参考更为恰当。

原著作者在引言中首先引用了东西方先贤（我国唐代诗人杜甫和西方的圣弗朗西斯）的例子告知读者，鱼类福利的概念源自人类的同情心。然而，任何思想的传播都离不开社会背景。初次接触动物福利的概念时，大多数人可能会问，何为动物福利？即便在已了解了动物福利的概念后，不同的文化、生活、经济背景的人群的理解和接受程度也会有差异。

对绝大多数的非专业人士而言，很多人可能会觉得，人类的福利问题都没解决好，关注动物福利是否太虚伪了？如果跟那些温饱都无法得到保障的人谈动物福利，无疑是件很奢侈的事。即使他们怀有人类对待动物的朴素的同情心，但在饥饿的面前都不值一提。如此，动物福利的概念在经济发达的国家兴起和传播也就可以理解了。过分地强调伦理性，是动物福利的概念难以为很多人接受的主要原因。

对我国的科研人员而言，建议多关注动物（鱼类）福利的科学内涵。由于掺杂了伦理因素，动物福利的定义至今尚存在很大的争议（详见本书 1.2.1）。因此，单纯地从生物学的角度定义，而不要纠结于动物的感受能力（即伦理成分），可能更容易被广泛地接受。就养殖领域而言，建议从进化角度考虑问题，能保证动物适合度（fitness）最大化的生存条件就是最佳的福利条件。如此定义，可以将生产目标（产量、品质）和生物学目标完美地结合在一起。在水产养殖的领域，我们祖先提倡的生态养殖模式和建立在现代生物学基础上的健康养殖的概念可能更贴近人类的思维，容易被接受。

对生产人员而言，是否接受动物福利的概念，经济利益可能是主要因素。对于养殖业者，注重动物福利虽可以提高产品的质量，但如果有低成本的生产方式，而价格不变时，很显然会采用低成本的生产模式。对加工业者，如果采用满足动物福利的加工方式而增加设备成本，但价格却没有得到提高，是否愿意改变传统方式？产业人员读此书时，建议关注鱼类福利的概念对提高产品质量的有益之处。

鱼类福利的概念涵盖了捕捞、养殖、游钓中对待鱼的各个环节。对我国的行业管理者而言，在推广应用鱼类福利的研究成果时，应该根据我国的国情，汲取积极的成分，并与我国的智慧相结合。就养殖生产而言，我国的生态健康养殖理念更符合我国的文化。至于捕捞、游钓管理、鱼类宰杀等方面，则不能盲从。例如，如果不考虑消费习惯而强行推广类似欧洲某些国家采用的满足鱼类福利的宰杀方法，在我国很难行得通。如果按照鱼类福利的概念，西湖醋鱼这道菜首先要被禁掉。

鱼类福利衍生于较早提出的动物福利（高等脊椎动物）的概念，为了在伦理上证明鱼类也应该和高等脊椎动物一样拥有福利，科学家们已证实鱼类具有痛觉意识。然而，如果将福利仅限于人类认为的具有意识的动物，何尝不是陷入了另一个主观主义的迷思。对水产养殖业而言，无论养殖对象的感知水平如何，都应该提供确保养殖对象适合度最大化的生存条件。虽然此书是关于鱼类福利的著作，但读者，尤其是科研工作者，也应该从生产角度考虑鱼类以外的低等养殖动物的福利问题。

综上，由于动物福利的定义至今仍存争议，其中的伦理问题是最容易引起争论的焦点。因此，我们应该在中国的文化、消费习惯、经济背景下思考鱼类福利问题，从科学和有利生产的角度谈鱼类福利。

中国水产学会水产动物行为学专业委员会主任委员
2025 年 2 月

中文版序三

在浙江大学和中国海洋大学的学者们的努力下，*The Welfare of Fish* 一书已经被翻译成中文，我们对此感到非常高兴和感激。我们希望中国读者通过阅读此书能加深对鱼类不可思议的多样性和生活的理解，并激发对中国动物福利的更多的关注。

目前，中国还没有专门针对鱼类的动物福利立法。即使在欧洲，"鱼类福利"的概念也相对较新，在 20 世纪 90 年代才逐渐受到重视，并在 21 世纪初成为一个重要的讨论话题。这一领域的兴起与鱼类养殖的迅速扩张和人们对工业化农业中动物福利的日益关注密切相关。这些发展促使了研究资金的增加，并推动了鱼类生物学、行为和感知能力的科学认知的进步（如第 1 章所述）。突破性的研究表明，鱼类能够感受到疼痛、胁迫以及其他形式的痛苦，这引发了伦理辩论，并促使鱼类福利原则逐步融入水产养殖实践、渔业管理和动物福利的法律中。

自 20 世纪 80 年代以来，中国在养殖鱼类和其他水生动物的生产方面取得了显著的进步。如今，中国是全球最大的养殖鱼类生产国，其中 2023 年的产量超 2900 万吨（《中国渔业年鉴 2024》）。中国拥有在淡水池塘和湖泊中养殖鲤鱼 2000 多年的悠久传统，一直是水产养殖业的先驱。20 世纪 60 年代，诱导产卵技术的发展实现了幼鱼的大规模生产，为鱼类养殖的快速发展铺平了道路。自 20 世纪 80 年代以来，中国政府对水产养殖研发的大量投资使一系列的淡水和海洋物种的大规模生产取得了快速的发展。

鲤鱼混养在中国仍然占主导地位，但近几十年来，养殖品种和养殖技术的多样化令人印象深刻。目前，中国商业化生产的鱼类品种已超过 100 种。以鲤鱼等草食性和杂食性淡水物种为重点，也使得中国的水产养殖更具环境可持续性，并减少了对富含蛋白质的鱼类饲料和海洋鱼油的依赖。

由于世界上大部分养殖鱼类生活在中国，因此，中国在促进全球鱼类福利方面发挥着至关重要的作用。在本书中，我们将鱼类福利定义为鱼类个体所经历的生活质量，我们对此负有照护的伦理责任。从进化的角度来看，良好的和不良的福利体验是一种生存机制，使鱼（或您）能够监测和应对其生活条件、身体完整性、健康和安全。因此，良好的鱼类福利与鱼类健康状况的改善、死亡率的降低、生长速度的加快以及鱼类产品的高品质息息相关——这对鱼类养殖者和消费者都有好处。

鱼类是一个极其多样化的群体，包括 34000 多个已知物种。然而，其中只有不到 1% 的物种在环境耐受性、营养需求和行为需求方面得到了深入的研究。与哺乳动物一样，只有一小部分的鱼类物种能在高密度的养殖系统中茁壮成长。所以，在对新物种进行商业养殖之前，必须进行充分的研究和试点规模的试验。水产养殖业面临的主要的福利挑战包括疾病、环境危害和应对胁迫。要解决这些问题，需要优先考虑生物安全、疫苗、抗生素替代品、新型的治疗剂、环境监测以及开发福利友好型的技术和饲养方法。

渔业是野生动物数量受人类活动影响最多的行业。尽管如此，野生鱼类的福利即使在西方国家也很少受到关注，不过随着研究的不断深入和媒体的关注，这种情况正在逐渐改变。采用更谨慎的捕捞和操作方法以及选择性的捕捞技术，对于改善鱼类福利、提高产品质量和减少非目标物种的兼捕至关重要。此外，野生鱼类的福利也受到环境退化、污染、富营养化和气候变化的严重影响。例如，气候变化和海水温度上升对热带珊瑚礁构成了严重的威胁，危及成千上万的鱼类物种和依赖它们生存的人类社区。

我们希望中国读者能通过本书深入了解鱼类的奇妙世界。我们保证，当您读完这本书，您对这些不可思议的生物的看法将从此不同！

Tore S.Kristiansen

Anders Fernö

Michail A.Pavlidis

Hans Van de Vis

翻译说明

涉及有版权问题的图片，不在中文版中体现，中文版的图片序号按实际的排列顺序编号。

致谢：国家大宗淡水鱼产业技术体系专项（CARS-45-24）、国家重点研发计划课题（2022YFD2001705）。

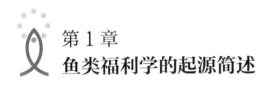

第 1 章
鱼类福利学的起源简述

人类所表现出的许多的残忍行为很少能够真正归因于残忍的本能。它们大部分来自于粗心大意或遗传的习惯。因此，残忍行为的根源与其说是根深蒂固，不如说是广泛存在。但是，总有一天，被习俗和轻率所保护的不人道的行为将屈服于被思想所捍卫的人性。让我们为这一时刻的到来而努力。

——阿尔伯特·施韦泽《尊重生命》

摘　要：每年，人类在渔业或休闲渔业、水产养殖以及通过破坏或污染鱼类栖息地杀死或伤害数万亿条鱼。然而，直到最近，鱼类福利还很少受到关注。最近，至少将一部分鱼类福利纳入道德圈来考量可以被看作是对动物福利的普遍关注的自然/合乎逻辑的结果，特别是对快速增长的集约化渔业中养殖鱼类的福利的关注。对鱼类福利的关注最早是在20世纪90年代初由动物保护组织提出的，到20世纪90年代末，鱼类福利开始受到科学家、食品主管部门、政界人士和水产养殖业的关注。进入2000年之后，鱼类福利发展成为一个研究课题，并成为欧洲动物福利立法的重点和整合部分。这一章讲述了动物福利作为一个关注话题的兴起，特别是鱼类福利学，包括关于鱼的疼痛和意识的争议。

关键词：动物福利；五项自由；福利定义；道德圈；疼痛；福利研究；法律和法规

1.1　引　言

捕鱼是一项古老的习俗，至少可以追溯到42000年前，而鱼类的驯化始于4000多年前。人类很可能与鱼类建立了几千年的紧密关系，但我们对鱼的态度却知之甚少。引用8世纪中国诗人杜甫的诗句来表达他对鱼的同情，并且他认为其他人也应该具有同情心：

白鱼困密网,黄鸟喧嘉音。物微限通塞,恻隐仁者心。

——杜甫（公元712—770年）

在圣弗朗西斯的最早的传记中，可以找到另一个例子。这部传记是由教皇格列高利九世委托编写的，完成于1230年。这本传记告诉我们：

他对鱼同样会怀有父爱之情。当它们被捕捞起来时，他若有机会就会将它们活着扔回水中，并告诫它们小心不要再次被抓住。

——托马斯·德·塞拉诺《圣弗朗西斯最早的生平》

也许这些人是例外，因为直到最近，鱼类大多被排除在我们认为具有利益或有感知能力的动物的道德圈之外。最近，至少部分组织，将鱼类纳入道德圈，可以看作是对动物福利的普遍关注，特别是对快速增长的集约化渔业中养殖鱼类的福利的关注增加，这是一个合乎逻辑的结果。

鱼类和渔业对于人类的贸易和福利至关重要，许多文化、城市和国家都依赖于它们。数百万人直接或间接参与捕获和加工鱼类，鱼类是人类及其家养宠物和牲畜的蛋白质、矿物质和不饱和脂肪酸的重要来源。每年，人类通过渔业、休闲渔业、水产养殖以及破坏或污染鱼类栖息地的方式，杀死或伤害数万亿条鱼。然而，直到最近，鱼类福利还很少受到关注。对鱼类福利的关注最初是在 20 世纪 90 年代初期由动物保护组织提出的，在那个 10 年里，"鱼类福利"的话题开始出现在一些科学期刊、水产养殖会议和研究资助的呼吁中。到了 20 世纪 90 年代末期，鱼类福利开始受到科学家、食品管理机构、政治家和水产养殖业的关注。欧盟和各国研究资金机构开始优先考虑鱼类福利，并且欧洲委员会和欧洲食品安全局（European Food Satety Authority，EFSA）等各种欧洲管理机构将鱼类福利纳入规划的蓝图中。因此，至少在欧洲地区，养殖鱼类已经开始进入道德和法律的保护圈，但在世界上的大部分地区，鱼类仍然缺乏法律保护。

但是，野生鱼类理论上享有与养殖鱼类和其他脊椎动物相同的法律保护，在欧洲这一点也被忽视了。休闲渔业是一项在百万人中非常流行的活动。它被视为一种放松身心的娱乐活动，与人天性中的积极体验相关联，包括钓到鱼时的兴奋和自己捕获食物的满足感。我们甚至让小孩子去钓鱼，并允许一些小孩在陆地上和活鱼玩耍（见图 1.1）。"捕获和放生"式钓鱼的目的是体验捕鱼的乐趣，而不是将其当作食物。这种活动已经越来越受人们的欢迎。相比之下，用手捕捉和杀死大多数其他脊椎动物是被大多数人厌恶以及是大多数人从未做过的事情，而钓鱼则是个例外！根据我们的经验，当人们在钓竿上钓到一条鱼时，几乎所有人都会变得兴奋和快乐——也许是释放了我们古老的掠食性本能？当需要拆下鱼钩并杀死挣扎的鱼时，我们第一次会不愿意割断鱼喉，但很快大多数人会被更有经验的钓手说服，认为这是可以接受且正常的做法。在传统的渔业文化中，往往很少或根本不考虑鱼类的痛苦或福利，而且，如果有的话，主要的管理目标是优化可持续的捕捞量。因此，鱼类从海洋中被"收获"，捕捞量通常是以重量而不是以数量来衡量。从这个方面看，鱼类往往更像被视为蔬菜而不是动物。然而，上面阿尔伯特·施韦泽的引言提醒我们，长久以来的传统并不一定意味着我们的行为是道德的，也不应该继续下去。在过去的几十年中，水产养殖业一直是全球增长速度最快的动物生产行业。例如，在挪威，目前养殖鱼的价值远远超过了野生鱼的捕捞价值。虽然全球渔业停滞不前，许多的鱼类资源已经被过度开发，但水产养殖业的规模预计仍将继续扩大。

图 1.1　一位年轻的猎人，其手中的鱼类没有像哺乳动物一样被杀死和对待

随着集约化渔业的引入，我们应当为鱼类的整个生命周期负责，如果养殖户希望鱼类能够生存、生长并保持健康，就必须善待鱼类（见第 14 章）。现在，我们已经从狩猎文化转变为关爱文化，这也引起了新的伦理问题和责任，关乎我们如何处理鱼类以及鱼类的生活状况。在本章中，我们将简要介绍这些相对年轻的鱼类福利学和立法领域是如何兴起的，并探讨随之而来的挑战和争议。

1.2　动物福利学的起源

对集约化养殖的哺乳动物和鸟类福利的关注为鱼类福利的关注奠定了基础。第二次世界大战后，在美国和欧洲，集约化的畜牧生产变得越来越普遍，导致大量的动物生活在高密度的养殖环境中。这也使得更多的公众开始关注动物福利。据说，1964 年出版的露丝·哈里森的著作《动物机器》开创了动物福利运动和动物福利学。哈里森提出了以下问题：

我们拥有多大的权利去主宰动物的世界？我们是否有权利剥夺它们生活中的所有的乐趣，只为了更快地从它们的尸体中赚取更多的钱？我们是否有权利把生命体当作纯粹的食品转化机？

她主张制定更好的动物福利标准，并生动地描述了动物在"工厂农场"中是如何被饲养的。这本书引起了公众的强烈反响，在其出版仅6周后，英国政府任命了一个由F.W.罗杰斯·布兰贝尔教授主持的委员会，旨在"调查高密度畜牧业下动物饲养的条件，并建议是否需要制定福利标准，若需要，应是什么标准"。经过数次农场参观和专家访问，他们于1965年发布了报告："……调查高密度畜牧业下饲养动物的福利情况"。这是对高密度畜牧系统中动物福利的首次的系统评估，并提出了许多的改进建议。在报告的附录中，我们可以找到剑桥大学W.H. Thorpe教授撰写的一篇论文，题为"评估动物的疼痛和压力"。他提出了一些重要问题，这些问题成为接下来几十年中动物福利的研究议程。

Brambell的报告直接促使英国政府成立了一个农场动物福利咨询委员会[Farm Animal Welfare Advisory Committee，FAWAC；从1979年起称为农场动物福利委员会（Farm Animal Welfare Council，FAWC）]。然而，在接下来的几年中，这份报告或FAWAC中提到的绝大部分建议并没有得到跟进。在1979年的一份新闻稿中，FAWC列出了所有的农场应向动物提供的五个基本条件。这五个基本条件后来被细化并被命名为"五项自由"（见栏目1.1）。"五项自由"已经被专业团体和非政府动物保护组织广泛认可和采用，并作为动物福利评估和立法的框架。

Donald Broom教授在他关于《动物福利科学史》的文章中写道："在20世纪60年代，讨论的重点是人们应该做什么，即重点在动物保护而不是动物福利。""在20世纪70年代和20世纪80年代初期，动物福利这个术语已经被使用，但并没有被定义，并且大多数的科学家并不认为它是科学的。"在20世纪70年代，动物福利领域包括两个分支：一个是伦理和哲学分支，可以称为"动物伦理学"，主要由道德哲学家Peter Singer和Tom Regan发起。这些哲学家特别讨论了除构成福利的主观经验之外，动物是否具有道德权利或内在价值。他们的作品启发了一系列的动物福利/动物保护倡议，以及非政府组织和（通常更极端的）动物权利团体。另一个分支可以称为福利科学，更多地基于动物行为学。动物福利科学家大多来自大学的动物学系，但也有一些来自农业大学的动物科学院以及兽医学院。虽然动物伦理学家关注道德/伦理（即规范性）问题（关于什么是可接受的行为），例如质疑我们杀死、使用或剥削动物的道德"权利"，但动物福利科学家历史上关注的是描述性问题（关于实际的动物福利的状况）。福利科学面临的问题一直是如何定义和衡量福利。由于主观体验不能直接测量，福利科学家经常采用实用的方法，例如研究可测量的生物参数，这些参数被认为与动物实际经历的福利相关。一些科学家已经更进一步，或多或少地将动物福利等同于某种生理功能指标。这样定义动物福利的问题在于，它忽略了与动物福利和动物痛苦相关的伦理问题的关系。关于动物的动机系统、决策制定和基本行为需求的新知识，已经促使科学界对动物的看法逐渐从以本能驱动的"自动机"为主，到将动物视为有需求可以得到满足或受挫的目标导向的主体。尽管在当时（20 世纪 70 年代和 80 年代），兽医们不愿意谈论动物的感受，但是关于应激生理学、行为和健康的新知识对动物福利是非常重要的。

栏目 1.1　五项自由

（1）能为动物提供保持良好的健康和精力所需要的食物和饮用水，使其享受不受饥渴的自由。

（2）给动物提供舒适的住所，让动物得到舒适的休息，使其享有生活舒适的自由。

（3）避免动物受到不必要的痛苦，对其进行疫苗预防以及生病了能被及时诊治，使其享有不受折磨、痛苦和疾病的自由。

（4）享有表达天性的自由。

（5）享有生活无恐惧和无悲伤的自由。

FAWC 在一份新闻声明中发布了五项农场动物福利的要求（见上）。此后，它们被细化并被称为"五项自由"。在其网页上，FAWC 声明："动物的福利涵盖其身体和心理状态，我们认为良好的动物福利既包括健康状况，也包括幸福感。"任何由人类饲养的动物，至少要有免于不必要的痛苦的保护。我们认为，无论是在农场、运输过程中、市场上还是在屠宰场，动物福利都应该从"五项自由"的角度来考虑。"五项自由"通常被认为源于 Brambell 的报告，但报告中提到的是以下五个非常基本的最低限度的要求，以保证小牛能够在工业化饲养系统中活动身体："动物至少应该有站立、躺下、转身、自我清洁和伸展四肢的能力"。这后来被称为"Brambell 五项自由"，但在 Brambell 的报告中它们并没有被称为"五项自由"。

1.2.1　福利界定问题

"动物福利"是被关注动物保护的人们所使用的一个概念，大多数人可能会同意：福利与动物个体所经历的生活质量相关。为了实施福利标准和福利监测计划，我们需要知道如何对其进行衡量。然而，随着动物福利的重要性日益增加，人们对这个概念的理解也越来越一致，但是在科学上定义动物福利的概念却出奇地困难，仍然没有共识。Brambell的报告没有对福利进行定义，但对其描述如下：

> 福利是一个广泛的术语，包括了动物的身体和精神健康。因此，任何评估福利的尝试都必须考虑到有关动物感受的现有的科学证据，这些证据可以从动物的结构和功能以及动物的行为中得到。

这种观点可能是大多数动物福利科学家今天仍然相信的观点。

动物福利最早且广泛使用的定义之一是由Donald Broom教授提出的："个体的福利是指其在应对环境方面的状态。"其中，应对指的是"掌控心理和身体稳定的能力"，当应对能力较低时，福利就较差。人们曾表示Broom的定义似乎将动物福利与某种生理机能联系起来，但Broom强调，厌恶性感受（如疼痛和恐惧），以及享乐性感受（如快乐和舒适），都是进化性的应对策略的一部分，而且感情是福利的重要的组成部分。

有三种常见的定义动物福利的方式：生理机能、自然生活和感受。一个重要的争议集中在这样一个问题上，即动物福利应该主要集中在生物学机能还是感受上，以及动物福利是否应该仅限于有意识的动物。Broom认为，所有的动物都可以符合他的定义，而不是人为地决定哪些 / 何时动物应该受到保护。许多生物学家认为动物的感受和主观体验无法被科学研究所探究，因此，他们建议将福利限制在生理机能的范围内，例如与健康和其他可测量参数相关的方面。动物权利活动家强调自然环境和自然物种的特有行为应该是动物福利的重要方面或组成部分，并质疑杀害和限制动物表达正常行为自由的道德。此外，Singer的偏好功利主义（最大多数人的最大利益）和Regan的权利观（动物是具有不可剥夺权利的生命主体）也包括在动物伦理学的领域之内。该领域还包括Bernard Rollin提出的目的概念，指的是动物的"本性"和按照其本性生活的权利。

一些科学家声称，鱼类缺乏体验疼痛或其他感受的关键脑结构。因此，与其他高等脊椎动物相比，鱼类的意识问题长期存在争议（现在普遍认为这些动物具有意识，见第8章）。下面将更详细地讨论这种"鱼类疼痛争议"。

将动物福利定义为感受的主要争议是，我们无法获取动物的主观体验。然而，如果我们可以使用行为、外观和健康指标等作为福利的相关指标，这个问题就可以得到解决。为了能够体验快乐和痛苦，动物需要具有某种意识的质性体验，我们不会将福利归于被认为缺乏意识的生物身上，例如真菌或植物。这是因为如果我们认为无意识的生物（如细菌）也能体验到福利，那么这个概念以及其伦理、政治和社会意义就失去了意义。

1.3　对鱼类福利的新兴关注

长期以来，甚至在"鱼类福利"这个概念被提出之前，鱼类就一直是动物保护立法的一部分。第一部禁止对除无脊椎动物以外的所有的动物进行痛苦实验的《动物虐待法》（*Cruelty to Animals Act*）于 1876 年在英国通过，随后于 1911 年通过了《动物保护法》（*Protection of Animals Act*），该法将"家养动物"和"圈养动物"定义为任何"任何种类或物种的动物，无论是否有四足"，包括鸟、鱼和爬行动物。

第一份专门关注鱼类福利的报告可能是由英国皇家防止虐待动物协会（Royal Society for the Prevention of Cruelty to Animals，RSPCA）委托撰写的《关于射击和钓鱼的调查小组报告》。Medway 在报告中得出结论："在这些证据的曝光下……建议在涉及福利考虑的情况下，所有的脊椎动物（即哺乳动物、鸟类、爬行动物、两栖动物和鱼类）应被视为同样能够在某种程度上遭受痛苦的生物，而不必区分"温血动物"和"冷血动物"。该报告还建议："每个钓鱼者都应根据有关鱼类痛苦感知的证据，重新评估他对这项运动的认识。"小组成员认为，许多钓鱼者关心鱼类福利，并将乐于接受有关减少鱼类痛苦可能性的建议。该报告进一步讨论了钓鱼对鱼类福利的影响，并提出了一些减轻这些影响的建议，例如使用无倒刺鱼钩。

20 世纪 80 年代，大西洋鲑的集约化养殖开始成为苏格兰和挪威的一个重要产业。到 1990 年，该产业在发展过程中面临着细菌和海虱感染等重大问题。在 1992 年的一份关于"养殖鱼类的福利"的报告中，代表非政府组织"同情世界农业"的 Peter Lymbery 是第一个对鲑鱼养殖业的恶劣条件，特别是屠宰过程提出关注的人，并认为需要采取紧急的行动来阻止养殖鱼类的痛苦。2 年后，英国 RSPCA 在 Steve Kestin 撰写的《鱼类疼痛和压力》报告中也表现出了对鱼类福利的关注。这种对鱼类福利和痛苦的关注引发了关于伤害鱼类的人类活动的伦理问题。作为回应，钓鱼管理机构联络小组（Angling Governing Bodies Liaison Group）和英国野外运动协会（British Field Sports Society）要求 T.G. Pottinger 博士提供第二份意见。他的《鱼类福利文献综述》旨在"评估有关鱼类福利的两个关键领域的知识现状：生理压力和疼痛感，并特别提到垂钓活动和鱼类福利之间的关系"。到 1995 年，已经进行了多项研究，关注养殖和增殖鱼类对压力、表现和健康的反应。这些研究表明，鱼类的应激生理学与哺乳动物非常相似。然而，当时关于鱼类疼痛的解剖学、生化或行为的研究很少，因此，Pottinger 得出结论："目前的文献中没有可靠的证据表明鱼类像哺乳动物一样能感觉到疼痛，或者说，它们不能像哺乳动物一样感觉到疼痛。总体而言，鱼类似乎不太可能像人类理解的那样感受疼痛。在确定鱼类在暴露于人类认为有害或不愉快的刺激时究竟感知到了什么，这个问题的证明可能会变得棘手。"1996 年，英国农场动物福利委员会也在一份《关于饲养鱼类福利的报告》中讨论了鱼类福利的问题，涵盖了大西洋鲑（*Salmo salar*）、虹鳟鱼（*Oncorhynchus mykiss*）和鳟鱼（*Salmo trutta*），并"简要评论了鲤鱼（*Cyprinus carpio*）和那些用于控制鲑鱼饲养过程中的鲷鱼品种"。FAWC 的一个工作小组进行了广泛的咨询活动，获取了来自鲑鱼和鳟鱼生产专家的口头和书面证据，并仔细研究了获取的科学数据。该小组参观了英国和挪威的一些养鱼场，与来自工业界和研究机构的特邀专家举行了一次研讨会，并向动物保护协会收集了意见。FAWC 对现有的科学信息的解释与 Pottinger 的意见有些不同，并得出结论："我们不知道鱼有什么感觉，但现有的证据表明，鱼很可能至少在某些方面能感受到疼痛。除了疼痛，对鱼的伤害会导致其他的不良影响，即功能受损或对疾病的易感性增加"。该报告还对与饲养、饲养管理实践和屠宰有关的需求提出了建议。

1.4　政治、法律和法规中的鱼类福利

在 20 世纪 90 年代，政治家们也越来越关注动物福利的问题。在欧盟，通过《阿姆斯特丹条约》，动物被赋予了"有感情的生物"的地位。1998 年，欧盟发布了关于保护养殖目的动物（包括鱼类）的理事会指令 98/58/EC。其中第 3 条规定：成员国应制定规定，确保所有的动物的所有者或看护者采取一切合理的措施，确保所照顾的动物的福利，并确保这些动物不会遭受任何不必要的疼痛、苦难或伤害。该指令随后在国家立法中得到执行，而动物福利（包括鱼类福利），成为欧盟委员会优先资助的研究课题。

来自挪威国家研究伦理委员会的《霍尔门科伦可持续工业饲养鱼类指南》是最早的国际协议之一。这篇指南建议应制定旨在确保鱼类健康和福利（包括人道屠宰）的伦理原则来管理水产养殖业。世界动物卫生组织（World Organisation for Animal Health，根据法语简称为 OIE）后来在其战略计划（2001—2005 年）中将动物福利（包括鱼类福利）确定为重点领域。2005 年，欧洲理事会通过了关于养殖鱼类福利的建议。而 2008 年，OIE 则采纳了关于鱼类福利的指南。

欧洲食品安全局（European Food Safety Authority, EFSA）也发挥了积极的作用。EFSA 旨在深入了解影响动物福利的因素，并为欧洲的政策和立法提供科学基础。2004 年，EFSA 的独立动物健康和福利小组发布了有关养殖鱼类运输和麻醉 / 屠宰的科学意见。2008—2009 年，该小组还发表了关于大西洋鲑（*Salmo salar*）、鲤鱼（*Cyprinus carpio*）、欧洲鲈鱼（*Dicentrarchus labrax*）、金目鲷鱼（*Sparus aurata*）、虹鳟鱼（*Oncorhynchus mykiss*）和欧洲鳗鱼（*Anguilla anguilla*）的福利和饲养系统的 8 个"科学意见"，以及大比目鱼（*Scophthalmus maximus*）和大西洋蓝鳍金枪鱼（*Thunnus thynnus*）的麻醉和屠宰意见。2009 年，EFSA 又发布了关于鱼类福利和鱼

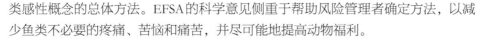

类感性概念的总体方法。EFSA的科学意见侧重于帮助风险管理者确定方法，以减少鱼类不必要的疼痛、苦恼和痛苦，并尽可能地提高动物福利。

　　鱼类福利也被纳入国家立法和推荐规范，如《新西兰动物福利法》（1999 年）、《昆士兰政府动物保护和保护法》（2001 年）、《挪威动物保护法》（1974 年）和《挪威动物福利法》（2009 年）。挪威立法为鱼类提供了与其他脊椎动物类似的保护水平。在这些法律之后，还制定了一系列的法规，规定了关于鱼类生产各个阶段的功能和具体的要求。

　　国际组织也发布了关于鱼类福利的建议和指南，而业界采用的实践准则包括保护鱼类福利的措施。欧洲水产养殖生产者联合会（Federation of European Aquaculture Producers，FEAP）颁布的《行为守则》以这些文件为基础，并高度关注鱼类福利。其他包括鱼类福利的可持续水产养殖标准和认证方案还由水产养殖管理委员会（Aquaculture Stewardship Council，ASC）、GLOBALGAP水产养殖标准、全球水产养殖联盟的最佳水产养殖实践部分和英国RSPCA发布（自由食品）。

1.5　鱼类福利学的兴起

　　动物福利学涉及生物学的各个分支，包括行为生态学和神经科学，它提出了三个重要问题：动物是否有意识？我们如何评估动物的良好和不良的福利？我们如何利用科学实践来改善动物福利？

——玛丽安·斯坦普·道金斯

　　在2000 年之前，鱼类科学家很少使用"鱼类福利"的概念。在谷歌学术上搜索含有"鱼类福利"这一短语的科学出版物，可发现1990 年以前只发表了16 篇论文和报告，1990—1999 年期间有51 篇，其中大多数不是真正关于鱼类福利的。然而，在2000 年之后，"鱼类福利"逐渐被越来越多从事水产养殖和鱼类养殖的科学家所使用，主要表现在2000—2009 年期间，鱼类福利的论文和报告增加到1120 篇，2010—2019 年期间增加到4940 篇。

　　然而，即使没有被贴上"鱼类福利"的标签，迅速增长的鱼类养殖业，以及为了增殖和海洋养殖而养殖幼鱼的悠久传统和不断增加的实践，已经导致了大量与鱼类福利相关的研究发表，其中包括有关鱼类生产和饲养、应激生理学、营养、健康、疾病和疫苗等主题的研究。几十年来，动物行为学家也一直在研究鱼类的行为，研究与福利相关的主题，如感觉生物学、学习和认知、攻击性、领域竞争和繁殖行为。

　　20 世纪90 年代，对动物福利的高度关注使鱼类福利学知识的需求增加，这导致国家研究基金提供了更多的资助机会，鱼类生物学家自愿转向动物福利学的研究。例如，2001年，挪威战略研究所计划得到资助，以发展挪威2个主要的渔业研究机构和挪威生命科学大学的动物福利的研究。在接下来的10年中，几位挪威科学家领导了关于鱼类福利的国家和欧盟资助的项目。这些项目的基础研究主题包括应激耐受性、养殖环境、福利指标和评估、无性鱼类、应对机制、个体变异、基因组学和健康等。

2002年，英国渔业学会（Fisheries Society of the British Isles，FSBI）发表了一篇有影响力的关于鱼类福利的简报。这成为鱼类福利学研究的议程和框架。该论文探讨了鱼类的痛苦、人与鱼类的互动、鱼类应对压力因素、福利评估等方面。作者们没有对福利提供清晰的定义，但认为生理功能、感受和自然生活是福利概念的不同的方面。然而，它并没有就什么是可接受的鱼类福利提出意见。FSBI论文的作者们还指出了我们对鱼类福利概念的理解存在的差距，以及如何界定和衡量鱼类福利的问题。最重要的差距是缺乏对鱼类的心理能力以及可测量的状态（如身体伤害、对挑战的生理和行为的反应）以及如何产生幸福和痛苦的主观状态的理解。这篇论文的更新版本由同样的作者联合伦理学家Peter Sandøe发表。新版本还包括了一个关于"科学、伦理和福利"的章节。在2000年后，发表了几篇关于鱼类福利不同方面的综述文章，如《痛苦和意识》《养殖鱼类的福利》《心理压力和福利》《动物伦理》《福利评估》以及《娱乐钓鱼》。2008年，英国鱼类福利科学家出版了第一本关于鱼类福利的教科书。

在欧洲建立鱼类福利学的过程中，欧盟COST行动网络Cost 867 WELFISH（2006—2011年）发挥了重要的作用。该网络包括来自26个国家的100多个参与者。其主要目标是增加公众对鱼类福利的认识，制定一套指导方针，体现对养殖鱼类福利的科学理解，并构建一系列有针对性的运营福利指标协议，供行业使用。该COST行动重点关注五种欧洲主要的养殖鱼类：大西洋鲑鱼、虹鳟鱼、欧洲鲈鱼、欧洲金鲷鱼和鲤鱼。

1.5.1　关于鱼类痛苦的争议

在过去的几十年中，"鱼类是否感受疼痛"这个问题一直受到越来越多的关注。这是鱼类福利学中持续存在的争议，可能因为这是福利关注和立法的一个重要主题。人类对疼痛的公认的定义是"与实际或潜在的组织损伤相关的不愉快的感觉和情感体验，或根据这种损伤来描述"。根据这个定义，疼痛包括感觉和负面情感两方面，这意味着它是一种有意识的体验。Rose的一篇评论文章声称，鱼类缺乏基本的大脑区域以及意识和感受痛觉的神经基础，"这使它们能够体验疼痛的说法站不住脚"。Rose还声称："因为与疼痛类似的恐惧体验依赖于不存在于鱼类大脑中的大脑皮层结构，所以得出结论：鱼类不可能意识到恐惧。"如果这篇论文的结论普遍得到认可，那么促进鱼类福利几乎就没有任何意义。然而，Rose 仍然对鱼类有所关注，并接受了鱼类表现出的某些特征是"对有害刺激的无意识的神经内分泌和生理应激反应。因此，避免潜在的伤害性应激反应是鱼类福利需要考虑的一个重要问题"。这似乎为以"生理功能"为基础的鱼类福利的定义提供了证据。

然而，同一年，来自英国罗斯林研究所的 Lynne Sneddon 发表了一项有影响力的研究，涉及虹鳟鱼三叉神经的伤害感受。她记录了 A-δ 和 C 纤维的存在，这些纤维将伤害感受信息传递到鱼类的大脑中。随后，她证明了虹鳟鱼具有对机械压力、高温和乙酸刺激的伤害感受器。与盐水注射相比，向嘴中注射乙酸或蜜蜂毒素，虹鳟鱼的鳃盖跳动的频率大大增加，并延迟了重新进食的时间。自那时起，有关鱼类能够感受疼痛的实证证据和支持性论据逐渐积累。然而，Rose 和其他人并未被说服，他们试图反驳 Sneddon 等的研究，并提到了他们的大脑形态学论点。然而，神经生物学家最近已经开始严重质疑他们的逻辑和论据。

1.5.2　下一步是什么？

在过去的几十年里，"鱼类福利"的概念在欧洲已经完全被渔农、科技公司、动物倡导者、科学家、政治家、当局、消费者，甚至一些渔民充分采用。世界的其他地区也在跟进，我们可以在全球大多数水产养殖会议上找到与"鱼类福利"相关的议题和讨论。许多科学家热衷于将福利措施纳入他们的研究领域，也许还因为研究鱼类福利能增加获得资金的机会。

总的来说，水产养殖业的规模不断增长以及对动物有更强的法律保护，我们有理由期待在不久的将来，对鱼类福利的关注会越来越多。现代的水产养殖是一种高度科学化的行业，但仍然相对年轻，需要更多的知识。鱼类福利是一个多方面的科学领域，包括生理学和健康、水化学和技术、认知科学、神经生物学、哲学和伦理学等。鱼类，特别是斑马鱼，已成为最常用的研究动物（第 16 章），而鱼类也是世界各地最受欢迎的宠物之一（第 15 章），这些都表明人们对鱼类福利的意识和关注日益增长。以下章节提供了大量关于鱼类福利相关主题的新知识，但它们也清楚地表明，我们对众多鱼类物种的基本的福利需求、生理和行为特征以及功能的整体的知识水平仍然非常有限。

由于对鱼类福利的关注似乎与野生种群的减少和集约化养殖方式的增加有关，因此，我们现在或许可以预见类似的模式也将出现在头足类动物、甲壳类动物等其他的动物身上。人们对某些昆虫物种数量下降，以及其对农田鸟类种群（还有牧草地）的影响日益关注，再加上密集昆虫养殖的兴起，很可能会出现与普通家畜物种和现在的鱼类类似的模式。这些发展也将对科学提出具有挑战性的问题。我们如何测量可能与意识有关的大脑活动，例如，当我们在宰杀动物前要将其击晕，在鱼类中，这是一个挑战，而在"低等"动物，如甲壳类动物和头足类动物中，这个问题会更加严峻。而在适当的时候，昆虫也将有同样的问题：它们有没有感受的反应器？

参考文献

Arlinghaus R, Cooke SJ, Schwab A, Cowx IG (2007a) Fish welfare: a challenge to the feelings-based approach, with implications for recreational fishing. Fish Fish 8:57–71. https://doi.org/10. 1111/j.1467-2979.2007.00233.x

Arlinghaus R, Cooke SJ, Lyman J, Policansky D, Schwab A, Suski C, Sutton SG, Thorstad EB (2007b) Understanding the complexity of catch-and-release in recreational fishing: an integra-tive synthesis of global knowledge from historical, ethical, social, and biological perspectives. Rev Fish Sci 15:75–167. https://doi.org/10.1080/10641260601149432

Ashley PJ (2007) Fish welfare: current issues in aquaculture. Appl Anim Behav Sci 104 (3–4):199–235

Ashley PJ, Sneddon LU, McCrohan CR (2007) Nociception in fish: stimulus-response properties of receptors on the head of trout Oncorhynchus mykiss. Brain Res 1166:47–54. https://doi.org/10. 1016/j.brainres.2007.07.011

Barton BA, Iwama GK (1991) Physiological changes in fish from stress in aquaculture with emphasis on the response and effects of corticosteroids. Annu Rev Fish Dis 1:3–26

Beveridge MCM, Little DC (2002) History of aquaculture in traditional societies. In: Costa-Pierce BA (ed) Ecological aquaculture. Blackwell Science, Oxford, pp 3–29

Bracke MBM, Spruijt BM, Metz JHM (1999) Overall welfare reviewed. Part 3: welfare assessment based on needs and supported by expert opinion. Neth JAgric Sci 47:307–322

Brambell FWR (1965) Report of the technical committee to enquire into the welfare of animals kept under intensive livestock husbandry systems. Her Majesty's Stationery Office, London

Branson EJ (ed) (2008) Fish welfare. Blackwell Publishing, 300 p

Broom DM (1991) Animal welfare: concepts and measurement. J Anim Sci 69:4167–4175

Broom DM (2007) Cognitive ability and sentience: which aquatic animals should be protected? Dis Aquat Org 75:99–108

Broom DM (2011) A history of animal welfare science. Acta Biotheor 59:121–137. https://doi.org/ 10.1007/s10441-011-9123-3

Brown C (2015) Fish intelligence, sentience and ethics. Anim Cogn 18(1):1–17

Carere M, Mather J (2019) The welfare of invertebrate animals. Animal welfare book series, vol 18.Springer

Chandroo K (2004) Can fish suffer?: perspectives on sentience, pain, fear and stress. Appl Anim Behav Sci 86:225–250. https://doi.org/10.1016/j.applanim.2004.02.004

Chandroo KP, Yue S, Moccia RD (2004) An evaluation of current perspectives on consciousness and pain in fishes. Fish Fish 5:281–295. https://doi.org/10.1111/j.1467-2679.2004.00163.x

Conte F (2004) Stress and the welfare of cultured fish. Appl Anim Behav Sci 86:205–223. https:// doi.org/10.1016/j.applanim.2004.02.003

Cooke SJ, Sneddon LU (2007) Animal welfare perspectives on recreational angling. Appl Anim Behav Sci 104:176–198. https://doi.org/10.1016/j.applanim.2006.09.002

Cordis (2019). https://cordis.europa.eu/search/result_en?q¼fish+welfare

Damsgård B, Juell J, Braastad, BO (2006) Welfare in farmed fish Fiskeriforskning Report 5/2006

Dawkins MS (1980) Animal suffering: the science of animal welfare. Chapman and Hall, London

Dawkins MS (1990) From an animal's point of view: motivation, fitness and animal welfare. BehavBrain Sci 13:1–31

Dawkins MS (2006) A user's guide to animal welfare science. Trends Ecol Evol 21:77–82

Diggles BK, Cooke SJ, Rose JD, Sawynok W (2011) Ecology and welfare of aquatic animals in wild capture fisheries. Rev Fish Biol Fish 21:739–765. https://doi.org/10.1007/s11160-011-9206-x

Duncan IJH (1996) Animal welfare defined in terms of feelings. Acta Agric Scand Suppl 27:29–35

Duncan I (2006) The changing concept of animal sentience. Appl Anim Behav Sci 100:11–19

Dunlop R, Laming P (2005) Mechanoreceptive and nociceptive responses in the central nervous system of goldfish (*Carassius auratus*) and trout (*Oncorhynchus mykiss*). J Pain 6:561–568. https://doi.org/10.1016/j.jpain.2005.02.010

Dunlop R, Millsopp S, Laming P (2006) Avoidance learning in goldfish (*Carassius auratus*) and trout (*Oncorhynchus mykiss*) and implications for pain perception. Appl Anim Behav Sci 97:255–271. https://doi.org/10.1016/j.applanim.2005.06.018

EFSA (2004) Welfare aspects of the main systems of stunning and killing the main commercial species of animals. EFSA J 45:1–29

EFSA (2008a) Scientific Opinion of the Panel on Animal Health and Welfare on a request from the European Commission on animal welfare aspects of husbandry systems for farmed Atlantic salmon. EFSA J 736:1–31

EFSA (2008b) Scientific Opinion of the Panel on Animal Health and Welfare on a request from the European Commission on animal welfare aspects of husbandry systems for farmed common carp. EFSA J 843:1–28

EFSA (2008c) Scientific Opinion of the Panel on Animal Health and Welfare on a request from the European Commission on animal welfare aspects of husbandry systems for farmed European seabass and gilthead seabream. EFSA J 844:1–21

EFSA (2008d) Scientific Opinion of the Panel on Animal Health and Welfare on a request from the European Commission on animal welfare aspects of husbandry systems for farmed trout. EFSA J 796:1–22

EFSA (2008e) Scientific Opinion of the Panel on Animal Health and Welfare on a request from the European Commission on animal welfare aspects of husbandry systems for farmed European eel. EFSA J 809:1–17

EFSA (2009a) Scientific Opinion of the Panel on Animal Health and Welfare–Species-specific welfare aspects of the main systems of stunning and killing of farmed tuna. EFSA J 1072:1–53

EFSA (2009b) Scientific Opinion of the Panel on Animal Health and Welfare–Species-specific welfare aspects of the main systems of stunning and killing of farmed tuna. EFSA J 1073:1–34

EFSA (2009c) General approach to fish welfare and to the concept of sentience in fish. Scientific opinion of the panel on animal health and welfare. EFSA J 954:1–27

European Parliament (1997) Treaty of Amsterdam. www.europarl.europa.eu/topics/treaty/pdf/ amst-en.pdf

FAO (2016) The state of world fisheries and aquaculture 2016. Contributing to food security and nutrition for all. Rome, 200 p. http://www.fao.org/aquaculture/en/

FAWC (1979) Press statement. http://www.fawc.org.uk/pdf/fivefreedoms1979.pdf

FAWC (1996) Report on the welfare of farmed fish. The Farm Animal Welfare Council, Surbiton, Surrey

Fraser D (2008) Understanding animal welfare. Acta Vet Scand 50(Suppl 1):S1

Fraser D (2009) Assessing animal welfare: different philosophies, different scientific approaches. Zoo Biol 28:507–518

FSBI (2002) Fish Welfare. Briefing Paper 2, Fisheries Society of the British Isles, Granta Informa-tion Systems, Sawston, Cambridge

Galhardo L, Oliveira RF (2009) Psychological stress and welfare in fish. ARBS Annu Rev Biomed Sci 11:1–20

Godin J-GJ (1997) Behavioural ecology of teleost fishes. Oxford University Press, 384 p

Harrison R (1964) Animal machines – the new factory farming industry. Vincent Stuart, London,186 p

Hart PJB, Reynolds JD (2002) Handbook of fish biology and fisheries, vol 2. Wiley, 428 p

Håstein T, Scarfe AD, Lund VL (2005) Science-based assessment of welfare: aquatic animals. Rev Sci Tech 24:529–547

Huntingford FA, Toricelli P (1993) Behavioural ecology of fishes. Ettore Majorama Life Sciences Series, vol 11. Harwood Academic, Chur, 326 p

Huntingford FA, Adams C, Braithwaite VA, Kadri S, Pottinger TG, Sandøe P, Turnbull JF (2006) Current issues in fish welfare. J Fish Biol 68:332–372

IASP (International Association for the Study of Pain) (1979) Pain terms: a list with definitions and notes on usage. Pain 6:247–252

Iwama GK, Pickering AD, Sumpter JP, Schreck CB (1997) Fish stress and health in aquaculture. Cambridge University Press, Cambridge

Kestin SC (1994) Pain and stress in fish. Royal Society for the Prevention of Cruelty to Animals. Amended. RSPCA, Horsham, West Sussex, 36 p

Key B (2015) Fish do not feel pain and its implications for understanding phenomenal conscious-ness. Biol Philos 30:149–165. https://doi.org/10.1007/s10539-014-9469-4

Key B (2016) Why fish do not feel pain. Anim Sent 3(1). https://animalstudiesrepository.org/ animsent/vol1/ iss3/1/

Lerner H (2008) The concepts of health, well-being and welfare as applied to animals. A philo-sophical analysis of the concepts with regard to the differences between animals. Linköping studies in arts and science No. 438. Dissertations on Health and Society No. 13. Linköpings Universitet, Department of Medical and Health Sciences. Linköping 2008

Lund V, Mejdell CM, Röcklinsberg H, Anthony R, Håstein T (2007) Expanding the moral circle: farmed fish as objects of moral concern. Dis Aquat Org 75:109–118

Lymbery P (1992) The welfare of farmed fish. Compassion in World Farming. Petersfield, Hampshire, 23 p

Lymbery P (2002) In too deep – the welfare of intensively farmed fish. Compassion in World Farming, Petersfield

Medway L (1980) Report of the panel of inquiry into shooting and angling (1976–1979). Panel of Enquiry into Shooting and Angling, Horsham, 58 p

Mellor DJ (2016) Updating animal welfare thinking: moving beyond the "five freedoms" towards "A lifeworth living". Animals 6:21. https://doi.org/10.3390/ani6030021

Mellor DJ (2019) Opinion: welfare-aligned sentience: enhanced capacities to experience, interact, anticipate, choose and survive. Animals 9(7):440. https://doi.org/10.3390/ani9070440

Merker B (2016) Drawing the line on pain. Anim Sent 30:23. https://pdfs.semanticscholar.org/ef9d/ a66d1fc0aae06 ef22d43fc2784c28a3703f7.pdf

Moberg GP, Mench JA (eds) (2000) The biology of animal stress: basic principles and implications for animal welfare. CAB International, Wallingford. 384 p

O'Connor S, Ono R, Clarkson C (2011) Pelagic fishing at 42,000 years before the present and the maritime skills of modern humans. Science 334(6059):1117–1121

Pauly D, Christensen VV, Dalsgaard J, Froese R, Torres F Jr (1998) Fishing down marine food webs. Science 279(5352):860–863

Pen O, Rose JD (2007) Anthropomorphism and "mental welfare" of fishes. Dis Aquat Org 75:139–154

Phillips C (2009) The welfare of animals. The silent majority. Springer, 220 p

Pickering AD (ed) (1981) Stress and fish. Academic, London

Pitcher TJ (1992) Behaviour of teleost fishes, 2nd edn. Chapman and Hall, 717 p

Pottinger TG (1995) Fish welfare literature review. Institute of Fresh Water Ecology, IFE Report No. WI/ T11063f7/1, 82 p. http://nora.nerc.ac.uk/id/eprint/7223/1/Fish_Welfare_Literature_ Review_-_TG_ Pottinger_-_1995.pdf

Regan T (1983) The case for animal rights. Routledge & Kegan Paul, London. 425 p

Rollin BE (1989) Studies in bioethics. The unheeded cry: animal consciousness, animal pain and science. Oxford University Press, New York, NY, 330 p

Rose JD (2002) The neurobehavioral nature of fishes and the question of awareness and pain. Rev Fish Sci 10:1–38

Rose JD (2007) Anthropomorphism and mental welfare of fishes. Dis Aquat Org 75:139–154

Rose JD, Arlinghaus R, Cooke SJ, Diggles BK, Sawynok W, Stevens ED, Wynne CDL (2012) Can fish really feel pain? Fish Fish:1–35. https://doi.org/10.1111/faf.12010

Schreck CB (1981) Stress and compensation in teleostean fishes: response to social and physical factors. In: Pickering AD (ed) Stress and fish. Academic, London, pp 295–321

Schreck CB (1990) Physiological, behavioural, and performance indicators of stress. Am Fish Soc Symp 8:29–37

Singer P (1975) Animal liberation. A new ethics for our treatments of animals. Harper Collins, New York, NY, 311 p

Singer P (1981) The expanding circle: ethics and sociobiology. Farrar, Straus & Giroux, New York, 208 p. http://www.stafforini.com/docs/Singer%20-%20The%20expanding%20circle.pdf

Sneddon LU (2002) Anatomical and electrophysiological analysis of the trigeminal nerve in a teleost fish, *Oncorhynchus mykiss*. Neurosci Lett 319:167–171

Sneddon LU (2006) Ethics and welfare: pain perception in fish. Bull Eur Assoc Fish Pathol 26:7–10

Sneddon LU, Braithwaite VA, Gentle MJ (2003a) Do fishes have nociceptors? Evidence for the evolution of a vertebrate sensory system. Proc Biol Sci 270:1115–1121. https://doi.org/10.1098/ rspb.2003.2349

Sneddon LU, Braithwaite VA, Gentle MJ (2003b) Novel object test: examining nociception and fear in the rainbow trout. J Pain 4(8):431–440

Sneddon LU, Elwood RW, Adamoc SA, Leach MC (2014) Review: defining and assessing animal pain. Anim Behav 97:201–212

Sneddon LU, Lopez-Luna K, Wolfenden DCC, Leach MC, Valentim AM, Steenbergen PJ, Bardine N, Currie AD, Broom D, Brown C (2018) Fish sentience denial: muddying the waters. Anim Sentience 3(21):1

Sundli A (1999) Holmenkollen guidelines for sustainable aquaculture (adopted 1998). In: Svennevig N, Reinertsen H, New M (eds) Sustainable aquaculture: food for the future? A.A. Balkema, Rotterdam, pp 343–347

Thorpe WH (1965) The assessment of pain and distress in animals. Appendix III in Report of the technical committee to enquire into the welfare of animals kept under intensive husbandry conditions, F.W.R. Brambell (chairman). H.M.S.O., London

Torgersen T, Bracke M, Kristiansen TS (2011) Reply to Diggles et al. (2011): Ecology and welfare of aquatic animals in wild capture fisheries. Rev Fish Biol Fish 21:767–769

Torrissen O, Olsen RE, Toresen R, Hemre GI, Tacon AGJ, Asche F, Hardy RW, Lall S (2011) Atlantic Salmon (*Salmo salar*): the "super-chicken" of the sea? Rev Fish Sci 19:257–278

Turnbull JF, Kadri S (2007) Safeguarding the many guises of farmed fish welfare. Dis Aquat Org 75:173–182

Van de Vis H, Kiessling A, Flik G, Mackenzie S (eds) (2012) Welfare of farmed fish in present and future production systems. Springer, Dordrecht. 302 p

Volpato GL (2009) Challenges in assessing fish welfare. ILAR J 50(4):329–337

Webster J (2005) Animal welfare limping towards eden. Blackwell Publishing, UFAW Animal Welfare Series. 283 p

Welfare Quality (2009) Assessment protocols for cattle, pigs and poultry; Welfare Quality Con-sortium, Lelystad, The Netherlands

Wendelaar Bonga SE (1997) The stress response in fish. Physiol Rev 77:591–625

Woodruff ML (2017) Consciousness in teleosts: there is something it feels like to be a fish. Anim Sentience 2(13):1

第 2 章
鱼的伦理与福利

摘　要: 鱼类能够体验痛苦和愉悦的阈值不仅是一个实证问题,而且也需要进行伦理思考。首先,这是因为动物福利研究具有价值属性;其次,因为实证证据需要一个规范的框架来指导涉及鱼类的实践,如水产养殖。在本章中,我们介绍了伦理学的作用以及已应用于动物伦理学和与鱼类福利讨论相关的不同的伦理理论。我们特别关注功利主义,以及基于权利、关系和德性伦理的动物伦理理论。我们还认为鱼类福利是一个结合道德规范和生物学概念的术语。毕竟,当我们实施鱼类福利措施时,我们已经做出了某些符合规范的选择。我们通过 7 个步骤说明了伦理学和科学之间的整合,从养殖场层面实施鱼类福利、权衡福利与其他的价值观、定义和衡量福利,到为什么福利在道德上是相关的以及这对鱼类的道德地位意味着什么。接下来,我们考虑是否应赋予鱼类道德地位的问题,从而在我们的道德审议中是否应考虑它们的福利。然而,并非所有关于我们对待鱼类的道德顾虑都可以通过关注福利来解决。我们讨论了一些超出福利范围的问题。这些问题需要在关于如何与鱼类建立联系的道德讨论中考虑:杀死鱼是否构成道德伤害?我们应该如何从道德角度评估水产养殖中驯化鱼的过程?最后,本章通过指出 4 种涉及鱼类的实践(水产养殖、野生渔业、对鱼类展开的实验和休闲娱乐)中的若干的道德问题作为结论。

关键词: 动物伦理学;福利;道德地位;死亡伤害;驯化

2.1　引　言

　　从伦理学的角度来看,鱼类是一个有趣的案例。它们是一类边界案例:一方面,关于哺乳动物是否有感知能力,无论是基于常识还是科学研究,都存在广泛的共识;另一方面是其他的自然实体,如岩石,我们确定它们没有感知能力。尽管现在几乎每个人都认为哺乳动物能够感受痛苦,但并非所有人都相信鱼类也能感受痛苦。这使人们对待鱼类的方式与对待其他动物不同。鱼类是否比哺乳动物少感受到痛苦,首先是一个实证问题,我们需要在神经生理学、生理学和行为生态学领域开展科学研究来回答它。与此同时,正如本章将阐释的,这也是一个需要伦理学反思的问题。首先,这是因为科学研究具有价值属性;其次,正如我们将展示的,这是因为实证证据需要一个规范的框架,使其在涉及鱼类的实践中具有行动指导的意义,如水产养殖。

本章将首先简要介绍伦理学的作用以及不同的伦理框架或理论。这些理论已被应用于动物伦理学，并与鱼类福利的讨论密切相关。接下来，我们将讨论鱼类福利是什么。正如我们将论述的，鱼类福利是一个结合道德规范和生物学概念的术语。当我们实施鱼类福利的措施时，我们已经做出了某些符合规范的选择。然而，我们对待鱼类的道德关切并非都可以通过关注福利来解决。我们将讨论一些超出福利范围的问题，这些问题需要在关于如何与鱼类建立关系的道德讨论中考虑。最后，我们将通过简要指出涉及鱼类的几种实践（水产养殖、野生渔业、对鱼类展开的实验和休闲娱乐）的道德方面来说明我们的观点。

2.1.1　伦理学是动态的

伦理学是对道德的系统性思考，即一个人或团体认为重要且具有行动指导意义的一套规范和价值观。在日常的生活中，我们经常回答道德问题并做出道德决策，例如在喂养动物时隐含应该关爱动物的态度。在其他的情况下，关于应该做什么，存在更多的矛盾或争议。在这些情况下，伦理反思尤为重要。因此，我们需要了解道德判断形成的过程。在这个过程中，伦理理论化的目的有两个：首先，理论确立道德的基础，试图回答诸如"我们为什么要有道德？""伦理学的目标是什么？""它是为了实现社会和平共处还是保护弱势群体？"这样的问题；其次，这些理论旨在通过帮助我们确定关于采取正确的行动或培养良好的品质决定的原则和价值观，在实际的道德问题或困境中给予指导。

我们可以将规范的理论与元伦理学理论区分开来。元伦理学试图回答诸如这样的问题："道德判断是客观的还是主观的，它们是普遍的还是相对于文化的？"。在元伦理学层面上，我们拥护一致性的道德理论，这些理论认为并不存在一个理论必须建立的终极基础，而是一个理论在原则之间达到一致性时才有效。特别是，我们认为形成道德判断需要达到"反思均衡"——在我们考虑过的直觉或道德情感、与手头案例相关的道德事实以及道德原则之间达到一种平衡。在我们思考在一个具体的案例中应该做什么时，我们需要在这三个支柱之间来回移动，直到达到平衡。我们通常从道德直觉开始，比如认为手头的案例中存在道德问题——将鱼放在一个小圆形的鱼缸里。然后，我们需要通过与案例的事实相比较来检验我们的直觉——小圆形的鱼缸对鱼来说真的不好吗？并将它们与道德原则联系起来——例如，尊重动物福利的原则。然而，原则本身也可以通过我们的直觉来检验。如果原则导致非常反直觉的结果，我们就有理由考虑是否需要细化或改变我们的原则。通过在这些支柱之间来回移动，我们得到了一个经过考虑的道德判断。这样的判断具有规范的力量并具有行动指导的意义，但它仍然是一个暂时性的判断。

从这个角度看，伦理学是动态的，这意味着我们的判断可以随着新信息的出现、遇到新情况或伦理学家之间的讨论使伦理理论得到完善而改变。不同的规范理论的支持者可能会对同一个具体的案例得出不同的结论，因为他们有不同的决策标准。事实上，我们在道德思考中需要考虑哪些利益持有不同的观点。然而，不同的道德理论之间也可能存在一致性，这有助于形成普遍的经过充分论证的道德判断。

2.1.2　不同的动物伦理学理论

规范性的理论提供了一个解答"什么是公正和正确？"以及"在可用选择的基础上，应如何行动？"等问题的框架。最具有影响力的两种规范性的理论框架是功利主义和基于义务的理论（如康德主义）。最近应用于动物伦理学的另外两种理论是关系或关爱伦理学和德性伦理学。在这里，我们将简要解释这四种理论。功利主义是一种前瞻性的理论，因为它只关注我们行动的可能后果。功利主义者认为，我们应该为所有受我们道德决策影响的人们实现快乐、幸福或其他某种内在价值与不幸或痛苦之间的最佳的平衡。这意味着，当我们必须做出道德决策时，我们需要权衡不同的行动方案的预期后果，并计算哪种方案将带来最佳的结果。关于功利主义有很多不同的版本，例如著名的动物伦理学家 Peter Singer 在《实用伦理学》和《动物解放》中支持的具体的功利主义版本是偏好功利主义，也就是说，我们有义务在各个实体之间权衡偏好。在这种观点与讨论中实施动物福利措施的意义是不同的，这种所谓的动物福利主义认为，关于动物待遇的道德关切唯一重要的是某些措施对所有的相关动物（和人类）福利的影响。此方法因在畜牧业和动物实验中只支持边缘改革，而不质疑这些做法本身的合理性而受到批评。

对动物福利主义的批评往往基于权利的理论，这些理论对动物使用的态度更倾向于废除主义。例如，Tom Regan 认为，拥有生命主体地位的生物都具有内在的价值，我们应该尊重这种价值。这意味着，除其他的事项外，我们不应将它们仅作为工具或手段，而应该始终将它们视为目的本身，这种观点显然是基于康德的理论。这种尊重内在价值的原则是绝对的，因为内在价值不容许有程度之分。根据这个理论，我们不能为了让他人受益而牺牲个体的完整性、免受身体伤害的权利或自主权。这意味着，在基于权利的理论中，存在反对动物养殖或动物试验的预设。尽管基于权利的理论可以考虑到我们行为的潜在的后果，但它们不仅是前瞻性的，它们还重视我们过去的行为所产生的责任。例如，如果我们承诺做某事，我们就应该遵守这个承诺。此外，行动背后的目的和意图对行动的评估也具有相关性。如果我们的行为无意中或无意地导致了好的结果，康德主义者们并不一定认为这个行为在道德上是正确的。

关系动物伦理学，有时也被称为情境伦理学或关怀伦理学，摒弃了功利主义和康德主义原则的抽象和理性主义的特征，转而支持对道德和社会关系更具敏感性的理解。关怀伦理学特别关注与弱势群体的关怀关系。这种关怀基于这样一个理解：我们每个人都可能陷入需要关怀的境地。根据关怀伦理学，像 Regan 和 Singer 那样的理性论证忽视了我们对动物的同情或共情的核心地位。正是通过这些感受，人们改变自己的行为，而不仅仅是通过理性论证。我们对动物的义务是由我们与它们的特定关系决定的。例如，我们对自己照顾的动物的责任比对野生动物的责任更大，因为我们驯化它们的行为已经向它们做出了承诺。关系动物伦理学家认为，在做出关于对待动物的道德决策时，我们需要考虑社会和政治环境。此外，正如 Donovan 所说，关系动物伦理学家不仅在理论上关心动物，而且试图与它们进行某种形式的对话，意识到动物的"声音"，尽量在他们的伦理思考中纳入动物的视角。

同样地，德性伦理学也反对功利主义和康德主义等推理方式的抽象和普遍性。对于德性伦理学来说，核心问题不是"应该采取哪些正确的行动"，而是"什么使我成为一个好人"。换句话说，德性伦理学不以行为为导向，而以品质为导向。德性动物伦理学家将动物视为与我们共同生活的个体。我们如果虐待动物，就表现出了错误的品质特征。在我们经常伤害动物时，无法培养敏感和同情等善良的品质。

对于上述所有的理论，食用动物背后的意图和目的都是相关的。例如，通常认为为了食用而宰杀鱼类，比为了娱乐而宰杀更合理，而没有其他生计手段的人杀死并食用鱼类可能比拥有其他选择的人更合理。从功利主义的角度看，这是因为娱乐活动涉及的利益不如消费的利益重要。从基于权利的观点来看，这是因为不仅是行为的结果，而且行动者的意图应该在道义上受到评价。对于关系伦理学家来说，这是因为我们需要考虑社会背景：如果一个勉强维持生计的人因为需要而捕杀一条鱼，这是出于必要的，而非出于残忍。对于德性伦理学家来说，行动背后的意图是相关的，因为它能反映出一个人的品质。如果有人仅为了快感而捕杀鱼类，这暴露了残忍的性格。在这些规范性的理论的背景下，我们将探讨鱼类福利。

2.2　鱼类福利及其道德层面

当我们谈论鱼类福利时，需要认识到我们不仅仅是在谈论一个可以量化的生物类别。如下所述，福利是一个将生物方面与道德层面结合在一起的概念。

2.2.1　定义动物福利

如 Haynes 所述，"动物福利是一个评价性的概念，如同产品质量和建筑安全。"这意味着关于动物福利的讨论不能脱离规范性的假设独立存在。例如，为了"人性主义"而屠杀鱼类而进行的创新，或者哪种养殖系统使鱼类受苦最少的问题，这些研究需要的不仅仅是实证证据，道德考量也在其中发挥作用。关于动物福利和养殖系统，我们需要问如何平衡与动物福利相关的价值观和其他的合法的价值观。例如，我们如何权衡公共卫生与动物福利之间的价值？出于公共卫生的考虑，最好将活鱼运送至专门的屠宰场所，但这种运输会给鱼类带来压力，可能对它们的福利造成损害。生物观念与道德规范之间的相互作用引发了关于我们谈论鱼类福利时所要表述的含义的问题。从道德层面在福利辩论中发挥作用的一般性论断出发，强调道德问题不仅限于实施层面，还与定义和评估动物福利的层面相关。

福利的定义随着时间的推移，从表示生物功能的平衡到动物的主观体验。虽然起初的良好的福利意味着消极体验的消失，但近来积极的情绪和表现出自然或特定的物种行为的能力也被纳入福利的定义。然而，权威的动物福利的定义（如五项自由）仍然强调负面方面。根据这个定义，如果动物免于饥渴、不适、疼痛、受伤、生病、恐惧和痛苦，并且能够表现出正常的行为，我们就可以确定其福利得到满足。只有最后一项自由原则可能包含积极的体验。在这个福利概念中，当这些自由之间发生冲突时，需要对动物福利进行道德评估。例如，给奶牛去角可能会带来一定程度的疼痛，但通常会以预防未来受伤来解释。因此，在这种情况下需要权衡这些自由的相对重要性。然而，道德层面不是这个五项自由定义的结果。其他关于动物福利的观点也导致了类似的伦理问题。例如，一种关于动物福利的更新的动态观点指出，如果动物有能力适应环境，并将其看作积极的体验，那么它就处于福利的状态。这一定义中同样包含道德假设，并需要对动物福利的不同部分发生冲突时的情况采取规范性的观点。一个例子是探索新环境可能会让动物感到压力，但长期来看也可能带来积极的情绪。

为了构建关于动物福利的概念及其相关道德层面的多样性，我们遵循Fraser的观点。他定义了关于福利的三个观点：基于功能、感觉和自然的观点。将这些观点应用于鱼类时，基于功能的观点与鱼类适应养殖条件的能力有关；基于感觉的观点认为，鱼类有主观感受，这些感受构成了它们的福利；基于自然的观点认为，鱼类福利是鱼类展示自然或物种特有行为的能力。这些观点并非一定相互排斥，但在特定的背景下确实可能发生冲突。例如，强壮的鱼类能够应对捕捞带来的压力，但并不能排除捕捞过程中鱼类会产生消极的情绪。个人的道德理论框架通常决定了他强调哪一个观点。例如，一个关注感觉并努力最大限度地提高整体福利的功利主义者可能更倾向于支持基于感觉的观点，而以生态理论论证的人会更倾向于基于自然的观点。然而，在大多数关于鱼类福利的实际的讨论中，我们可以看到要么强调基于功能的参数，要么强调痛苦的缺失。这是可以理解的，因为关于鱼类福利的问题主要是在水产养殖的背景下提出的，而在这种背景下，应对养殖条件的能力显得尤为重要。此外，虽然越来越多的鱼类生物学家和生理学家认为鱼类能够感受到疼痛，但这一观点仍然存在争议。直到最近，才有研究开始关注构成鱼类积极体验的要素。例如，有关鱼缸环境丰富化以及优选基质的研究正在进行中。

2.2.2　衡量动物福利

如何在水产养殖中实施鱼类福利，不仅需要假设我们知道福利是什么，而且还需要假设我们知道如何衡量它。这似乎是一个纯粹的实证问题，但实际上这也涉及实证科学与伦理之间的交互作用。在任何的科学研究中，研究问题的提出、实验设计的确定以及结果的解释，都涉及价值假设和判断。例如，当我们进行一项偏好测试时，需要明确我们在测量什么：是短期偏好还是长期倾向？或者我们只是在两害相权中选择了较轻的那一个？更为根本的问题是，偏好在何种程度上能够反映福利。此外，个体和群体级对福利的体验和评估之间存在差异。例如，在养鱼场，可以通过测量水中的皮质醇含量来评估鱼群的福利状况。这为养殖户提供了关于群体层面的福利信息，但是个体鱼之间的福利可能存在很大的差异。这一区别对于伦理评估很重要，并引发了讨论：如果养殖户无法提供个性化的照护，该系统是否有效？或许团体福利才是养殖户首先追求的？此外，我们可以在特定的时刻或在动物整个生命周期中测量其福利状况，动物是否经历急性或慢性的不适也对我们如何评估其福利有影响。因此，在评估福利的过程中，我们会对我们认为动物福利中重要的方面做出隐含的价值选择。

鱼类福利的衡量比哺乳动物更复杂，因为我们不能以我们自己的经历作为参考，鱼类的生理结构与我们的生理结构存在很大的差异。关于鱼类的偏好和体验，我们还知之甚少。此外，鱼类的种类繁多，即使我们发现某种鱼类的偏好或体验，也不能自动地延伸至其他的种类。我们需要牢记，大多数的研究是针对人类特别感兴趣的鱼类进行的，如鳟鱼和鲑鱼。鱼类有超过 30000 种，它们之间的差异可能与大象和老鼠之间的差异一样大。这引出了在不同的鱼类之间是否可以转换福利指标的问题，同时也表明了我们想要了解更多关于鱼类福利的任务之庞大。

到目前为止，我们已经列举了一些定义和测量鱼类福利的规范性方面的例子，但在我们要求实施、权衡、界定和测量福利之前，我们采取了两个重要的步骤。第一，假设福利在道德上是重要的。只有从这个出发点开始，动物是否可以体验痛苦或快乐才变得重要。然而，还有一些理论赋予痛苦或快乐较低的地位，如德性伦理学。其他的理论根本不关注个体动物的利益，而是关注集体，诸如生态系统或物种。从生态中心主义的观点来看，避免受苦并不是最重要的，而是生态系统或物种的生存和繁荣。在这种观点下，痛苦只是生活的一部分，并具有重要的生存功能。第二，关注鱼类福利表明我们已经认为鱼类具有道德地位，这一点需要进一步地阐述。

2.3 鱼有道德地位吗？

从道德的角度来看，实施鱼类福利，隐含地假设了鱼类的重要性。关于饲养条件、可持续的水产养殖或人道屠宰的讨论，都提出了我们应该如何对待鱼类的问题，这意味着从道德的角度来看，鱼类的利益至关重要。另一种说法是鱼有道德地位。但是，当我们谈论动物的道德地位时，我们到底指的是什么呢？道德地位的归属对于我们对待它们的方式意味着什么？如果不同动物间的利益，或动物与人类的利益发生冲突，我们应该如何做出权衡？正如我们将要阐述的，道德地位的理论并没有告诉我们如何在实践中权衡不同的责任，这需要一个规范性的理论。当我们遇到如何对待鱼类的实际问题时，例如在水产养殖中，我们需要意识到，如果不采用特定的道德框架，我们就无法找到合理的方案。

在动物伦理的讨论中，道德地位是一个包含道德可考虑性和道德重要性的总结性概念。Lori Gruen 是这样解释的：

说一个存在物值得道德上的考虑，就是说这个存在物对那些能够认识到这种要求的人提出了道德要求。一个具有道德考量价值的存在物在道德上可能遭受不公。

那么，我们可以说，道德上的体贴给予了一个存在物进入道德社区的入场券。而道德的重要性则说明了该存在物利益的相对权重。Gruen 解释了两者的区别：

非人类动物可以对我们提出道德诉求，但这并不表明如何评估这种诉求以及如何裁决相互冲突的诉求。具有道德考量的价值就像是在道德雷达的屏幕上——信号的强弱或它在屏幕上的位置是另外的问题。

确定动物的道德重要性有助于我们解决在特定的情况下应该如何对待动物的问题，但它不能完全决定对待的方式。这是因为其他的考虑因素可能会进入我们的决策过程，这些考虑因素又取决于个人持有的具体的规范性的理论。例如，关系动物伦理学家认为，我们对宠物金鱼有比野生鱼更大的照顾责任。这两种鱼可能具有相同的道德考虑和意义，但是我们对它们的道德判断却不同，因为我们对宠物鱼做出了承诺，而对野生鱼则没有。因此，为了知道当利益冲突时我们应该如何决策，我们需要更多的角度，而不仅仅是道德考虑和重要性的立场。此外，即使两位动物伦理学家在同样的基础上给予动物道德上的考虑，例如动物忍受痛苦的能力，他们仍然可能就如何对待动物得出不同的结论，因为他们的论点基于不同的规范性的理论。例如，两位动物伦理学家可以同意鲑鱼有道德地位，因为它具有受苦和享受的能力，但他们仍然可能对转基因鲑鱼的道德可接受性持不同的意见。对于福利主义者来说，只要鲑鱼的福利不受损害，基因编辑可能是允许的；而对于康德主义者来说，这在道德上可能是有问题的，因为没有鲑鱼的固有价值。

对于鱼类或一般的动物是否具有道德地位的问题，没有中立的理论答案。具有不同的理论背景的伦理学家以不同的理由证明动物的道德的可考虑性和重要性。然而，大多数的动物伦理学家确实采用了类似的策略，即把道德地位建立在拥有某种或某组特定属性的基础上。这些属性的候选者通常包括感受力或承受能力、有意识地体验、拥有欲望、自我反省的能力、自主活动。动物只要有知觉，或者有能力体验痛苦和快乐，就属于道德群体。在 Singer 看来，道德中重要的是拥有利益占有，他的理论从平等的利益应该被平等对待的基本原则出发。有知觉的生物才有利益，因为只有它们会对我们的对待方式产生回应：石头对被踢没有知觉，而老鼠却有。在 Tom Regan 的康德主义的观点中，如果动物是生活的主体，即它们由于某些特征能够主观地体验自己的生活，它们就被赋予了道德地位。另外，关系伦理学家或美德伦理学家对生物在道德考量上所需具备的认知能力的要求不那么严格；他们简单地认为动物属于我们的道德群体，要么是因为它们像我们一样脆弱，要么是因为它们是我们可以产生同情心的生物。

这些关于道德地位的观点和鱼有什么关系？正如我们所见，对于功利主义和康德主义来说，动物的认知能力是很重要的，特别是感觉或一定程度的自我意识。许多鱼都有神经系统和痛觉感受器，但这还不能说明它们是否能主观地或有意识地体验疼痛等感觉。有意识地感知疼痛需要从痛觉感受器向大脑发送信号，一些研究人员对此表示怀疑，因为鱼的大脑与哺乳动物的大脑的差异很大。然而，鱼类研究人员现在越来越多的共识是，鱼类可以有意识地感知疼痛。确定鱼类是否拥有更复杂的认知能力则更为困难，但对鳕鱼等物种的研究表明，在这类鱼中存在陈述性记忆。对其他物种的研究表明，它们能够像思维地图一样生成环境的复杂表征。还有证据表明，不同种类的鱼，特别是石斑鱼和海鳗，会进行合作捕猎。

我们需要对鱼类的认知进行更多的研究，因为鱼类在解剖结构上与我们存在很大的差异，这使得相关的研究变得复杂。设计测试来确定鱼是否能够有意图地行动，或是否有未来感，需要很大的想象力。此外，这类测试结果需要解读，而这些解读通常不是价值中立的。我们需要实证研究来发现动物是否能感知疼痛或压力，或是否具有其他的认知能力，但为了解读这些研究，我们也需要进行道德反思。特别是因为我们对鱼类的知识仍存在很大的空白，所以有必要反思我们的规范性的假设。我们会遇到事实上的不确定性，而这些不确定性的相关性取决于一个人的道德原则和价值观。例如，如果仅仅具备感觉就足以赋予道德地位，那么关于鱼的意向性的信息就不如我们认为鱼需要拥有更复杂的认知能力才能成为道德群体的一部分时那么的重要。此外，我们需要来自心灵哲学领域的反思，以帮助我们确定对动物意识了解多少，以及我们应该如何理解动物意识、心灵等概念。

2.4 动物福利概念的局限性

关于道德地位的讨论表明，基于科学证据并符合大多数道德地位的理论，我们有充分的理由认为鱼类本身在道德上是相当重要的，这强调了关注鱼类福利的重要性。然而，这也表明，与我们和鱼类互动涉及的伦理问题不能仅被简化为关于福利的讨论，这会导致两个问题。首先，对动物福利的过分强调往往会掩盖关于动物道德地位的多元化的观点。很多时候，动物福利似乎是一个包罗万象的概念，可以被持有不同的道德立场的人所接受。一方面，我们承认广泛认同的福利的重要性具有重要的功能，即通过一个共同的参考框架使持相反观点的群体能够进行讨论。另一方面，这意味着所有形式的考虑和价值观都被转化为福利条件，但这些考虑实际上与福利完全无关。这是战略性使用动物福利论点的结果，因为它们被广泛认为是合法的，而对其他道德问题的共识较少。这导致关系伦理或基于权利的观点的倡导者从福利的角度重申他们的观点，而事实上他们关注的是关系或权利方面的问题。例如，在关于早期分离母牛和小牛的辩论中，隐含的基于关系或权利的论点被作为动物福利问题提出。这意味着关于动物福利的辩论中必须处理各种各样的问题，这将混淆概念科学和道德的讨论。于是，动物福利科学家被要求回答的问题实际上来自公众对可持续动物养殖以及农民和动物之间关系的看法，而不是对小牛社会行为的长期影响。

其次，当动物福利成为关于公正对待动物的公共讨论中一个包罗万象的概念时，它导致对福利以外的任何事情都缺乏关注。当然，许多的问题最终都可以从动物福利的角度来构建。然而，例如出于审美而对狗断尾或在马戏团饲养野生动物展开公开的讨论，表明如果我们只从动物福利的角度来处理这些问题，我们就看不到全貌。有些人反对在马戏团饲养动物，因为这违反了它们的内在价值，或者因为这些人反对将动物用于娱乐，而不仅仅是因为这可能对它们的福利不利。其他人则认为，当我们断掉狗的尾巴时，即使狗没有遭受痛苦，我们也侵害了狗的完整性。这些是动物权利和美德的道德考虑，不能简化为关于动物福利的讨论。因此，我们需要意识到动物福利的局限性，并以更广阔的视角看待关于人类与鱼类互动的伦理辩论。否则，我们会错过许多重要的考虑因素。为了进一步阐述这一点，我们讨论了两个我们认为"超越福利"的问题，即捕鱼和驯化。

2.5 宰杀鱼类是否违背道德?

在许多涉及鱼类的实践中，如水产养殖、野生捕捞和休闲垂钓，宰杀鱼类是其中重要的一环。如果我们将道德地位给予鱼类，这不仅意味着我们在这些实践中必须考虑它们的福利，还可能意味着即使是无痛宰杀，也会对它们构成伤害。换句话说，与宰杀鱼类相关的伦理问题不仅仅局限于"如何"宰杀鱼类，还包括宰杀这一行为本身是否构成道德问题并对鱼类造成伤害。后者关注的是鱼类是否拥有道德权利以及它们的内在价值的看法。某些观点认为，即使是无痛地宰杀鱼类，也会对它们造成道德上的伤害，因为这侵犯了它们的生命权和内在价值。这种观点认为，宰杀鱼类本身就是一个道德问题，无论是否伴随痛苦。然而，对于这个问题并没有一种普遍的共识。不同的伦理观点和文化背景可能会对此持不同的看法。因此，关于宰杀鱼类是否构成道德问题和伤害的问题，仍然存在许多的辩论和争议。

2.5.1 生存意识

这就引出了一个问题：哪些论点支持杀害动物是有害的观点。一些人认为，如果动物有选择活下去的偏好，那么杀害它们就是错误的。接下来需要探讨的是，鱼类是否具有这样的偏好。根据Singer的观点，只有当动物有能力意识到自己作为一个随时间存在的独立实体时，它才能形成活下去的偏好。这个问题也可以从另一层面来看：有人认为只有那些不愿死亡的动物才会受到死亡的伤害，这意味着动物需要有一个关于死亡的概念。有人认为这需要语言、二阶信念或意图。从权利理论的角度来看，有人认为只有具有生存愿望的生命体才能拥有生存权利，只有那些意识到自己的欲望的生命体才真正拥有生存的欲望。Tooley认为这需要自我意识。同样，Cigman也认为自我意识是必要的，因为她认为死亡只对有能力产生绝对欲望的生命体造成伤害。生命作为绝对欲望回答了"是否想继续活着"这样的问题。像想要抚养孩子或写一本书这样的欲望就是绝对欲望，因为它们给予我们继续活下去的理由。

这种关于死亡伤害的讨论涉及偏好或欲望的问题，表明在没有证据证明之前，鱼类不符合谈论生存偏好或避免死亡的标准。然而，这并不意味着因此杀害鱼类就不包含道德伤害。我们可以对将死亡的危害性归结为继续生存的渴望这一框架提出疑问。我们可以思考，我们是否之所以珍视继续生存是因为它令人向往，还是我们渴望继续生存才认为它具有价值。如果我们珍视生命，因此渴望它，那么也许渴望本身并不是决定性的因素，而是我们对生命赋予的价值。

2.5.2 失去的权利

这与"失去的权利"观点相联系，即死亡对动物来说是道德有害的，因为它剥夺了动物未来的幸福或好处。动物从它们的生活中获得快乐，并对这些事物的延续具有好处。根据DeGrazia的观点，"死亡使有价值的机会成为不可能"。生命对动物而言具有工具性的价值,因为它们可以拥有有价值的经历,使它们的生活变得有意义。根据Kaldewaij的说法,这种观点的好处是"它可以解释死亡造成的伤害程度:死亡夺走了再次体验、做或实现任何你珍视之物的可能性"。有人可能会反驳说动物并不会意识到这些失去的机会。然而,这种关于死亡伤害的观点并不要求个体意识到它们失去的机会。有人认为,只要动物有能力拥有对其重要的经历,并且这些经历在死亡后将不复存在,那死亡就可以对它们造成伤害。正如动物福利科学家所证明的,动物(包括鱼类)不仅仅有简单的欲望,比如在饥饿时进食、在困倦时休息,它们实际上还能从进食和交配等行为中获得快乐,这使它们的生命具有价值。

2.5.3 死亡的危害:伦理评估的理由

死亡不仅是一个福利问题,捕杀对鱼类有害,这一观点并没有直接导致各种各样的禁令。这一观点的含义取决于如何权衡死亡的危害与其他的危害或利益。这些危害或利益与鱼类消费、钓鱼或其他经常杀死鱼类的活动(如水族馆行业或动物实验)有关。在这个阶段,我们再次需要伦理理论的输入。功利主义者做了一个计算,权衡一个行为产生的幸福、快乐或偏好的总量与不幸福、不快或未实现的偏好的总量。在这样的计算中,如果人们需要靠吃鱼来生存,这就造成了鱼类大量死亡。这对于贫穷国家的人或因纽特人来说尤其如此,他们可能除了吃鱼没有其他的现实选择,而来自富裕国家的人可以求助于有替代性的蛋白质来源。虽然有些人认为,如果人们吃更多的鱼,从而比吃肉对气候变化的影响更小,这将是更可持续的,但这并不能证明今天为消费而捕捞的大量($9.7 \times 10^{11} \sim 2.7 \times 10^{13}$ 只)鱼类(包括副渔获物)是合理的。从基于权利的角度来看,人们可以声称,即使鱼类有生命权,这种权利也是可以超越的。权利不是绝对的,所以当另一个人的生命危在旦夕时,杀鱼可能是正当的。这就产生了一个问题,相对于其他的动物(包括人类)的权利,鱼类的生命权很重要。

根据普遍认同的直觉,杀死一个人或另一种哺乳动物,比杀死一条鱼更糟糕。这种直觉是基于什么? DeGrazia认为,生命中的商品是有工具价值的。然而,如果不同的物种在对待令它们有价值的物品上有质或量的不同,它们在生活中会有不同的兴趣。假设这个推理是令人信服的,那么它告诉了我们什么是关于杀鱼的道德可接受性。这个问题并没有得到解决,而是取决于对人类为了消费、娱乐或实验而对杀鱼的基本、严肃和次要利益的评估,以及对这些与鱼生存的基本利益的权衡,换句话说,就是当鱼被杀时,他们会失去什么。

2.6　鱼类驯养

在水产养殖的背景下，一项超越福利问题的道德议题涉及鱼类的驯养。无论是有意还是无意，将鱼类圈养并选择具有优良性状的个体，都会导致它们的行为和基因构成发生变化，使其由野生物种变为驯化物种。例如，在水产养殖的初期，许多鱼类与人类接触会感到紧张和压力，但经过几十年的驯化后，鱼类的基因构成发生了改变，能够更好地适应与人类的接触。尽管驯养可能对养殖户和鱼类都有益，但也引发了道德问题。我们将以驯养本来具有攻击性的鱼类品种来阐释。将具有攻击性的鱼类放置在高密度的环境中可能导致攻击行为，从而给受攻击的鱼带来福利问题。即使每个人都同意福利价值的重要性，并认为这种饲养方式会导致福利问题，我们仍然无法直接应对这个问题。第一，科学家可以尝试选择将攻击性强的个体和攻击性弱的个体杂交，改变物种的攻击性（即对其进行驯化）。第二，他们可以研究这些鱼类的饲养密度并调整，以减少攻击行为。第三，鉴于这些福利问题，根本不应该将这些鱼类置于养殖条件下。决定我们如何评估不同选项的根本的道德问题是：我们应该让动物适应其养殖环境，还是应该让养殖环境适应动物。

另一个例子是食肉鱼类的养殖。由于用野生捕捞的鱼类喂养养殖鱼类的经济和环境成本都很高，人们认为最好将养殖鱼类的饲料转换成以植物为基础。在水产养殖中，我们看到许多的食肉动物正在逐渐转变为食草动物。乍看之下，通过驯化改变这些鱼类的特性似乎非常高效和实用，但这种做法也引发了争议。对于畜牧业，人们从道德和社会层面对动物驯化的后果进行了讨论，水产养殖很可能面临类似的反应。这一讨论的一部分集中在改变动物基因组的有害的副作用上。例如，与野生对照组相比，水产养殖中的鲑鱼患聋的可能性是其 3 倍，这是由于鱼类的异常的快速生长而产生的耳部畸形。然而，当动物福利并未明显受损时，改变其基因组也引发了道德上的反对。有人认为这种改变侵犯了动物的完整性，或将动物视为简单的物品，将其物化或商品化。这些反对意见都围绕着对动物（在本例中是鱼类）应该是什么样的观点展开，它们假设了一种被忽视的"自然"物种的规范。如果捕食者变成食草动物，物种的完整性就受到了侵犯。一个食草鲶鱼在某种程度上不再是一条鲶鱼。这种鱼被当作实现我们目标的工具，而不尊重它自己的生活目标。这些道德上的反对意见大多具有康德主义或关怀伦理的背景，它们是否能说服某人至少在某种程度上取决于他所持的伦理框架。

2.7　与鱼类相关的伦理问题

在前面的章节中，我们讨论了与鱼类福利相关的动物伦理学的理论。此外，我们还表明并非所有关于我们对待鱼类的伦理讨论都可以归结为福利的讨论。在本节中，我们将指出涉及鱼类的四种实践中的道德问题：水产养殖、野生捕捞、对鱼类展开的实验和休闲娱乐。

2.7.1　水产养殖

在 2014 年，养殖鱼类的消费量超过了野生捕捞鱼类的消费量。预计到 2030 年，养殖业将提供近三分之二的全球鱼类供应量用于消费。当然，水产养殖设施有不同的类型，包括大规模或小规模、海上、池塘或陆地上的循环系统、商业或自给自足的养殖场，每种养殖方式都带有其自身的道德问题。水产养殖管理委员会（Aquaculture Stewardship Council，ASC）等认证系统通常侧重于社会和环境的可持续性，而非动物福利问题，但他们最近也开始着眼于动物福利。养殖场的福利问题涉及鱼类的存栏密度、水质、运输压力、饲养策略、屠宰以及为了理想特征（如生长速度）进行繁殖的负面作用等。如果我们以五项自由作为评估标准来衡量养殖鱼类的福利，就会发现某些自由之间可能存在矛盾。例如，如果我们认为让鱼类自由地表现出其自然或物种的特定行为对其福利很重要，那么在养殖非洲鲶等掠食性鱼类时，我们会面临一个两难的选择：是让它们进行其自然倾向的行为，还是保护潜在受害者的福利？此外，在养殖场中，对不同大小的鱼类进行分类是很常见的，但这可能与鱼类的自然的生活条件相悖。哪个方面的鱼类福利更重要取决于个人的伦理学理论的背景。生态中心主义者可能更重视紧密模拟自然条件，而功利主义者可能首先希望减少疼痛和苦难。

另一个需要考虑的问题是，公众对鱼类福利的看法可能与养殖户或鱼类生物学家的看法相冲突。例如，对于公众来说，屠宰过程中的福利似乎非常重要，而鱼类生物学家则更关注水质。如果我们考虑到动物福利不仅是一个纯粹客观的生物学术语，还是道德和生物学规范的结合，就可以理解这种差异。一般的公众更关注鱼类在一段时间内（即屠宰时刻）的不适的程度，而鱼类生物学家则倾向于将福利视为随时间累积的概念，例如鱼类的整个生命周期。认识到不同的动物福利的观念可能影响公众、养殖户或生物学家对如何人性化地养殖鱼类的看法，并且这些观念没有先前的经验会更好，可能有助于避免这些群体之间不必要的对立。此外，虽然我们确实关注人性化地屠宰，但仍有许多不清楚的地方，因为在 2016 年全球养殖的362 个鱼类物种中，只有很少的一部分有明确的有效击昏的规范。已经研发出一些能让鱼类在被屠宰前失去知觉的击昏设备，例如敲击或电场暴露。一般来说，在敲击致晕前或脱水后电击击晕前，鱼类会暴露在空气中。能够减少或避免暴露在空气中的方法是在水中进行电击击昏。各种研究表明，对于敲击和电击，水中和水外击昏都可以迅速使鱼类失去知觉，而这两种方法并不一定有优劣之分。显然，它们的评估取决于使用哪些生理或行为测量指标（这强调了我们上面提到的在衡量福利价值时必须进行选择的观点）。

如上所述，除了福利问题外，在讨论水产养殖时还会涉及其他的道德问题，例如"我们有权将鱼类驯化并改变它们的基因构成吗？""我们是否被允许首先屠宰鱼类以供食用？"

2.7.2　野生捕捞

一些放弃食用肉类的人选择继续吃鱼（被称为鱼素者）的一个常见的理由是鱼至少在野外有过美好的生活。虽然这个观点有一定的道理，但它忽视了野生环境中也存在的痛苦，以及鱼类在被捕获和屠宰时不可避免地遭受痛苦。野生捕捞中的主要的动物福利问题集中在鱼类生命的最后时刻（见第 17 章）。最近，有关捕捞方法的讨论集中在脉冲捕捞对鱼类福利的影响上。在这种技术中，向水中施加低频电脉冲，会惊动底栖鱼类，如比目鱼。从可持续性的角度来看，脉冲捕捞似乎有益处，因为渔民使用的燃料更少，会导致较少的副捕并较少扰动海底，而不像其他使用拖网的密集捕捞方式。然而，关于动物福利方面存在争议，有人认为鱼类几乎感觉不到电脉冲，而另一些人认为电击有时会导致鱼类（尤其是较大的鳕鱼）的脊椎骨折。这印证了我们在上述讨论中的观点，即在实施动物福利措施时可能需要在动物福利与环境可持续性之间进行权衡，因此需要进行价值选择。

与在饲养中被宰杀的鱼类相比，野生捕捞的鱼类在捕捞方式上必然会遇到福利问题。它们被驱赶到一张网中，有时会被拖曳和挤压数小时，当它们从深水中被高速拉起时，压力差会迫使它们的内脏从体内孔道中挤出。在船上，它们会因窒息、冰冻或被取出内脏而死亡。在所有的方法中，鱼类失去意识和知觉需要相当长的时间，有的长达 5 小时。科研人员正在努力开发用于野生捕捞鱼类的麻醉设备，但这是一个耗时且成本高昂的过程。这引发了一个道德问题，即谁应该负责投资这些措施：渔业、政府还是消费者？

2.7.3　对鱼类展开的实验

鱼类在动物实验中的使用数量正在增加，将其用于实验目的需要经过伦理审查。尽管鱼类是脊椎动物，但普遍认为与使用小鼠或其他的哺乳动物相比，使用鱼类进行研究的问题似乎较少。有时，甚至将鱼类视为小鼠或大鼠的替代选择。这种观念可能是基于对鱼类疼痛和苦难的了解少于哺乳动物。然而，如果仅因为我们不知道鱼类经历了什么，就假设它们经历的痛苦比其他的动物少，那将是一种无知的谬论。有人认为，由于鱼类与哺乳动物的大脑结构不同，鱼类不是有感知能力的动物。而在实验中使用认知能力较低的动物（如斑马鱼）比使用认知能力较高的动物（如狗）更加符合道德。尽管我们可以合理地假设意识存在不同程度的差异，且意识更强的动物通常具有更丰富的体验，但认知复杂性并不总是导致痛苦加剧。尽管某些形式的精神痛苦是鱼类不会经历的，例如存在危机的痛苦，但也有可能鱼类会经历某些更为剧烈的痛苦，而这种痛苦对于人类来说可能更糟糕。Yeates 对复杂性更高必然导致更多痛苦的观点提出了质疑。实际上，在某些情况下，认知能力更复杂的动物可能更能应对短期痛苦，因为它们意识到痛苦很快就会结束。然而，当它们意识到痛苦是慢性存在时，它们可能就无法很好地应对，因为它们知道痛苦将会持续下去。

除了造成动物的不适外，动物实验的另一个道德问题是，实验结束后常会处死动物。动物实验委员会通常认为无痛处死在道德上没有问题，至少动物被杀死这一事实并不作为伦理评估的一部分。然而，如果我们上述关于鱼类死亡伤害的论点成立，那么无痛处死并不是道德中立的，而应成为动物实验委员会的一个独立的关注点。

2.7.4　休闲娱乐

在许多国家，捕猎鹿或野猪等动物引起了公众的道德关注，但休闲垂钓似乎是一种被接受的活动。休闲垂钓是一种非常受欢迎的休闲活动，每年约有 471 亿条鱼被钓鱼者捕获。这个庞大的数字本身就引发了道德上的担忧，但许多人似乎并不认为钓鱼有问题，尤其是当他们把鱼放回水中时。大约有三分之二的鱼在被捕获后重新被放回水中。然而，在许多国家实行的这种"捕获和释放"的钓鱼方式引发了几个道德上的关注。被鱼钩严重刺伤的鱼通常在重新放回水中后会经历缓慢而痛苦的死亡。这引发了一个问题：在这种情况下，是在鱼被捕获时迅速杀死它，还是给它另一次生存的机会？如果选择后者，它可能会被再次捕获。如果这种情况在数天内发生多次，鱼很可能会长期处于压力的状态，从而可能改变鱼的应激生理，使其免疫功能受损。这增加了鱼被钩子穿刺的伤口感染的风险，或者降低了鱼应对未来捕获和其他环境的挑战（如受到捕食威胁）的整体能力。再次强调，如何处理这一困境以及更注重鱼的福利还是生存取决于一个人的规范性的框架。

2.8　总　结

在本章中，我们认为鱼类福利的问题不能脱离伦理反思，而个人的伦理框架将影响福利的评估。需要一个规范性的框架，以便在水产养殖的实践中让其成为行动的指导。此外，关于如何与鱼类相处的道德讨论中，我们还需要考虑超出福利范畴的问题。我们讨论了其中的两个问题：无痛处死鱼类是否构成道德伤害，以及我们应该如何处理养殖鱼类不可避免的驯化后果。我们在讨论涉及鱼类的实践时提出了一些道德问题：我们应该如何处理在水产养殖中与动物福利存在冲突的观念？在野生捕捞中，我们应该在鱼类福利和其他的价值观（如可持续性）之间做出什么样的权衡？谁负责改善屠宰过程中的鱼类福利？认为用哺乳动物进行实验比使用鱼类更糟糕的观点是否合理？捕捉和放流方式在休闲垂钓中是否合理？虽然我们没有对这些复杂问题给出明确的答案，但我们希望给读者足够的伦理背景，以便继续对这些问题进行反思。

参考文献

Arlinghaus R, Cooke SJ, Schwab A, Cowx IG (2002) Fish welfare: a challenge to the feelings-based approach, with implications for recreational fishing. Fish Fish 8(1):57–71

Bartholomew A, Bohnsack JA (2005) A review of catch-and-release angling mortality with implications for no-take reserves. Rev Fish Biol Fish 15:129–154

Barton BA (2002) Stress in fishes: a diversity of responses with particular reference to changes in circulating corticosteroids. Integr Comp Biol 42:517–525

Bos J, Bovenkerk B, Feindt P, Van Dam Y (2018) The quantified animal: precision livestock farming and the ethical implications of objectification. Food Ethics 2:77–92

Bovenkerk B, Braithwaite V (2016) Beneath the surface: killing of fish as a moral problem. In: Meijboom F, Stassen E (eds) The end of animal life: a start for ethical debate. Ethical and societal considerations on killing animals. Wageningen Academic Publishers, Wageningen, pp 227–250

Bovenkerk B, Kaldewaij F (2014) The use of animal models in behavioural neuroscience research. In: Lee G, Illes J, Ohl F (eds) Current topics in behavioural neuroscience. Springer, Berlin, pp 17–46

Bovenkerk B, Meijboom F (2012) The moral status of fish. The importance and limitations of a fundamental discussion for practical ethical questions in fish farming. J Agric Environ Ethics 25 (6):843–860

Bovenkerk B, Meijboom FLB (2013) Fish welfare in aquaculture: explicating the chain of interac tions between science and ethics. J Agric Environ Ethics 26(1):41–61, special issue on fish welfare

Bovenkerk B, Nijland H (2017) The pedigree dog breeding debate in ethics and practice: beyond welfare arguments. J Agric Environ Ethics 30(3):387–412

Bovenkerk B, Brom FWA, Van den Bergh BJ (2001) Brave new birds. The use of 'animal integrity' in animal ethics. Hastings Centre Rep 32(1): 16–22, reprinted in Armstrong SJ, Botzler RG (eds) (2003) The animal ethics reader. Routledge, London, pp 351–358

Bovenkerk B, Brom FWA, Van den Bergh BJ (2002) Brave new birds. The use of 'animal integrity' in animal ethics. Hastings Cent Rep 32(1):16–22

Bracke MBM (1990) Killing animals, or, why no wrong is done to an animal when killed painlessly. MA thesis

Braithwaite V (2010) Do fish feel pain? Oxford University Press, Oxford

Braithwaite V, de Perera TB (2006) Short-range orientation in fish: how fish map space. Mar Fresh Water Behav Physiol 39(1):37–47

Brando S (2016) Wild animals in entertainment. In: Bovenkerk B, Keulartz J (eds) Animal ethics in the age of humans. Blurring boundaries in human-animal relationships. Springer, Dordrecht, pp 295–318

Brom FWA (1997) Onherstelbaar verbeterd: biotechnologie bij dieren als een moreel probleem. Van Gorcum, Assen

Bshary R, Hohner A, Ait-el-Djoudi K, Fricke H (2006) Interspecific communicative and coordi nated hunting between groupers and giant moray eels in the Red Sea. PLoS Biol 4(12):e431

Cigman R (1981) Death, misfortune and species inequality. Philos Public Aff 10(1):47–64

Cooke SJ, Cowx IG (2004) The role of recreational fisheries in global fish crises. Bioscience 54:857–859

Daniels N (1979) Wide reflective equilibrium and theory acceptance in ethics. J Philos 76 (5):256–282

Davidson D (1982) Rational animals. Dialectica 36:318–327

DeGrazia D (2002) Animal rights: a very short introduction. Oxford University Press, New York, NY

Donovan J (2006) Feminism and the treatment of animals: from care to dialogue. Signs J Women Cult Soc 31(2):305–329

Duncan IJH (1996) Animal welfare defined in terms of feelings. Acta Agric Scand. Sect A Anim Sci 27(Suppl):29–35

Duncan IJH (2006) The changing concept of animal sentience. Appl Anim Behav Sci 100(1–2) (October):11–19

Ebbesson LOE, Braithwaite VA (2012) Environmental impacts on fish neural plasticity and cognition. J Fish Biol 81:2151–2174

EFSA (2008) Scientific opinion of the panel on animal health and welfare on a request from the European Commission on animal welfare aspects of husbandry systems for farmed fish: carp. EFSA J 843:1–28

Franco NH, Olsson A (2016) Killing animals as a necessary evil? The case of animal research. In: Meijboom F, Stassen E (eds) The end of animal life: a start for ethical debate. Ethical and societal considerations on killing animals. Wageningen Academic Publishers, Wageningen, pp 187–201

Franco NH, Olsson A, Sandøe P (2018) How researchers view and value the 3Rs–an upturned hierarchy? PLoS One 13(8):e0200895. https://doi.org/10.1371/journal.pone.0200895

Fraser D (2003) Assessing animal welfare at the farm and group level: the interplay of science and values. Anim Welf 12:433–443

Galhardo L, Almeida O, Oliveira R (2009) Preference for the presence of substrate in male cichlid fish: effects of social dominance and context. Appl Anim Behav Sci 120(3–4):224–230 Goodpaster KE (1978) On being morally considerable. J Philos 75(6):308–325

Gruen L (2010) The moral status of animals. In: Zalta EN (ed) The Stanford encyclopedia of philosophy (Fall ed.) http://plato.stanford.edu/archives/fall2010/entries/moral-animal/

Harfeld JL, Cornou C, Kornum A, Gjerris M (2016) Seeing the animal: on the ethical implications of de-animalization in intensive animal production systems. J Agric Environ Ethics 29 (3):407–423

Haynes RP (2008) Animal welfare: competing conceptions and ethical implications. Springer, Dordrecht

Haynes RP (2011) Competing conceptions of animals welfare and their ethical implications for the treatment of non-human animals. Acta Biotheor 59:105–120

Kaldewaij F (2006) Animals and the harm of death. In: Kaiser M, Lien M (eds) Ethics and the politics of food. Wageningen: Wageningen Academic, pp. 528–532. Reprinted in Armstrong SJ, Botzler RG (eds) The animal ethics reader. Routledge, New York

Kiessling A (2009) Feed – the key to sustainable fish farming. In: Fisheries, sustainability and development. Fifty-two authors on co-existence and development of fisheries and aquaculture in developing and developed countries. Royal Swedish Academy of Agriculture and forestry (KSLA), Halmstad, pp 303–323

Longino H (1990) Science as social knowledge: values and objectivity in scientific inquiry. Princeton University Press, Princeton

Manuel R, Boerrigter J, Roques J, van der Heul J, van den Bos R, Flik G, van de Vis H (2014) Stress in African catfish (*Clarias gariepinus*) following overland transportation. Fish Physiol Biochem 40(1):33–44

Manuel R, Gorissen M, Stokkermans M, Zethof J, Ebbesson LOE, van de Vis H, Flik G, van den Bos R (2015) The effects of environmental enrichment and age-related differences on inhibitory avoidance in Zebrafish (*Danio rerio* Hamilton). Zebrafish 12(2):152–165

Mood A, Brook P (2012) Estimating the number of farmed fish killed in global aquaculture each year. Fishcount, London. http://tinyurl.com/qxao6o7

Nagel T (1991) Mortal questions. Cambridge University Press

Nilsson J, Kristiansen TS, Fosseidengen JE, Fernö A, van den Bos R (2008) Learning in cod (*Gadus morhua*): long trace interval retention. Anim Cogn 11(2):215–222

Nordquist RE, van der Staay FJ, van Eerdenburg FJCM, Velkers FC, Fijn L, Arndt SS (2017) Mutilating procedures, management practices, and housing conditions that may affect the welfare of farm animals – implications for welfare research. Animals 7(2):12. https://doi.org/ 10.3390/ani7020012

Ohl F, van der Staay FJ (2012) Animal welfare: at the interface between science and society. Vet J 129(1):13–19

Palmer C (2010) Animal ethics in context. Columbia University Press, New York Regan T (1983) The case for animal rights. University of California Press, Berkeley

Reimer T, Dempster T, Wargelius A, Fjelldal PG, Hansen T, Glover KA, Solberg MF, Swearer SE (2017) Rapid growth causes abnormal vaterite formation in farmed fish otoliths. J Exp Biol 220:2965–2969

Rijnsdorp A, De Haan D, Smith S, Strietman WJ (2016) Pulse fishing and its effects on the marine ecosystem and fisheries. An update of the scientific knowledge. Wageningen University and Research Report. http://edepot.wur.nl/405708

Röcklinsberg H (2012) Fish for food in a challenged climate: ethical reflections. In: Potthast T, Meisch S (eds) Climate change and sustainable development. Ethical perspectives on land use and food production. Wageningen Academic, Wageningen, pp 326–334

Roques JAC, Abbink W, Geurds F, van de Vis H, Flik G (2010) Tailfin clipping, a painful procedure: studies on Nile tilapia and common carp. Physiol Behav 101(4):533–540

Rose JD (2002) The neurobehavioral nature of fishes and the question of awareness and pain. Rev Fish Sci 10:1–38

Rose JD, Arlinghaus R, Cooke SJ, Diggles BK, Sawynok W, Stevens ED, Wynne CDL (2014) Can fish really feel pain? Fish Fish 15(1):97–133

Rutgers LJE, Heeger FR (1999) Inherent worth and respect for animal integrity. In: Dol M (ed) Recognizing the intrinsic value of animals: beyond animal welfare. Van Gorcum, Assen, pp 41–52

Schmit K (2011) Concepts of animal welfare in relation to positions in animal ethics. Acta Biotheor 59(2):153–171

Silverstein HS (1980) The evil of death. J Philos 77:414–415

Singer P (1975) Animal liberation. A new ethics for our treatment of animals. New York Review, New York

Singer P (1980) Animals and the value of life. In: Regan T (ed) Matters of life and death. Random House, New York

Swart JAA, Keulartz J (2011) Wild animals in our backyard. A contextual approach to the intrinsic value of animals. Acta Biotheor 59(2):185–200

Tooley M (1972) Abortion and infanticide. Philos Public Aff:37–65

Van de Vis H, Kestin S, Robb D, Oehlenschlager J, Lambooij B, Munkner W, Kuhlmann H, Kloosterboer K, Tejada M, Huidobro A, Ottera H, Roth B, Sorensen NK, Akse L, Byrne H, Nesvadba P (2003) Is humane slaughter of fish possible for industry? Aquac Res 34:211–220

Ventura BA, von Keyserlingk MAG, Schuppli CA, Weary DM (2013) Views on contentious practices in dairy farming: the case of early cow-calf separation. J Dairy Sci 96 (9):6105–6116. https://doi.org/10.3168/jds.2012-6040

Višak T (2013) Killing happy animals: explorations in utilitarian ethics. Palgrave McMillan, London

Yeates JW (2011) Brain-pain: do animals with higher cognitive capacities feel more pain? Insights for species selection in scientific experiments. Large animals as biomedical models: ethical, societal, legal and biological aspects. In: Hagen K, Schnieke A, Thiele F (eds) Large animals as biomedical models: ethical, social, legal and biological aspects. Europaische Akademie, Bad-Neuenahr-Ahrweiler

网　站

http://webarchive.nationalarchives.gov.uk/20121010012427/http://www.fawc.org.uk/freedoms. htm. Accessed on 3/7/2018

http://www.fao.org/3/a-i5692e.pdf. Accessed on 2/7/2018 http://www.worldbank.org/en/news/press-release/2014/02/05/fish-farms-global-food-fish-supply-2030. Accessed 2/7/2018

https://www.asc-aqua.org/the-principles-behind-the-asc-standards/. Accessed on 2/7/2018

第 3 章
多样的鱼类世界

摘　要: 我们在改善水产养殖、水族馆以及实验研究中的鱼类福利时，需要了解鱼类在自然环境下的生存方式。鱼类生态系统有着丰富的多样性，每个物种都有其独特的生存环境和共存物种，其形态特征、生理特征和行为特征相互协调，以适应其所处的环境，并实现生存、成长和繁殖。不同的鱼类物种具有不同的生命周期，在寿命、生长速率、繁殖年龄、繁殖次数和后代数量等方面存在差异。由于鱼类进食和避免被捕食的方式各不相同，它们的活动和迁移方式也呈现出广泛的多样性。与此同时，鱼类的繁殖行为也表现出显著的差异，存在大规模的产卵、长期的配对关系等各种形式。鱼类可以独居、群居，它们使用一系列的感知方式来感知周围的环境，并通过各种感官进行交流。为了适应环境，鱼类需要具备可以面对不同情况的生存和繁衍机制。鱼类对环境的适应性至关重要，但人类活动引起的环境的快速变化可能会对鱼类的福利造成损害，甚至导致一些特异性的死亡，从而引起整个种群的遗传变化。鱼类可以分为前瞻性物种和反应性物种，它们具有不同的基本"个性"，而只有适合养殖的物种才是养殖者需要的。

关键词: 栖息地; 生活史; 摄食; 捕食; 集群化; 交流; 机制; 人类活动

3.1　引　言

　　人类与鱼类的互动以多种方式进行，这可能会影响它们的福利。大量的鱼类生活在与人造环境不同的栖息地中。因此，为了提高养殖鱼类的福利，我们需要了解鱼类在其自然环境中的生存方式以及它们的基本需求。福利决策应基于特定物种的生态和生活方式，因此，我们需要了解鱼类已经适应的多种不同的栖息地的方式，并了解它们如何适应其所选择的栖息地中的环境变化。鱼类需要知道什么是能做的事情，并且必须具备使事情能进行下去的机制。

　　在所有的脊椎动物中，大多数是鱼类，目前人类已经发现了超过 34000 个鱼类物种（ https://www.fishbase.de ）。某些鱼类物种之间的差异，比青蛙和人之间的差异还要大。数亿年的进化历史产生了大量的鱼类物种，它们生活的地方有从山区湖泊到深海，从小型季节性池塘到跨越海洋的全球物种所生存的各种栖息地。鱼类是脊椎动物中最多样化的群体，其展示出惊人的解剖、生理和行为的适应性。这些适应性相互协作，塑造出能够在最广泛的栖息地中生存、生长和繁殖的生物体。

鱼类可分为原始鳃类、软骨鱼类和硬骨鱼类（包括辐鳍鱼类）。原始鱼类和现代鱼类的进化历史大约已经分离了 5 亿年，但它们仍然具有适合水生生活的共同特征。硬鳞鱼类含有比其他脊椎动物更多的基因拷贝数。在硬鳞鱼类的早期进化中，基因组的复制过程中产生了大量的基因。这发生在硬鳞鱼类分化成现代鱼类之前，很多硬鳞鱼类内部的谱系也经历了最近的基因组复制，这可能为它们的多样化提供了有效的工具。

因此，鱼并不只是简单的"鱼类"！虽然鱼类大都生活在水中，以游泳的形式移动（并非总是如此），而且如果烹饪得当，就可以食用（尽管某些鱼类生吃更好，某些鱼类则有毒）。但鱼类物种间的大小不一，体型形态也各异，有圆形、梭形和扁平形等。不同物种的寿命最长从几个月到数百年不等。鱼类可以个体或成群生活。有些物种总是在游动，而另一些则几乎保持静止不动。鱼类的食物来源广泛，浮游动物、其他鱼类的鳞片和黏液等都可以是食物。某些物种的幼鱼可以帮助抚养其他幼鱼，而在另一些物种中，幼鱼会吞食其兄弟姐妹。

同一鱼类物种的不同的个体之间也存在差异，因此，同种鱼类中有不同的个体。①同一物种内的不同种群可能在很多方面存在差异，比如对捕食者的反应。②不同的生命阶段的鱼类的外观和行为可能非常不同。③雄性和雌性在很多方面存在差异，这与不同性别的生殖行为有关。④不同大小的鱼类可能采取不同的策略，小鱼会在困境中"尽力而为"。⑤个体可能具有不同的个性和应对方式，一些鱼类可能比其他的鱼类更活跃、更好奇。⑥具有相同的应对方式的个体也可能在基因上存在差异，因此表现出不同的形态和行为。⑦随着鱼类在发育过程中与环境的相互作用（表型可塑性），其变异范围进一步增加。

然而，即使是经过环境塑造的同一物种、种群、性别、大小和应对方式的个体，它们的行为也并不总是相同的，在空间和时间上存在变化的环境中的鱼类必须具备行为上的灵活性，以应对它们以前经历过的情况以及新的事件。例如，非洲鲶（*Clarias gariepinus*）通常对同种个体具有攻击性，但在旱季，这些鱼类被限制在极高密度的小水池中，此时，它们不具有攻击性。野外情况可能在短时间内发生变化，因此，鱼类需要更快的行为变化来适应。如果一个捕食者突然出现，鱼类需要停止所有的其他活动并逃跑。因此，鱼类不断调整它们的行为，以适应外界环境的风险和机遇。

鱼类的任何特定的外观、器官或行为的产生最终都是因为它们增加了达尔文适应性。生物学中的个体选择是解释物种如何适应环境的关键，相当于物理学中的重力定律。然而，鱼类不能优化单一特征，必须在各种特征之间做出权衡。它们在寻找食物时无法躲藏，也无法同时集中注意力于捕食者和猎物，也不能在逃跑时产卵。这包括人类在内的其他物种也会调整自己的行为和策略，以利用鱼类进化的

"习惯"，并改变生存规则。

本章试图揭示鱼类世界的多样性。具有不同生活史的物种生活在各种栖息地中，它们独自生活，或成群结队，并在群体中相互交流。鱼类进食、避免被捕食和繁殖的各种方法都与它们的活动和运动模式有关。鱼类必须具备生理、神经生物学和行为"工具箱"，以完成它们需要完成的任务。生理上适应环境变化的能力至关重要，由人类活动引起的环境的快速变化也给鱼类带来了严峻的挑战。鱼类物种的个性可能影响它是否适合养殖。本章将探讨鱼类的许多物种。只有少数物种用于水产养殖和实验研究，大多数的物种与渔具相互作用，甚至更多的物种在水族馆与人类互动。

3.2 栖息地的多样性

现代硬骨鱼几乎在所有的水生生态位甚至陆生环境中都有分布（例如肺鱼），它们在不同的栖息地面临不同的挑战。一些环境因素是消耗性的，与密度相关（例如食物和溶解氧），而另一些环境因素是非消耗性的，与密度无关（例如温度）。有些栖息地非常寒冷，有些栖息地则很炎热。鱼类需要适应栖息地的一般情况，但环境的变异性也是至关重要的，暴露于环境变化中的鱼类必须能够感知并应对这些变化。栖息地的多样性也很重要，多样化的环境为鱼类提供了特化的机会，每个物种占据自己的生态位。协同进化影响不同策略的适应性以及生态系统的组成和功能。

一个重要的环境因素是盐度。大约 41% 的鱼类物种生活在淡水中，58% 生活在海水中，只有 1% 的物种在其生命周期中在淡水和海水之间迁徙。一些物种能够耐受广泛的盐度范围，有些物种甚至需要在海水和淡水中完成它们的生命周期 [例如三刺鱼（ *Gasterosteus aculatus* ）]。这样的耐盐性物种分布在整个鱼类系统中，从鲨鱼类物种 [例如银鲛鲨（ *Carcharhinus leucas* ）] 到鲈鱼类物种 [例如条纹鲈（ *Morone saxatilis* ）和澳洲鲈鱼（ *Lates calcarifer* ）] 都有涵盖。沙漠鳉（ *Cyprinodon macularius* ）更是将这一特性发挥到了极限，它们能够应对从 0 到 70ppt[①] 的盐度范围。

其他的物种也生活在看似不必要的挑战性的环境中。大西洋鲑（ *Salmo salar* ）的鱼苗在水流缓慢、温度低且食物稀少的河流中生存，但它们似乎愿意生活在一个捕食风险低的环境中付出代价。格氏雀丽鱼（ *Alcolapia grahami* ）可能是地球上"最耐热"的鱼，它们生活在温度超过 40°C 的高碱性、高盐度的水域中，具有鱼类中最高的代谢率。如果环境发生剧烈的变化，一种极端的方式是把传递基因给下一

---

① ppt 表示液体浓度，即 ng/L。

代后直接死亡。例如，非洲无鳉鲫属（*Nothobranchius*）中的一些鱼类物种存在雨季时形成的水坑中。在栖息地干涸前，这些鱼将它们的卵沉积在泥底，然后幼鱼在下一个雨季开始时孵化出来。

大约41%的鱼类生活在淡水中，这意味着几乎一半的鱼类物种仅占据了全球不到1%的水资源。热带湖泊和河流是拥有大量物种和特化现象的生态系统。在亚马孙流域，我们目前已经发现了5600个鱼类物种，每年还会有新的鱼类物种被发现。但是这个庞大的物种数量的实际意义是什么？仅依靠几个物种不足以利用栖息地中的各种食物资源吗？这种推理是建立在存在一个总体规划的概念上，每个物种在生态系统中都扮演了必要的角色。然而，进化是一个盲目的过程，并且新物种的出现并不受任何特定需求的驱动。此外，一个群落中的物种在环境的许多维度上都存在差异。东非的马拉维湖中有1000多种鱼类物种的家园，主要以特有品种慈鲷鱼类为主。对湖中不同栖息地的适应、捕食工具的多样化以及基于颜色模式多样化的性选择，可以解释这种爆炸性的物种的形成。生活在温暖水域的鱼类物种的微观进化速率比生活在较冷的水域的近亲快1.6倍。热带地区的物种的高多样性可以通过生态和进化速率的温度依赖性来解释，热带地区相对较高的温度产生了高多样性。

某些海洋栖息地也拥有大量的物种。热带珊瑚礁有着丰富的鱼类群落，包括了已知鱼类物种的30%~40%。相比之下，仅有2%的鱼类物种栖息在开阔海域的外层（水深200米以内）。这里的栖息地的多样性很低，且营养物质有限。然而，在上升流区域，如鳀鱼（*Engraulidae*）等物种非常丰富，对渔业非常重要。在外层带以下的深海环境中，很少有现代鱼类物种能够成功定居，主要由古老的骨舌鱼类群体占主导的地位。中远洋区域（水深200~1000米）是鱼类种群最丰富的区域。中远洋鱼类是生物圈中数量最多的脊椎动物。深层海洋区域（水深1000~4000米）构成了一个非常大的栖息地，海洋中75%的水都在1000米以下，数百万年来在稳定的环境里产生了丰富的鱼类群落。在黑暗、均一且能量稀缺的环境中，深海鱼类过着简单、被动的生活，其大脑体积、视觉和味觉脑叶都大幅缩小。

总之，鱼类物种的数量和分布是由多种因素驱动的，包括环境的多样性、进化速率的温度依赖性以及适应不同的栖息地和食物来源。这些因素共同作用，形成了我们观察到的鱼类物种的多样性和分布。虽然没有总体规划，但每个物种都在其生态系统中发挥着自己的角色和功能，共同构成了一个复杂而稳定的生态系统。

▮ 栏目 3.1 深海中层带鱼类

中层带鱼类生活在200~1000米深的水域，每天在垂直方向上迁徙近1000米。在这些迁徙过程中，它们经历了光照强度、温度和压力的巨大变化，但显然它们对

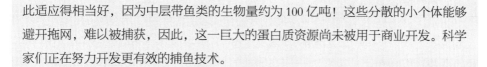

此适应得相当好，因为中层带鱼类的生物量约为 100 亿吨！这些分散的小个体能够避开拖网，难以被捕获，因此，这一巨大的蛋白质资源尚未被用于商业开发。科学家们正在努力开发更有效的捕鱼技术。

3.3　生活史

鱼类的生活方式可以有很大的差异，包括寿命、成熟时的体长和年龄、繁殖次数以及繁殖后代的数量等。例如，珊瑚礁小鱼（*Eviota sigillata*）的整个生命周期仅为 8 周，是所有脊椎动物中寿命最短的物种之一，而格陵兰鲨（*Somniosus microcephalus*）的寿命可达 272 年以上。生活史特征的灵活性似乎相对较低，但幼鱼的生长历史可以影响关键的生活史的权衡。人类的影响也可以影响鱼类的生活史的轨迹。

繁殖是有代价的，这导致鱼类在繁殖、生长和存活之间进行平衡。一个关键因素是环境的可预测性。在一个不可预测、无死亡选择权的环境中，鱼类将分配更多的资源用于繁殖活动（R 策略者）。相反，在一个具有可预测、死亡具有选择权的环境中，资源的最佳分配将旨在增加个体的适应度，通常通过竞争能力来实现（K 策略者）。在可预测的环境中，鱼类可以在其整个生命过程中收集能量，并将这种能量转化为性产物，只繁殖 1 次也能有很好的成功机会。然而，由于水体流动，水生环境通常不可预测，繁殖结果也不确定。例如，北海鳕鱼（*Melanogrammus aeglefinus*）的年产量的变化幅度可能超过 100 倍。应对不可预测性的第一个解决方案是只在条件适合时繁殖，但这对鱼类来说并不容易判断。即使对于科学家来说，预测某一年的产量也极为困难，这给鱼类资源的管理带来了问题。第二个解决方案类似于多次"下注"，以确保至少成功 1 次，需要寿命长并多次繁殖（"对冲赌注"）。生活在不可预测环境中的鲱鱼（*Clupea harengus*）可能会产卵多达 15 次，而鳕鱼（*Gadus morhua*）在单个繁殖季节中可能会繁殖多达 17 次。第三个解决方案是产生大量的卵并希望获得最好的结果。大多数的鱼类是"赌徒"，翻车鲀（*Mola mola*）可以产出 3 亿个卵，这是所有脊椎动物中数量最多的。鱼类产卵的数量是个体适应最大化的结果之一，卵的数量和大小之间存在最佳的关系。这里没有节育！在可预测的环境中，竞争通常很激烈，为了使后代能够成功地与其他鱼类的后代竞争成功，需要投入很多的资源。在河流中具有低被捕食风险的大西洋鲑鱼（*Salmo salar*）会产生相对较少但体积较大的卵，并可能只繁殖 1 次。

3.4　个体发生与变态

　　一些鱼类在它们的一生中会逐渐发生变化，而其他的鱼类在不同的阶段之间经历巨大的变化。许多鱼类从卵中孵出时是一个几乎与幼鱼或成年阶段无关的小型幼虫。由于体型的巨大的变化，鱼类通常在生命的不同阶段占据不同的生态位并扮演不同的角色。深度和栖息地的偏好以及捕食选择和社会行为在个体的发育过程中经常发生显著的变化。大西洋鲑鱼经历了不同的阶段，小鲑鱼从淡水迁移到海中，成年鲑鱼留在海中，直到它们返回淡水产卵。大比目鱼（*Hippoglossus hippoglossus*）从双侧对称的浮游幼鱼变成两只眼睛在右边的底栖成年鱼。海丽鱼（*Petromyzon marinus*）的幼鱼和成年鱼的差异很大，以至于人们认为它们长期以来是不同的物种。另外，新生的鲨鱼却和成年鱼一模一样。尽管发育的一些方面是与基因直接关联的，但发育是早期生命中的关键时期。在这期间，环境可能通过表观遗传过程不可逆地影响表型。当不同的表型正确预测未来的环境时，这可能会带来适应性的优势。养殖鱼逐渐受到它们的环境塑造，而在捕获式水产养殖中，鱼类突然被放置在必须适应的新环境中。

3.5　生存、摄食与成长

　　大多数鱼类的生命是因被捕食者吃掉而终结的。例如，超过 5000 万条幼鳕鱼的聚集体在仅仅 5 天内就被掠食性白鳕鱼（*Merlangius merlangus*）消灭了。鱼类已经进化出了广泛的抗捕食的行为（第 4 章）。如果捕食者进化出更有效的捕食方式，猎物可能会通过进化出更有效的避免方法来做出回应。在这种进化的军备竞赛中，猎物可能能够保持领先的地位，因为死亡的风险比为捕食者提供食物更能施加选择性的压力（生命晚餐原则）。鱼类可以通过使用各种不同的空间和时间尺度的避难所来避免与捕食者接触，例如毛鳞鱼（*Mallotus villosus*）会进入对鳕鱼来说太冷的热避难所。与捕食者共存的鱼类可以通过主要的防御机制（如伪装和隐蔽）来避免被发现，或者在被发现后通过次要的防御机制（如逃跑和其他生物的保护）来减少被捕获的风险。棘鳍类鱼携带的硬鳍条是一种聪明的解决方案，这样能使攻击它们的小鱼感到疼痛且很难吃下它们。鱼类不必总是在发现捕食者时立即逃跑，因为这将意味着高能耗和失去机会成本，而应该在逃跑成本超过停留成本时留在原地（经济成本效益模型）。在深海中，捕食是一个持续的过程。在中层和深层区域的鱼模仿水面光线的光源，通过发光来隐藏或迷惑捕食者。寄生虫是一种特殊类型的极小型的捕食者。长期以来，人们低估了寄生虫的作用，但许多小型和快速进化的捕食者可能比少数的大型的捕食者更具有威胁性。寄生虫对鱼类的生命力和生活史有强大的影响，甚至可以操纵宿主的行为，使它们易受生命周期中的下一个寄主感染。事实上，一些鱼类本身就是寄生虫。养殖鱼很少被捕食，除了被寄生虫寄生或者出现同类相食的现象外，它们对各种干扰的反应体现了鱼类本能对自然捕食者的反应（第 4 章）。养殖鱼习惯于重复的事件而没有任何的后果，在水族馆中，鱼类甚至不会对玻璃另一侧的人类行为做出反应。

　　避免被捕食对于鱼类来说至关重要，但鱼类本身也需要进食。鱼类做出 3 个进食决策：1）何时进食，包括在生命历程和较短的时间尺度上。一个重要的决策是，当鱼类满足了其即时的需求后，是否应继续进食。存储能量是由环境变化触发的，而食品不安全也是人类肥胖的驱动因素。2）在哪里和如何寻找食物，需要考虑到栖息地的摄食效率，权衡和其他鱼类的竞争。一些鱼只是等待猎物到来（栏目 3.2）。马拉维湖中的大型的掠食性慈鲷（*Nimbochromis livingstonii*）提供了一个有趣的欺骗例子——它伪装成死亡的鱼来引诱猎物。当食腐动物检查它的身体时，掠食者会侵吞食腐动物。3）选择什么样的食物。鱼类利用各种各样的食物类型（第 4 章），但大多数的物种是捕食活体猎物的食肉动物。鱼类的口张开有限，无法消化太大的猎物，但鲨鱼可以通过咬下一小块来分割猎物；鳗鱼旋转进食：通过在长体轴周围旋转并保持握住食物来撕下一块块的肉；粘鳞类通过让一个节瘤沿着身体向前，把节瘤压在猎物的身上，撬开一块肉。大多数的物种是广义／机会主义者，但也有特异化的捕食者。竞争通常使不同的物种专门吃不同的猎物，但多个捕食者可以捕食相同类型的猎物，前提是没有一个捕食者耗尽猎物的种群。即使是同一物种中的个体，也可能专门针对特定类型的猎物。

▌栏目 3.2　会伪装的贪婪的捕食者

　　虎纹鮟（*Histrio histrio*）不擅长游泳，但是它擅长伪装和伏击。它通过将身体的颜色适应环境的背景来隐藏自己的位置，并通过饵来吸引猎物。当足够接近猎物时，它会张嘴并利用肌肉和吸力快速将水和其他的物质吸入口中。

▌栏目 3.3: 个体进食方式中的频率依赖性的自然选择

　　细鳞偏嘴食鳞鲷（*Perissodus microlepis*）会吃其他鱼的鳞片。它们的下颌向左或向右弯曲，"左撇子"式地攻击猎物的右侧，"右撇子"式地攻击猎物的左侧。左撇子和右撇子的个体数量相等，它们的数量保持平衡。如果左撇子鱼的数量超过了"右撇子"鱼的数量，猎物将会更加警惕来自右侧的攻击，右撇子鱼将会占据优势。这些鱼天然地会更强地攻击猎物鱼的一侧，它们通过经验学习使用优势侧。

进食是生长的先决条件。大多数的鱼类呈现不定期的生长，长度不断增加，但随着鱼类年龄的增长，生长速率可能会显著减缓，且鱼类并不会无限地生长。成年鱼的大小范围从小于 10 毫米的鱼（鲤科鱼类，*Paedocypris progenetica*）到 12 米的巨型鲸鲨（*Rhincodon typus*）不等（图 3.1）。大多数的硬骨鱼类出生时非常小，它们的体重可能从幼虫到完全成长的过程中增加 6000 万倍（例如太阳鱼）。大型的鱼类不太可能被捕食，那么为什么许多的鱼类如此之小呢？但其保持小巧亦可以美丽！快速生长需要大量的能量，因此需要高速率的活动，这会增加被捕食者发现的风险，而且捕捉小鱼并不总是容易的。质量较小的物体需要比质量较大的物体更少的能量来改变方向，因此，较小的鱼有更短的转弯半径，可以比较大的鱼更有效地避免被捕食者的攻击。

3.6 体型与运动

典型的鱼类呈流线型，因此，可以最小的力气穿过水流，但身体形状与活动水平和游泳方式有关。像鰤鱼（*Seriola quinqueradiata*）这样的巡航专家具有类似鱼雷的体形和细小的尾根。像白斑狗鱼（*Esox lucius*）这样依赖快速加速的物种具有宽大的身体以产生推力。生活在需要快速反应的栖息地的物种有一个短的身体和分布在不同的位置上的鳍，使其能在不同的方向产生力。然而，像鲤鱼（*Cyprinus carpio*）这样的大多数的物种是广义的，可以相当好地完成所有的游泳功能。有些物种具有非常奇怪的身体形态（图 3.2）。形状是自然选择的产物，但也可能受到环境的影响而改变。在鲫鱼（*Carassius carassius*）中发现了表型可塑性的极端例子，它通过增加身体的深度来响应食肉鱼类释放的化学信号，从而减少张开口后被有限的食肉鱼类捕食的风险。

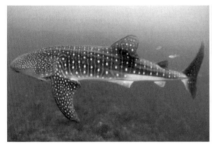

图 3.1 最大的鱼类（鲸鲨，*Rhincodon typus*，12 米）和最小的鱼类之一（*Paedocypris micromegethes*，约 10 毫米）

图 3.2 在海中漂流的翻车鱼似乎没有一个非常实用的身体形状，但这种形状是漫长进化史的结果，所以以它当然知道自己应该是什么样子的！

不同的鱼类物种具有不同的活动节律。保持静止而不移动可以降低被发现的风险，但可能会使其难以接触食物和配偶，可以像鮟鱇鱼（*Lophiiformes*）采取伪装方式来等待掠食者以吸引猎物。移动的鱼有何时和何地移动的选择。有些鱼只在某些生命阶段或时间段内移动。珊瑚礁鱼类在成年后相对安静，通过它们的浮游卵和幼体来占领新的栖息地。昼夜节律通常反映了捕食者可获得的猎物和被捕食的风险之间的权衡。约一半到三分之二的鱼类物种是在白天活动的，四分之一到三分之一是在夜间活动的，约 10% 是在黄昏活动的。软骨鱼类通常在夜间活动，隆头鱼科（*Labridae*）、鲻科（*Mugilidae*）和鲤科（*Cyprinidae*）是在日间活动的，中层鱼类在白天和黑夜之间的过渡期垂直迁移。

大约 2.5% 的鱼类物种在其生命周期中至少有 1 次进行长途迁徙。这些迁徙是为了利用在空间和时间上不断变化的食物资源，或为了繁殖目的，或由于环境因素（如温度）的变化。水声遥感技术的进步已经彻底改变了我们对鱼类迁徙的认识，通过将鱼类的运动与其生理和环境相关联，但我们仍然不完全了解鱼类如何在数百公里的长距离的迁徙中导航。鱼类生活在三维世界中，它们也进行垂直迁徙，水环境中的昼夜垂直迁移可能代表了地球上最大的生物量运动。由于光照水平和温度在垂直面上快速变化，即使进行短暂的上升或下降，鱼类也会遇到完全不同的环境。在垂直的维度上寻找最佳的位置比在水平的维度上更容易，因为距离较短，迁徙的能量成本较低，而且时间和地点更可被预测。鱼类通常在黄昏前上升，在黎明时下降，这可以用多种权衡关系来解释，如被视觉捕食者在低光的水平下被发现的风险较小，以及饵料的摄食率和生物能量优势（在低温下节省能量）等。

3.7 繁　殖

除了已知的 20 个孤雌生殖（无性繁殖）物种外，鱼类必须至少与其同一物种的另一条鱼交配 1 次才能繁殖。即使是同时具有雌雄生殖器的雌雄同体鱼类，在交换卵子时也会交换性产品。在大多数的鱼类中，性别一生固定，但也存在一些令人兴奋的例外。在某些鱼类物种中，个体为雌雄同体，而在其他的物种中，个体会改变性别。当雌性鱼类的竞争强度很大，如隆头鱼科，鱼类会从雌性转变为雄性，性别转变受到社会控制。在一些物种中，雌性鱼类的多产与体型呈强相关，如小丑鱼（Amphiprioninae），鱼类会从雄性转变为雌性。两性通常看起来很相似，但一个极端的区别是，初级的雄性深水琵琶鱼依附在大得多的雌性身上，依靠雌性提供能量。有些物种甚至缺乏雄性！在无性繁殖的亚马孙莫利鱼（Poecilia formosa）中，后代是其母亲的真正的克隆体。来自同域性别物种的精子触发胚胎发育，但精子的 DNA 被排除在发育中的卵子之外。尽管花将鱼已经存在了大约 50 万代，但没有普遍显示出基因组退化的迹象。这是雌性的完全胜利！

鱼类的繁殖行为展示了非凡的变化，范围从大规模的产卵到长期的配对关系，而求偶行为则有许多的形式（第 4 章）。同一物种内的替代繁殖的策略很常见。以个体状况为基础的适应度最高的策略出现得最为频繁，但在某些物种中，策略具有相等的适应度，从而导致混合演化稳定的策略。提供亲代照顾的领地性蓝鳃太阳鱼（Lepomis macrochirus）雄鱼和偷偷摸摸地只让卵子受精的雄鱼，享有相等的适应度。雌性倾向于在繁殖活动中投入更多的能量，导致雄性竞争雌性。配偶选择可以基于雄性的资源，如领地的大小或良好的基因，这反映在体型较大、支配地位较高或颜色图案较鲜艳的雄性上。雌性剑尾鱼（Xiphophorus hellerii）更喜欢拥有长剑状尾巴的雄性，这会增加游泳能量的消耗和被捕食的风险。但事实上，这种突出的特征之所以被选择，正是因为它们是稀少的，因此也是有理由的。在农场和水族馆中使鱼类繁殖通常是一项挑战，在一些鱼类物种中，只有通过人工授精才能产生健康的幼鱼。

亲代照顾的代价是高昂的，大多数的物种不为其后代提供照顾。受精后，父母与后代之间的联系可能会提高后代的存活率，但继续投资于后代的父母则会牺牲自己未来成功繁殖的机会。这种照顾通常包括保护卵或扇动富含氧气的水。孵化后照顾幼鱼并不常见，可能是因为难以在流动的介质中将它们聚集在一起。大多数的骨鱼类是卵生动物，但数百种物种，如孔雀鱼（Poecelia reticulata），能内部受精，并且是雌性产下活体幼鱼的胎生动物。亲代照顾，对于未来的繁殖来说，对雌性来说，成本更高，因此，雄性通常会照顾后代。雄性进行亲代照顾不仅是通过自然选择进化而来的，还是通过性选择进化而来的，雌性根据雄性成为好父亲的能力来选择雄性。以往的繁殖经验可能会影响亲代照顾，在双亲照顾的橘斑娇丽鱼（*Amatitlania siquia*）中，雌性的繁殖经验会影响双亲的亲代照顾的策略。自食其肉，即食用自己的幼鱼，在鱼类中很普遍，但在个体之间有所不同，并受到鱼类个性的影响。

3.8 独处或群居

与水产养殖中高密度的情况相反，野生鱼类可以选择独处或成群结队。大约25%的鱼类物种在仔鱼阶段后的整个生命周期中都生活在鱼群中（极化和同步的鱼群）。鱼类必须找到获取食物和被捕食风险最小化之间最佳的平衡点。独自生活意味着鱼必须自己找到食物并消耗自己寻找到的所有的食物，但是当捕食者袭击时，鱼必须独自应对。小鱼通常比大鱼更容易被捕食，而群居物种通常很小，许多物种在达到一定的大小和年龄后会从群居变为独处。

群居能够通过多种方式来降低被捕食的风险，例如，通过低概率成为目标的稀释效应以及多个目标产生的混乱，更快地发现捕食者。鱼类可以生活在数百万个个体的大鱼群中，例如鲱鱼，也可以生活在个体之间，或相互识别、竞争和合作的小群中。更大的群体可以更好地保护免受捕食者的攻击。实验表明，斑纹杀鱼（*Fundulus diuphunus*）在模拟鸟类捕食者攻击后更倾向于与两个同种群体中更大的那个群体聚集。然而，这仅在鱼群中有一定数量的鱼时才成立。在高种群密度下发现的非常大的鱼群实际上可能会增加被捕食率和疾病的死亡率，甚至有人认为这种"自杀行为"可能会创造一种密度依赖性的鱼类种群调节并解释成海洋生态系统的稳定性。密集的鱼类猎物球可能成为易于攻击的目标。逆戟鲸（*Orcinus orca*）可以通过智能地围攻鲱鱼，将其从深水区驱赶到水面上，并发出声音诱导鲱鱼聚集，从而增加其尾巴扫打的成功率。因此，鲱鱼似乎在这场竞争中处于下风。那么，为什么它们不通过闪电式扩散，从各个方向散开，做出绝望的逃脱尝试呢？也许，它们已经变得如此紧张和疲惫，以至于对抗这些强大的合作捕食者，它们选择了放弃。实际上，不成群可能是应对最强大的捕食者（人类）的有效策略。对于分散的中层鱼，很难使用传统的渔具进行捕捞（栏目 3.1）。群体内的个体的位置也可能影响它们的易捕食性。处于群体边缘的个体比靠近中心的个体更容易被捕食。沙丁鱼（*Sardinella aurita*）的鱼群会远离接近的帆鱼（*Istiophorus platypterus*），所有的攻击都集中在鱼群的后部，因此，处于这些外围位置的个体面临更高的被捕食的风险。集体机动（栏目 3.4）可以降低被捕食的风险。协调避让的前提是有效地传递信息的能力，穿过大型凤仙花鱼群的快速骚动波能够使它们对海狮的攻击做出更快速的反应。

　　尽管鱼群规模增大会增加对食物的竞争，但集群可以通过提高采食效率、提供更多的进食时间以及实现合作捕食来使进食更有效。鱼类群居还可以获得流体力学的优势，并可以向其他的鱼类学习。通常形成鱼群的养殖物种在低密度下可能会感到压力，并且通过减少攻击性来改善群体结构，可能会受益。

　　在野外，鱼类不仅会遇到同种鱼类，还会接触其他的鱼类物种和动物群体。在许多情况下，这些物种不会与非同种物种互动，非同种物种中有一些可能是捕食者或猎物。但是，互惠关系确实存在。一个鱼群可能由多种鱼类组成。群体中有更多的个体意味着更早地发现正在接近的捕食者，并降低了个体鱼类的风险。许多物种使用其他物种的大型鱼类作为保护措施来抵御捕食者。清道夫鱼除去寄生虫，寄主和清道夫通过各种信号进行交流，以减少攻击性并促进清洁。

栏目3.4　鱼类如何进行协调性的集体机动？

　　当我们观察到一个鱼群时，我们会想知道鱼类是如何联系在一起的，是否有一些个体是领导者，以及鱼群是如何进行协调性的集体机动的。在哺乳动物的社会中，通常存在社会等级，因此，我们倾向于用等级来解释结构。但与哺乳动物不同，鱼类群居通常生活在没有领导者的群体中。集体行为的结果是个体决策规则和自组织。自组织是自然的分散式的组织方式，通过产生全局模式的局部交互来组织系统。简单的局部规则决定了游泳方向和鱼类之间的距离，进而创造了集体模式。个体决策规则通过自然选择进行调整，以产生适应性的集体模式。

3.9　鱼类之间能够"交流"

　　了解鱼类如何沟通，对于理解人类活动对养殖鱼类的影响是非常重要的。刺激应该对发送者提供一定的优势，才能成为有意义的信号渠道，而不仅仅是游泳时产生的声音或从鱼鳔释放的气体等副产品。然而，沟通是发送者与接收者之间共同进化的竞争结果。这些展示可以提供关于物种和性别的静态信息，以及个体状态的动态信息。信号通常会引起即时的反应，但它也可以通知、操纵接收者或影响动机，例如同步产卵。

　　鱼类利用一系列的感觉器官获取对周围的各种信息，并综合所有的信息来帮助自己预测未来的条件。提前了解即将发生的事情意味着可能从生死攸关的险境中存活。鱼类必须解读同种鱼的信号，以及指示捕食者是否处于捕猎模式的信号。生活在群体中的鱼类需要就前往何处、潜伏的捕食者以及产卵的意愿进行沟通。视觉、嗅觉、味觉、听觉、触觉、振动感知以及各种类型的痛觉（见第 9 章）是重要的感知方式。不同的物种生活在不同的感知世界中，它们的感知适应其栖息地。例如，深海鱼类具有大眼睛，而生活在完全黑暗的洞穴中的鱼类有盲眼，但它们具有发达的化学感知能力。每种感官方式都有其优点和局限性。在对猎物和捕食者做出反应时，鱼类需要利用所有可以获取的信息，但当向同种鱼发出信号时，鱼类可以通过最有效的感知通道进行沟通。刺激的关键特征包括范围、速度、关于方向和距离的信息以及信息的内容。例如，视觉刺激能够快速提供关于物体距离和方向以及物体运动的详细信息，但其范围有限，需要直线视线。

　　视觉信号对鱼类至关重要，由形态结构或色彩图案与特定的姿势或运动组合而成。当受到威胁时，它们会在几秒钟内通过折叠鳍或关闭颜色来隐藏视觉信号。除了其重要的生理功能外，类胡萝卜素在视觉信号中起着关键的作用，尤其是作为性信号。类胡萝卜素提供的信号一般不会包含假信息，因为它们在生产和维持方面的代价高昂。脂肪鳍指示了雄性北极鳟（*Salvelinus alpinus*）的社会地位，雌性大西洋鲑则根据脂肪鳍的相对大小选择雄性。海洋并非无声的世界，水下的声音长期以来一直被低估。许多物种通过鳃齿或鳍射出的摩擦声或与鳔有关的肌肉，或与鳔相关的肌肉产生声音信号。黑鼓鱼（*Pogonias cromis*）的叫声如此响亮，以至于可以在临海运河旁的房屋内听到。

　　水生动物通常使用化学信息来做出与繁殖相关的决策。三棘刺鱼偏好具有不同气味类型的配偶，这保持了主要的组织相容性复合物的多样性，并为后代提供更好的免疫防御能力。许多的鱼类物种中存在被损伤后释放的化学警报信号，这些信号会导致按群集中的其他鱼类逃离或停止活动。有趣的是，海虱造成的伤口可能会增加养殖鲑鱼的一般的应激水平。剑尾鱼雌鱼对雄鱼的化学信号做出反应，当雌鱼出现时，雄鱼会更频繁地排尿，并在求偶时将自己置于雌鱼的上游位置。利用侧线进行水动力成像可能使鱼类能够形成脑海中的地图以进行导航，而侧线器官记录的压力波也使得群体鱼类之间能够交换信息。一些物种，如驼背鱼（*Notopteridae*）和象鼻鱼（*Mormyridae*），拥有一种神秘的电子语言，其使我们无法感知。在玻璃飞刀鱼（*Eigenmannia virescen*）中，发出恒定的频率和波形的电器官放电，其频率随性别和年龄而变化。当两个具有相似波频的个体相遇时，一条鱼会将其频率向上偏移，另一条鱼会将其频率向下偏移，以区分自己的信号和其他鱼类的信号（防止干扰反应）。这种频率在亚优势鱼中上升，被认为是一种顺从的信号，这表明鱼类意识到自己的相对力量。甚至有些鱼类似乎可以与人类进行交流（见栏目 3.5）。但是，如果我们希望理解鱼类，我们需要知道它们是否在说真话！（见栏目 3.6）。

◤ **栏目 3.5   魔鬼鱼与人类进行交流**

魔鬼鱼（Mogulidae科）拥有与体型相似的哺乳动物类似的大脑重量，其中，巨型海蝠鲼（*Manta birostris*）的脑质量是所有已研究的鱼类中最高的。负责这种脑部扩张的区域是大脑皮层和小脑，这些区域在哺乳动物中负责许多较高级的功能。脑部通过血管网络保持温暖，使得魔鬼鱼在潜入深水时对温度降低的依赖性较小。魔鬼鱼似乎能够通过长期记忆建立起对环境的认知地图。Csilla Ari告诉我们，魔鬼鱼有好奇心，会自愿接近人类，甚至在被渔线缠绕时"寻求帮助"。这表明它们具有较高的社会能力和认知能力，巨型海蝠鲼与镜子互动时的行为实际上可能表明其具有自我意识。

◤ **栏目 3.6   鱼类总是"说"真话吗？**

是什么让鱼不谎报自己的力量和状态？科学家们过去将信号解释为对接收者的操控，但实际上，大多数的信号是真实的。有效的信号通常具有高昂的成本。这些成本阻止了欺骗行为的发生，社会成本和生理成本之间的相互作用可能使动物的能力与其装饰之间保持着密切的关系。虚张声势也是有风险的，因为在互动的过程中的短期关系的恶化可能会暴露出所采取的策略，而当一条鱼试图从对方那里获取信息时，它必须透露一些信息。

然而，当关系恶化的代价很高时，鱼可能会虚张声势。火口慈鲷（*Cichlasoma meeki*）的鳃盖上的虚假眼斑使得鱼正面展示时看起来像是一个庞大而危险的个体，接收者不能冒险轻视。

3.10   潜在的机制

要理解鱼类的多样性，我们需要深入了解其潜在的机制。鱼类通常表现出适应性的行为，但为了实现这一点，它们需要具备相应的潜在的机制和工具。在解释这些行为时，区分潜在的机制和最终的解释至关重要（详见栏目 3.7；图 3.3；第4章）。

栏目 3.7　近因和远因机制

有两种不同层次的问题和答案：

问答 1

近因因素：鱼类是如何做到的？涉及哪些机制？哪些刺激引发了反应？

问答 2

远因因素：某个器官或行为具有什么功能？

将这些问题区分开来是非常重要的。以下这样的问题毫无意义：鱼类是根据光照水平的变化做昼夜垂直迁移，还是在白天下潜以避免被捕食？2 个答案当然都是正确的，但它们属于不同的层次。

理解为什么养殖鱼类会做出某种行为并不总是容易的。圈养的鱼类在养殖池和网箱中面临极高的密度，它们并没有进化适应这种极端环境的能力，因此，机制可能出现问题，导致不适应性行为的产生。水产养殖科学家通常关注近因机制，而福利问题则属于近因层面。

行为和生理学密不可分。生理机制使鱼类能够维持稳定的内部环境，特别是在外部环境快速变化时更具有挑战性。例如，当大西洋鲑鱼的鳃裂孵化成鱼苗，从淡水迁移到海洋时，渗透压的挑战会突然反转。它们从之前的渗透压的外部环境转变为处于高渗透压的水中。鱼苗无法立即对此适应，生理限制使它们对捕食者的反应距离缩短，并且集群行为的效果较差。这并不是理论上最优的行为方式，但考虑到限制条件，鱼苗在恶劣的环境中尽力做到最好。在野外遭遇环境因素巨大变化的物种（环境广泛适应者）应该比环境专化物种更容易适应人工的环境。美洲马鲛（*Rachycentron canadum*）在自然环境中遇到温度和盐度的大幅变化，并且养殖的美洲马鲛即使在高温下也能快速生长。

鱼类的新陈代谢与其生活方式有关。代谢率限制其活动范围，从而影响其执行某些类型行为的能力，但高代谢率需要大量的能量。一些物种的生活节奏较慢，活动和代谢能力较低，这与其生活史策略（如缓慢生长速率和长寿命）相关。静止的代谢率是个体的内在特征，即使在同一物种、年龄和性别中，代谢率可能相差 2~3 倍。勇敢的蓝耳鱼比胆怯的个体具有更大的活动范围。群居意味着食物竞争，代谢率和对食物需求较高的青鳊鲤（*Spinibarbus sinensis*）个体最不善社交。具有较高的有氧能力的金黄灰鲻（*Liza aurata*）在鱼群前沿能摄食最大化，因为那里需要应对较大的阻力。

为什么海马是一夫一妻制？

根本原因：
· 寻找配偶和求偶的成本高昂
· 配偶之间的繁殖同步

直接原因：

我只爱你！

图 3.3 雄性和雌性海马（*Hippocampus whitei*）之间存在着坚固的配对关系，即使繁殖失败也能持续存在。我们不知道这种关系的确切性质，但为了强调最终因素和近因机制之间的区别，并假设鱼类有情感体验（第 7 章和第 9 章），我们将这种配对关系的驱动力解释为爱。该图在获得 Elsevier 的许可后根据 Vincent 和 Sadler 1995 年的图 1 重制

3.11　人类活动如何影响到鱼类

鱼类在其自然环境中面临许多的挑战，而现代人并未让它们的生活变得更轻松。人类活动往往对鱼类种群会有严重的后果，许多的大型鱼类在许多的生态系统中已经灭绝。人为环境的变化还可能通过改变拥有最佳的适应度的个体来改变进化轨迹，并可能使鱼类接近其耐受水平，从而损害福利。行为变化可能在生理变化显现之前就可被检测到，因此，行为的变化可用于确定关键的阈值。人为污染物可能对认知产生负面影响，并已发现对条件学习和空间辨别学习产生损害。

气候变化引发了水温升高的问题，鱼类通常是"冷血动物"，其体温与水温相同。等温性比维持高温恒定的温度更为经济高效，但温度是影响鱼类表型可塑性最多的环境因素，影响许多的生理和发育的过程。温度影响代谢率和胃排空，以及游泳速度和饮食生态。然而，恒温动物并不完全受环境温度的支配，它们可以向温暖或寒冷的环境迁移，全球变暖已导致许多鱼类物种的丰度和分布发生变化。例如，鲭鱼（*Scomber scombrus*）现在已经向北方移动并在挪威海建立了种群。鲭鱼

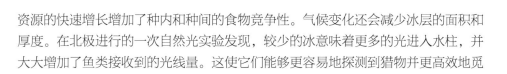

资源的快速增长增加了种内和种间的食物竞争性。气候变化还会减少冰层的面积和厚度。在北极进行的一次自然光实验发现，较少的冰意味着更多的光进入水柱，并大大增加了鱼类接收到的光线量。这使它们能够更容易地探测到猎物并更高效地觅食，进而影响整个生态系统。

水体的化学和物理特性至关重要，因为环境水体与鳃中的体液之间存在密切的关系，后者用于呼吸和排泄功能。由于人为输入的营养物质和有机物质，沿岸水域中严重的缺氧事件变得越来越常见。氧浓度影响代谢、活动、集群行为和抗捕食的行为，严重的缺氧水平影响鱼类的生长和存活。水中的 CO_2 浓度与大气中的 CO_2 浓度增加同步。升高的 CO_2 浓度对鱼类卵和幼虫有许多的负面影响，也影响鱼类的分布。珊瑚礁受到海洋酸化和水温升高的严重威胁，大多数温暖水域的珊瑚礁可能在2040—2050 年间消失。污染也可能对鱼类产生负面影响（第 20 章）。由于塑料材料本身和吸附在其上的化学污染物，小型塑料碎片的迅速增加已成为问题，摄入这种物质的鱼类可能会出现肝脏毒性和病理变化。在密集养殖中，防止水质恶化以限制生长并损害福利是至关重要的。

工业捕捞可能导致被利用的物种的数量严重减少。K-选择的物种对过度捕捞最为敏感。发达国家正在改善对渔业资源的管理，但发展中国家的情况正在恶化。几个世纪以来，当地的渔业一直以魔鬼鱼为目标供人类食用，但在过去的 10 年里，这些被认为可以治疗各种疾病的魔鬼鱼的市场不断增长，大大增加了捕捞量。魔鬼鱼具有使其特别容易过度捕捞的生活史的特征。此外，捕捞活动可能对鱼类产生强烈的选择压力，导致许多海洋物种的体型变小、生长速度变慢、繁殖能力减弱并以较小的体型繁殖，还可能改变鱼类的个性和活动水平。

3.12　鱼类是否有不同的性格？

我们常将海洋想象为一个危险的地方，鱼类必须时刻优先考虑不被捕食。因此，基本状态应该是胆小和谨慎。但是，处于防御状态意味着较少有机会接触食物和配偶。所以，也许，许多的鱼类物种实际上比我们想象的还要不重视防御？事实上，相关的模型表明，如果一个有机体无法准确知道自己的死亡风险，它应该表现得现有的风险小于平均风险，这可以被视为乐观行为。同一物种的不同的个体具有不同的应对方式，有些更具有探索性（积极主动），而其他人更加被动（反应性）（第 12 章）。因此，将鱼类物种分为具有不同的基本个性的积极主动的物种和反应性的物种是否可能呢？有意识和偶然选择的结合导致了犬种之间的性格差异，如果鱼类物种所受到的不同的选择压力没有导致不同的基本个性，反而很奇怪。动物个性的比较方法面临一些问题，但 Carter 和 Feeney 在勇敢—胆小轴上确定了 4 个行为上相似的珊瑚礁物种"群落";还发现 3 种鲫鱼科物种——蓝腮太阳鱼、欧洲莴苣鲤（*Carassius langsdorfii*）和金鱼（*Carassius auratus*）在对新环境的反应上也存在差异，从而证明情绪反应和大胆的程度是物种特异的。有人提出，大胆的程度和活动水平的差异是生长和死亡之间的一种权衡，而个性可能与栖息地的利用和探索行为相关联。一个经历较低的捕食压力并以多样化和分散的猎物为食的鱼类物种应该具有积极主动的态度来应对未知的物体，否则它将错过寻找食物和获取环境信息的机会，而那些处于高风险的捕食压力下、以易于定位和识别的猎物为食的物种则应该具有较为内向的特点。因此，我们建议可以将鱼类物种沿着积极主动和反应性的方向进行分类。物种的个性可能决定了其在养殖场、水族馆或实验容器中的适应的能力（见栏目 3.8 和第 7 章、第 12 章）。

栏目 3.8　物种的个性可能决定其是否适合养殖

积极主动的个体倾向于冒险，对环境应激因素的敏感性较低，因此，积极主动的鱼类物种可能更具有探索性和"乐观"的情绪，因此，其比反应性物种更适合养殖。另外，它们可能缺乏灵活性，更具有攻击性（第 12 章）。生活节奏也是物种个性的一部分，高活动水平可以限制鱼类能够适应多小的人工环境。社会性物种可能能够承受比孤独物种更高的密度，但它们可能更容易受到各种干扰的负面影响。

参考文献

Abrahams M (2006) The physiology of antipredator behaviour: what you do with what you've got. In: Behaviour and physiology of fish. Elsevier, Amsterdam, pp 79–108

Adams PB (1980) Life history patterns in marine fishes and their consequences for fisheries management. Fish Bull 78:1–12

Ahrens RNM, Walters CJ, Christensen V (2012) Foraging arena theory. Fish Fish 13:41–59

Albert JS, Petry P, Reis RE (2011) Major biogeographic and phylogenetic patterns. In: Historical biogeography of neotropical freshwater fishes. University of California Press, Berkeley, pp 21–58

Alexander RL (1996) Evidence of brain-warming in the mobulid rays, *Mobula tarapacana* and *Manta birostris* (*Chondrichthyes*: *Elasmobranchii*: *Batoidea*: *Myliobatiformes*). Zool J Linnean Soc 118:151–164

Alós J, Palmer M, Arlinghaus R (2012) Consistent selection towards low activity phenotypes when catchability depends on encounters among human predators and fish. PLoS One 7:e48030

Andersen NG (2001) A gastric evacuation model for three predatory gadoids and implications of using pooled field data of stomach contents to estimate food rations. J Fish Biol 59:1198–1217

Angilletta MJ, Niewiarowski PH, Navas CA (2002) The evolution of thermal physiology in ectotherms. J Therm Biol 27:249–268

Ari C (2011) Encephalization and brain organization of mobulid rays (*Myliobatiformes, Elasmobranchii*) with ecological perspectives. Open Anat J 3:1–13 Ari C (2015) Shark tales. X-Ray Mag 69:80–82

Ari C, Correia JP (2008) Role of sensory cues on food searching behavior of a captive *Manta birostris* (*Chondrichtyes, Mobulidae*). Zoo Biol 27:294–304

Ari C, D'Agostino DP (2016) Contingency checking and self-directed behaviors in giant manta rays: do elasmobranchs have self-awareness? J Ethol 34:167–174

Arnold GP, Cook PH (1984) Fish migration by selective tidal stream transport: first results with a computer simulation model for the European continental shelf. In: Mechanisms of migration in fishes. Plenum Press, New York, pp 227–261

Balon EK (1975) Terminology of intervals in fish development. Can J Fish Aquat Sci 32:1663–1670

Barber I, Rushbrook BJ (2008) Parasites and fish behaviour. In: Fish behaviour. Science Publishers, Enfield, pp 525–561

Basolo AL (1990) Female preference for male sword length in the green swordtail, *Xiphophorus helleri* (*Pisces*: *Poeciliidae*). Anim Behav 40:332–338

Basolo AL, Alcaraz G (2003) The turn of the sword: length increases male swimming costs in swordtails. Proc R Soc Lond Ser B 270:1631–1636

Basolo AL, Wagner WE Jr (2004) Covariation between predation risk, body size and fin elaboration in the green swordtail. Biol J Linn Soc 83:87–100

Beitinger TL (1990) Behavioural reactions for the assessment of stress in fishes. J Great Lakes Res 16:495–528

Binder TR, Cooke SJ, Hinch SG (2011) Fish migrations – the biology of fish migration. In: Encyclopedia of fish physiology – from genome to environment. Academic Press, San Diego, pp 1921–1927

Binder TR, Wilson ADM, Wilson SM, Suski CD, Godin J-GJ, Cooke SJ (2016) Is there a pace-of-life syndrome linking boldness and metabolic capacity for locomotion in bluegill sunfish? Anim Behav 121:175–183

Biro PA, Post JR (2008) Rapid depletion of genotypes with fast growth and bold personality traits from harvested fish populations. Proc Natl Acad Sci U S A 105:2919–2922

Braun CD, Skomal GB, Thorrold SR, Berumen ML (2014) Diving behavior of the reef manta ray links coral reefs with adjacent deep pelagic habitats. PLoS One 9:e88170

Brönmark C, Pettersson LB (1994) Chemical cues from piscivores induce a change in morphology in crucian carp. Oikos 70:396–402

Brown JH (2014) Why are there so many species in the tropics? J Biogeogr 41:8–22

Brown C, Gardner C, Braithwaite VA (2005) Differential stress responses in fish from areas of high-and low-predation pressure. J Comp Physiol 175:305–312

Brown GE, Ferrari MCO, Chivers DP (2006) Learning about danger: chemical alarm cues and threat-sensitive assessment of predation risk by fishes. In: Fish cognition and behavior. Black-well, Oxford, pp 59–74

Bshary R (2011) Machiavellian intelligence in fishes. In: Fish cognition and behavior, 2nd edn. Wiley, Oxford, pp 277–297

Burt de Perera T (2004) Fish can encode order in their spatial map. Proc R Soc Lond Ser B 271:2131–2134

Carter AJ, Feeney WE (2012) Taking a comparative approach: analysing personality as a multi-variate behavioural response across species. PLoS One 7:e42440

Castanheira MF, Conceição LEC, Millot S, Rey S, Bégout M-L, Damsgård B, Kristiansen T, Höglund E, Øverli Ø, Martins CIM (2017) Coping styles in farmed fish: consequences for aquaculture. Rev Aquac 9:2–41

Claireaux G, Couturier C, Groison A-L (2006) Effect of temperature on maximum swimming speed and cost of transport in juvenile European sea bass (*Dicentrarchus labrax*). J Exp Biol 209:3420–3428

Clark CW, Levy DA (1988) Diel vertical migrations by juvenile sockeye salmon and the antipredation window. Am Nat 131:271–290

Connor RC (1992) Egg-trading in simultaneous hermaphrodites: an alternative to tit-for-tat. J Evol Biol 5:523–528

Cook RM, Armstrong DW (1986) Stock-related effects in the recruitment of North Sea haddock and whiting. ICES J Mar Sci 42:272–280

Couturier LIE, Marshall AD, Jaine FRA, Kashiwagi T, Pierce SJ, Townsend KA, Weeks SJ, Bennett MB, Richardson AJ (2012) Biology, ecology and conservation of the *Mobulidae*. J Fish Biol 80:1075–1119

Cowen RK, Castro LR (1994) Relation of coral-reef fish larval distributions to island scale circulation around Barbados, West-Indies. Bull Mar Sci 54:228–244

Dawkins R, Krebs JR (1979) Arms races between and within species. Proc R Soc Lond Biol Soc 205:489–511

Depczynski M, Bellwood D (2005) Shortest recorded vertebrate lifespan found in a coral reef fish. Curr Biol 15:288–289

Diaz PB, Sih A (2017) Behavioural responses to human-induced change: why fishing should not be ignored. Evol Appl 10:231–240

Domenici P, Lefrancois C, Shingles A (2007) Hypoxia and the antipredator behaviours of fishes. Proc R Soc Lond Ser B 362:2105–2121

Doney SC (2010) The growing human footprint on coastal and open-ocean biogeochemistry. Science 328:1512–1516

Duffield C, Ioannou CC (2017) Marginal predation: do encounter or confusion effects explain the targeting of prey group edges? Behav Ecol 28:1283–1292

Fernö A, Pitcher TJ, Melle V, Nøttestad L, Mackinson S, Hollingworth C, Misund OA (1998) The challenge of the herring in the Norwegian Sea: making optimal collective spatial decisions. Sarsia 83:149–167

Fernö A, Huse G, Jakobsen PJ, Kristiansen TS, Nilsson J (2011) Fish behaviour, learning, aquaculture and fisheries. In: Fish cognition and behavior, 2nd edn. Wiley, Oxford, pp 359–404

Fischer B, Dieckmann U, Taborsky B (2011) When to store energy in a stochastic environment. Evolution 65:1221–1232

Fleming IA, Huntingford F (2012) Reproductive behaviour. In: Aquaculture and behavior. Wiley, Oxford, pp 286–321

Forsgren E (1997) Female sand gobies prefer good fathers over dominant males. Proc R Soc Lond Ser B 264:1283–1286

Fost BA, Ferreri CP, Braithwaite VA (2016) Behavioral response of brook trout and brown trout to acidification and species interactions. Environ Biol Fish 99:983–998

Genner MJ, Seehausen O, Lunt DH, Joyce DA, Shaw PW, Carvalho GR, Turner GF (2007) Age of cichlids: new dates for ancient lake fish radiations. Mol Biol Evol 24:1269–1282

Gerlotto F, Bertrand S, Bez N, Gutierrez M (2006) Waves of agitation inside anchovy schools observed with multibeam sonar: a way to transmit information in response to predation. ICES J Mar Sci 63:1405–1417

Ghalambor CK, McKay JK, Carroll SP, Reznick DN (2007) Adaptive versus non-adaptive pheno-typic plasticity and the potential for contemporary adaptation in new environments. Funct Ecol 21:394–407

Gilmore RG, Dodrill JW, Linley PA (1983) Embryonic development of the sand tiger shark, *Odontaspis taurus* Rafinesque. Fish Bull 81:201–225

Gopko M, Mikheev VN, Taskinen J (2017) Deterioration of basic components of the anti-predator behavior in fish harboring eye fluke larvae. Behav Ecol Sociobiol 71:68

Gross MR (1987) Evolution of diadromy in fishes. Am Fish Soc Symp Ser 1:14–25

Haddock SHD, Moline MA, Case JF (2010) Bioluminescence in the sea. Annu Rev Mar Sci 2:443–493

Hagedorn M, Heiligenberg W (1985) Court and spark: electric signals in the courtship and mating of gymnotoid fish. Anim Behav 33:254–265

Handegard NO, Boswell KM, Ioannou CC, Leblanc SP, Tjøstheim DB, Couzin ID (2012) The dynamics of coordinated group hunting and collective information transfer among schooling prey. Curr Biol 22:1213–1217

Handeland SO, Järvi T, Fernö A, Stefansson SO (1996) Osmotic stress, antipredatory behaviour and mortality of Atlantic salmon (*Salmo salar* L.) smolts. Can J Fish Aquat Sci 53:2673–2680

Harden Jones FR (1968) Fish migration. Edward Arnold, London

Hart P (1993) Teleost foraging: facts and theories. In: Behaviour of teleost fishes, 2nd edn. Chapman and Hall, London, pp 253–284

Haugland T, Rudolfsen G, Figenschou L, Folstad I (2011) Is the adipose fin and the lower jaw (kype) related to social dominance in male Arctic charr *Salvelinus alpinus*? J Fish Biol 79:1076–1083

Hays G (2003) A review of the adaptive significance and ecosystem consequences of zooplankton diel vertical migrations. Hydrobiologia 503:163–170

He E, Wurtsbaugh WA (1993) An empirical model of gastric evacuation rates for fish and an analysis of digestion in piscivorous brown trout. Trans Am Fish Soc 122:717–730

Hecht T, Uys W (1997) Effect of density on the feeding and aggressive behaviour in juvenile African catfish, *Clarias gariepinus*. S Afr J Sci 93:537–541

Helfman G, Collette BB, Facey DE, Bowen BW (2009) The diversity of fishes: biology, evolution and ecology, 2nd edn. Wiley, Oxford

Hemelrijk CK, Reid DAP, Hildenbrandt H, Padding JT (2014) The increased efficiency of fish swimming in a school. Fish Fish 16:511–521

Heuer M, Grosell M (2014) Physiological impacts of elevated carbon dioxide and ocean acidifica-tion on fish. *American Journal of Physiology. Regulatory*. Integr Comp Physiol 307:1061–1084

Heupel MR, Simpfendorfer CA (2008) Movement and distribution of young bull sharks *Carcharhinus leucas* in a variable estuarine environment. Aquat Biol 1:277–289

Hoar WS (1953) Control and timing of fish migration. Biol Rev 28:437–452

Hoegh-Guldberg O, Poloczanska ES, Skirving W, Dove S (2017) Coral reef ecosystems under climate change and ocean acidification. Front Mar Sci 80:1737–1742

Hoffmeyer J (2008) Biosemiotics: an examination into the signs of life and the life of signs. University of Scranton Press, Chicago, IL

Hori M (1993) Frequency-dependent natural selection in the handedness of scale-eating cichlid fish. Science 260:216–219

Huntingford FA (1993) Development of behaviour in fish. In: Behaviour of teleost fishes, 2nd edn. Chapman and Hall, London, pp 57–83

Hussey NE, Kessel ST, Aarestrup K, Cooke SJ, Cowley PD, Fisk AT, Harcourt RG, Holland KN, Iverson SJ, Kocik JF, Mils Flemming JE, Whoriskey FG (2015) Aquatic animal telemetry: a panoramic window into the underwater world. Science 348:1221–1231

Irigoien X, Klevjer TA, Røstad A, Martinez U, Boyra G, Acuña JL, Bode A, Echevarria F, Gonzalez-Gordillo JI, Hernandez-Leon S, Agusti S, Aksnes DL, Duarte CM, Kaartvedt S (2014) Large mesopelagic fishes biomass and trophic efficiency in the open ocean. Nat Commun 5:3271

Järvi T (1990) The effects of male dominance, secondary sexual characteristics and female mate choice on the mating success of male Atlantic salmon (*Salmo salar*). Ethology 84:123–132

Jerry DR (2014) Biology and culture of Asian Seabass Lates calcarifer. CRC, Boca Raton

Johns GC, Avise JC (1998) A comparative summary of genetic distances in the vertebrates from the mitochondrial cytochrome b gene. Mol Biol Evol 15:1481–1490

Jørgensen C, Enberg K, Dunlop ES, Arlinghaus R, Boukal DS, Brander K, Ernande B, Gardmark A, Johnston F, Matsumura S, Pardoe H, Raab K, Silva A, Vainikka A, Dieckmann U, Heino M, Rijnsdorp AD (2007) Managing evolving fish stocks. Science 318:1247–1248

Kaartvedt S, Staby A, Aksnes DL (2012) Efficient trawl avoidance by mesopelagic fishes causes large underestimation of their biomass. Mar Ecol Prog Ser 456:1–6

Killen SS, Marras S, Steffensen JF, McKenzie DJ (2012) Aerobic capacity influences the spatial position of individuals within fish schools. Proc R Soc Lond Ser B 279:357–364

Killen SS, Fu C, Wu Q, Wang Y-X, Fu S-J (2016a) The relationship between metabolic rate and sociability is altered by food deprivation. Funct Ecol 30:1358–1365

Killen SS, Adriaenssens B, Marras S, Claireaux G, Cooke SJ (2016b) Context dependency of trait repeatability and its relevance for management and conservation of fish populations. Conserv Physiol 4:1–19

Kjesbu OS (1988) The spawning activity of cod (*Gadus morhua* L.). J Fish Biol 34:195–206

Knapp R, Nett BD (2008) Parasites and fish behaviour. In: Fish behaviour. Science Publishers, Enfield, pp 411–433

Kocher TD (2004) Adaptive evolution and explosive speciation: the cichlid model. Nat Rev Genet 5:288–298

Kodric-Brown A (1998) Sexual dichromatism and temporary color changes in the reproduction of fishes. Am Zool 38:70–81

Kotrschal K, van Staaden MJ, Huber R (1998) Fish brains: evolution and environmental relation-ships. Rev Fish Biol Fish 8:373–408

Kottelat M, Britz R, Hui TH, Kai-Erik Witte K-E (2006) *Paedocypris*, a new genus of Southeast Asian cyprinid fish with a remarkable sexual dimorphism, comprises the world's smallest vertebrate. Proc R Soc Lond Ser B 273:895–899

Kramer B (1999) Waveform discrimination, phase sensitivity and jamming avoidance in a wave-type electric fish. J Exp Biol 202:1387–1398

Krause J, Godin J-GJ (1994) Shoal choice in the banded killifish (*Fundulus diuphunus*, Teleostei, Cyprinodontidae): effects of predation risk, fish size, species composition and size of shoals. Ethology 98:128–136

Krause JE, Herbert-Read F, Seebacher P, Domenici ADM, Wilson S, Marras MBS, Svendsen D, Strömbom JF, Steffensen S, Krause PE, Viblanc P, Couillaud P, Bach PS, Sabarros PS, Zaslansky P, Kurvers RHJM (2017) Injury-mediated decrease in locomotor performance increases predation risk in schooling fish. Proc R Soc Lond Ser B 372:20160232

Krebs JR, Dawkins R (1984) Animal signals: mind-reading and manipulation. In: Behavioural ecology: an evolutionary approach, 2nd edn. Blackwell, Oxford, pp 380–402

Laland KN, Atton N, Webster MM (2011) From fish to fashion: experimental and theoretical insights into the evolution of culture. Proc R Soc Lond Ser B 366:958–968

Leung TLF (2014) Fish as parasites: an insight into evolutionary convergence in adaptations for parasitism. J Zool 294:1–12

Levin ED, Chrysanthis E, Yacisin K, Linney E (2003) Chlorpyrifos exposure of developing zebrafish: effects on survival and long-term effects on response latency and spatial discrimina-tion. Neurotoxicol Teratol 25:51–57

Lindström K, St.Mary CM (2008) Parental care and sexual selection. In: Fish behaviour. Science Publishers, Enfield, pp 377–409

Locascio JV, Mann DA (2011) Localization and source level estimates of black drum (*Pogonias cromis*) calls. J Acoust Soc Am 130:1868–1879

Maury O (2017) Can schooling regulate marine populations and ecosystems. Prog Oceanogr 156:91–103

Maynard Smith J (1982) Evolution and the theory of games. Cambridge University Press, Cambridge

McCauley DJ, Pinsky ML, Palumbi SR, Estes JA, Joyce FH, Warner RR (2015) Marine defaunation: animal loss in the global ocean. Science 347:247

McKaye KR (1981) Death feigning: a unique hunting behavior by the predatory cichlid, *Haplochromis livingstoni* of Lake Malawi. Environ Biol Fish 6:361–365

McNamara JM, Trimmer PC, Houston AI (2012) It is optimal to be optimistic about survival. Biol Lett 8:516–519

Metcalfe NB, van Leeuwen TE, Killen SS (2016) Does individual variation in metabolic phenotype predict fish behaviour and performance? J Fish Biol 88:298–321

Milinski M, Griffiths S, Wegner K, Reusch T, Haas-Assenbaum A, Boehm T (2005) Mate choice decisions of stickleback females predictably modified by MHC peptide ligands. Proc Natl Acad Sci U S A 102:4414–4418

Mittelbach GG, Ballew NG, Kjelvik MK (2014) Fish behavioral types and their ecological consequences. Can J Fish Aquat Sci 71:927–944

Moyle PB, Cech JJ (2004) Fishes: an introduction to ichthyology, 5th edn. Prentice-Hall, Upper Saddle River, NJ

Nelson JS (2006) Fishes of the world. Wiley, Hoboken, NJ

Nettle D, Andrews C, Bateson M (2017) Food insecurity as a driver of obesity in humans: the insurance hypothesis. Behav Brain Sci 40:e105

Nguyen THD, Wenresti GG, Nitin KT, Truong H (2013) Cobia cage culture distribution mapping and carrying capacity assessment in Phu Quoc, Kien Giang province. J Viet Environ 4:12–19

Nielsen J, Hedeholm RB, Heinemeirer J, Bushnell PG, Christiansen JS, Olsen J, Ramsey CB, Brill RW, Simon M, Steffensen KF, Steffensen JF (2016) Eye lens radiocarbon reveals centuries of longevity in the Greenland shark (*Somniosus microcephalus*). Science 353:702–704

Nilsson PA, Brönmark C, Pettersson LB (1995) Benefits of a predator-induced morphology in crucian carp. Oecologia 104:291–296

Nøttestad L, Fernö A, Axelsen BE (2002) Digging in the deep: killer whales´ advanced hunting tactic. Polar Biol 25:939–941

Nøttestad L, Fernö A, Misund OA, Vabø R (2004) Understanding herring behaviour: linking individual decisions, school patterns and population distribution. In: The Norwegian Sea ecosystem. Tapir, Trondheim, pp 227–262

O'Malley MP, Townsend KA, Hilton P, Heinrichs S, Stewart JD (2016) Characterization of the trade in manta and devil ray gill plates in China and South-east Asia through trader surveys. Aquat Conserv Mar Freshwat Ecosyst 27:394–413

Ohno S (1999) Gene duplication and the uniqueness of vertebrate genomes circa 1970–1999. Cell Dev Biol 10:517–522

Ólafsdóttir AH, Slotte A, Jacobsen JA, Oskarsson GJ, Utne KR, Nøttestad L (2016) Changes in weight-at-length and size-at-age of mature Northeast Atlantic mackerel (*Scomber scombrus*) from 1984 to 2013: effects of mackerel stock size and herring (*Clupea harengus*) stock size. ICES J Mar Sci 73:1255–1265

Östlund-Nilsson S, Mayer I, Huntingford FA (2007) Biology of the three-Spined stickleback. CRC, Boca Raton

Øverli Ø, Sørensen C, Pulman KGT, Pottinger TG, Korzan W, Summers CH, Nilsson E (2007) Evolutionary background for stress-coping styles: relationships between physiological, behav – ioral, and cognitive traits in non-mammalian vertebrates. Biobehav Rev 31:396–412

Parrish JK, Viscido SV, Grünbaum D (2002) Self-organized fish schools: an examination of emergent properties. Biol Bull 202:296–305

Partridge BL, Pitcher TJ (1980) The sensory basis of fish schools: relative role of lateral line and vision. J Comp Physiol 135:315–325

Pickering AD (1981) Stress and fish. Academic, London

Pietsch TW (2005) Dimorphism, parasitism, and sex revisited: modes of reproduction among deep-sea ceratioid anglerfishes (*Teleostei: Lophiiformes*). Ichthyol Res 52:207–236

Pietsch TW, Grobecker DB (1987) Frogfishes of the world. Systematics, zoogeography, and behavioral ecology. Stanford University Press, Stanford

Pitcher TJ, Parrish JK (1993) The functions of shoaling behaviour. In: The behaviour of teleost fishes, 2nd edn. Chapman and Hall, London, pp 363–439

Pittman K, Yúfera M, Pavlidis M, Geffen AJ, Koven W, Ribeiro L, Zambonino-Infante JL, Tandler A (2013) Fantastically plastic: fish larvae equipped for a new world. Rev Aquac 5(Suppl. 1):224–267

Pollock MS, Clarke LMJ, Dube MG (2007) The effects of hypoxia on fishes: from ecological relevance to physiological effects. Environ Rev 15:1–14

Pope E, Hays G, Thys T, Doyle T, Sims D, Queiroz N, Hobson V, Kubicek L, Houghton JR (2010) The biology and ecology of the ocean sunfish *Mola mola*: a review of current knowledge and future research perspectives. Rev Fish Biol Fish 20:471–487

Purdy JE (1989) The effects of brief exposure to aromatic hydrocarbons on feeding and avoidance behaviour in coho salmon, *Oncorhynchus kisutch*. J Fish Biol 34:621–629

Radesäter T, Fernö A (1979) On the function of the "eye-spots" in agonistic behaviour in the fire-mouth cichlid (*Cichlasoma meeki*). Behav Process 4:5–13

Réale D, Dingemanse NJ, Kazem AJN, Wright J (2010) Evolutionary and ecological approaches to the study of personality. Phil Trans R Soc B Biol Sci 365:3937–3946

Reebs SG (2002) Plasticity of diel and circadian activity rhythms in fishes. Rev Fish Biol Fish 12:349–371

Rieucau G, Fernö A, Ioannou CC, Handegard NO (2015) Towards of a firmer explanation of large shoal formation, maintenance and collective reactions in marine fish. Rev Fish Biol Fish 25:21–37

Rijnsdorp AD, Peck MA, Engelhard GH, Möllmann C, Pinnegar JK (2009) Resolving the effect of climate change on fish populations. ICES J Mar Sci 66:1570–1583

Rochman CM, Hoh E, Kurobe T, Teh SJ (2013) Ingested plastic transfers hazardous chemicals to fish and induces hepatic stress. Sci Rep 3:3263

Roff DA (1984) The evolution of life history parameters in teleosts. Can J Fish Aquat Sci 41:989–1000

Rose GA, Leggett WC (1990) The importance of scale to predator-prey spatial correlations: an example of Atlantic fishes. Ecology 71:33–43

Rosenthal GG, Fitzsimmons JN, Woods KU, Gerlach G, Fisher HS (2011) Tactical release of a sexually-selected pheromone in a swordtail fish. PLoS One 6:e16994

Rulifson RA, Dadswell MJ (1995) Life history and population characteristics of striped bass in Atlantic Canada. Trans Am Fish Soc 124:477–507

Russell ES (2008) Fish migrations. Biol Rev 12:320–337

Sadovy de Mitcheson Y, Liu M (2008) Functional hermaphroditism in teleosts. Fish Fish 9:1–43

Sæle Ø, Smáradóttir H, Pittman K (2006) Twisted story of eye migration in flatfish. J Morphol 267:730–738

Santangelo N (2015) Female breding experience affects parental care strategies of both parents in a monogamous cichlid fish. Anim Behav 104:31–37

Sargent RC, Gross MR (1993) William's principle: an explanation of parental care in teleost fishes. In: Behaviour of teleost fishes. Chapman and Hall, London, pp 333–361

Schuster S, Wöhl S, Griebsch M, Klostermeier I (2006) Animal cognition: how archer fish learn to down rapidly moving targets. Curr Biol 16:378–383

Sih A, Bell A, Johnson JC (2004) Behavioural syndromes: an ecological and evolutionary over-view. Trends Ecol Evol 19:372–378

Similä T, Ugarte F (1993) Surface and underwater observation of cooperatively feeding killer whales in Northern Norway. Can J Zool 71:1494–1499

Simon M, Ugarte F, Wahlberg M, Miller LA (2006) Icelandic killer whales *Orcinus orca* use a pulsed call suitable for manipulating the schooling behaviour of herring *Clupea harengus*. Bioacoustics 16:57–74

Sims DW, Wearmouth VJ, Southall EJ, Hill JM, Moore P, Rawlinson K, Hutchinson N, Budd GC, Righton D, Metcalfe JD, Nash JP, Morritt D (2006) Hunt warm, rest cool: bioenergetic strategy underlying diel vertical migration of benthic shark. J Anim Ecol 75:176–190

Sloman KA, Wilson RW, Balshine S (2006) Behaviour and physiology of fish. Elsevier, Amsterdam

Smith KJ, Able KW (2003) Dissolved oxygen dynamics in salt marsh pools and its potential impacts on fish assemblages. Mar Ecol Prog Ser 258:223–232

Smith TB, Skúlason S (1996) Evolutionary significance of resource polymorphisms in fishes, amphibians, and birds. Annu Rev Ecol Syst 27:111–133

Solstorm F, Solstorm D, Oppedal F, Olsen RE, Stien LH, Fernö A (2016) Not too slow and not too fast: water currents affect group structure, aggression and welfare in post-smolt Atlantic salmon *Salmo salar*. Aquac Environ Interact 8:339–347

Starling MJ, Branson NJ, Thomson PC, McGreevy PD (2013) "Boldness" in the domestic dog differs among breeds and breed groups. Behav Process 97:53–62

Stoner AW (2004) Effects of environmental variables on fish feeding ecology: implications for the performance of baited fishing gear and stock assessment. J Fish Biol 65:1445–1471

Sun L, Chen H (2014) Effects of water temperature and fish size on growth and bioenergetics of cobia (*Rachycentron canadum*). Aquaculture 426–427:172–180

Svensson PA, Wong BBM (2011) Carotenoid-based signals in behavioural ecology: a review. Behaviour 148:131–189

Taborsky M (1984) Broodcare helpers in the cichlid fish *Lamprologus brichardi*: their costs and benefits. Anim Behav 32:1236–1252

Taborsky B (2006) The influence of juvenile and adult environments on life-history trajectories. Proc R Soc Lond Ser B 273:741–750

Takeuchi Y, Oda Y (2017) Lateralized scale-eating behaviour of cichlid is acquired by learning to use the naturally stronger side. Sci Rep 7:8984

Temming A, Floeter J, Ehrich S (2007) Predation hot spots: large scale impact of local aggregations. Ecosystems 10:865–876

Terzibasi E, Valenzano DR, Benedetti M, Roncaglia P, Cattaneo A, Domenici L, Cellerino A (2008) Large differences in aging phenotype between strains of the short-lived annual fish *Nothobranchius furzeri*. PLoS One 3:e3866

Tibbetts EA (2014) The evolution of honest communication: integrating social and physiological costs of ornamentation. Integr Comp Biol 54:578–590

Vallon M, Grom C, Kalb N, Sprenger D, Anthes N, Lindström K, Heubel KU (2016) You eat what you are: personality-dependent filial cannibalism in a fish with paternal care. Ecol Evol 6:1340–1352

van de Peer Y, Taylor JS, Joseph J, Meyer A (2002) Wanda: a database of duplicated fish genes. Nucleic Acids Res 30:109–112

van de Pol I, Flik G, Gorissen M (2017) Comparative physiology of energy metabolism: fishing for endocrine signals in the early vertebrate pool. Front Endocrinol 8:1–18

Varpe Ø, Daase M, Kristiansen T (2015) A fish-eye view on the new Arctic lightscape. ICES J Mar Sci 72:2532–2538

Vincent ACJ, Sadler LM (1995) Faithful pair bonds in wild seahorses, *Hippocampus whitei*. Anim Behav 50:1557–1569

Walker BW (1961) The ecology of the Salton Sea, California, in relation to the sportfishery. Fish Bull 113:1–204

Warner RR, Swearer SE (1991) Social control of sex change in the bluehead wrasse, *Thalassoma bifasciatum* (*Pisces*: *Labridae*). Biol Bull 181:199–204

Warren WC, García-Pérez R, Xu S, Lampert KP, Chalopin D, Stöck M, Loewe L, Lu Y, Kuderna L, Minx P, Montague MJ, Tomlinson C, Hillier LW, Murphy DN, Wang J, Wang Z, Garcia CM, Thomas GCW, Volff J-N, Farias F, Aken B, Walter RB, Pruitt KD, Marques-Bonet T, Hahn MW, Kneitz S, Lynch M, Schartl M (2018) Clonal polymorphism and high heterozygosity in the celibate genome of the Amazon molly. Nat Ecol Evol 2:669–679

Webb PW (1984) Body form, locomotion and foraging in aquatic vertebrates. Am Zool 24:107–120 Welton NJ, McNamara JM, Houston AI (2003) Assessing predation risk: optimal behaviour and rules of thumb. Theor

Popul Biol 64:417–430

Wood CM, Brix KV, De Boeck G, Bergman HL, Bianchini A, Bianchini LF, Maina JN, Johannsson OE, Kavembe GD, Papah MB, Letura KM, Ojoo RO (2016) Mammalian metabolic rates in the hottest fish on earth. Sci Rep 6:26990

Wright SD, Ross HA, Keeling DJ, McBride P, Gillman LN (2011) Thermal energy and the rate of genetic evolution in marine fishes. Evol Ecol 25:525–530

Wu RSS (2002) Hypoxia: from molecular responses to ecosystem response. Mar Pollut Bull 45:35–45

Ydenberg RC, Dill LM (1986) The economics of fleeing from predators. Adv Study Behav 16:229–249

Ye Y, Gutierrez NL (2017) Ending fishery overexploitation by expanding from local successes to globalized solutions. Nat Ecol Evol 1:0179

Yoshida M, Nagamine M, Uematsu K (2005) Comparison of behavioral responses to a novel environment between three teleosts, bluegill *Lepomis macrochirus*, crucian carp *Carassius langsdorfii*, and goldfish *Carassius auratus*. Fish Sci 71:314–319

Zahavi A (1975) Mate selection-a selection for a handicap. J Theor Biol 53:205–214

第 4 章
鱼类行为: 决定因素及对福利的影响

摘　要: 本章首先用不同的方式回答了"动物为什么会有这样的行为"这一问题, 通常被称为丁伯根的四个问题。这些问题包括: 是什么原因导致了这种行为? 它是如何发展的? 对适应度有什么影响? 它是如何进化的? 本章通过采用这些问题, 结合野生鱼类的行为表现, 分别探讨了以下几个方面: 空间利用、觅食和进食、躲避捕食者、攻击和争斗以及求偶行为等。相比于陆地养殖动物, 养殖鱼类的驯化程度相对较低, 它们在养殖场中表现出了许多天然行为的特征, 本章在这些方面进行了讨论。此外, 还讨论了有关鱼类的自然行为表现而引起的养殖鱼类的福利问题, 并提出了基于行为的解决方案。

关键词: 攻击行为; 水产养殖; 同种食性; 行为原因; 求偶行为; 行为的发展; 进食行为; 行为功能; 定向行为; 捕食行为; 福利

4.1　简介: 关于鱼类行为的问题

诺贝尔奖获得者、现代行为生物学的创始人之一尼科·丁伯根 (Niko Tinbergen) 认识到, "为什么动物会有这样的行为? "这个问题有四种不同的阐释。这些含义在栏目 4.1 中进行了总结。发生这些行为的原因相当于第 3 章中讨论的行为近因解释, 而行为的功能则是行为的远因解释。野生鱼类的行为已经得到了广泛的研究, 本章简要描述了鱼类在其天然环境中发生行为的一些重要方面。本章举例说明了一些对丁伯根问题的回答, 并探讨了这些答案对养殖鱼类福利的影响。

▌栏目 4.1　丁伯根的四个问题

如果面对一个像河虾一样的大底栖猎物, 三刺鱼 (*Gasterosteus aculeatus*) 可能会或可能不会吞食它。一个生物学家试图理解这种情况的原因时, 可能会问:

● 原因: 是什么机制导致鱼在特定的时间吃或不吃某种猎物, 同时拒绝其他的猎物?

● 发展: 在从受精卵到独立个体的成长过程中, 吃大型的猎物何时出现在鱼类的行为库中, 以及是如何发展的?

- 功能：捕食或拒绝大型的河虾对健康有什么影响？
- 系统发育史：通过哪些改变，鱼类获得了捕食大型的底栖猎物的能力？

4.2 鱼类的广泛的行为系统

为了方便起见，行为通常根据其广泛的生物学功能进行分类，包括利用空间、进食、避免被捕食、攻击和求偶。其中一些在第 3 章中进行了讨论，但在此仍进行简要描述。

4.2.1 空间的使用

野生鱼类在其三维世界中的移动可以粗略地分为在局部区域或家庭范围内的移动，定期从这些家庭范围中散布和迁移。例如，清洁隆头鱼（*Labroides* spp.）划定了以特定的珊瑚头为中心的小家庭的范围，这些珊瑚头为需要清除寄生虫的客户物种提供了清洁站。大型青鱼（*Pollachius virens*）有时将其活动集中在鱼塘的周围，这些鱼塘提供了庇护和食物。许多鱼类能够在流离失所后返回其家庭区域；例如，流离失所的黑鲷（*Sebastes cheni*）可以从 4000 米远的地方找到回家的路。当地条件恶化时，通常会发生自发性散布，并在遇到有利的条件时停止；例如，当水位下降时，亚大西洋鲑鱼（*Salmo salar*）放弃浅水觅食站，转移到附近的水池中。迁移是指有目的地从一个明确定义的区域移动到另一个区域，通常有返回迁移到原始位置的移动。有关不同尺度的鱼类迁移的一些示例在栏目 4.2 中有介绍。

▌栏目 4.2　不同时间和地理尺度下的鱼类迁徙的示例

每日在相对较短的距离内移动：褐刺鱼（*Acanthurus nigrofuscus*）每天在夜间栖息地和约 1500 米外的近海觅食地之间移动。

每日垂直迁移：许多鱼类显示定期的每日垂直迁移，以进行觅食、避免捕食者和/或跟踪有利的温度。例如，在迁移到海洋之前，被标记的亚大西洋鲑鱼在大多数的时间里游泳时靠近水面，但在白天会移动到略微深一些的水域（图 4.1）。

每年都要进行长距离的迁移：许多鱼种在捕食和产卵区之间进行季节性迁移，通常相隔数百公里；有挪威鳕鱼、鳗鱼和鲑鱼、鳞鱼。

4.2.2 觅食和进食：鱼吃什么，如何吃，什么时候吃？

鱼类探索许多种类的食物（栏目4.3），它们以多种方式收集食物。藻类可以被采摘或被吃掉，底栖无脊椎动物可以被单个地拾起或从水或基质中筛选出来。几种鱼类 [例如大西洋鲕鱼（*Cyclopterus lumpus*）] 充当清洁工，啄食并从较大的鱼类的皮肤、口腔和鳃腔中去除寄生虫。一些肉食性鱼类会在不杀死猎物的情况下吃掉它们的一部分，吃肉（如食蚊鱼）、血液（如鲶鱼）或鳞片（如几种丽鱼和鲾科鱼类），但大多数的鱼类会吞下整个猎物，通常使用吸力或顶食的方式完成。

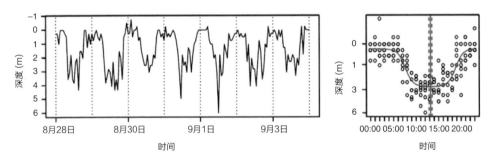

图 4.1 在秋季迁移到冰岛海岸外的大西洋鲑鱼，标记在过程中每天的垂直运动情况，为期 4 天。左图为原始测量数据（虚线表示午夜），右图为 4 天内的数据汇总，包括最佳的拟合线和估计的太阳正午时间（垂直线）

栏目 4.3 一些关于鱼吃什么的例子

草食性：鱼类以各种不同类型的植物为食。一些非洲丽鱼以浮游植物为食，一些以藻类为食（刮下岩石上的藻类的斑点丽鱼和以丝状藻为食的暗斑丽鱼），还有一些以大型的水生植物为食。

肉食性：鱼类以各种动物为食，包括浮游动物（北美大型湖泊中的白鱼或湖鲕）、大型的无脊椎动物（河豚）和其他的鱼类（北方狗鱼和许多的鲨鱼物种）。食肉鱼类通常会进行同类相食，这通常发生在发育早期，如年轻的鳕鱼，但也可能在整个生命周期中持续存在，如北方狗鱼。

腐食性：许多鱼类，包括在中国养殖的红眼鲻（*Liza haematocheila*）和麻鲤（*Cirrhinus mrigala*），以死去的植物或动物的遗骸为食；腐殖质也在许多其他的鲤鱼科和丽鱼科鱼类的饮食中以较小的程度包含。

杂食性：许多鱼类以植物性的食物和动物性的食物的混合物为食。莫桑比克丽鱼（*Oreochromis mossambicus*）、沟鲶（*Ictalurus punctatus*）和许多鲤鱼物种都属于这种情况。

在每个广泛的膳食类别中，鱼类都有特定的、年龄相关的膳食偏好；一些非鲫属鱼类的幼鱼从有选择性地捕食富含早期生长所需的蛋白质的浮游动物猎物转变为食用营养价值较低的浮游植物或碎屑。鱼类表现出所谓的"营养智慧"，从各种食物类型中选择最能满足其生理需求的组合。如果能够接触到 3 个喂食器，每个喂食器都含有单一的大分子营养素（蛋白质、脂质和碳水化合物），食肉性鱼类如虹鳟鱼（*Oncorhynchus mykiss*）、欧洲鲈鱼（*Dicentrarchus labrax*）和黄鳍鱼（*Diplodus puntazzo*）会选择以蛋白质为主要成分的饮食，而杂食性物种如金鱼（*Carassius auratus*）则选择富含脂质的饮食。

即使提供相同的食物，鱼类并不总是等可能地进食，这是由于食欲的变化。这些变化可能是不规则的。例如，随着肠道排空和营养储备的消耗，空腹时的进食倾向增加；随着饱食感的增加和营养储备的增加，食欲会下降。食欲变化也可能是节律性的，与潮汐、日、月和/或年周期的环境周期相对应。例如，在笼养的大西洋鲑幼鱼中，通过以食欲为基础的饲喂系统饲喂，每日的进食节律是明显的：在夏季，进食高峰出现在黎明时分，而在冬季则主要出现在中午（图 4.2a）。每日食物的摄入量在秋季和冬季减少，之后在春季增加，主要与季节性的温度变化有关。在应激事件（如接种疫苗和分级）后的几天，食物的摄入量也会下降（图 4.2b）。

4.2.3 避免捕食行为

野生鱼类被许多不同种类的捕食者捕食，因此，它们会表现出各种保护性反应。鱼类会在捕食者活动时休息或栖息在捕食者不常见的地方来避免被捕食。新孵化的鲑鱼在夜间分散，这时被依靠视觉捕猎的捕食者攻击的风险较低。幼年鲈鱼（*Perca fluviatilis*）聚集在缺氧的水中，可以避免被它们的捕食者追捕。在许多的物种中，特别是鲤科鱼类如鲤鱼，会在受损的皮肤释放出一种警报物质，使其他的鱼类远离并通常随后避开同种鱼受伤的地方。

许多鱼类生活在不密集的鱼群中（例如三棘鱼），或者紧密、密集的鱼群中（例如大西洋鲱鱼），这两种情况都能保护鱼群免受捕食者的攻击。如果提早发现接近的捕食者，猎物鱼通常会逐渐移向庇护所，但如果它很接近，就会触发快速的逃跑反应，使鱼离开攻击线。一个特定物种的个别鱼类对捕食威胁的反应不一定相同，许多物种都有明显的和一致的个体差异。这种个体差异对养殖鱼类的生产和福利有重要的影响，将在第 12 章中进一步讨论。

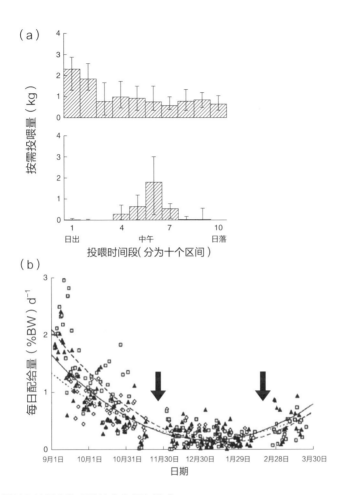

图4.2　大西洋鲑鱼按照食欲喂养的食物摄入模式。

（a）在喂食日的 10 个时间段中，显示了每个时间段提供的食物量（中位数和四分位数的范围），黎明和中午有显著的进食高峰。顶部为秋季的黎明高峰。底部为冬季的中午高峰。

（b）一个冬季的每日饲喂量。箭头代表养殖管理事件（接种和分级），之后鱼类停止进食几天（经授权修改和再版）。

猎物鱼保护自己免受捕食，同时也是进行其他重要活动的一种方式，包括捕食者检查。这是一种非凡的行为，其间它们谨慎但持续地游向潜在的捕食者。在这个过程中，它们会根据潜在捕食者的种类、大小、饥饿状态，收集有关其实际风险的信息和进食偏好。如果风险很高，其他的活动就会被抑制，以利于逃离或躲藏；如果风险很低，正常的行为就会继续，也许会增加谨慎程度。作为潜在捕食者存在时所产生的传播恐惧的一个例子，幼年珊瑚鱼（*Pomacentrus amboinensis*）在看到已知的捕食者时，代谢率显著增加，而对于中立的、非捕食性的鱼类则没有这种反应（图4.3）。这样的压力体验可能会抑制重要的活动。例如，一只鱼鹰在头顶上飞过会引起南美鲫鱼（*Lepomis gibbosus*）强烈的惊恐反应，并抑制其亲代行为。

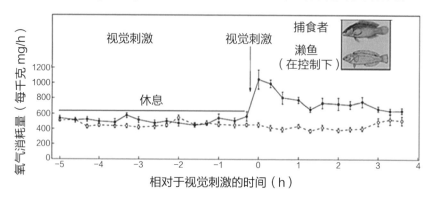

图4.3 暴露于捕食者的应激相关效应。珊瑚鱼在短暂接触无害物种和潜在的捕食者之前和之后的氧气消耗量（平均值和标准误差）（经授权修改和再版）

4.2.4 侵略与战斗

许多鱼类通过侵略性行为争夺关键的资源（食物、庇护所或配偶）。侵略性的相遇通常从逐渐加强的展示度开始。它们通常会在没有明显打斗的情况下解决，但打斗确实会发生并可能导致受伤。胜者可能会直接获得争夺资源的优先权，但也可能获得一个领地或社交群体内的支配地位，这将使他们在未来优先获得资源。在鱼类中，保卫觅食领地是比较罕见的（在不到10%的物种中有看到），但是在78%的鱼类物种中，雄性会保卫它们繁殖的领地。在群体中，相同的个体可能会连续作战，随着时间的推移，如果一个个体持续失败，它就会开始避免战斗，并成为从属者，而持续的胜利者则成为支配者。在一系列的失败之后，从属的北极鳟鱼（*Salvelinus alpinus*）会呈现出较暗的着色，避免移动并不想进食。在较大的群体中，一系列成对的支配—从属关系可能产生或多或少稳定的支配等级，以决定对资源的获取程度。例如，大西洋鲑、北极鳟鱼、虹鳟鱼以及金黄鲷鱼（*Sparus aurata*）和尼罗罗非鱼（*Oreochromis niloticus*）中已经出现了这样的等级制度。

4.2.5　求　偶

虽然繁殖行为的所有的方面都与饲养有关，但本章重点关注求偶行为，这是一种或多或少复杂的行为信号交换，一旦成功，就会达到产卵的目的。例如，雄性圆鳍拟鲤（*Cyclopterus lumpus*）在裂缝中建立巢穴，通过用鳍划过雌性并使自己的身体颤动来吸引成熟的雌性参与求偶（图 4.4）。雌性在巢穴中产卵然后离开；在受精了几个卵团之后，雄性会照顾这些卵直到孵化。大西洋鲑、大西洋鳕鱼（*Gadus morhua*）和莫桑比克罗非鱼（*Tilapia mosamicus*）中也出现了没有配对结合的求偶行为。在少数的情况下，求偶标志着伴侣之间更为牢固的关联的开始；在海马中，一种永久的、独占的配对结合形成在一个提供卵的雌性和一个将这些卵放入其育儿袋中进行受精和养育的雄性之间。

图 4.4　集体求偶。雄性（上图）将鳃基部靠在较大的雌性的背部，在这个姿势下，雄性会对雌性抖动（经 Goulet et al.1986 的许可下做了改动）

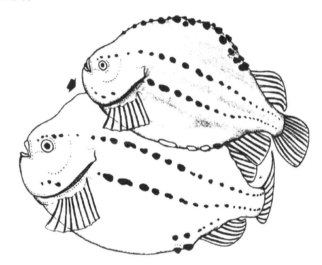

4.3　丁伯根关于鱼类行为的问题

本节探讨了丁伯根的问题是如何被应用于上述的行为系统。人们对行为的系统发育史知之甚少（尽管越来越精确的基于分子的系统发育树和比较分析的进展正在改变这种状况），因此，讨论仅限于与因果关系、发展和功能有关的问题。在文中，主要参照攻击性行为来说明答案，其他系统的补充信息见表 4.1。

4.3.1 导致鱼类行为的原因

一般来说，导致鱼在特定的时间采取特定的方式行为的原因是它检测到的外部刺激和内部状态的综合结果。在刺鱼鱼的猎物选择（见栏目 4.1）中，一条鱼是否吃某种特定的猎物取决于来自潜在猎物的感官线索（非常小、非常大和静止的猎物不太吸引人）和它当前的内部状态（空腹和低储备使鱼倾向于进食）。

在战斗的情况下，相关的刺激来自竞争对手的视觉、声音或气味。一些刺激会使鱼更有可能发起攻击；育成期的雄性金鱼会在其尿液中释放生殖激素，这些嗅觉线索会刺激其他雄性发起攻击。其他的刺激则会使鱼更不可能发起攻击；优势雄性非洲罗非鱼的雄性激素会抑制竞争对手的攻击，而从劣势大西洋鲑的深色眼环中释放出的信息会抑制优势同伴的攻击。在两条育成期雄性慈鲷（*Cichlasoma centrarchus*）之间的战斗中，展示视觉线索（鲜艳的鳍和张开的鳃盖）、机械线索（尾巴摆动产生的水流）和听觉线索（磨牙齿产生的声音）。短声音和长间隔会刺激攻击，而长时间、快速重复的脉冲则会抑制攻击。这类刺激在引发攻击和抑制攻击之间存在的平衡性决定了一个雄性是否会陷入战斗。

表 4.1　其他行为系统对丁伯根提出的问题的回答示例

关系类别	回答示例
因果关系：外部刺激	空间移动：从浮游生物中沉淀下来的年轻的珊瑚礁鱼会利用声音来定位合适的珊瑚礁的栖息地。不同的珊瑚礁具有不同的气味，沉淀下来的幼鱼也会利用这些气味来定位合适的珊瑚礁。
	摄食：嗅觉刺激对控制鱼类的摄食很重要。氨基酸半胱氨酸会刺激许多肉食性鱼类的摄食，而精氨酸通常会抑制摄食；含有这两种化学物质的食物是否被吃掉，取决于它们的比例。
	逃避捕食：在捕食者靠近时，机械感受的刺激作用于侧线系统，会引发快速的逃避反应；使该系统失活，会影响大西洋鲱鱼（*Brevoortia tyrannus*）的逃避反应。
	求偶：大西洋鳕鱼雄性利用它们的鱼泡在求偶期间发出敲击声，吸引雌性。在产卵前，声音从"咕噜声"变成"嗡嗡声"，这表明它们可能会刺激卵子释放。
因果关系：内部过程	空间移动：鲑鱼从淡水到海水的迁移和大西洋鳕鱼从沿海到近海的秋季迁移与甲状腺素水平的上升相吻合，甲状腺素增加代谢率并强烈促进游泳。
因果关系：内部过程	摄食：鱼类的食物摄入受到一系列提示当前的能量储备、单个餐食的消化和吸收进展的线索控制。这些线索激活复杂的、有据可查的大脑系统，根据需要，调整食物的摄入量。
	逃避捕食：食物匮乏的大西洋鲑鱼幼鱼比食物充足的鱼花更少的时间躲避捕食者。生长激素通过增加代谢需求和食欲，减少虹鳟鱼对捕食者的回避。

续表

关系类别	回答示例
因果关系：内部过程	求偶：性激素水平的季节性变化与雄性和雌性的性行为出现和消失相一致。在筑巢期开始时，繁殖中的莫桑比克罗非鱼雄性具有高水平的雄激素（11-酮类睾酮或11KT），此时，它们正在建立领地并追求雌性。
发展：遗传的作用	空间移动：湖白鱼（*Coregonus clupeaformis*）分为两种类型，一种喜欢较浅的水域，另一种喜欢较深的水域；杂交种显示出中间深度的偏好。大西洋鳕鱼有明显的迁徙和非迁徙的种群，而在迁徙的种群中，不同的亚种向不同的方向迁徙，并且移动的距离也不同。
	摄食：鱼对柠檬酸和脯氨酸有厌恶反应，而鲤鱼则对这些物质有正面的偏好；雌性金鱼和雄性鲤鱼的杂交种也会被这些物质吸引，这表明这种口感偏好是通过父系遗传的。
	逃避捕食：天堂幼鱼会检查它们遇到的第一个潜在的捕食者。来自高风险捕食地点的孔雀幼鱼（*Poecilia reticulata*）对捕食者的反应比来自低风险地点的孔雀鱼强烈。
	求偶：在小型剑尾鱼（*Xiphophorus nigrensis*）中，一个 Y 连锁位点通过影响体型来控制求偶行为；大型雄性只在求偶期间使用前方展示，而小型雄性如果有更大的雄性出现，则会从展示行为转变为悄悄接近。在孔雀鱼雄性中，对雌性的吸引力在一定的程度上取决于 Y 染色体连锁的颜色图案。
发展：环境的作用	空间移动：鲑鱼在公海上旅行数千千米后，能否回到它们的母溪产卵，取决于在下游幼鱼迁移开始时对嗅觉（可能还有磁性）线索的印记。
	摄食：幼稚的弓鱼（*Toxotes chatareus*）最初对猎物的方向和距离的判断能力很差。它们通过喷出一股水柱从悬挂的树叶上将陆生昆虫冲落水面来判断。但是，通过练习或观察其他熟练的弓鱼捕猎，它们的判断能力会得到迅速提高。
	逃避捕食：遇到捕食者对鱼类随后的反捕食行为有明显的影响。这种影响是通过各种形式的学习，基于直接经验（捕食者不了解的尼罗罗非鱼在经过一系列模拟捕食者的追逐后会产生有效的保护反应，这些影响会持续数周）或观察性学习（斑马鱼通过社会学习，学会从靠近的拖网中逃脱的有效路线）。
	求偶：在维多利亚湖，两种密切相关的共生慈鲷（*Pundamilia pundamilia* 和 *P. nyerere*）中，早期的性印记可以修改后续的配偶偏好；那些被寄养在另一种物种母亲身上的雌性对异种雄性的求偶反应，比那些被寄养在自己物种的雌性身上的反应更强烈。
行为的功能成本—效益的权衡	空间移动：对于大洋中的鱼类，一种常见的模式是白天待在深水中，黄昏时升至浅水，晚上靠近水面。这种昼夜垂直迁移代表了需要在觅食（在浅水，明亮的水域更容易觅食）、避免捕食者（在深水，较暗的水域更容易避免捕食者）和节约能量（依赖于水温，水温随着深度和时间的变化而变化）之间持续进行权衡。
	摄食与躲避捕食者：鱼类的摄食决策会不断地根据当前的捕食风险进行调整。饱食的巴西鲶鱼（*Pseudoplatystoma corruscans*）暴露在警戒物质下时会快速逃避和冻结，而饥饿的鱼只是简单地远离。鱼群前方的鱼比鱼群中部的鱼更容易受到捕食者的攻击，但它们获得更多的食物；饥饿的鱼会将自己定位在一个群体的前面，而饱食的鱼会向后移动。
	求偶：当在没有捕食者的情况下求偶时，管鳚（*Syngnathus typhle*）的雄性更喜欢活跃的雌性（潜在的更健康的配偶）；但在有捕食者的情况下，情况反转，不那么活跃、不那么显眼的伴侣更受青睐。

参与者的内部状态也很重要。在争夺食物的竞争中，到一定的程度上，能量储备较低的鱼比饱食的鱼更有可能进行斗争，而在经历了一段时间的饥饿后，鱼通常会更加激烈地进行斗争（鲑鱼，*Oncorhynchus kisutch*）。当鱼类争夺繁殖的机会时，内分泌的状态非常重要；通常，循环雄激素水平较高的繁殖雄性会增加它们的攻击性。生殖激素对控制侵略行为的脑机制有直接的影响，但也通过改变战斗中使用的结构和信号来产生间接的作用；繁殖雄性鲑鱼的钩形鼻或鲑鱼的鲜红色胸膛提供了例子。鱼类斗争倾向的一个重要的激素影响来自生理应激反应。通常情况下，皮质醇水平的急剧上升会增加攻击性，但这取决于当时的情况；慢性应激（如下级鱼经常经历的），通常会抑制攻击性。

4.3.2　鱼类行为的发展

只要幼鱼在有利的条件下成长，在发育过程中不断变化的基因表达模式就能建立起行为所需的机制（感觉器官、神经系统、内分泌腺和肌肉）。因此，鱼类往往能够在第一次需要时表现出正常的物种特定的行为，而不需要任何特定的环境输入和经验；在这种情况下，有关的行为有时被描述为"先天性"。这个词在引起这样一个事实方面是有用的，即相当复杂的行为可以通过这种方式被硬连线，但这并不意味着涉及的行为不可被环境修改。显然不是这种情况；正如第5章所示，行为发育从受精时开始就受到强烈的环境影响，甚至更早。这些影响范围从一般影响（例如水质）到高度特定的学习机会，并与遗传差异相互作用，决定了鱼在特定年龄时的行为方式。在三棘鱼的捕食选择中（栏目4.1），无论经验如何，都会发展出对运动猎物的偏好，因此可以称之为先天的。然而，猎物选择的许多的其他方面取决于过去与特定猎物类型的接触。

在许多鱼类中，攻击行为出现在发育的早期，随着鱼龄的增长和环境的改变，攻击的形式和频率也在改变。例如，虹鳟鱼吸收卵黄囊后不久，就会展现出简单的攻击行为，如追逐、啄咬和逃避。威胁对手的行为，如竖起鳍并采取低头的姿态，稍后才会出现，并且变得更加普遍，往往取代直接攻击；在这段时间里，攻击行为的频率显著增加（图4.5）。许多的证据表明，遗传效应在鱼类攻击行为差异的发展中发挥了作用（见栏目4.4）。

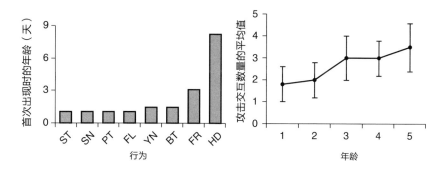

图 4.5　攻击性行为的形式和频率随年龄的增长而变化。左图显示了年轻的虹鳟鱼攻击动作库中不同动作的首次出现的年龄。ST 代表静止，SN 代表突然动作，PT 代表追捕，FL 代表逃离，YN 代表打哈欠，BT 代表咬，FR 代表竖起背鳍，HD 代表低头展示。右图显示了攻击交互数量的平均值和标准差与自由游动 50% 的鱼苗数经过的天数之间的关系。1 代表 1~6 天，2 代表 7~12 天，3 代表 13~18 天，4 代表 19~24 天，5 代表 25~30 天（数据来源于 Cole 和 Noakes 1980 年的表格 I 和 IV）

> **栏目 4.4　鱼类攻击性遗传差异的一些证据**
>
> 　　那些没有社交互动机会的鱼通常会表现出正常的攻击反应。如正常饲养的鱼，社交隔离期间饲养的伯顿非鲫（*Astatotilapia burtoni*）雄鱼会攻击其他雄鱼的黑色眼带。
>
> 　　在许多物种中，如棕鳟鱼和银鲑鱼，即使在相同的条件下饲养，来自不同地点的鱼类的攻击性的差异仍会存在。
>
> 　　经过选择育种，以在类似公鸡斗的竞赛中获胜的斗鱼品系（*Betta splendens*）比在相似条件下饲养的野生鱼类更具有攻击性。
>
> 　　相对不具有攻击性的湖鳟鱼（*Salvelinus namaycush*）和具有攻击性的溪鳟鱼（*Salvelinus fontinalis*）之间的杂交后代表现出中等水平的攻击性。
>
> 　　在孔雀鱼（guppies）中，互换杂交表明，Y 染色体中的基因元件参与了品系攻击性差异的遗传传递。

　　这种遗传性的影响与各种环境影响相互作用。为了说明一般条件的影响，成年雄性斑马鱼（*Danio rerio*）在幼年时短暂暴露于缺氧期，与在常氧的条件下饲养的鱼相比，它们对潜在的对手更具有攻击性，更有可能赢得战斗；它们也有更高的睾丸激素水平。在社交经验方面，与缺乏背鳍的同伴一起饲养的尼罗罗非鱼（所以不显示正常的展示），参与战斗的速度较慢。在短时间内，输掉斗争的经验会使红瑞麦齐鱼（*Rivulus marmoratus*）在随后的相遇中更不可能发起战斗；而胜利的经验会使它们更有可能采取攻击而非展示的方式。在攻击性遭遇的更复杂的方面，例如根据争夺资源的价值调整战斗强度，必须进行学习。圆形鲇鱼（*Neogobius melanostomus*）在争夺高质量庇护所时会更加激烈地斗争，但只有在它们有不同质量的庇护所的先前经验时才会斗得更激烈。

4.3.3 鱼类行为的功能

生物学家关注特定的行为对达尔文式适合度的后果。有些行为是有益的（三棘棱鱼捕食大型的底栖猎物，可以获得有价值的营养物质），而另一些则是有害的（大型猎物需要时间和能量才能被捕获，并且捕食底栖猎物会降低警惕性）。鱼类会灵活地调整自己的行为以适应这些正面和负面后果的平衡。未受干扰的三棘棱鱼更喜欢大型的底栖猎物，但当有捕食者出现时，它们会转向浮游生物猎物（这些猎物虽小，但可食用），同时还要注意捕食者。

在攻击性方面，获胜的好处在于获得有价值的资源。不成熟的鱼类会为庇护所（例如越冬的彩虹鳟鱼幼鱼）和食物（优势尼罗罗非鱼获得大部分可用的食物）而竞争。在成年鱼中，竞争的资源通常是繁殖机会和配偶的接近；雌性海龙（*Syngnathus typhle*）积极争夺空袋雄性，而在大西洋鲑鱼中，愿意斗争的雄性会使更多的卵子受精。

就成本而言，斗争会占用其他重要活动的时间，比如觅食（领域性银鲑鱼斗争的时间比非领域性鱼类更长，导致它们花费更少的时间觅食），或者警惕捕食者（当雄性丽鲷鱼在进行斗争时，它们的警惕性会下降，无法及时发现远处的捕食者）。参加斗争还会消耗能量，在丽鲷鱼（*Aequidens rivulatus*）的斗争中，呼吸率在斗争期间增加了 33%。在激烈的斗争中，胜者和败者都会受到口部、鳍、尾巴和侧面的伤害。

任何改变这种积极和消极后果之间平衡的因素都会改变与对手相遇时的情况。增加获胜的好处会使斗争更有可能发生和升级；在日本饰鱼（*Oryzias latipes*）中，当食物在空间上分散，但在时间上出现得集中时，它们不能以节约成本的方式垄断食物，因此，攻击水平最低。相反，增加战斗的成本使动物的攻击性降低。在存在捕食者的情况下，育性三棘棱鱼的雄性会降低攻击水平，但是有蛋卵巢的雄性比空巢的雄性不太能降低攻击水平。胜率也会影响适合度的方程，鱼类拥有精细的行为机制，用于评估自身与潜在竞争对手的斗争能力。这可能基于双方的即时状态（相对体型是斗争结果的重要的预测因子），以往参与斗争的经验（以前的失败者不太可能参与斗争），或者观察其他鱼类斗争的结果。

4.4　鱼类的自然行为是如何在养殖系统中表现出来的？

与大多数的陆地养殖动物相比，水产养殖物种的驯化程度较低，因此，养殖的鱼类与其野生同类分享相同的自然行为特征。本节考虑这些特征是否以及如何在养鱼场中表现出来；第 4.5 节考虑它们对鱼类福利的影响。

4.4.1　养殖鱼类如何利用空间？

人们对海笼养殖的大西洋鲑鱼的空间利用模式进行了最全面的研究。白天，鱼群倾向于在笼子的周围活跃地游泳，形成自然的鱼群，游动速度和方向取决于存栏密度和时间；夜间，活动量下降，鱼群分散。它们很少使用整个笼子，因此，它们所经历的密度可以比基于它们可用水体积的理论密度高得多。养殖鲑鱼的游泳深度反映了它们对光和温度的自然反应的程度。与野生鲑鱼一样，一般来说，养殖鱼在黎明时分下降到深水区，在黄昏时分上升，特别是在夏季，当表面的光线更强烈时，鱼类的这种行为则更为明显。除了对光照水平的反应外，鲑鱼会在白天集中活动在最高温度可用的地方，这在夏季尤为常见，因为可用温度的范围更大。在低密度下，网箱中的幼鳕鱼没有表现出协调的运动，而是"到处闲逛"，主要在笼子的下半部分运动（可能与它们自然的底栖习惯有关），并且白天的活动量明显更多（图 4.6）。随着存栏密度的增加，鳕鱼开始在同步的、两极化的鱼群中游动，并且整天的活动量相同（图 4.6）。在野外，圆鳍鱼经常附着在浮游海藻上，使用嘴下的吸盘。在养殖中，白天，幼年圆鳍鱼在其饲养池的各个深度积极觅食，黄昏时将自己附着在各种基质上，黎明时再与其分离。

4.4.2　如何喂养养殖鱼类？

4.4.2.1　如何运送食物？

向养殖鱼类提供食物的方式各不相同，但通常是从上方投放，通过水流逐渐落到池或笼子的底部。水流为食物在下落的过程中赋予了一定的运力。食物通常是通过手动投放的，使用各种设备将其分散在水面上，但也可以通过自动饲喂器投放，其中，大多数是由计算机控制的。

4.4.2.2　运送的食物种类

幼鱼的饲料通常包括轮虫和硝烟虾幼虫等活体猎物，但在幼虫阶段之后，鱼通常被给予碎屑、片状或颗粒状的配方饲料。这些饲料在质地、外观和味道上通常

图 4.6 养殖中的鱼类对空间的利用。网箱中的幼鳕鱼连续 4 周的平均游泳速度与 1 天中的时间（深色柱子代表夜间）和 2 种不同的放养密度（顶部约 20kg/m³，底部约 32kg/m³；经 Rillahan et al.，2011 许可修改和转载）有关

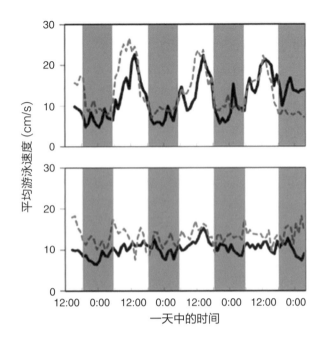

与该物种的天然猎物有所不同。许多重要的养殖物种，如罗非鱼和鲤鱼（如鲤鱼，*Cyprinus carpio*），是草食性或杂食性的，因此，提供适当的食物相对容易。鱼粉（从小型海洋鱼类的减量渔业中获得）是高价值的食肉性养殖鱼类的理想的营养来源。然而，捕捞如此大量的饵料鱼的风险很高，会对海洋生态系统产生负面影响。这使得人们成功地寻找了养殖鱼类的其他的营养来源，现在它们的饮食中含有相当大的比例的非鱼类物质。对于已经建立起来的水产养殖物种，它们的营养需求已经很清楚，而制定的配方饲料可以满足这些需求。虽然养殖鱼类没有选择食物的机会，但它们确实需要这样做，即摄取平衡和营养丰富的饲料。

尽管有指定的饲料可供选择，但在密集养殖的系统中的鱼类可能会因为塘、笼或网箱中存在天然的猎物而面临着多种食物类型的选择。例如，长时间养殖的池塘鲤鱼和罗非鱼通常有各种各样的天然猎物可供选择，以及额外的饲料作为补充。在自然界中，幼鱼（*Cyclopterus lumpus*）是机会主义的进食者，它们按照可获得的猎物比例摄取各种动物性的猎物。当为了控制海虱而被关在鲑鱼笼子里时，除了它们应该吃的鲑鱼外，小鳞鱼还可以获得一系列潜在的食物；在这里，它们也会进食，主要进食丰富的配方饲料（图 4.7）。

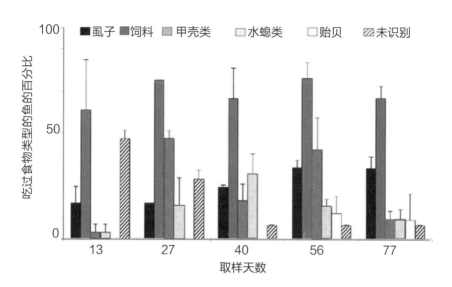

图 4.7　与大西洋鲑鱼一起在网箱中养殖的小鳞鱼的食物选择。在 77 天的喂养试验中，吃过不同食物类型的小鳞鱼的百分比（平均值和标准偏差）（经 Imsland et al. 许可修改和复制，2015a）。

在许多鱼类物种的某些生命周期阶段，同类相食是许多鱼类行为系统的自然组成部分。它可以被认为是一种攻击形式，因为一个动物伤害了或捕食了同一物种的另一个成员；无论如何概念化，同类相食在许多物种的养殖过程中会发生。例如，在养殖的杂食性类鲇鱼（*Rhamdia quelen*）中，幼鱼中的同类相食很常见，尤其是在夜间。鲇鱼会吞食平均体重为其体重的 12% 的猎物（观察到的最大值约为 19%），而 80% 至 100% 的可以被吞噬的较小的鱼类实际上会成为较大的同种鱼的猎物，不论是否有其他可用的食物来源。

4.4.2.3　鱼类的饲料量和喂食频率

当鱼被人工喂养时，时间受到物流的限制，但饲料投放本身通常会持续到鱼类表现出进食迹象消失，在某种程度上饵料投放与鱼类的食欲相匹配。自动喂食器可以根据已知的自然营养的需求和有关物种的食欲波动，在一定的时间内提供预先确定的数量。这种波动往往难以预测，例如，如果食欲因受干扰而被抑制。为了克服这个问题，养殖户有时会通过需求喂食器进行喂食。这些是需要鱼自己触发才能释放饲料的自喂设备（例如用于罗非鱼和虹鳟鱼），以及各种交互反馈系统，根据鱼类的食欲调整提供的饲料量（例如用于大西洋鲑和虹鳟鱼）。

4.4.3 捕食回避

人工养殖的鱼在很大的程度上受到保护，不受捕食者的侵害，但尽管养殖者尽了最大的努力，人工养殖的鱼有时会受到直接的捕食者的攻击，这可能会造成压力、伤害和死亡。饲养在海笼中的鲑鱼可能受到海豹、水獭、水貂、灰苍鹭和鸬鹚的攻击。蓝鱼（*Pomatomus saltatrix*）聚集在鲈鱼和鲷鱼养殖场的周围，闯入笼子并攻击其中的鱼。一些养殖鱼类，例如雷氏鲶鱼幼苗，受到同类的攻击，会表现出适当的捕食者回避，离开并在水面上躲避。

即使养殖的鱼没有受到任何直接的掠食性攻击，它们也很可能接触到潜在的捕食风险的信号。对于非洲鲶鱼来说，在打斗中受伤的鱼释放的报警物质会引起附近鱼的短暂的应激反应。常规的饲养方法，如捕获和处理，在某种意义上模拟了掠食性攻击，这些也会引起应激反应。在被网追赶后，鲶鱼的皮质醇水平升高，同时活动减少，社交互动减少。在自然界中，江鳕经常在白天躲藏以避免捕食。当有庇护所时，培养的江鳕也在白天躲藏，这减少了压力水平并促进了生长（图4.8）。

4.4.4 入侵行为

许多养殖鱼类相互攻击，生产系统中攻击性互动的频率可能高得惊人。特别是在进食之前，高密度的鳕鱼幼鱼以每小时3次攻击的速度咬住较小同伴的尾巴，这在一天中会增加到相当多的攻击次数。在生产条件下饲养的幼鱼中，超过80%的低口粮鱼的前鳍受到攻击而引起损伤；即使饲料输送过量，鳍损伤仍然会发生（图4.9）。栏目4.5显示了其他一些例子。

图4.8 养殖江鳕对庇护所的使用。使用遮蔽物（塑料管减半，每个水箱8根）的鱼的平均和标准偏差百分比与一天中的时间的关系。黑色条表示夜晚时间，白色条表示白天时间，灰色条表示黄昏和黎明的时间（经过Wocher et al., 2011许可的修改和复制）

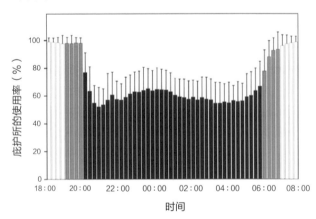

图 4.9 养殖鳕鱼的攻击性指标。50g鱼的前背鳍受损的百分比（平均值和标准误差），维持在不同的口粮下。灰条：在观察期开始时取样的鱼。黑条：55 天后取样的鱼（经过 Hatlen et al., 2006 的许可修改和复制）

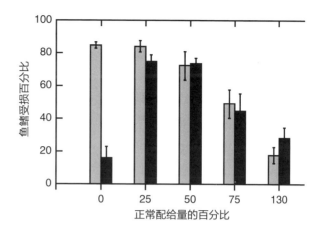

在养殖鱼类和野生鱼类中，攻击性互动经常发展成稳定的支配一从属关系。大约 10% 的（优势）鱼负责幼大比目鱼（*Hippoglossus hippoglossus*），而在密度为 25~50 条 /m³ 的黄鲈（*Bidyanus bidyanus*）幼鱼中，1 条或 2 条（从属）鱼会被持续追逐。虹鳟鱼，作为优势鱼类的其中一类，可从其相对未受损的背鳍中识别出来，它们垄断了当地的食物。参与战斗会导致相关鱼类发生复杂的变化，包括生理应激反应，尤其是失败者。在野外，这种情况通常是短暂的，但在生产系统中，输掉战斗的鱼可能无法逃离。在这种情况下，它们将经历慢性压力，这从福利的角度来看是值得关注的。

栏目 4.5   养殖条件下鱼类攻击性互动的频率

● 在人工养殖的幼锦鲤中，攻击对手腹部和鱼鳍的概率超过每分钟每条鱼 1 次。

● 在成年虹鳟鱼中，每天喂食 1 餐的鱼咬伤和追逐的发生率为每分钟每条鱼 0.75 次，每天喂食 3 餐的鱼的咬伤和追逐的发生率为每分钟每条鱼 0.30 次。

● 在由 15 条小鱼组成的群体中，优势互动以每小时 62 条的速度发生。优势鱼的攻击率为每分钟 2 次，从属鱼为每分钟 0.6 次。

4.4.5   求 偶

确保可持续水产养殖所需鱼苗的可靠的供应总是会干扰自然繁殖的行为。在最极端的情况下，卵子和精子是通过剥离来收集的，然后进行人工授精。这种方法被用于集约化养殖的物种，如大西洋鲑鱼和虹鳟鱼，它排除了所有正常的繁殖行为的组成部分，如竞争、求爱和配偶选择。对于某些物种（某些系统中的罗非鱼和海峡鲶鱼），单个雄性和雌性被人工配对安排在围栏或水箱中，在那里自发产卵，允许自然求爱，但没有竞争，也没有选择配偶的余地。通过水产养殖生产鱼苗的侵入性最小的方法是在水箱或池塘中饲养大量的混合性别的鱼类，在那里交配会自发进行，并收集受精卵供使用。这是海洋中上层产卵者的情况，如鳕鱼、鲈鱼和鲷鱼。在某些情况下，罗非鱼也是如此。这种群体产卵允许竞争、自然求爱和择偶。在养殖池中饲养的尼罗罗非鱼中，33%的雄性（通常是种群中最大的）使70%以上的卵受精；对于成群产卵的鳕鱼，10%的雄性使90%的卵受精。

4.5 养殖鱼类的福利

4.5.1 鱼类福利的棘手概念

围绕鱼类福利的问题存在争议，部分原因是福利可以用不同的方式定义。根据动物的功能来定义，良好的福利要求它适应当前的环境，所有的生物系统都能正常工作。基于感觉的定义将良好的福利等同于动物没有痛苦、恐惧和饥饿等负面体验，并能获得社会陪伴等积极体验。这是基于这样的假设，即相关的动物有足够的感知能力来体验积极和消极的情绪。基于自然的定义，将福利等同于动物在圈养环境中能够表现出与在野外相同的行为。这些定义强调一个复杂主题的不同的重要方面，没有一个是绝对的正确或不正确。福利意味着什么以及如何衡量福利，将在第1、2、9、13章中进行更详细的讨论。本章所提出的材料大多符合最不具有争议的福利定义，即有效运作。然而，一些例子涉及养殖鱼类展示其自然行为的能力，特别是关于行为需要的概念。

4.5.2 养殖鱼类的自然行为和福利

针对运输、处理、医疗和屠宰等许多必要的养殖做法对鱼类福利的影响进行了广泛的审查。本章感兴趣的是养殖鱼类的自然行为特征的表现所引起的福利问题。有些问题的产生是因为养殖中的鱼在不适当或有害的情况下表现出自然反应。另一些则是因为人工养殖的鱼在适当或有益的情况下没有表现出自然反应。在任何一种情况下，问题都可能来自控制相关行为的机制，它是如何发展的，或者它是如何被自然选择塑造的。对每一种情况都给出了例子，这些例子并不相互排斥，而且往往建议采取类似的缓解战略。

4.5.2.1 对外界刺激的自然反应

1.对错误的情形的正确回应

在某些情况下,水产养殖出现问题是因为养殖鱼类受到有关的刺激并对它们做出自然反应,但表现出这种行为发生的环境对福利有不利的影响。例如,当大西洋鲑鱼被关在海笼中,在水面上提供食物时,它们对空间线索(食物的位置、温度和光的梯度)的自然反应可能导致鱼群聚集,数量之高足以引起碰撞,并严重消耗氧气浓度。这可以通过战略性地放置水下光源来缓解,这种自然反应会使鱼类在整个笼子中更均匀地分布。通过让鲑鱼远离海面,也就是海虱在感染阶段聚集的地方,水下灯光也可以保护它们免受虱子的侵扰。每条鱼的虱子数量从水面灯光下的约 7 个下降到水下灯光下的约 1 个。

在反捕食者反应的情形下,许多养殖活动发出的信号可能被鱼解释为表明捕食者的存在。这些可能包括气味(人类从皮肤上释放丝氨酸,这在自然界中是哺乳动物捕食者存在的信号)、视觉线索(人和物体隐约出现在水面上)和机械感官线索(养殖的鱼暴露在来自船只、水泵和其他农场设备的噪声中)。在自然界中,对这种暗示的反应可以保护鱼类免受危险,但在水产养殖中,当鱼类相互碰撞或与围栏发生碰撞时,逃逸反应会造成伤害。例如,条纹号角鱼的幼苗会游到水箱壁上从而导致颌骨畸形的高发。

生理压力是对生存挑战的自然性和适应性的反应,但在养殖中,有效的应对很少是可行的,对真实或感知的威胁做出反应的长期压力可能对福利产生不利的影响。例如,大西洋鲑鱼在处理和禁闭后表现出血浆皮质醇浓度升高和食欲下降。这是许多畜牧业实践的一个组成部分,如大小分级,即通常在让鱼通过分级网箱(通常是在空中)之前捕获和限制它们。比如,自我分级的方式允许鱼类在水下网箱中自愿游泳,有时是对简单的定向刺激的反应。例如,在孵化后 28 天的棘鲈幼苗表现出非常强烈的向光移动的倾向。这种积极的光敏性反应促进棘鱼在 22 英里[①]/ 小时以内成功地进行自我分级,但在 28 英里 / 小时以后就没有了(图 4.10)。

2.养殖系统缺乏相关的刺激

在其他的情况下,福利问题的产生是因为在养殖系统中缺乏对指导鱼类行为很重要的自然刺激。对许多的鱼类来说,视觉线索对于定位和识别食物很重要;能见度低会影响良好养殖的鱼类的觅食能力,从而影响它们的福利。大西洋鳕鱼的幼苗即使在食物充足的情况下,在低光照的条件下也很难存活,因为它们不能有效地捕获猎物。对于年龄较大的鱼,至少在最初,虽然饲料的营养适宜,但可能不符合自然偏好(例如,可能缺少化学引诱剂)。在这种情况下,颗粒可能不会被吃下。在

---

① 1英里≈1609.34米。

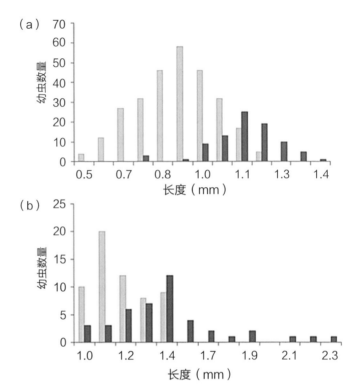

图4.10 孵化后22天（上图）和34天（下图），分级网的亮（亮条）和暗（暗条）侧棘鲈幼苗的尺寸分布（经Tielmann et al.，2016许可复制）

配方饲料中添加天然喂养的刺激物会有所帮助；将贻贝提取物（含有一种已知的喂养兴奋剂）与油菜籽饲料（含有不吸引人的化合物）相结合，使这种饲料更适合大比目鱼（*Psetta maxima*），并促进其更好地生长。在养殖的条件下缺乏自然刺激也并不总是对福利产生负面影响。例如，鲜艳的皮肤颜色会刺激许多鱼类的攻击性。由于在黑暗的背景下休息的鱼的皮肤往往会变暗，这抑制了优势同伴的攻击，这表明了一种减少生产系统中攻击性的策略。在一系列成对选择的情况下，银鲑（*Oncorhynchus kisutch*）对黑色的背景表现出强烈的偏好，选择的背景越深，它们表现出的攻击性越小（图4.11）。

4.5.2.2 内部过程的自然表述

1. 养殖鱼类的动态系统

水产养殖中的一些福利问题是由于激活了一些控制行为的系统。这些系统在自然环境中是合适的，但在养殖系统中却没有促进福利。在饲养方面，如果不考虑食欲的自然变化，可能会导致摄食过量或不足，从而对生产、鱼类福利和环境保护产生不利的后果。这些问题可以通过在数量和时间尺度上与自然食欲模式相匹配的情

图 4.11 利用自然反应来提高养殖鱼类的福利：在 10 只一组的池子里，每条鱼每 10 分钟的攻击行为的数量，与选定的背景颜色有关。符号的阴影程度表示背景颜色的暗度（经 Gaffney et al.，2016 允许修改和复制）

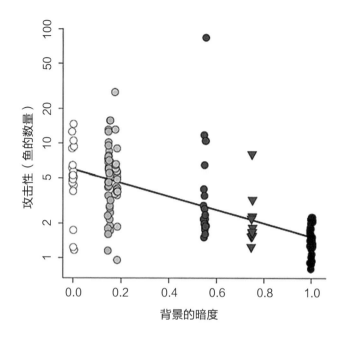

况下（手动或通过计算机自动喂食器）来避免。或者，渔民可以使用一种有市场需求的饲料，使饲料输送与当前的食欲相匹配。使用这种喂食器可以促进几种养殖物种快速、均匀地生长和更好的福利。

　　争夺食物的动机基础包括低能量的储备，并且可以通过确保鱼类有足够的食物来降低生产系统中的侵略水平。由于按需喂食器可能会让一个单位中的所有鱼，甚至是其下属种类，都可以吃饱，所以使用它们可以降低攻击性的水平。在大西洋鲑鱼的初生期和幼鱼期，使用互动反馈系统（将食物释放，进而与食欲相匹配）喂养的鱼，比在预定的时间喂食相同定量的传统的喂食器的鱼表现出更少的能量消耗，以争夺竞争。在幼鱼出生后，按需求喂养的鱼在任何时候都很少有明显的攻击行为，但在常规喂养的鱼中，攻击行为在用餐期间急剧增加。另一个有希望减少养殖鱼攻击行为的策略是利用支持战斗解决。参与战斗的经历，尤其是输掉战斗的经历，会增加神经递质血清素的分泌，而血清素在其他行为效应中，会抑制攻击性。饲粮中添加色氨酸（血清素的一种天然前体）可以减少几种养殖物种的攻击性，如虹鳟鱼、大西洋鳕鱼和马丁鱼（*Brycon amazonicus*）（图 4.12）。

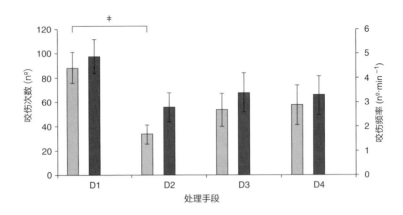

图 4.12 通过操纵动机状态来减少攻击性。对于用添加不同的色氨酸（TRP）的饲粮饲喂 7 天的马丁鱼，纪录整个观察期内的咬伤次数（平均值和标准误差，灰色条）和第一次观察后的咬伤次数（平均值和标准误差，黑色条）。D1 对照：0.47% TRP。D2：0.94%的 TRP。D3：1.88% TRP，D4：3.76% TRP。╪表示 $P < 0.05$ 的显著差异

在许多种类的鱼类中，包括求偶在内的产卵行为前体是漫长而复杂的，具有许多重要的功能，包括微调鱼类的内分泌状态和同步配子的产生与释放。养殖鱼类继承了这些机制，如果育雏种群的条件不允许它们表达，产卵可能会受到阻碍或损害。在有视觉隔离的成对的尼罗罗非鱼中，雄性罗非鱼的性器官相对于其身体大小而言较小，其求爱较少，雌性罗非鱼产卵较少。众所周知，诱导养殖鳗鱼（安圭拉鳗鲡）完全成熟是非常困难的，它们复杂的生命周期包括从淡水种植区迁移到马尾藻海的繁殖地。将养殖鳗鲡置于洄游前 9 周，先在淡水中模拟洄游，再在海水中模拟洄游，使其性腺发育达到与野生的鱼类相当的水平；允许"洄游"的雄鱼的性腺的重量与体重之比，比对照鱼高 44%。在这种情况下，有人可能会说鳗鱼有游泳的生理需要。

2.行为需要的问题

动物的行为需要必须得到满足以获得良好的福利。这一概念是基于一些关于相互作用的外部刺激和控制行为的内部系统的假设。在一种极端的情况下，逃避和躲避捕食者等行为模式是由特定的厌恶刺激触发的。在自然界中，动物通过适当的行为来摆脱这种刺激。当由于没有捕食者在场而没有表现出这种反应时，没有理由认为相关的动物正在经历未满足的行为需求。如果行为是由动物内部的特定的因果因素激活的（在喂食的情况下是营养不足），那么该行为（获得必要的营养）可能会消除相关的因果因素，从而使行为结束。在这种情况下，如果营养物质是通过简单地摄入和吞咽营养充足的食物颗粒，而不是通过定位、狩猎和捕获猎物来获取的，那

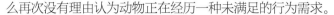

么再次没有理由认为动物正在经历一种未满足的行为需求。

然而，自然选择产生的动物可能不仅仅是为了达到特定的结果，还会执行物种特有的行为。换句话说，性能本身的强化方面可能被纳入控制重要但可能代价高昂的行为的机制中。在取食的情况下，除了需要营养物质外，鱼类在某种意义上还需要进行特定的觅食反应。这可能是当一条掠食性鱼类捕捉猎物既困难又危险时，这意味着有一些禁忌需要克服。作者曾见过饥饿的梭子鱼在准备攻击刺鱼时表现出强烈的恐惧迹象。刺鱼除了有尖锐的刺外，是一种美味的食物。在这种情况下，控制觅食的适应性内部机制很可能有某种表现出来的积极的强化效应，而独立于其有益的营养后果。作者还观察到，即使梭子鱼已经吃饱，它们仍然在跟踪猎物，这表明除了满足营养的需求外，还有其他事情在发生。根据这种情况，尽管一些养殖鱼类的营养状况良好，但由于没有机会执行野生鱼类所需的完整的觅食程序，它们的福利可能会受到损害。养殖鱼类中可能相关的例子是鲷鱼，它们以需要咀嚼的硬体猎物为食。当喂食标准的饲料时，它们会"玩"这些饲料，通常最终会打碎饲料，这样就浪费了很多饲料；这可以通过给鱼喂特别硬的颗粒来防止。人工养殖的幼鳕鱼也以硬的猎物为食，它们以啄和咀嚼笼子网壁的不规则处而臭名昭著。在这个过程中，它们会钻出洞来，从而逃脱；50% 的鳕鱼逃逸是由此类行为因素造成的。咬网行为与食物的存在（当食物被释放到网外时，咬网行为会增加）和食物剥夺有关。这种行为可以减少，但不能完全避免，方法是将鱼喂饱，也可以通过在笼子里放置刺激性的物体来丰富环境。

在迁徙的背景下，幼年鲑科鱼进行长途旅行的第一种可能仅仅是它们在寻找广泛分布的食物。在这种情况下，只要有足够的食物被提供，把它们关在笼子里就不会产生行为需求。第二种可能是，不管进食与否，它们都是受到一种内在的游泳动力的驱使。当然，许多研究已经记录了以中速持续游泳对许多鱼类的健康和福利的有益影响。在这种情况下，只要鱼被关在足够大的笼子里，使其能够连续游泳，这种行为需求也能得到满足。第三种可能是，迁徙的鱼类，就像一些迁徙的鸟类一样，在某种程度上被驱使着向特定的方向游去，游了特定的距离，到达特定的地点。在这种情况下，根据定义，关在笼子里的鱼会有一种未满足的行为需求。

虽然输掉一场战斗并没有什么奖励，但是攻击性遭遇的其他方面，比如相互表现出攻击性，可能对动物来说是一种奖励，远远超过赢得一场战斗所获得的好处。当然，打架的代价大而危险，即使在鱼群数量加起来有利于打架的情况下，动物很可能需要某种激励来参与。攻击性相互作用的一个显著特征是，鱼类会采取复杂的步骤来获取潜在对手的信息，从在特定的相遇之前和相遇期间比较相对的体型、力量和耐力，到记住过去相遇的结果，并根据对其他个体之间打斗的观察进行复杂的计算。鱼类似乎有强烈的动机，通过收集信息来减少不确定性，了解在任何给定的环境中，它们作为领土所有者或主导群体成员的地位受到了多大的威胁。遇到潜在的捕食者也会引发类似的问题。在这种情况下，被捕食的鱼冒着相当大的风险获取潜在的捕食者所构成的威胁信息，这使它们能够在危险的世界中有效地发挥作用。在这方面，自然选择也造就了在面对风险时高度主动获取信息的动物。这可能是因为鱼已经意识到对手或捕食者的存在，但无法收集任何有关实际威胁的信息（这在养殖中很可能发生），经历了一种未满足的行为需求。

值得注意的是，前几段提出的观点在很大程度上是推测性的，我们对圈养鱼是否确实有行为需求知之甚少，也不知道它们如何体验（或感受）所涉及的动机状态。

4.5.2.3　养殖系统中的行为发展

在发育过程中不断变化的空间利用和摄食习惯，特别是当海洋物种的浮游生物幼虫离开水流并在基质上定居时，对养殖系统提出了严格的要求，除非加以适应，否则往往会损害福利，特别是对新的水产养殖物种。在夏季，大型的、早期变形的比目鱼攻击并吃掉较小的、后期变形的同伴，这对生产和福利都是一个问题。这可以通过在发育后期将幼鱼暴露在低盐度的水中（这是触发变态的关键线索）来减少；这使沉降同步，减少了沉降时大小的可变性，并减少了变形后的同类相食。

某些行为差异（例如，栏目4.4中的攻击性）是有遗传性的。这一事实意味着，对一个养殖鱼类的所有的个体来说，使健康和福利达到最佳的状态的养殖条件可能并不相同。它还提出了以选择性繁殖促进福利的行为特征的可能性。例如，针对低应激反应的有针对性的选择性育种已经成功地应用于各种物种，如虹鳟和海鲈鱼。

鱼类行为的各个方面从非常早期的阶段就受到环境事件的影响，这一事实也很重要。仅举一个例子，养殖鱼所经历的高度简化的条件导致大脑发育不良，形成和使用心理地图的能力受损（第5章）。这导致了被放归放养的养殖鱼的存活率很低，这引起了福利问题。对于在养殖系统中度过一生的鱼来说，可能是小脑袋和糟糕的记忆力使它们更适合生产系统简单的物理环境。然而，即使在大多数生产系统能提供的简单的条件下，使用地标的能力差也可能影响有效的空间利用。在任何情况下，大脑发育不良和有限的空间记忆可以通过非常简单的环境富集来缓解（第5章）。

4.5.2.4　自然选择如何塑造行为及其功能

野生鱼类对现有行为选择的成本和收益所做的灵活调整，可能有助于它们更容易适应养殖条件。然而，有时候，如果表现出特定的行为模式的选择优势非常明显，这可能会导致问题。例如，鱼类对感知到的捕食风险所做的调整可能导致抑制摄食，对生产和福利都产生负面影响。这可以通过养殖相对能抗压力的鱼类和/或通过发展低压力的养殖方法（如被动分级）来缓解。

在其他情况下，我们可以利用这种适应性、灵活性来解决水产养殖中的福利问题；由于控制行为的机制本身就是自然选择的结果，因此，4.3.3 节中讨论的许多情况也与此相关。例如，通过使用按需喂食器来减少争夺食物的收益或增加成本，降低了攻击性的水平，并允许从属鱼进食和生长良好。将鱼类暴露在水流中，从而使进行攻击行为的能量消耗增加，也降低了攻击水平。

　　如上所述，同类相食是许多鱼类的自然捕食能力的一部分，尤其是在发育的早期；在文化方面，这会导致福利和生产问题。从功能的角度来看，同一物种的鱼代表了高营养的食物来源，猎物越大，它能提供的营养就越多。与此相反，捕获和消耗另一条鱼所需的时间随着猎物的相对大小而增加，因此盈利能力下降。在凶猛的同类中，处理时间增加，捕获的可能性随着猎物的相对大小而减少（图 4.13a），因此盈利能力急剧下降。理论预测同类相食的物种应该优先以较小的同种动物为食，这正是他们所做的（图 4.13b）。从这个成本效益的角度来看，可以通过减少同类相食的好处来减少同类相食，例如提供丰富的可替代性的食物；更频繁地提供食物确实减少了同类相食的现象，例如对于澳洲肺鱼和斑点鳟鱼。通过减少同类之间的体型差异来增加同类相食的成本，从而使同类相食者只接触到相对较大、难捕食的猎物，也减少了许多物种同类相食的行为。通过饲料管理可以实现均匀的大小分布（将喂食频率从一天一餐增加到三餐，可以生长均匀，并导致同类相食的发展）或通过常规的尺寸分级。

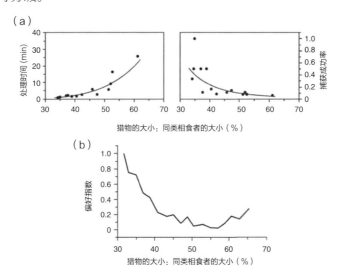

图 4.13　同类相食的成本：收益方法。（a）幼鱼的处理时间和捕获成功率与猎物和同类相食者的相对大小的关系。（b）澳洲肺鱼幼鱼对相对大小不同的猎物的偏好指数（大约数。孵化后 40 天开始研究；经 Ribeira，Qin，2015 许可修改并转载）

4.6　总　结

20世纪80年代以来，水产养殖中的鱼类福利得到了相当多的研究关注（图4.14a），在Web of Science分析中至少有460篇文章出现，代表了许多不同的学科（图4.14b）。行为生物学在这些有贡献的学科中占有值得尊敬的地位，本节简要地考虑了它对理解和保护养殖鱼类福利的独特贡献（如果有的话）。

大多数的养殖鱼类实际上都是未经驯化的，正如本章所举的例子，它们自然地表现出许多野生鱼类所表现出的行为特征。福利方面的问题可能来自控制行为的机制（比如能量储备不足会促进攻击性）、行为的发展方式（比如不同步的幼苗定居会鼓励同类相食），以及自然选择塑造行为的方式（比如争夺成堆的、可预测的食物供应的好处大于成本）。出于同样的原因，在丁伯根问题的框架内理解行为生物学可以为这些问题提供解决方案；提供充足的食物可以增加能量储备，减少攻击性，操纵刺激，触发幼苗定居，同步变态，减少同类相食，通过互动喂食器喂养鱼类以满足其食欲，消除了争夺食物的好处。

这并不是说行为生物学家在这方面拥有发言权。不同的学科通常会汇聚在相同的解决方案上；行为生物学家和生理学家都正确地指出，促进养殖鱼类的持续游泳可能会改善它们的福利。此外，经验丰富的养鱼户对鱼的好坏有广泛的了解，他们很清楚，例如，当同一群鱼的体型差异很大时，同类相食更常见。行为方法提供了一个额外的框架，通过它可以理解已建立的解决方案，并可能提供能微调现有解决方案的工具。例如，如图4.14所示的盈利曲线可以通过确定在给定的系统中防止同类相食的精确尺寸的差异来告知分级的过程。如果在不同的物种中出现类似的问题，它也可能提供一种寻找快速解决方案的策略。

行为生物学对鱼类福利的本质的广泛探索可能会给这场辩论增加一些特别的内容。例如，对控制行为机制的生物学理解，为讨论鱼类是否有行为需求提供了一个框架。如果确实如此，我们需要弄清楚，未能满足行为需求的经历是否令人值得探索。人们对鱼类的认知和感知能力的兴趣和理解日益增加（第7~9章），而鱼类的情感体验这一难题正越来越多地得到仔细地研究，这是行为生物学、心理学和神经科学的有力结合。栏目4.6提供了一个示例。引用该研究的作者的话："……我们已经证明，暴露于不同效价（食欲、厌恶）和显著性（可预测的、不可预测的）刺激下的海鲷表现出不同的行为、生理和神经分子的状态，这些状态对每种效价和显著性组合都是特定的……"本文所提供的神经分子的数据表明，在情绪刺激的评估中，这两个区域（腹侧和背侧端脑区）都参与其中，这支持了进化上处于保守的、处理情绪刺激的神经基质的存在，因为这些区域在哺乳动物的同源区域中起着相似的作用。通过这种多学科的研究，未来几年，我们对鱼类行为的许多方面的理解水

（a）

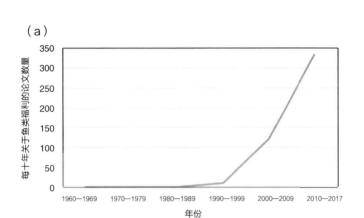

（b）

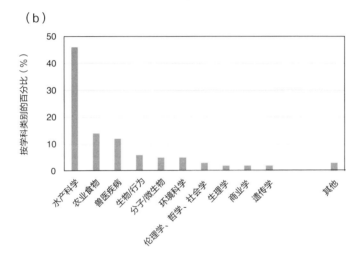

图 4.14 （a）自 1960 年以来每 10 年发表的关于养殖鱼类福利的论文数量（来自科学网）。（b）发表的 435 篇关于养殖鱼类福利的论文的百分比，按 Web of Science 的主题类别分类，适当时合并并省略小于 2 个条目的类别

平，包括它们的福利，肯定会有显著的提高。

■ 栏目 4.6 探索鱼的经验

人类的情感空间可以用效价（事件或经历的内在吸引力或厌恶）和显著性（事件或经历的强度或重要性）来概念化。为了确定鱼类是否表现出与这两个维度相关的特定的情感状态，在 4 种不同的条件下训练海鲷（*Sparus auratus*）。它们要么接受一个积极的事件（送食物），要么接受一个消极的事件（短暂暴露在空气中），这些事件之前要么总是有光刺激（可预测），要么是随机发生的光刺激（不可预测）。鱼对光刺激的后续反应在 4 种处理中是不同的。接受过食物传递训练的鱼表现出了社会行为，尤其是当光提示预测到这一点时。接受过空气暴露训练的鱼表现出了逃跑的企图，尤其是当光提示预测了这一点时。血浆皮质醇水平在不同的处理方法之间也有所不同，接受食物训练的鱼的皮质醇水平较低，而不是被暴露在食物中，在可预测的情况下，鱼的皮质醇水平较低。在 4 个治疗组中，直接早期基因（指示近期的神经活动）在前脑特定区域的表达也存在差异。价态（食物与暴露）和可预测性的差异与几种不同的直接早期基因在端脑前部区（与哺乳动物中隔同源）和端脑后部区（与哺乳动物基底杏仁核同源）的独特的表达模式有关。

参考文献

Abreu MS, Giacomini ACVV, Koakosk G, Piato AL, Barcellos LJG (2016) Evaluating "anxiety" and social behavior in jundiá (*Rhamdia quelen*). Physiol Behav 160:59–65

Andrew JE, Holm J, Huntingford FA (2004) The effect of pellet texture on the feeding behaviour of gilthead sea bream (*Sparus aurata* L.). Aquaculture 23:471–479

Ashley PJ (2007) Fish welfare: current issues in aquaculture. Appl Anim Behav Sci 104:199–235

Attia J, Millot S, Di-Poi C, Begout M-L, Noble C, Sanchez-Vasquez FJ, Terova G, Saroglia M, Damsgaard B (2012) Demand feeding and welfare in farmed fish. Fish Physiol Biochem 38:107–118

Barki A, Volpato GL (1998) Early social environment and the fighting behaviour of young *Oreochromis niloticus*. Behaviour 135:913–929

Bégout M-L, Kadri S, Huntingford F, Damsgård B (2012) Tools for studying the behaviour of farmed fish. In: Huntingford F, Jobling M, Kadri S (eds) *Aquaculture and behavior*. Wiley, Chichester, pp 65–86

Berglund A, Rosenqvist G (2003) Sex role reversal in pipefish. Adv Study Behav 32:131–167

Beveridge MCM, Baird DJ (2000) Diet, feeding and digestive physiology. In: Beveridge MCM, McAndrew BJ (eds) Tilapias: biology and exploitation. Kluwer Academic, Dordrecht, pp 59–87

Billing AM, Rosenqvist G, Berglund A (2007) No terminal investment in pipefish males: only young males exhibit risk-prone courtship behaviour. Behav Ecol 18:535–540

Brawn VM (1961a) Sound production by the cod (*Gadus callarias*). Behaviour 18:239–255

Brawn VM (1961b) Reproductive behaviour of the cod (*Gadus callarias*). Behaviour 18:177–198

Castro ALS, Gonçalves-de-Freitas E, Volpato GL, Oliveira C (2009) Visual communication stimulates reproduction in Nile tilapia, *Oreochromis niloticus*. Braz J Med Biol Res 42:368–374

Cerqueira M, Millot S, Castanheira MF, Félix AS, Silva T, Oliveira GA, Oliveira CC, Martins CIM, Oliveira RF (2017) Cognitive appraisal of environmental stimuli induces emotion-like states in fish. Sci Rep 7:13181. https://doi.org/10.1038/s41598-017-13173-x

Cobcroft J, Battaglene SC (2009) Jaw malformation in striped trumpeter *Latris lineata* larvae linked to walling behaviour and tank colour. Aquaculture 289:274–282

Cole KS, Noakes DLG (1980) Development of early social behaviour of rainbow trout, *Salmo gairderi*. Behav Process 5:97–112

Comeau LA, Campana SE, Chouinard GA, Hanson JM (2001) Timing of Atlantic cod *Gadus morhua* seasonal migrations in relation to serum levels of gonadal and thyroidal hormones. Mar Ecol Prog Ser 221:245–253

Costenaro-Ferreira C, Oliveira RRB, Oliveira PLS, Hartmann GJ, Hammes FB, Pouey JLOF, Piedras SRN (2016) Cannibalism management of jundiá fry, *Rhamdia quelen*: behavior in heterogeneous batches fed on food with different particle sizes. Appl Anim Behav Sci 185:146–151

Damsgård B, Dill LM (1998) Risk-taking behavior in weight-compensating coho salmon, *Oncorhynchus kisutch*. Behav Ecol 9:26–32

Damsgård B, Huntingford F (2012) Fighting and aggression. In: Huntingford F, Jobling M, Kadri S (eds) Aquaculture and behavior. Wiley, Chichester, pp 248–285

Døving KB, Stabell OB, Östlund-Nilsson S, Fisher R (2006) Site fidelity and homing in tropical coral reef cardinalfish: are they using olfactory cues? Chem Senses 31:265–272

Enquist M, Leimar O, Ljungberg T, Mallner Y, Segerdahl N (1990) A test of the sequential assessment game-fighting in the cichlid fish *Nannacara anomala*. Anim Behav 40:1–14

Farr JA (1983) The inheritance of quantitative fitness traits in guppies, *Poecilia reticulata*. Evolu-tion 37:1193–1209

Ferguson MM, Noakes DL (1982) Genetics of social behaviour in charrs (*Salvelinus* sp.). Anim Behav 30:128–134

Fernald RD (1980) Response of male cichlid fish, *Haplochromis burtoni*, reared in isolation to models of conspecifics. Z Tierpsychol 54:85–93

Fessehaye Y, El-bialy Z, Rezk MA, Crooijmans R, Bovenhuis H, Komen H (2006) Mating systems and male reproductive success in Nile tilapia (*Oreochromis niloticus*) in breeding hapas: a microsatellite analysis. Aquaculture 256:148–158

Fleming I, Huntingford F (2012) Reproductive behaviour. In: Huntingford F, Jobling M, Kadri S (eds) Aquaculture and behavior. Wiley, Chichester, pp 286–321

Forbes H (2007) Individual variability in the behaviour and morphology of larval Atlantic cod (*Gadus morhua*). PhD Thesis. University of Glasgow, Glasgow

Fortes da Silva R, Kitagawa A, Sanchez Vazquez FJ (2016) Dietary self-selection in fish: a new approach to studying fish nutrition and feeding behaviour. Rev Fish Biol Fish 26:39–51

Fraser NHC, Huntingford FA, Thorpe JE (1994) The effect of light-intensity on the nightly movements of juvenile Atlantic salmon alevins away from the red. J Fish Biol 45A:143–150

Frenzl B, Stien LH, Cockerill D, Oppedal F, Richards RH, Shinn AP, Bron JE, Migaud H (2014) Manipulation of farmed Atlantic salmon swimming behaviour through the adjustment of lighting and feeding regimes as a tool for salmon lice control. Aquaculture 424–425:183–188

Gaffney LP, Franks B, Weary DM, von Keyserlingk MAGF (2016) Coho salmon (*Oncorhynchus kisutch*) prefer and are less aggressive in darker environments. PLoS One 11(3):e0151325. https://doi.org/10.1371/journal.pone.0151325

Gallagher AJ, Lawrence MJ, Schlaepfer SMR, Wilson ADM, Cooke SJ (2016) Avian predators transmit fear along the air–water interface influencing prey and their parental care. Can J Zool 94:863–870

Gavlik S, Specker JL (2004) Metamorphosis in summer flounder: manipulation of rearing salinity to synchronize settling behavior, growth and development. Aquaculture 240:543–559

Gerlach G, Atema J, Kingsford MJ, Black KP, Miller-Sims V (2007) Smelling home can prevent dispersal of reef fish larvae. Proc Natl Acad Sci U S A 104:858–863

Gerlai R, Hogan JA (1992) Learning to find the opponent: an ethological analysis of the behavior of paradise fish

(*Macropodus opercularis*) in intra-and interspecific encounters. J Comp Psychol 106:306–315

Giaquinto PC, Volpato GL (2001) Hunger suppresses the onset and the freezing component of the anti-predator response to conspecific skin extract in pintado catfish. Behaviour 138:1205–1214

Goldan O, Popper D, Karplus I (2003) Food competition in small groups of juvenile gilthead sea bream (*Sparus aurata*). Isr J Aquacult 55:94–106

Goncalves DM, Oliveira RF (2011) Hormones and sexual behavior of teleost fishes. In: Norris DO, Lopez KH (eds) Hormones and reproduction of vertebrates 1: fishes. Elsevier, San Diego, pp 119–147

Goulet D, Green JM, Shears TH (1986) Courtship, spawning, and parental care behavior of the lumpfish, *Cyclopterus lumpus*, in newfoundland. Can J Zool 64:1320–1325

Grant JWA (1997) Territoriality. In: Godin J-GJ (ed) Behavioural ecology of teleost fishes. Oxford University Press, Oxford, pp 81–103

Greaves K, Tuene S (2001) The form and context of aggressive behaviour in farmed Atlantic halibut (*Hippoglossus hippoglossus*). Aquaculture 193:139–147

Gregory JS, Griffith JS (1996) Aggressive behaviour of under-yearling rainbow trout in simulated winter concealment habitat. J Fish Biol 49:237–245

Grosenick L, Clement TS, Fernald RD (2007) Fish can infer social rank by observation alone. Nature 445:429–432

Gudjonsson S, Einarsson SM, Jonsson IR, Gudbrandsson J (2015) Marine feeding areas and vertical movements of Atlantic salmon (*Salmo salar*) as inferred from recoveries of data storage tags. Can J Fish Aquat Sci 72:1087–1098

Hall AE, Clark TD (2016) Seeing is believing: metabolism provides insight into threat perception for a prey species of coral reef fish. Anim Behav 115:117–116

Hansen L, Dale T, Damsgaard B, Uglem I, Aas K, Bjorn PA (2012) Escape-related behaviour of Atlantic cod, *Gadus morhua*, in a simulated farm situation. Aquac Res 40:26–34

Hatlen B, Grisdale-Helland B, Helland SJ (2006) Growth variation and fin damage in Atlantic cod (*Gadus morhua* L.) fed at graded levels of feed restriction. Aquaculture 261:1212–1221

Herczeg G, Ab Ghani NI, Merilä J (2016) On plasticity of aggression: influence of past and present predation risk, social environment and sex. Behav Ecol Sociobiol 70:179–187

Herlin M, Delghandi M, Wesmajervi M, Taggart JB, McAndrew BJ, Penman DJ (2008) Analysis of the parental contribution to a group of fry from a single day of spawning from a commercial Atlantic cod (*Gadus morhua*) breeding tank. Aquaculture 274:218–224

Higgs DM, Fuiman LA (1996) Ontogeny of visual and mechanosensory structure and function in Atlantic menhaden *Brevoortia tyrannus*. J Exp Biol 199:2619–2629

Hoglund E, Bakke MJ, Øverli Ø, Winberg S, Nilsson GE (2005) Suppression of aggressive behaviour in juvenile Atlantic cod (*Gadus morhua*) by L-tryptophan supplementation. Aqua-culture 249:525–531

Hsu Y, Wolf LL (2001) The winner and loser effect: what fighting behaviours are influenced? Anim Behav 61:777–786

Hughes KA, Rodd FH, Reznick DN (2005) Genetic and environmental effects on secondary sex traits in guppies (*Poecilia reticulata*). J Evol Biol 18:35–45

Huntingford FA, Kadri S (2012) Exercise, stress and welfare. In: Palsra AP, Planas JV (eds) Swimming physiology of fish. Springer, Heidelberg, pp 161–174

Huntingford FA, Aird D, Joiner P, Thorpe KR, Braithwaite VA, Armstrong JA (1999) How juvenile salmon respond to falling water levels: experiments in an artificial stream. Fish Manag Ecol 6:1–8

Huntingford F, Hunter W, Braithwaite V (2012a) Movement and orientation. In: Huntingford F, Jobling M, Kadri S (eds) Aquaculture and behavior. Wiley, Chichester, pp 87–120

Huntingford F, Coyle S, Hunter W (2012b) Avoiding predators. In: Huntingford F, Jobling M, Kadri S (eds)

Aquaculture and behavior. Wiley, Chichester, pp 220–247

Huntingford F, Mesquita F, Kadri S (2013) Personality variation in cultured fish: implications for production and welfare. In: Carere C, Maestripieri D (eds) Animal personalities: behavior, physiology and evolution. University of Chicago Press, Chicago, pp 414–440

Ibrahim AI, Huntingford FA (1989) Laboratory and field studies of the effects of predation risk on foraging in sticklebacks (*Gasterosteus aculeatus*). Behaviour 109:46–57

Idler DR, Fagerland UHM, Mayoh H (1956) Olfactory perception in migrating salmon 1. L-serine, a salmon repellent in mammalian skin. J Gen Physiol 39:889–892

Imsland AK, Renolds P, Eliassen G, Hangstad TA, Nytro AV, Foss A, Vikingstad E, Elvegard TA (2015a) Feeding preferences of lumpfish (*Cyclopterus lumpus*) maintained in open net-pens with Atlantic salmon (*Salmo salar*). Aquaculture 436:47–51

Imsland AK, Reynolds P, Eliassen G, Hangstad TA, Nytro AV, Foss A, Vikingstad E, Elvegard TA (2015b) Assessment of suitable substrates for lumpfish in sea pens. Aquac Int 23:639–645

Ivy CM, Robertson CE, Bernier NJ (2017) Acute embryonic anoxia exposure favours development of a dominant and aggressive phenotype in adult zebrafish. Proc R Soc Lond B 284:20161868

Jackson D, Drumm A, McEvoy S, Jensen Ø, Mendiola D, Gabiña G, Borg JA, Papageorgiou N, Karakassis Y, Black KD (2015) A pan-European valuation of the extent, causes and cost of escape events from sea cage fish farming. Aquaculture 436:21–26

Jakobssen S, Brick O, Kullberg C (1995) Escalated fighting behaviour incurs increased predation risk. Anim Behav 49:235–239

Jha P, Jha S, Pal BC, Barat S (2005) Behavioural responses of two popular ornamental carps, *Cyprinus carpio* and *Carassius auratus* to monoculture and polyculture conditions in aquaria. Acta Ichthyolica Piscatore 35:133–137

Jobling M (2010) Feeds and feeding. In: Le François NR, Jobling M, Carter C, Blier PU (eds) Finfish aquaculture diversification. CAB International, Wallingford, pp 61–87

Jobling M, Alanara A, Kadri S, Huntingford FA (2012a) Feeding biology and foraging. In: Huntingford F, Jobling M, Kadri S (eds) Aquaculture and behavior. Wiley, Chichester, pp 121–149

Jobling M, Alanara A, Noble C, Sanchez-Vasquez J, Kadri S, Huntingford FA (2012b) Appetite and food intake. In: Huntingford F, Jobling M, Kadri S (eds) Aquaculture and behavior. Wiley, Chichester, pp 183–219

Johansson D, Ruohonen K, Kiessling A et al (2006) Effect of environmental factors on swimming depth preferences of Atlantic salmon (*Salmo salar*) and temporal and spatial variations in oxygen levels in sea cages at a fjord site. Aquaculture 254:594–605

Johnsson JI, Petersson E, Jönsson E, Björnsson BT, Järvi T (1996) Domestication and growth hormone alter anti-predator behaviour and growth patterns in juvenile brown trout, *Salmo trutta*. Can J Fish Aquat Sci 53:1546–1554

Juell JE, Oppedal F, Boxaspen K, Taranger GL (2003) Submerged light increases swimming depth and reduces fish density in Atlantic salmon *Salmo salar* in production cages. Aquac Res 34:469–477

Kasumyan AO, Døving KB (2003) Taste preferences in fishes. Fish Fish 4:289–347

Kelley JL (2008) Assessment of predation risk by prey fishes. In: Magnahagen C, Braithwaite VA, Fosgren E, Kapoor BG (eds) Fish behaviour. Science, Enfield, pp 269–302

Kennedy J, Jonsson SP, Olafsson HG, Kasper JM (2016) Observations of vertical movements and depth distribution of migrating female lumpsofh (*Cyclopterus lumpus*) in Iceland from data storage tags and trawl surveys. ICES J Mar Sci 73:1160–1169

Krause J, Bumann D, Todt D (1992) Relationship between position preference and nutritional state of individuals in schools of juvenile roach (*Rutilus rutilus*). Behav Ecol Sociobiol 30:177–180

Kvarnemo C, Simmons LW (2004) Testes investment and spawning mode in pipefishes and seahorses (Syngnathidae).

Biol J Linn Soc 83:369–376

Lahti K, Laurila A, Enberg K, Piironen J (2001) Variation in aggressive behavior and growth rate between populations and migratory forms in the brown trout, *Salmo trutta*. Anim Behav 62:935–944

Le François NR, Jobling M, Carter C, Blier PU (2010) Finfish aquaculture diversification. CABI, Wallingford

Lekang OI, Salas-Bringas C, Bostock JC (2016) Challenges and emerging technical solutions in on-growing salmon farming. Aquac Int 24:757–766

Lepage O, Larson ET, Mayer I, Winberg S (2005) Serotonin, but not melatonin, plays a role in shaping dominant-subordinate relationships and aggression in rainbow trout. Horm Behav 48:233–242

Lindeyer CM, Reader SM (2010) Social learning of escape routes in zebrafish and the stability of behavioural traditions. Anim Behav 79:827–834

Maan M, Groothuis TGG, Wittenberg J (2001) Escalated fighting despite predictors of conflict outcome: solving the paradox in a South American cichlid fish. Anim Behav 62:623–634

Manley CB, Rakocinski CF, Lee PG, Blaylock RB (2016) Feeding frequency mediates aggression and cannibalism in larval hatchery-reared spotted seatrout, *Cynoscion nebulosus*. Aquaculture 437:155–160

Manuel R, Boerrigter JGJ, Cloosterman M, Gorissen M, Flik G, van den Bos R, van de Vis H (2016) Effects of acute stress on aggression and the cortisol response in the African sharptooth catfish *Clarias gariepinus*: differences between day and night. J Fish Biol 88:2175–2187

Mazeroll AI, Montgomery WL (1995) Structure and organization of local migrations in brown surgeonfish (*Acanthurus nigrofuscus*). Ethology 99:89–106

McCallum ES, Gulas ST, Balshine S (2017) Accurate resource assessment requires experience in a territorial fish. Anim Behav 123:249–257

Mes D, Dirks RP, Palstra AP et al (2016) Simulated migration under mimicked photothermal conditions enhances sexual maturation of farmed European eel (*Anguilla anguilla*). Aquaculture 452:367–372

Mesquita FO, Young RJ (2007) The behavioural responses of Nile tilapia (*Oreochromis niloticus*) to antipredator training. Appl Anim Behav Sci 106:144–154

Metcalfe JD, Righton D, Eastwood P, Hunter E (2008) Migration and habitat choice in marine fishes. In: Magnahagen C, Braithwaite VA, Fosgren E, Kapoor BG (eds) Fish behaviour. Science, Enfield, pp 187–234

Mitamura H, Uchida K, Miyamoto Y, Kakihara T, Miyagi A, Kawabata Y, Ichikawa K, Arai N (2012) Short-range homing in a site-specific fish: search and directed movements. J Exp Biol 215:2751–2759

Moutou KA, McCarthy ID, Houlihan DF (1998) The effect of ration level and social rank on the development of fin damage in juvenile rainbow trout. J Fish Biol 52:756–770

Munakata A, Masafumi A, Kazumasa I, Kitamura S, Katsumi S (2012) Involvement of sex steroids and thyroid hormones in upstream and downstream behaviors in masu salmon, *Oncorhynchus masou*. Aquaculture 362:158–166

Nagel F, von Danwitz A, Schlachter M, Kroeckel S, Wagner C, Schulz C (2014) Blue mussel meal as feed attractant in rapeseed protein-based diets for turbot (*Psetta maxima*). Aquac Res 45:1964–1978

Naumowicz K, Pajdak J, Terech-Majewska E, Szarek J (2017) Intracohort cannibalism and methods for its mitigation in cultured freshwater fish. Rev Fish Biol Fish 27:193–208

Noble C, Kadri S, Mitchell DF, Huntingford FA (2007a) The impact of environmental variables on the feeding rhythms and daily feed intake of cage-held 1+ Atlantic salmon parr (*Salmo salar*). Aquaculture 269:290–298

Noble C, Kadri S, Mitchell DF, Huntingford FA (2007b) The effect of feed regime on the growth and behaviour of 1+ Atlantic salmon post-smolts (*Salmo salar*) in semi-commercial sea cages. Aquac Res 38:1686–1691

Noble C, Mizusawa K, Suzuki K, Tabata M (2007c) The effect of differing self-feeding regimes on the growth, behaviour and fin damage of rainbow trout held in groups. Aquaculture 264:214–222

O'Connor KI, Metcalfe NB, Taylor AC (1999) Does eye darkening signal submission in territorial contests between juvenile Atlantic salmon, *Salmo salar*? Anim Behav 58:1269–1276

Oates J, Manica A, Bshary R (2010) Roving and service quality in the cleaner wrasse *Labroides bicolor*. Ethology 116:309–315

Odell JP, Chappell MA, Dickson KA (2003) Morphological and enzymatic correlates of aerobic and burst performance in different populations of Trinidadian guppies *Poecilia reticulata*. J Exp Biol 206:3707–3718

Odling-Smee LC, Simpson SD, Braithwaite VA (2006) The role of learning in fish orientation. In: Brown C, Laland K, Krause J (eds) Fish cognition and behaviour. Blackwell, Oxford, pp 119–138

Oppedal F, Juell J-E, Johansson D (2007) Thermo-and photo-regulatory swimming behaviour of caged Atlantic salmon: implications for photoperiod management and fish welfare. Aquaculture 265:70–81

Øverli Ø, Winberg S, Damsgård B, Jobling M (1998) Food intake and spontaneous swimming activity in Arctic charr (*Salvelinus alpinus*): role of brain serotonergic activity and social interactions. Can J Zool 76:1366–1370

Pankhurst NW, Ludke SL, King HR, Peter RE (2008) The relationship between acute stress, food intake, endocrine status and life history stage in juvenile farmed Atlantic salmon, *Salmo salar*. Aquaculture 275:311–318

Papadakis VM, Glaropoulos A, Alvanopoulou M, Kentouri M (2016) A behavioural approach of dominance establishment in tank-held sea bream (*Sparus aurata*) under different feeding conditions. Aquac Res 47:4015–4023

Pitcher T (1992) Who dares, wins-the function and evolution of predator inspection behavior in shoaling fish. Netherlands J Zool 42:371–391

Puckett KJ, Dill LM (1985) The energetics of feeding territoriality in juvenile coho salmon (*Oncorhynchus kisutch*). Behaviour 92:97–111

Puvanendran V, Brown JA (2002) Foraging, growth and survival of Atlantic cod larvae reared in different light intensities and photoperiods. Aquaculture 214:131–151

Quillet E, Krieg F, Dechamp N, Hervet C, Berard A, Le Roy P, Guyomard R, Prunet P, Pottinger TG (2014) Quantitative trait loci for magnitude of the plasma cortisol response to confinement in rainbow trout. Anim Genet 45:223–234

Raubenheimer D, Simpson S, Sánchez-Vázquez J, Huntingford F, Kadri S, Jobling M (2012) Nutrition and diet choice. In: Huntingford F, Jobling M, Kadri S (eds) Aquaculture and behavior. Wiley, Chichester, pp 150–182

Ribeira FF, Qin JG (2015) Prey size selection and cannibalistic behaviour of juvenile barramundi *Lates calcarifer*. J Fish Biol 86:1549–1566

Ribeiro FF, Forsythe S, Qin JG (2015) Dynamics of intracohort cannibalism and size heterogeneity in juvenile barramundi (*Lates calcarifer*) at different stocking densities and feeding frequencies. Aquaculture 444:55–61

Rillahan C, Chambers MD, Howel WH, Watson WH (2011) The behavior of cod (*Gadus morhua*) in an offshore aquaculture net pen. Aquaculture 310:361–368

Robb SE, Grant JWA (1998) Interactions between the spatial and temporal clumping of food affect the intensity of aggression in Japanese medaka. Anim Behav 56:29–34

Rogers SM, Gagnon V, Bernatchez L (2002) Genetically based phenotype-environment association for swimming behavior in lake whitefish ecotypes (*Coregonus clupeaformis*). Evolution 56:2322–2329

Rosenau ML, McPhail JD (1987) Inherited differences in agonistic behavior between two populations of coho salmon. Trans Am Fish Soc 116:646–654

Rowland SJ, Mifsud C, Nixon M, Boyd P (2006) Effects of stocking density on the performance of the Australian freshwater silver perch (*Bidyanus bidyanus*) in cages. Aquaculture 253:301–308

Salvanes AGV, Moberg O, Ebbesson LOE, Nilsen TO, Jensen KH, Braithwaite VA (2013) Environmental enrichment promotes neural plasticity and cognitive ability in fish. Proc R Soc Lond B 280:20131331

Sanchez-Jerez P, Fernandez-Jover D, Bayle-Sempere J et al (2008) Interactions between bluefish *Pomatomus saltatrix* (L.) and coastal sea-cage farms in the Mediterranean Sea. Aquaculture 282:61–67

Saralva JL, Keller-Costa T, Hubbard PC, Rato A, Canario AVM (2017) Chemical diplomacy in male tilapia: urinary signal increases sex hormone and decreases aggression. Sci Rep 7:7636

Schuster S, Wohl S, Griebsch M, Klostermeier I (2006) Animal cognition: how archer fish learn to down rapidly moving targets. Curr Biol 17:378–383

Schwarz A (1974a) Sound production and associated behaviour in a cichlid fish, *Cichlasoma centrarchus*. I. male-male interactions. Z Tierpsychol 35:147–156

Schwarz A (1974b) The inhibition of aggressive behaviour by sound in the cichlid fish, *Cichlasoma centrarchus*. Z Tierpsychol 35:508–517

Serra M, Wolkers CPB, Urbinati EC (2015) Novelty of the arena impairs the cortisol-related increase in the aggression of matrinxã (*Brycon amazonicus*). Physiol Behav 141:51–57

Simpson SD, Meekan M, Montgomery J, McCauley R, Jeff A (2005) Homeward sound. Science 308:221–231

Skilbrei OT, Ottera H (2016) Vertical distribution of saithe (*Pollachius virens*) aggregating around fish farms. ICES J Mar Sci 73:1186–1195

Solstorm F, Solstorm D, Oppedal F, Olsen RE, Stien LH, Fernö A (2016) Not too slow, not too fast: water currents affect group structure, aggression and welfare in postsmolt Atlantic salmon *Salmo salar*. Aquac Environ Interact 8:339–347

Sorensen PW, Pinillos M, Scott AP (2005) Sexually mature male goldfish release large quantities of androstenedione into the water where it functions as a pheromone. Gen Comp Endocrinol 140:164–175

Tielmann M, Schulz C, Meyer S (2016) Self-grading of larval pike-perch (*Sander lucioperca*), triggered by positive phototaxis. Aquacult Eng 72–73:13–19

Tinbergen N (1951) The study of instinct. Clarendon Press, Oxford

Ukegbu AA, Huntingford FA (1988) Brood value and life expectancy as determinants of parental investment in male 3-spined sticklebacks, *Gasterosteus-aculeatus*. Ethology 78:72–82

Van de Nieuwegiessen P, Zhao H, Verreth JAJ, Schrama JW (2009) Chemical alarm cues in juvenile African catfish, *Clarius gariepinus*: a potential stressor in aquaculture? Aquaculture 286:95–99

Vandeputte M, Porte JD, Auperin B, Dupont-Nivet M, Vergnet A, Valotaire C, Claireaux G, Prunet P, Chatain B (2016) Quantitative genetic variation for post-stress cortisol and swimming performance in growth-selected and control populations of European sea bass (*Dicentrarchus labrax*). Aquaculture 455:1–7

Vehanen T (2003) Adaptive flexibility in the behaviour of juvenile Atlantic salmon: short-term responses to food availability and threat from predation. J Fish Biol 63:1034–1045

Vejrik L, Matejickova I, Juza T, Frouzova J, Sed'a J, Blabolil P, Ricard D, Vasek M, Kubecka J, Riha M, Cech M (2016) Small fish use the hypoxic pelagic zone as a refuge from predators. Freshw Biol 61:899–913

Vera Cruz EM, Brown CL (2007) The influence of social status on the rate of growth, eye color pattern and insulin-like growth factor-I gene expression in Nile tilapia, *Oreochromis niloticus*. Horm Behav 51:611–619

Verbeek P, Iwamoto T, Murakami N (2007) Differences in aggression between wild-type and domesticated fighting fish are context dependent. Anim Behav 73:75–83

Verzijden MN, ten Cate C (2007) Early learning influences species assortative mating preferences in Lake Victoria cichlid fish. Biol Lett 3:134–136

Weir LK, Hutchings JA, Fleming IA, Einum S (2004) Dominance relationships and behavioural correlates of individual spawning success in farmed and wild male Atlantic salmon, *Salmo salar*. J Anim Ecol 73:1069–1079

Wocher H, Harsányi A, Schwarz FJ (2011) Husbandry conditions in burbot (*Lota lota*): impact of shelter availability and stocking density on growth and behaviour. Aquaculture 315:340–347

Wolkers CPJ, Serra M, Hoshiba MA, Urbinati EC (2012) Dietary L-tryptophan alters aggression in juvenile matrinxa *Brycon amazonicus*. Fish Physiol Biochem 38:819–827

Zimmerer EJ, Kallman KD (1989) Genetic basis for alternative reproductive tactics in the pygmy swordtail, *Xiphophorus nigrensis*. Evolution 43:1298–1307

Zimmermann EW, Purchase CF, Fleming IA (2012) Reducing the incidence of net cage biting and the expression of escape-related behaviors in Atlantic cod (*Gadus morhua*) with feeding and cage enrichment. Appl Anim Behav Sci 141:71–78

第 5 章
早期的生活经历对圈养的鱼类的行为发展的影响

摘　要: 在恒定不变的环境中饲养的动物通常会发展出异常的行为和认知能力,这往往会导致不良的福利。现在的人们认识到,通过物质和社会的丰富来增加可变性对圈养种群有许多积极的影响;这些包括神经刺激,提高认知技能和适应性以应对挑战的能力。因此,鱼类的饲养方式、处理方式以及它们所经历的与环境刺激相关的变化,都有助于促进行为稳健的鱼类的发展。这些发现对一系列的情况都很重要;对于在研究实验室中饲养的鱼类(如斑马鱼),行为和认知技能的发展有助于创造更适合生物医学研究的动物。对于在孵化场环境中饲养的鱼,其目标是出于保护目的将鱼放生(例如鲑科鱼类),在这里,已知发展具有做出适当的、依赖于环境的决定的能力的适当的行为库,以提高鱼被放生后的存活率。因此,了解早期的生活经历如何塑造和完善成年行为,有助于我们饲养最适合在其环境中生活和生存的鱼类,无论是对于圈养的还是野生的鱼类。

关键词: 发育;富集;变异性;斑马鱼;鲑鱼类;保护和放养

5.1　早期的经验影响成年表型的发展

正如本书的其他章节所强调的,对于鱼类的众多的互动和使用方式,需要考虑我们的互动如何影响鱼类的福利和健康。这对我们如何养殖、处理和照顾我们在圈养中维护的鱼类尤其有关系。随着动物的成长和发展,它所经历的环境改变了动物的大脑、生理和行为的方面。这意味着我们用于养殖幼鱼的环境可以影响表现出的成年表型。在这一章中,将考虑两个涉及在圈养中养殖鱼类的特定场景:1)在研究设施中养殖斑马鱼;2)在孵化场中养殖,将来用于补充放生的鱼类。这些例子被选中是为了突出不同的物种对圈养的反应,以及说明不同类型的圈养环境如何影响鱼类的福利。在判断什么会促进或阻止鱼类获得良好的福利之前,确定养殖过程的最终目标是重要的。因此,需要了解鱼类需要什么,它们是否能够满足需求,以及哪些行为将有助于获得福利。

在圈养的环境中养殖动物的经验与它们在自然栖息地的经验通常会非常不同。现在,越来越多的人认识到,持续的、安全的、封闭的环境会促进某些方面的福利;食物的获得是可预见的,动物有一个庇护所以保护它们免受捕食威胁的压力,或者免受气候的突然、快速波动的影响。然而,这些不变的环境中的行为发展经常会受到妨碍，这可能通过刺激不足和不良的适应性行为的发展而造成不良的福利。圈养的环境很少能反映动物生活的自然环境，并且尽管动物可能更安全，面临的挑战也更少，但圈养往往会导致福利受损。

这些问题可以在长期内得到解决，当动物在圈养的环境中繁殖，经过连续几代，动物会调整它们的行为和生理状态，以适应限制和与人类能进行更多的交互；这个过程通常被称为驯化。发生的一些变化有遗传基础，但另一些则是动物生活环境的直接结果。在 20 世纪下半叶，人们对动物的行为表型如何产生进行了大量的讨论。"先天还是后天"的争论集中在这样的观点上，即行为的产生是因为遗传和可遗传的因素（即"先天"）还是受经验和环境的影响（即"后天"）。我们现在理解的现实是，大多数的行为是基因和环境的结果，而最近，表观遗传学领域开始进一步反转，一些行为产生于动物经历某种类型的环境，但这些经历又可以反过来影响基因的表达，使一些基因沉默，同时促进其他基因的表达。

从动物管理的角度来看，理解影响行为发展的机制是重要的。如果我们认识到在恒定限制的情况下影响福利的因素，那么对于在研究实验室或鱼类养殖场中养殖和维护鱼类的圈养种群，可以设计为以福利为主导。也需要认识到不同的鱼类之间的巨大差异，并确保住房、处理和常规的护理是为物种的需求量身定制的。然而，也有一些情况，我们在圈养的环境中繁殖和养殖鱼，目的是将它们转移到不同的环境中——可能甚至是将鱼类放回自然环境。在这种条件下，我们为鱼提供的饲养环境和体验将需要不同于专门用于人工饲养的鱼。为了给圈养的鱼类提供积极的福利体验，有必要了解圈养如何改变不同的鱼类的行为，以及不同的因素如何改变养殖环境。

动物在发育的过程中所经历的事情塑造了并改变了它们成年后的发展。例如，在大西洋鲑鱼（*Salmo salar*）中，包括强竞争者在内的社会环境的经历可以触发特定的生活史的轨迹，其中包括缓慢生长。选择较慢生长的生活史轨迹的鲑鱼通常会比选择更快生长的鱼类经历较少的攻击。因此，在这里，社会环境影响生活史的策略，进而影响与鲑鱼的生理和行为相关的多个方面。了解暴露于特定的环境类型如何促进不同的发展路径的形成，或者触发某些表型特征的发展很重要，因为这样的知识对于饲养在不同的生长速率下、在不同的年龄达到性成熟的鱼类是有用的。

更好地了解自然环境如何改变鱼类行为也对管理有帮助，因为确定野外鱼类如何应对自然应激的因素，可以帮助提高圈养鱼类的适应能力。了解动物如何自然应对高度应激的情况，可能为圈养鱼类在处理应激性程序时提供解决方案。就关于野生鱼类如何应对应激因素而言，已有大量的文献研究探讨了不同的种群如何应对高水平的捕食暴露等环境挑战。与许多的捕食者共生的 Poeciliid 鱼类已被证明在应对长期高威胁性、高压力的环境方面发展了行为和生理的适应性。这与生活在水生捕食者较少的定居地区的同一物种的鱼类形成对比，例如位于作为地理屏障的瀑布上方的鱼类。生活在存在更高的捕食威胁的地区中，已经引发了鱼类中许多不同类型的适应；在有亲代抚育期的地区，暴露于捕食压力高的环境可以改变亲鱼的行为模式，以帮助其后代在生命早期经历追逐等事件。在繁殖季节，三棘刺鱼（*Gasterosteus aculeatus*）的雄鱼会筑巢并为一个或多个雌鱼产下的卵提供父亲抚育。新孵化的仔鱼在孵化后的几天里会靠近巢区，与高捕食压力相关的地区的刺鱼种群中的父鱼会积极追逐仔鱼在巢区移动。而在捕食压力较低的地区观察不到这种行为。在这里，被父鱼追逐的经历似乎使父鱼的后代为与许多捕食者共同生活做好准备，而且可以推测以这种方式激发仔鱼在高威胁性的环境中更好地生存。

除了环境对行为表型发展的直接影响外，现在人们也认识到不同的环境影响鱼类大脑的发育方式（第6章）。在坦噶尼喀湖发现的慈鲷物种以广泛的形态和行为表型而闻名，但研究还发现慈鲷物种在不同的脑区的相对大小上存在差异；例如，一夫一妻制的物种发展出较大的大脑端脑和较高的视觉敏锐度，而一夫多妻制的物种在相对复杂的岩石栖息地中的大脑端脑和小脑，与来自较简单栖息地的鱼类相比，相对较大。鱼类如何利用它们的感觉系统和大脑也受到有威胁性的环境的影响；巴拿马主教鱼（*Brachyrhaphis episcopi*）在面对高威胁性和低威胁性的环境时表现出明显不同的视觉侧化程度。来自高捕食压力种群的鱼类通常使用右眼来监测新奇或潜在威胁的线索，使用左眼来确定附近同种的位置，而来自低捕食压力地区的鱼类则没有明显的侧化倾向。由于视神经完全交叉，这意味着面临高捕食压力的鱼类在大脑的两侧分别处理威胁和非威胁的信息。这种并行处理的能力被认为可以提高反捕食者的反应，如有效地进行群集行为的能力。关于这些侧化反应如何发展，对在圈养条件下繁殖的野生捕获的鳟鱼的实验，揭示了来自面临高捕食压力的鱼类的圈养后代具有侧化的倾向，但是每只眼睛扮演的角色似乎需要特定的经验才能使其倾向与野生捕获的父母相一致。因此，野生捕获的面临高捕食压力的父母产生的后代，在没有经历真实捕食事件的情况下仍然表现出侧化，但是对于用哪只眼睛观察威胁性的刺激的具体性质，不一定与野生同种相同。目前，尚不清楚发展出视觉侧化反应是否直接有助于鱼类应对压力的情况，但如果有的话，为圈养鱼类创造发展视觉侧化的机会可能会改善它们在应对某些压力因素方面的福利。

上述所描述的不同例子说明了在特定的环境中的经验如何能够在几代鱼甚至一代鱼的时间内影响鱼类的发育，并最终影响成年鱼类的生理和行为。将野生鱼类与圈养鱼类进行比较，我们可以清楚地看到它们所经历的差异相当大。结论是，圈养鱼类会发展出不同类型的行为和生理特征。如果鱼类将在整个生命周期中被圈养，那么不促进更加精细的反捕食反应的发展不太可能对鱼类的生存产生负面影响，但对于最终将被释放用于保护目的的鱼类来说，这种行为缺陷可能是致命的。因此，了解圈养环境如何影响行为和生理的发展，对于设计养殖和饲养方法以及确定如何促进鱼类福利是非常重要的。此外，我们需要认识到不同的圈养鱼类需要发展的行为类型，需要我们对所讨论的物种或种群的自然历史有足够的了解，以理解对不同的鱼类而言什么是重要的或相关的。

5.2　从其他类群学习的经验：人工饲养的环境应该保持稳定还是变化？

我们对待圈养动物的方式和方法已经发生了变化，我们可以研究这些变化为何出现，以帮助我们从其他类群犯下的错误中学习。多年来，研究人员一直在干净、无杂物、环境相同的笼子里饲养实验室啮齿动物。这些条件被认为容易维持，能降低疾病的风险，也能减少个体间的差异。然而，实际上，它们并没有让动物能够展现出像觅食、挖掘或探索等自然行为，尽管从维护的角度看，这样饲养动物可能是实用的。如今，这种饲养方法因为被认为刺激不足而受到了来自动物福利方的批评。在过去的 10 年里，我们饲养实验室动物（如鼠类）的方式已经发生了变化；人们认识到这些动物是社会性动物，这导致了更多的动物被配对或群体饲养，并使用丰富化的物品，让动物有东西可以互动。当丰富化的物品开始被用在啮齿动物的笼子里时，丰富的环境效果可以被量化，研究开始报告出积极的效果；与丰容相结合的动物表现出的焦虑行为减少，它们更倾向于探索，并在解决认知任务上表现得更出色。结果并不总是明显，但总的来说，大多数已发表的研究报告表明，向啮齿动物的笼子中添加丰富化的物品是有益的。

通过物理和社会丰富化，增加可变性的积极影响现在也在多种鱼类中得到证明。使用与啮齿动物研究相似的方法，已有研究显示为幼鱼提供与社会和物理刺激互动的机会可以促进神经刺激，提高认知能力，以及适应应对挑战性情境的能力。这些发现对于各种环境都非常重要；对于研究实验室中饲养和维护的鱼（如斑马鱼，*Danio rerio*），其中，行为和认知技能的发展可以帮助创造更适合生物医学研究的动物。对于在孵化环境中饲养的鱼，其目标是基于保护目的而释放鱼（如鲑鱼），行为表型的发展有能力做出合适的决策，将帮助这些鱼在被释放到自然溪流和河流后存活下来。

因此，理解早期的生活经验如何塑造和改善成年鱼的行为，帮助我们养育更适应其生活环境的鱼，无论是在圈养环境或是在野生环境。这意味着我们养鱼的方式，对它们的处理方式，以及它们在环境刺激方面所经历的变化，都可以帮助推动适应并精细调整其对特定环境的行为反应的鱼的发展。

5.3　在研究的环境中饲养和维护常用的模式鱼类物种

　　对于在实验中使用的动物，已经强调要应用 3R 原则：取代（replace）、减少（reduce）和改进（refine）动物使用的方式。这种强调已经导致了科学研究中使用的动物种类发生了变化。曾经的实验室鼠类是首选的模式物种，如今的斑马鱼已经成为最广泛使用的生物医学模式脊椎动物之一。这些鱼在动物模型方面的潜力首次在20 世纪 70 年代和 80 年代被认识到。当时，奥勒冈大学的乔治·斯特雷辛格（George Streisinger）认识到它们小巧的体型、多产的透明卵、脊椎动物体型的价值。最初，发育生物学家开始使用这些鱼来了解胚胎在生命的前几天内是如何生长的。

　　自这些早期研究以来，斑马鱼已经成为越来越受欢迎的模式物种，现在有许多技术将它们用作模型，不仅用于发育学，还用于毒理学和疾病研究，以及神经和行为发育工作。最近的一项研究调查了在研究设施中与饲养的斑马鱼福利相关的多个因素。估计每年全球使用超过 500 万只斑马鱼进行研究。斑马鱼是产自东南喜马拉雅地区的鲤科鱼类。在野外，它们生活在热带溪流、运河、池塘、水沟和稻田里。然而，在研究设施中，它们通常被养在商业供应的普通玻璃的水槽中，使用流通循环水系统进行维护。流通循环水系统通常被用于研究设施，因为很少有设施配备流通式的水系统来维护斑马鱼群体（这需要更大的水量和废水处理），这是一种更理想的维护大量的鱼类群体的方式，因为它提供了有效控制疾病的方法。

　　鉴于大量的鱼类被繁育以用于研究目的，已经进行了许多研究来探讨了什么样的环境可以让这些鱼类在圈养的条件下茁壮成长。斑马鱼群体的规模在维持鱼类数量方面存在差异；从少于 500 只到用于繁殖目的维护的鱼类数量超过 10000 只不等。Lidster 等进行的一项调查从近 100 个不同的斑马鱼研究设施中收集了信息，以调查饲养和处理方式对鱼类福利的影响。他们报告说，一些设施，但并非所有的设施，使用了多种饲料项目，以便为鱼类提供多样化的饮食，包括一些活体猎物，如虾虫，这被认为是一种丰富环境的方式，因为它促进了自然的捕食和进食反应。在物理富集方面，例如对于砂砾作为基质和人工植物的添加物，超过一半的设施认为不需要考虑这一点，而只有 25% 的设施报告使用了任何形式的物理富集。除了物理物品，通过向水槽添加通气来改变水流也被提出作为一种丰富方式，因为水流的变化可以使鱼类改变游泳模式。Lidster 等的报告称，超过一半的设施使用通气方法，但在大多数的情况下，这是为了给水氧气，而不是因为它为鱼类提供了游泳的替代机会。在照明方面，近 70% 的设施表示，他们使用突然开 / 关的照明转换，而只有1/4 的设施使用调光选项来逐渐调整设施照明的开始时间和结束时间。照明的突然变化可能会引起福利问题，因为从黑暗到光明的迅速转变可能会引起鱼类的惊吓反应，导致鱼类撞到水槽的墙壁。

Lidster等调查到大多数的斑马鱼设施对养育环境缺乏考虑，不仅令人担忧福利问题，还引发了对以这种方式养育的鱼类进行测试而得到的数据的价值的质疑。长期以来，在刺激不足的环境中养育的啮齿动物通常表现出异常的行为，导致这些动物的研究结果难以在不同的研究中复制。考虑到从在更多变、更有刺激性的环境下饲养的动物中可以获得更具有生物学意义和更可靠的数据，有必要考虑在圈养环境中的环境丰富度和提供刺激性的机会。

　　在已经进行的评估中，似乎有一些正面效果与斑马鱼的环境丰富度和暴露于养育环境的变异性相关。例如，与在空旷的环境中培养的鱼相比，最初在迷宫任务中，在以人工植物为形式的物理富集的环境中培养的斑马鱼的学习速度较慢。最近的一项研究报告了将斑马鱼暴露于不同种类的变异性的效果：1）物理富集（水槽中的植物）；2）每天追逐几分钟，使用捞网——被认为是一种轻微的有压力的体验（见图5.1a~d）。在这里，有机会体验两种变异性（植物和追逐）的斑马鱼在成年期保持较低水平的焦虑情绪，而且这些鱼能更准确地完成一个简单的学习和记忆任务，这需要鱼学会正确的逃生路径以离开四臂迷宫（图5.2a~b）。此外，暴露于物理富集的环境已被证明会导致斑马鱼端脑中细胞增殖增加，而在物理富集的环境暴露几周后，幼年斑马鱼的整体的脑部大小也会增加。

　　考虑到斑马鱼在生物医学研究中的常规使用数量的持续增加，认识到我们如何饲养和培育这些鱼会影响它们在不同的情境下的行为能力，这是一个重要的观察发现。关注鱼类行为发育的不同方面是必要的，因为我们如何使用和解释从在非富集、刺激不足的条件下饲养的鱼中获得的数据，可能不代表一个行为上有竞争力的动物。随着我们对鱼类需求和鱼类福利的了解越来越多，普遍使用的关于这个物种的典型的饲养方式是否能够为斑马鱼提供良好的福利已经受到质疑。

5.4　在圈养的环境中培育鱼类，以备后续释放用于保护

　　有几种鱼类在孵化场或研究设施中被圈养，作为保护计划的一部分，旨在将鱼类释放到野外，以增加受威胁种群的生物量。这种方法面临的最大挑战之一是要克服鱼类发育环境与最终所处环境之间的不匹配（图5.3a，b）。在孵化场，鱼类的养殖强调存活的重要性，然而，这些鱼类一旦被释放，往往表现出较差的生存成功率。在孵化场，大量圈养的鱼类通常在许多关键技能方面与其野生同类相比存在差异，如觅食、识别捕食者和繁殖行为。有人提出，孵化场中养殖的鱼类所经历的环境不支持其在自然环境中生存所需的关键行为的发展。孵化场的物理和社会环境与野外鱼类所经历的环境迥然不同，因此，多项研究已经调查了如何改变孵化场中早期社会和结构复杂性的体验，以改变与生存技能相关的一系列行为的发展。

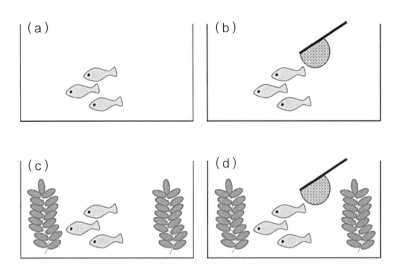

图 5.1 给予幼年斑马鱼的不同的早期饲养的体验以研究其效应。（a）典型的普通饲养的条件；（b）每天使用捞网进行常规的压力暴露；（c）添加人工植物的物理复杂性；（d）结合追逐和植物的复合处理

图 5.2 （a）俯视图下的四臂迷宫示意图，用于测试幼年斑马鱼。只有一个臂膀是真正的出口，其他三个通向死胡同。（b）对于在迷宫中的准确性，比较了图 5.1所示的不同培育处理中的鱼类。经历了追逐和物理富集的鱼类在学会定位开放出口的位置时犯了较少的错误

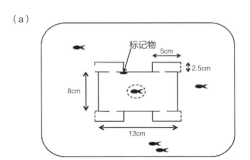

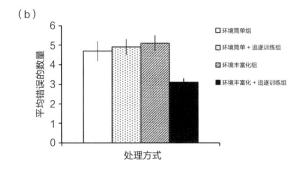

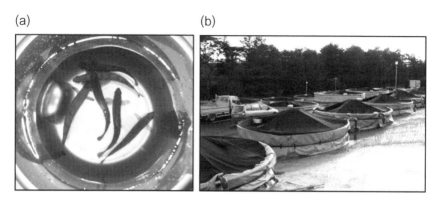

图 5.3 （a）在变成鲑鱼之前，图中显示一个样本性的孵化场培育的大西洋鲑鱼。（b）爱尔兰的户外孵化场设施点有大量的养殖池，每年在受高度保护、稳定的环境中养殖成千上万条鲑鱼

研究人员尝试了许多不同的方法来改善孵化场鱼类发展的行为技能。其中一种方法是在释放之前对孵化场的鱼类进行训练，试图教会它们适当地反抗捕食者和觅食的技能。成功地反抗捕食者的训练，即增加捕食者规避或逃避的行为，已经被多位作者记录。将孵化场的鱼类暴露于活体捕食者是一种相当严苛的训练方式，并且在这些圈养环境中遭受捕食而死亡的鱼类涉及与其福利有关的伦理问题。

然而，从伦理的角度来看，类似于用于证明实验中对动物造成的伤害合理性的伤害／效益分析，可以用来论证在圈养的环境中牺牲少量鱼类的代价将使众多的幸存者受益，特别是在圈养的环境中目击捕食事件后，个体鱼类在释放到野外后更能有效地识别自身面临的真正的捕食威胁。

训练鱼类学习有关捕食者威胁的方法似乎在经历这种经验的鱼类中取得了一些成功。而且，一旦学会了这种反抗捕食者的行为，这种行为就可以通过群体中的幼稚个体观察更有经验的鱼类对威胁的反应而传播开来（即社会学习）。通过社会学习，了解危险，甚至在某些情况下被证明和直接与捕食者接触是一样有效的。幼小的鱼可以通过不同的方式进行训练，其中一种方法是将捕食者的气味暴露于孵化场的鱼类中，同时结合受伤或被杀死的同类鱼的气味，使这些圈养鱼类学会将捕食者的气味与其所带来的威胁联系起来（一种较少见但同样成功的训练技术是将圈养鱼类暴露于捕食者的模型，从而训练鱼类在看到相似外观但是真实的捕食者时产生厌恶的反应。

类似的尝试还曾经试图教育孵化场鱼类如何捕食活体猎物。在孵化场环境中，特别是对于鲑鱼类，鱼类在饲喂以鱼粉制成的加工颗粒饲料时生长最好。尽管这些颗粒饲料富含营养，但对于帮助鱼类学习如何识别、捕捉和处理活体猎物几乎没有作用。尝试训练孵化场鱼类基本的觅食技能，有的试图直接暴露于活体猎物，或者允许幼稚鱼观察有经验的鱼类捕食活体猎物。虽然其中的许多训练计划取得了成功，但也有一些未能成功。在不太成功或不成功的情况下，不一定总是清楚是训练时间太短，训练时机不当，还是鱼类无法学习新技能而导致的结果。当动物在不变、同质的环境中培育时，它们通常会出现认知障碍，是因为静态环境不促进学习和记忆技能的发展。如果鱼类在成长过程中没有学会通过学习和记忆改变来完善其行为的优势，那么试图培育鱼类新技能的训练计划很可能会失败。如果要使用觅食训练计划，那么，设计支持圈养鱼类群体持续学习的环境将非常重要。

　　训练孵化场鱼类的另一种方法是以减少认知和行为缺陷的发展为目标来培育这些鱼类。如果鱼类在孵化场环境中经历更多的变化，它们将自然而然地发展出跟踪变化的方式，从而在鱼类成长的过程中促进学习和记忆技能的发展（图5.4a，b）。几项研究已经表明了这种方法的益处，记录了在存活前后的益处。环境的变化程度不需要剧烈，而是需要让环境变化多样，以便鱼类学会学习和调整行为的意义。相对简单的变化可以改变食物何时何地可用，或者可以对物理环境进行修改，例如增加岩石和人工植物，使鱼类不得不调整其游泳行为。在孵化场中采用这种更普遍的方法来促进行为发展，导致了鱼类发展出更好的学习和记忆能力，并且更重要的是，最近发现，这种方法可以改善释放后的存活率。

（a）　　　　　　　　　　　　　　（b）

图5.4 （a）养殖幼年大西洋鲑鱼的典型的平底池，入水口产生稳定的水流，左上方的皮带给料器在白天提供恒定的颗粒饲料供应。（b）养殖环境的丰富版本。通过向池中添加结构，可以增加空间复杂性，使鱼类能够与物体互动，并且通过改变给料器的位置和改变食物可用的时间表，可以实现额外的变异性

5.5　总　结

鱼类因各种原因（如研究和养殖）而被圈养。圈养环境显然与自然栖息地有很大的不同，可以通过环境丰富性和变异性来模仿自然栖息地的某些特点。对于因研究而圈养的鱼类，目标应该是促进自然行为的发展，以便为检测和测试提供可靠的数据。这些数据在研究和不同的研究小组之间都可以被重复使用。

当鱼类被圈养以释放到野外时，有必要找到促进行为灵活性和有效认知技能发展的方法，因为这些技能会影响释放后的存活情况。通过特定的、有针对性的培训计划可以获得其中一些技能，但同时，在从年幼时就为这些鱼类提供一定程度的变化和环境丰富性也是有价值的，以促进行为的灵活性发展。采用这些不同类型的圈养方法有助于鱼类更好地应对有压力的情况，尤其是在圈养环境中无法避免的情况（例如处理）。因此，允许自然行为发展的圈养环境和管理实践可以对鱼类福利产生重大的积极影响，无论它们是终身圈养的鱼类（例如斑马鱼），还是将被释放到自然环境中的鱼类（例如鲑鱼类）。

参考文献

Ahlbeck Bergendahl I, Miller S, DePasquale C, Giralico L, Braithwaite VA (2017) Becoming a better swimmer: structural complexity enhances agility in captive-reared fish. J Fish Biol 90:1112–1117

Archard GA, Earley RL, Hanninen AF, Braithwaite VA (2012) Correlated behaviour and stress physiology in fish exposed to different levels of predation pressure. Funct Ecol 26:637–645

Ashley PJ (2007) Fish welfare: current issues in aquaculture. Appl Anim Behav Sci 104:199–235

Bachman RA (1984) Foraging behavior of free-ranging wild and hatchery brown trout in a stream. Trans Am Fish Soc 113:1–32

Berejikian BA (1995) The effects of hatchery and wild ancestry and experience on the relative ability of steelhead trout fry *Oncorhynchus mykis* o avoid a benthic predator. Can J Fish Aquat Sci 52:2476–2482

Berejikian BA (1996) Instream postrelease growth and survival of chinook salmon smolts subjected to predator training and alternate feeding strategies, 1995. In: Maynard DJ, Flagg TA, Mahnken CVW (eds) Development of a natural rearing system to improve supplemental fish quality 1991-1995. Bonneville Power Administration, Portland, OR, pp 113–127

Bergendahl IA, Salvanes AGV, Braithwaite VA (2016) Determining the effects of duration and recency of exposure to environmental enrichment. Appl Anim Behav Sci 176:163–169

Bisazza A, Dadda M (2005) Enhanced schooling performance in lateralized fishes. Proc R Soc B 272:1677–1681

Braithwaite VA (2005) Cognitive ability in fish. Behav Physiol Fish 24:1–37

Braithwaite VA, Salvanes AGV (2010) Aquaculture and restocking: implications for conservation and welfare. Anim Welf 19:139–149

Braithwaite VA, Huntingford FA, van den Bos R (2013) Variation in emotion and cognition in fishes. J Agric Environ Ethics 26:7–23

Branson E (2008) Fish welfare. Blackwell Scientific Publications, London

Breed M, Sanchez L (2010) Both environment and genetic makeup influence behavior. Nat Educ Knowl 3:68

Brockmark S, Johnsson JI (2010) Reduced hatchery rearing density increases social dominance, postrelease growth, and survival in brown trout (*Salmo trutta*). Can J Fish Aquat Sci 67:288–295

Brockmark S, Neregård L, Bohlin T, Björnsson BT, Johnsson JI (2007) Effects of rearing density and structural complexity on the pre-and post-release performance of Atlantic salmon. Trans Am Fish Soc 136:1453–1462

Brockmark S, Adriaenssens S, Johnsson JI (2010) Less is more: density influences the development of behavioural life skills in trout. Proc R Soc B 277:3035–3043

Brown C, Laland K (2002) Social enhancement and social inhibition of foraging behaviour in hatchery-reared Atlantic salmon. J Fish Biol 61:987–998

Brown GE, Smith JF (1998) Acquired predator recognition in juvenile rainbow trout (*Oncorhynchus mykiss*): conditioning hatchery-reared fish to recognize chemical cues of a predator. Can J Fish Aquat Sci 55:611–617

Brown C, Davidson T, Laland K (2003a) Environmental enrichment and prior experience of live prey improve foraging behaviour in hatchery-reared Atlantic salmon. J Fish Biol 63:187–196

Brown C, Markula A, Laland K (2003b) Social learning of prey location in hatchery-reared Atlantic salmon. J Fish Biol 63:738–745

Brown C, Gardner C, Braithwaite VA (2004) Population variation in lateralised eye use in the poeciliid *Brachyraphis episcopi*. Proc R Soc Biol Lett 271:S455–S457

Brown C, Western J, Braithwaite VA (2007) The influence of early experience and inheritance of cerebral lateralization. Anim Behav 74:231–238

Chivers DP, Smith JRF (1994) Fathead minnows, *Oimephales promelas*, acquire predator recog-nition when alarm substance is associated with the sight of unfamiliar fish. Anim Behav 48:597–605

Chivers DP, Smith RJF (1995) Chemical recognition of risky habitats is culturally transmitted among Fathead Minnows, Pimephales promelas (*Osteichthyes, Cyprinidae*). Ethology 99 (4):286–296

Costa DA, Cracchiolo JR, Bachstetter AD, Hughes TF, Bales KR, Paul SM, Mervis RF, Arendash GW, Potter H (2007) Enrichment improves cognition in AD mice by amyloid-related and unrelated mechanisms. Neurobiol Aging 28:831–844

Cotel M-C, Jawhar S, Christensen DZ, Bayer TA, Wirths O (2012) Environmental enrichment fails to rescue working memory deficits, neuron loss and neurogenesis in APP/PS1Kl mice. Neurobiol Aging 3:96–107

D'Anna G, Giacalone VM, Fernández TV, Vaccaro AM, Pipitone C, Mirto S, Mazzola S, Badalamenti F (2012) Effects of predator and shelter conditioning on hatchery-reared white seabream *Diplodus sargus* (L., 1758) released at sea. Aquaculture 356:91–97

Dadda M, Bisazza A (2006) Does brain asymmetry allow efficient performance of simultaneous tasks? Anim Behav 72(3):523–529

de Oliveira Mesquita F, Young RJ (2007) The behavioural responses of Nile tilapia (*Oreochromis niloticus*) to anti-predator training. Appl Anim Behav Sci 106(13):144–154

DePasquale C, Neuberger T, Hirrlinger A, Braithwaite VA (2016) The influence of complex and threatening environments in early life on brain size and behavior. Proc R Soc B 283 (1823):20152564

Ebbesson LOE, Braithwaite VA (2012) Environmental impacts on fish neural plasticity and cognition. J Fish Biol 81:2151–2174

Ellis TE, Hughes RN, Howell BR (2002) Artificial dietary regime may impair subsequent foraging behaviour of hatchery-reared turbot released into the natural environment. J Fish Biol 61:252–264

Ersbak K, Haase BL (1983) Nutritional deprivation after stocking as a possible mechanism leading to mortality in stream-stocked brook trout. N Am J Fish Manag 3:142–151

Fernö A, Huse G, Jakobsen PJ, Kristiansen TS (2006) The role of fish learning skills in fisheries and aquaculture. In: Brown C, Krause J, Laland K (eds) Fish cognition and behaviour. Blackwell, London, pp 278–310

Fleming IA, Lamberg A, Jonsson B (1997) Effects of early experience on the reproductive performance of Atlantic salmon. Behav Ecol 8:470–480

Healy SD, Bacon IE, Haggis O, Harris AP, Kelley LA (2009) Explanations for variation in cognitive ability: behavioural ecology meets comparative cognition. Behav Process 80:288–294

Heenan A, Simpson SD, Meekan MG, Healy SD, Braithwaite VA (2009) Restoring depleted coral reef fish populations through recruitment enhancement: a proof of concept. J Fish Biol 75:1857–1867

Hossain MAR, Tanaka M, Masuda R (2002) Predator-prey interaction between hatchery-reared Japanese flounder juvenile, Paralichthys olivaceus, and sandy shore crab, Matuta lunaris: daily rhythms, anti-predator conditioning and starvation. J Exp Mar Biol Ecol 267:1–14

Huntingford FA (2004) Implications of domestication and rearing conditions for the behaviour of cultivated fishes. J Fish Biol 65:122–142

Huntingford FA, Wright PJ, Tierney JF (1994) Adaptive variation in antipredator behaviour in threespine stickleback. In: Bell MA, Foster SA (eds) The evolutionary biology of the threespine stickleback. Oxford University Press, Oxford, pp 345–380

Huntingford FA, Adams CE, Braithwaite VA, Kadri S, Pottinger TG, Sandoe P, Turnbull JF (2006) Current understanding on fish welfare: a broad overview. J Fish Biol 68:332–372

Hyvärinen P, Rodelwald P (2013) Enriched rearing improves survival of hatchery-reared Atlantic salmon smolts during migration in the River Tornionkoki. Can J Fish Aquat Sci 70:1386–1395

Jackson CD, Brown GE (2011) Difference in antipredator behaviour between wild and hatchery–reared juvenile Atlantic salmon (*Salmo salar*) under seminatural conditions. Can J Fish Aquat Sci 68:2157–2165

Johnsson JI, Brockmark S, Näslund J (2014) Environmental effects on behavioural development consequences for fitness of captive-reared fishes in the wild. J Fish Biol 85:1946–1971

Lawrence C (2007) The husbandry of zebrafish (*Danio rerio*): a review. Aquaculture 269:1–20

Lidster K, Readman GD, Prescott MJ, Owen SF (2017) International survey on the use and welfare of zebrafish *Danio rerio* in research. J Fish Biol 90:1891. https://doi.org/10.1111/jfb.13278

Magurran AE (2005) Evolutionary ecology: the Trinidadian guppy. Oxford University Press, Oxford

Magurran AE, Seghers BH (1994) Predator inspection behaviour covaries with schooling tendency amongst wild guppy, Poecilia reticulata, populations in Trinidad. Behaviour 128:121–134

Mathews F, Orros M, McLaren G, Gelling M, Foster R (2005) Keeping fit on the ark: assessing the suitability of captive-bred animals for release. Biol Conserv 121:569–577

Maynard DJ, Tezak EP, Berejikian BA, Flagg TA (1996) The effect of feeding spring Chinook salmon a live food supplemented diet during acclimation, 1995. In: Maynard DJ, Flagg TA, Mahnken CVW (eds) Development of a natural rearing system to improve supplemental fish quality 1991–1995, pp 98–112

Meshi D, Drew MR, Saxe M, Ansorge MS, David D, Santarelli L, Malapani C, Moore H, Hen R (2006) Hippocampal neurogenesis is not required for behavioral effects of environmental enrichment. Nat Neurosci 9:729–731

Metcalfe NB (1991) Competitive ability influences sea-ward migration age in Atlantic salmon. Can J Zool 69:815–817

Metcalfe NB, Huntingford FA, Graham WD, Thorpe JE (1989) Early social status and the development of life-history strategies in Atlantic salmon. Proc R Soc Lond B 236:7–19

Mirza RS, Chivers DP (2000) Predator-recognition training enhances survival of brook trout: evidence from laboratory and field enclosure studies. Can J Zool 78:2198–2208

Näslund J, Johnsson J (2016) Environmental enrichment for fish in captive environments: effects of physical structures and substrates. Fish Fish 17:1–30

Newberry RC (1995) Environmental enrichment: increasing the biological relevance of captive environments. Appl Anim Behav Sci 44:229–243

Nicieze AG, Metcalfe NB (1999) Costs of rapid growth: the risk of aggression is higher for fast growing salmon. Funct Ecol 13:793–800

Nødtvedt M, Fernö A, Gjosaeter J, Steingrund P (1999) Anti-oredator behaviour of hatchery-reared and wild juvenile Atlantic cod (*Gadus morhua* L.) and the effect of predator training. In: Howell BR, Moksness E, Svåsand T (eds) Stock enhancement and sea ranching. Blackwell, Oxford, pp 350–362

Nordeide JT, Salvanes AGV (1991) Observations on reared newly released and wild cod (*Gadus morhua* L.) and their potential predators. ICES Mar Sci Symp 192:139–146

Olla BL, Davis MW, Ryer CH (1998) Understanding how the hatchery environment represses or promotes the development of behavioural survival skills. Bull Mar Sci 62:531–550

Olson JA, Olson JM, Walsh RE, Wisenden BD (2012) A method to train groups of predator-naive fish to recognize and respond to predators when released into the natural environment. N Am J Fish Manag 32:77–81

Patton BW, Braithwaite VA (2015) Swimming against the current: ecological and historical perspectives on fish cognition. WIREs Cognit Sci 6:159–176

Petersson E, Valencia AC, Järvi T (2015) Failure of predator conditioning: an experimental study of predator avoidance in brown trout (*Salmo trutta*). Ecol Freshw Fish 24:329–337

Pollen AA, Dobberfuhl AP, Scace A, Igulu MM, Renn SCP, Shumway CA et al (2007) Environ-mental complexity and social organization sculpt the brain in Lake Tanganyikan cichlid fish. Brain Behav Evol 70:21–39

Powledge TM (2011) Behavioral genetics: how nurture shapes nature. Bioscience 61:588–592

Rabin LA (2003) Maintaining behavioural diversity in captivity for conservation: natural behavior management. Anim Welf 12:85–94

Reid AL, Seebacher F, Ward AJW (2010) Learning to hunt: the role of experience in predator success. Behaviour 147:223–233

Reznick DN, Endler JA (1982) The impact of predation on life history evolution in Trinidadian guppies (*Poecilia reticulata*). Evolution 36:160–177

Richter CP (1952) Domestication of the Norway rat and its implication for the study of genetics in man. Am J Hum Genet 4:273–285

Richter SH, Garner JP, Auer C, Kunert J, Würbel H (2010) Systematic variation improves reproducibility of animal experiments. Nat Methods 7:167–168

Roberts LJ, Taylor J, Forman DW, Garcia de Leaniz C (2014) Silver spoons in the rough: can environmental enrichment improve survival of hatchery Atlantic salmon Salmo salar in the wild? J Fish Biol 85:1972–1991

Rodewald P, Hyvärinen P, Hirvonen H (2011) Wild origin and enrichment promote foraging rate and learning to forage on natural prey of captive reared Atlantic salmon parr. Ecol Freshw Fish 20:569–579

Roy V, Belzung C, Delarue C, Chapillon P (2001) Environmental enrichment in BALB/c mice: effects in classical tests of anxiety and exposure to a predatory odor. Physiol Behav 74:313–320

Salvanes AGV (2017) Are antipredator behaviours of *Salmo salar* juveniles similar to wild juveniles? J Fish Biol 90:1785–1796

Salvanes AGV, Braithwaite VA (2006) The need to understand the behaviour of fish we rear for mariculture or for restocking. ICES J Mar Sci 63:346–354

Salvanes AGV, Moberg O, Ebbesson LOE, Nilsen TO, Jensen KH, Braithwaite VA (2013) Environmental enrichment promotes neural plasticity and cognitive behaviour in fish. Proc R Soc B 280:20131331

Shettleworth SJ (2010) Cognition, evolution, and behavior, 2nd edn. Oxford University Press, New York

Shumway CA (2008) Habitat complexity, brain, and behavior. Brain Behav Evol 72(2):123–134

Sosiak AJ, Randall RG, McKenzie JA (1979) Feeding by hatchery-reared and wild Atlantic salmon (*Salmo salar*) parr in streams. J Fish Res Board Can 36:1408–1412

Spence R, Magurran AE, Smith C (2011) Spatial cognition in zebrafish: the role of strain and rearing environment. Anim Cogn 4:607–612

Sundström LF, Johnsson JI (2001) Experience and social environment influence the ability of young brown trout to forage on live novel prey. Anim Behav 61:249–255

Turnbull JF, Huntingford FA (2012) Welfare and aquaculture: where BENEFISH fits in. Aquac Econ Manag 16:433–440

van Praag H, Kempermann G, Gage FH (2000) Neural consequences of enviromental enrichment. Nat Rev Neurosci 1(3):191–198

Vilhunen S, Hirvonen H, Laakkonen MV-M (2005) Less is more: social learning of predator recognition requires a low demonstrator to observer ratio in arctic charr (*Salvelinus alpinus*). Behav Ecol Sociobiol 57:275–282

Vilhunene S (2006) Repeated antipredator conditioning: a pathway to habituation or to better avoidance? J Fish Biol 68:25–43

von Krogh K, Sørensen C, Nilsson GE, Øverli Ø (2010) Forebrain cell proliferation, behavior and physiology of zebrafish, *Danio rerio*, kept in enriched or barren environments. Physiol Behav 101:32–39

Wahl DH, Einfalt LM, Wojcieszak DB (2012) Effect of experience with predators on the behavior and survival of muskellunge and tiger muskellunge. Trans Am Fish Soc 141:139–146

Westerfield M (2007) The Zebrafish book. A guide for the laboratory use of Zebrafish (*Danio rerio*), 5th edn. University of Oregon Press, Eugene, OR

Würbel H, Chapman R, Rutland C (1998) Effect of feed and environmental enrichment on development of stereotypic wire-gnawing in laboratory mice. Appl Anim Behav Sci 60:69–81

Zhu SH, Codita A, Bogdanovic N, Hjerling-Leffler J, Ernfors P, Winblad B, Dickins DW, Mohammed AH (2009) Influence of environmental manipulation on exploratory behaviour in male BDNF knockout mice. Behav Brain Res 197:339–346

第6章
鱼类大脑：解剖学、功能和进化的关系

摘　要： 在本章中，我们对鱼类神经系统的解剖学、功能和进化进行了概述。我们的关注点是大脑形态和功能变化最大的脊椎动物群体（硬骨鱼）的大脑。我们首先介绍中枢神经系统和自主神经系统，然后对中枢神经系统的主要的远端组成部分（脊髓、脊神经、脑神经）进行特征刻画；接着，总结大脑区域及其连接，并突出不同鱼类之间的一些相似之处和差异。本章的第二部分着重于鱼类脑部解剖的变异，包括对比脑部解剖演化和脑可塑性的讨论。最后，我们通过对人工选育大脑较大和较小的斑马鱼的结果进行总结，探讨了大脑大小的进化成本和收益。关于鱼类福利，我们认为丰富的大脑多样性反映了鱼类多样化的认知需求。然而，它们终身较高的神经发生率也使得个体能够在特定范围的环境条件下进行认知适应。

关键词： 鱼类脑部；脑部解剖学；生态形态学；脑大小；人工选择

6.1　神经系统的解剖与功能

脊椎动物，如鱼类的中枢神经系统（central nervous system，CNS）由大脑和脊髓组成，通过运动和感觉神经与感受器官和传入性器官相连。尽管大多数的研究集中在神经元的性质以及它们如何相互连接上，但CNS中的大多数的细胞属于其他的不同类型。例如，胶质细胞不仅在物理上支持神经元，同时是绝缘性的，对脑部发育和稳态发挥作用，并可能参与信息处理。如今，通过解剖，我们对一些神经结构如何发挥作用有了很好的理解。特别是那些被广泛理解的系统的例子，如主导基本逃逸反应的Mauthner神经元、摩门鱼的电感知系统，以及一般的视觉系统。

6.1.1　中枢神经系统

中枢神经系统在任何脊椎动物体内可以说是最复杂的系统之一。有大量专门的细胞，它们错综复杂地相互连接，以多种方式进行交互。以下只能对这种复杂性进行简要说明。

6.1.1.1　脊　髓

鱼类脊髓是中枢神经系统中在系统发生上最古老的部分，因此，在结构上与其他的脊椎动物的脊髓相似。在胚胎发育的过程中，中枢神经系统形成于神经褶皱的滚动和融合的过程中。在横截面中，中央区域（包含脊髓神经元的细胞体）比外侧区域更暗。因此，这些区域分别被称为"灰质"和"白质"。白质主要由升降纤维组成，按照不同的束排列：背侧体感觉束、侧面内脏感觉和内脏运动束，以及大的腹侧体运动束。在大多数的鱼类中，马夫纳神经元的成对大轴突下降至腹侧灰质。马夫纳神经元在成年板鳃类中缺乏。它们控制着 C 型起始逃避反应（"C"描述了典型的在逃避过程中的身体形态），并且在个体发生早期就起作用。马夫纳神经元轴突在马夫纳交叉处交叉；因此，当一个细胞受到刺激而发出神经冲动时，其以 C 型起始将头部远离不良的刺激，从而非常快速地实现了游泳方向的改变。马夫纳神经元是连接中枢神经系统反应机制的典型例子。

6.1.1.2　脊神经和脑神经

除了七鳃鳗，节段性背神经根和腹神经根从脊髓中产生，它们会汇合形成脊神经，脊神经携带着脊髓与身体之间的运动、感觉和自主信号。脊髓腹侧神经根的轴突连接到肌肉系统，而背侧神经根则含有感觉神经元，其连接到周边的感觉系统。运动神经元的细胞体形成了脊髓灰质的腹角，而感觉神经元则位于脊髓外部的分段节块中（图 6.1）。大多数的脑神经遵循相同的基本模式，但是从脊髓的前部和脑干中出现。对它们从前到后编号。视神经（Ⅱ）偏离了这种分段排列模式，因为眼睛是通过侧部神经管的突出发育而来的（见下文），因此，它是一个脑内连接，应该称为"束"而不是"神经"。嗅神经（Ⅰ）将嗅黏膜与嗅球连接起来。如果嗅球直接位于黏膜上，如鲫鱼科鱼类中，这是一个脑内连接，因此被称为"束"。M 末梢神经传递大多数的前部感觉系统的信息；它被编号为 0，是因为在其他神经已经有编号之后才被发现。其他的脑神经（从前到后）分别是动眼神经（Ⅲ）、滑车神经（Ⅳ）、三叉神经（Ⅴ）、展神经（Ⅵ）、面神经（Ⅶ）、听神经（Ⅷ）、舌咽神经（Ⅸ）、迷走神经（Ⅹ）、副神经（Ⅺ）和舌下神经（Ⅻ）。

6.1.1.3　鱼类大脑

大脑是脊髓的前端膨胀的部分，由于主要的脊椎动物感觉系统也位于身体的前端，所以其能发育起来。由于其功能的原因，腹侧脑区是生物进化中最为保守的结构之一。因此，其基本组织在所有的脊椎动物中，如鱼类，在结构上大致相似。然而，由于鱼类的多样的感觉定位，不同的脑区在大小和形态上可能有很大的差异。事实上，在所有的脊椎动物中，鱼类的大脑解剖结构和大脑功能变化最大。图 6.2 展示了不同的鱼类的主要群体之间的粗略变异。图 6.3 则展示了两种现代硬骨鱼脑之间更详细的差异。脑干与脊髓前部相连，腹侧间脑是最前端的极点，位于前脑的前交叉下方结束。因此，腹脑由改变后的脊髓前端组成；在腹侧，它带有一系列显著的结构。在早期的胚胎发育中，神经管的前端分化为神经节。

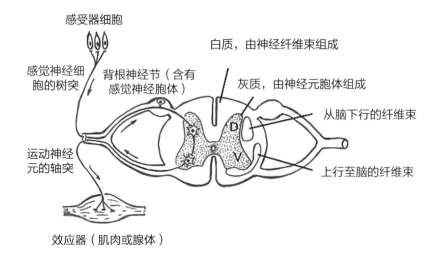

图 6.1 脊髓和神经（横截面）及其与感觉细胞/器官和效应器的连接。中央的蝴蝶状灰质主要由神经细胞组成（D：感觉背角中间神经元；V：腹角的运动神经元）。箭头指示了潜在的传导方向。位于背神经节中的感觉神经细胞的树突/轴突被周围的受体激活，将动作电位传送到灰质中的中间神经元网络，其输出通过腹角运动神经元的轴突传递给效应器。脊髓的局部电路通过上行和下行纤维束与大脑进行通信

图 6.4 展示了 3 个最大和最前端的神经节是如何分化为大脑皮质、间脑和中脑，而 7 个更偏向尾部的神经节分化为脑桥。从前到后，3 个主要的脑区域是前脑、中脑和后脑。前脑分为成对的嗅球，腹侧附着在大脑半球上，背侧覆盖在间脑上（"间脑"，包括丘脑、下丘脑、亚丘脑、上丘脑和前丘脑）。其朝尾部发展；中脑屋顶发展成为成对的视脑叶；后面是小脑（脑桥）；背侧附着在延髓（脑桥）上（图 6.4）。

　　脑干是除嗅觉和视觉外的所有的体感功能的主要的表征中心，并具有其他脑区难以匹配的程度的可变性。在进化上，未特化的"主流"鱼类中，从无颚类到基础硬骨鱼类，脑干背侧的神经元群以 4 个水平列的方式排列，其中，脑神经Ⅳ～Ⅻ和 2 个前端及 1 个尾端的侧线神经的感觉成分终止在最背侧的两列中，而运动纤维则起源于腹侧位置的中心。第四脑室壁上的背侧感觉列处理听觉、侧线和味觉。这种体感地位的排列可能有助于形成短环反射，以及感觉运动专业化，如以味觉为主的鲫鱼腭器官。在具有处理电感信息能力的鱼类（例如芦鳗和矛尾鱼）中，还存在一个额外的背侧—前端列。第四脑室的顶部由脉络丛构成，具有不同程度的分化。背

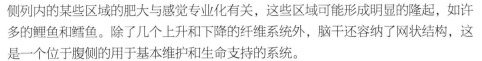

侧列内的某些区域的肥大与感觉专业化有关，这些区域可能形成明显的隆起，如许多的鲤鱼和鳕鱼。除了几个上升和下降的纤维系统外，脑干还容纳了网状结构，这是一个位于腹侧的用于基本维护和生命支持的系统。

中脑和间脑腹侧连续地向前延伸至脑干，具有来自其顶部的连接和整合系统（包括小脑、视丘和前脑）。脑干和腹侧脑干之间相连，而亚小脑的次级味觉核可能作为一个任意的边界。在前后方向上，腹侧脑干的第三脑室从一个狭缝状间隙变成一个狭窄通道；然后从开口进入第四脑室。有一些结构作为这个脑室的延伸部分。下丘脑的下叶是配对的，是射线鱼类特有的腹侧间脑半球，用作多模式的整合中心。在所有的脊椎动物中，下丘脑腹侧连续将感觉输入转化为激素和行为反应。在这种情况下，间脑和腹侧脑室被一些"腹侧脑室器官"覆盖，其中，大多数配备了脑脊液接触的神经元和独特的脑室上皮细胞，是基于脑脊液的脑内体液通信系统的一部分。上皮细胞衬着脑室腔，它们是神经胶质细胞的类型之一，参与脑脊液的产生。硬骨鱼类特有的结构是血管囊（图 6.2），它是一个用于感知季节日长的传感器器官。下丘脑的神经后叶是生理和行为的中心体液指挥单位。在背侧，第三脑室的脉络丛形成了几个延伸部分，如带有光敏和内分泌功能的上脑室或其他环绕脑室的器官。

小脑的大小在不同的物种中的变化很大，比如从祖先或栖息在底栖的鱼类的小脊脑脊（图 6.1），到大多数现代硬骨鱼类中的显著结构（图 6.2）。尽管在三维空间中能迅速移动的大洋鲨或硬骨鱼类相对较大，但它本身并不一定有大洋生活方式的特征（见下文）。尤其是在现代电感知鱼类中，这个结构可能会大幅扩大，在彼氏锥颌象鼻鱼中覆盖整个大脑表面。各种小脑亚区担当着各种功能，包括认知和情感背景。小脑的核心和小脑瓣（作为视脑下的一个颅后延伸部），密切相连，可能在空间定位、本体感知、运动协调和眼球运动方面发挥作用。中央听觉区形成为腹侧小脑的颗粒状区域，其大小与外周听觉装置的发展成比例变化。来自内耳和来自侧线纤维的输入在颗粒隆起后终止，这是位于侧脑体两侧的一个小细胞区域（图 6.2）。小胸脊，位于小脑体的分子层的后部，并与之延伸，主要处理侧线输入。

视脑（tectum opticum，TO）作为中脑的顶部，由成对的背侧半球组成，具有类似皮质的灰白质分层，与中脑背盖部之间由脑室空间分隔开。TO 接收来自对侧视网膜神经节细胞的投射；它处理主要的视觉输入，并参与和脑干之间的重要的双向通信。视脑的发育与眼睛的大小、视觉定向以及侧线依赖性密切相关，也存在于胚胎发育中或系统发育上失明的鱼类中。视网膜在胚胎发育中作为间脑的一部分形成，并显示出与系统发育、胚胎发育、生态学或生活方式相关的显著的结构变化。

在视脑下方，纵边脊以一对纵向圆柱体的形式延伸到亚视脑室中（图 6.2）。其推测的功能包括姿势控制、亮度水平的检测以及扫视运动的监控。此外，它在端脑和脑干之间起着前运动中枢的作用。

端脑起源于胚胎神经管的前部分，形成两个半球。在原始的无颌类、软骨鱼类和肺鳍鱼类等进化分类群中，它们的发育方式与大多数的脊椎动物相似，通过外侧壁的膨出（外凸）而形成中央腔室。相反，硬骨鱼类的前脑则通过胚胎神经管的背侧壁的弯曲（外翻）而形成。因此，半球是固态的，并且一个T字形的腔室延伸到半球的背外侧表面，将两个半球分开。在中央，这两个半球紧密相连，甚至可能融合在一起。除了次级嗅觉纤维，它们遍布整个结构，几乎所有的感觉模式都通过纤维束途径投射到背部端脑；下丘脑和原始嗅觉输入则从前脑腹侧上升。前脑还包括前交叉束，其有贯穿性的纤维束的束柄，以及脑内端脑之间的纤维可实现端脑和间脑之间的双向信息流动。经过前脑部分切除的鱼类在大多数方面仍能正常地摄食、生长和发生行为，但学习速度显著降低，不参与更复杂的社会任务。

所有鱼类的嗅球从胚胎神经管的前端膨出。在高等的硬骨鱼类中，它的腔室次生减少或缺失。来自嗅觉黏膜的初级纤维以一种化学拓扑的方式终止于嗅球神经丛的小球状结构中，即具有类似受体特性的嗅觉黏膜神经的纤维终止于同一个小球中。大型投射神经元、丝状细胞和簇细胞通过嗅觉中央道传入端脑和间脑。在大多数的物种中，嗅球仍附着于头部的前脑，但在硬鳍亚目硬骨鱼类中，它们附着于嗅觉黏膜，通过次生嗅觉通路连接到前脑。图6.5说明了鱼类脑区域随着进化的变化。

嗅神经的神经细胞体（胞体）位于嗅球与端脑的连接处，将进程发送到嗅觉黏膜、间脑以及包括视网膜在内的大多数的其他的脑区域，例如视网膜。这种嗅觉视网膜系统的功能在麦穗鱼中得到了研究。终末神经促性腺激素释放激素3（TN-GnRH3）神经元在激活基于熟悉度的交配偏好时起到了关键作用。TN-GnRH3神经元的基础活动水平抑制了雌性对任何雄性的接受性。视觉上的熟悉促进了TN-GnRH3神经元的活动，这与雌性对已熟悉雄性的偏好相关。

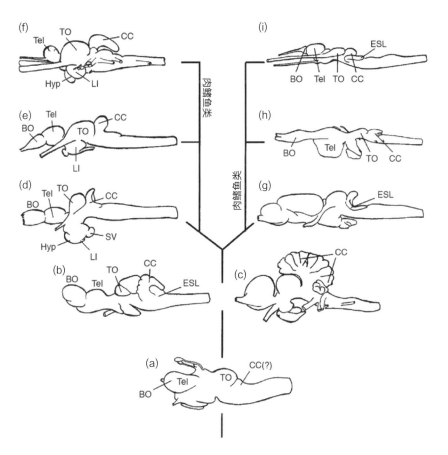

图 6.2　不同鱼类的主要群体之间变异的代表性大脑。在七鳃鳗（a）、软鳍鲨（b，c）、肺鱼（h）和腔棘鱼（i）中，前脑被外凸出。但在硬鳍鱼类中，则是外翻的，如拟胸鳍鱼（g：Calamoichtys）、鲟鱼和新鳍类（d，e，f）。BO 指嗅球，CC 指小脑，ESL 指电感受区，Hyp 指下丘脑，LI 指下叶，SV 指血管囊，Tel 指大脑端，TO 指视丘。这些大脑并不按比例绘制，已获得 Kotrschal et al.（1998）的授权再现

以下为图 6.3、图 6.4。

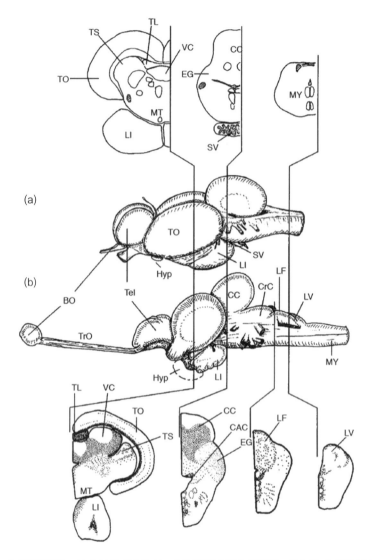

图 6.3 （a）班氏拟鲹与（b）鲶脑部的比较：位于页面中间的侧视图，顶部和底部的垂直线所示的水平截面。请注意班氏拟鲹的嗅球较小，但大脑的大脑端、视丘和小脑皮质较大。在鲶鱼中，嗅球与大脑端较远，并且脑干的体感（味觉）叶、颜面叶和尾叶较大。BO 代表嗅球，CAC 代表中央听觉区，CC 代表小脑皮质，CrC 代表小脑脊，EG 代表颗粒状突起，Hyp 代表下丘脑，LF 代表颜面叶，LI 代表下叶，LV 代表迷走神经叶，MT 代表中脑腹束，MY 代表延髓，SV 代表血管囊，Tel 代表大脑端，TL 代表纵隔束，TO 代表视丘，TrO 代表嗅道，TS 代表半规管束，VC 代表小脑瓣。基于 Kotrschal et al（1998）的绘制

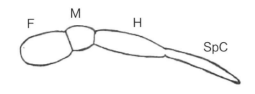

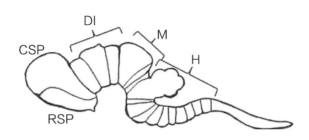

图 6.4　脊椎动物（小鼠）的脑部发育。顶部：早期阶段，前部（左侧）神经管显示出大脑（F）、中脑（M）和脑后囊（H）的出现，伴随着发育中的脊髓（SpC）。底部：后期阶段：出现更多的分区。大脑：CSP：尾部的次级前脑；RSP：头部的次级前脑；DI：间脑的前三部分；M：两个中脑分区；H：中脑脊，以及脑干脊节 1 ～ 11。基于 Puelles et al.（2013）的绘制

6.1.2　自主神经系统

　　作为外周神经系统的一部分，自主神经系统（autonomic nervous system，ANS）由交感神经和副交感神经两个成分组成，统治着所有"无意识"的身体功能。这些纤维内布于平滑肌，例如血管周围、肠道、脾脏、泌尿道、心脏，而在硬骨鱼类中还包括色素细胞，对于控制体内的平衡是至关重要的。一般来说，中枢神经元的传出纤维并不直接连接到外围器官；它们通过突触连接到外围神经节细胞，然后再内布于目标器官。因此，中枢神经纤维被称为前神经元，外围神经纤维被称为后神经元。鱼类的自主神经系统通常分为脑神经自主神经、脊神经自主神经和肠道内脏神经系统。硬骨鱼类、其他的鱼类，甚至其他的高等脊椎动物与软骨鱼类的不同之处在于，脊神经自主神经节通过携带前神经元和后神经元纤维的分支与脊神经相连。在硬骨鱼类中，这些纤维还会内布于皮肤的黑素细胞。另一个不同之处在于迷走神经，在硬骨鱼类中迷走神经对肠道既有兴奋作用又有抑制作用，而在软骨鱼类中迷走神经并不控制肠道运动。

图6.5 代表性梭鱼类脑部，呈中矢状视图。从新鲜灌注固定的脑部绘制而成。所有的比例尺为5mm。从底部到顶部依次为：俄罗斯鲟（体长34.5cm）、美洲鳖（体长20cm）、鳟鱼（体长32cm）、鲫鱼（体长16.5cm）、红斑褐鳎（体长13cm）。请注意在梭鱼类的辐射（脊椎动物的古生代辐射）中和现代梭鱼类的脑部中，两者均具有类似两栖动物脑部的特征。同时，还请注意，嗅球（BO）的相对大小减小，而大脑的大小增加，这在现代梭鱼类代表中更为明显。图中，BO为嗅球，Bst为脑干，Ca为视束前交叉，Cer为小脑，E/Sd为松果体/背侧囊，Hyp为垂体，Li为间脑下叶，Sv为血管囊，Tel为大脑，TO为视脑

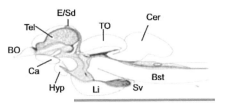

硬骨鱼纲，鲈形目，血红扉鳃鳎

硬骨鱼纲，鲤形目，丁鲅

硬骨鱼纲，鲑形目，褐鳟

全骨鱼纲，弓鳍鱼目，弓鳍鱼

软骨硬鳞鱼纲，鲟形目，俄罗斯鲟

6.2 脑部的解剖学变化

在大多数的鱼类中，大脑占据的空间大小通常比总可用空间要小得多。例如，

鲨鱼类中，大脑仅约占大脑腔的 6%，而多余的空间通常填充有淋巴和脂肪组织。然而，在坦噶尼喀湖慈鲷鱼中，颅骨形态学似乎决定了大脑的形状并限制了其进化。大多数的神经元在无颌类、肺鳍鱼、软骨类鱼和鲨鱼中相对较大，但在硬骨类鱼中较小。细胞大小的明显进化减小，可能源于幼虫期间的体积限制；当仅有几毫米长时，硬骨类鱼幼虫是最小的完全功能性的脊椎动物。因此，基于大脑大小与体型大小的组间比较可能会引导错误的结论。利用流式细胞术来定量神经元数量的最新进展，应该有助于正确理解这一问题。

　　大脑与体型呈负异速生长的关系，在个体发育和种系发育中，相对较小的鱼类往往具有相对较大的大脑，反之亦然。种系发展与相对的大脑大小呈粗略的增加趋势。例如，无颌类特征上具有一些相对较小的大脑，而隆头鱼类中的大脑则属于最大的。除了三棘刺鱼之外，雌雄的相对大脑的大小通常是相似的，而三棘刺鱼中，雄性大脑在相似的体型大小下比雌性大脑大 23%。这种明显的性别二态性可能是由于领地性、有亲育行为的雄性面临许多的认知挑战，包括繁复的求偶展示、精心构筑的巢穴和雄性独特的育儿系统。此外，鲫鱼类中的高级求偶行为以及某些仿鳗鱼雌性中对复杂的时空定位的要求都会影响脑部的解剖结构和大小。

　　感知、中枢处理和行为反应的能力无疑主要存在于生物的神经系统中。物种特定的动作模式（固有行为）的运动发生器位于脊髓中，而大脑则是命令中心，以有组织的行为为目标，选择性地解禁这些动作模式的运动发生器。在反射动作中，刺激直接通过脊髓回路触发运动反应，大脑只在此之后得到通知。

　　适应性辐射产生了一种功能多样性的结构、形状和大小，几乎没有其他的器官可以与之媲美，在非鱼类脊椎动物中前所未有。进化神经生物学和生态形态学的一个主要目标是揭示物理大脑如何反映感觉定向、认知潜力和运动能力。从系统发育的角度来看，对这种多样性的研究可以揭示大脑如何适应不同的栖息地、生态系统和行为需求。一个世纪的生态形态学研究为鱼类大脑提供了大量的实证数据库，我们在这里试图简要总结。

　　"鱼类"是指所有的已知脊椎动物中超过一半的分类单元。作为脊椎动物进化的产物，这个群体代表了 4 亿多年的演化历程，其内部的分类距离是巨大的，远远超过例如青蛙和人类之间的距离。鱼类占据了几乎所有的水生栖息地，从热带珊瑚礁到深海深处，一些甚至采用了类似两栖动物的生活方式。相关的生态和行为需求已经将基本的大脑设计塑造成大量物种特定的变化形式。最近的一些基于定量技术和应用系统发育控制统计设计的论文揭示了各种分类单元中进化趋势的特征。简而言之，生态学和系统发育的距离共同解释了大脑的变异性。例如，在比较鲨鱼和硬骨类鱼的大脑时，进化历史的影响占主导的地位，而在后者的分类单元内部（即在慈鲷鱼或鲤科鱼类内部）进行比较时，生态学逐渐成为形态学的主要的协变量。

6.2.1 大脑进化的比较研究

当将不同物种的大脑进行比较时，通常是为了将检测到的解剖差异与功能特性联系起来。这背后的原理是解剖结构是过去选择压力的整合结果。在这里，我们遵循广义的认知定义，包括知觉、学习、信息处理、存储和检索。尽管一些人对此提出了质疑，但大脑的大小，无论是绝对大小还是相对大小，通常被用作认知能力的代理指标。支持这种关系的证据主要来自控制系统发育关系的比较分析。这些分析的逻辑是，亲缘关系较近的物种比亲缘关系较远的物种更相似。通过控制这种系统发育效应，比较分析后揭示了宏观的进化模式。在鸟类和哺乳类中，相对大脑的大小和认知能力呈正相关。大多数有关大脑解剖的比较分析是在哺乳动物和鸟类中进行的，而有关鱼类不同物种的大脑大小与认知能力之间关系的研究目前还很缺乏。在坦噶尼喀湖孔雀鱼中，相对大脑的大小与社会和环境的复杂性呈正相关，同时也与饮食类型相关。在这些孔雀鱼中，性别特定的分析显示，雌性照顾类型（双亲照顾或仅雌性照顾）决定了雌性的大脑大小，而不影响雄性。同样，在海龙和海马中，饮食生态学与大脑的大小似乎有关，因为较长的吻（适应于更具机动性的猎物）与较大的大脑相关。大脑组织的高代谢成本可能限制了大脑进化，这表现为大脑的大小与其他代谢成本高的器官之间的明显权衡，例如肠道或脂肪组织之间的权衡。

6.2.2 大脑可塑性

在具有适应性的表型可塑性的软骨鱼类中，不同生命周期的栖息地转变会触发与相应年龄相关的大脑部分大小的变化。大脑可塑性也常在实验环境中被观察到。到目前为止，在大多数研究的鱼类物种中，圈养改变了大脑的解剖结构，影响了大鳞鲑鱼（*Oncorhynchus tshawytscha*）的嗅球和端脑的大小，以及孔雀鱼（*Poecilia reticulata*）的大脑、视盖脑和端脑大小，有时会影响九棘刺鱼（*Pungitius pungitius*）整体大脑的大小、三棘刺鱼（*Gasterosteus aculeatus*）的端脑大小。一般来说，圈养鱼类的大脑和区域较小，而环境丰富化可以抵消这种影响，并导致大脑区域增大。环境丰富化增加了鲑鱼（*Oncorhynchus kisutch*）端脑中的细胞增殖，并促使虹鳟鱼（*Oncorhynchus mykiss*）的小脑发育更大。大多数的鱼类在生长过程中具有不确定性，鱼类大脑与变温的脊椎动物的一个主要区别是，鱼类大脑在成年期也显示出更多的细胞增殖，这解释了它们具有明显的表型可塑性和适应的潜力，甚至在晚期的生活阶段也能发生变化。例如，在鲑鱼类中，社会地位的变化与细胞增殖率的增加相关，更多的雌性可用性会增加雄性孔雀鱼的大脑大小，以及鱼群大小的变化会导致孔雀鱼的大多数的大脑区域发生变化。

6.2.3　可选择大脑体积的孔雀鱼

正如在第 6.2.1 节中强调的那样，比较方法对揭示鱼类大脑解剖的宏观进化模式很有用。然而，它们只能产生相关性的结果，因为仅通过实验操作才能建立因果关系。接下来，我们将总结首个利用孔雀鱼进行大脑进化实验的研究结果。孔雀鱼是一种生活在特立尼达和委内瑞拉北部浅流中的小鱼类，它是生物学的几个学科（包括生态学、进化生物学和行为生物学）中的模式生物；它被用于对大脑大小进行人工选择，通过实验测试已确立的大脑进化概念。此外，这个独特的模式系统揭示了演化出大脑的一些以前未知的代价和利益。

利用孔雀鱼进行大脑大小选择的实验采用了人工设计，包括 2 个重复处理（3 个大脑大小的上升线和 3 个大脑大小的下降线）。由于只有在解剖后才能量化大脑的大小，首先允许 1 对鱼繁殖至少两窝，然后使用它们以进行大脑量化。大脑相对较大或较小的父母的后代随后被用于繁殖下一代。具体而言，为了选择相对大脑的大小（控制体型的大小），使用了父母大脑的大小（重量）与体型的大小（长度）的回归残差。每个重复处理启动了 3 次 75 对（每个重复处理 75 对），以分别创建 3 个"上升"和"下降"选择线（总共 6 条线）。对于每对鱼，计算了雄性和雌性的残差总和，并使用这些"父母残差"的前 25% 和后 25% 的后代来形成下一代的父母群体。然后，选择了具有上升选择中残差总和最大的 30 对和下降选择中残差总和最小的 30 对的后代进行每一代的繁殖。第二代已经显示出相对大脑大小上下两组之间有 9% 的差异，而第三代在体型大小不变的情况下的差异高达 14%。较大的大脑由更多的神经元组成，但是 11 个主要的大脑区域在不同线之间的比例上保持相似。通过比较这些大脑较大和较小的线路的一系列的特征，确定了大脑大小的代价和利益。

如上所述，相对较大的大脑似乎会带来认知上的好处。在大脑大小线路的多个学习和记忆测试中确实是如此。例如，使用食物作为奖励，大脑较大的雌性在数字学习方面表现更好，并在逆转学习测试中胜过大脑较小的雌性。相应地，大脑较大的雄性在有奖励的情况下，在迷宫中的学习和记忆与雌性表现更好。但是，这是否仅仅是认知表现上的"学术"差异，或者认知能力的增加对孔雀鱼的生活是否有影响？为了测试这一点，使用了 6 个较大的半自然溪流，在每个溪流放置了 800 条孔雀鱼（对性别和大脑大小选择线均衡，并使用绿色和红色弹性体植入物进行个体标记），并且在每条溪流中引入了一种名为高体慈鲷（*Crenicichla alta*）的来自特立尼达的天然孔雀鱼捕食者。每周进行鱼类普查，监测鱼类的存活情况，并显示大脑较大的雌性的存活时间更长，数量更多。经过 14 周，仅有一半的大脑较大的雌性幸存下来，而小脑较小的雌性只有 44.5% 存活。雄性被吃掉的速度比雌性更快，但是大脑较大和小脑较小的雄性在存活率上没有差异。这些发现引发了 2 个问题：为什么大脑较大的雌性存活得更好，而大脑较大的雄性没有从更大的大脑中受益？

大脑较大的雌性相对于小脑较小的雌性的存活率更高，很可能是因为它们的认知优势使它们能够更好地避免被捕食。升高鲷隐藏在溪流的最深处，袭击经过的鱼类。更好地学习和记忆应该有助于避免这些溪流中的危险区域。孔雀鱼表现出捕食者检查的行为。认知能力的改变可能以多种方式影响这种行为。事实上，后续的实验表明，大脑较大的动物在收集和整合有关捕食者状态的信息方面似乎更快，因为它们检查的时间更短，距离更远。但是，为什么大脑较大的雄性与小脑较小的雄性相比没有显示出存活优势呢？毕竟，它们也表现出捕食者检查的行为，并且在学习和记忆测试中，其表现优于小脑较小的雄性。这可能是因为这些选择线中的大脑较大的雄性比小脑较小的雄性的色彩更加斑斓；尽管目前还不清楚原因，但这很可能是由于大脑大小和色彩之间存在遗传相关性。大脑较大的孔雀鱼雄性具有较大的橙色和彩虹色的斑点。升高鲷是一种视觉猎食者，更喜欢色彩斑斓的个体。因此，大脑较大的雄性的更加引人注目的外观可能抵消了大脑较大的认知优势所带来的好处。

根据上述信息，大脑较大的雄性在交配过程中似乎也具有交配优势，因为与大脑较小的雄性相比，它们具有更多的有益的特征。除了前面提到的色彩斑斓外，它们还具有较长的尾鳍（这是雌性选择中重要的特征），以及较长的生殖峡，即被改造成交配器官的肛门鳍。孔雀鱼雄性经常偷偷接近雌性并试图强制交配，较长的生殖峡有助于这种交配。然而，为选择配偶进行的多个测试并未显示大脑较大的雄性相对于小脑较小的雄性具有显著的交配优势（未发表的数据）。在雌性中，大脑大小在交配过程中也可能是相关的，因为准确评估伴侣的质量可能取决于认知能力。事实上，当面临在色彩非常斑斓和较不吸引人的雄性之间进行选择时，大脑较大的雌性对吸引人的雄性表现出更加明显的偏好，而对较不吸引人的雄性没有偏好。相反，小脑较小的雌性和野生型雌性没有显示出偏好。对色彩线索的视动反应和眼睛中视蛋白基因表达的深入分析显示，观察到的差异不是由于对颜色的视觉感知或视觉敏锐度的差异引起的，这表明处理吸引力指标的能力的差异是有责任的。虽然大脑大小并未影响雄性的一般的性行为，但它确实影响特定情境下的配偶选择，因为大脑较大的雄性能够更好地区分不同大小的雌性。

小脑较小的孔雀鱼仅仅是"次优"的孔雀鱼吗？乍一看可能是这样，因为它们在许多的特征上似乎都不如大脑较大的动物。但这可能并非事实，因为一些经典的优质指标在大脑较大和小脑较小的动物之间没有显示出差异；这些指标包括体质状况、游泳耐力、逃逸速度（"C 型起动"）和成年体型。事实上，一些特征在小脑较小的孔雀鱼中更为突出，表明发展较快的大脑存在成本。例如，在首次分娩中，小脑较小的孔雀鱼雌性相对于大脑较大的雌性多生下 15％ 的后代。这表明大脑大小或多产性之间存在权衡。进一步的权衡指标包括大脑较大的动物免疫反应减弱（非后天获得性），大脑较大的动物在幼年的生长速度较慢，大脑较大的动物的肠道尺寸较小，但小脑较小的动物内在的衰老速度较慢。

　　总结起来，通过对孔雀鱼的相对大脑大小进行三代人工选择，孔雀鱼的大脑大小可以相差高达 14％。较大的大脑在认知方面具有优势，因为大脑较大的动物在多个学习和记忆测试中的表现优于大脑较小的动物。较大的大脑对于雌性的配偶选择、雄性的吸引力以及抗捕食行为和生存也是有益的。然而，发展较大的大脑也伴随着一些成本。大脑较大的动物的生育能力下降，肠道较小，幼年的生长速度较慢，免疫功能受损，衰老速度加快。可以想象，对于大脑大小不同的孔雀鱼，它们对栖息地的偏好和需求也可能略有不同。然而，迄今为止，尚未进行与大脑大小相关的栖息地偏好的测试。因此，对于大脑大小相关的福利需求的任何结论都是具有推测性的。

参考文献

Allis EP (1897) The cranial muscles and cranial and first spinal nerves in *Amia calva*, vol 12. Ginn & Company, p 487

Benson-Amram S, Dantzer B, Stricker G, Swanson EM, Holekamp KE (2016) Brain size predicts problem-solving ability in mammalian carnivores. Proc Natl Acad Sci U S A 113(9):2532–2537

Bone Q (1977) Mauthner neurons in elasmobranchs. J Mar Biol Assoc U K 57:253–259

Bone Q, Marshal NB, Blaxter LHS (1982) Biology of fishes. Chapman & Hall, London

Brandstatter R, Kotrschal K (1990) Brain growth-patterns in 4 European cyprinid fish species (Cyprinidae, Teleostei)–roach (*Rutilus-rutilus*), bream (*Abramis-brama*), common carp (*Cyprinus-carpio*) and sabre carp (*Pelecus-cultratus*). Brain Behav Evol 35:195–211

Buechel SD, Boussard A, Kotrschal A, van der Bijl W, Kolm N (2018) Brain size affects performance in a reversal-learning test. Proc R Soc B 285:20172031

Burns JG, Saravanan A, Rodd FH (2009) Rearing environment affects the brain size of guppies: lab-reared guppies have smaller brains than wild-caught guppies. Ethology 115:122–133

Chittka L, Niven J (2009) Are bigger brains better? Curr Biol 19:R995–R1008

Corral-López A, Eckerström-Liedholm S, Der Bijl WV, Kotrschal A, Kolm N (2015) No associ-ation between brain size and male sexual behavior in the guppy. Curr Zool 61:265–273

Corral-López A, Bloch N, Kotrschal A, van der Bijl W, Buechel S, Mank JE, Kolm N (2017) Female brain size affects the assessment of male attractiveness during mate choice. Sci Adv 3: e1601990

Corral-López A, Garate-Olaizola M, Buechel SD, Kolm N, Kotrschal A (2017) On the role of body size, brain size, and eye size in visual acuity. Behav Ecol Sociobiol 71:179

Corral-López A, Kotrschal A, Kolm N (2018) Selection for relative brain size affects context-dependent male preferences, but not discrimination, of female body size in guppies. J Exp Biol. https://doi.org/10.1242/jeb.175240

Costa SS, Andrade R, Carneiro LA, Gonçalves EJ, Kotrschal K, Oliveira RF (2011) Sex differences in the dorsolateral telencephalon correlate with home range size in blenniid fish. Brain Behav Evol 77:55–64

Davis R, Northcutt R (1983) Fish neurobiology, vol 2, Higher brain areas and functions. University of Michigan Press, Ann Arbor, MI

Dugatkin LA, Godin JGJ (1992) Predator inspection, shoaling and foraging under predation Hazard in the Trinidadian guppy, *Poecilia-reticulata*. Environ Biol Fish 34:265–276

Endler JA (1980) Natural-selection on color patterns in *Poecilia-reticulata*. Evolution 34:76–91

Finger TE (1980) Nonolfactory sensory pathway to the telencephalon in a teleost fish. Science 210:671–673

Fischer S, Bessert-Nettelbeck M, Kotrschal A, Taborsky B (2015) Rearing-group size determines social competence and brain structure in a cooperatively breeding cichlid. Am Nat 186:123

Ghalambor CK, McKay JK, Carroll SP, Reznick DN (2007) Adaptive versus non-adaptive pheno-typic plasticity and the potential for contemporary adaptation in new environments. Funct Ecol 21:394–407

Gonda A, Herczeg G, Merila J (2011) Population variation in brain size of nine-spined sticklebacks (*Pungitius pungitius*)–local adaptation or environmentally induced variation? BMC Evol Biol 11:75

Gonzalez-Voyer A, Winberg S, Kolm N (2009) Social fishes and single mothers: brain evolution in African cichlids. Proc R Soc B Biol Sci 276:161–167

Harvey PH, Pagel MD (1991) The comparative method in evolutionary biology. Oxford University Press, Oxford

Herculano-Houzel S (2009) The human brain in numbers: a linearly scaled-up primate brain. Front Hum Neurosci 3:31

Herrick CJ (1902) A note on the significance of the size of nerve fibers in fishes. J Comp Neurol 12 (4):329–334

Herrick CJ (1906) On the centers for taste and touch in the medulla oblongata of fishes. J Comp Neurol Psychol 16(6):403–439

Houde AE (1987) Mate choice based upon naturally-occurring color-pattern variation in a guppy population. Evolution 41:1–10

Johns GC, Avise JC (1998) A comparative summary of genetic distances in the vertebrates from the mitochondrial cytochrome b gene. Mol Biol Evol 15:1481–1490

Kanwal JS, Finger TE (1992) Central representation and projections of gustatory systems. In: Hara TJ (ed) Fish chemoreception. Springer, pp 79–102

Kihslinger RL, Nevitt GA (2006) Early rearing environment impacts cerebellar growth in juvenile salmon. J Exp Biol 209:504–509

Kotrschal A, Taborsky B (2010) Resource defence or exploded lek?–a question of perspective. Ethology 116:1189–1198

Kotrschal K, Adam H, Brandstätter R, Junger H, Zaunreiter M, Goldschmid A (1990) Larval size constraints determine directional ontogenetic shifts in the visual system of teleosts. J Zool Syst Evol Res 28:166–182

Kotrschal K, van Staaden MJ, Huber R (1998) Fish brains: evolution and environmental relation-ships. Rev Fish Biol Fish 8:373–408

Kotrschal A, Heckel G, Bonfils D, Taborsky B (2012a) Life-stage specific environments in a cichlid fish: implications for inducible maternal effects. Evol Ecol 26:123–137

Kotrschal A, Rogell B, Maklakov AA, Kolm N (2012b) Sex-specific plasticity in brain morphology depends on social environment of the guppy, *Poecilia reticulata*. Behav Ecol Sociobiol 66:1485–1492

Kotrschal A, Rogell B, Bundsen A, Svensson B, Zajitschek S, Brännström I, Immler S, Maklakov AA, Kolm N (2013) Artificial selection on relative brain size in the guppy reveals costs and benefits of evolving a larger brain. Curr Biol 23:168–171

Kotrschal A, Corral-Lopez A, Amcoff M, Kolm N (2014a) A larger brain confers a benefit in a spatial mate search learning task in male guppies. Behav Ecol 26:527–532

Kotrschal A, Lievens EJ, Dahlbom J, Bundsen A, Semenova S, Sundvik M, Maklakov AA, Winberg S, Panula P,

Kolm N (2014b) Artificial selection on relative brain size reveals a positive genetic correlation between brain size and proactive personality in the guppy. Evolution 68:1139–1149

Kotrschal A, Buechel S, Zala S, Corral Lopez A, Penn DJ, Kolm N (2015a) Brain size affects female but not male survival under predation threat. Ecol Lett 18:646–652

Kotrschal A, Corral-Lopez A, Szidat S, Kolm N (2015b) The effect of brain size evolution on feeding propensity, digestive efficiency, and juvenile growth. Evolution 69:3013–3020

Kotrschal A, Corral-Lopez A, Zajitschek S, Immler S, Maklakov AA, Kolm N (2015c) Positive genetic correlation between brain size and sexual traits in male guppies artificially selected for brain size. J Evol Biol 28:841–850

Kotrschal A, Kolm N, Penn DJ (2016) Selection for brain size impairs innate, but not adaptive immune responses. Proc R Soc B 283:20152857

Kotrschal A, Zeng HL, van der Bijl W, Öhman-Mägi C, Kotrschal K, Pelckmans K, Kolm N (2017) Evolution of brain region volumes during artificial selection for relative brain size. Evolution 71:2942–2951

Kotrschal A, Corral-Lopez A, Kolm N (2019) Large brains, short life: selection on brain size impacts intrinsic lifespan. Biol Lett 15:20190137

Kruska DC (1988) The brain of the basking shark (Cetorhinus maximus). Brain Behav Evol 32 (6):353–363

Kuzawa CW, Chugani HT, Grossman LI, Lipovich L, Muzik O, Hof PR, Wildman DE, Sherwood CC, Leonard WR, Lange N (2014) Metabolic costs and evolutionary implications of human brain development. Proc Natl Acad Sci U S A 111:13010–13015

Lema SC, Hodges MJ, Marchetti MP, Nevitt GA (2005) Proliferation zones in the salmon telencephalon and evidence for environmental influence on proliferation rate. Comp Biochem Physiol A Mol Integr Physiol 141:327–335

Lisney TJ, Bennett MB, Collin SP (2007) Volumetric analysis of sensory brain areas indicates ontogenetic shifts in the relative importance of sensory systems in elasmobranchs. Raffles Bull Zool 14:7–15

MacLean EL, Hare B, Nunn CL, Addessi E, Amici F, Anderson RC, Aureli F, Baker JM, Bania AE, Barnard AM, Boogert NJ, Brannon EM, Bray EE, Bray J, Brent LJN, Burkart JM, Call J, Cantlon JF, Cheke LG, Clayton NS, Delgado MM, DiVincenti LJ, Fujita K, Herrmann E, Hiramatsu C, Jacobs LF, Jordan KE, Laude JR, Leimgruber KL, Messer EJE, de A. Moura AC, Ostojiƒá L, Picard A, Platt ML, Plotnik JM, Range F, Reader SM, Reddy RB, Sandel AA, Santos LR, Schumann K, Seed AM, Sewall KB, Shaw RC, Slocombe KE, Su Y, Takimoto A, Tan J, Tao R, van Schaik CP, Viranyi Z, Visalberghi E, Wade JC, Watanabe A, Widness J, Young JK, Zentall TR, Zhao Y (2014) The evolution of self-control. Proc Natl Acad Sci U S A 111:E2140–E2148

Maler L, Sas E, Johnston S, Ellis W (1991) An atlas of the brain of the electric fish *Apteronotus leptorhynchus*. J Chem Neuroanat 4:1–38

Marhounová L, Kotrschal A, Kverková K, Kolm N, N ě mec P (2019) Artificial selection on brain size leads to matching changes in overall number of neurons. Evolution 73(9):2003–2012

Mills SM (1932) The double innervation of fish melanophores. J Exp Zool A Ecol Genet Physiol 64:231–244

Nakane Y, Ikegami K, Iigo M, Ono H, Takeda K, Takahashi D, Uesaka M, Kimijima M, Hashimoto R, Arai N (2013) The saccus vasculosus of fish is a sensor of seasonal changes in day length. Nat Commun 4:2018

Nieuwenhuys R (1982) An overview of the organization of the brain of actinopterygian fishes. Am Zool 22:287–310

Nieuwenhuys R, ten Donkelaar HJ, Nicholson C (1998) The central nervous system of vertebrates. Springer, Heidelberg

Northcutt RG (1978) Brain organization in the cartilaginous fishes. In: Hodgson ES, Mathewson RF (eds) Sensory biology of sharks, skates and rays. Office of Naval Research, Washington, DC, pp 117–193

Northcutt RG, Davis R (1983) Fish neurobiology: brain stem and sense organs. University of Michigan Press, Ann Arbor, MI

Okuyama T, Yokoi S, Abe H, Isoe Y, Suehiro Y, Imada H, Tanaka M, Kawasaki T, Yuba S, Taniguchi Y (2014) A neural mechanism underlying mating preferences for familiar individuals in medaka fish. Science 343:91–94

Östlund-Nilsson S, Mayer I, Huntingford FA (2007) Biology of the three-spined stickleback. CRC Press, Boca Raton, FL

Park PJ, Chase I, Bell MA (2012) Phenotypic plasticity of the threespine stickleback *Gasterosteus aculeatus* telencephalon in response to experience in captivity. Curr Zool 58:189–210

Pollen AA, Dobberfuhl AP, Scace J, Igulu MM, Renn SCP, Shumway CA, Hofmann HA (2007) Environmental complexity and social organization sculpt the brain in Lake Tanganyikan cichlid fish. Brain Behav Evol 70:21–39

Popper AN, Fay RR (1993) Sound detection and processing by fish: critical review and major research questions (part 1 of 2). Brain Behav Evol 41:14–25

Portavella M, Vargas J, Torres B, Salas C (2002) The effects of telencephalic pallial lesions on spatial, temporal, and emotional learning in goldfish. Brain Res Bull 57:397–399

Puelles L, Harrison M, Paxinos G, Watson C (2013) A developmental ontology for the mammalian brain based on the prosomeric model. Trends Neurosci 36:570–578

Rodríguez F, Durán E, Gomez A, Ocana F, Alvarez E, Jiménez-Moya F, Broglio C, Salas C (2005) Cognitive and emotional functions of the teleost fish cerebellum. Brain Res Bull 66:365–370

Salas C, Broglio C, Durán E, Gómez A, Ocaña FM, Jiménez-Moya F, Rodríguez F (2006) Neuropsychology of learning and memory in teleost fish. Zebrafish 3:157–171

Schellart NA (1991) Interrelations between the auditory, the visual and the lateral line systems of teleosts; a mini-review of modelling sensory capabilities. Neth J Zool 42:459–477

Shettleworth SJ (2010) Cognition, evolution, and behavior, 2nd edn. Oxford University Press, Oxford

Sibbing F (1991) Food capture and oral processing. In: Nelson J, Winfield IJ (eds) Cyprinid fishes. Springer, pp 377–412

Sørensen C, Øverli Ø, Summers CH, Nilsson GE (2007) Social regulation of neurogenesis in teleosts. Brain Behav Evol 70:239–246

Striedter GF (2005) Principles of brain evolution. Sinauer Associates, Sunderland

Szabó I (1973) Path neuron system of medial forebrain bundle as a possible substrate for hypotha-lamic self-stimulation. Physiol Behav 10:315–328

Tinbergen N (1951) The study of instinct. Oxford University Press, New York

Tsuboi M, Gonzalez-Voyer A, Kolm N (2014a) Phenotypic integration of brain size and head morphology in Lake Tanganyika Cichlids. BMC Evol Biol 14:39

Tsuboi M, Husby A, Kotrschal A, Hayward A, Buechel S, Zidar J, Lovle H, Kolm N (2014b) Comparative support for the expensive tissue hypothesis: big brains are correlated with smaller gut and greater parental investment in Lake Tanganyika cichlids. Evolution 69:190–200

Tsuboi M, Shoji J, Sogabe A, Ahnesjö I, Kolm N (2016) Within species support for the expensive tissue hypothesis: a negative association between brain size and visceral fat storage in females of the Pacific seaweed pipefish. Ecol Evol 6:647–655

Tsuboi M, Lim ACO, Ooi BL, Yip MY, Chong VC, Ahnesjö I, Kolm N (2017) Brain size evolution in pipefishes and seahorses: the role of feeding ecology, life history and sexual selection. J Evol Biol 30:150–160

van der Bijl W, Thyselius M, Kotrschal A, Kolm N (2015) Brain size affects the behavioral response to predators in female guppies (*Poecilia reticulata*). Proc R Soc B Biol Sci 282:20151132

van Staaden MJ, Huber R, Kaufmann LS, Liem KF (1995) Brain evolution in cichlids of the African Great Lakes: brain and body size, general patterns and evolutionary trends. Zoology 98:165–178

Vanegas H, Ito H (1983) Morphological aspects of the teleostean visual system: a review. Brain Res Rev 6:117–137

Verzijden MN, Ten Cate C, Servedio MR, Kozak GM, Boughman JW, Svensson EI (2012) The impact of learning on sexual selection and speciation. Trends Ecol Evol 27:511–519

Von Kupffer C (1891) The development of the cranial nerves of vertebrates. J Comp Neurol 1:246–264

Voneida TJ, Fish SE (1984) Central nervous system changes related to the reduction of visual input in a naturally blind fish (*Astyanax hubbsi*). Am Zool 24:775–782

Wagner H-J (2003) Volumetric analysis of brain areas indicates a shift in sensory orientation during development in the deep-sea grenadier *Coryphaenoides armatus*. Mar Biol 142:791–797

Webb J, Northcutt R (1997) Morphology and distribution of pit organs and canal neuromasts in non-teleost bony fishes. Brain Behav Evol 50:139–151

Weiger T, Lametschwandtner A, Kotrschal K, Krautgartner WD (1988) Vascularization of the telencephalic choroid plexus of a ganoid fish [*Acipenser ruthenus* (L.)]. Dev Dyn 182:33–41

West-Eberhard M (2003) Developmental plasticity and evolution. Oxford University Press, Oxford

Wullimann MF (1994) The teleostean torus longitudinalis. Eur J Morphol 32:235–242

Young JZ (1931) Memoirs: on the autonomic nervous system of the teleostean fish *Uranoscopus scaber*. J Cell Sci 2:491–536

Young J (1980) Nervous control of gut movements in Lophius. J Mar Biol Assoc U K 60:19–30

Zaunreiter M, Kotrschal K, Goldschmid A, Adam H (1985) Ecomorphology of the optic system in 5 species of blennies (Teleostei). Fortschr Zool 30:731–734

Zupanc GKH (2001) Adult neurogenesis and neuronal regeneration in the central nervous system of teleost fish. Brain Behav Evol 58:250–275

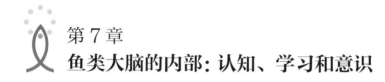

第7章
鱼类大脑的内部：认知、学习和意识

摘　要： 探测和解读资源及危险信息，并以灵活和有效的方式采取行动，对于生存和福利至关重要。鱼类和其他生物一样，通过它们的感知系统来接触周围环境。它们还必须拥有一个认知系统，能够将感知输入与早期经验进行整合并解释，最终根据这些输入来采取行动。学习能力和记忆使鱼类能够检测规律和关联，并构建心理图像、类别和概念。它们可以通过这种方式适应动态的环境，预测近期的未来和行为的后果。众多的研究表明，许多鱼类物种已进化出良好的认知能力，能够构建内部地图，以应对复杂的社会关系并长时间保留记忆。一些鱼类甚至可以创造并使用工具。然而，鱼类世界的巨大的多样性要求我们从生态学的视角来看待学习、认知和福利。个体物种的认知能力取决于它们所遭遇的环境和社会的复杂性，并且在不同的种群、应对方式和性别之间也存在差异。可以合理地认为鱼类是有意识的，且拥有情绪和感觉，尽管它们的主观体验与我们非常不同，在物种之间也有所变化。它们的认知能力和行为灵活性使它们能够适应水产养殖的环境和管理程序，这对于养殖鱼类的福利至关重要。

关键词： 记忆；智力；分类；情感；生态视角；水产养殖；驯化；福利

7.1　引　言

　　所有的现代的动物福利的定义的关键在于应对环境所带来的挑战的能力。在定义福利时，对于主体在无法应对时所遭受的程度以及除行为和生理学外，感知和情绪对福利的定义是否至关重要仍存在差异。然而，目前的共识表明情感系统对于大多数的物种在生活中的导向至关重要。鱼类具有意识上的情感体验和体验福利的能力，可以将其视为观察它们当前需求状态的系统，同时也能驱使它们获得所需的动力系统。为了监控与其需求状态相关的生活条件，鱼类需要感知环境和其内部状态的相关属性。它们还必须拥有一个认知系统，能够解释并整合感官输入与早期经验之间的关系，最终根据这些输入采取行动。鱼类还需在食物和对捕食者的安全等不同的需求之间做出权衡，并基于此预测来决定未来的行动。

　　没有智能大脑的原始生物必须依赖于反射性和自动化的行为。大多数人可能认为鱼类不是特别聪明。它们缺乏面部运动，也不会发出被人类解读为积极或消极的声音，比如许多哺乳动物类的宠物，如猫的呼噜声和嘶嘶声。因此，我们更难以理

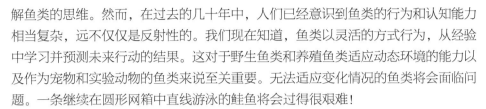

解鱼类的思维。然而，在过去的几十年中，人们已经意识到鱼类的行为和认知能力相当复杂，远不仅仅是反射性的。我们现在知道，鱼类以灵活的方式行为，从经验中学习并预测未来行动的结果。这对于野生鱼类和养殖鱼类适应动态环境的能力以及作为宠物和实验动物的鱼类来说至关重要。无法适应变化情况的鱼类将会面临问题。一条继续在圆形网箱中直线游泳的鲑鱼将会过得很艰难！

正如第 3 章所指出的，鱼类并不仅仅全是"鱼类"，超过 34000 个鱼类物种在体型、脑部大小和感知能力上存在巨大的差异。因此，我们应该预期在物种之间、物种内部以及同一物种个体的不同的发育阶段之间存在认知能力和情感体验上的差异。在本章中，我们探索鱼类的认知世界，并讨论认知和情绪如何影响它们的行为和福利体验。我们还会密切关注鱼类福利学中最具有争议的问题：鱼类在多大的程度上有意识并体验到有意识的感受？认知、学习和意识方面的知识，是否能够帮助我们评估和改善那些生活在人工环境中的鱼类的福利（与它们在自然环境中的心智能力进化不同）？本章将基于传统的方式来看待鱼类的认知和福利问题，而本书的第 9 章将关于鱼类大脑如何工作这一新知识进行深入探讨。

7.2　鱼是如何收集和处理信息的？

当前的理论认为，认知包括三个过程：感知阶段、学习阶段和记忆阶段（第 9章）。鱼类不断地从周围环境中经历大量的刺激。为了处理如此多的信息，它们需要区分哪些对象和事件是相关的和有用的，哪些不是。与我们一样，鱼类需要知道"猎物""朋友"和"敌人"分别是谁，以及分别在哪里，还需要知道自己在哪里以及自己是谁（例如，自己比竞争对手更强壮还是更弱小），它们移动到哪里、面临哪些风险以及可以躲藏在哪里。在一个只有部分可预测的环境中，这是一项相当大的智力任务。

鱼类和其他的生物一样，唯一与周围环境接触的方式就是通过它们的感觉输入。为了收集信息，鱼类拥有一套丰富的感觉器官和一个相对较大的大脑，以适应它们特殊的栖息地和所处的生物圈（第 6 章）。鱼类通过对感觉器官的物理和化学外部刺激，与外部世界进行交互。这些刺激产生发送到神经系统的信号（第 9章）。为了理解这些信息，它们需要构建内部表示，并推断关于外部世界的存在和正在发生的事情。鱼类还通过身体和大脑中的"传感器"与内部世界进行交互。这些传感器测量各种内部的需求、生理状态和心理状态。新的证据表明，大脑不断尝试预测来自外部世界的感觉输入，以及来自身体运动的本体感觉信号和其他的内部过程的内部感知信号（详见第 9 章）。

7.3 学 习

学习的目的是什么？如果外部世界完全可预测，对不同刺激的固有反应本应完美有效，但现实世界是不可预测的。行为必须不断适应动态变化的环境。即使在这样的环境中，一些模式会重复出现，忽视过去发生的事情意味着忽视相关的信息。每个生物都拥有学习、记忆和预测的机制，目的是在外部世界中执行预期行为（第9章）。感觉信息必须转化为对象，而对象必须被归类和概念化，并被解释为相同、相似或完全不同。否则，所有的新对象都将被感知为不同的、新的事物，学习任何东西将变得不可能，记住任何东西也没有用处。如果要有意义，现在感知和观察到的信息必须被放入过去经验的背景中，而了解什么是好的和什么是坏的能力取决于学习和记忆。然而，学习也有成本。它需要神经组织（第6章），并且在情况发生变化时可能会降低行为的灵活性，而例行公事可能会使行为更加有可预测性，这可能会被捕食者利用。

即便如此，一个不基于学习而修改行为的鱼类将无法存活很长的时间。早就已知，鱼类能够将不同的线索与奖励关联起来，近几十年来对鱼类的学习和认知进行了大量的研究。迄今为止，所有被研究过的鱼类物种都能够学习和记忆。金鱼（*Carassius auratus*）的"三秒记忆"完全是个神话。如果一条鱼无法对刺激进行条件反射，通常意味着它无法察觉到该刺激。然而，鱼类并不总是学习得很明显。在一项试验中，我们最初尝试教授大比目鱼（*Hippoglossus hippoglossus*）对光信号做出反应，我们使用商业鱼食颗粒作为奖励。但是，大比目鱼没有表现出任何的反应。起初，我们认为大比目鱼无法进行这种类型的关联学习。然而，当我们将颗粒替换为虾时，鱼类表现出强烈的反应，并且很容易被条件训练。事实证明，鱼类对于过剩的食物颗粒具有较低的情感价值，因此，无法提供足够强的强化作用。所以，出错的是我们，而不是大比目鱼！

然而，并非所有的学习都能达到同样的效果。那些，对生存和繁殖有显著贡献的积极或消极事件比情感中立的事件更容易被记住。例如，鱼类更容易对移动的物体进行条件反射，而不是静止的物体。对于鱼类来说，攻击性捕食者或逃脱的猎物等移动物体比不动的物体有更重要的后果，因此，应该具有更高的情感价值。另一个关于信号和预测之间自然联系的例子是味觉厌恶。在老鼠中，食物或饮料的味道在只有一次暴露后就很容易与随后的恶心感联系起来，而音频—视觉提示则不会产生这种关联。有毒或变质食物的味道与恶心感之间的联系在进化中非常重要，而当提示和恶心感之间没有自然联系时，就不会形成关联。在鱼类中也有味觉厌恶的现象。此外，可能还存在一种中枢抑制来学习某些关系。例如，雄性三棘刺鱼（*Gasterosteus aculeatus*）可以学会咬住一根杆子，能获得攻击对手的机会，而无法

通过咬住杆子来获得使雌鱼受孕的机会。侵略和性行为似乎是不兼容的动机系统。

　　学习在鱼类的生活中扮演着重要的角色，并且可以分为不同的类别（见栏目7.1）。学习影响着鱼类选择哪种猎物以及如何捕捉猎物，并且可能帮助它们避开捕食者。鱼类还可以学习迁徙路线、栖息地的范围和领地，学习使它们能够在等级制度中进行个体识别。

▌栏目 7.1　不同类别的学习

　　习惯化——一种行为反应的减少，是重复的刺激而导致的，不涉及感官适应/感官疲劳或运动疲劳。学会不对无关的事物做出反应，代表了最简单的学习形式，但对于功能行为来说至关重要。如果鱼对经常发生但毫无意义的事件做出反应，比如旋转藻类、雨滴击打水面或与鱼无关的生物的出现，将浪费大量的时间和能量。

　　经典（巴甫洛夫式）条件作用——在最初的中性刺激（条件刺激，conditioned stimulus，CS）和动物自然反应的刺激（无条件刺激，unconditioned stimulus，US）之间形成的关联，可能被认为是积极的（奖励）或消极的（惩罚）。当动物学会了这种模式，在呈现CS之后，US出现的概率更高，CS单独会引发与US类似的反应。通过这种方式，鱼类可以在相关事件发生之前学会准备，例如通过接近或避开相关的线索。在延迟条件的作用中，CS和US在时间上重叠。在追踪条件的作用中，CS和US之间存在无刺激的时间间隔，并且必须在这个间隔中保持CS的"痕迹"以形成关联。与延迟条件的作用相比，追踪条件的作用依赖于对CS—US关系的认知，并且对干扰非常敏感。

　　工具（操作）条件作用——行为和其结果之间形成的关联。例如，如果拉动绳子后会有食物的提供，鳕鱼将继续拉动绳子，但如果没有食物提供，拉动行为最终会停止。

　　程序性学习——技能和习惯的发展与保持，即如何提高完成任务的能力。例如，凭借经验，刺腹鱼的攻击和处理猎物会更加高效。

　　印记——在生命的某个阶段对刺激有强烈的依恋。鲑鱼对其河流中的化学信号的印记能够实现后续的归巢行为。

　　潜在学习——在没有即时奖励的情况下学习某事。例如，鱼类可以学会某条特定的路径，以备后用。在这种情况下，仅获得新信息可能就是一种奖励。

　　洞察学习——理解问题并解决问题的思路。动物理解其行为的目的和后果，并且可以有意识地采取必要的行动来达到目的，例如使用工具。一些鱼类物种会有意识地使用工具。

7.3.1　学习能力的差异

通过安排具有不同进化背景的不同的动物群体完成相同的任务来进行比较是不容易的。我们假设哺乳动物比鱼类具有更强的学习能力，例如，鳕鱼（*Gadus morhua*）具有高水平的复杂性的行为和复杂的学习策略，在某些方面实际上与许多的哺乳动物一样聪明。追踪条件反射比延迟条件反射所要求的认知能力更高，是因为鱼有对奖励到来的意识和预期，鳕鱼甚至可以在 1~2 分钟的追踪间隔内进行学习。

即便如此，学习和认知还是依赖于物种和环境。鱼类物种受其自然环境的影响（第 3 章），鱼类在所有的脊椎动物中显示出最广泛的大脑功能的变化。不同的物种生活在不同的栖息地和社会结构中，它们对后代的传递各不相同，并且从周围的环境中接收到不同数量的信息。尽管研究的鱼类种类数很少，但我们应该从生态的角度来看待不同物种的认知和学习能力。Coble 等训练了 14 种淡水鱼根据光来移动以避免电击，并发现学习能力存在明显的差异，例如，鲤鱼（*Cyprinus carpio*）的学习能力强，而白斑狗鱼（*Esox lucius*）的学习能力较差，结果可能会受到每个物种对刺激做出反应而逃跑的倾向的影响。物种内部也可能存在差异。来自不同的种群和具有不同个性的鱼的行为方式不同（第 3 章），因此其应该具有不同的心理能力。Huntingford 和 Wright 发现了三棘刺鱼的遗传基础的种群差异，来自高风险的环境且环境中存在大量捕食性鱼类的鱼类学习逃避危险地点的速度，比来自低风险的环境的鱼类更快。溪流中的流水鳢鱼（*Anabas testudineus*）在迷宫中学习路径的速度比池塘中的鳢鱼更快。有趣的是，与普通的迷宫相比，池塘鱼在带有视觉地标的迷宫中学习路径的速度更快，而流水鱼则不是这样。对于像池塘这样相对稳定的栖息地，局部地标可能是更可靠的线索，而流水鱼似乎更多地依赖于"自我中心"的线索而非视觉线索。雄性孔雀鱼（*Poecilia reticulata*）和虹鳟鱼（*Oncorhynchus mykiss*）的大胆程度与简单联想学习任务之间存在正相关的关系，而大胆的溪流鳟鱼（*Salvelinus fontinalis*）在寻找隐藏食物区域的迷宫中的学习速度比害羞的鳟鱼低。

学习发生后的行为也可能因物种而异。经过调节的鱼通常会对 CS 表现出明显的反应：接近喂食器或逃离它们曾有过厌恶经历的地方。然而，对食物进行微量调节的大比目鱼不会接近 CS（光），而是保持待在底部，只做出微小的位置变化（"无声学习"）。比目鱼等扁平鱼类是潜伏等待型的捕食者，因此，它们应该等待合适的运动来攻击猎物。类似的差异也存在于鳕鱼和大比目鱼之间，类似于老鼠和潜伏等待型的捕食者猫之间的差异。

7.3.2　鱼能根据学习，多快做出决策?

决策是一个复杂的过程，涉及评估和权衡不同行为的短期和长期的成本与收益。早在 18 世纪，人们就意识到合理的决策是基于概率的。但是鱼类到底有多聪明呢？了解它们学习联系或任务的速度是一种了解它们智力水平的方法。但现在要小心了！在经典的学习实验中，实验者在开始时就已经知道刺激和奖励之间存在关系，但鱼类缺乏这种知识，甚至不知道自己参与了一个学习任务。刺激和奖励同时出现可能只是巧合。如果一条鱼将其未来的决定建立在不存在的关系上，那么它就会在不应该做出反应的时候做出反应，而这种错误可能会让鱼付出高昂的代价。特定的行为或事件的负面适应性的后果往往比正面适应性的后果更严重。因此，合理的假设是，鱼类需要积累一定数量的刺激与奖励之间的关联才能"相信"这种联系的确存在。换言之，它们不应该学得太快！

我们可以将其与科学家们进行比较，他们必须决定这两个因素是否相关。他们选择了一定水平的统计显著性。5% 的显著性水平意味着，平均而言，在 20 个案例中有 1 个案例的结论是存在联系的，实际上并不存在联系。在统计学中，这被称为第一类错误。然而，还存在另一种错误的风险，即存在联系，但结论是没有联系，这是第二类错误。当选择更高的显著性水平，如 1%，第一类错误的风险减小，但第二类错误的风险增加。

鱼也可能会犯同样的两种错误。第一类和第二类错误的成本预计会影响鱼类需要经历多少次刺激和奖励之间的相关事件才能形成联想和学习。如果发生潜在的非常危险的情况，为了避免代价高昂，鱼类预计会学得很快，而且通常会迅速获得抗捕食防御的能力。当一个幼年大西洋鲑鱼（*Salmo salar*）同时接触到来自捕食者的警戒物质和柠檬气味，然后下一次只接触到柠檬气味时，鱼类表现出与仅接触警戒刺激的鲦鱼相同的游泳和进食活动减少的行为，以及增加隐蔽的行为。因此，仅经历一次（*n*=1）的经验，鱼类就会对柠檬气味产生危险的联想，并表现出对潜在的危险给予怀疑的行为。鱼类甚至可以在仅经历一次或几次试验后学会避免电击。相反，形成与食物奖励相关的联想通常需要多次经验，鳕鱼需要经历 5~7 次成对事件才能学会对宣示食物的光——CS 做出反应。在这种情况下，不做出反应的话，鱼类要付出的代价不会太高，为了避免能量和机会成本，确保真正存在联系可能更好。因此，错误决策的成本似乎会影响形成联想所需的相关事件的数量。有趣的是，身体的生理变化可能涉及类似于大脑决策的规则，但是改变的成本和改变发生之前的关键的经验水平可能会有所不同（栏目 7.2）。

然而，除了纯粹的数学因素外，其他因素也可能修改决策规则。1）非理性行为。实际上，违反理性条款可能可以通过达尔文主义来解释。非理性行为可能是选择决策模式的副产品，这些模式在大多数的环境中平均来说是适应性的，或者在过去的环境中是适应性的。然而，非理性本身是否能够因其对适应度的贡献而被选择，仍存在争议。2）乐观行为。不知道确切死亡风险的动物可能会表现得好像风险小于平均风险，这可以被视为乐观行为，就像人类对完全由机会决定的未来的情景持乐观态度一样，而这种没有根据的信念实际上是适应性的。3）个性。比较胆大的刺鳉鱼做出决策的时间比胆怯的同类更快。4）状态和控制系统。当鱼类对进食有很高的动机时，它会冒风险并选择任何东西。决策过程的输出由冲动或基于情感的系统与涉及响应即时奖励或威胁的反思或认知控制系统之间的相互作用决定。许多的决策必须在有压力的环境下做出，并且急性压力可能会妨碍任务处理并引发自动化、能量消耗较小的行为，而不是更明确、能量消耗较大的行为。5）社会环境。决策可能会受到社交互动和社交压力的影响。

7.3.3　鱼能向其他鱼学习吗？

社会提供的信息使动物能够从知情者那里获取信息，并避免仅通过个体经验学习产生的成本，许多鱼类通过社会学习来克服它们的认知限制。然而，物种内的个体在从他人那里学习的倾向性上经常存在差异，这可能使物种间的比较更具有挑战性。鱼类的社会学习通常是简单的局部增强或跟随机制的结果，但许多鱼类表现出更复杂的社会学习形式。观察和模仿他人可以帮助鱼类寻找猎物，改善其抗捕食者的反应，评估竞争对手的实力和性伴侣的价值，以及跟随迁徙的路线。例如，弓鱼（ *Toxotes jaculatrix* ）可以通过观察群体成员的行为来学习它们先进的弹道狩猎的技术，并且必须能够映射和随后应用其他鱼的射击特征。Helfman 和 Schultz 在黄鳍拟鲷（ *Haemulon flavolineatum* ）中进行了一次经典的社会学习演示，并发现在休息地和觅食地之间的日常迁徙是通过引导学习来维持的。甚至适应不良的行为也可以通过社会学习传播。一群古比鱼（ *Poecilia reticulata* ）被训练走一条能量消耗大的路线，尽管有一条更短的路线可供选择，当所有的创始鱼被无知的个体替换后，新鱼仍然选择了较长的路线。领导者的出现可能会影响决策，刺鳉鱼倾向于更多地跟随看起来健康的头领而不是不太吸引人的头领。

集体记忆可能会影响鱼类的分布。信息可以在代际之间传递，年轻的鲱鱼（ *Clupea harengus* ）似乎会从年长、经验更丰富的个体那里学习迁徙的路线。多年来，鲱鱼会返回同一个越冬区，但可能会突然选择一个新的区域。当经验丰富的鱼类不再有效地传达传统的路线时，这些变化与新的强度同时发生。只在达到一定数量的领导者时进行跟随，可以减少错误在整个群体中被放大的概率。经验丰富和经验不足的鲱鱼之间的关键比例似乎约为 5%，因此，可以根据种群的年龄结构来预测变化。去除具有知识的个体可能会导致集体行为快速发生变化，许多崩溃的渔场的恢复时间比传统的渔业人口模型预测的时间更长，这可能是由于鱼类社会传承传统的过程被瓦解造成的。

一条鱼对其他鱼的依赖程度可能与公共信息与私人信息的成本和收益有关。九棘刺鱼和三棘刺鱼都利用公共信息来寻找食物，但只有九棘刺鱼利用他人的信息来评估食物区域的质量。三棘刺鱼具有更好的保护性鳞片和刺，可能更多地依赖更可靠但更有风险的试错学习。

7.3.4　记忆：回忆或忘记自己的经历

学习意味着记忆被保留，鱼可以长期记住一个联系。电黄色慈鲷（ *Labidochromis caeruleus* ）能够在至少 12 天的时间里记住移动的视觉图案。已经知道光信号代表食物出现的鳕鱼能够保持至少 3 个月的条件反射反应，经过训练的竹鲨（*Chiloscyllium griseum*）在视觉辨别任务中记住了学到的信息长达 50 周。彩虹鱼（*Melanotaenia duboulayi*）在训练后 11 个月内对不愉快的刺激产生更快的逃避反应。钓鲤（*Carassius carassius*）至少能够在 1 年内避开鱼钩。印记是一种终身学习的方式，洄游到大海的大西洋鲑鱼幼鱼几年后会根据嗅觉印记返回到它们洄游的同一条河流。然而，维持记忆并非没有成本，而是一个主动且代价昂贵的维护和修复的过程，可能需要较大的脑容量，因此，个体的记忆容量反映了成本与收获之间的权衡。次要重要性的记忆可能会很快被遗忘，而关键性的记忆似乎会得到保留。根据环境的变化，调整预测也至关重要，如果信息变得过时，遗忘是一种适应性的行为。在多变的海洋环境中，刺鱼对猎物的记忆窗口较短（8 天），而在更稳定的淡水环境中，记忆窗口为 25 天。

7.3.5　预测性大脑

尽管生物必须解决多维的问题，并且对任何事情都不完全确定，但学习和记忆的整个目的在于鱼类（或我们）在一定的程度上可以预测未来行动的结果及未来的情况。关于大脑功能的新的研究表明，大脑不是被动的，而是具有预测性，并持续对我们在世界中的下一步会遇到的事物进行预测，大脑不同部分的神经元对预测的误差进行编码，代表了大脑功能的基本模式。因此，大脑本质上是预测机器。这可能改变我们对鱼类的看法，并将在第 9 章中深入讨论。我们对鱼类在整个生命中经历的事件如何影响它们对未来的感知，知之甚少。发生的每件事都会影响系统的调整，从而影响未来的行为和预测。例如，生活在不太喜欢的环境中的动物比生活在喜欢的环境中的动物更有可能将刺激解释为负面（认知偏见）。

7.4　认知能力和意识

具有高级认知能力的动物应该更有能力产生改进的或新的行为，而这种能力可能需要一定程度的意识，这为动物提供了额外处理复杂环境的工具。感知和学习并不需要动物有意识，这需要对信息有进一步的处理。意识可以描述为对内部和外部刺激的认识（见第 8 章）。Panksepp 将意识分为原始意识（即原始感官/知觉感受和内部情感/动机体验，它可能为更复杂的意识层次的出现提供了进化平台）、次级意识（能够思考外部事件与内部事件的关系）和三级意识（对思维的思考，对意识的意识）。这些可能是人类特有的。对于动物是否有意识，科学家们对此的不同的理解反映在他们所得出的不同的结论上。

为了解释感官输入本身并试图理解它们的世界，鱼类需要利用它们的感觉输入来构建对世界的知觉模型。尽管脑组织的代谢成本可能会限制意识的进化，但事实上，鱼类所做的事情表明意识认知已经进化了。它们能够将详细的空间关系结合起来形成心理地图，通过使用同种之间相互作用的观察信息"窃听"来了解群体成员之间的关系，在"以牙还牙"的对抗中进行账目记录，通过欺骗来操纵他人的行为，并且具备与哺乳动物相媲美的数学技能。珊瑚礁鱼类通过信号向具有合作行为的同种群猎伴示意隐藏的猎物。这些信号具备了被认为能推断出具有意图特征的指示性姿态的所有的属性，而石斑鱼（*Plectropomus pessuliferus marisrubri*）和巨型褐鳗（*Gymnothorax javanicus*）通过有意图的信号来参与跨物种的合作狩猎。雄性丽鱼（*Astatotilapia burtoni*）通过已知关系推断未知关系，从而展示了预测竞争对手的战斗能力这种令人印象深刻的能力（传递推理）。刺背鱼通过将自己的觅食成功与其他个体的觅食成功做比较来更新觅食决策，使用爬山策略———一种基于回报的复制策略，似乎与人类相同。对鳕鱼学习和决策的研究表明，鳕鱼具有在当前和未来预期奖励之间权衡的高级能力。清道夫鱼（*Labroides dimidiatus*）甚至在涉及选择两种行为之间的觅食任务中胜过黑猩猩和猩猩。这两种行为都产生了相同的即时奖励，但只有其中一种行为产生额外的延迟奖励。但这并不意味着类人猿愚蠢，而鱼类聪明。从生物学的角度来看，这样的比较只有在了解物种的生态背景时才具有相关性（见下文）。

▌栏目 7.3　鳕鱼在当前和未来预期奖励之间的权衡

　　一组幼年鳕鱼被训练将声音信号与干饲料关联起来，将闪光信号与虾关联起来。在信号结束后的 10 秒内，两种食物都会被呈现出来。干饲料和虾分别被放置在水槽的相对两侧，而两种食物的信号都在水槽的中央给出。其他组被训练将声音与虾关联起来，将闪光与干饲料关联起来。虾因其更强烈的气味和更柔软的质地，提供了比干饲料更强烈的奖励。

　　在鱼类学会了信号—食物的关联之后，这两种信号—食物的试验会一起呈现，先是闪光信号，然后是与之相关的食物。10 秒后，当鱼类仍在进食时，会开启声音信号，宣布水槽对面有另一种食物。因此，那些被条件训练将声音与虾相联系的鱼类被声音告知，如果它们放弃干饲料并移动到对面，将有一个更高级的奖励到来。而它们确实这样做了。相反，对于其他组的鱼类来说，移动到对面意味着放弃一个高级的奖励以换取未来的较低级的奖励。这些鱼类通常会忽略声音，选择留下来吃虾。因此，鳕鱼能够在即时奖励和未来奖励之间进行权衡，如果未来奖励的价值更高，它们会放弃当前的奖励，但如果未来奖励的价值更低，它们就不会放弃当前的奖励。

奖励的无条件刺激（US）（如食物）有关联时，鱼类的反应可能会指向CS，这被称为签到行为，或者反应可能会指向US奖励预期出现的位置，即目标，这被称为目标追踪。在签到行为中，动物对CS的反应就像它是US一样，即CS成为US的替代物（刺激替代）。另外，目标追踪发生在动物将CS理解为一种告示信号而不是替代物时，即动物意识到CS与US之间的关系。小组中的鳕鱼通常在与饲料器相对的水箱一侧有一个明亮的CS时，在条件化过程的早期阶段采用签到行为。然而，一些个体鱼最初朝着饲料区的目标游过去，但最终转身加入了其他的鱼群。这些个体的行为似乎不是最佳的选择——直接朝着目标移动可能更合理。这些个体最初理解了CS的含义，但最终加入其他的鱼群到错误的一侧可能是因为它们跟随领导者，或者与其他的鱼群在一起时更安全。在条件化过程的后期，所有的鱼在食物来临之前都会接近目标，但它们总是先进行CS的签到行为。这可能是因为它们通过操作条件学习，并相信首先的游向标志是触发奖励的行为。人类也做类似的事情。运动员在比赛前经常进行复杂的仪式。他们曾在成功的比赛前进行这些仪式，为了安全起见，他们坚持以前被证明成功的方法。因此，我们不应该因为鱼类应用了签到学习而将其排除在外！

对鱼类的理解程度的最终测试是它们是否能够找到新的解决方法。观察到一些学会新技巧的鱼类确实令人印象深刻。在自我进食的过程中，鳕鱼很容易通过用嘴拉动一根绳子来触发饲料器的训练，最初是基于有食物奖励的好奇心驱动来触发的。但是，一些个体学会了以完全不同的方式触发饲料器，它们将绳子系在连接到背部的标签上（图7.1）。最初，将标签系到饲料器滑轮上并被卡住，而引起了恐惧反应，但鱼类克服了这个问题。随着时间的推移，它们的动作变得更精准，鱼类通过目标导向的协调动作将绳子系到标签上，然后向前游泳，从而触发饲料器。最初的简单关联性已经发展为代表更高级别学习的技能。鱼类已经学会了用嘴触发饲料器，因此，这是具有一种功能性且无厌恶的替代方法，但是新行为的优势在于已经触发过饲料器的鱼类无须先转身就能向饲料前进（图7.1），而在此期间，其他的鱼类可能已经吃掉了饲料。这种情况完全是人为的，因为鳕鱼通常不会使用背部或鳍来操作物体，只会使用嘴巴。事实上，这一成就可以被解释为创新性的行为，而在56条鱼中，只有3条"聪明"的个体学会了这个技巧。这种行为也可以被定义为使用工具，鱼类在新环境中使用新工具以作为"人工肢体"。鱼类缺乏抓握附肢，并且在水下存在关于工具使用物理学的明显限制，而工具使用似乎普遍局限于有限的鱼类类群，特别是隐鳍鱼类，已经观察到它们使用砧石打开贝壳类动物。软骨鱼类也展示了使用工具的能力，魟鱼迅速学会了使用水作为工具从测试装置中取食物。

图 7.1 一条鳕鱼通过将绳子系在背部的标签上学会了触发饲料器的技巧。图像来源：Millot et al., 2013, 图1b,（*Animal Cognition*），已获得Springer的许可

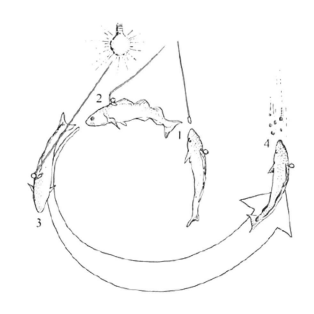

也许有人会说，鱼可以执行的复杂活动不需要任何高级的认知能力或理解力。甚至，清道夫鱼与它们的"客户"之间的复杂互动可能至少部分可以通过复杂的关键刺激链和自动反应以及简单的联想学习来解释。但尽管可以保守地假设简单的刺激经常触发鱼类的行为，仍然有理由相信鱼类具有一定的意识。意识体验就是主观体验到某种东西，我们必须假设鱼类也体验到自己产生的虚拟现实（见第9章）。这不是一个非此即彼的问题。意识可能在种系演化的滑动尺度上发生。然而，鱼类的认知能力往往与其他的脊椎动物相匹配或超越它们。

许多个体的大脑共同合作可以完成单个个体无法完成的任务。个体鱼类可以通过将控制权交给群体来提高认知能力和福利。就像个体大脑一样，群体可以适应不同的环境中的正确的行为。群体智能被定义为在分布式、自组织决策的基础上，群体中出现的认知性能的提升。虽然没有集中的控制机制来指导个体的行为，但局部的互动导致群体自组织成有序的模式，从而形成"智能"的整体行为。在蚊鱼（*Gambusia holbrooki*）中，随着群体规模的增大，决策的速度和准确性通过自组织的分工和社会信息的传递而增加。在金色鳊鱼（*Notemigonus crysoleucas*）中，信息在群体内部通过平衡个体信息和社会线索进行整合，个体没有明确意识到有共识。尽管如此，鱼类群体智力的证据并不像社会性昆虫那样有力。

7.4.1　不是每条鱼都具有相同的心理能力

重要的是，鱼类的认知能力取决于它们进化所处的环境。每个物种都具有智慧

的能力，能够在环境中成功繁殖并在必要时适应变化。问题是"意识的附加价值是什么？"鱼类的许多的认知特征存在物种和种群的差异。在慈鲷科（*Cichlidae*）鱼类中，相对脑大小与物种所遇到的环境和社会复杂性呈正相关。物种根据其生活环境对特定脑叶的神经投入进行权衡，生活在空间复杂栖息地的物种比生活在简单环境中的物种能更好地解决空间任务。在三刺鲈复合体中，生活在视觉环境复杂的底栖物种，比生活在水柱中并很少遇到可以用于空间参考的固定地标的鲈鱼物种，能更快地解决迷宫任务。Girvan 和 Braithwaite 发现，不同种群的鲈鱼在解决空间任务的能力上存在差异，这可能与它们所生活的栖息地有关，而低捕食压力区域的雀鲷类鱼种群比高捕食压力区域的鱼类能更快地找到觅食区。在许多物种中，雄性和雌性面临着不同的挑战，这可能导致基于性别的认知差异。居住在比雌性更复杂的空间环境中的雄性孔雀鱼仅在 1 次试验后就学会了在复杂的迷宫中的替代路线之间进行选择，而雌性孔雀鱼在 5 次试验后却没有学会。在视觉辨别的任务中，两性的辨别学习能力相似，但雄性的决策速度更快。"个性"和"认知风格"之间也可能存在关系（如何获取、处理、存储或行动的信息）。例如，动物的快速行为类型与速度并不是有准确性的关联，是一种认知风格。在孔雀鱼中，快速的探索者在空间记忆任务中做出快速但不准确的决定，而缓慢的探索者需要更长的时间才能做出选择，但结果更准确。经验也可能发挥作用，早期个体发育期间的经验可以提高以后生活中的认知灵活性。即使是单一的环境变化，也可以增强认知能力，早期接受食物配给变化的慈鲷鱼（*Simochromis pleurospilus*）在以后的学习任务中的表现优于始终接受恒定配给的鱼类。

7.4.2　鱼类与人类的比较

我们只能真正了解自己的思维，这意味着我们永远无法确定另一个生物如何感知其周围的世界。然而，从不认为动物可能展示类似人类复杂性的科学家可能会错过其行为的许多的丰富性，而对绝对确定性的要求反映了一种双重标准，因为在其他的科学主题中，我们会充分利用不完整的证据。鱼类无法告诉我们它们如何看待事物，也没有我们可以读取的面部表情，它们体验客观环境的经验必定与我们的经验截然不同。然而，观察到的鱼类决策规则与其他的脊椎动物（包括人类）之间存在几个相似之处，鱼类和人类之间可能比我们想象得更相似（栏目 7.4）。某些行动路径涉及意识，而其他的行动路径则不涉及，即使在人类中，大多数的中枢处理也是没有意识的。

栏目 7.4　鱼和人，比我们以前想象得更相似吗？

我们倾向于关注差异而忽略共同点。想象在一个完全不同的世界中，有个进化的有机体。这种生物体的神经系统以完全不同的方式构建。例如，它可能在不受刺激时做某事，而在受到刺激时保持静止。当这样的生物体开始某种行为时，这可能会启动一个正反馈的循环，使动物永远继续这种活动。它甚至可以接近危险并避免积极的刺激。从这个角度来看，鱼和人是很相似的。

原因之一是，尽管鱼和人在大约 3 亿年前走向了不同的方向，但我们仍然拥有相同的遗传根源。功能神经解剖学表明，空间和情感学习的基本构建模块起源于脊椎动物历史的早期。另一个原因是鱼类和人类进化的环境并没有太大的不同。确实，鱼是在水中进化的，人类是在陆地上进化的，在陆地上生活带来了一些额外的挑战，例如，更强的重力（保持姿势，增加受伤的风险），以及对于哺乳动物来说保持恒定的体温。但这些环境的基本特征实际上是相似的。事件发生的时间间隔是不规则的，但即便如此，也存在一定的模式，并且不同的事件往往是相关的。因此，环境是部分可预测的。不同的活动之间存在冲突，同种人的存在既带来了合作的潜力，也带来了冲突。适应相似环境的生物体预计会在许多方面变得相似。因此，鱼类和人类的行为和反应模式的总体结构很可能并没有根本性的区别，当鱼在觅食和捕食之间进行权衡抉择时，这可能是我们在某种程度上能够想象出鱼类如何逃离或躲避捕食者，以及鱼类如何与同种群体互动以获取自身利益的原因。

7.5　情绪影响生活质量

许多非该领域的人不相信鱼会有情感，也许他们认为这是一种更高级的能力。但是感觉饥饿似乎并不是特别先进的能力。饥饿是一种激发行为的基本感觉，当饥饿感变得非常强烈但无法减轻时，它可能会被赋予负面情绪（沮丧、压力）。"情绪"是指从大脑的基本过程进化而来的过程，这些过程使动物能够体验坏的和好的特定状态，而"影响"是指在效价（愉快／不愉快）和强度方面都有所不同的行为和生理反应。在本章中，我们将影响和情绪定义为不同强度／觉醒的定性状态，其效价从愉悦到厌恶（好到坏）不等。这些术语和"感觉"经常互换使用，但我们可以更清楚地区分影响／情绪和感觉，其中，影响／情绪只代表一种激活状态，而感觉依赖于意识，是情绪的有意识的体验。例如，恐惧的情绪比悲伤的感觉出现更早。情绪状态可能伴随着主观感受，但这并不一定如此。情绪被认为是具有自身功能的，但它们也为有意识地感受体验提供了基础。

情感可以追溯到大脑—思维进化，鱼类的情感功能可能类似于其他高等脊椎动物物种（见第 9 章）。Cerqueira 等最近的一项有趣的研究支持鱼类存在独特的情感状态。金头鲷（*Sparus aurata*）受到不同效价和可预测性的刺激后，表现出不同的行为状态、生理状态和大脑状态，其特征是大脑区域的早期基因表达与哺乳动物中参与奖励和厌恶处理的区域相似性。大脑中涉及多巴胺等神经递质的奖励机制在动物中是保守的，现在人们似乎普遍认为鱼类会体验情感。但科学家们通常都很小心，经常使用"情感价值"这个词。但这与用看似中性和简洁的语言表达情感不一样吗？

从进化的角度来看，可以认为体验情感是一种巧妙的方式，使动物的行为以最大化生存和繁殖的方式进行。感知情绪的能力使个人能够评估其需求与当前的环境条件之间的差异，并避免坏的而寻求好的。不同情绪之间的相互作用也为解决冲突提供了一种理想的方式，即在冲突期间拥有一种允许权衡的共同"货币"。Cabanac 认为，快乐是动物用来衡量优先级和需求的通用"货币"。例如，如果饥饿促使鱼在危险的环境中进食，但与此同时，恐惧情绪激发了保护自己免受捕食的需要，鱼可能会克制自己不进食，直到特别饥饿，以至于进食的乐趣高于对被捕食的恐惧。

那么，对于这个价值百万美元的问题：鱼有它所意识到的有意识的感觉吗？这是福利最关键的问题，但也是一个极难回答的问题，也是科学家们争论的问题。不同的科学流派根据不同的论点得出结论。鱼类缺乏有意识的感觉的观点主要是基于鱼类缺乏哺乳动物控制感觉的神经结构这一事实。但这就像得出结论说鱼不能呼吸是因为它们没有肺一样！鱼的大脑包含基本结构（海马体、杏仁核、皮质区）。这些结构已经进化出更为复杂的结构，事实上，鱼的大脑在组织结构上与其他的脊椎动物非常相似。此外，Barrett 称，情绪并不存在于大脑的不同部分，而是由整个大脑相互作用的系统构建的。做各种事情的倾向的变化，即动机，不仅仅是计算机技术调整的结果。来自大脑的信号产生的波会流经全身，并能极大地改变器官的生理和活动。情绪体验是大脑对内感受信号产生原因的"最佳猜测"。感觉是身体状态的心理体验，如果鱼没有这种体验，那将是非凡的。例如，恐惧的感觉可能是对暴露于有威胁性的情境所引起的生理特征的检测。

对鱼类观察的主观解释可能会给我们一些线索。当我们观察一条鱼时，我们不能读懂它的面部表情，但我们可以读懂它的肢体语言。观察到鱼积极地保护自己的幼鱼或接近对手，同时看起来很害怕，这给了我们一个强烈的印象，即机器鱼不会这样做，鱼的行为有一个情感基础，鱼不可能没有意识到。当然，我们可以争辩说，这样的观察没有科学价值，一个微调的机器鱼会给我们同样的印象。但至少它解释了为什么许多科学家如此强烈地相信鱼是拥有有意识的感觉。

到目前为止，研究厌恶情绪的三种方法——自发反应、药物干预和动机测试——还不能让我们得出明确的结论。从动物有意识地体验情绪并创造测试情境的角度出发，提供特定的预测可能是一种方法，人类意识的可靠的生理指标可以使用情感范式进行测试。尽管如此，也许我们应该承认，确切地证明鱼拥有意识的感觉或多或少是不可能的。但这并不能排除它们这样做的可能性！感觉可能来自脑干中较古老的区域，包括鱼类在内的所有的脊椎动物都可能具有感觉现象和情感意识。

争论中的一个问题是鱼是否能感觉到疼痛和痛苦。Rose 认为，尽管鱼类有疼痛感受器并对厌恶的刺激做出反应，但这并不意味着它们因为缺乏新皮层而感到疼痛。然而，情绪大脑也包括重要的皮层下结构。Chandroo 等和 Sneddon 提出了强有力的证据，证明鱼类能够基于其认知能力体验疼痛。几种硬骨鱼类在长时间的疼痛反应中表现出显著的生理和行为变化，而不是瞬间的退缩反射反应（见第 10 章）。对于没有心智能力的简单生物来说，痛苦可能更强烈，因为它们无法在认知上将自己与痛苦隔离开来。但是，由于疼痛的重要性会根据鱼的选择而有所不同，我们预计不同的物种会以不同的方式感知疼痛（"情感的味道"）。例如，生活在深海的鮟鱼在经历疼痛时不会退缩和躲藏，因此，对疼痛的感知应该相对较弱。Eckroth 等发现鳕鱼对包括鱼钩在内的不同的有害刺激的反应相对较弱，这可能与甲壳类动物等坚硬或尖刺成分的物种的饮食习惯有关。许多鲨鱼、鳐鱼和鲼鱼表现出求偶咬伤行为，导致受伤，因此可能会降低疼痛的能力。此外，鱼类对疼痛还有特定物种的反应（见第 10 章）。鱼类的许多情绪特征也存在种群差异，对疼痛刺激的反应也存在个体差异。

7.6　接触人造刺激的鱼

在理论上，即使是自然环境中的野生鱼类也不总是做最好的事情。鱼类的感觉和信息处理能力是有限的，它们的知识是不完整的，它们在不同的活动之间经历冲突，很难结合起来。鱼类的个性也限制了行为的可塑性，并限制了它在所有的情况下采取最佳行动的能力。然而，作为起点，我们假设野生鱼类的行为是一种适应性的方式。然而，在自然界中最优的方法可能不适用于养殖环境。这种鱼在进化上不适应有限的环境和极高的密度。一些机制可能会出错，鱼可能会学习不适当的行为类型，它们受集体行为和自组织的支配。动物对物体进行分类的方式是预先适应并根据其生态位进行定制的，但对渔具和水产养殖设施等新物体进行分类并不总是容易的，了解新物体也可能产生意想不到的结果，这些结果并不总是有适应性的。

遇到渔具的野生鱼类最初往往不能正确地对新物体进行分类，从而导致适应不良的反应和被捕获。鳕鱼可能很容易就能分辨出同类鳕鱼和鮟鱼，但还是会被金属诱饵骗到。鱼可能会把网当作藻类，它们可以探索，但发现为时已晚，情况并非如此。但是，可以根据经验对反应做出修改。与带饵的鱼钩的身体接触可以导致学会回避，鱼可以学会在拖网中游泳。此外，来自高强度地捕捞带来的死亡率导致选择压力过大，从而可能影响野生鱼类的个性。

　　不同的动物物种对圈养的反应有很大的差异，鱼类需要有正确的个性来适应养殖环境。主动性鱼类可能比被动性鱼类更具有探索性和"乐观"性，对环境压力源不太敏感，因此可能更适合养殖（第3章）。研究发现，尼罗罗非鱼（*Oreochromis niloticus*）对厌恶刺激的负面解读取决于个体的应对方式，反应性个体在经约束后更害怕新事物，这表明主动个体的恐惧程度更低。主动应对方式的行为是基于对环境的预测，而反应性应对方式具有更直接的刺激—反应关系。在野外，可预知的条件可能有利于主动应对，而不可预知的条件则可能有利于反应性应对。因此，在大西洋鲑鱼集约化养殖系统中，可预测的条件可能有利于冒险、主动的个体。另外，积极主动的个体可能更倾向于发展和遵循常规，当情况稳定时，这可能是一个优势，就像在养殖中经常出现的情况一样，但如果条件发生变化，这可能是一个劣势。主动的个体可能较少关注其周围的环境，主动的虹鳟鱼比被动的鱼改变其寻找食物的行为更慢，以应对重新定位的食物，害羞但不大胆的溪鳟在环境改变时继续使用线索寻找食物。在单一的环境中，在喂食过量的稳定环境中，主动个体往往胜过被动个体，但被动个体在不可预测或可变的环境中的反应似乎更好。应对方式将在第12章进行更详细的讨论。

　　基本个性可以通过驯化来改变，这可以使鱼通过主动—反应轴运动。基于基因的不同行为的倾向和触发行为的阈值可能在几代内发生变化。水产养殖（如大西洋鲑鱼）或研究（如斑马鱼、鮰鱼）的选择性育种通常采用一套称为育种目标的标准进行。快速生长和延迟性成熟是大多数养殖物种的关键目标，而生物医学模式物种斑马鱼因其短的世代时间而受到青睐。除了直接促进育种目标的基因驱动成分外，大多数的目标是基于各种基本上未知的潜在特征来实现的。例如，生长取决于减缓生长本身的基因组成，如生长激素水平。但是，利用遗传范围进行生长，使鱼类在其环境中茁壮成长，也就是说，适应是重要的，并且在繁殖过程中被盲目地促进。经过10代后，在淡水养殖的条件下饲养的大西洋鲑鱼与野生鲑鱼的比较显示，养殖鲑鱼的生长关系为1∶3，而在自然条件下，这一比例最多为1∶1.25。

　　繁殖的大西洋鲑鱼在养殖的条件下更具有风险倾向和社会优势，而野生鲑鱼在自然条件下占主导地位。在水产养殖池中使用每日应激源制度，发现野生鲑鱼对应激最敏感，进一步提高了与养殖鱼类不同的、本身数值已经很高的生长速度。急性应激对喂养的影响在不同的养殖鲑鱼家族之间是相似的，但不同的家族之间的活动水平和皮质醇反应不同，并与抗病和生存的遗传标记呈正相关。这突出了在系统生

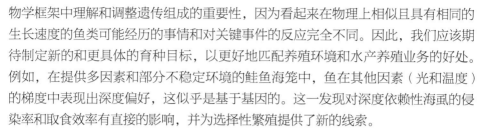

物学框架中理解和调整遗传组成的重要性，因为看起来在物理上相似且具有相同的生长速度的鱼类可能经历的事情和对关键事件的反应完全不同。因此，我们应该期待制定新的和更具体的育种目标，以更好地匹配养殖环境和水产养殖业务的好处。例如，在提供多因素和部分不稳定环境的鲑鱼海笼中，鱼在其他因素（光和温度）的梯度中表现出深度偏好，这似乎是基于基因的。这一发现对深度依赖性海虱的侵染率和取食效率有直接的影响，并为选择性繁殖提供了新的线索。

　　了解人造物体和水产养殖中使用的程序对福利至关重要，否则鱼类将无法避免令人厌恶的情况并适应即将到来的事件。养殖的鱼习惯于干扰的存在（"会习惯它"），通过经典的条件反射学习食物和喂养制度，并参与基于操作性条件反射的自我喂养。鱼甚至可以学会对最初令人厌恶的事件做出积极的反应。降低水箱内的水，然后喂食，减少了水下对奇努克鲑鱼的频繁处理和运输的影响。鲑鱼最初对闪光的反应是消极的，但如果光与食物奖励有关，它们就会学会接近光源，如果得到食物奖励，鳕鱼可以学会接近最初令它们厌恶的网。反复暴露在令人厌恶的闪光下的鲷鱼除了逃避光线外，最初的反应是放慢游泳速度。当闪光时被奖励食物，这些负面反应最终会消失，并被一种方法所取代，而在没有奖励的组中，闪光期间的游泳速度的降低在整个实验中持续存在。

　　然而，缺乏关键刺激的养殖环境可能会对鱼类刺激不足，损害其学习新反应的能力。另外，养殖环境中典型的高密度和频繁的干扰可能对认知有要求，导致刺激过量，然后鱼类可能会回归到更原始的行为模式，从对个体选择的高水平认知控制转向低水平的直接刺激反应来控制鱼群的行为。不可预测的慢性压力降低了斑马鱼的回避学习。鱼类也可能被困在集体中，鱼群中的社会行为可能会推翻摄食等强烈的动机。Folkedal 等（未发表的数据）使用海笼中的水下喂养单元，其中，食物颗粒仅在 1 米的垂直范围内可用，发现大西洋鲑鱼组的反应是全有或全无。虽然这些鱼很饿，而且可以看到附近有食物，但鱼群犹豫了 30 分钟才突然开始积极进食。

　　对动物来说，为即将到来的事件做好准备，以适当的方式做出反应是至关重要的，鱼类可以通过在事件发生前对刺激进行条件反射来学习预测压力源。Galhardo 等发现，相比于可预测的禁闭，在不可预测的禁闭条件下，丽鱼科鱼（*Oreochromis mossambicus*）表现出更强的应激反应。然而，早期关于动物厌恶刺激的可预测性影响的研究产生了不一致的结果，我们无法证明压力源的可预测性降低了大西洋鲑鱼在水箱中的应激反应。这些水箱反复暴露于追逐事件中，这些事件要么是由信号宣布的，要么不是。这可能是由于压力反应的整体习惯或方法上的限制，或者因为可预测性。事实上，对鲑鱼的压力反应的影响有限。当鱼无法避免压力源时，压力源的可预测性的好处也可能有限，就像在鱼缸里的情况一样。当可预测性提供了在危险发生之前逃离的机会时，压力反应可以大大减少。

海洋养殖鱼类和水产养殖设施中逃出来的鱼类在遇到自然环境之前，在其生命的最初阶段经历了一个人工环境：当时它们面临着不熟悉的食物和捕食者以及它们不了解的社会环境。如果鱼类缺乏应对这些挑战的心理工具，它们的福利将受到损害，以前放养的鱼类通常比野生鱼类有更高的自然死亡率。孵卵饲养的鳕鱼表现出不适应的摄食和反捕食的行为。Meager等发现野生和孵育鳕鱼之间存在多维个性的差异。在孵化场鱼类中，主动轴和反应轴是最重要的，而在野生鱼类中，行为表型更接近于大胆—羞怯轴。人工养殖环境的环境富集提高了鳕鱼和鲑鱼的认知能力，但并不总是具有生态相关的影响。在以捕捞为基础的水产养殖中，鱼类经历了从野生环境到养殖环境的艰难过渡（见第 18 章）。

7.7 如何评估鱼类福利？

福利的短期增加和减少确保鱼类在进化方面可以达到最好。生物并没有进化到不管情况如何都能"感觉良好"的程度，如果情况很糟糕，鱼也会感觉不好。福利是一种长期的综合福利，所以，短期的挑战不应该损害福利，鱼类能够应对的挑战甚至可能是提高福利。在福利研究中，传统的内稳态概念——生理变量保持在其"设定点"附近——已经被异稳态（通过变化保持稳定）所取代。低刺激和适应的负荷都会抑制认知反应和功能能力的发展，而未受刺激的鱼的大脑则更小。与暴露较少的组相比，重复暴露于压力刺激的大西洋鲑鱼组能够更好地应对随后的水产养殖的压力源。

养殖鱼类的福利难以客观界定和衡量。我们对鱼类和其他动物福利的评估依赖于一些关键的假设。不管我们喜欢与否，这些假设在一定的程度上都是基于我们自己的主观感受。例如，人们常常想当然地认为受伤或生病的鱼的福利受到损害，但我们能严格且科学地证明这是事实吗？我们所做的是根据我们自己的经验推断，假设鱼也有类似的感觉。在调查生产绩效的研究中，福利的使用往往相当松散，但即使鱼长得很好，我们也不能保证有良好的福利。狗摇尾巴告诉我们狗处于幸福的状态，但对鱼来说，这只是意味着鱼在移动。但行为和生理指标是评估福利的重要手段。行为反映了主观状态和行为需求，是评估福利的最佳工具。评估养鱼是否有良好的福利的一个简单方法是观察鱼缸或笼子里的鱼。正如诺贝尔奖得主 Niko Tinbergen 所写：在任何的科学中，对简单观察的不重视都是致命的特征。尽管总是存在主观或有偏见的解释的风险，但我们不应低估人类大脑整合和解释观察到的行为的各个方面的能力。如果鱼有规律地游泳，没有突然的反应和频繁的互动，那么鱼很有可能享受到良好的福利。当然，我们仍然需要更具体的定量行为指标（第13 章）。

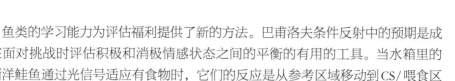

　　鱼类的学习能力为评估福利提供了新的方法。巴甫洛夫条件反射中的预期是成为在面对挑战时评估积极和消极情感状态之间的平衡的有用的工具。当水箱里的大西洋鲑鱼通过光信号适应有食物时，它们的反应是从参考区域移动到 CS/喂食区域。然而，当受到温度波动、高氧或追逐的压力时，受试者对食物的预期时间不会超过氧气消耗和皮质醇分泌恢复到正常的生理反应所需的时间。因此，对食物的预期似乎比其他的参数对干扰更敏感，缺乏预期的反应表明福利受损。估计福利的一种方法可能是通过重复的挑战试验来刺激鱼（栏目 7.5）。

▍栏目 7.5　评估鱼类福利的挑战试验

　　处于平衡状态和功能良好的动物应该以适应的方式对外部事件做出反应。鱼对干扰的最初反应不应该太弱（如生病的鱼），但也不应该太强烈（反应过度，如压力大的鱼）。此外，这种反应不应该无限期地持续下去，而应该随着时间的推移而减弱，并根据以往的经验加以修正。

　　因此，估计福利的一种方法可能是通过重复的挑战测试来刺激鱼。Bratland 等利用视频图像分析了大西洋鲑鱼在水箱中的分布，发现这些鱼对闪光的反应是立即逃离觅食区。我们已经开始了一项研究，通过在水箱或笼子的中心放置一个单元来评估日常的养殖福利。该单元既能产生声音脉冲，又能在声音或视觉上记录刺激前后单元周围鱼类的行为、分布和密度。

　　1. 通过信号前后鱼群附近的密度变化，可以估计鱼群的反应性（它们的反应有多快和多强）。

　　2. 随着时间的推移，鱼逐渐回到扬声器周围的区域，这一发展应该可以估计其下调（平静）的能力。

　　重复的刺激可以提供关于适应能力和学习能力的信息，但过于频繁的刺激可能会大大减少反应，以至于这项技术被用作福利指标。挑战还在于充分详细地解决分布变化的问题。

7.8　总　结

　　当我们科学地处理一个问题时，我们必须依靠已定义的术语和概念，但研究鱼类的心理能力和福利的科学家有时似乎过于努力地将他们的观察结果与先前定义的概念相适应。用于分析智力和情感的术语并不像将植物的不同部分直截了当地分为根、茎和叶那样，而是代表了不容易被定义的抽象概念。记忆、情感或"自我"等类别并不以一对一的方式与大脑组织相对应，甚至情感和认知等类别之间的区别也是相对的。毕竟，要问一条鱼一个概念是否与它体验世界的方式相关，并不容易。所以，我们必须谦虚，不要把自己的观念和参照系强加给其他的生物。前进的道路可能是将我们的研究建立在更客观和更可测试的概念上，比如预测的能力（见第9章）。

鱼必须对它们感受到的大量刺激进行解释和分类。学习使鱼能够根据动态环境调整自己的行为，并预测将会发生什么。根据不存在的关系采取行动的成本与失去现有关系的成本似乎会影响鱼的学习速度。鱼类似乎普遍进化出了很高的认知能力，但这些能力的范围取决于它们所遇到的环境和社会的复杂性，而认知和学习能力在物种之间、种群之间、应对方式和性别之间都是不同的。

我们有理由相信，鱼至少有一种简单的意识形态，有情感和感觉，尽管它们体验情感的方式在种类和程度上可能与人类不同，而且在不同的鱼类之间也有所不同。Rose等和其他人一样认为，我们应该采用基于函数的方法（动物适应当前环境的能力）而不是基于感觉的方法。但是，如果鱼类完全没有有意识的感觉，我们真的应该关心我们让它们接触到什么吗？在法庭上，问题是：谁负责提出证据。我们认为这取决于科学学派，他们认为鱼是没有大脑的机器，对外部刺激的反应仅仅是反射性的。这一观点与许多的观察结果形成了对比，当我们缺乏完全的知识时，我们通常会采取预防措施。

人造物是一种难以分类的新奇物体。鱼类应对养殖环境的能力可能因物种和性格类型而异，积极主动的物种和个体通常可能更好地适应环境。在第15章中，Thomas Torgersen提出了一个有趣的建议，即在多大程度上决定水产养殖中某个物种的福利是它是否能够通过游动来积极应对野外的不适应的条件。如果是这样，它们的福利可能会在养殖环境中受到损害。在养殖环境中，鱼类通常不得不生活在次优的条件下，而在野外对不良的情况采取行动的可能性有限的物种可能会接受养殖场的情况，并使其生理适应当前的次优环境。

致谢： 我们感谢Ruud van den Bos博士，他根据本章的早期版本提供了非常有用的建议。

参考文献

Agrillo C, Miletto Petrazzini ME, Bisazza A (2017) Numerical abilities in fish: a methodological review. Behav Process 141:161–171

Arlinghaus R, Laskowski KL, Alós J, Klefoth T, Monk CT, Nakayama S, Schröder A (2017) Passive gear-induced timidity syndrome in wild fish populations and its potential ecological and managerial implications. Fish Fish 18:360–373

Ashley PJ, Ringrose S, Edwards KL, Wallington E, McCrohan CR, Sneddon LU (2009) Effect of noxious stimulation upon antipredator responses and dominance status in rainbow trout. Anim Behav 77:403–410

Bannier F, Tebbich S, Taborsky B (2017) Early experience affects learning performance and neophobia in a cooperatively breeding cichlid. Ethology 123:712–723

Barrett LF (2009) The future of psychology: Connecting mind to brain. Perspect Psychol Sci 4:326–339

Barrett LF (2017) How emotions are made: The secret life of the brain. Houghton Mifflin Harcourt Publishing Company, New York

Barrett LF, Simmons WK (2015) Interoceptive predictions in the brain. Nat Rev Neurosci 16:419–429

Bassett L, Buchanan-Smith HM (2007) Effects of predictability on the welfare of captive animals. Appl Anim Behav Sci 102:223–245

Bateson P, Laland KN (2013) Tinbergen's four questions: an appreciation and an update. Trends Ecol Evol 28:712–718

Bateson M, Mather M (2007) Performance on a categorization task suggests that removal of environmental enrichment induces "pessimism" in captive European starlings. Anim Welf 16:33–36

Bekoff M, Sherman PW (2004) Reflections on animal selves. Trends Ecol Evol 19:176–180

Berridge KC, Winkielman P (2003) What is an unconscious emotion? (The case for unconscious "liking"). Cognit Emot 17:181–211

Beukema JJ (1970) Angling experiments with carp: decreased catchability through one trial learning. Netherlands J Zool 20:81–92

Biro PA, Post JR (2008) Rapid depletion of genotypes with fast growth and bold personality traits from harvested fish populations. Proc Natl Acad Sci 105:2919–2922

Bitterman ME (1975) The comparative analysis of learning. Science 188:699–709

Boakes RA (1977) Performance on learning to associate a stimulus with positive reinforcement. In: Operant-Pavlovian interactions. Erlbaum, Hillsdale, NJ, pp 67–97

Braithwaite VA, Salvanes AGV (2005) Environmental variability in early rearing environment generates behaviourally flexible cod: implications for rehabilitating wild populations. Proc R Soc Lond Ser B 272:1107–1113

Braithwaite VA, Huntingford F, van den Bos R (2013) Variation in emotion and cognition among fishes. J Agric Environ Ethics 26:7–23

Bratland S, Stien L, Braithwaite VA, Juell J-E, Folkedal O, Nilsson J, Oppedal F, Fosseidengen JE, Kristiansen TS (2010) From fright to anticipation: using aversive light stimuli to investigate reward conditioning in large groups of Atlantic salmon (*Salmo salar*). Aquacult Int 18:991–1001

Broglio C, Gomez A, Duran E, Ocana FM, Jimenez-Moya F, Rodriguez F, Salas C (2005) Hallmarks of a common forebrain vertebrate plan: Specialized pallial areas for spatial, temporal and emotional memory in actinopterygian fish. Brain Res Bull 66:277–281

Brown C (2001) Familiarity with the test environment improves escape responses in the crimson spotted rainbowfish, *Melanotaenia duboulayi*. Anim Cogn 4:109–113

Brown C (2012) Tool use in fishes. Fish Fish 13:105–115

Brown C (2015) Fish intelligence, sentience and ethics. Anim Cogn 18:1–17

Brown C, Braithwaite VA (2005) Effects of predation pressure on the cognitive ability of the poeciliid *Brachyraphis episcope*. Behav Ecol 16:482–487

Brown C, Laland KN (2003) Social learning in fishes: a review. Fish Fish 4:280–288

Brown C, Laland K, Krause J (2011) Fish cognition and behavior, 2nd edn. Wiley-Blackwell, Oxford

Bshary R (2006) Machiavellian intelligence in fishes. In: Fish cognition and behavior. Blackwell, Oxford, pp 223–242

Bshary R (2011) Machiavellian intelligence in fishes. In: Fish cognition and behavior, 2nd edn. Wiley-Blackwell, Oxford, pp 277–297

Bshary R, Hohner A, Ait-el-Djoudi K, Fricke H (2006) Interspecific communicative and coordi-nated hunting between groupers and giant moray eels in the red sea. PLoS Biol 4:2393–2398

Bshary R, Gingins S, Vail AL (2014) Social cognition in fishes. Trends Cogn Sci 18:465–471

Bull HO (1928) Studies on conditioned responses in fishes. J Mar Biol Assoc U K 15:485–533

Burns JG, Rodd FH (2008) Hastiness, brain size and predation regime affect the performance of wild guppies in a spatial memory task. Anim Behav 76:911–922

Butler J (1736) The analogy of religion, natural and revealed, to the constitution and course of nature. J.J. & P. Knapton, London

Cabanac M (1992) Pleasure: the common currency. J Theor Biol 155:173–200

Carpenter RE, Summers CH (2009) Learning strategies during fear conditioning. Neurobiol Learn Mem 91:415–423

Castanheira MF, Conceicão LEC, Millot S, Rey S, Bégout M-L, Damsgård B, Kristiansen T, Höglund E, Øverli Ø, Martins CIM (2017) Coping styles in farmed fish: consequences for aquaculture. Rev Aquacult 9:23–41

Cerqueira M, Millot S, Castanheira MF, Félix AS, Silva T, Oliveira GA, Oliveira CC, Martins CIM, Oliveira RF (2017) Cognitive appraisal of environmental stimuli induces emotion-like states in fish. Sci Rep 7, article number 13181

Chandroo KP, Duncan IJH, Moccia RD (2004) Can fish suffer? Perspectives on sentience, pain, fear and stress. Appl Anim Behav Sci 86:225–250

Clark A (2013) Whatever next? Predictive brains, situated agents, and the future of cognitive science. Behav Brain Sci 36:1–73

Clark A (2016) Surfing uncertainty: prediction, action, and the embodied mind. Oxford University Press, New York

Clark RE, Squire LR (1998) Classical conditioning and brain systems: a key role for awareness. Science 280:77–81

Clark RE, Squire LR (1999) Human eyeblink classical conditioning: Effects of manipulating awareness of the stimulus contingencies. Psychol Sci 10:14–18

Coble DW, Farabee GB, Anderson RO (1985) Comparative learning ability of selected fishes. Can J Fish Aquat Sci 42:791–796

Conrad JL, Weinersmith KL, Brodin T, Saltz JB, Sih A (2011) Behavioural syndromes in fishes: a review with implications for ecology and fisheries management. J Fish Biol 78:395–435

Coolen I, van Bergen Y, Day RL, Laland KN (2003) Species difference in adaptive use of public information in sticklebacks. Proc R Soc Lond Ser B 270:2413–2419

Coppens CM, de Boer SF, Koolhaas JM (2010) Coping styles and behavioural flexibility: towards underlying mechanisms. Philos Trans R Soc B Biol Sci 365:4021–4028

Corten A (2002) The role of "conservatism" in herring migrations. Rev Fish Biol Fish 11:339–361

Couzin ID (2007) Collective minds. Nature 445:715

Croy MI, Hughes RN (1991) The role of learning and memory in the feeding behaviour of the fifteen-spined stickleback, *Spinachia spinachia* L. Anim Behav 41:149–159

Dall SRX (2010) Managing risk: the perils of uncertainty. In: Evolutionary behavioral ecology. Oxford University Press, New York, pp 194–206

Damasio A, Carvalho GB (2013) The nature of feelings: evolutionary and neurobiological origins. Nat Rev Neurosci 14:143–152

Dawkins MS (1998) Evolution and animal welfare. Q Rev Biol 73:305–328

Dawkins MS (2003) Behaviour as a tool in the assessment of animal welfare. Zoology 106:383–387 Dawkins MS (2004) Using behaviour to assess animal welfare. Anim Welf 13:3–7

Dawkins MS (2008) The science of animal suffering. Ethology 114:937–945

Dawkins MS (2017) Animal welfare with and without consciousness. J Zool 301:1–10

De Luca G, Mariani P, MacKenzie BR, Marsili M (2014) Fishing out collective memory of migratory schools. J R Soc Interface 11:20140043

Dugatkin LA, Alfieri MS (2003) Boldness, behavioral inhibition and learning. Ethol Ecol Evol 15:43–49

Dugatkin LA, Godin J-GJ (1992) Reversal of female mate choice by copying in the guppy *Poecilia reticulata*. Philos Trans R Soc B Biol Sci 249:179–184

Dukas R (1999) Costs of memory: ideas and predictions. J Theor Biol 197:41–50

Eckroth JR, Aas-Hansen Ø, Sneddon LU, Bichão H, Døving KB (2014) Physiological and behavioural responses to noxious stimuli in the Atlantic cod (*Gadus morhua*). PLoS One 9: e100150

Fabbro F, Aglioti SM, Bergamasco M, Clarici A, Panksepp J (2015) Evolutionary aspects of self-and world consciousness in vertebrates. Front Hum Neurosci 9, article number157

Fernö A (1993) Advances in understanding of basic behaviour-consequences for fish capture. ICES Mar Sci Symp 196:5–11

Fernö A, Huse I (1983) The effect of experience on the behaviour of cod (*Gadus morhua L.*) towards a baited hook. Fish Res 2:19–28

Fernö A, Järvi T (1998) Domestication genetically alters the anti-predator behaviour of anadromous brown trout (*Salmo trutta*)–a dummy predator experiment. Nord J Freshw Res 74:95–100

Fernö A, Pitcher TJ, Melle V, Nøttestad L, Mackinson S, Hollingworth C, Misund OA (1998) The challenge of the herring in the Norwegian Sea: making optimal collective spatial decisions. Sarsia 83:149–167

Fernö A, Huse G, Jakobsen PJ, Kristiansen TS, Nilsson J (2011) Fish behaviour, learning, aquaculture and fisheries. In: Fish Cogn Behav, 2nd edn. Wiley-Blackwell, Oxford, pp 359–404

Fleming IA, Einum S (1997) Experimental tests of genetic divergence of farmed from wild Atlantic salmon due to domestication. ICES J Mar Sci 54:1051–1063

Fleming IA, Agustsson T, Finstad B, Johnsson JI, Björnsson BT (2002) Effects of domestication on growth physiology and endocrinology of Atlantic salmon (*Salmo salar*). Can J Fish Aquat Sci 59:1323–1330

Folkedal O, Stien LH, Torgersen T, Oppedal F, Olsen RE, Fosseidengen JE, Braithwaite VA, Kristiansen TS (2012) Food anticipatory behaviour as an indicator of stress response and recovery in Atlantic salmon post-smolt after exposure to acute temperature fluctuation. Physiol Behav 105:350–356

Folkedal O, Fernö A, Nederlof MAJ, Fosseidengen JE, Cerqueira M, Olsen RE, Nilsson J (2018) Habituation and conditioning in gilthead sea bream (*Sparus aurata*): Effects of aversive stimuli, reward and social hierarchies. Aquac Res 49:335–340

Frank SA (2002) Immunology and evolution of infectious disease. Princetown University Press, Princetown and Oxford

Fuss T, Schluessel V (2015) Something worth remembering: Visual discrimination in sharks. Anim Cogn 18:463–471

Gabagambi PN (2008) Learning ability in juvenile Atlantic cod (*Gadus morhua* L.): different CS-US relationships and reward value. Master of Science Thesis, University of Bergen

Galhardo L, Vital J, Oliveira RF (2011) The role of predictability in the stress response of a cichlid fish. Physiol Behav 102:367–372

Garcia J, Koelling RA (1966) Relation of cue to consequence in avoidance learning. Psychon Sci 4:123–124

Gibson RN (2005) The behaviour of flatfishes. In: Flatfishes: biology and exploitation. Blackwell, Oxford, pp 213–239

Girvan JR, Braithwaite VA (1998) Population differences in spatial learning in three-spined sticklebacks. Proc R Soc Lond Ser B 265:913–918

Griffin DR (1998) From cognition to consciousness. Anim Cogn 1:3–16

Grissom N, Bhatnagar S (2009) Habituation to repeated stress: get used to it. Neurobiol Learn Mem 92:215–224

Grosenick L, Clement TS, Fernald RD (2007) Fish can infer social rank by observation alone. Nature 445:429–432

Hearst E, Jenkins HM (1974) Sign-tracking: the stimulus-reinforcer relation and directed actions. Monograph of the Psychonomic Society, Austin, TX

Helfman GS, Schultz ET (1984) Social tradition of behavioural traditions in a coral reef fish. Anim Behav 32:379–384

Huneman P, Martens J (2017) The behavioural ecology of irrational behaviours. Hist Philos Life Sci 39, article number 23

Huntingford FA (2004) Implications of domestication and rearing conditions for the behaviour of cultivated fishes. J Fish Biol 65:122–142

Huntingford FA, Adams CE (2005) Behavioural syndromes in farmed fish: implications for production welfare. Behaviour 142:1207–1221

Huntingford FA, Wright PJ (1992) Inherited population differences in avoidance conditioning in three-spined sticklebacks, *Gasterosteus aculeatus*. Behaviour 122:264–273

Huntingford FA, Adams C, Braithwaite VA, Kadri S, Pottinger TG, Sandoe P, Turnbull JF (2006) Current issues in fish welfare. J Fish Biol 68:332–372

Huse G, Railsback S, Fernö A (2002) Modelling changes in migration pattern of herring: collective behaviour and numerical domination. J Fish Biol 60:571–582

Huse G, Fernö A, Holst J (2010) Establishment of novel wintering areas in herring co-occurs with peaks in the 'first time/repeat spawner' ratio. Mar Ecol Prog Ser 409:189–198

Ibrahim AA, Huntingford FA (1992) Experience of natural prey and feeding efficiency in 3-spined sticklebacks (*Gasterosteus aculeatus* L.). J Fish Biol 41:619–625

Ingraham E, Anderson ND, Hurd PL, Hamilton TJ (2016) Twelve-day reinforcement-based memory retention in African cichlids (*Labidochromis caeruleus*). Front Behav Neurosci 10:157

Ioannou CC (2017) Swarm intelligence in fish? The difficulty in demonstrating distributed and self-organised collective intelligence in (some) animal groups. Behav Process 141:141–151

Johnsson JI, Brockmark S, Näslund J (2014) Environmental effects on behavioural development consequences for fitness of captive-reared fishes in the wild. J Fish Biol 85:1946–1971

Jones A, Brown C, Gardener S (2011) Tool use in the spotted tuskfish, *Choerodon schoenleinii*. Coral Reefs 30:865

Kelley JL (2008) Assessment of predation risk by prey fishes. In: Fish behaviour. Science Publishers, Enfield, NH, pp 269–301

Kendal JR, Rendall L, Pike TW, Laland KN (2009) Nine-spined sticklebacks deploy a hill-climbing social learning strategy. Behav Ecol 20:238–244

Key B (2016) Why fish do not feel pain. Anim Sentience 1(1)

Kittilsen S (2013) Functional aspects of emotions in fish. Behav Process 100:153–159

Kittilsen S, Ellis T, Schjolden J, Braastad BO, Øverli Ø (2009) Determining stress-responsiveness in family groups of Atlantic salmon (*Salmo salar*) using non-invasive measures. Aquaculture 298:146–152

Koolhaas JM, Korte SM, de Boer SF, van der Vegt BJ, van Reenen CG, Hopster H, de Jong IC, Ruis MAW, Blokhuis HJ (1999) Coping styles in animals: current status in behavior and stress-physiology. Neurosci Biobehav Rev 23:925–935

Korte SM, Koolhaas JM, Wingfield JC, McEwen BS (2005) The Darwinian concept of stress: benefits of allostasis and costs of allostatic load and the trade-offs in health and disease. Neurosci Biobehav Rev 29:3–38

Kotrschal A, Taborsky B (2010) Environmental change enhances cognitive abilities in fish. PLoS Biol 8:e1000351

Kotrschal K, van Staaden MJ, Huber R (1998) Fish brains: evolution and environmental relation-ships. Rev Fish Biol Fish 8:373–408

Kraemer PJ, Golding JM (1997) Adaptive forgetting in animals. Psychon Bull Rev 4:480–491

Krause J, Ruxton GD (2002) Living in groups. Oxford University Press, Oxford

Kristiansen TS, Svåsand T (1992) Comparative analysis of stomach contents of cultured and wild cod, *Gadus morhua* L. Aquacult Fish Manag 23:661–668

Kuba MJ, Byrne RA, Burghardt GM (2010) A new method for studying problem solving and tool use in stingrays (*Potamotrygon castexi*). Anim Cogn 13:507–513

Kuzawa CW, Chugani HT, Grossman LI, Lipovich L, Muzik O, Hof PR, Wildman DE, Sherwood CC, Leonard WR, Lange N (2014) Metabolic costs and evolutionary implications of human brain development. Proc Natl Acad Sci 111:13010–13015

Laland KN, Williams K (1998) Social transmission of maladaptive information in the guppy. Behav Ecol 9:493–499

Laland KN, Atton N, Webster MM (2011) From fish to fashion: experimental and theoretical insights into the evolution of culture. Philos Trans R Soc Lond B Biol Sci 366:958–968

Langer EJ, Roth J (1975) Heads I win, tails its chance–illusion of control as a function of sequence of outcomes in a purely chance task. J Pers Soc Psychol 32:951–955

LeDoux J (1996) The emotional brain. The mysterious underpinnings of emotional life. Simon & Schuster, New York

LeDoux J (2012) Rethinking the emotional brain. Neuron 73:653–676

Leduc AOHC, Roh E, Breau C, Brown GE (2007) Learned recognition of a novel odour by wild juvenile Atlantic salmon, *Salmo salar*, under fully natural conditions. Anim Behav 73:471–477

Lieberman DA (1990) Learning, behaviour and cognition, 3rd edn. Wadsworth, Belmont, CA Little EE (1977) Conditioned aversion to amino acid flavors in the catfish, *Ictalurus punctatus*. Physiol Behav 19:743–747

Lorenzen K, Beveridge M, Mangel M (2012) Cultured fish: integrative biology and management of domestication and interactions with wild fish. Biol Rev 87:639–660

Lucon-Xiccato T, Bisazza A (2016) Male and female guppies differ in speed but not in accuracy in visual discrimination learning. Anim Cogn 19:733–744

Macdonald JI, Logemann K, Krainski ET, Sigurdsson T, Beale CM, Huse G, Hjøxllo SS, Marteinsdóttir G (2018) Can collective memories shape fish distributions? a test, linking space-time occurrence models and population demographics. Ecography 41:938–957

MacKay B (1974) Conditioned food aversion produced by toxicosis in Atlantic cod. Behav Biol 12:347–355

Mackney PA, Hughes RN (1995) Foraging behaviour and memory window in sticklebacks. Behaviour 132:1241–1253

Madaro A, Fernö A, Kristiansen TS, Olsen RE, Gorissen M, Flik G, Nilsson J (2016) Effect of predictability on the stress response to chasing in Atlantic salmon (*Salmo salar* L.) parr. Physiol Behav 153:1–6

Mamuneas D, Spence AJ, Manica A, King AJ (2015) Bolder stickleback fish make faster decisions, but they are not less accurate. Behav Ecol 26:91–96

Manteifel YB, Karelina MA (1996) Conditioned food aversion in the goldfish, *Carassius auratus*. Comp Biochem Physiol 115A:31–35

Manuel R, Gorissen M, Roca CP, Zethof J, van de Vis H, Flik G, van den Bos R (2014) Inhibitory avoidance learning in zebrafish (Danio rerio): effects of shock intensity and unraveling differ-ences in task performance. Zebrafish 11:341–352

Marchetti MP, Nevitt GA (2003) Effects of hatchery rearing on brain structures of rainbow trout, *Oncorhynchus mykiss*. Environ Biol Fish 66:9–14

Martins CIM, Silva PIM, Conceição LEC, Costas B, Höglund E, Øverli Ø, Schrama JW (2011) Linking fearfulness and coping styles in fish. PLoS One 6:e28084

Martins CI, Galhardo L, Noble C, Damsgard B, Spedicato MT, Zupa W, Beauchaud M, Kulczykowska E, Massabuau JC, Carter T, Planellas SR, Kristiansen T (2012) Behavioural indicators of welfare in farmed fish. Fish Physiol

Biochem 38:17–41

Mas-Muñoz J, Komen H, Schneider O, Visch SW, Schrama JW (2011) Feeding behaviour, swimming activity and boldness explain variation in feed intake and growth of sole (*Solea solea*) reared in captivity. PLoS One 6:e21393

Mason GJ (2010) Species differences in responses to captivity: stress, welfare and the comparative method. Trends Ecol Evol 25:713–721

Mayer I, Meager JJ, Skjæraasen JE, Rodewald P, Sverdrup G, Fernö A (2011) Domestication causes rapid changes in heart and brain morphology in Atlantic cod (*Gadus morhua*). Environ Biol Fish 92:181–186

McEwen BS, Gianaros PJ (2011) Stress-and allostasis-induced brain plasticity. Annu Rev Med 62:431–445

McKean KA, Lazzaro BP (2011) The costs of immunity and the evolution of immunological defense mechanisms. In: Mechanisms of life history evolution. Oxford University Press, Oxford, pp 299–310

McNamara JM, Trimmer PC, Houston AI (2012) It is optimal to be optimistic about survival. Biol Lett 8:516–519

Meager JJ, Rodewald P, Domenici P, Fernö A, Järvi T, Skjæraasen JE, Sverdrup GK (2011) Behavioural responses of hatchery-reared and wild cod (*Gadus morhua* L.) to mechano-acoustic stimuli. J Fish Biol 78:1437–1450

Meager JJ, Fernö A, Skaeraasen JE, Järvi T, Rodewald P, Sverdrup G, Winberg S, Mayer I (2012) Multidimensionality of behavioural phenotypes in Atlantic cod, *Gadus morhua*. Physiol Behav 106:462–470

Meager JJ, Fernö A, Skjæraasen JE (2018) The behavioural diversity of Atlantic cod: insights into variability within and between individuals. Rev Fish Biol Fish 28:153–176

Mesoudi A, Chang L, Dall SRX, Thornton A (2016) The evolution of individual and cultural variation in social learning. Trends Ecol Evol 31:215–225

Metzinger T (2003) Being no one. the self-model theory of subjectivity. The MIT Press, Cambridge Milinski M, Kulling D, Kettler R (1990) Tit for tat: stickleback, *Gasterosteus aculeatus*, trusting a cooperative partner. Behav Ecol 1:7–11

Miller N, Garnier S, Hartnett AT, Couzin ID (2013) Both information and social cohesion determine collective decisions in animal groups. Proc Natl Acad Sci 110:5263–5268

Millot S, Nilsson J, Fosseidengen JE, Bégout M-L, Fernö A, Braithwaite VA, Kristiansen TS (2013) Innovative behaviour in fish: Atlantic cod can learn to use an external tag to manipulate a self-feeder. Anim Cogn 17:779–785

Murren CJ, Auld JR, Callahan H, Ghalambor CK, Handelsman CA, Heskel MA, Kingsolver JG, Maclean HJ, Mase J, Maughan H, Pfennig DW, Relyea RA, Seiter S, Snell-Rood E, Steiner UK, Schlichting CD (2015) Constraints on the evolution of phenotypic plasticity: limits and costs of phenotype and plasticity. Heredity 115:293–301

Nieuwenhuys R, ten Donkelaar HJ, Nicholson C (1998) The central nervous system of vertebrates. Springer, Heidelberg

Nilsson J, Torgersen T (2010) Exploration and learning of demand-feeding in Atlantic cod (*Gadus morhua*). Aquaculture 306:384–387

Nilsson J, Kristiansen TS, Fosseidengen JE, Fernö A, van den Bos R (2008a) Learning in cod (*Gadus morhua*): long trace interval retention. Anim Cogn 11:215–222

Nilsson J, Kristiansen TS, Fosseidengen JE, Fernö A, van den Bos R (2008b) Sign-and goal-tracking in Atlantic cod (*Gadus morhua*). Anim Cogn 11:651–659

Nilsson J, Kristiansen TS, Fosseidengen JE, Stien LH, Fernö A, van den Bos R (2010) Learning and anticipatory behaviour in a "sit-and-wait" predator: The Atlantic halibut. Behav Process 83:257–266

Nilsson J, Stien LH, Fosseidengen JE, Olsen RE, Kristiansen TS (2012) From fright to anticipation: Reward conditioning versus habituation to a moving dip net in farmed Atlantic cod (*Gadus morhua*). Appl Anim Behav Sci 138:118–124

Nødtvedt M, Fernö A, Gjøsæter J, Steingrund P (1999) Anti-predator behaviour of hatchery-reared and wild juvenile Atlantic cod (*Gadus morhua* L.) and the effect of predator training. In: Stock enhancement and sea ranching. Fishing News Books, Blackwell Publishing Ltd, Oxford, pp 350–362

Odling-Smee L, Braithwaite VA (2003) The role of learning in fish orientation. Fish Fish 4:235–246

Odling-Smee LC, Boughman JW, Braithwaite VA (2008) Sympatric species of threespine stickle-back differ in their performance in a spatial learning task. Behav Ecol Sociobiol 62:1935–1945

Odling-Smee L, Simpson SD, Braithwaite VA (2011) The role of learning in fish orientation. In: Fish cognition and behavior, 2nd edn. Wiley-Blackwell, Oxford, pp 166–185

Oppedal F, Dempster T, Stien LH (2011) Environmental drivers of Atlantic salmon behaviour in sea-cages: a review. Aquaculture 311:1–18

Overmier JB, Hollis KL (1990) Fish in the think tank: learning, memory and integrated behavior. In: Neurobiology of comparative cognition. Lawrence Erlbaum Associates, Hillsdale, pp 204–236

Özbilgin H, Glass CW (2004) Role of learning in mesh penetration behaviour of haddock (*Melanogrammus aeglefinus*). ICES J Mar Sci 61:1190–1194

Panksepp J (1994) Evolution constructed the potential for subjective experience within the neurodynamics of the mammalian brain. In: The nature of emotion: fundamental questions. Oxford University Press, New York, pp 396–399

Panksepp J (2005) Affective consciousness: core emotional feelings in animals and humans. Conscious Cogn 14:30–80

Panksepp J, Lane RD, Solmes M, Smith R (2017) Reconciling cognitive and affective neuroscience perspectives on the brain basis of emotional experience. Neorosci Biobehav Rev 76:187–215

Paul ES, Harding EJ, Mendl M (2005) Measuring emotional processes in animals: the utility of a cognitive approach. Neurosci Biobehav Rev 29:469–491

Petitgas P, Secor DH, McQuinn I, Huse G, Lo N (2010) Stock collapses and their recovery: mechanisms that establish and maintain life-cycle closure in space and time. ICES J Mar Sci 67:1841–1848

Pollen AA, Dobberfuhl AP, Scace J, Igulu MM, Renn SCP, Shumway CA, Hofmann HA (2007) Environmental complexity and social organization sculpt the brain in Lake Tanganyikan cichlid fish. Brain Behav Evol 70:21–39

Portavella M, Torres B, Salas C (2004) Avoidance response in goldfish: Emotional and temporal involvement of medial and lateral telencephalic pallium. J Neurosci 24:2335–2342

Rankin CH, Abrams T, Barry RJ, Bhatnagar S, Clayton DF, Colombo J, Coppola G, Geyer MA, Glanzman DL, Marsland S, McSweeney FK, Wilson DA, Wum C-F, Thompson RF (2009) Habituation revisited: an updated and revised description of the behavioral characteristics of habituation. Neurobiol Learn Mem 92:135–138

Rescorla RA (1966) Predictability and number of pairings in Pavlovian fear conditioning. Psychon Sci 4:383–384

Rodriguez F, Duran E, Vargas JP, Torres B, Salas C (1994) Performance of goldfish trained in allocentric and egocentric maze procedures suggests the presence of a cognitive mapping system in fishes. Anim Learn Behav 22:409–420

Rose JD (2002) The neurobehavioral nature of fishes and the question of awareness and pain. Rev Fish Sci 10:1–38

Rose JD, Arlinghaus R, Cooke SJ, Diggles BK, Sawynok W, Stevens ED, Wynne CDL (2014) Can fish really feel pain? Fish Fish 15:97–133

Rozin P, Kalat J (1972) Learning as a situation-specific adaption. In: Biological boundaries of learning. Appelton, New York, pp 66–97

Ruiz-Gomez ML, Huntingford FA, Øverli Ø, Thörnqvist P-O, Höglund E (2011) Response to environmental change in rainbow trout selected for divergent stress coping styles. Physiol Behav 102:317–322

Salas C, Broglio C, Durán E, Gómez A, Ocaña FM, Jiménez-Moya F, Rodríguez F (2006) Neuropsychology of learning and memory in teleost fish. Zebrafish 3:157–171

Salvanes AGV, Moberg O, Ebbesson LOE, Nilsen TO, Jensen KH, Braithwaite VA (2013) Environmental enrichment promotes neural plasticity and cognitive ability in fish. Proc R Soc Lond Ser B 280:1–7

Salwiczek LH, Pretot L, Demarta L, Proctor D, Essler J, Pinto AI, Wismer S, Stoinski T, Brosnan SF, Bshary R (2012) Adult cleaner wrasse outperform capuchin monkeys, chimpanzees and orangutans in a complex foraging task derived from cleaner–client reef fish cooperation. PLoS One 7:e49068

Schlag KH (1998) Why imitate and if so, how? A boundedly rational approach to multi-armed bandits. J Econ Theory 78:130–156

Scholtz AT, Horrall RM, Cooper JC, Hasler AD (1976) Imprinting to chemical cues: the basis for home stream selection in salmon. Science 192:1247–1249

Schreck CB, Jonsson L, Feist G, Reno P (1995) Conditioning improves performance of juvenile Chinook salmon, *Oncorhynchus tshawytscha*, to transportation stress. Aquaculture 135:99–110

Schuster S, Wöhl S, Griebsch M, Klostermeier I (2006) Animal cognition: How archer fish learn to down rapidly moving targets. Curr Biol 16:378–383

Seth AK (2013) Interoceptive inference, emotion, and the embodied self. Trends Cogn Sci 17:565–573

Sevenster P (1973) Incompatibility of response and reward. In: Constraints on learning. Academic Press, London, pp 265–283

Sheenaja KK, Thomas KJ (2011) Influence of habitat complexity on route learning among different populations of climbing perch (*Anabas testudineus* Bloch, 1792). Mar Freshw Behav Physiol 44:349–358

Shettleworth SJ (2010) Cognition, Evolution and Behaviour, 2nd edn. University Press, Oxford

Sih A, Del Giudice M (2012) Linking behavioral syndromes and cognition: a behavioral ecology perspective. Philos Trans R Soc B Biol Sci 367:2762–2772

Sih A, Bell A, Johnson JC (2004) Behavioral syndromes: an ecological and evolutionary overview. Q Rev Biol 19:372–378

Sinclair ELE, Noronha de Souza CR, Ward AJW, Seebacher F (2014) Exercise changes behaviour. Funct Ecol 28:652–659

Smithdeal M (2016) Belief in free will as an adaptive, ungrounded belief. Philos Psychol 29:1241–1252

Sneddon L (2003) The bold and the shy: individual differences in rainbow trout. J Fish Biol 62:971–975

Sneddon LU (2011) Pain perception in fish: evidence and implications for the use of fish. J Conscious Stud 18:209–229

Sneddon LU (2015) Pain in aquatic animals. J Exp Biol 218:967–976

Snell-Rood EC (2012) Selective processes in development: Implications for the costs and benefits of phenotypic plasticity. Integr Comp Biol 52:31–42

Solberg MF, Skaala Ø, Nilsen F, Glover KA (2013a) Does domestication cause changes in growth reaction norms? A study of farmed, wild and hybrid Atlantic salmon families exposed to environmental stress. PLoS One 8:e54469

Solberg MF, Zhang Z, Nilsen F, Glover KA (2013b) Growth reaction norms of domesticated, wild and hybrid Atlantic salmon families in response to differing social and physical environments. BMC Evol Biol 13:234

Spruijt BM, van den Bos R, Pijlman TA (2001) A concept of welfare based on reward evaluating mechanisms in the brain: anticipatory behaviour as an indicator for the state of reward systems. Appl Anim Behav Sci 72:145–171

Steingrund P, Fernö A (1997) Feeding behaviour of reared and wild cod and the effect of learning: two strategies of feeding on the two-spotted goby. J Fish Biol 51:334–348

Sumpter DJT, Krause J, James R, Couzin I (2008) Consensus decision making by fish. Curr Biol 18:1773–1777

Tinbergen N (1963) On aims and methods of ethology. Zeitschrift für Tierpsychologi 20:410–433

Toates F (2004) Cognition, motivation, emotion and action: a dynamic and vulnerable interdependence. Appl Anim Behav Sci 86:173–204

Torgersen T, Bracke MBM, Kristiansen TS (2011) Reply to Diggles et al. (2011): ecology and welfare of aquatic animals in wild capture fisheries. Rev Fish Biol Fish 21:767–769

Vail AL, Manica A, Bshary R (2013) Referential gestures in fish collaborative hunting. Nat Commun 4, article

number 1765

van den Bos R, Flik G (2015) Editorial: decision-making under stress: the importance of cortico-limbic circuits. Front Behav Neurosci 9:203

van den Bos R, Meijer M, van Renselaar J, van der Harst J, Spruijt B (2003) Anticipation is differently expressed in rats (*Rattus norvegicus*) and domestic cats (*Felis silvestris catus*) in the same Pavlovian conditioning paradigm. Behav Brain Res 141:83–89

van den Bos R, Jolles JW, Homberg JR (2013) Social modulation of decision-making: a cross-species review. Front Hum Neurosci 7:301

van Staaden M, Huber R, Kaufman L, Liem K (1995) Brain evolution in cichlids of the African Great Lakes: brain and body size, general patterns and evolutionary trends. Zoology 98:165–178

Venkatraman A, Edlow BL, Immordino-Yang MH (2017) The brainstem in emotion: A review. Front Neuroanat 11:15

Vindas MA, Madaro A, Fraser TWK, Höglund E, Olsen RE, Øverli Ø, Kristiansen TS (2016) Coping with a changing environment: the effects of early life stress. R Soc Open Sci 3:160382

von Uexküll J (1921) Umwelt und Innenwelt der Tiere, 2nd edn. Springer, Berlin

Ward AJW, Herbert-Read JE, Sumpter DJT, Krause J (2011) Fast and accurate decisions through collective vigilance in fish shoals. Proc Natl Acad Sci USA 108:2312–2315

Ward AJW, Krause J, Sumpter DJT (2012) Quorum decision-making in foraging fish shoals. PLoS One 7:e32411

Weary DM, Droege P, Braithwaite VA (2017) Chapter two-behavioral evidence of felt emotions: Approaches, inferences, and refinements. Adv Study Behav 49:27–48

Weinstein ND (1980) Unrealistic optimism about future life events. J Pers Soc Psychol 39:806–820

White GE, Brown C (2015) Cue choice and spatial learning ability are affected by habitat complexity in intertidal gobies. Behav Ecol 26:178–184

White SL, Wagner T, Gowan C, Braithwaite VA (2017) Can personality predict individual differences in brook trout spatial learning ability? Behav Process 141:220–228

Wingfield JC (2003) Control of behavioural strategies for capricious environments. Anim Behav 66:807–815

Wisenden BD, Harter KR (2001) Motion, not shape, facilitates association of predation risk with novel objects by fathead minnows. Ethology 107:357–364

Yoshida M, Hirano R (2010) Effects of local anesthesia of the cerebellum on classical fear conditioning in goldfish. Behav Brain Funct 6, article number 20

第 8 章
鱼的意识

摘　要: 长期以来,人们一直在探讨鱼类是否具有意识,以及如果有的话,它们意识到的是什么。关于动物福利的讨论,其中包括动物是否受苦,重新引发了对这个问题的兴趣。在这里,我从乔治·罗曼斯的早期研究开始,讨论了不同的策略来解决这个问题:从无法直接获得的角度,因为心理生活的私密性无法研究,到需要一个能够提供清晰实验预测的理论框架而又可获得的角度。这场科学辩论将为如何对待鱼类的讨论提供参考,但不应被期望的结果所限制:动物的意识只是道德问题中如何对待动物的一个方面。

关键词: 精神状态;情感;认知;目标导向;行为;动物福利

8.1　引　言

1977 年,荷兰举办了一次关于人类福利的科学会议。其中一个研讨会的发言人,荷兰行为学家杰拉德·贝伦兹(Gerard Baerends)受邀从行为学的角度表达他对这个问题的看法。在他的贡献中,贝伦兹表示,对于一位行为学家来说,这是一个相当奇怪的任务:毕竟,福利包括主观感受,而这正是在行为学领域被科学方法排除在外的东西。这种观点表达了行为学作为一门备受尊重的(自然)科学学科的成熟发展。像尼科·廷伯根(Niko Tinbergen)这样的人对该学科做出了巨大的贡献,例如仔细描述其问题和方法论。因此,贝伦兹的贡献侧重于当这些条件无法满足动物的自然需求时,解决动物在圈养条件下异常行为的问题。

从 20 世纪 60 年代末开始,动物福利逐渐成为一门科学研究的领域。在这个新兴领域中,贝伦兹所表达的观点长期以来一直占主导地位。动物福利被定义为从异常的生理状况的角度看,即慢性高水平的皮质醇表明下丘脑—垂体—肾上腺皮质轴被长期激活,和/或异常的行为模式(即刻板行为和自伤行为)的发生。

与这种科学方法形成对比的是,政治和公众对动物福利的辩论关注于感受,特别是痛苦,因为这构成了道德(和社会)上"不加害"或"促进善良"的义务。玛丽安·道金斯在 1990 年她一篇有影响力的论文中非常明确地表达了这一点:"让我们不要含糊措辞:动物福利涉及动物的主观感受"。

罗曼斯通过类比的推理方法,从他在比较动物智力方面的研究中奠定基础,后来进一步完善,更明确地包括了神经系统的生理和解剖学,被视为科学与伦理/公众辩论之间的良好衔接。当神经解剖学和行为在人类和动物之间足够相似时，例如在与威胁、压力和有害的事件相关的行为和神经回路方面，我们可以（安全地）假设动物的伴随感受与人类相似。此外，当有需要时，动物被给予了怀疑的优势。在动物实验和福利立法中，所有的脊椎动物物种都被包括在内，尤其是鱼类引发了关于它们是否能够受苦和/或感受痛苦的许多讨论。

科学与社会之间的紧张关系给许多关于动物是否存在感受（意味着意识）以及如何科学研究这一问题的科学讨论带来了重大的负担，因为科学讨论的结果可能直接影响涉及动物的许多活动。例如，对于鱼类物种来说，讨论的结果可能直接影响娱乐性和体育性钓鱼、商业渔业和水产养殖等活动。

然而，科学不是提供美好和政治正确的答案，而是提出正确的问题，无论这些问题看起来多么令人不舒服。在这里，我将讨论如何全面地探讨动物的意识问题，尤其是鱼类，讨论不同的学者采取的不同策略。首先，我将讨论乔治·罗曼斯的研究，因为他被认为是第一个系统且科学地探讨动物是否具有心理状态的人。从那里开始，我将讨论不同的学者在探讨动物心理状态问题时的不同的方法，并将其应用于鱼类物种。

8.2　乔治·罗曼斯（George Romanes）的著作：历史是一位良师

受达尔文的启发，乔治·罗曼斯（1848—1894）采用了比较心理学的方法，即对心理能力进行比较。尽管他的方法在历史上受到了强烈的批评，并被认为过于拟人化，将人类的心理能力投射到动物身上，但这并不公正地看待他在仔细讨论比较方法以及他对其限制的充分认识方面做的努力。他精心描述了：1）一个概念性的框架，定义了观察的对象，并区分了心理和非心理活动之间的差异；2）一个数据收集框架，定义了如何收集相关的数据。实际上，他的著作并非固定不变，而是以铅笔书写，留下了在需要时对心理进化进行调整的空间。因此，即使在今天，他的著作仍然是非常值得阅读的，特别是因为其中的许多问题在后来的著作中不断出现。我将在适当的章节中提及这些问题。

8.2.1　概念性的框架

罗曼斯选择了类推推理作为前进的手段。我们知道自己的感受和思维（这是两种关键的心理状态；请参见下文），但我们不知道他人的感受和思维。我们只观察他们的行为，并从他们的行为中推断出类似的心理状态。严格来说，我们将自己的心理状态投射或推断到别人身上。同样，由于无法知道动物内部发生了什么，他继续讨论我们可以将同样的方法应用于动物：当人与动物之间的活动非常相似时，伴随的心理状态也应该相似。

接下来,他描述并定义了一个心理标准(详见栏目8.1)。作为总结,他写道:"……心灵的独特元素是意识,意识的考验是选择,而选择的证据是两个或多个选择之间调整行动的前因的不确定性"。他补充说:"能够选择他们行动的代理人是能够感受到决定选择的刺激的代理人。"因此,这里的关键是,行为结果不是由刺激和反应之间的固定关系(即反射动作)来满足的,而感觉刺激可能是行为的关键基础。我将在后面的章节中回到后者,因为这个想法在其他学者的著作中又出现了。

虽然罗马人根据个人经验将情况特有的行为结果与一个物种的所有的成员所经历的行为结果分开,但他赋予了这两种行为伴随着的心智能力。主要的区别在于,基于本能的行为是由进化和选择带来的,作为一种普遍现象,在所有的受试者中都表达了处理反复出现的情况,而智能行为与情况有关,对受试者来说是新颖的,产生了独特的解决方案。

这些行为差异也构成了动物心理生活的其他方法的基础。现在,只需说,事实上,它为后来在实验心理学领域中作为刺激反应或类似习惯的行为与条件反射范式中的目标导向行为和偏好测试中的选择行为,以及在行为学领域作为物种特异性的行为,即由物种的所有的成员表达的自然选择带来的行为。

8.2.2 数据采集框架

由于当时还没有实验工作,他的数据库包含了一个关于观察不同人得到的行为的数据。当他意识到的弱点存在于这种方法中,他使用了一些接受轶事的标准:1)观察者是否是知名人士(论点有权威性);2)当观察者不太为人所知时,观察是否清晰和毫无疑问;3)特别是关于第2点,是否有更多的观察者报告类似的结果。因此,数据库的建立是基于在权威和独立的基础上的混合体的观察。这与目前对通过实验得到结果的看法没有太大的不同。来自知名实验室的实验结果比不太知名的实验室更受重视(不管是否合理,在这里留下讨论的余地)。此外,来自不同的实验室(实验室之间的可重复性)的结果,比来自单个实验室的结果更有证据。

虽然现在使用轶事可能看起来很天真,但在流行的书籍中,像这样的故事仍然被来向公众有力地表明观点,例如,在Balcombe最近关于鱼的情感和认知的书。此外,轶事,例如,实验心理学家的工作,可以作为进一步实验研究的起点:它们是灵感的来源。下面讨论的安东尼·狄金森是从一个偶然事件开始的("巴勒莫议定书":见下文)。最后,可能在实验室里组织实验是困难的,因为这些困难经常发生。

8.2.3　鱼

罗马人用上述方法断言，鱼具有"恐惧、好斗；社会、性和父母的情感；愤怒、嫉妒、玩耍和好奇……并且与 4 个月大的孩子的心理特征相一致"。他用他根据自己的方法收集的一系列的轶事来说明这一点（见栏目 8.2）。至于思想 / 意识，他一方面提到了鱼类的迁徙和狩猎技术（本能），以及它们根据当地条件调整行为的方式（智力；见栏目 8.2）。所以，Romanes 通过相似性赋予鱼类元素记忆和联想。有趣的是，他把蚂蚁和蜜蜂等无脊椎动物放在一个更高的层次，尤其是在社会行为方面，同时，他也认识到它们的大脑可能没有鱼那么复杂。

8.2.4　评　议

在这里，我将讨论一些关于罗马人的工作的一般性问题，因为它们仍然存在于当今关于精神状态的讨论中。因此，并不是要明确地批评他的工作，而是要讨论一些关于研究动物精神状态的一般概念。

尤其是罗马斯研究其他物种思维的方法（通过相似性），以及他对轶事的使用，被强烈批评为不充分。随着行为学和实验心理学在 20 世纪作为科学学科的出现，心理状态被搁置一边，不属于心理学和行为科学研究的一部分，因为它们是私人的，不能客观研究，也就是说，它定义了科学领域的界限，正如 Baerends 在他的演讲中明确表达的那样。这并不是说人们不相信动物可能是有意识的；相反，它被认为是难以接近的，因此，其在科学领域之外。此外，轶事在推进领域方面没有任何作用，只有精心设计和控制的实验。

如上所述，部分是受我们饲养和对待动物的方式的影响，部分是受科学范式的转变，这一主题又回到了科学的舞台上。几位研究人员开始研究使用不同策略的心理状态。这部分包括完善罗曼内斯的策略，部分利用行为学、实验心理学和神经生物学的概念发展，部分利用动物实验的发展。将在下一节中讲到这一点。

罗曼斯方法的基础是达尔文研究的连续性思想。这个论点甚至在今天也经常被用来说明人类和动物之间的差异是程度的问题，而不是种类的问题，也就是说，精神状态的缺失和 / 或突然转变是不合逻辑的。然而，连续性只不过是一种假设，需要通过仔细地比较研究来独立证明。例如，虽然我们与黑猩猩有共同的祖先黑猩猩和倭黑猩猩，但相当多的原始人出现在舞台上，然后消失了。所以，我们现在研究的是人类，可能还有黑猩猩和倭黑猩猩，是一系列"自然"实验的产物。因此，精神状态在原则上可能是"我们"血统的一种创新描述。因此，只有在坚实的理论框架下研究行为的相似性和差异性，才能表明哪些方面在原始人谱系中存在，哪些方面可能已经发展起来。

与前一种观点相关的是关于进化的阶梯式观点（以人类为尺度的心智能力的近线性积累，即一种最终产品），以及将动物的心理状态与人类的个体心理能力进行比较，例如，动物的行为模仿了4岁儿童的行为。这两种方法都是无效的，因为它们假设心智能力独立于物种所处的生态位。如果我们假设动物的行为和心理功能是根据物种的特定的感觉器官和生态位来调整的，那么我们就可以预期，例如，环境的心理表征是如何形成的。虽然有些物种是基于视觉信息，但其他物种可能是基于其他的感官信息，比如鱼类通过它们的副系统感知压力的微小变化。因此，这些物种（成员）它们对周围环境有心理表征，但在视觉领域测试它们可能会错误地认为其中一个比另一个的进化程度更高。这也适用于关于儿童个体发育的比较：了解它与一个标准物种（如人类）在哪个年龄进行比较的相关性，还不如了解不同领域的行为如何与个体发展成相关物种的生态位。最后，根植于生态学的进化系统发生观点揭示了某些特征在不同的谱系中进化了几次，这回避了类似的选择压力是否导致了这一问题。

最后一个需要解决的问题是，例如在鱼类中，从不同种类的鱼类中抽取例子来说明心理能力的重要性。即使在现代写作中，人们也用系统发育上广泛分离的鱼类的例子来论证鱼是有意识的，或者不仅仅是反射机器。虽然这些例子可能说明了在鱼类中发现的不同的心理状态（在3万多种鱼类中只有一小部分被研究或观察过），但这并不意味着这是普遍的：没有平均鱼类的模型，是可以从这些观察中构建出来的。假设我们在哺乳动物中也这样做：虽然在某些物种中可以发现镜像自我识别，这表明有"心智理论"的元素，但数据也表明，并不是所有的哺乳动物都有这种能力。因此，与构建不存在的平均鱼类相比，了解大量鱼类的生态位如何在塑造行为、意识和精神状态方面发挥重要作用，从而可能导致各种各样的结果，这个问题更有相关性。

8.3 评估动物的意识和精神状态

8.3.1 所见即所得

如上所述，动物的一个问题，就像人类一样，是我们不能直接观察到其内部发生了什么，即动物的精神生活。我们只观察它的行为。在动物行为学和实验心理学中，不同的行为模式和它们之间的相互关系是用没有任何精神内涵的中性术语来描述的，就好像它们只不过是对下山的岩石的描述。为了便于分类，行为被标记为属于类别，例如与学习和记忆、喂养和性行为有关。Francoise Wemelsfelder批评了这种主体（内部）—客体（外部）二元论的观点，并认为行为，或动物与环境相互作用的方式，总是被赋予了它如何感知世界的元素，即行为总是具有表现力。当我们注意到某人"悲伤"或"快乐"时，我们基本上在其他人身上认识到这一点："悲伤"或"快乐"是通过主体与环境相互作用的方式表达的；不是在单一的行为模式本身，而是在内在的不可观察的状态。因此，可以说，Wemelsfelder 将快速读心术这一常识性的捷径作为对动物行为进行科学分析的起点，她创造了"定性行为评估"，并将其应用于许多不同的物种，如猪、羊、马和驴。

不质疑捷径推理，而是把它作为一个有效的起点。在人类中，这种捷径推理乍一看似乎是有效的，但显然容易出错。例如，在公共场合保持镇静可能会隐藏一个人的愤怒或悲伤的感觉，不被别人注意到。因此，把它用于动物，虽然在许多的情况下方便实行，但可能夸大了情况，因为没有独立的方法来评估行为的表达是否与精神状态一致。虽然密切观察和了解一个物种的主体可能会更准确地了解动物如何向其他动物隐瞒信息，但这仍然对错误很敏感。在某种程度上，这种推理或多或少是一个封闭的系统，因为精神状态根据定义存在于动物互动的方式中。它还表明，在线行为与离线处理在产生新情感层次的信息方面没有区别。

然而，这种方法本身可能是一种快速判断动物生活状况的方法，特别是当动物的行为因生活条件的变化而改变时，这种方法可以跨时间被使用。据我所知，这种方法还没有被应用于鱼类。

8.3.2 罗马人的发现

关于鱼类的痛苦和疼痛的科学讨论一直围绕着鱼类和哺乳动物之间的神经解剖学差异，特别是前额皮质。疼痛包括两个关键的不同因素：伤害感受和不愉快的疼痛感。伤害感受仅仅是对损伤的检测，随后对破坏性（有害）刺激产生适当的生理和行为反应，如退缩反应和其他适当的保护措施（伤害反应）。疼痛是一种不愉快的、有意识的疼痛感觉，它困扰着人们。认为鱼会经历疼痛的观点的支持者认为：1）鱼类中存在伤害性和伤害性机制；2）鱼类表现出的不仅仅是简单的反射行为，例如在提供冲突情况的范式中学习行为和最佳的选择行为；3）功能神经解剖学显示存在同源的前额叶/皮层结构，而反对者则强烈质疑这些断言。尤其是第 2 点和第 3 点。

没有深入讨论支持和反对的争论细节，讨论部分围绕着数据的解释，反射和复杂的行为的粗略分离没有明确什么是复杂的行为，以及大脑、精神状态和行为之间的关系。然而，一般来说，这些讨论缺乏一个强有力的概念框架，导致由关键的实验来决定一个又一个的结果。虽然人们似乎理所当然地认为，疼痛的经历对受试者有益，因此是适应性的，但它并没有批判性地阐述。一般来说，体验疼痛的生物体和不体验疼痛的生物体之间的区别是什么（体验疼痛的附加价值是什么），在什么条件下会进化，以及它如何在受试者中发展。

加拿大心理生理学家Michel Cabanac为行为组织中的意识（特别是感觉）本身提供了一个概念性的框架。意识作为一种精神空间出现，在这里（此时此地）可以优化瞬间的决策。感觉是经历过的、心理上的、大脑动机运作的输出/捷径来连接"此时此地"和未来的系统，也就是说，从长远来看，什么是最好的（适应性的）（Cabanac在1971年提到："愉快是有用的"）。这类似于Damasio和他的同事们对感觉的表述：我们不知道大脑的计算或神经系统的过程，只知道它的最终结果，这个结果在心理空间中弹出或呈现为"对这个选择感觉很好"。此外，这个心理空间允许比较来自完全不同的生理来源或动机系统的信息，当冲突出现时，瞬间的决定可以得到优化（Cabanac在1992年提到："快乐是共同的货币"）。所有的动机、生理（包括疼痛）系统都与快乐和不快乐的同一情感轴相连，因此可以进行瞬间比较。此外，这些情绪系统共享相同的神经机制，特别是边缘内啡肽/多巴胺的结构。

如上所述，Romanes已经提出了这种基于选择的感觉元素，并在Damasio的著作中得到了回应：它不是"我理性，故我在"（如笛卡尔所说），而是"我感觉，故我在"（见下文）。

这一框架导致了几种基于情绪的行为测试，表明：1）情绪是处理引起的温度和心率的变化。2）感官愉悦。味觉厌恶学习或条件味觉厌恶，涉及商品价值的变化，如食物与疾病（如氯化锂引起的疾病）相结合（见下文）。3）请求确定和决策：冲突的情况下，如合适温暖的环境下的清淡的食物和寒冷环境下的高回报率的食物。应用这些标准，Cabanac等得出结论，这样定义的意识出现在早期的羊水动物中，不包括鱼类和两栖类。

Cabanac等通过（比较）两栖动物和爬行动物在皮质结构和端脑多巴胺能投射方面发生的神经解剖学变化来支持行为观察。从鱼类到两栖动物，从爬行动物到哺乳动物，神经系统经历了几次重大的变化，例如结构的重新定位和强烈的扩张。腹侧多巴胺能通路（A10；腹侧被盖区，涉及动机和情感）和背侧多巴胺能通路（A9，黑质致密部，参与工具行为和运动模式）在鱼类中没有分离，甚至无法识别，而在哺乳动物中则非常明显。然而，这些神经解剖学上的变化，虽然存在，并没有遵循后来的研究表明的行为变化：1）金鱼对依赖于背内侧皮层的氯化锂表现出条件反射性的味觉厌恶；2）斑马鱼表现出情绪诱导的"行为发烧"，即它们在压力下寻求更高的温度；3）鱼类表现出最优的选择行为，例如，它们在获取止痛药与环境结构之间进行权衡。事实上，卡巴纳克也对他的标准表示怀疑，因为他承认在鱼身上观察到的行为，比如玩耍，与鱼没有意识相抵触。

因此，虽然基于哺乳动物（特别是人类）的神经解剖学、行为和精神状态的相互联系是很有诱惑力的，但这可能会导致错误的结论。这些模板已经被用来确定，例如存在鱼类的疼痛。最重要的是要从自下而上的、系统发育的角度来理解，通过定义心理空间的附加价值，包括人类的附加价值，通过关键的实验，以及通过理解神经系统如何在不同的物种中满足这一需求，这已经发生了变化。这将在下一节中讨论。

8.3.3　目标导向行为和预期行为

8.3.3.1　主观性与客观性

对于动物意识的讨论，正如 Romanes 正确指出的人类意识的讨论，一个核心的问题是主观的、私人的，还是客观的、公共的。然而，正如我在其他地方所提出的，相关的科学研究问题不是人类或非人类动物如何感受或知道（即主观的视角，心理状态的私人内容），而是它们感受或知道（即客观的视角，它们具有心理状态的事实）以及这如何在行为和神经系统的相关回路中表示出来。因此，在经历疼痛等情绪和认知时，其个人的具体含义（这是私人的，可能因个体而异）不如其经历疼痛的事实重要（这是一个属性，所有其他的个体都共同经历的）。换句话说，情绪和认知不是仅仅偶然发生在一个人身上的私人属性，而是大脑和行为的生物组织的基本属性（不变性），在一个物种的所有的个体中都会出现，包括人类和非人类的动物。因此，我们必须在涵盖意识的大脑—行为模型中仔细描述哪些行为模式依赖于这个特征：意识和经历的附加价值是什么，我们能否区分"有"和"没有"意识的个体，也就是说，我们能否设计出关键的实验来预测其中之一。此外，我们还必须描述意识如何由神经回路表示，即有哪些基本要求。在不同的物种之间可能存在情绪和认知（特定的心理状态）的性质差异，但它们都共享意识作为属性，而特定状态的性质可能取决于它们的生态位和感觉器官，正如前面所述。

当然，有人可能争辩：并没有证据证明意识存在于"我"之外，或者存在于动物身上。然而，关键在于这种方法描述了大脑和行为组织的科学生物模型，适用于物种的所有成员，其中，意识是其组织的一种属性，包括人类物种。作为人类物种的一员，我有与其他人类同伴一样对人类物种至关重要的经验。任何的实验科学模型的优势在于它是否比替代模型更准确地描述现实，即该模型是否充分处理已知的事实并产生可测试的假设。因此，它不应仅仅是一个描述性的模型。这也意味着我们必须接受当前的知识仅仅是对现实的最佳描述，而且将展示民间心理学或常识观念在多大的程度上是真实的或需要修订的，就像科学各领域的进展一样；因此，它是用铅笔写成的（按罗曼斯的说法）。

8.3.3.2　意　识

上述问题引出了如何理解或定义意识作为有机体行为组织固有属性的问题。正如我在其他地方所讨论的，以及其他人的讨论，意识可以被视为一种有限的心智工作的空间，由心理状态（如感觉或认知，例如"如果……那么……"）组成，有顺序地发生，即连续发生。而大脑通过多个层次有序组织的系统处理传入信息，意识或我们所感知的东西是一个有限的工作空间，只能按顺序处理信息，即我们一次只能完全关注一件事情。这导致产生了一些预测和实验的可能性。

例如，在失明视觉皮层受损的情况下，人们在受影响的视野中不报告任何有意识的体验。然而，当刺激物在这个视野中出现时，被试者在猜测刺激物如何移动时仍然表现出超过随机水平。这是通过不使用视觉皮层的视觉系统实现的。无意识的处理（和反应）是完好的，但有意识的处理（和行动）是缺失的。这引出了关于行为库存中还剩下什么和消失了什么的可测试的假设的实验。例如，患有失明视觉皮层的人在走廊上行走时会避开障碍物，但他们不知道这些刺激物（他们没有有意识地感知它们，但他们的神经系统可以感知），因此无法对其采取行动。总的来说，这意味着情绪和认知系统可能由多个层次组成，其中，外部和内部信息被处理，并且可以启动生理和行为反应，其中只有一部分依赖于意识或反应。

当对意识的限制是有机体一次只能关注一件事情时，这意味着那些依赖于意识的行为对干扰或干扰信息很敏感，而那些不依赖于意识的行为对此不敏感。事实上，正如Clark和Squire所示（详见下文），依赖于意识的追踪条件反射对干扰很敏感，而独立于意识的延迟条件反射则不敏感。这也在小鼠中得到了证实。

8.3.3.3 精神状态

关于心理状态、感受或认知的本质，有意向系统的概念可以作为评估行为本质的起点。可以设想3个层次的意向系统或行为模式：零阶、一阶和二阶，分别对应于刺激—反应、行为/刺激—结果（目标导向行为）和反思（对前两个层次的反思，通常被称为"自我意识"）。因此，一些行为可能是零阶的，而其他行为可能是一阶或二阶的。虽然一些物种只可能具有零阶模式，但其他的一些物种可能同时具备这三种模式。随着个体的成长，这些层次可能会依次发展。

零阶行为相当于Romanes所称的反射动作。我在其他地方曾主张，Romanes所称的本能行为被归类为零阶行为，不具备意识。只有一阶和二阶行为被标记为包含意识。二阶行为涉及对行为模式和心理状态与自己和他人的关系结果的反思，即涉及自我意识和对他人的心智推理（"心智理论"）。这也创造了新的情感层次。在一阶行为中，可以包括愉悦、焦虑、恐惧和愤怒（原始情绪），而在二阶行为中，可以包括嫉妒、怀疑等，即考虑到自己与他人的关系。需要注意的是，自我意识不应被视为一个层级上的额外层次（"生活在电影院中独立的观众"），而是具有特定的内容或内涵的心理状态。

最近一项关于清洁鱼（*Labroides dimidiatus*）的研究表明，这些鱼可以在镜子中认出自己。镜子自我认知（mirror self-recognition，MSR）被视为"心智理论"的一种证据，除了人类，迄今为止只有少数几种物种显示出这种能力，如大象、海豚、喜鹊和大型的灵长类动物。目前，对于清洁鱼的数据是否能令人信服地支持MSR或者仅表明其具有接近MSR的镜像理解水平，无论结果如何，学界尚未达成一致的意见。这项研究清楚地表明，只有持开放的态度和谨慎的实验以及建设性的讨论，才能揭示鱼类物种中心智状态（一阶/二阶）的范围。在本章的其余部分，我将集中讨论关于一阶行为的意识证据。

通常情况下，行为系统及其潜在的神经回路可以被看作是层次化组织的系统，在每个层次上都会处理信息并组织行为模式。因此，这需要研究哪些行为会受到在该层次的特定级别上的处理的改变。意识可以被看作是在层次结构中最高级别的工作空间，增强了信息处理的选择性。接下来，我将讨论依赖于意识的协议，并对其结果做出明确的预测。

1.认知：延迟条件反射和追踪条件反射

在延迟条件反射和追踪条件反射的巴甫洛夫程序中，实验对象通过获得条件反射来应对即将到来的事件，例如电击、气流喷射或食物。当提示出现时，它们会表现出停止游动、闭眼或靠近食物到达的区域等条件反射。延迟条件反射和追踪条件反射之间存在方法上的差异：在延迟条件反射中，条件刺激的结束时间晚于无条件刺激的开始时间（即它们在时间上重叠），而在追踪条件反射中，条件刺激的结束时间和无条件刺激的开始时间之间存在时间间隔，即它们在时间上分开。

工作空间允许在时间间隔内保留信息，以便将刺激进行关联。因此，追踪条件反射被预测依赖于意识，而延迟条件反射则不依赖于意识，是追踪条件反射而不是延迟条件反射对干扰敏感，因为由于意识的顺序性，处理需要持续的注意力。人类的研究表明：1）追踪条件反射关键依赖于意识，而延迟条件反射不依赖于意识；2）追踪条件反射容易受到干扰，而延迟条件反射不容易受到干扰；3）追踪条件反射比延迟条件反射需要更高阶的网络（前额叶和颞叶结构）。

因此，追踪条件反射可以用来显示动物中存在意识，也就是说，它是意识存在的逻辑表达，就像在人类中一样。追踪条件反射可以在许多不同的哺乳动物的物种中被发现，如老鼠和猫、小鼠和兔子。至少在小鼠中已经显示出追踪条件反射对干扰的敏感，而延迟条件反射则没有。最后，它依赖于前额叶—海马网络，类似于人类。尤其是前扣带回皮层是关键的结构；其与岛叶皮层一起，被认为是意识的中枢。由于这不是详细阐述这些结构在行为组织中的差异作用的地方，在这里可以说，岛叶皮层可能在检测身体需求/紧急信号（内部信号）方面起关键的作用，而前扣带回皮层在组织适当的行动方面起作用。

在鱼类中，追踪条件反射已经在多种鱼类中得到展示，包括鳕鱼、彩虹鳟鱼、大比目鱼和金鱼。关于神经解剖结构的研究表明，追踪条件反射依赖于侧面和背侧的脑幕区域，分别被认为是海马和皮层区域的同源结构。迄今为止，还没有探究追踪条件反射是否对干扰敏感，但值得注意的是，侧面脑幕区域也参与了支持意识的空间学习。最后，推理转移（也依赖于人类的海马）可以在鱼类中得到展示，例如雄性慈鲷鱼；然而，迄今为止尚未证明这取决于侧面脑幕区域。

2.认知：期望

尽管动物能够在时间窗口内有关联的刺激，但接下来的问题是，受试者是否对提示出现时会发生什么有明确的期望，即它们是否知道接下来会发生什么。无论以何种方式，预期行为都意味着对未来的形象或未来的情景进行编排，以基于对即将发生事件的认识，选择适当的行为。因此，预期行为具有一种目标导向的形式。如果受试者（无论是人类还是非人类的动物）知道将会发生什么，受试者预计会根据预期事件（即奖励的预期值）调整行为，或在需要时进行调整；如果受试者不知道即将发生的事件，预计行为将独立于事件。

Spruijt、van der Harst和合作者表明，老鼠在提示出现和奖励到达之间的时间间隔内表现出高活性的行为，这被测量为行为模式之间的转换次数，这与刺激的（预期）奖赏特性成比例，即奖赏越强，显示的行为越多。后者类似于仪器条件反射任务，当奖赏的价值较高时，受试者会表现出更多的杆按压或其他代价高昂的行为。这种预期的、高活跃的行为表达既具有物种特异性，又具有环境特异性：在老鼠中，即将到来的奖赏引发了高活跃度的行为；在猫中，在实验室中表现出低活跃度的行为，但在家庭环境中表现出高活跃度的行为。在鱼类中，几项研究表明，鱼类期待食物奖励的到来。这种行为具有物种特异性，即鳕鱼表现出高活跃度的行为，大比目鱼表现出"低活跃度"的行为，并且取决于时间间隔。迄今为止，尚未研究过这种行为的表达是否会随着预期结果的变化而调整，例如通过改变奖赏值来调整。

因此，就食欲性追踪条件反射的背景下所观察到的情况而言，受试者已经获得了对即将发生事件的情绪价值的知识。尽管这种通过条件反射产生的行为可能暗示了对即将发生事件的奖赏价值的一定程度的了解，但更有说服力的是证明当奖赏在此期间被贬值时，受试者会改变与奖赏相关的行为。这将支持意识能增强行为灵活性的观点，即在其生命周期内，主体能够优化与当前环境特征的互动。因此，例如，当老鼠看到或听到巴甫洛夫的提示——宣布即将到来的奖赏时，如果在实验之前奖赏被贬值，它们应该修改自己的行为。因为这种较低的价值将与奖赏相关的学习行为产生冲突，动物应该相应地调整行为。如果能够证明这一点的发生，这是他们意识到价值的改变、预期行动结果并能够将这一知识融入持续的行为中的有力证

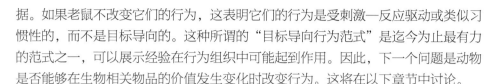

据。如果老鼠不改变它们的行为，这表明它们的行为是受刺激—反应驱动或类似习惯性的，而不是目标导向的。这种所谓的"目标导向行为范式"是迄今为止最有力的范式之一，可以展示经验在行为组织中可能起到作用。因此，下一个问题是动物是否能够在生物相关物品的价值发生变化时改变行为。这将在以下章节中讨论。

3.情感的价值

认知在一般意义上指的是事实性的时间关系，即像巴甫洛夫条件反射中的刺激之间的关联，或者像仪器条件反射中的行为模式与其结果之间的关联。如上所述，意识可能允许在时间间隔内处理关联关系，即经历了一个"如果……那么……"的过程。情感在一般的意义上指的是生物相关物品的价值，这是基于内部的动机状态和特定物品的属性，并作为瞬时的快捷方式来优化与环境的互动。情感系统包括其基础的神经回路，用于支持基本的生存功能。例如，Ledoux和其他人已经为恐惧这样的系统进行了表征。

作为经验的情感（或者一般意义上的心理状态）在行为控制的层次结构中增加了一个新的层次，允许有新的传入信息的处理方式。Cabanac认为，强度和持续时间是将情感作为经验的重要的决定因素。例如，它们可以作为紧急的信号，即与威胁（恐惧）或伤害（刺痛）相关，或者作为高度相关的信号，即与能量（奖励、快乐）相关，呼吁关注和随后的处理。因此，信息可以更有效地存储以供以后使用，或者用于改变随后的行为，例如通过重新评估学习的行为并改变行动方向来增强灵活性。事实上，有人提出当应激增强杏仁核中的去甲肾上腺能信号时，记忆存储会增强。因此，利用这个过程的范式可以显示经验的附加价值，例如在奖励的价值发生变化时改变行为，或者在相互对立的倾向之间产生冲突时改变行为。

4.由感情驱使的行为变化

正如Cabanac所示，与食物相关的感受［奖励性（愉悦）或令人讨厌（不愉悦）］是基于物品的感官特性（甜、苦）和内部状态（饥饿、饱食、疾病）的。因此，对物品的感受并不是固定的，而是与当前使用这些物品的评估相关。例如，当人们饥饿时，他们报告说一滴糖溶液是令人愉悦的，然而当他们已经饱食了糖溶液时，会感觉到不愉快。类似地，当人们喜欢虾时，在下一次遇到虾时（感到恶心），如果他们在食用虾后不久生病（无论原因如何），他们会强烈讨厌虾，即表现出条件性的味觉厌恶。条件性的味觉厌恶是一种保护性、适应性的机制，用于避免摄入可能引起疾病或致命的物品。Cabanac将这种刺激的内部状态依赖价值称为异质感（alliesthesia）。

在人类中，这些范式可以用来表明当物品的价值发生变化时，受试者会改变学习行为，并且压力会影响这一过程：在正常的情况下，人类会改变学习行为，但在压力下不会改变。在这里，关键在于存在两种不同的策略，如下所讨论的：依赖意识的目标导向行为与独立于意识的类似习惯的行为。

Dickinson利用上述现象作为灵感来源，他在醉酒过多后生病，导致对西瓜产生了厌恶，以展示这如何影响大鼠的工具行为。在一系列精妙的实验中，Dickinson、Balleine和他们的同事们表明，大鼠会在奖励被贬值之后修改它们获取奖励的学习行为，无论是使用条件性的味觉厌恶还是饱食的特定程序。在类似的方式中，在巴甫洛夫条件反射的范式中，Pietersen、Maes和van den Bos表明（未发表的数据），当奖励被贬值时，大鼠会调整它们的进食行为。这些实验范式的优势在于可以对结果进行明确的预测：例如，如果大鼠能够获得奖励价值的变化，并将其与按压杠杆相联系，它们应该停止按压杠杆，因为这种行为的结果不再有利益可获得（如果按压杠杆，则获得糖果，因其价值已经改变，故停止按压）。如果大鼠无法获取信息并将其与按压杠杆相联系，那么它们应该继续按压杠杆。实验表明，大鼠通过将新信息（奖励失去了其最初的奖励价值）与先前获得的行为（按压杠杆导致有奖励）相结合，改变正在进行的行为。Dickinson和同事们认为，感受是动机（驱使行为的因素）和认知（学习的事实关系）之间的中间环节，因此，感受在指导行为方面起着关键的作用。

当然，这个实验范式需要进行许多的对照实验，以显示行为调整是有选择性的，即只有与被贬值奖励相关的操作行为会发生改变，并且行为的改变是由于奖励价值的变化。与人类类似，这个范式在大鼠中对压力也是敏感的，因为（慢性）压力会导致类似习惯性的行为。

到目前为止，在鱼类物种中只有一项研究尝试运用这个范式。Nordgreen等训练了彩虹鳟鱼，使用迹象性条件反射范式将绿色光与食物颗粒的到来相关联。然后，他们通过将这些颗粒与电击相关联来贬低它们的价值。它们呈现出原始的结果。彩虹鳟鱼对移动到食物仓库的倾向性较低。虽然这个实验表明，彩虹鳟鱼与上述的大鼠一样，将提示与颗粒的变化价值相关联，但仍然存在其他解释的可能性，因为贬低的程序是在与原始训练相同的设置中进行的，例如，结果可能是预期的电击导致对接近仓库的倾向性降低。然而，鉴于金鱼表现出条件性的味觉厌恶并且可以很容易地在条件性范式中进行训练，在鱼类中进行类似大鼠的实验是可行的。

5.决策行为

如上所述，目标导向的行为范式可以在更广泛的生态相关的背景下，在优化行为的框架中加以考虑。无论是人类还是非人类的动物，与生物相关的商品（例如食物和社会互动）原则上不受个体的控制。当然，在人类社会中，农业和现有的基础设施使食物（和其他商品）的情况已经取得了巨大的进步。通过探索，个体获得了关于在何处何时找到商品（"认知"地图）以及其价值是多少（"情感"地图）的信息。后者通过多次的互动发生，其中，商品的价值可能会从一刻到另一刻发生变化，个体必须确定长期平均值，即运行平均值。例如，在动物觅食的情况下，一个地点可能在某一天含有高质量的食物，但在另一天含有低质量的食物。在人类的社会互动中，某人在一次遭遇中可能友好，而在另一次遭遇中可能脾气暴躁。因此，个体应保持对价值随时间变化的敏感性，以根据需要调整其行为，即在遭遇质量持续低下时切换到另一个食物源，或者在某个体随着时间的推移变得非常恶劣时放弃一段关系。此外，不同选择之间的信息可能会时刻不同。例如，一个食物源可能每次提供少量的食物，其质量不同（有时好，有时差），但长期的整体效果良好，而另一个食物源可能不时地提供大量的食物，但夹杂着质量非常差的食物，即长期的整体效果较差。社会互动也可能有类似的情况。为了在有限的能量下优化长期选择的行为，这些矛盾的信息需要被高效地处理（行为的经济性）。情感系统的顶部是前额叶（边缘带，纹状体）结构，可能进化来应对这种情况。

Damasio 及其同事在人类中设计了一项任务，即爱荷华赌博任务。该任务基本上揭示了前面所述的冲突：具有即时的高奖励但由于偶尔或重复的高损失而长期结果不佳的选择，与具有即时的小奖励但由于偶尔或重复的小损失而长期结果良好的选择。实验表明，人类通过情感系统解决这个任务；依次进行：主体探索选择，没有线索表明哪个选项更好，对积极和消极的遭遇表现出情感反应（通过皮肤电传导反应测量），在做出选择之前，慢慢发展出预期的情感反应（通过皮肤电传导反应测量）。在某一时刻，它们感觉到这个选项比那个更好（它们在情感上意识到差异），但无法详细概念化或表达选项之间的差异，这是最后的阶段，但并非所有的主体都能达到。因此，情感体验先于洞察力，并足以优化选择行为。此外，前额叶区域在执行此任务时起关键的作用。

在一系列广泛的实验中，我们和其他的研究人员已经证明，在模拟爱荷华赌博任务的老鼠版本中，处理这种矛盾信息的行为和神经机制在啮齿动物和人类之间是相似的。作为一个趣闻，当观察动物执行任务时，当老鼠偶尔在长期良好的选项中遭受损失时，它们会"感到惊讶"（停顿并缓慢地左右摇动头部，然后返回起始位置）或者"恼怒"（将食物杯扔到一边），仿佛它们预期会发生其他的事情。在使用计算机执行此任务的人类中也观察到这一现象。到目前为止，尚未在鱼类物种中进行过此类实验。然而，已经使用了其他的范式，基本上揭示了相同的现象。

如上所述，可以认为在冲突的情况下，当没有预先编程的响应（即本能行为模式或其他的方式）可用于解决问题时，情感体验至关重要。因此，想象以下情境：动物正在觅食，在某个时刻，动物接收到一种线索（气味或其他的方式），表明可能附近有捕食者。现在考虑已经操纵了期望奖励水平（低—高）和线索强度（微弱—强）的选择。可以设想以下的可能性。首先，动物可能不加区分地做出反应：无论奖励水平如何，都逃跑，或者无论线索强度如何，都继续前进。在这种情况下，我们无法得出结论，即动物在权衡成本和利益。其次，行为的结果可能取决于奖励的水平和线索的强度，这可能与意识有关，即心理工作空间，在其中可以评估成本和利益。已经进行了许多的实验，包括在鱼类的物种中，使用这些范式显示的结果取决于特定的偏好。例如，在鱼类中已经表明，受到有害刺激处理的鱼更喜欢待在含有痛苦缓解剂利多卡因的环境中，而不喜欢待在不含痛苦缓解剂的贫瘠的环境中，而它们通常更喜欢富饶的环境。类似地，虹鳟鱼受到有害的刺激处理后，根据它们是处于陌生的群体还是熟悉的群体，表现出更多或更少的攻击行为，即鱼类在不同的背景下表达这种行为。受到有害的刺激处理的虹鳟鱼不会对警报信息素做出寻求庇护的反应，而受到有害的刺激处理的斑马鱼不会对警报信息素做出冻结行为等反应，这表明疼痛和焦虑相互作用，疼痛压倒焦虑。这些不同实验的结果似乎与Cabanac的观点相吻合，即感受可以在意识中进行权衡。然而，也可能有另一种解释，即结果基于动机偏好，而不是心理偏好（选择决定输出）。事实上，在斑马鱼中，与报警的物质相比，与有害的刺激处理相关的行为表达被抑制了，这表明焦虑可能也压倒了疼痛，使其不再是简单和直接地相互作用。显然，需要进行更多的研究来解决这个问题。

8.4 结束语及观点

8.4.1 总 结

在这里，我主张在动物物种中，包括鱼类物种在意识方面与人类相似，存在一个整体的工作空间，使得有机体能够在刺激价值发生变化时调整行为；后者意味着对未来的概念。基于先前经验改变行为是独特的事件，因为它取决于主体自身的历史。你可以说所有的主体都具备调整的能力，但是调整什么和如何调整是独特的：它产生了高度的灵活性，以优化行为。因此，似乎自然界应对未来环境的潜在变化的"解决方案"是赋予所有的主体意识，即一个全局的工作空间，由自然选择带来，在主体的一生中私下处理信息，而不需要在每个特定的场合定义最优的解决方案。

8.4.2 经济和行为层次

如上所述，每个生物体面临的基本问题是如何在环境刺激和可用能源之间优化行为（行为经济学）。正如在其他地方讨论的，可以认为已经进化出不同的模式来预测未来的环境，例如对特定的刺激的固有行为（逃避或冻结潜在有害的刺激），激素波动而产生的动机优先级（由于白天长度和/或温度的变化而导致的季节行为的变化），以及意识（允许在特定的时刻进行活动的比较）。前两种可以称为隐性预测，即行为在许多世代中与或多或少可预测的环境条件相关联，而后者是显性预测，即结果不是预先确定的，而是取决于当时的瞬间。从这个角度来看，这些模式是减少不确定性（"从过去中学习"）以预测未来的不同的方式。

正如Cabanac所建议的，所有的动机系统都与情绪相关联，并在神经解剖学上具有相似的组织结构，允许进行比较而不考虑特定的系统。同样，这些系统似乎使用相同的认知系统。这些系统的工作方式调整到了不同物种的生态位。问题是，对于栖息在如此多不同生态位的鱼类物种中，即从有非常丰富的珊瑚礁的环境到乍看起来非常贫乏的深海环境，这个观点是否也成立。因为意识假设个体可以做出决策，以优化在预编程行为可能不足的环境中的行为，即能够比较不同的情绪和 / 或商品的价值以开展行动。因此，虽然它们可能作为系统属性具有意识，但它们可能意识到的内容，即与特定刺激相关的心理状态可能会因物种而异。例如，某些物种可能对社会环境非常敏感，而其他物种可能对空间布局非常敏感。显然，一个重要的步骤将是评估心理状态与生态位之间的关系。除了与空间和社会相关的状态之外，一个适合此类分析的心理状态是痛苦的体验，因为主体受到的损害取决于主体所生活的生态位，这也决定了适当行为的可能性。以哺乳动物为例：已经证明裸鼠对酸性盐水的足底注射不敏感，这可能与它们相对酸性的环境有关。

8.4.3 局限性

科学模型在定义上是对现实的抽象：它们涉及根据当前的理解和知识体系所能概念化与衡量的内容。因此，它们描述的内容比民间心理学或常识所认为的实际情况要少。有时，科学模型会纠正常识（例如太阳的视觉运动），有时需要时间来弥补差距（如果可能的话）。因此，当前关于动物福利的社会问题只能被重新表达为特定的框架，以防止过度延伸模型导致高度推测性的答案。在这个意义上，Baerends在回答这个问题时是正确的：这超出了当时主导的框架范围，而这个框架本身被构建成这样以使动物行为学发展为科学学科。因此，他只能通过重新表达问题来回答它。随着该领域的发展，为探索新的途径腾出了空间，正如本章所展示的。这导致了关于动物是否有意识的问题在概念和实验水平上得到了解决。随着时间的推移，这种工作将继续进行，因为仍然有许多的概念和实验性的障碍需要克服，特别是在涉及昆虫时。那么，问题就出现了，当我们决定将昆虫作为蛋白质来源时，这将如何影响公众 / 伦理辩论。希望未来的讨论能够展示我们在科学、伦理和公众辩论之间关系思考的演变程度，以至于对意识的讨论不会事先被期望的结果所干扰。

栏目 8.1　罗马人的推理

在《动物智能》的引言中，Romanes 通过类比的推理方式定义了他的推理方法（第 1~2 页）："我们对它们的活动的所有的知识，可以说，都是通过生物体的活动获得的。因此，很明显，在我们研究动物智能时，我们完全受限于客观的方法。从我主观地了解自己个体心智操作以及它们在我自己的生物体中所引发的活动出发，我通过类比推断其他生物体的可观察活动中潜藏的心智操作。"在《心智进化》一书中，Romanes 指出，这应该被正确地视为一种抛出（eject），而不是其他。他描述了这种推理的局限性（第 9~10 页）："这样一个生物的整个组织与人类的组织如此不同，以至于引用昆虫活动中的类比来推断心智状态的安全性变得可疑。因此，对于动物心智，我们必须运用类似的考虑，并得出类似的结论，昆虫的心智状态可能与人类的心智状态有很大的不同，但最有可能的是，我们对它们真实本质的最接近的概念是通过将它们与我们实际了解的唯一心智状态的模式相类比而形成的。而且，不需要指出，这种考虑对进化论者来说具有特殊的有效性，因为根据他的理论，心理连续性必须贯穿整个动物王国的广度和深度。"他强调这可能更多的是程度上的差异，而不是本质上的差异（第 12~13 页）："无论神经过程是否伴随着心智过程，它本身是相同的。意识的出现和发展，虽然逐渐将反射行为转化为本能行为，将本能行为转化为理性行为，但这仅限于主观领域；参与的神经过程在本质上是相同的，只是其复杂程度相对不同。"此外，Romanes 指出，缺乏证据并不意味着证据的缺失（第 5 页）："换句话说，因为一个低度有机化的动物不通过自身的个体经验学习，我们不能因此得出结论，在执行其对适当刺激的自然或祖先适应时，意识或心智元素是完全不存在的；我们只能说，如果存在这个元素，它并没有显示出任何证据。"他将心智的标准定义为（第 4 页）："因此，在神经系统的遗传机制无法提供关于适应性行为必然是什么的预知数据的情况下，它是一个活体有机体的适应性行动，只有在这种情况下，我们才能认识到心智的客观证据……这个有机体是否学会根据自身的个体经验进行新的调整或修改旧的调整？"这导致了不同类别的区分：反射行为、本能、理性 / 智能。

栏目 8.2　关于鱼类精神状态的注释

以下例子摘自《动物智能》。

情感（第 246 页）：

"成年鱼类之间能够感受到情感，似乎已经得到了很好的证实：例如Jesse讲述了他曾经在繁殖季节捕获一条雌性北方狗鱼（*Esox Lucius*），而没有任何事物能够将雄性鱼从他所察觉到的伴侣消失的地方驱赶开来，它一直跟随到水边。

阿德朗先生描述了他如何驯服了一条鲥鱼，它会躺在玻璃旁边观察主人；后来，他在一个水族箱中养了两条小鱼（*Acerina cernua*），它们之间非常亲密。当他送走其中一条时，另一条变得非常痛苦，不愿进食，这种情况持续了将近 3 个星期。他担心剩下的鱼可能会死亡，于是派人把它以前的伴侣送来，当 2 条鱼见面时它们又变得非常快乐。Jesse也提供了类似的关于 2 条金鱼的描述。"

智慧（第 251 页）：

"一小块食物被扔进水槽，正好落在玻璃前面和底部形成的一个角落上。这只大型的鳐鱼试图几次抓住食物，它的嘴在头部的下面，而食物靠近玻璃。它静静地躺了一会儿，仿佛在思考，然后突然抬起身体，呈倾斜的姿势，头部向上倾斜，身体的下表面朝向食物，同时摆动宽大的鳍，从而在水中产生了一个向上的水流或波浪，将食物从原来的位置抬起并将食物直接送入它的嘴巴。"

参考文献

Ashley PJ, Ringrose S, Edwards KL, Wallington E, McCrohan CR, Sneddon LU (2009) Effect of noxious stimulation upon antipredator responses and dominance status in rainbow trout. Anim Behav 77:403–410

Baerends GP (1978) Welzijn–vanuit de ethologie bezien. In: Groen JJ, Groot AD (eds) Over Welzijn: Criterium, Onderzoeksobject, Beleidsdoel. Van Loghum Slaterus, Deventer, pp 83–106

Balcombe J (2016) What a fish knows; the inner lives of our underwater cousins. Scientific American/Farrar, Strauss and Giroux, New York

Balleine BW, Dickinson A (1998) Goal-directed instrumental action: contingency and incentive learning and their cortical substrates. Neuropharmacology 37:407–419

Balleine BW, Dickinson A (2000) The effect of lesions of the insular cortex on instrumental conditioning: evidence for a role in incentive memory. J Neurosci 20:8954–8964

Balleine BW, O'Doherty JP (2010) Human and rodent homologies in action control: corticostriatal determinants of goal-directed and habitual action. Neuropsychopharmacology 35:48–69

Bechara A (2005) Decision making, impulse control and loss of will power to resist drugs: a neurocognitive perspective. Nat Neurosci 8:1458–1463

Bechara A, Damasio AR, Damasio H, Anderson SW (1994) Insensitivity to future consequences following damage to human prefrontal cortex. Cognition 50:7–15

Bechara A, Damasio H, Tranel D, Damasio AR (1997) Deciding advantageously before knowing the advantageous strategy. Science 275:1293–1295

Bermond B (1997) The myth of animal suffering. In: Kasanmoentalib S, Dol M, Lijmbach S, Rivas E, van den Bos R (eds) Animal consciousness and animal ethics. Van Gorkum, Assen, pp 125–144

Bermond B (1999) Refectief bewustzijn, irreflectief bewustzijn, geen bewustzijn. In: Raat AJP, van den Bos R (eds) Welzijn van vissen. Tilburg University Press, Tilburg, pp 105–119

Bermond B (2001) A neuropsychological and evolutionary approach to animal consciousness and animal suffering. Anim Welf 10:47–62

Berridge KC (1996) Food reward: brain substrates of wanting and liking. Neurosci Biobehav Rev 20:1–25

Braithwaite V (2010) Do fish feel pain? Oxford University Press, Oxford

Braithwaite VA, Huntingford F, van den Bos R (2013) Variation in emotion and cognition among fishes. J Agric Environ Ethics 26:7–23

Broglio C, Gomez A, Duran E, Ocana FM, Jimenez-Moya F, Rodrıguez SC (2005) Hallmarks of a common forebrain vertebrate plan: specialized pallial areas for spatial, temporal and emotional memory in actinopterygian fish. Brain Res Bull 66:277–281

Broom DM, Johnson KG (1993) Stress and animal welfare. Chapman & Hall, London Brown C (2015) Fish intelligence, sentience and ethics. Anim Cogn 18(1):1–17

Bshary R, Brown C (2014) Fish cognition. Curr Biol 24(19):R947–R950

Cabanac M (1971) Physiological role of pleasure. Science 173:1103–1107

Cabanac M (1979) Sensory pleasure. Q Rev Biol 54:1–29

Cabanac M (1992) Pleasure: the common currency. J Theor Biol 155:173–200

Cabanac M (2002) What is emotion? Behav Process 60:69–83

Cabanac M (2008) The dialectics of pleasure. In: Kringelbach ML, Berridge KC (eds) Pleasures of the brain. The neural basis of taste, smell and other rewards. Oxford University Press, Oxford, pp 113–124

Cabanac M, Cabanac AJ, Parent A (2009) The emergence of consciousness in phylogeny. Behav Brain Res 198:267–272

Carter RM, Hofstotter C, Tsuchiya N, Koch C (2003) Working memory and fear conditioning. Proc Natl Acad Sci USA 100:1399–1404

Clark RE, Squire LR (1998) Classical conditioning and brain systems: the role of awareness. Science 280:77–81

Clark RE, Squire LR (2004) The importance of awareness for eyeblink conditioning is conditional: theoretical comment on Bellebaum and Daum. Behav Neurosci 118:1466–1468

Cools AR (1985) Brain and behavior: hierarchy of feedback systems and control of its input. In: Klopfer P, Bateson P (eds) Perspectives in ethology. Plenum Press, New York, pp 109–168

Damasio AR (1994) Descartes' error. Emotion, reason and the human brain. Avon Books, New York

Dawkins MS (1990) From an animal's point of view: motivation, fitness and animal welfare. Behav Brain Sci 13:1–61

de Veer MW, van den Bos R (1999) A critical review of methodology and interpretation of mirror self recognition research in nonhuman primates. Anim Behav 58:459–468

de Visser L, Homberg JR, Mitsogiannis M, Zeeb FD, Rivalan M, Fitoussi A et al (2011) Rodent versions of the Iowa gambling task: opportunities and challenges for the understanding of decision-making. Front Neurosci 5:109

de Waal FBM (2019) Fish, mirrors, and a gradualist perspective on self-awareness. PLoS Biol 17 (2):e3000112. https://doi.org/10.1371/journal.pbio.3000112

Dennett DC (1991) Consciousness explained. Penguin Books, London

Dias-Ferreira E, Sousa JC, Melo I, Morgado P, Mesquita AR, Cerqueira JJ, Costa RM, Sousa N (2009) Chronic stress causes frontostriatal reorganization and affects decision-making. Science 325:621–625

Dickinson A, Balleine B (1994) Motivational control of goal-directed action. Anim Learn Behav 22:1–18

Dickinson A, Balleine B (2008) The cognitive/motivational interface. In: Kringelbach ML, Berridge KC (eds) Pleasures of the brain. The neural basis of taste, smell and other rewards. Oxford University Press, Oxford, pp 74–84

Hagen K, van den Bos R, de Cock Buning TJ (2011) Editorial: concepts of animal welfare. Acta Biotheor 59:93–103

Han CJ, O'Tuathaigh CM, van Trigt L, Quinn JJ, Fanselow MS, Mongeau R et al (2003) Trace but not delay fear conditioning requires attention and the anterior cingulate cortex. Proc Natl Acad Sci USA 100(22):13087–13092

Knight DC, Cheng DT, Smith CN, Stein EA, Helmstetter FJ (2004) Neural substrates mediating human delay and trace fear conditioning. J Neurosci 24(1):218–228

Kohda M, Hotta T, Takeyama T, Awata S, Tanaka H, Asai J-Y et al (2019) If a fish can pass the mark test, what are the implications for consciousness and self-awareness testing in animals? PLoS Biol 17(2):e3000021. https://doi.org/10.1371/journal.pbio.3000021

LeDoux J (2012) Rethinking the emotional brain. Neuron 73:653–676

Leopold DA (2012) Primary visual cortex, awareness and blindsight. Annu Rev Neurosci 35:91– 109. https://doi.org/10.1146/annurev-neuro-062111-150356

Martín I, Gómez A, Salas C, Puerto A, Rodríguez F (2011) Dorsomedial pallium lesions impair taste aversion learning in goldfish. Neurobiol Learn Mem 96:297–305

Maximino C (2011) Modulation of nociceptive-like behavior in zebrafish (*Danio rerio*) by envi-ronmental stressors. Psychol Neurosci 4:149–155

Medford N, Crichley HD (2010) Conjoint activity of anterior insular and anterior cingulate cortex: awareness and response. Brain Struct Funct 214:535–549

Mueller T (2012) What is the thalamus in zebrafish? Front Neurosci 6:64. https://doi.org/10.3389/fnins.2012.00064

Nilsson J, Kristiansen TS, Fosseidengen JE, Ferno A, van den Bos R (2008a) Learning in cod (*Gadus morhua*): long trace interval retention. Anim Cogn 11:215–222

Nilsson J, Kristiansen TS, Fosseidengen JE, Fernö A, van den Bos R (2008b) Sign and goal-tracking in Atlantic cod (*Gadus morhua*). Anim Cogn 11:651–659

Nilsson J, Kristiansen TS, Fosseidengen JE, Stien LH, Fernö A, van den Bos R (2010) Learning and anticipatory behaviour in a "sit-and-wait" predator: the Atlantic halibut. Behav Process 83:257–266

Nordgreen J, Janczak AM, Hovland AL, Ranheim B, Horsberg TE (2010) Trace classical condi-tioning in rainbow trout (*Oncorhynchus mykiss*): what do they learn? Anim Cogn 13:303–309

O'Connell LA, Hofmann HA (2011) The vertebrate mesolimbic reward system and social behavior network: a comparative synthesis. J Comp Neurol 519:3599–3639

Poli R (2019) Introducing anticipation. In: Poli R (ed) Handbook of anticipation. Theoretical and applied aspects of the use of future in decision making. Springer, Cham, pp 3–16

Rey Planellas S (2017) The emotional brain of fish. Anim Sentience 53(1–3)

Rey S, Huntingford F, Boltana S, Vargas R, Knowles T, Mackenzie S (2015) Fish can show emotional fever: stress-induced hyperthermia in zebrafish. Proc R Soc B Biol Sci 282(1819). https://doi.org/10.1098/rspb.2015.2266Rey

Rodríguez-Expósito B, Gómez A, Martín-Monzón I, Reiriz M, Rodríguez F, Salas C (2017) Goldfish hippocampal pallium is essential to associate temporally discontiguous events. Neurobiol Learn Mem 139:128–134

Romanes GJ (1882) Animal intelligence. Kegan Paul, Trench and Co., London Romanes GJ (1884) Mental evolution in animals. Kegan Paul, Trench and Co., London

Roozendaal B, McEwen BS, Chattarji S (2009) Stress, memory and the amygdala. Nat Rev Neurosci 10:423–433. https://doi.org/10.1038/nrn2651

Rose JD, Arlinghaus R, Cooke SJ, Diggles BK, Sawynok W, Stevens ED, Wynne CDL (2014) Can fish really feel pain? Fish Fish 15:60–133

Salas C, Broglio C, Duran E, Gomez A, Ocana FM, Jimenez-Moya F et al (2006) Neuropsychology of learning and memory in teleost fish. Zebrafish 3:157–171

Schwabe L, Wolf OT (2011) Stress-induced modulation of instrumental behavior: from goal-directed to habitual control of action. Behav Brain Res 219:321–328

Sneddon L (2015) Pain in aquatic animals. J Exp Biol 218:967–976

Spruijt BM, van den Bos R, Pijlman F (2001) A concept of welfare based on how the brain evaluates its own activity: anticipatory behavior as an indicator for this activity. Appl Anim Behav Sci 72:145–171

St John Smith E, Lewin GR (2009) Nociceptors: a phylogenetic view. J Comp Physiol A 195:1089–1106

Stafleu FR, Rivas E, Rivas T, Vorstenbosch J, Heeger FR, Beynen AC (1992) The use of analogous reasoning for assessing discomfort in laboratory animals. Anim Welf 1(2):77–84

Tinbergen N (1963) On aims and methods of ethology. Z Tierpsychol 20:410–433

van den Bos R (1997) Reflections on the organisation of mind, brain and behavior. In: Dol M, Kasanmoentalib S, Lijmbach S, Rivas E, van den Bos R (eds) Animal consciousness and animal ethics; perspectives from the Netherlands, Animals in philosophy and science, vol 1. Van Gorcum, Assen, pp 144–166

van den Bos R (2000) General organizational principles of the brain as key to the study of animal consciousness. Psyche, 6. http://psyche.cs.monash.edu.au/v6/psyche-6-05-vandenbos.html

van den Bos R (2001) The hierarchical organization of the brain as a key to the study of consciousness in human and non-human animals: phylogenetic implications. Anim Welf 10: S246–S247

van den Bos R (2019) Animal anticipation: a perspective. In: Poli R (ed) Handbook of Anticipa-tion. Theoretical and Applied Aspects of the Use of Future in Decision Making. pp 235–248 Springer Nature Switzerland AG

van den Bos R, Houx BB, Spruijt BM (2002) Cognition and emotion in concert in human and nonhuman animals. In: Bekoff M, Allen C, Burghardt G (eds) The cognitive animal: empirical and theoretical perspectives on animal cognition. MIT Press, Cambridge, MA, pp 97–103

van den Bos R, Meijer MK, Van Renselaar JP, Van der Harst JE, Spruijt BM (2003) Anticipation is differently expressed in rats (*Rattus norvegicus*) and domestic cats (*Felis silvestrus cattus*) in the same Pavlovian conditioning paradigm. Behav Brain Res 141:83–89

van den Bos R, Koot S, de Visser L (2014) A rodent version of the Iowa gambling task: 7 years of progress. Front Psychol 5:203

van der Harst JE, Fermont PCJ, Bilstra AE, Spruijt BM (2003) Access to enriched housing is rewarding to rats as reflected by their anticipatory behaviour. Anim Behav 66:493–504

Vargas JP, Lopez JC, Portavella M (2009) What are the functions of fish brain pallium? Brain Res Bull 79:436–440

Verheijen FJ, Buwalda RJA (1988) Report of the Department of Comparative Physiology. C.I.P. Gegevens, Utrecht

Vernier P (2017) The brains of teleost fishes. Evolution of nervous systems, vol 1, 2nd edn, pp 59–75

Weike AI, Schupp HT, Hamm AO (2007) Fear acquisition requires awareness in trace but not delay conditioning. Psychophysiology 44:170–180

Wemelsfelder F (1993) Animal boredom. Towards an empirical approach of animal subjectivity. PhD Thesis Leiden University

Wemelsfelder F, Mullan S (2014) Applying ethological and health indicators to practical animal welfare assessment. OIE Sci Tech Rev 33(1):111–120

Wiepkema PR (1985) Abnormal behaviours in farm animals: ethological implications. Netherlands J Zool 35:279–299

Woodruff ML (2017) Consciousness in teleosts: there is something it feels like to be a fish. Anim Sentience 10:1–21

Woodruff-Pak DS, Disterhoft JF (2008) Where is the trace in trace conditioning? Trends Neurosci 31(2):105–112. https://doi.org/10.1016/j.tins.2007.11.006

Yamamoto K, Vernier P (2011) The evolution of dopamine systems in chordates. Front Neuroanat 5:21. https://doi.org/10.3389/fnana.2011.00021

第 9 章
预测性大脑：感知颠倒

摘　要：越来越多的证据正在颠覆传统的感知图景，表明大脑通过预测处理的原理工作，即大脑不断尝试预测其感官输入和最可能的原因，并将这些预测与实际的感官信号进行比较。预测大脑范式的根源可以一直追溯到伊曼努尔·康德的哲学。现在，关于大脑活动和功能、理论神经科学和人工智能的新进展与新见解终于为康德所认为的认知科学中的哥白尼式革命扫清了道路。如果预测处理理论是正确的，那么它们也应该适用于包括鱼类在内的其他动物。如果是这样的话，这对我们解释与鱼的感知、认知和学习有关的观察结果有什么影响呢？这些理论如何帮助我们更好地理解它们的定性的生活体验并改善它们的福利？在本章中，我们试图探索这些问题，但我们也会看到鱼面临的挑战，以及为什么鱼类依赖于对世界和自己的定性感知去掌握这些挑战。最后，我们讨论了应该如何根据预测性大脑范式重新解释我们之前对鱼类行为和感知的观察。

关键字：鱼类；异质稳态；预测；内感；外感；本体感觉；活体媒介；认知；意识；预期行为；压力

9.1　引　言

　　过去几十年里，神经科学的巨大进步为我们提供了大量关于大脑的新知识和新理论，这些知识和理论也应该与我们对鱼的理解有关。创新的方法和先进的技术给了我们新的见解。这些见解可能会导致我们对大脑工作方式的看法以及我们对世界和自身的看法如何形成的根本改变。一个重要的认识是，大脑不仅具有反应性，而且具有预测性，所有的神经元都在不断放电，以不同的速率相互刺激。大脑处理来自外部世界的外感觉输入，以及身体运动的本体感觉和来自身体的其他内部过程的内感受信号。越来越多的证据正在颠覆传统的感知图景，并表明大脑通过预测处理原理工作，其中，大脑不断尝试预测其感觉输入和最可能的原因，并将这些预测与实际的感觉信号进行比较。这些自上而下的预测或"先验信念"是基于类似情况的早期经验，但使用近似贝叶斯推理不断更新，以减少（解释）自下而上的流动预测错误。在任何时候，都会比较几个相互竞争的替代假设，但实际上只有最可能的预测，即预测误差最小的预测。这方面的一个例子是我们所熟悉的"年轻女士—老妇人"视错觉（图 9.1）。这两种假设相互竞争，根据我们的信念，在我们所经历的现实中闪现。这种做出正确预测的能力应该在进化选择的过程中得到发展；那些"凭直觉"做出更好预测的人应该有更高的生存概率。

图 9.1 "年轻女士——
老妇人"视错觉

预测大脑范式的根源可以一直追溯到伊曼努尔·康德的哲学和赫尔曼·冯·亥姆霍兹的知觉理论。自那以后，相关的理论又出现了几次。然而，关于大脑活动和功能、理论神经科学和人工智能的新进展和新见解，现在终于为康德所认为的认知科学中的哥白尼式革命扫清了道路：

这里的情况和哥白尼第一次想要解释天体运动时的情况一样。他发现，当他假设所有的星星都围绕着观察者旋转时，他很难取得进展。于是，他试图通过实验来发现，如果让观察者旋转而星星保持静止，他是否会更成功。现在，我们可以在形而上学中做一个类似的实验——关于我们对物体的直觉。如果我们的直觉必须符合对象的特性，那么我看不出我们如何能够提前了解对象的特性。但是，如果对象（作为感官的对象）符合我们直觉能力的特征，我可以很容易地设想这种可能性。

如果预测处理理论是正确的，那么它们也应该适用于包括鱼类在内的其他动物。如果是这样的话，这对我们解释与鱼的感知、认知和学习有关的观察结果有什么影响呢？这些理论如何帮助我们更好地理解它们的定性的生活体验并改善它们的福利？在本章中，我们将尝试探索这些问题，但我们首先要看鱼面临的挑战，以及为什么它们要依赖于对世界和自身的定性感知才能掌握这些挑战。

9.2　活体生物努力生存

无生命的物体和有生命的物体之间的区别在于，有生命的有机体是媒介——它们做一些事情来"生存"。生物被包裹在封闭的膜内，作为内外的屏障，它们可以保持几乎稳定的状态数小时（如细菌）到几个世纪（如格陵兰鲨、小头鲨）。这是通过消耗和消耗能量来承受化学过程中的不可逆性和增加熵（热力学第二定律）来实现的。在进化的过程中，数以百万计的现存生物找到了无数种生存的方法，但所有的物种都面临着同样的基本挑战：要作为一个物种持续存在，就必须有足够数量的个体生存下来，成长到成熟，并生育下一代。因为所有的物种都可以成为其他物种的食物，并且暴露在物理压力和化学分解中，这不是一项简单的任务。所以，如果没有维持生命的保护性合成代谢和分解代谢的过程和行为，它们很快就会饿死、被杀死，或者只是溶解。只有那些有效地解决了这个问题的物种还在这个星球上。鳍鱼是所有的脊椎动物中最成功的，无论是从个体数量还是种类上，它们几乎经历了所有可以想象到的生活策略和形态的进化（第 3 章）。因此，它们应该知道书中所有应对生活挑战的技巧。

为了能够生存、生长和繁殖，鱼类需要避开有害的环境，逃离捕食者，并找到有足够营养的猎物来获取能量和生长。要做到这一点，它们需要在某种程度上识别出它们所处环境的空间和时间上的重要规律，比如它们在哪里有危险，躲在哪里，在哪里可以找到食物，它们在哪里和如何移动，以及它们自己在哪里和处于什么状态。鱼类几乎存在于各种水生环境中，如从小型周期性水池到广阔的海洋（第 3 章）。因此，尽管上述的任务对所有的物种都具有挑战性，但对于特定的物种来说，这要求可能或多或少较高，这取决于其栖息地的大小和结构以及生活策略。正如第 3 章和第 4 章所展示的，鱼不仅仅是鱼，它的身体和大脑的大小以及感觉能力在 34000 多种已知的鱼类中有很大的不同。因此，我们可以期待发现认知技能的差异，以及鱼类如何体验它们的生活，无论是在物种之间还是物种内部，还是在同一个体的通常截然不同的本体论状态之间。我们知道鱼有丰富的感觉器官集成，可以从经验中学习，让行为灵活，预测未来行动的结果，所有的这些能力都能提高它们的生存能力（第 3 章和第 7 章及其参考文献）。尽管研究的鱼类种类数相对较少，但在过去的几十年里，我们对鱼类认知能力的了解已经大大扩展，许多鱼类已被证明具有与某些鸟类和哺乳动物相当的能力。

9.3　异质稳态：保持身体存活的过程

大脑的核心任务是确保动物拥有体内众多生理系统所需的资源，从而使动物能够生长、生存和繁殖。在这个过程中，被称为异质稳态，大脑协调效应器从适度的身体储存中调动资源，并强制执行一个灵活的权衡系统：每个器官根据其能力，每个器官根据其需要。大脑还通过控制预期行为来帮助调节内部环境，例如，在天气变冷之前搬到更温暖的地方。

控制论的一个众所周知的原则是，一个系统的每一个好的调节器都必须是该系统的一个模型。这个定理有一个必然的推论，即活的大脑，如果要成功地和有效地作为生存的调节器，就必须通过创建一个（或多个）环境模型来学习。因此，为了适应环境，所有的动物都运行着它们的世界和它们自己的内部模型。大型可移动的多细胞动物非常复杂，并且面临着巨大的挑战，以协调其数十亿个特化细胞的过程，以便作为一个整体的综合有机体发挥作用。要做到这一点，它们必须将信息、能源和组成结构的材料分发到所有的细胞，建造新结构，翻新旧结构，并清除废物。为了收集必要的资源，它们必须知道如何找到这些资源，并且需要知道那里有什么。机动性使它们能够探索更大的区域，获得几乎无限的资源，并逃离捕食者，但机动性也增加了能量消耗和遇到捕食者与其他危险的风险。为了完成所有这些艰巨的任务，动物需要大脑和它的高级感觉器官网络。

9.4　外感——感知周围环境

鱼或任何其他的生物了解其世界中众多的物体和主体的能力，取决于它们的感官设备和理解所提供信息的能力。来自环境的信息是通过我们所有熟悉的感官获得的，如视觉、嗅觉、味觉、听觉、振动感、触觉和各种类型的伤害感受器（触觉、热、酸）。鱼类还拥有独特的感觉器官，如侧线系统，使它们能够探测到微小的水运动。有些物种甚至有感觉器官，既能产生和感知电场，又能探测超声波，它们的眼睛里还有感受器，可以感知紫外线和偏振光。鱼类生活在具有广泛和动态范围的物理与生物条件的水生栖息地，它们的感觉器官和大脑专门用于收集环境中最丰富的信息（第 3 章）。例如，生活在浑浊水中的鱼类已经发展出敏感的嗅觉，由大脑中较大的嗅叶调节，而生活在清澈水中的鱼类更多地依靠出色的视觉、大眼睛，以及发育良好的视神经顶盖。

9.5　本体感觉——感知自己的运动和动作

本体感觉是我们感知身体位置和运动的感觉，包括我们的均衡感和平衡感。作为整体和移动的有机体，鱼需要控制和意识到自己的运动，而本体感觉的反馈对于保持大脑对环境和身体动作的内部表征是必不可少的。事实上，这种能力被认为是意识和基本自我意识的起源。大多数的鱼类可以在动态的三维环境中快速而精确地移动。生活在几乎失重的流体环境中的生物需要知道它们自己或水是否在运动。鱼可以根据自己的需要和目标来计划、感知和调整自己的动作，通过利用它们的尾巴跳动的力量、游动的速度和方向，定位鳍和身体的其他部位。本体感觉是对身体的动作和方向以及身体各个部位的相对位置和运动的感觉，由测量内部压力和紧张的专门感觉细胞介导。本体感觉持续地、隐式地发生，不断调整身体的姿势，大多数时候是无意识的，也许除了需要特殊意识的任务，例如保护身体免受伤害。

我们只发现了一些关于鱼鳍和肌肉本体感觉反馈的研究。Williams 等发现蓝鳃太阳鱼（*Lepomis macrochirus*）鳍射线神经纤维的活动反映了鳍射线弯曲的幅度和速度，并提出胸鳍应被视为本体感觉传感器。鱼类生活在几乎失重的环境中，或多或少是存在中性浮力的，因此，应该很难知道什么是上下，以及它们在水中的位置。为了解决这个问题，它们拥有一个前庭系统（类似于我们自己的前庭系统）。在这个系统中，充满液体的三维系统，由一种叫作耳石的钙结石组成，坐落在感觉毛细胞上，测量三维运动，控制身体的平衡，也检测声音。侧线也可以被视为本体感觉器官，并且已经证明功能性侧线对学校教育至关重要。当然，视觉也是理解本体感觉信息和估计自己与环境相关的运动的重要的组成部分。

9.6　内感——感知内部状态

内感受是神经元和信号分子对大脑的感觉输入的表现和利用。这些信号分子从体内器官和过程中不断流出。这是关于内部状态的信息，比如心率、胃饱度、血氧饱和度和免疫反应。然而，这些信号也必须转化为对生物体有意义的概念或符号。例如，来自胃和内脏的某些感觉信号的组合应该产生"饥饿"的感觉。Seth 和 Friston、Barrett 和 Simmons、Barrett 和 Kleckner 等最近提出，上升的内感受性感觉输入被预计到，并表现为情绪概念。当某些内感受信号的组合与重要的事情相关联时，这可能会发生，例如，如果某些信号在食物被消耗时发生变化，这随后会导致刺激或抑制食物寻找类似的信号模式。Kleckner 等提供的证据表明，人脑中存在一种内在的异质稳态内感受系统——包括显著性和默认模式网络——不仅支持异质稳态，还支持广泛的心理功能，如情绪、疼痛、记忆和决策，所有的这些都可以通过它们对异质稳态的依赖来解释。我们应该假设类似的异源静态内感受系统也存在于鱼类和其他的动物中，因为这是动物有大脑的主要的原因之一。

9.7　认知颠倒了？

　　如果要优化行为和身体（执行异质稳态），大脑需要知道预期会发生什么，但它如何认知这个世界发生了什么，或者它应该指导什么样的行动？大脑获取这些信息的唯一途径是通过感觉器官和专门的细胞发出的信号。然而，从感觉器官传递到大脑的是电化学信号，因此，从这种连续不断的电磁波和化学信号中，大脑必须找出外面有什么——或者至少是它的生存和繁殖所必需的那部分的环境。

　　知觉处理的标准观点是自下而上的，从感觉受体通过大脑的各个层面。随着信息的向前流动，一个更丰富的场景被建立起来，其中，存储的知识通过自上而下的效果来丰富和调节场景。研究最彻底的例子是视觉系统，传统的神经科学认为视觉系统是被动的和由刺激驱动的。在视觉系统中，来自视网膜的信号被转化为连贯的感知，场景被一步一步地建立起来：从简单的强度到线条和边缘，再到复杂的、有意义的形状，积累结构和复杂性。预测性大脑或预测处理模型（简称PP）将神经处理的观点颠倒过来！大脑不再"猜测"输入信号的含义，而是根据之前的经验建立一个生成模型，并在给定的环境（时间和地点）下预测最可能的感官输入。预期性的向下流动使得每一刻的处理都能专注于显著的预测误差，即无法解释的感官数据，只有不可预测的"惊喜"才会自下而上地反馈。预测的"分层生成模型"通过提出不同的先验假设来不断改进，预测的误差最小化。假设大脑使用近似贝叶斯概率模型来推断最可能的状态，其中，在给定的条件下，最可能的场景（先前的预测和感官信号）是经历过的。例如，当你走进一个熟悉的房间或遇到一个熟悉的人时，你对你将看到的东西有一个期望，只需要做一些粗略的视觉检查来确认预测。当事情出乎意料时，我们感到惊讶。感知和行动（行为）的连续过程用于从世界中寻求更精确的信息，这种"主动推理"的过程用于支持或拒绝预测的场景，例如通过靠近或从不同的角度观看。

　　当然，了解世界及其本身的原因就是为了能够高效安全地执行满足我们需求的行动。为了生存，我们（以及鱼类）必须能够准确地预测我们的行为和身体运动以及它们的后果。如果PP理论是正确的，PP也引起了行动和运动。当一个动作被计划时，执行动作时感官的预期输入被预测，然后通过执行预测的动作，动作引起的感官输入可以与预测的输入进行比较，作为预测误差。如果动作按照预期结束，则没有或很少给出反馈（例如，当我们穿过厨房地板时从脚下发出反馈），但如果不是这样，则预测的错误可能会被记录为令人不快的意外（例如，如果踩在潮湿柔软的东西上）。

　　正如神经学家Andy Clark所说：

从概念上讲，这意味着一个惊人的逆转，因为驱动的感官信号实际上只是对新兴的自上而下的预测提供纠正反馈。作为永远活跃的预测引擎，从根本上说，这类大脑并不是在解决作为输入的谜题。相反，它们的作用是让我们在游戏中领先一步，准备好采取行动，并积极激发让我们保持活力和满足感的感觉流。如果这是正确的，那么被动的正向流动模型的所有方面几乎都是错误的。我们不是被动的沙发土豆，而是主动的预测者，总是试图在感官刺激的到来之前保持领先一步。

如果这些理论是正确的，那么动物不仅是它们现实的积极建构者，而且这也是它们体验现实的唯一途径！

9.8　鱼也必须有意识

鱼类和其他的生物一样，都是基于自身经验构建"世界模型"的历史主体，但其模型（虚拟现实）中概念（符号自由）的丰富性受到其进化的感官、神经生物学和认知能力的限制。然而，为了体验某种虚拟现实，必须有人来体验它——一个有意识的主体。正如 Thomas Metzinger 所表达的那样：当且仅当一个人有意识时，一个世界就为她而存在；当且仅当她有意识时，她在认知上才能使自己明白实际生活在一个世界中的事实，并且能成为一个行动者。

意识或感觉是一种我们都经历过并知道存在的现象，但它是如何发生的，对科学来说仍然是一个谜，被称为难题。意识常与认知相混淆，后者描述的是意识在任何给定的时刻所关注的狭隘方面。不知道某事并不意味着无意识。意识是无限的——总是有可能将你的意识转移到环境的其他部分，或者转移到你之前"无意识"的自己的一部分。然而，一个有意识的主体必须总是意识到一些东西，这些东西是他们环境或他们自己的一部分。意识不是思考，而是意识到大脑产生的思想或其他的概念。人类的意识体验显然局限于我们这个物种，充满了人类制造的概念，装载着人类的价值和品质。一条鱼所体验到的意识一定是非常不同的，超出了我们的想象，但它必须建立在作为一条鱼的基础上。

鱼可以记住几个月甚至几年，即使这是一个很大的优势，但有意识并不一定需要陈述性的记忆。有意识的经验就是主观体验到的东西，"它是什么样子的"。根据 PP 理论，人们所体验到的并不是直接的"外面有什么"，而是对世界上什么对有机体重要的自我产生的猜测。人类有一种类似于连续连贯的 3D 电影的体验，伴随着我们称之为"思想"的画外音。例如，我们体验到图像的恒常性，即使我们移动头部，世界仍然是静止的；即使我们只能专注于相对狭窄的一部分，我们也能"看到"整个视野的清晰图像。基于我们对鱼类的神经生物学、高级感觉器官、行为和认知能力的了解，我们必须假设鱼类也体验到它们自己生成的虚拟现实，感受到有意义的物体和类似的感知恒常性。比目鱼用它们独立移动的眼睛看到了什么，这将是最有趣的。它们是同时看到 2 个"屏幕"，还是像人类一样在 2 个"屏幕"之间"跳跃"，还是把它们融合在一起？

9.9　预期行为和压力

现在，我们重新审视了一些我们自己发表的关于鱼类认知能力的文章，并试图根据预测（贝叶斯）脑功能理论重新分析它们：我们对结果的解释将如何改变？刺激—反应理论假设某种刺激（信号或符号）会导致反射性行为反应。然而，我们现在知道，对信号的反应几乎总是取决于一系列的因素。鱼类也是如此：在 Folkedal 等的一项研究中，我们使用喂食前 30 秒开始的眨眼作为条件刺激（CS），使大西洋鲑鱼（*Salmo salar*）适应食物奖励（非条件刺激，US）。目的是研究在食物到达之前，近期暴露于压力源对它们预期行为的影响，以及它与进食动机（饥饿）的关系。进一步的目标是测试这种方法是否可以作为幸福的指标。我们发现压力和饥饿都对信号的预期反应有重大的影响。在鱼恢复与压力前相同的预期反应之前，反复暴露于 CS-US 的程序是有必要的，但饥饿的鱼恢复得更快。如果我们根据贝叶斯大脑和适应平衡模型来解释这一点，"压力源"应该导致鲑鱼对世界的信念发生变化，以及应该采取什么样的行动和适应平衡的调节。它应该为新的压力源做好准备，还是假设世界又回到了以前的状态？压力暴露应该降低对世界状态的未来预测的精度权重（信心），这本身可能是有压力的，并导致相对更敏捷的潜在的新的压力源，因此，要减少食欲和进食动机。事情就是这样发生的。几个小时后，反复暴露在 CS-US 中（没有任何新的压力源发生），鲑鱼逐渐恢复到以前的行为，即刺激的前置条件根据稳定的环境和定期喂养的新证据被再次更新。

9.10　从恐惧到预期

另一个例子是关于大西洋鳕鱼的实验。我们采用了一个追踪条件范式，即信号结束和奖励之间有 10 秒的时间间隔，使用最初具有厌恶 / 恐惧的条件刺激作为 CS 和食物奖励作为 US。我们的目的是要弄清楚恐惧是否能够转变为预期。作为 CS，我们使用了一个自动装置，突然将一个捞网推入鱼缸。在 8 个鱼缸中，有 4 个鱼缸中的鱼在 10 秒后获得了食物奖励。在对照组中，我们运行了相同的程序，但没有奖励。鱼当然会感到害怕，起初会显示出惊跳反应和游泳速度的增加以及氧气消耗的增加，但获得奖励的鱼迅速学会了捞网和食物之间的关联，并开始接近网而不是逃跑。未获奖励的鱼显示出逐渐减少的惊跳反应和游泳速度，并在随后的暴露中逐渐减少氧气消耗。在 10 秒的追踪期间，受奖励的鳕鱼远离捞网而到饲料区，显然期待着食物到达这个位置，即明显显示了预测行为和对未来事件的预期。在贝叶斯大脑术语中，我们可以说，获得奖励的鳕鱼从对一个稳定世界的先验信念转变为了一个逐渐更强的新信念，即捞网是可预测的，并且它预示着食物。对照组最终得出结论，捞网是可预测的，可以避免并且不是非常危险的后验信念。然而，这些鱼并没有完全失去最初的惊跳反应，并保持了一个较高水平的氧气消耗。这两种迹象都表明它们具有动态调节、一定程度的敏捷性增加和对预测的信心较少。

9.11　鱼类会感受到什么？

根据建构情绪理论，大脑中不存在"恐惧中枢"或其他任何地方的"爱情回路"。这些中枢或回路不会被不同的刺激打开或关闭。根据情境的不同，例如，心脏快速跳动的信号可能是由于恋爱的兴奋或对高处的恐惧。在特定的情境下（例如，如果心脏急速跳动是因为你站在高层楼梯上，或者要给你深爱的人第一次打电话），情绪概念（例如恐惧或兴奋）发生的概率组成了我们经历的特定情感的总体信号。如果情绪是建构的概念，而这也是鱼类大脑的工作原理，那么这意味着生活幸福感的丰富程度取决于构建情感概念的能力。因此，不同物种的虚拟现实必须根据它们的感觉能力、来自它们栖息地的信息流以及大脑的计算能力等因素而有所不同。生活在物理和社会多样化环境中的珊瑚礁鱼需要比生活在盲洞里的鱼有更先进的和更复杂的"世界模型"。由于我们（或任何动物）无法接触到除了我们自己的模型之外的其他模型，因此，我们只能使用我们对鱼类行为和生理学的观察（实际上是我们自己的模拟）来模拟（想象）它们的模型。用冯·厄克尔的术语来表述，每个物种（和个体）都局限于自己的有限的客观世界中。

9.12　质量和福利

我们对特定建构的概念（如"草莓味""寒冷的风""音乐""恐惧"和"喜悦"）的意识体验是以情感品质的形式感知的，可以根据价值的内在表现来描述，这种价值感可以通过情感尺度（对情感进行评估）来衡量，从非常不愉快到非常愉快（令人厌恶到令人喜爱等），并通过高到低的唤醒水平来衡量体验的"强度"（见图 9.2）。这些体验得到了感官信息的支持，但由具有预测性的大脑根据早期的经验来构建；而从经验到质感非常依赖于预测（先验）。例如，如果你正在喝茶，而有人在你不知情的情况下将你的杯子换成了一杯咖啡，那么你下一口喝到的咖啡将尝起来非常糟糕，并且你会感到非常惊讶！

我们经历了几乎无穷无尽的非常具体的感官质感，如苹果的红色或味道、玫瑰的气味或触摸天鹅绒的感觉。这些体验都具有不同的价值和唤醒水平，取决于它们的背景和我们的先前经验（见图9.2）。每个物种和个体都将根据它们的感官和大脑容量以及经验，以及它们所处的情感领域或客观世界中可用概念的范围和丰富度，经历它们自己的特殊概念，具有一组质感。经历的质感是帮助动物判断某事是否重要的标志或意义，从而指导其行为。例如，与食物相关联的气味会让动物感到"好"，并引导其找到食物，但是质感更丰富和更具体的话，会对来源（如新鲜烘烤的面包或烧烤肉的气味）产生更精确的预测，从而产生更有效的反应。一些质感经历可能是"遗传"的，如腐烂的食物或恶臭的粪便，这些会使动物避免细菌感染或中毒；或者是对于糖分含量丰富的食物的甜味，鱼第一次尝到时觉得味道好，因为摄入富含糖的食物有助于生存。这也适用于鱼类。例如，当我们第一次给养殖的比目鱼仔鱼喂食煮熟的虾时，它们立即因为感觉到虾的气味而变得异常活跃。

图9.2 评估的两个维度——价值和唤醒。在这两个维度上的不同组合被（人类）转化为特定的情绪概念。然而，不同质感的体验是多维的，只能通过实际的经历来体验

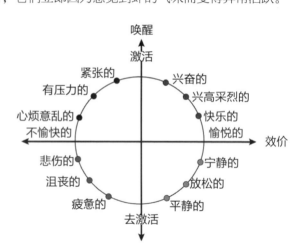

9.13 预测性（贝叶斯）大脑范式能帮助我们更好地理解和改善鱼类福利吗？

福利的概念不清，但大多数人同意，福利与动物的生活质量有关，我们认为动物受苦是不道德的。在没有意识到质感的情况下，福利概念在这种情境下将没有意义。我们应该假设获取能够满足需求的资源将被体验为愉快，反之，未满足的需求和危及生命的事件将被感知为令人厌恶。一个功能良好的身体可能会"感觉良好"

（或者可能处于中性情绪），而功能不良或受伤的身体可能会导致某种形式的痛苦，激励动物试图改善情况并保护自己的身体。

贝叶斯大脑可以被概念化为一个概率机器，不断地对世界进行预测，然后根据其通过感官接收到的信息进行更新。如果我们相信预测性处理理论是正确的，这意味着动物所经历的现实实际上是其对世界的生成模型。这是大脑可以用来进行动态调节的唯一"现实"——对体内预测的调节。例如，如果你相信你的邻居想杀死你，你的身体会感到非常紧张，准备好逃跑或对抗，无论这是否属实。贝叶斯大脑根据对未来的信念创造了"天堂和地狱"。

当我们养殖鱼类时，我们可以高度控制鱼类一生的生活条件，并且原则上我们可以为鱼类构建一个处于价值—唤醒的维度（图 9.2）的世界，并体验相对良好的福利。然而，要做到这一点，我们需要知道如何帮助鱼类构建这种现实。首先，每个生物都有其"预设"的限制，限制了它们可以构建的可能的现实范围，以及它们可以应对的物理环境（例如，氧气饱和度和温度）。其次，所有的生物都有一定的可塑性的范围，使它们能够适应不同的条件，包括认知和感知，即感官信息能给予它们的意义。例如，盲洞穴鱼对更好的光照条件没有需求。尽管鱼类物种之间存在巨大的差异，但有些物种比其他物种更具有适应性，因此更适合养殖。

根据自由能量原理，鱼类还需要通过感知过程减少其对环境的不确定性（即其预测错误）。环境越可被预测，就可以做出更好的选择，但总会有一些不确定性。然而，生活在一个不可预测的世界中，行为和奖励/惩罚之间没有相关性，将导致无助和抑郁或焦虑。动物的先验信息和感官信息的准确性将为零（没有信心），预测的误差将非常大。在相反的情况下，一切都是可预测的，一旦模型被建立起来，就不需要感官信息，这将导致一种类似僵尸的状态。这两种情况都不会在现实中发生，但是什么程度的可预测性是理想的呢？

所有鱼类的行为都是基于对近期和更远期未来的信念与预测（因为"现在"根本没有时间），并且这些预测受到它们的需求状态（如饥饿）和生物体对自己能够满足这些需求的信念的调节。任何生物的"预设"目标都是满足其需求，其中，最基本的是安全、食物和适应环境的条件。追求这些目标的驱动力随着当前需求状态的变化而变化，但任何时候对未来需求的无法预测都可能是致命的，例如没有预料到可能会出现捕食者。另外，对不存在的危险进行预测将导致食物机会和能量的浪费，但由于人只能死一次，不必要的谨慎预测可能是值得付出的代价。

其中一个预设的行为需求应该是获取有关世界隐藏状态的信息，以便能够更好地预测未来，即不断改进生成模型。为了优化动态调节和行为，鱼类需要知道可以期望发生什么，并直接体验一系列可能的条件。例如，避开和检查捕食者或捕捉猎物的能力会随着实践的经验而有所提高。改善需要的物理和行为状态的奖励性体验也是在鱼类中产生良好的福利体验的因素之一（通过释放大脑中的多巴胺、5-羟色胺和阿片类物质/内啡肽等物质）。

根据这种思路，为养殖鱼类提供良好的福利，有以下的条件：

● 它们应该是可预测的和可控的，并处于其环境适应的范围内。

● 它们应该是安全的（几乎没有危险和有害的生物），并有正面的惊喜（不单调，而是有奖励性的经历）。

● 鱼类应逐渐被训练以应对压力和其他的环境挑战，以改善其预测和技能（可控性），并根据需求调整其动态调节反应。

9.14　无从得知：我们仍然不知道的事情和永远不会知道的事情

我们永远不会完全知道鱼类如何体验它们的存在，但通过研究它们的行为和神经生物学，我们可以通过精心设计的实验获得一些线索。例如，我们可以观察到负面和正面预期之间或完全没有预期之间的行为差异。我们仍然不知道鱼类是否会受到创伤，即它们是否会反复思考先前的创伤事件，或者这些记忆是否会简单地消失。通过设计良好的实验，我们可以检测到从行为到表观遗传学等系统上的长期影响，从而进行测试。我们不知道鱼类常见的鳍和皮肤受伤是否会引发疼痛，或者鳍和皮肤的感觉传导传感器受损是否会影响它们的应对能力和福利。关于鱼类的高密度生活如何影响它们的神经生物学、体验和预测能力，我们仍然知之甚少。生活在大群中的鱼类是否会放松并放弃个体性，而将控制权交给群体？还是会感到失去控制和压力？这些以及其他的许多问题仍有待回答，其中一些将永远得不到答案。

预测性大脑理论对我们如何设计实验以及如何解释我们的结果具有重要的影响。旧的观察结果也必须从这种自上而下的预测视角进行重新审视和检验。例如，实验动物的先验信念，由它们先前的经验和进化趋势塑造而成，应该会对个体行为和生理反应产生很大的影响。这能够解释我们在许多的实验中看到的大量的个体差异吗？就像 15 世纪的天文学家不得不改变他们的思维方式一样，我们也必须重新思考我们对数据的早期解释。我们期待着看到这场近乎哥白尼式的革命对我们了解鱼类、人类和其他动物福利会有着哪些改变或是帮助。这场革命将意味着什么，这并不容易预测。

参考文献

Barrett LF (2017a) The theory of constructed emotion: an active inference account of interoception and categorization. Soc Cogn Affect Neurosci 2017:1–23. https://doi.org/10.1093/scan/nsw154

Barrett LF (2017b) How emotions are made. The secret life of the brain. Macmillan, New York

Barrett LF, Simmons WK (2015) Interoceptive predictions in the brain. Nat Rev Neurosci 16:419–429

Beukema JJ (1970) Angling experiments with carp (Cyprinus carpio L.) II. Decreasing catchability through one-trial learning. Neth J Zool 20:81–92

Brown C (2015) Fish intelligence, sentience and ethics. Anim Cogn 18(1):1–17

Brown C, Krause J, Laland K (eds) (2011) Fish cognition and behaviour. Wiley, Oxford Bshary R, Brown C (2014) Fish cognition. Curr Biol 24(19):R947–R950

Bubic A, Yves von Cramon D, Schubotz RI (2010) Prediction, cognition and the brain. Front Hum Neurosci 4:25

Chalmers D (1996) The conscious mind: In search of a fundamental theory. Oxford University Press, Oxford

Clark A (2013) Whatever next? Predictive brains, situated agents and the future of cognitive science. Behav Brain Sci 36:181–204

Clark A (2015) Surfing uncertainty: prediction, action and the embodied mind. Oxford University Press, New York, NY

Conant RC, Ross Ashby W (1970) Every good regulator of a system must be a model of that system. Int J Syst Sci 1:89–97

De Ridder D, Vanneste S, Freeman W (2014) The Bayesian brain: phantom percepts resolve sensory uncertainty. Neurosci Biobehav Rev 44:4–15

Folkedal O, Stien LH, Torgersen T, Oppedal F, Olsen RE, Fosseidengen JE, Braithwaithe VA, Kristiansen TS (2012) Food anticipatory behaviour as an indicator of stress response and recovery in Atlantic salmon post-smolt after exposure to acute temperature fluctuation. Physiol Behav 105(2):350–356

Friston K (2010) The free-energy principle: a unified brain theory? Nat Rev Neurosci 11:127–138

Friston K, FitzGerald T, Rigoli F, Schwartenbeck P, O'Doherty J, Pezzulo G (2016) Active inference and learning. Neurosci Biobehav Rev 68:862–879

Gregory RL (1980) Perceptions as hypotheses. Philos Trans R Soc Lond B 290:181–189

Higgs DM (2004) Neuroethology and sensory ecology of teleost ultrasound detection. Chapter 8. In: Von der Emde G, Mogdans J, Kapoor BG (eds) The Senses of Fish. Adaptations for the Reception of Natural Stimuli. Springer Science. Kluwer Academic, Boston

Hoffmeyer J (1996) Signs of meaning in the universe. Indiana University Press, Bloomington Hohwy J (2013) The predictive mind. Oxford University Press, Oxford

Jansen J (2004) Lateral line sensory ecology, Chapter 11. In: Von der Emde G, Mogdans J, Kapoor BG (eds) The senses of fish. Adaptations for the reception of natural stimuli. Springer Science. Kluwer Academic Publishers, Dordrecht

Kant I (1783) Prolegomena to any future metaphysics: that will be able to come forward as science (updated edn). Hatfield G (ed). Cambridge: Cambridge University Press

Keller CH (2004) Electroreception: strategies for separation of signals from noise, Chapter 14. In: Von der Emde G, Mogdans J, Kapoor BG (eds) The senses of fish. Adaptations for the reception of natural stimuli. Springer Science. Kluwer Academic, Dordrecht

Kittilsen S (2013) Functional aspects of emotions in fish. Behav Process 100(376):153–159 Kleckner IR, Zhang J, Touroutoglou A, Chanes L, Xia C, Simmons WK et al (2017) Evidence for a large-scale brain system supporting allostasis and interoception in humans. Nat Hum Behav 1 (5):69

Kotrschal K, van Staaden MJ, Huber R (1998) Fish brains: evolution and environmental relation-ships. Rev Fish Biol Fish 8:373–408

Lazarus RS (1991) Progress on a cognitive-motivational-relational theory of emotion. Am Psychol 46:819–834

Maier A, Panagiotaropolous TO, Tsuchiya N, Keliris GA (eds) (2012) Binocular rivalry: a gateway to consciousness. Frontiers. Research Topics

Marr D (1982) Vision: a computational approach. W. H. Freeman, New York Metzinger T (2005) Précis: being no one. Psyche 11:1–35

Metzinger T (2009) The Ego tunnel: the science of the mind and the myth of the self. Basic Books, New York

Nagel T (1974) What is it like to be a bat? Philos Rev 83(4):435–450

Nielsen J, Hedeholm RB, Heinemeirer J, Bushnell PG, Christiansen JS, Olsen J, Ramsey CB, Brill RW, Simon M, Steffensen KF, Steffensen JF (2016) Eye lens radiocarbon reveals centuries of longevity in the Greenland shark (Somniosus microcephalus). Science 353:702–704

Nilsson J, Kristiansen TS, Fosseidengen JE, Fernö A, van den Bos R (2008) Learning in cod (Gadus morhua): long trace interval retention. Anim Cogn 11(2):215–222

Nilsson J, Kristiansen TS, Fosseidengen JE, Stien LH, Fernö A, van den Bos R (2010) Learning and anticipatory behaviour in a "sit-and-wait" predator: the Atlantic halibut. Behav Process 83 (3):257–266

Nilsson J, Stien LH, Fosseidengen JE, Olsen RE, Kristiansen TS (2012) From fright to anticipation: reward conditioning versus habituation to a moving dip net in farmed Atlantic cod (Gadus morhua). Appl Anim Behav Sci 138(2012):118–124

Paul ES, Harding EJ, Mendl M (2005) Measuring emotional processes in animals: the utility of a cognitive approach. Neurosci Biobehav Rev 29(3):469–491

Pitcher TJ, Partridge BL, Wardle CS (1976) A blind fish can school. Science 194(4268):963–965

Popper AN, Lu Z (2000) Structure and function relationships in fish otolith organs. Fish Res 46:15–25

Rao RP, Ballard DH (1999) Predictive coding in the visual cortex: a functional interpretation of some extra-classical receptive-field effects. Nat Neurosci 2:79–87

Russell JA (1980) A circumplex model of affect. J Pers Soc Psychol 39:1161–1178

Scherer KR, Shorr A, Johnstone T (eds) (2001) Appraisal processes in emotion: theory, methods, research. Oxford University Press, Canary, NC

Seth AK (2013) Interoceptive inference, emotion, and the embodied self. Trends Cogn Sci 17 (11):565–573

Seth AK, Friston KJ (2016) Active interoceptive inference and the emotional brain. Philos Trans R Soc B 371:20160007. https://doi.org/10.1098/rstb.2016.0007

Sheets-Johnstone M (2007) Consciousness: a natural history, pp 37–41. Original Paper UDC 165.12

Spruijt BM, van den Bos R, Pijlman FTA (2001) A concept of welfare based on reward evaluating mechanisms in the brain: anticipatory behaviour as an indicator for the state of reward systems. Appl Anim Behav Sci 72(2):145–171

Sterling P (2012) Allostasis: a model of predictive regulation. Physiol Behav 106(1):5–15

Sterling P, Eyer J (1988) Allostasis: a new paradigm to explain arousal pathology, Chapter 34. In:

Fisher S, Reason J (eds) Handbook of life stress, cognition and health. Wiley Sterling P, Laughlin S (2015) Principles of neural design. MIT Press, Cambridge

Swanson LR (2016) The predictive processing paradigm has roots in Kant. Front Syst Neurosci 10 (Oct):1–13. https://doi.org/10.3389/fnsys.2016.00079

Von der Emde G, Mogdans J, Kapoor BG (eds) (2004) The senses of fish. Adaptations for the reception of natural stimuli. Springer Science. Kluwer Academic

von Helmholtz H (1866) Concerning the perceptions in general. In treatise on physiological optics, vol III, 3rd edn (translated by JPC Southall 1925 Opt Soc Am Section 26, reprinted Dover, New York, 1962)

von Uexküll J (1921) Umwelt und Innenwelt der Tiere, 2nd edn. Springer, Berlin

Wiese W, Metzinger T (2017) Vanilla PP for philosophers: A primer on predictive processing. In: Metzinger T, Wiese W (eds) Philosophy and predictive processing, vol 1. MIND Group, Frankfurt am Main. https://doi.org/10.15502/9783958573024

Williams Iv R, Neubarth N, Hale ME (2013) The function of fin rays as proprioceptive sensors in fish. Nat Commun 4(1). https://doi.org/10.1038/ncomms2751

第 10 章
鱼类能感受到疼痛吗?

摘　要: 在决定是否依法保护动物的关键因素之一是能否感受痛苦。在过去的 20 年里,关于鱼类感受到疼痛的经验性证据逐渐增加,本章回顾了我们目前的知识状态。定义动物的痛苦一直是一个问题,但我们采用了一个基于整体动物对痛苦的反应是否与非痛苦的刺激有所不同以及这一经历是否改变了未来的行为决策和动机的定义。研究表明,鱼类具有与哺乳动物相似的痛觉系统,行为受到不利的影响,而疼痛缓解药物可以防止这种影响,表明鱼类对痛苦的反应与无害事件不同。此外,鱼类有动机避开曾经被卷入痛苦的事件并经受痛苦的区域,这样它们就能不经受恐惧或者表现出反捕食行为。综合这些结果,我们对鱼类的痛苦提出了有力的论点。然而,这个话题仍然存在争议,本章讨论了相反的观点。如果我们承认鱼类经历痛苦,那么就必须考虑使用鱼类的更广泛的影响。出于各种原因,包括无病害的鱼类生产、预防人兽共患病、保护和可持续利用鱼类资源以及利用鱼类模型进行实验研究以获得有效的结果,保持鱼类的健康符合公众的利益。

关键词: 动物福利;水产养殖;行为;渔业;疼痛感知;虹鳟鱼;斑马鱼

10.1　引　言

　　本章旨在审查有关鱼类是否具有经历疼痛能力的经验性的证据。先前的章节已经展示了鱼类行为、学习和认知、感知能力以及情感反应的复杂性,这些都是证明鱼类有感知能力并经历不良情感状态的关键因素。在考虑要保护哪些动物时,伦理准则和法规通常基于研究是否显示了经历负面状态(如疼痛)的能力作为是否为该动物提供保护的理由。在这里,讨论了当前的动物疼痛的定义,包括可测试的标准,以及科学结果是否证明鱼类符合这一定义。尽管有经验性的证据,但少数的评论者反对鱼类疼痛的概念,因此,本章将审查支持和反对的观点。

　　鱼被广泛用于各种场合,包括作为食物、娱乐的对象和运动钓鱼、实验中的研究模型以及作为伴侣动物或公共展品。从道德和伦理的角度来看,人们可以得出这样的结论,即任何受人类照顾或确实用于造福人类的动物都应该以确保其良好的福利和健康的方式加以对待。这不仅有益于动物,而且确保了保护鱼类物种、渔业资源的可持续性、水产养殖和观赏鱼产业中经济回报的成功。其中,健康的鱼对食品安全或公共健康不构成风险,提供有效的科学结果,并促进伴侣鱼的长寿和吸引力。因此，在鱼类中维护良好的健康和福利有许多积极的方面。关于实验室中开展实验的鱼类的法规在全球范围内存在差异，一些国家为鱼类提供保护，而另一些国家则没有。例如，在欧洲，一旦鱼类能够独立进食（例如，在受精后的 120 小时内，温度为 28.5℃的斑马鱼），它们就会受到保护，而在美国，鱼类不受保护，因为只有恒温动物受到保护，除了大鼠属（*Rattus*）或小鼠属（*Mus*）。在澳大利亚和南非，涉及了脊椎动物和头足类在内的所有的发育阶段，而中国和印度等国家则规定所有的动物（包括无脊椎动物），都受到实验伦理指南的约束。欧洲制定了一项共同的渔业政策。该政策规定了捕捞配额、捕捞哪些物种、使用何种捕捞方法以及提出了鱼类资源的可持续性，但并不直接涉及野外捕捞鱼类的福利问题。这项政策还涵盖了水产养殖和渔业，以规范这些实践的管理、后勤和环境影响。英国的 FAWC 报告称，养殖业已经自愿采纳了良好的福利实践，并建议在饲养的过程中应将鱼类视为有能力感受疼痛的动物，尤其是在屠宰的过程中，这是基于目前已发表的研究。鉴于鱼类的多种用途，从道德和伦理的角度来看，了解它们对疼痛的感知能力至关重要。

10.2 动物疼痛的概念

疼痛感知（nociception）和疼痛（pain）这两个术语在文献中密切相关，用于讨论动物对潜在的疼痛刺激的反应。人们认为，由于它是对潜在的有害刺激的检测，通常会随即引起迅速的脊髓和低级脑中心的反射性撤离的响应，所以，疼痛感知是一种仅限于低级脑中心和脊髓的反射性响应。疼痛感知发生在所有的动物身上，实际上是一种影响生存的警告系统。在人类中，疼痛感知会导致疼痛的感觉，其定义为"与实际或潜在的组织损伤相关的不愉快的感觉和情绪体验，或者用这种损伤的术语来描述"（请注意，有一个提议的更新定义："由实际或潜在的组织损伤引起，或类似于其引起的一种令人厌恶的感觉和情感体验"）。根据这个定义，任何可能或确实导致损伤的刺激都会导致与疼痛相关的负面的情感体验。人类可以通过口头语言传达他们的疼痛，这是典型的评估手段。这带来了一个问题，因为我们与动物没有共同的口头语言，因此，评估疼痛依赖于在导致人类疼痛的事件中动物的行为和生理反应。接受人类对疼痛的基于定义的定义不适用于动物的观点，已经导致产生动物进化和生活史差异的新概念。这两个主要概念陈述了：1）对疼痛的任何反应都应该与非疼痛刺激不同；2）经历疼痛应该导致长期的动机变化，未来的行为决策类似于表现出不适，促进愈合并避免未来与有害性的事件的相遇。为了感觉疼痛，动物必须有痛觉感受器官，这种感受器官优先检测破坏性的刺激，如极端温度、高机械压力和破坏性的化学物质。痛觉感受器官已经在非人类的哺乳动物和其他的脊椎动物群体（如两栖动物、爬行动物和鸟类），以及无脊椎动物中被发现了。鱼类的痛觉和疼痛直到最近才被实证研究，2002 年之前的作者否认了痛觉感受器官的存在。在过去的 15 年中，研究已经确定了和描述了鱼类中优先检测有害刺激的体外痛觉感受器官的特性；在疼痛治疗期间，显示出大脑活动的改变并进一步描述了疼痛事件导致的行为改变，所有这些都被有效的镇痛或止痛剂缓解。因此，实证证据支持鱼类可以感受到疼痛。

10.3　概念一：对痛觉的整体动物反应

第一个概念指出，整个动物对疼痛刺激的反应一定不同于无害刺激（表 10.1）。动物必须拥有一个伤害感受的系统来检测有害刺激。来自体外伤害感受器的信息应传达到中枢神经系统。在那里，进行对动机、情绪和学习的处理。疼痛具有压力，可能会引起应激反应等。在疼痛事件期间的任何行为反应都不应该是即时的反射，而应该是长期的，包括保护性或守卫性行为和未来对疼痛事件的回避。通过使用有效的镇痛药或止痛药，可以减轻行为和生理方面的变化。这些标准在下文中用于评估鱼类。

表 10.1　动物痛觉的两个关键原则和详细标准

首要原则	1. 动物对潜在的疼痛事件的整体反应与无害刺激不同。	2. 在潜在的疼痛事件后的动机行为发生改变。
详细标准	拥有痛觉受体，通向中枢神经系统的路径，涉及调节动机行为（包括学习和恐惧）的脑区的中枢处理的证据。 对内源调制剂（如阿片类物质）响应的痛觉作用。 痛觉激活与压力或高于压力水平的生理反应相关联，包括但不限于以下变化：呼吸、心率或激素水平（例如，皮质醇）。证据表明这些反应不仅仅是一种伤害性的退缩反射。 长期行为上的变化减少了与有害刺激的未来相遇。 保护性行为有保护伤口、跛行、摩擦、舔或过度梳理。 所有的上述反应均可通过镇痛或局部麻醉来减少。	自我管理镇痛。 为获取镇痛而付出代价。 选择性注意的机制，对有害刺激的反应优先级高于其他的刺激；动物对竞争性事件没有适当的反应（例如，捕食者出现；在学习和记忆的任务中表现下降） 在有害刺激后的行为改变，可以在条件化场地回避和回避学习范式中观察到变化。 解脱学习，动物将中性刺激与止痛关联。 长期改变记忆和行为，特别是与避免重复的有害刺激相关的方面。 对有害刺激的回避，受到其他动机需求的调节，例如在权衡中，饥饿的动物将在经过一段相关时间后返回给予疼痛的区域寻找食物。 支付代价以避免有害刺激。

注：必须完全满足这些标准，才能认为动物具有痛觉能力（根据 Sneddon et al. 2014 进行了改编）。

拥有伤害感受器：通过电生理学和神经解剖学技术，多项研究首次对一种硬骨鱼类——虹鳟鱼（*Oncorhynchus mykiss*）进行了伤害感受器的表征，显示它们具有 A-δ 纤维和 C 纤维（图 10.1、图 10.2 和图 10.3），这些纤维在哺乳动物中充当伤害感受器。在无颚软骨鱼类——七鳃鳗中发现了伤害感受器，但在软骨鱼类中尚未发现伤害感受器，有报道称这类鱼缺乏哺乳动物中的一种伤害感受器——C 纤维。在虹鳟鱼中发现了非髓鞘 C 纤维和小直径的髓鞘 A-δ 纤维，包括多模感受器（对机械、热和化学刺激产生响应）、机热感受器（对化学物质不产生响应）和化学感受器（对温度不产生响应）等三类伤害感受器。与哺乳动物相比，这些虹鳟鱼的伤害感受器的电生理学特性相似（图 10.3；表 10.2）。然而，与哺乳动物相比，虹鳟鱼的伤害感受器不对低温（<4 ℃）产生响应；这是因为虹鳟鱼可以在非常低的温度下生存，所以对低温没有产生反应。与 50% 的陆生脊椎动物的伤害感受器是 C 纤维相比，鱼类的伤害感受器中只有 4%~5% 是 C 纤维，爬行动物的伤害感受器也具有较低比例的 C 纤维。在哺乳动物中，C 纤维主要作用于麻木的"重击"疼痛，而 A-δ 纤维被认为向中枢神经系统传递"初级"疼痛的信号。对上述理论持怀疑态度的人认为，少量的 C 纤维意味着鱼类无法体验疼痛。然而，A-δ 纤维的传导速度更快，因此，也许鱼类的疼痛信号传递更迅速。考虑到鱼类呈现的生态、生活史和进化的差异，可能与陆地环境相比，受伤的发生方式不同。重力（坠落）将被浮力抵消，从而降低损害的风险。有毒的化学物质在水环境中可能被稀释，与陆生动物相比，水生动物的体温变化较小。因此，来自重力、极端温度和有毒化学物质的损害可能在水生动物身上经历的程度较小。因此，这可能解释了为什么在虹鳟鱼中 C 纤维的比例存在差异，然而需要注意的是，虹鳟鱼的 A-δ 纤维在对不同类型的有害刺激做出反应时与哺乳动物的 C 纤维相似。

图 10.1 鳟鱼头部的伤害感受器和化学感受器的位置（开放三角形代表多模感受器，开放菱形代表机热感受器，开放六角形代表化学感受器。取自 Sneddon et al.2003a）

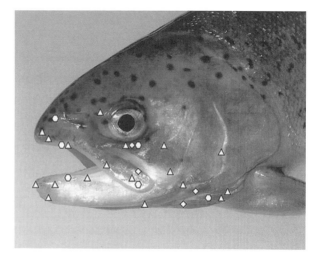

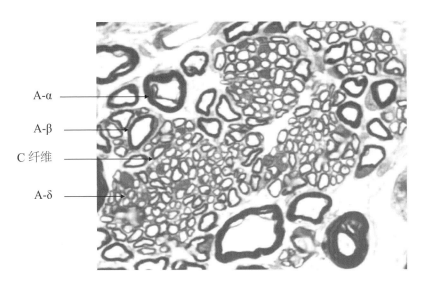

A-α

A-β

C 纤维

A-δ

图 10.2　虹鳟鱼的三叉神经上颌支的截面，显示可能充当伤害感受器的A-δ 纤维和C纤维（放大 1000 倍，比例尺为 2μm。改编自 SNEDDEON L U，2002. Anatomical and electrophysiological analysis of the trigeminal nerve in a teleost fish，*Oncorhynchus mykiss*. Neurosci Letts，319：167–171）

大多数的研究使用了硬骨鱼类，而对软骨鱼类的研究相对较少。虽然这个案例中缺乏方法上的细节，但是另一文献中对长尾魟（*Himantura fai*）的数据确认了其没有C纤维，但有丰富的小髓鞘A-δ 纤维。然而，仍然需要进行更多的研究来确定软骨鱼类的伤害感受器。许多鲨鱼、鳐鱼和电鳐表现出求偶咬合的行为，导致受伤。因此，这个群体可能对疼痛有较低的感受能力，再加上愈合较慢，表明与其他的鱼类相比，受伤的风险可能较低。然而，Porcher观察到黑边礁鲨（*Carcharhinus melanopterus*）在求偶时咬伤的伤口在 10 天内迅速愈合。

通过神经纤维示踪，与哺乳动物相比，鱼类从外围到大脑的神经解剖通路高度保守。在辐鳍鱼类的大脑中，连接到下丘脑和皮层区域（见第 6 章），这些区域参与了哺乳动物的疼痛处理。在辐鳍鱼类中，高级脑区域在有害刺激期间做出了反应，例如草鱼（*Cyprinus carpio*）和虹鳟鱼的基因表达；大西洋鲑鱼（*Salmo salar*）的电活动；金鱼（*Carassius auratus*）和虹鳟鱼；用功能性磁共振成像研究鲤鱼的疼痛特异性活动，因此，中枢活动与无害刺激不同，不仅限于脑干和脊髓的反射中枢。整个大脑都参与其中，这可能与下文描述的行为上的持久变化有关。大量的镇痛药物减轻了在受到有害刺激的鱼类中看到的与疼痛相关的行为和生理变化（图

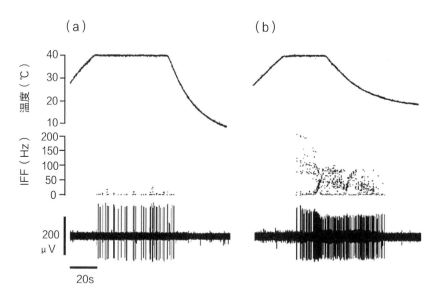

图 10.3 从鳟鱼脸部的伤害感受器场记录的电生理学记录，显示了伤害感受器对热刺激的反应。瞬时射频（IFF）在中央显示为散点图。这说明了在经历有害的化学刺激后，对热的机械热刺激受体的敏感性。这显示了对坡度和保持热刺激的射击反应（a）在皮下注射 1% 福尔马林后的 9 分钟（b）在感受场附近 <1mm。上方展示出了热刺激，中间展示出了瞬时射频（IFF）的散点图，下方展示出了三叉神经节的细胞外单元记录。尽管热阈值保持不变，但在注射福尔马林后，射频大幅增加。（改编自 ASHLEY P J, SNEDDON L U, MCCROHAN C R, 2007.Nociception in fish: stimulus - response properties of receptors on the head of trout *Oncorhynchus mykiss*. Brain Res, 1166: 47-45）

10.4）。在分子水平上，响应也是保守的，因为阿片受体和非甾体抗炎药物对环氧合酶的作用在鱼类和哺乳动物之间是相似的。因此，鱼类的疼痛神经装置可与哺乳动物系统相媲美。

表 10.2 鱼类、蛇类和小鼠中 A-δ 伤害感受器的电生理特性

项目	鱼	蛇	鼠
传导速度（m/s）	0.7~5.5	3.8	0.7~5.7
动作电位振幅（mV）	10~90	91	70~89
动作电位持续时间(ms）	0.8~2.4	2.4	0.7~2.8
超极化后振幅（mV）	1.8~5.5	11.9	6~12
最大去极化率（V/s）	63~226	182	115~291

当观察到疼痛期间的行为和生理反应的变化时，这表明疼痛具有负面的情感成

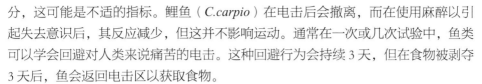

分，这可能是不适的指标。鲤鱼（*C.carpio*）在电击后会撤离，而在使用麻醉以引起失去意识后，其反应减少，但这并不影响运动。通常在一次或几次试验中，鱼类可以学会回避对人类来说痛苦的电击。这种回避行为会持续 3 天，但在食物被剥夺 3 天后，鱼会返回电击区以获取食物。

在对多种鱼类进行疼痛治疗时，已经显示出持久而复杂的反应。虹鳟鱼和斑马鱼（*Danio rerio*）的鳃盖节拍率（鳃的通气）在应激反应之后增加。在虹鳟鱼以及尼罗罗非鱼中，观察到血浆皮质醇增加。正常的行为经常会受到干扰，如游泳。在虹鳟鱼中记录到保护行为（即避免使用已施加痛苦刺激的区域），它们在嘴唇被注射产生痛觉之后停止进食长达 3 小时；虚拟处理（仅麻醉）、注射生理盐水的对照组和注射酸性溶液的鱼在用吗啡处理后的 80 分钟后恢复进食。

疼痛对物种的特定反应已知在哺乳动物的物种之间有所不同，这些特定物种的行为反应已经在鱼类中有记录。被注射甲醛的巨头裂口鱼（*Leporinus macrocephalus*）和剪切了尾鳍的尼罗罗非鱼都增加了游泳频率。相反，在电击后的莫桑比克罗非鱼和经历腹膜炎的大西洋鲑鱼减少了游泳频率。这些对比的反应表明行为指标必须在物种之间和每种类型的疼痛中都要进行识别。从 3 小时到 2 天，可以看到与疼痛相关的行为变化，因此，它们不是简单的瞬时伤害反射。疼痛阈值也可能在物种之间有所不同。例如，在虹鳟鱼中，当醋酸（一种标准的哺乳动物疼痛测试剂）的皮下注射浓度高达 2% 时，会引起行为和生理的变化，因为超过此浓度会破坏和消除伤害感受器的活动。相比之下，在鲤科鱼中，需要超过 5% 的醋酸浓度才能引发与疼痛相关的行为反应。这可能表明鲤科鱼类具有较高的疼痛阈值，显示出物种特定的差异。

鱼类对疼痛处理的反应通常表现为异常或异常的新行为。例如，斑马鱼的尾巴拍打，这是对已知的疼痛刺激——醋酸注射——的反应。在尾柄部位，斑马鱼会剧烈地摆动尾鳍，但游泳和其他活动的频率都减少了。诸如此类的异常行为仅在注射引起疼痛的化学物质后被记录，如"摇晃"，即鱼在基质上前后摇晃，以及将注射部位放在水箱侧面摩擦。这些反应从未在空白处理的个体（麻醉但没有疼痛）、注射生理盐水的鱼（无害）、毒理研究中被报告过。这是一个有力的证据，表明这些新的行为变化是疼痛处理的直接结果，并且研究表明它们通过使用具有止痛作用的药物而减少疼痛。

学会避免痛苦刺激是疼痛对情感状态的不良和强烈影响的证据。对于被暴露于痛苦电击的金鱼（*C.auratus*），它们能够学会避免这种情况。吗啡（止痛药物）的使用增加了引起这种反应所需的电压，因此，吗啡减轻了疼痛。使用 MIF-1 和纳洛酮（阿片拮抗剂），阻断了吗啡的作用，较低的电压引起了这种反应。这些拮抗剂在哺乳动物中的作用方式与之类似。此外，鱼类可以通过经典条件反射学会将痛苦

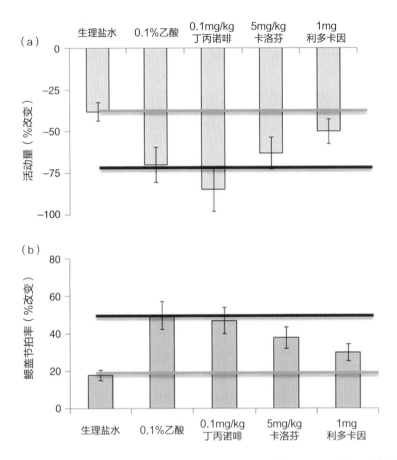

图10.4 虹鳟鱼在皮下被注射生理盐水或有害物质（0.1% 醋酸）后30分钟的活动（a）和鳃盖节拍率（OBR）的百分比变化（b），或与肌内注射 0.1mg/kg 的丁丙诺啡（0.1Bup）或 5mg/kg 的卡洛芬（5mg/kg Car）或与酸性物质共同注射在同一个部位，使用 1mg 利多卡因（1.0 Lid）的情况。灰线代表生理盐水（对照）处理的影响，而黑线代表疼痛的影响（酸性注射；改编自 METTAM J J, OULTON L J, MCCROHAN C R, et al., 2011. The efficacy of three types of analgesic drugs in reducing pain in the rainbow trout, *Oncorhynchus mykiss*. Appl Anim Behav Sci, 133: 265-274）

刺激与中性刺激（如光线提示）关联起来，导致在中性刺激出现时鱼类同样有应激反应，在没有疼痛的情况下。其他的鱼类也显示出对潜在的痛苦事件学会避免的行为，包括普通鲤鱼（*C.carpio*）和北极鱼（*Esox lucius*）在垂钓试验中回避鱼钩。

  由于大多数的研究是在硬骨鱼类上进行的，可以说鱼类似乎符合Sneddon等定义的疼痛第一概念的标准。无颚鱼类和硬骨鱼类都拥有检测疼痛的伤害感受器，这些伤害感受器的电生理和神经解剖特性与陆地脊椎动物相似。鱼类拥有通往高级脑中枢的脑区域和通路，这对于伤害感受的发生至关重要，而不仅仅是在脑干和脊髓的反射中心中活动。在鱼类中，已发现在哺乳动物的伤害感受中起作用的分子也是存在的。此外，镇痛药可以缓解对疼痛刺激的行为和生理的反应。硬骨鱼类表现出对疼痛的回避行为。目前，已测试并显示在较长的时间内对疼痛做出显著的生理和行为变化的几种硬骨鱼类的物种，都没有瞬间的撤退反射。这些令人信服的证据表明这可能是疼痛，而不仅仅是一种伤害感受反射。

10.4　概念二：疼痛事件后的动机变化

塑造未来决策和动机的经验显然对动物产生了严重的影响。这些对战略决策的长期变化可用来推断疼痛事件对动物的重要性。这种方法允许动物通过主观经验的某些方面进行一定的判断，相关的研究试图理解疼痛处理对鱼类的相关性和相对的重要性。确定动物是否会自我给药以减轻疼痛的自我给药范例尤其有用。在这种情况下，如果在食物或水中加入镇痛剂，动物可以自主选择这种水或食物，以有效减轻它们的疼痛，这表明这些动物对疼痛有内在的体验或情感方面的感受。不幸的是，这种方法在疼痛时会让鱼类停止进食。另一种方法是调查鱼类是否愿意付出代价以获得止痛的效果。如果经历疼痛是一种负面的内在状态，那么鱼类应该在努力增加或放弃访问资源或有利区域的代价方面付出代价以获得止痛的效果。在斑马鱼中已经进行了探索，斑马鱼个体面临两个选择：其一是贫瘠、光线强烈的区域；其二是富集的、光线不太明亮的区域，该区域仍然可以看到鱼群。斑马鱼选择在富集的房间中度过大部分的时间，基于在 6 次连续的场合中。在注射酸性溶液或生理盐水作为非疼痛处理后，它们对受欢迎的富集的房间的选择仍然存在（图 10.5）。然而，当在不受欢迎的房间中提供止痛药时，经历疼痛处理的斑马鱼失去了对有利区域的偏爱，在注射利多卡因的情况下，它们大部分的时间在不受欢迎的房间中被发现。接受生理盐水注射的对照组，在受欢迎的房间内使用利多卡因，不会失去对受欢迎的房间的偏爱。这些发现表明，利多卡因既不上瘾，也不具有镇静作用，这使得经历疼痛处理的鱼类寻求止痛并愿意付出代价以在不受欢迎的房间中获得镇痛的效果。

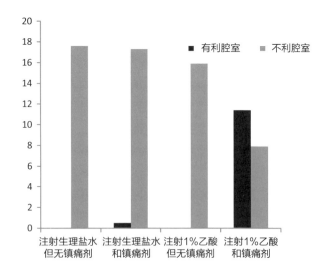

图 10.5 注射皮下生理盐水（对照组）或注射 1% 醋酸（醋酸组）的斑马鱼在受欢迎的房间或不受欢迎的房间中停留的时间，当在不满意的房间里镇痛存在时（+镇痛）或不存在时（−镇痛）。当镇痛存在时，斑马鱼在不受欢迎的房间停留的时间更长（*P <0.001）

图表图例：
■ 有利腔室　　■ 不利腔室

横轴标签：
注射生理盐水但无镇痛剂　｜　注射生理盐水和镇痛剂　｜　注射 1% 乙酸但无镇痛剂　｜　注射 1% 乙酸和镇痛剂

疼痛在本质上会占据人的注意力，当人在疼痛时，其他任务的执行效果较差。这个观念可以用来确定疼痛对动物的重要性，因此，如果疼痛是急需处理的，那么在经历疼痛时，预计动物在竞争性的任务上表现不佳或忽视这些任务。虹鳟鱼在疼痛时不对新颖的物体做出反应，因此，在疼痛时不表现出畏新的行为，然而，如果注射吗啡，回避行为可以得以恢复。在疼痛时对虹鳟鱼进行疼痛处理还会打断正常的抗捕食者的行为，如寻找庇护所和逃跑行为（图 10.6）。在受到慢性应激且血浆皮质醇浓度较高的社交地位低下的鳟鱼中，几乎没有显示出疼痛的迹象，可能是由于内源性或应激性的镇痛作用。这些研究结果表明，疼痛比对竞争性刺激的响应更为重要，中枢机制可能被激活以减轻疼痛。事实上，最近的研究表明，应激性镇痛，这是哺乳动物疼痛的下行控制的指标，在小头兔脂鲤（*Leporinus microcephalus*）中也发生。当将应激因子施加到小头兔脂鲤身上时，它们表现出对疼痛的减弱反应，该反应可被拮抗剂纳洛酮阻断，并且这一现象基于前脑中 GABA 系统的变化和内源性大麻素系统。因此，这一现象似乎与哺乳动物相似。经验证据清晰，并且证明了鱼类符合概念二的定义，在经历疼痛后未来的行为决策和动机发生改变（表 10.1）。

图 10.6 （a）为注射
生理盐水（对照组）或
酸性物质（酸性组）
后，胆大的鱼和胆小的
鱼在添加警戒物质（捕
食者信号）前后，活动
时间百分比的中位数
（四分位数）变化，箭
头表示疼痛对这些行为
的影响。(b)为注射生
理盐水（对照组）或酸
性物质（酸性组）后，
胆大的鱼和胆小的鱼在
添加警戒物质前后，躲
藏时间的中位数变化，
箭头表示疼痛对这些行
为的影响（*P<0.01。
N ＝ 24；ASHLEY
P J, Ringrose S,
EDWARDS K L, et
al., 2009. Effect of
noxious stimulation
upon antipredator
responses and
dominance status in
rainbow trout. Animal
Behaviour, 77：
403-410）

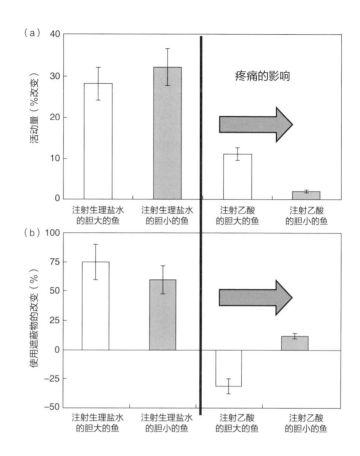

10.5 鱼类是否感受到疼痛为什么仍然存在争论？

　　动物疼痛怀疑论者在提出非人灵长类动物以外的动物是否经历疼痛时主要依据
大脑的解剖结构。尽管目前尚无经验性的证据证明鱼类感受不到疼痛，但一些评论
家认为鱼类缺乏多层次、类似人类的皮层或其功能等效物，使得鱼类和其他的动物
处于无意识的状态，不能意识到疼痛或体验相关的不适或苦楚。然而，正如上文所
述，有大量的经验性的证据支持鱼类可以感受疼痛，并且这是一种负面状态。认为

在非人灵长类动物和人类中突然出现类似疼痛这样的功能，而没有任何前兆，违背了演化的法则。此外，这种反对鱼类疼痛的观点也受到批评，因为怀疑论者并不会明确表示具有单层结构的皮层的鸟类也无法感受疼痛。针对这一观点，最近的一项综述确实指出鸟类能够感受到疼痛，但所有针对鸟类和哺乳动物的可接受性的证据都不能适用于鱼类。这导致了大量的讨论（41篇），对这一立场进行了批判性的评价，令人震惊的是73%的人不同意鱼类不能感受疼痛的提议，表示有足够的证据表明鱼类能够感受疼痛；15%的人声明不能排除鱼类感受疼痛的可能性，但需要更多的证据，只有12%的人支持鱼类不能感受疼痛的观点。那些不直接研究鱼类疼痛的评论家辩称 Key 关于大脑运作方式的解释存在缺陷，并且他的论点有不正确的陈述和对研究报告的错误有支持依据。用 Bjorn Merker 的话说，Key 的论文"更像是一个有着漏洞的拼凑结构，由对神经科学理解不完全和文献引用错误拼凑而成"。此外，如果接受 Key 的论点，那么由于鱼类的大脑的解剖结构与人类不同，鱼类不应该具有其他的感觉功能。例如，由于其中枢视觉系统与人脑的视觉皮层不同，因此，鱼类不应该能够看到或形象化。这些辩论主要是基于语义学，但最终我们无法直接与鱼类进行交流，因此，它们无法自我报告疼痛。考虑到上述关于动物疼痛的定义的大量的证据，从伦理和道德的角度来看，我们应该在受伤时将鱼类视为有可能经历疼痛的对象，以保障它们的健康和福利。

10.6　以人性化的方式养殖鱼类

在考虑鱼类可能经历某种疼痛形式的影响时，从道德和伦理的角度，我们应该通过避免导致疼痛的做法来尽力减轻痛苦。鱼类在农业和大规模渔业中是一种食品，在科学研究中是一种实验模型，是保护工作中的关键的物种，并是一些娱乐活动中的对象，如钓鱼、个体捕鱼、公共展览和水肺潜水对象，或作为宠物。预防原则规定，动物应受到良好的对待，并且应对它们是否有痛苦感给予怀疑的权益。在预防原则的精神中，人类应该以道德、有益于福利的方式使用鱼类。这并不妨碍使用鱼类，但应该以无痛苦的方式进行，以提高鱼类的健康和福利。正如上文所讨论的，鱼类可以被认为经历了痛苦，因此，那些使用鱼类的人应该在可能的情况下避免或减轻痛苦。对于鱼类的痛苦存在的证据是令人信服的，因此，在考虑鱼类福利时，伦理决策时应该纳入这一点。

我们对鱼类施加的一些做法可能潜在地导致伤害或组织损伤，并引起疼痛。在水产养殖、渔业、垂钓、实验、公共展示和观赏动物的产业中，研究应该致力于改善对鱼类的处理。屠宰的人性化方法包括动物迅速被杀死，减少恐惧和痛苦。在水产养殖中，研究杀鱼的方法主要是为了实现产品质量的控制、效率和加工者的安全。方法是多变的，包括电击后斩首、对颅骨的钝性创伤和使用固定螺栓的冲击电击。除了这种损害外，捕捞和放流过程中也会发生应激反应和死亡，通过钩和线进行捕捞，在商业渔业和娱乐垂钓中使用不同的网也可能导致皮肤擦伤，留下容易感染的开放性病变。鱼类与商业拖网或装备碰撞，会导致颚和脊柱受伤；当鱼类从拖网尾部和拖网中逃脱时，会出现皮肤受伤。公众愿意为改善陆地农场动物福利支付更多的费用，例如自由放养的产品。这也适用于鱼类，消费者关心鱼类的捕捞地点、方法以及是否有可持续性。对渔业的低效管理导致了不可持续的捕捞行为和关键物种的种群崩溃，以及非目标动物或副渔获物的死亡，如鸟类、鲸类、海龟等。在某些物种的水产养殖中，攻击性行为是一个问题。这导致了背鳍、胸鳍和尾鳍、眼睛和鳃盖受伤，可能影响进食行为和生长。许多鱼类使用侵入性的方法进行标记，特别是鳍剪切，这是一种大量增加实验对象压力的方法。使用斑马鱼进行的最近的研究表明，尾鳍剪切导致异常的行为和生理变化。这些变化可以通过阿司匹林和利多卡因得到缓解。因此，在侵入性的标记方法中，可以从监管的角度出发提供缓解疼痛的措施。通过减少和减轻疼痛来改善鱼类福利对水产养殖、渔业和观赏鱼贸易的明显的经济回报。

在实验研究中，许多国家的法律（例如欧洲指令 Directive 2010/63/EU）保护实验动物，如鱼类。尽管实验室鱼类福利研究的发展不如哺乳动物那样成熟，但确切的鱼类镇痛方案和实验室养殖设备的研究是有必要的，因为一些麻醉剂可能是让动物讨厌的。当实验程序导致损伤且研究的目的不是对疼痛进行实际研究时，应该使用镇痛剂以减少任何的疼痛。实证研究已经揭示，对于较大的鱼类，镇痛药可以通过注射的方式给药（例如鳟鱼的肌肉内注射），而对较小的鱼类也可以通过溶解到水中浸泡进行给药（例如斑马鱼）。实验对象有良好的福利，确保了实验研究中获得的数据的有效性和可靠性。实验室啮齿动物的研究表明，为处于更好的福利条件下的个体提供更高质量的数据，同时减少种内变异。

10.7　总　结

鉴于保持鱼类良好福利的诸多好处以及有关鱼类能感受到疼痛的证据，从多种情境来看，使用正确的养殖方式有利于鱼类福利。有大量且不断增长的经验证据表明，疼痛对鱼类来说是一种不良的状态，应该避免。从法律和伦理的角度来看，养殖者应该寻求通过改进现有的做法，使其更加温和，或者进行镇痛治疗，以减少可能的痛苦和不适。从假设的角度来看，如果福利得到提升，生产力将得到改善，从而实现更大的经济回报，同时确保鱼类的健康，不对公共健康构成风险，因此，在维护鱼类福利方面具有优势。关于鱼是否有意识地经历疼痛的争论，实际上正在阻碍鱼类健康和福利领域的进展。很明显，一方面有大量的科学证据，另一方面是个人观点，即是否必须拥有人类大脑才能感受到疼痛。意识是一种难以识别的内在状态，但研究表明，鱼类能够认识自己与其他鱼的区别，并在镜像测试中展示出自主行为。鱼类还满足有感知能力的标准，并表现出高级的认知功能和智能的复杂行为。Stamp Dawkins 还批评了动物意识的语义，相反，他认为更重要的是动物在生理和行为上是否健康，以及它是否在多个方面都得到了满足，比如养殖设备、饮食、饲养、环境丰富等。在这里，我进一步建议，受损导致的鱼类疼痛是一种不良的状态，因此，有必要确保以不导致疼痛或尽可能减轻疼痛的方式对待鱼类。

参考文献

Abbott JC, Dill LM (1985) Patterns of aggressive attack in juvenile steelhead trout (*Salmo-Gairdneri*). Can J Fish Aquat Sci 42:1702–1706

Alves FL, Barbosa Júnior A, Hoffmann A (2013) Antinociception in piauçu fish induced by exposure to the conspecific alarm substance. Physiol Behav 110–111:58–62

Animal Sentience (2016). http://animalstudiesrepository.org/animsent/vol1/iss3/

Ari C, D'Agostino DP (2016) Contingency checking and self-directed behaviors in giant manta rays: do elasmobranchs have self-awareness? J Ethol 34:167–174

Ashhurst DE (2004) The cartilaginous skeleton of an elasmobranch fish does not heal. Matrix Biol 23:15–22

Ashley PJ (2007) Fish welfare: current issues in aquaculture. Appl Anim Behav Sci 104:199–235

Ashley PJ, Sneddon LU, McCrohan CR (2006) Properties of corneal receptors in a teleost fish. Neurosci Lett 410:165–168

Ashley PJ, Sneddon LU, McCrohan CR (2007) Nociception in fish: stimulus-response properties of receptors on the head of trout *Oncorhynchus mykiss*. Brain Res 1166:47–54

Ashley PJ, Ringrose S, Edwards KL, McCrohan CR, Sneddon LU (2009) Effect of noxious stimulation upon antipredator responses and dominance status in rainbow trout. Anim Behav 77:403–410

Barthel BL, Cooke SJ, Suski CD, Philipp DP (2003) Effects of landing net mesh type on injury and mortality in a freshwater recreational fishery. Fish Res 63:275–282

Bejo Wolkers CP, Barbosa Junior A, Menescal-de-Oliveira L, Hoffmann A (2015a) Acute admin-istration of a cannabinoid CB1 receptor antagonist impairs stress-induced antinociception in fish. Physiol Behav 142:37–41

Bejo Wolkers CP, Barbosa Junior A, Menescal-de-Oliveira L, Hoffmann A (2015b) GABA(A)-benzodiazepine receptors in the dorsomedial (Dm) telencephalon modulate restraint-induced antinociception in the fish *Leporinus macrocephalus*. Physiol Behav 147:175–182

Beukema JJ (1970a) Angling experiments with carp (*Cyprinus carpio* L.) II. Decreased catchability through one trial learning *A*. Neth J Zool 19:81–92

Beukema JJ (1970b) Acquired hook avoidance in the pike *Esox lucius* L. fished with artificial and natural baits. J Fish Biol 2:155–160

Bjørge MH, Nordgreen J, Janczak AM, Poppe T, Ranheim B, Horsberg TE (2011) Behavioural changes following intraperitonealvaccination in Atlantic salmon (Salmo salar). Appl Anim Behav Sci 133:127–135

Broom DM (2007) Cognitive ability and sentience: which aquatic animals should be protected? Dis Aquat Anim 75:99–108

Broom DM (2014) Sentience and animal welfare, CABI International, Wallingford, 185 p

Brown C (2015) Fish intelligence, sentience and ethics. Anim Cogn 18:1–17

Chandroo KP, Duncan IJH, Moccia RD (2004) Can fish suffer?: Perspectives on sentience, pain, fear and stress. Appl Anim Behav Sci 86:225–250

Chervova LS, Lapshin DN (2011) Behavioral control of the efficiency of pharmacological anes-thesia in fish. J Icthyol 51:1126–1132

Chopin FS, Arimoto T (1995) The condition of fish escaping from fishing gears–a review. Fish Res 21:315–327

Conte FS (2004) Stress and the welfare of cultured fish. Appl Anim Behav Sci 86:205–223

Cooke SJ, Hogle WJ (2000) Effects of retention gear on the injury and short-term mortality of adult smallmouth bass. N Am J Fish Manag 20:1033–1039

Cooke SJ, Sneddon LU (2007) Animal welfare perspectives on recreational angling. Appl Anim Behav Sci 104:176–198

Correia AD, Cunha SR, Scholze M, Stevens ED (2011) A novel behavioral fish model of nociception for testing analgesics. Pharmaceuticals 4:665–680

Damasio A, Damasio H (2016) Pain and other feelings in humans and animals. Anim Sent 3(33). http://animalstudiesrepository.org/animsent/vol1/iss3/33/

Dunlop R, Laming P (2005) Mechanoreceptive and nociceptive responses in the central nervous system of goldfish (*Carassius auratus*) and trout (*Oncorhynchus mykiss*). J Pain 6:561–568

Dunlop R, Millsopp S, Laming P (2006) Avoidance learning in goldfish (*Carassius auratus*) and trout (*Oncorhynchus mykiss*) and implications for pain perception. Appl Anim Behav Sci 97:255–271

Ehrensing RH, Michell GF, Kastin AJ (1982) Similar antagonism of morphine analgesia by Mif-1 and naloxone in *Carassius auratus*. Pharmacol Biochem Behav 17:757–761

Elwood RW (2016) A single strand of argument with unfounded conclusion. Anim Sent 3(19). http://animalstudiesrepository.org/animsent/vol1/iss3/19/

Europa (2014a). https://ec.europa.eu/fisheries/cfp_en

Europa (2014b). https://ec.europa.eu/fisheries/cfp/aquaculture

FAWC (2014a). https://www.gov.uk/government/uploads/system/uploads/attachment_data/file/ 319323/ Opinion_on_the_welfare_of_farmed_fish.pdf

FAWC (2014b). https://www.gov.uk/government/uploads/system/uploads/attachment_data/file/ 319331/ Opinion_on_the_welfare_of_farmed_fish_at_the_time_of_killing.pdf

Flecknell P, Gledhill J, Richardson C (2007) Assessing animal health and welfare and recognising pain and distress. Altex-Alternativen Zu Tierexperimenten 24:82–83

Frey UJ, Pirscher F (2018) Willingness to pay and moral stance: the case of farm animal welfare in Germany. PLoS One 13:e0202193

Gentle MJ (1992) Pain in birds. Anim Welf 1:235–247

Greaves K, Tuene S (2001) The form and context of aggressive behaviour in farmed Atlantic halibut (*Hippoglossus hippoglossus* L.). Aquaculture 193:139–147

Guénette SA, Giroux M, Vachon P (2013) Pain perception and anaesthesia in research frogs. Exp Anim 62:87–92

Heupel MR, Simpfendorfer CA, Bennett MB (1998) Analysis of tissue responses to fin tagging in Australian carcharhinids. J Fish Biol 52:610–620

IASP (2019). https://www.iasp-pain.org/Education/Content.aspx?ItemNumber¼41698& navItemNumber¼576. Accessed 08/03/19

Kajiura SM, Sebastian AP, Tricas TC (2000) Dermal bite wounds as indicators of reproductive seasonality and behaviour in the Atlantic stingray, Dasyatis sabina. Environ Biol Fish 58:23–31

Key B (2016) Why fish do not feel pain. Anim Sent 1(1). http://animalstudiesrepository.org/animsent/vol1/iss3/1/

Kitchener PD, Fuller J, Snow PJ (2010) Central projections of primary sensory afferents to the spinal dorsal horn in the long-tailedstingray, Himantura fai. Brain Behav Evol 76:60–70

Kuhajda MC, Thorn BE, Klinger MR, Rubin NJ (2002) The effect of headache pain on attention (encoding) and memory (recognition). Pain 97:213–221

Leonard RB (1985) Primary afferent receptive field properties and neurotransmitter candidates in a vertebrate lacking unmyelinmated fibres. Prog Clin Res 176:135–145

Liang Y, Terashima S (1993) Physiological properties and morphological characteristics of cuta-neous and mucosal mechanical nociceptive neurons with A-d peripheral axons in the trigeminal ganglia of crotaline snakes. J Comp Neurol 328:88–102

Lopez de Armentia ML, Cabanes C, Belmonte C (2000) Electrophysiological properties of iden-tified trigeminal ganglion neurons innervating the cornea of the mouse. Neuroscience 101:1109–1115

Lopez-Luna J, Al-Jubouri Q, Al-Nuaimy W, Sneddon LU (2017a) Activity reduced by noxious chemical stimulation is ameliorated by immersion in analgesic drugs in zebrafish. J Exp Biol 220:1451–1458

Lopez-Luna J, Al-Jubouri Q, Al-Nuaimy W, Sneddon LU (2017b) Impact of analgesic drugs on the behavioural responses of larval zebrafish to potentially noxious temperatures. Appl Anim Behav Sci 188:97–105

Lopez-Luna J, Canty MN, Al-Jubouri Q, Al-Nuaimy W, Sneddon LU (2017c) Behavioural responses of fish larvae modulated by analgesic drugs after a stress exposure, vol 195. Appl Anim Behav Sci, p 115

Lynn B (1994) The fibre composition of cutaneous nerves and the classification and response properties of cutaneous afferents, with particular reference to nociception. Pain Rev 1:172–183

Malafoglia V, Bryant B, Raffaeli W, Giordano A, Bellipanni G (2013) The zebrafish as a model for nociception studies. J Cell Physiol 228:1956–1966

Matthews G, Wickelgren WO (1978) Trigeminal sensory neurons of the sea lamprey. J Comp Physiol A Sens Neural Behav Physiol 123:329–333

Maximino C (2011) Modulation of nociceptive-like behavior in zebrafish (*Danio rerio*) by envi-ronmental stressors. Psychol Neurosci 4:149–155

Merker BH (2016) The line drawn on pain still holds. Anim Sent 1(46). http:// animalstudiesrepository.org/ animsent/vol1/iss3/46/

Metcalfe JD (2009) Welfare in wild-capture marine fisheries. J Fish Biol 75:2855–2861

Mettam JM, Oulton LJ, McCrohan CR, Sneddon LU (2011) The efficacy of three types of analgesic drug in reducing pain in the rainbow trout, *Oncorhynchus mykiss*. Appl Anim Behav Sci 133:265–274

Mettam JJ, McCrohan CR, Sneddon LU (2012) Characterisation of chemosensory trigeminal receptors in the rainbow trout (*Oncorhynchus mykiss*): responses to irritants and carbon dioxide. J Exp Biol 215:685–693

Millsopp S, Laming P (2008) Trade-offs between feeding and shock avoidance in goldfish (*Carassius auratus*). Appl Anim Behav Sci 113:247–254

Miyashita S, Sawada Y, Hattori N, Nakatsukasa H, Okada T, Murata O, Kumai H (2000) Mortality of blue fin tuna *Thunnus thynnus* due to trauma caused by collision during grow out culture. J World Aquacult Soc 31:632–639

MSC (2018). https://www.msc.org/media-centre/press-releases/press-release/seafood-consumers-want-less-pollution-and-more-fish-in-the-sea

Mulder M, Zomer S (2017) Dutch consumers' willingness to pay for broiler welfare. J Appl Anim Welf Sci 20:137–154

Nasr MAF, Nicol CJ, Murrell JC (2012) Do laying hens with keel bone fractures experience pain? PLoS One 7:e42420

Newby NC, Wilkie MP, Stevens ED (2009) Morphine uptake, disposition, and analgesic efficacy in the common goldfish (*Carassius auratus*). Can J Zool 87:388–399

Nordgreen J, Horsberg TE, Ranheim B, Chen ACN (2007) Somatosensory evoked potentials in the telencephalon of Atlantic salmon (*Salmo salar*) following galvanic stimulation of the tail. J Comp Physiol A 193:1235–1242

Nordgreen J, Garner JP, Janczak AM, Ranheim B, Muir WM, Horsberg TE (2009) Thermonociception in fish: effects of two different doses of morphine on thermal threshold and post-test behaviour in goldfish (*Carassius auratus*). Appl Anim Behav Sci 119:101–107

Olla BL, Davis MW, Schreck CB (1997) Effects of simulated trawling on sablefish and walleye pollock: the role of light intensity, net velocity and towing duration. J Fish Biol 50:1181–1194

Overmier JB, Hollis KL (1983) The teleostean telencephalon in learning. In: Davis RE, Northcutt RG (eds) Fish neurobiology, vol 2: higher brain areas and functions. University of Michigan Press, Ann Arbor, MI, pp 265–283

Overmier JB, Hollis KL (1990) Fish in the think tank: learning, memory and integrated behaviour. In: Kesner RP, Olson DS (eds) Neurobiology of comparative cognition. Lawrence Erlbaum, Hillsdales, NJ, pp 205–236

Pham TM, HagmanB, Codita A, Van Loo PP, Strömmer, L, Baumans V (2010). Housing environment influences the need forpain relief during post-operative recovery in mice. Physiol Behav 99:663–668

Porcher IF (2005) On the gestation period of the blackfin reef shark, Carcharhinus melanopterus, in waters off Moorea, French Polynesia. MarBiol 146:1207–1211

Portavella M, Vargas JP, Torres B, Salas C (2002) The effects of telencephalic pallial lesions on spatial, temporal, and emotional learning in goldfish. Brain Res Bull 57:397–399

Portavella M, Torres B, Salas C, Papini MR (2004) Lesions of the medial pallium, but not of the lateral pallium, disrupt spaced-trial avoidance learning in goldfish (*Carassius auratus*). Neurosci Lett 362:75–78

Pottinger TG (1997) Changes in water quality within anglers' keepnets during the confinement of fish. Fish Manag Ecol 4:341–354

Reilly SC, Quinn JP, Cossins AR, Sneddon LU (2008a) Novel candidate genes identified in the brain during nociception in common carp (*Cyprinus carpio*) and rainbow trout (*Oncorhynchus mykiss*). Neurosci Lett 437:135–138

Reilly SC, Quinn JP, Cossins AR, Sneddon LU (2008b) Behavioural analysis of a nociceptive event in fish: comparisons between three species demonstrate specific responses. Appl Anim Behav Sci 114:248–259

Rink E, Wullimann MF (2004) Connections of the ventral telencephalon (subpallium) in the zebrafish (*Danio rerio*). Brain Res 1011:206–220

Roques JAC, Abbink W, Geurds F, van de Vis H, Flik G (2010) Tailfin clipping, a painful procedure: studies on Nile tilapia and common carp. Physiol Behav 101:533–540

Roques JAC, Abbink W, Chereau G, Fourneyron A, Spanings T, Burggraaf D, van de Bos R, van de Vis H, Flik G (2012) Physiological and behavioral responses to an electrical stimulus in Mozambique tilapia (*Oreochromis mossambicus*). Fish Physiol Biochem 38:1019–1028

Rose JD (2002) The neurobehavioral nature of fishes and the question of awareness and pain. Rev Fish Sci 10:1–38

Rose JD, Arlinghaus R, Cooke SJ, Diggles BK, Sawynok W, Stevens ED, Wynne CDL (2014) Can fish really feel pain? Fish Fish 15:97–133

Rutherford KMD (2002) Assessing pain in animals. Anim Welf 11:31–53

Schroeder P, Sneddon LU (2017) Exploring the efficacy of immersion analgesics in zebrafish using an integrative approach. Appl Anim Behav Sci 187:93–102

Sharpe CS, Thompson DA, Blankenship HL, Schreck CB (1998) Effects of routine handling and tagging procedures on physiological stress responses in juvenile Chinook salmon. Progress Fish Cult 60:81–87

Shriver AJ (2016) Cortex necessary for pain—but not in sense that matters. Animal Sentience 3(27) Singhal G, Jaehne EJ, Corrigan F, Baune BT (2014) Cellular and molecular mechanisms of immunomodulation in the brain through environmental enrichment. Front Cell Neurosci 8:97. https://doi.org/10.3389/fncel.2014.00097

Sneddon LU (2002) Anatomical and electrophysiological analysis of the trigeminal nerve in a teleost fish, *Oncorhynchus mykiss*. Neurosci Lett 319:167–171

Sneddon LU (2003a) The evidence for pain in fish: the usc of morphine as an analgesic. Appl Anim Behav Sci

83:153–162

Sneddon LU (2003b) Trigeminal somatosensory innervation of the head of a teleost fish with particular reference to nociception. Brain Res 972:44–52

Sneddon LU (2004) Evolution of nociception in vertebrates: comparative analysis of lower vertebrates. Brain Res Rev 46:123–130

Sneddon LU (2006) Ethics and welfare: pain perception in fish. Bull Eur Assoc Fish Pathol 26:6–10

Sneddon LU (2009) Pain perception in fish indicators and endpoints. ILAR J 50:338–342

Sneddon LU (2011a) Pain perception in fish: evidence and implications for the use of fish. J Conscious Stud 18:209–229

Sneddon LU (2011b) Cognition and welfare. In: Brown C, Laland K, Krause J (eds) Fish cognition and behavior, 2nd edn. Wiley-Blackwell, Oxford, pp 405–434

Sneddon LU (2012) Clinical anaesthesia and analgesia in fish. J Exot Pet Med 21:32–43

Sneddon LU (2013) Do painful sensations and fear exist in fish? In: van der Kemp TA, Lachance M (eds) *Animal Suffering: From Science to Law, International Symposium*. Carswell, Toronto, pp 93–112

Sneddon LU (2015) Pain in aquatic animals. J Exp Biol 218:967–976

Sneddon LU (2018) Comparative physiology of nociception and pain. Physiology 33:63–73

Sneddon LU, Leach MC (2016) Anthropomorphic denial of fish pain. Anim Sent 1(28). http://animalstudiesrepository.org/animsent/vol1/iss3/28/

Sneddon LU, Wolfenden D (2012) How are fish affected by large scale fisheries: pain perception in fish? In: Soeters K (ed) See the truth. Nicolaas G. Pierson Foundation, Amsterdam, pp 77–90

Sneddon LU, Braithwaite VA, Gentle MJ (2003a) Do fishes have nociceptors? Evidence for the evolution of a vertebrate sensory system. Proc R Soc London Ser B Biol Sci 270:1115–1121

Sneddon LU, Braithwaite VA, Gentle MJ (2003b) Novel object test: examining nociception and fear in the rainbow trout. J Pain 4:431–440

Sneddon LU, Elwood RW, Adamo S, Leach MC (2014) Defining and assessing pain in animals. Anim Behav 97:201–212

Sneddon LU, Wolfenden DCC, Thomson JT (2016) Stress management and welfare. In: Schreck CB, Tort L, Farrell A, Brauner C (eds) Biology of stress in fish–fish physiology, 1st edn. Academic Press, Cambridge, MA, pp 463–539

Sneddon LU, Halsey LG, Bury NR (2017) Considering aspects of the 3Rs principles within experimental animal biology. J Exp Biol 220:3007–3016

Snow PJ, Renshaw GMC, Hamlin KE (1996) Localization of enkephalin immunoreactivity in the spinal cord of the long-tailed ray *Himantura fai*. J Comp Neurol 367:264–273

St. John Smith E, Lewin GR (2009) Nociceptors: a phylogenetic review. J Comp Physiol A 195:1089–1106

Stamp Dawkins M (2012) Why animals matter. Animal consciousness, animal welfare, and human well-being. Oxford University Press, Oxford

Steeger TM, Grizzle JM, Weathers K, Newman M (1994) Bacterial diseases and mortality of angler-caught largemouth bass released after tournaments on Walter F. George reservoir, Alabama/Georgia. N Am J Fish Manag 14:435–441

Suuronen P, Erickson DL, Orrensalo A (1996) Mortality of herring escaping from pelagic trawl cod ends. Fish Res 25:305–321

Terashima S-i, Liang Y-F (1994) C mechanical nociceptive neurons in the crotaline trigeminal ganglia. Neurosci Lett 179(1–2):33–36

Thompson RB, Hunter CJ, Patten BG (1971) Studies of live and dead salmon that unmesh from gill nets. International North Pacific Fish Community Annual Report, pp 108–112

Thunken T, Waltschyk N, Bakker TCM, Kullmann H (2009) Olfactory self-recognition in a cichlid fish. Anim Cogn

12:717–724

Turnbull JF (1992) Studies on dorsal fin rot in farmed Atlantic salmon (Salmo salar L.) parr. Ph.D. Thesis. University of Stirling

Turnbull JF, Adams CE, Richards RH, Robertson DA (1998) Attack site and resultant damage during aggressive encounters in Atlantic salmon (Salmo salar L.) parr. Aquaculture 159:345–353

Willenbring S, Stevens CW (1995) Thermal, mechanical and chemical peripheral sensation in amphibians–opioid and adrenergic effects. Life Sci 58:125–133

Wong D, von Keyserlingk MAG, Richards JG, Weary DM (2014) Conditioned place avoidance of zebrafish (Danio rerio) to three chemicals used for euthanasia and anaesthesia. PLoS One 9: e88030

Yoshida, M. and Hirano, R. (2010). Effects of local anesthesia of the cerebellum on classical fear conditioning in goldfish. Behav. Brain Funct. 6, 20.

Young RF (1977) Fiber spectrum of the trigeminal sensory root of frog, cat and man determined by electron microscopy. In: Anderson DL, Matthews B (eds) Pain in the Trigeminal Region. Elsevier, Amsterdam, pp 137–160

第11章
鱼是如何应对压力的？

摘　要: 过去，鱼类被认为是没有意识、没有感情、受本能驱使的动物，但事实证明它们像哺乳动物一样受到压力的影响。因此，本章的目标是将异质稳态的概念作为理解养殖鱼类如何适应或不适应其养殖环境变化的概念框架。在这个框架内，描述了应激反应的发育、神经内分泌的基础和生理学，包括急性和慢性应激条件。本章讨论了认知、评估和心理因素如何影响鱼类应激反应的生理学。最后，本章提供了有关早期应激对鱼类长期影响的一些最新的见解。

关键词: 鱼类；压力；异质稳态；异质稳态负荷；异质稳态；异质稳态过载；认知；评估；心理学；神经内分泌学；生理学；应激反应；急性压力；羟化皮质醇；慢性压力；发育过程；早期应激

11.1　引　言

比如应对方式、应对策略、行为综合征、行为特征、气质、特质、个性；稳态、同稳态、异质同稳态、预测性和反应性稳态、稳态调节；良性压力、急性压力、慢性压力、慢性轻度压力，本章的目的不是陷入术语之中，也不旨在提供那些"使用方法没有一致含义的理论和概念的彻底背景"。我们的目标是将异质稳态的概念作为理解鱼类如何适应或不适应其养殖环境变化的概念性的框架。

多种鱼类的压力应对反应的神经内分泌的基础和生理学已经有了很好的描述。人们对认知、评估和心理因素如何影响压力反应的生理学也越来越感兴趣。在这个研究领域开展之初，研究者主要采用哺乳动物作为实验模型，而鱼类则是近期才开始被研究的。这主要原因在于大多数人认为（也许现在仍然认为）鱼类是没有意识的、没有感情的和受本能驱使的动物。鱼类缺乏新皮质这点支持了这种假设。然而，行为、认知和神经解剖学的研究现在显示，鱼类的感知和认知能力往往与其他的脊椎动物相匹配，甚至是有过之而无不及。例如，鱼类会记忆和处理信息，以便获得生存经验，并以最有效的方式利用其即时环境。

本章包括四个主要部分。第一部分和第二部分介绍了压力的概念和异质稳态的关键原则。它们讨论了应对方式并着重于预测对个体鱼的异质稳态机制的预期调节的重要性。第三部分描述了辐鳍鱼类的压力反应生理学，其既能作为适应机制，也作为可能导致与压力相关的病理生理学的功能失调的调节反应。第四部分描述了压力反应的起源和早期压力如何影响后续的发育阶段。

11.2 关于压力的概述

对集约化养殖的哺乳动物和鸟类福利学的关注为鱼类福利学的关注奠定了基础。第二次世界大战后,在美国和欧洲,集约化畜牧生产变得越来越普遍,导致大量动物生活在高密度的养殖环境中。这也使公众开始更多地关注动物福利学。据说,1964 年出版的露丝·哈里森的著作《动物机器》开创了动物福利运动和动物福利学。哈里森提出了以下的问题:

尽管"压力"是我们日常词汇的一部分,但要找到一个清晰的定义是一项困难的任务。它经常被用于负面的含义,与心理或身体的不适相关;然而,这个概念实际上是多方面的。"生物压力"这个术语最初是由汉斯·塞利创造的,作为"一般适应综合征"的一个元素。根据最初的概念,"一般适应综合征是身体长期暴露于压力下的所有的非特异性、系统性反应的总和"。该模型包括一个或多个压力源、一个接收器(大脑、神经系统)和一个响应器。因此,非特异性反应代表了身体对威胁正常的稳态的任何因素(或压力源)的一般适应性的反应。压力反应受自主交感神经系统和下丘脑—垂体—肾上腺轴(在鱼类中被称为下丘脑—垂体—肾上腺皮质轴)的驱动,它们共同调节新陈代谢和行为("战斗或逃跑"反应)。尽管行为的变化,如警觉性的增加、激活和认知,使动物能够逃避或抵消压力源产生的压力,代谢状态的改变增加了能量的供应(呼吸率、心血管张力、糖异生和脂肪分解),同时抑制了不需要应对压力源的自主功能(例如进食、消化、生长和繁殖)。在本章中,压力是指调节生理和行为以准备身体应对挑战和/或额外负荷的过程,结合其需求、要求和可用的资源。

"压力的悖论在于其适应性的特性和其可能的不良后果的同时性"。确实,有效应对的能力意味着在必要时暂时激活压力反应,并在不再需要时将其关闭。但是,如果情况持续存在,例如在长期和/或多个压力源的累积暴露下,这可能导致压力反应的持续激活。因此,最初被认为是适应性的反应最终可能导致达不到其适应性的目的,变得不适应,并导致产生病理现象。

除了生理和行为反应外,心理压力的维度及其对压力表现的影响是压力概念的一个重要的组成部分。事实上,研究压力及其相关后果而不考虑压力源是否被严重威胁的,即不考虑个体对挑战的可预测性和/或可控性的评估,这是不可能的。为此,认知以及个体对特定情况的感知可能与实际的身体挑战一样重要,以确定压力反应的严重程度。因此,压力反应取决于个体通过获取的信息进行的评估:在感知到压力事件后，刺激—反应模型整合了认知，从而直接将生理学和行为与经验性学习联系起来。个体先前的主观经验成为其评估自身应对能力的标准：当这些经验与环境需求的认知表征不匹配时，会产生对危险/威胁的感知。因此，一次性急性压力将有两个结果；首先，这是一种生理和生物学的响应，即适应性和恢复性的，将帮助个体应对压力源；其次，这是一种认知学习的过程，将影响个体对未来类似挑战的反应。对个体可以应对的压力源的重复暴露将减少对危险的感知，导致反应的减弱，这种机制被称为习惯化。然而，这也可以看作是压力反应的调整，以满足实际的需求，正如异质稳态概念所描述的那样。

11.3　关于变位的概述

稳态，或内部环境恒定的保持，长期以来一直是生理调节的核心模型。然而，许多的观察结果表明，适应变化的环境条件和变化的身体需求，不是恒定性的，似乎更有利于生存、生长和繁殖。异质稳态随后被提议作为生理调节和适应的模型取代稳态，并且这个替代概念引入了一个新的术语来描述压力。它包含了一个观念，即生物通过变化来维持稳定，即通过根据预测需求调整（转移）生理调节介质的一系列的变化。

异质稳态从经典的"反应模型"转变为预测性的"交易、认知、评估模型"来解释压力。大脑是主要的协调器：它不断监测内部和外部的参数，以预测需求和所需的变化，评估优先级，并在变化导致错误之前为调整做准备。预防错误的能力比一旦出现后进行调整更有效。这些变化涉及生理和行为上的改变，具有协调的可塑性，以最小的成本满足最可能的环境需求。大脑控制操作的一部分是通过异质稳态介质（如神经递质和肾上腺激素）进行的，它们针对的是许多不同的组织和器官中的受体。这些介质调整诸如新陈代谢、免疫和心血管系统等特征，以创建新的动态状态，并为感知到的挑战分配资源。

动物不断面临着各种动态变化。一个健康的动物拥有大量的异质稳态反应，以优化性能（图 11.1）。然而，当挑战时间得到延长时，它们会产生一种异质稳态的状态，其中，动物的调节能力减弱。异质稳态的状态导致了调节系统与最佳功能水平之间的慢性偏离的情况，这可能导致无法适应挑战、产生不适当的反应（例如在数量上），或者在挑战过去后无法终止生理反应。这种情况以异常和持续的主要介质的产生为特征，即糖皮质激素，它们在压力源（例如疾病或捕食者）或变化的环境条件下，整合生理学的相应行为。异质稳态是一种"紧急"反应，因此，只能在有足够的能量（食物摄入或储存能量）支持异质稳态机制的情况下维持一段较短的时间。

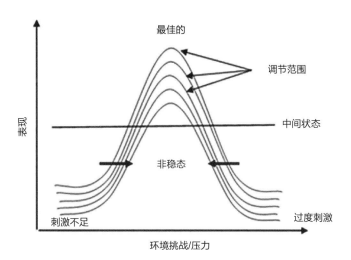

图 11.1　异质稳态与动物在环境挑战方面的表现。环境挑战过多或不足会导致调节系统与其最佳操作水平之间的慢性偏离的状态。这种新的平衡状态被称为异质稳态，其特点是调节的范围较窄，同时增加了低或高刺激的可能性（改编自 Korte et al. 2007）

异质负荷是异质稳态或过度激活异质反应的累积结果，它是身体为适应不利于心理或生理条件所付出的代价。短期内，异质稳态是一种适应性的反应，但如果暴露时间延长，或者暴露于额外的压力源（例如疾病、人类干扰和社交互动），那么异质负荷将变为异质超载。在这种慢性压力的条件下（图 11.1，曲线的右侧），资源和能量将不足以维持所有的身体功能，由此可能导致身体"磨损"，从而引发病理学的发展。

由于低刺激（图 11.1，曲线的左侧），异质负荷也可能非常低。例如，在哺乳动物中，多种疾病与下丘脑—垂体—肾上腺皮质轴的低激活 / 功能有关，即过敏反应、炎症 / 自身免疫性疾病和疲劳状态。在小鼠的脑中，慢性的低刺激（低水平的心理活动）可能影响细胞增殖和神经发生，特别是在海马齿状回中。这可以通过"用之而得以存活"的概念来解释：神经元的存活取决于它们是否受到传入信号的激活。

个体经验（例如挑战或捕食者）、进化历史和遗传背景生成了对压力的行为和生理反应的可变性。这意味着同一压力源可以在人群中的不同的个体中产生不同的效应，以及在同一环境中的同一个体中产生不同的效应。这种现象通常被称为"应对方式"。应对方式（也称为"行为综合征"或"个性"）被定义为一组相关的个体行为和生理特征，这些特征随着时间和环境的变化而变化。基本上，个体可以被分类为积极型或消极型，这两种替代性的应对方式在不同的环境条件下具有不同的适应性后果。积极型个体的特征是压力后皮质醇分泌少，但交感神经活性高；它们具有攻击性，表现出例行和高风险的行为。另外，消极型个体的压力后皮质醇分泌多，交感神经活性低，攻击水平低，表现出灵活的行为和低风险的行为（见第12章）。应对方式的分布通常是双峰式的，但在这些峰端之间存在行为的连续性。此外，当考虑到个体对心理因素的敏感性时，个体应对压力的灵活性可能会变得更大。

压力源的感知及其可预测性是压力反应中最被广泛讨论的心理调节因素。早在 1970 年，Weiss 描述了老鼠反复暴露于相同强度和持续时间的电击时，当压力以可预测的方式呈现时，它们表现出较少的有害效应（例如胃溃疡）。最近的一项关于慈鲷鱼的研究表明，暴露于可预测的恶性刺激的鱼类减少了冻结等压力相关的行为，并显示出比经历不可预测的压力的鱼类更低的皮质醇反应。与压力的认知激活理论一致，可预测性减少动物的内部期望（基于正常情况的一组值）与现实（正在发生的事情的实际值）之间的差异，从而降低了压力反应的强度。个体的期望是一个关于所经历的刺激 / 情境的学习信息和可用的应对可能性的函数。例如，对重复的恶性刺激的反应可以提供关于该刺激是否有害，或者比最初感知到的更有害的信息。因此，从先前的经验中获得的信息调节了压力反应，从而根据其被感知的方式创建了一组新的值。因此，当重复的刺激被发现无害时，习惯化和随后的响应减少将发生。另外，将刺激预测为过于严重，甚至威胁生命，可能会导致压力反应的增强，而不是减少。

Bassett 和 Buchanan-Smith 讨论了不愉快的刺激的可预测性如何减轻动物的压力，因为它提供了关于安全时段的信息，或者更确切地说是，关于什么时候不太可能出现不愉快的刺激。"安全信号假设"表明，如果一个压力源由提示物预测，那么提示物的缺失表明情况是安全的，并且不会发生压力事件。可预测的压力使动物只有在提示物存在时才保持在恐惧的状态中，就像经典的巴甫洛夫条件反射一样。事实上，条件反射常被用来研究预测性对压力反应的影响：它包括将中性的刺激（例如光或声音）与相关的生物刺激或无条件刺激（例如捕食者的视觉）配对，后者会在没有任何训练的情况下产生反应（例如冻结）。当无条件刺激被中性的刺激重复提示，并且建立两者之间的关联时，单独的中性的刺激就能够触发条件反应。这种联想学习导致了预期行为，这可能提供了对动物来说至关重要的时间优势，以准备迎接即将发生的事件，并以适当的方式和适当的强度做出反应。

可预测性还提供了一种增加控制感的感知，即减少暴露于压力源或其有害效应的能力。先前的经验成为动物评估自己应对能力的关键因素。在已经发现特定反应可以成功避免压力源的情况下，动物获得了一种降低激活水平并准备面对新挑战的控制感。然而，对压力源的预期可能不会帮助它应对无法避免的情况。因此，如果动物通过经验学会无论如何都无法减少或逃避压力，它可能会发展出习得性无助的状态，这是与抑郁症相关的一种情况。另外，如果动物学会了某种程度的控制是可能的，并且其任何反应都可能加剧情况，那么它可能会发展出习得性绝望的状态。习得性无助和绝望都与高频率的皮质醇激活有关，这是一种下位鱼特有的状况。

11.4　关于硬骨鱼类应激反应的生理学研究

当压力源被感知时，神经信号（视觉、嗅觉、听觉和感觉）激活下丘脑的前视核（NPO，与哺乳动物的室旁核同源），并通过脑干和脊髓启动了交感神经纤维的下游激活（图 11.2）。随后，通过前神经节纤维刺激肾上腺髓质中的嗜铬细胞释放储存的儿茶酚胺（去甲肾上腺素和肾上腺素），使其进入血液，启动了初始的应激反应。在海鳗鱼和七鳃鳗鱼（环口动物）中，一种儿茶酚胺的含量高于另一种是有组织特异性的；而在鲨鱼和鳐鱼（软骨鱼类）中，去甲肾上腺素是主要的儿茶酚胺。在硬骨鱼类中，肾上腺素是应激反应的主要成分。通过 β-肾上腺素受体，肾上腺素增加通气速率、氧气摄取和输送的能力、糖原分解率、脂肪降解率等，为"战斗或逃跑"反应做准备。其次，在初始的应激反应之后，下丘脑—垂体—肾上腺皮质轴（HPI轴）被激活，其相当于哺乳动物中的下丘脑—垂体—肾上腺皮质轴。该轴在下丘脑的NPO中启动，那里释放促肾上腺皮质释放因子（CRF）以激活垂体皮质-激素细胞。在硬骨鱼类中，NPO神经元将其纤维直接投射到垂体腺的前叶腹侧，靠近促肾上腺皮质细胞。然后，CRF激活CRF-R1，导致前促肾上腺皮质激素（POMC）衍生的肾上腺皮质激素（ACTH）释放到血液中。在肾上腺皮质中，ACTH通过黑素皮质素 2 受体（MC2R）诱导皮质醇的合成，该受体仅在产生皮质醇的肾上腺皮质细胞中表达。释放到血液中的皮质醇量取决于压力源的类型和强度。

皮质醇通过矿皮质激素（mineralocorticoid, MR）和糖皮质激素（glucocorticoid, GR）受体在内的一组细胞内配体，在基因组通路的激活中发挥作用。在细胞质中，皮质醇与GR/热激蛋白复合物结合而形成皮质醇-GR异二聚体，然后移入细胞核。在细胞核中，这种复合物形成同源二聚体，结合到特定区域的DNA上，即糖皮质激素响应元件（glucocorticoid responsive element, GRE），位于靶基因的启动子区域中，调节转录和蛋白质的合成，涉及一般的功能，如代谢、摄食和/或吸收、生长、繁殖和免疫功能。这一广泛的作用范围构成了应激反应的组成部分，这是由于下丘脑—垂体—肾上腺皮质轴与其他的调节轴（如下丘脑—垂体—甲状腺轴、生长激素/类胰岛素生长因子轴和下丘脑—垂体—性腺轴）之间发生的相互作用。

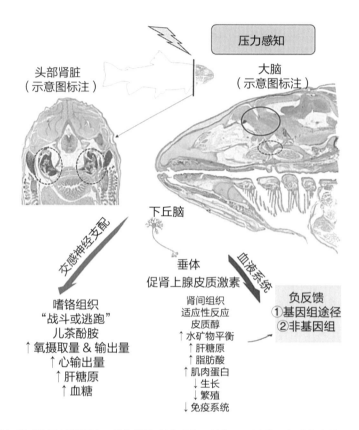

图11.2 感知到威胁后被激活的一般鱼类的应激反应。首先，通过激活交感自主神经系统开始快速的紧急或"战斗或逃跑"反应。然后是更为缓慢、适应性的反应，由内分泌系统调节。大西洋鲑鱼头部的组织学切片（染色：Periodic Acid Schiff-Orange G-Light Green）和鳕鱼头肾的组织学切片（Gadus Morhua；染色：Haematoxylin Eosin）由 Tora Bardal（挪威科技大学）提供

皮质醇也通过非基因组通路发挥一些作用，尽管对鱼类的这些通路的了解还很有限，但在其他的脊椎动物中，这是一个迅速发展的领域。

自从大约 3.35 亿年前的第二次全基因组重复以来，辐鳍鱼类以多个皮质醇受体的存在为特征。大多数的鱼类拥有两种 GR 蛋白质（GR1 和 GR2），以及只有一种 MR 蛋白质。然而，最近在虹鳟鱼中发现了第二种 MR 蛋白质（rtMRa 和 rtMRb）。考虑到这两者在核苷酸和氨基酸序列上的极高的相似性（99%），作者认为 rtMRa 和 rtMRb 可能代表了同一基因的等位变体。GR 和 MR 对皮质醇的亲和力不同，表明它们在生理反应中的参与度不同。在虹鳟鱼中，MR 受体对皮质醇的敏感性比 GR1 高 10~100 倍，而与 GR1 相比，GR2 对皮质醇的敏感性高。

与四足动物不同的是，辐鳍鱼类不产生醛固酮，因此，鱼类将皮质醇用作糖皮质激素和矿皮质激素。与此一致，皮质醇在暴露于应激的鱼类中起着恢复内部液体平衡的重要作用。皮质醇还促进了离子的摄取（淡水）或分泌（盐水），调节了两种不同的 Na^+-ATPase、K^+-ATPase 亚型（分别是 NKA α 1a 和 α 1b）的表达，以及囊性纤维化跨膜传导调节剂（CFTR）阴离子通道的表达。皮质醇还参与了负反馈机制，以不同的程度在不同的水平上调节 HPI 轴，以关闭应激反应。例如，在下丘脑 NPO 中，皮质醇下调 CRF 基因转录。在垂体中，糖皮质激素通过控制 CRF 诱导和 POMC 表达来抑制 ACTH 分泌和 ACTH 释放活性。皮质醇还可以调节可用的糖皮质激素受体的密度，其模式取决于物种、应激条件和参与的强度。

皮质醇对 HPI 轴调节的效应由酶 11 β -羟基类固醇脱氢酶 2（11 β -HSD2）终止。这种酶将皮质醇转化为（无活性的）皮质酮，阻止其进入糖皮质激素受体。CRF 结合蛋白（CRF-BP）还提供了另一种调节 HPI 轴激活的方式。该蛋白通过结合 CRF 和 CRF 相关肽，从而降低它们的生物可用性，导致 ACTH 的释放减少。

11.4.1　应激反应发生在急性应激发作之后

一次性、短暂（急性）应激源后的应激反应包括一系列的生理和行为的变化，旨在使生存的可能性最大化。第一次暴露于应激源或环境挑战的动物会进入一种紧急状态，在这种情况下，身体会激活一系列的适应性过程，旨在节约能量，同时释放出应对应激源所需的东西。

大多数的鱼类显示出一般的生理应激的反应模式，大致分为一级和二级反应。在一级反应期间，激活脑中枢，通过下丘脑—交感神经—嗜铬细胞轴释放大量的儿茶酚胺，然后通过 HPI 轴释放皮质醇。释放的激素启动了次级反应，其特征是动员能量来源，消耗储存的糖原，从而导致血浆葡萄糖水平增加，其作为立即可用的能量，能够维持潜在的身体活动的发生。

根据对抗挑战所需的身体能量，心血管系统和呼吸反应被刺激以增加氧气分配和在循环中释放的能量底物。然而，像游泳这样的剧烈的肌肉活动会导致厌氧糖酵解和血浆乳酸水平的增加。其他可能的二级反应包括水矿物质功能障碍，因为肾上腺素改变了鳃的血流模式和鳃的通透性，两者都有利于水根据渗透梯度流入或流出鱼类，具体取决于环境盐度。因此，血浆皮质醇、葡萄糖、乳酸、pH 和离子浓度的变化经常被用作辐鳍鱼类的应激指标。最近的研究发现，应激后，脑内，尤其是在脑干中释放了 5-羟色胺。有人认为，5-羟色胺的释放增加是在需要重新分配能量资源的条件下发生的。因此，5-羟色胺似乎在能量调节方面发挥着与皮质醇类似的作用。此外，似乎在脊椎动物中，5-羟色胺在其他的功能方面也起着关键的作用，如神经可塑性和行为情绪控制。

以前的观察表明，虹鳟鱼、斑马鱼和几种其他的地中海物种在应激后 30~60 分钟之间的峰值里有系统性的皮质醇释放。然而，对应激后皮质醇浓度的分析显示，对应激反应的强度因应激源的性质和强度而异。此外，在绿鲟鱼、阳光鲈鱼、幼年银鲑鱼和大西洋鲑鱼的研究中，发现应激反应的强度也会受到环境物理条件的影响。例如，习惯于较低温度的鱼类比习惯于较高温度的鱼类能产生更低且更缓慢的应激后的皮质醇（图 11.3）。

　　尽管不同的物种对应激的整体反应相似，但其强度、时机和持续时间依物种的不同而不同的。例如，欧洲鲈鱼显示出极高的皮质醇反应，而暗色石斑鱼和鲷鱼在接受相同的急性应激方案（5~6 分钟追逐和 1~1.5 分钟的空气暴露）后的反应非常低（图 11.4）。另一个例子是对两种"清洁鱼"——有大西洋鲑网箱中生物去虱剂作用的梭子鱼（*Labrus bergylta*）和拟鲈鱼（*Cyclopterus lumpus*）进行应激后测量皮质醇水平。尽管这两种鱼在处理后都显示出较高水平的血浆皮质醇，但在峰值皮质醇值（梭子鱼有 2~3 倍的高峰值）以及血浆乳酸和离子方面存在明显的差异。它们应对应激的行为差异可能有助于解释这些观察结果。事实上，在威胁的情况下，通常的情况下，试图逃跑的梭子鱼（典型的战斗—逃跑反应）会比冻结的拟鲈鱼消耗更多的能量。

　　大脑通过整合多种因素（如经验、记忆、期望和对生理需求的重新评估）来启动和协调对应激的反应。因此，反应的强度以及对应激的耐受性可能也会显示出同一物种或群体中个体之间的显著的差异，这取决于动物之前的经验，例如接触类似或其他的应激源。

　　如上所述，应激反应适应性的目的是在面临威胁或简单的环境挑战时重新分配资源，同时暂停其他在紧急状态下无用的过程，例如排卵、交配或消化，直到应激情况停止。因此，应激反应的一个副作用是，代谢重组可能影响其他功能的效率，如免疫系统。事实上，免疫防御库中的某些部分可能会延迟或减少，从而影响免疫能力和对病原体的抵抗力。结果是，受应激的动物可能会遭受免疫系统的抑制。例如，已经证明先前经历过应激情况的动物更容易受到某些疾病的侵害。然而，应激对免疫系统的影响可能取决于应激因素的性质和暴露时间的长短。事实上，当暴露于应激因素发生得相对较短暂时，它本身可能通过增强或激活免疫反应来促进免疫系统的先天性的反应。由交感神经系统在应激期间产生的神经递质似乎是主要负责免疫反应受益效果的因素之一。例如，短期的急性应激可以通过增加炎症标志物、上调促炎细胞因子 IL-1β 和 IL-8、增加溶菌酶的活性以及增加补体 C3 蛋白作为细菌溶解机制来增强适应性反应。

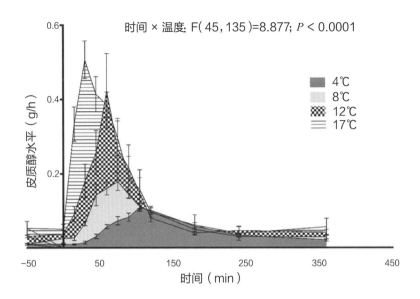

图 11.3　大西洋鲑鱼成鱼在四种不同的温度下适应后，受到急性压力挑战约 1 小时之前和受到挑战后最多 350 分钟排放的皮质醇水平的曲线图。数值表示为平均值 ± 标准误差（ $n = 4$ ）。温度对鱼类皮质醇释放模式的影响通过重复测量双向方差进行了分析 [来源：Madaro et al.（2018）]

11.4.2　慢性压力

在它们的一生中，无论是在自然条件下还是在养殖条件下，鱼都可能经历导致它们不适应的压力环境。它们应对和适应压力源（环境或人为）的能力取决于压力源的严重程度、持续时间和频率特征。习惯化是一种必要的适应性反应，特别是在类似的压力事件频繁发生的情况下。受到反复挑战（压力）的动物会随着时间的推移而减少它们的反应，即皮质醇释放和氧气消耗，部分是为了避免长时间激活压力反应的负面后果。的确，皮质醇和其他的适应调节介质（如神经递质和细胞因子）通过释放能量来抵消压力源，只在短期内促进适应效应。然而，当对压力的反应随着时间的推移而延长时，它可能导致一种适应状态，即调节系统长期偏离其正常的运行水平。在这种情况下，生物体的调节能力被缩小，动物将暴露于过度刺激的可能性（适应曲线的右侧；图 11.1）中，这是因为新的或额外的压力源上升。

在以下的情况中，适应状态的累积效应会导致适应的负荷：a）身体受到反复的挑战或持续暴露于压力；b）身体不能适应反复的挑战；c）身体不能关闭应激反应（不断释放糖皮质激素）；d）应激反应不能处理应激事件。在这些条件下，应激反应失去了其适应性的目的，导致生物体过度适应，从而导致身体的磨损。适应负

图11.4 地中海中的七种鱼类在急性应激（5分钟追逐和1~1.5分钟曝气）后24小时内的血浆皮质醇浓度（均值±标准误，n = 5）（引自Fanouraki et al.2011）

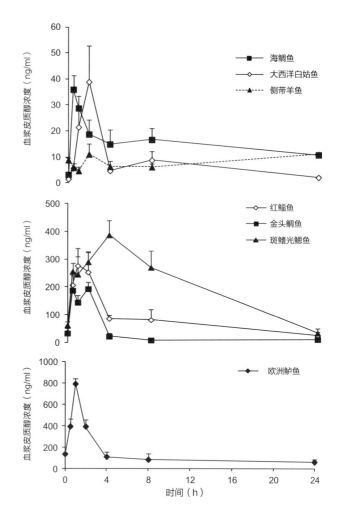

荷的明显影响，也被称为应激的三级反应，在整个动物水平上起作用，损害生长、健康和抗病能力、繁殖和行为。

　　鱼暴露的时间长，不可预测或反复轻度的应激显示体细胞生长显著降低。鱼类的生长依赖于一系列复杂的过程，从在环境中觅食营养物质开始，直到它们被器官和组织吸收。压力以各种方式影响成长。特别是，皮质醇和儿茶酚胺的长期释放变得有害，损害食物的摄入、肠道的吸收和能量的利用，包括蛋白质的转化。循环皮质醇水平升高会刺激分解代谢的过程，抑制肌肉生长的促进因子，即生长激素和胰岛素样生长因子。

　　食欲不振是压力条件下鱼类生长减少的主要原因之一。我们可以合理地假设，在紧急的情况下,大脑会"命令"身体停止进食,同时将所有的注意力集中在生存上。另外,当压力延长时,副作用就会出现。事实上,当鱼类停止或减少进食时,它们储存的大部分的可用的能量都用于维持现有的结构(肌肉、器官等)和产生动力,以应对持续的挑战,导致能量储备不足。和哺乳动物一样,鱼类的食欲和摄食行为是由下丘脑水平调控的。不幸的是,我们对压力如何导致食欲下降的理解还远远不够清楚。在压力下释放的 CRF 和 POMC 被认为是厌氧物,导致食物的摄入量减少。在慢性的应激过程中,应激轴的持续激活需要持续供应 HPI 轴分子级联的所有的成分,包括 CRF 和 POMC。这也许可以解释为什么鱼会长时间失去食欲。此外,α-MSH 是 POMC 蛋白裂解的产物,在鱼类中也具有厌氧作用。皮质醇也可能通过刺激肝脏中的瘦素(另一种强大的厌食激素)的产生而导致食物的摄入量减少,从而导致生长。

在鱼类仍能进食的地方,长期的压力也可能通过削弱营养物质的有效吸收来影响生长。急性应激可引起大西洋鲑鱼和虹鳟鱼的胃肠道细胞水平的改变,以及肠道微生物群的水平和组成的改变。另外,关于慢性应力影响能量基质吸收的机制的信息较少。尽管鱼类的机制尚不清楚,但有证据表明,皮质醇可能是长期压力下肠道吸收受损的重要因素。

慢性压力也与免疫系统抑制有关。正如生长一样,免疫能力可能由于支持免疫系统运作机制(如细胞分裂或蛋白质合成)所需的资源(适应负荷)不足而受到抑制。此外,在应激反应期间,应激轴的长期激活和异质稳态介的释放是下调或降低免疫反应强度的原因。例如,各种的研究报告称,慢性应激可能会抑制吞噬细胞和溶菌酶的活性、淋巴细胞的激活和动员,或者影响抗体的产生。特别是,有证据表明,儿茶酚胺的释放可以降低鱼类的特异性的免疫力。例如,肾上腺素和去甲肾上腺素已被证明可以减少斑点鼠(*Channa punctatus*)的吞噬作用。此外,体外实验表明,给金头海鲷(*Sparus aurata*)白细胞肾上腺素可降低促炎细胞因子的mRNA 转录水平。儿茶酚胺对免疫系统的抑制作用是否仅在下丘脑—交感神经—染色质细胞轴反复激活时才发生,还是在一次性应激发作后才发生,目前尚不清楚。皮质醇似乎是压力轴和免疫系统之间的主要联系,证据是大多数的皮质醇受体(GRs)存在于所有的免疫细胞中。皮质醇可以通过多种方式抑制鱼类的免疫系统,影响抗体的产生、白细胞的有丝分裂与吞噬、细胞因子的表达。

与其他的脊椎动物相比,鱼类在身体承受压力时,甚至在安全或生存受到威胁时,都没有把更多的精力投入到繁殖中。事实上,压力对雌雄鱼的生殖性能也有抑制作用,特别是通过损害卵巢和睾丸的发育,延迟或抑制排卵和产卵,导致产生较小的卵和幼虫和 / 或影响它们的生存。有关压力对生殖和成熟的影响的详尽介绍,请参阅 Pankhurst 的评论。值得注意的是,迄今为止获得的关于压力对动物繁殖影响的大部分的知识是对养殖或圈养鱼类进行研究的结果，对于这些发现在多大的程度上对自然种群有效，知之甚少。到目前为止，许多将压力与生殖联系起来的机制仍然不清楚，而且往往是模棱两可的。HPI轴的激活似乎是对生殖性能产生抑制作用的最重要的因素。不幸的是，哪些影响是由HPI轴激素直接引起的，哪些是由HPI轴对行为、代谢和生长的调节作用产生的间接影响引起的，这一点并不总是很明显。皮质醇受体存在于下丘脑—垂体—性腺轴的各个层次。因此，高循环水平的皮质醇可能在基因组机制受体介导的不同的水平上起作用，调节控制内分泌级联的基因表达，以产生和释放性激素。我们强调，血液中的皮质醇水平并不总是对生殖产生有害的影响的因素，鱼类经常在很大的范围内保持其生殖活动所需的皮质醇水平。

由于长期或极端的压力条件而引起的生理变化也会对行为产生影响。例如，Øverli等通过给虹鳟鱼喂食富含皮质醇的食物3天，诱导了虹鳟鱼体内皮质醇的高循环水平。他们观察到，皮质醇的循环水平高的鱼在被引入同质鱼的挑战时，表现出运动频率减少和攻击行为的频率低。同样，在鲑鱼中，处于优势等级的从属个体表现出更高的大脑血清素能活性和HPI轴激活，这两者都抑制竞争行为、运动和攻击性。从属似乎被下属视为一种慢性压力，因为它们受到攻击，或者它们被优势鱼排除在食物和住所等资源之外。在生长发育不良的大西洋鲑鱼中也发现了更高水平的血清素能信号和皮质醇的产生，这种表型在产卵的鲑鱼被转移到海笼时经常发生。有趣的是，在这种情况下，鱼表现出的行为和血清素能令人联想到抑郁状态，类似于慢性压力下哺乳动物的情况。

压力源的性质和频率似乎会影响压力反应。如果一个压力源重复出现，尤其是以一种可预测的方式重复出现，那么动物就会通过经典的条件反射来预测压力源。增加的可预测性似乎通过允许对压力源进行一定程度的准备来改善感知控制。然而，高度的可预测性可以产生不止一种的结果。Galhardo等表明，当负面事件可预测时，罗非鱼（Oreochromis mossambicus）会降低它们的皮质醇反应。当积极事件是可预测的（如进食），鱼可能会表现出与积极情绪相关的预期反应（如探索行为）。但积极事件的可预测性的变化也会令人沮丧，并产生压力反应。Madaro等表明，暴露于条件反射刺激（CS，光信号）所宣布的压力下的鲑鱼对CS产生了"焦虑"反应。鱼不再逆流而游，而是更随意地游。在自然环境中，鱼面对感知到的威胁，会试图躲避或逃跑，而在密闭的水箱中，这种选择是不可用的。在条件鱼身上观察到的焦虑可能是两种习得概念的结果。首先，CS预测压力源；其次，没有什么可以避免它。即便如此，应激事件引发的皮质醇反应很低，与应激强度（追逐）成正比，与条件反射无关。伴侣似乎已经知道了压力源并不会威胁生命，它们可以期待一段时间后不会受到干扰。如果是这样的话，可以推测，可预测的条件增加了控制感，使鱼能够做好面对压力的准备。

预测也是适应平衡概念的中心点之一：当环境条件发生变化和 / 或出现挑战时，生理设定值被调整以满足生物体的预期需求，以优化其性能。显然，与可预测的或适应的条件相比，不可预测的条件需要不同的适应介质调节。例如，对暴露于一系列重复的不可预测的压力源或暴露于单个重复的可预测的压力源的大西洋鲑鱼配对组的比较显示，负责脑垂体激活的基因表达存在有趣的差异。在反复可预测的压力下，鱼能够适应压力刺激（追逐），脑垂体中的crfr1 受体下调，从而降低垂体从下丘脑发出的兴奋性。一种可能的解释是，当鱼类对压力源 / 刺激产生某种程度的控制能力时，大脑会提高触发新的压力反应所需的压力阈值。相反，在承受不可预测压力的那一组中，crfr1 转录本与天然鱼的转录本相似，这表明垂体对不可预测的压力具有迅速的兴奋性。这些结果表明，在不可预测的条件下，应力轴需要随时准备好应对新的应力事件。

11.5　硬骨鱼类应激反应的个体发生

通过组织学、免疫组化、生化或超微结构研究，对鱼类肾间组织和染色质的发育进行了研究。一项对虹鳟鱼的研究表明，在受精后 25 天的幼虫的头部肾脏中存在肾间原始细胞，而染色质细胞则在 27 天后首次被发现。鲤鱼（Cyprinus carpio）在孵化前（受精后 56~72 小时）的全身 ACTH、皮质醇和 α-MSH 水平显著升高，这表明 HPI 轴在孵化时已经开始发挥作用。受精后 50 小时，在应激（处理 5 分钟）的卵子中观察到全身的皮质醇浓度升高，进一步支持了这一点。同样，在卵期发育时间相对较长的大鳞鲑鱼和大鳞大鳞鲑鱼中，皮质醇水平分别在孵化前 1 周或孵化时略有升高。

然而，在其他的硬骨鱼类中，没有证据表明 HPI 轴在孵化前或孵化时被激活。根据 Barry 及其同事的研究，鳟鱼幼虫的 HPI 轴激活发生在孵化后的第 2 周。在一些海洋硬骨鱼类中，皮质醇的含量在第一次进食时开始上升，在弯曲时达到峰值。在鳕鱼（Gadhus morhua）中，在孵化后 8 天的幼虫中观察到可测量的皮质醇应激反应。在欧洲黑鲈（Dicentrarhus labrax）中，第一次摄食时首先观察到活跃的 HPI 轴（从内源性营养来源向外源性营养来源的过渡；图 11.5），在暴露于压力源后，观察到全身的皮质醇水平达到峰值。类似的结果也见于金头鲷和黄鲈。在斑马鱼中，生理应激在孵化后约 40 小时使皮质醇水平升高。此外，在几种鱼类孵化前和孵化后不久，已经检测到编码酶的基因转录本，这些酶催化皮质醇产生的第一步和最后一步。

除了 HPI 轴和皮质醇，其他系统和激素也参与了应激反应的表现。到目前为止研究的只有少数几种鱼类，α-MSH似乎也参与了应激反应。在最近的一项研究中，研究人员对欧洲海鲈鱼在应激反应的早期发育过程中全身α-MSH浓度和黑素皮质素受体转录物的时间模式进行了表征。结果表明，随着发育的进行，α-MSH含量逐渐增加，在翅片形成阶段，α-MSH含量在应激后2小时达到峰值。应激挑战还导致pomc、mc2r和mc4r转录水平升高，其特征是在应激后1小时达到峰值，与全身α-MSH浓度密切相关。

11.5.1 早期的生活压力

早期的生活压力如何对人类神经生理学、认知、情绪和情绪产生深远的短期和长期的影响，是一个日益引起研究兴趣的课题。

现在的人们普遍认为，早期的生活压力会对大脑产生持久的影响，显著影响随后的发育阶段。创伤后应激障碍，以及抑郁和焦虑，似乎对不良的早期生活条件的影响很敏感。在哺乳动物中，实验室早期的生活压力通常是由母亲分离或零散的母亲照顾引起的。怀孕期间，母亲的压力也会影响后代的发育，还可能与生长、生理和行为的改变有关。然而，复杂的遗传、环境和社会相互作用对精神病理学的最终的原因提出了许多挑战。因此，使用非亲代照料的脊椎动物可以提供另一种方法来理解早期的生活压力对随后发展阶段的影响。然而，关于鱼类的公开数据仍然很少。

最近对三棘刺鱼的一项研究报告称，即使在产卵的脊椎动物中，母体类固醇的暴露也是由母体和胚胎过程介导的。具体来说，研究表明，将棘鱼胚胎在浸泡至含3小时皮质醇的溶液72小时内可以积极清除外源皮质醇。因此，有胎盘的哺乳动物和产卵的鱼类也可以通过代谢糖皮质激素或主动提高其清除率来调节胎儿对母体糖皮质激素的暴露程度。在欧洲黑鲈幼虫早期个体发育的不同阶段（即第一次摄食、所有的鳍弯曲或发育），应用不可预测的慢性低强度的应激方案，导致在治疗期间水中皮质醇的浓度增加，并在幼虫期结束后长达2个月的时间内损害生长性能（图11.6）。与首次暴露于压力下的鱼类相比，暴露于压力下的幼鱼在第一次摄食阶段和弯曲期以及所有鳍的形成并直至被黑素细胞覆盖的发育期间，平均静息血浆皮质醇的浓度也明显更高。在早期个体发育过程中应用相同的应激方案并没有引起皮质醇的应激反应。然而，与其他组相比，在所有鳍开始发育的阶段，经历过早期生命事件的幼鱼在幼鱼期结束后2个月的平均总长度和体重最低。在转录组水平上，在幼虫和幼鱼中都观察到不同的表达模式，在所有鳍发育的阶段，表达模式的差异最大。这些研究首次证明，生命早期的普通饲养的做法对幼虫的性能和后期的发育阶段都有影响，会影响幼鱼的生长和应激反应。

环境变化对应激反应的表型可塑性在生命的早期阶段尤为明显。在最近的一项

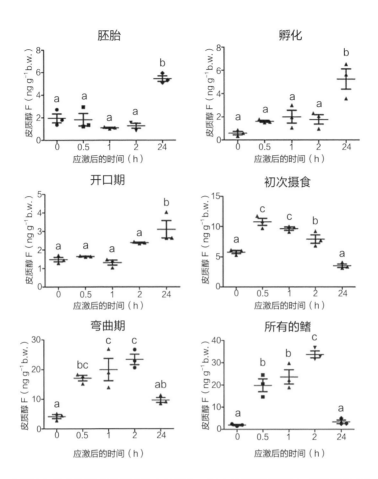

图 11.5　欧洲鲈鱼的皮质醇应激反应的个体发生。在个体发育早期施加应激源前（0 小时）和后（0.5 小时、1 小时、2 小时和 24 小时）的皮质醇反应。值为平均值标准误差（$n=3$）。不同字母的平均值之间的差异显著（$P < 0.05$；来自 Tsalafouta et al.2015）

研究中，对 10 个月大的大西洋鲑鱼进行了为期 3 周的不可预测的慢性应激试验。3 周后，让这些鱼休息并生长几个月。同时，用光诱导信号诱导熏蒸，然后将鱼转移到海水中。在此期间，对鱼类的生产性能进行了调查。有趣的是，经历过早期生活压力的鱼在两个具有挑战性的发育时期表现出更高的生长速度：在熏蒸期间和转移到海水之后的期间。此外，与未受压力处理的鱼相比，经历过早期压力的鱼在生命后期（压力状态后 10 周）对环境刺激的反应不同。也就是说，在被转移到海水中后，在生命早期受到压力的小组表现出下丘脑儿茶酚胺能和脑干 5-羟色胺能对压

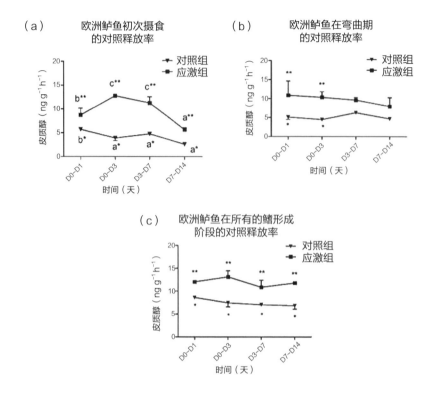

图 11.6　欧洲黑鲈鱼的个体在发育早期储存罐中的水生皮质醇的释放率。在不同的时期采用不可预测的慢性低应激的方案，即从第一次进食到弯曲期，从弯曲期到形成所有的鳍（STR-FLX组），以及从形成所有的鳍到被黑素细胞完全覆盖。一组不受干扰，作为对照组。所有的条件都在两个槽中进行。字母表示同一组内天数之间的差异，而星号表示压力组和对照组之间的差异（来自Tsalafouta et al 2015）

力的反应减少。因此，我们可以推测，在水产养殖的环境中，压力经历是常见的，从小经历压力可能有助于个体在以后的生活中更好地应对环境。这些观察结果与适应平衡的理论一致。该理论提出，反复经历挑战的个体能够更好地应对未来类似的压力源，例如，通过施加不那么强烈的单胺应激反应，这可能使它们能够将更多的精力投入到其他的生命过程中，如生长。

　　在生命的早期阶段，压力发作可以触发对动物的健康、新陈代谢或行为产生终身影响的发育路径。事实上，越来越多的证据表明，早期的生活经历通过表观遗传机制对基因表达和行为产生持续的影响。Turecki和Meaney审查了40篇文章（13篇动物研究和27篇人类研究）。他们报告说，在大约89%的人类研究和70%的动物研究中，早期生活的逆境增加了皮质醇受体基因的甲基化，即人类的GR外显子变体1F和大鼠的GR17。不幸的是，到目前为止，关于鱼类的类似信息非常少。在最近的一项研究中，Moghadam及其同事使用冷休克和空气暴露研究了早期的生活压力（从眼睛发育阶段到开始进食阶段）对大西洋鲑鱼胚胎的影响。有趣的是，在压力试验1年后，在孵化前和孵化后受到压力的鱼比在孵化前、孵化后或未受到压力的鱼生长得更好。研究表明，应激事件导致DNA特定区域甲基化，影响发育过程中重要基因的转录调控。可能有人认为，低等或中等暴露于其他的有害刺激可以保护或提高生命后期对相同或其他刺激/压力源的耐受性，这一概念也被称为"激效"。

11.6　总　结

应激反应的神经内分泌基础和生理学已经在许多鱼类中得到了很好的描述。当鱼感知到有害的刺激或压力源时，神经元信号激活脑交感神经-染色质轴，导致染色质细胞（相当于哺乳动物的肾上腺髓质）释放儿茶酚胺，使动物准备好"战斗或逃跑"的一系列的反应。在这种主要反应之后，下丘脑—垂体—肾间轴的激活诱导肾间细胞（相当于哺乳动物的肾上腺皮质）合成和释放皮质类固醇。皮质醇被释放到血液中的大小、时间点和持续时间都是有物种特异性的，取决于压力源的类型和强度。

在暴露于急性应激源后，身体会启动一系列旨在保存能量的适应性的过程，但同时释放处理应激源所施加的即时需求所需的任何物质。急性应激反应的典型表现是心血管张力、呼吸频率和能量利用率（糖异生和脂肪分解）的增加，同时抑制不需要应对应激源的功能（如进食、消化、生长、繁殖）。健康的动物具有广泛的适应反应的范围，以获得最佳的表现，以应对内部和外部的挑战。然而，当挑战的时间延长时，它们会产生一种适应的状态。在这种状态下，动物的调节能力会降低，导致生产性能下降和健康受损。暴露于长期、不可预测或反复的轻度压力下的鱼类在身体生长、抗病性、繁殖、行为（如摄食行为、运动活动、社会互动）和福利方面显著降低。

如果不考虑压力源是否被视为严重的威胁，也就是说，如果不考虑个人对挑战的可预测性和/或可控性的评估，几乎不可能研究压力和相关的后果。为此，在确定压力反应的严重程度时，认知和个体如何评估限定的情况可能与实际的身体挑战一样重要。因此，压力反应也取决于个体的遗传背景、获得的信息、以前的经验以及如何对其进行评估。这意味着同样的压力源在不同的个体身上会产生不同的影响，同样的个体在不同的环境下也会产生不同的影响。

环境变化导致的应激反应的表型可塑性在生命的早期阶段尤为明显。生命早期的压力事件可以触发可能对动物的健康、代谢或行为产生终身影响的发育路径，并且越来越多的证据表明，早期的生活经历通过表观遗传机制对基因表达和行为产生持久的影响。使用非胚胎携带，非亲代照顾的鱼类可能提供另一种方法，以提高我们对早期的生活压力对性能和后期发育阶段的影响的理解。

参考文献

Alderman SL, Bernier NJ (2007) Localization of corticotropin-releasing factor, urotensin I, and CRF-binding protein gene expression in the brain of the zebrafish, *Danio rerio*. J Comp Neurol 502:783–793. https://doi.org/10.1002/cne.21332

Allen C (2011) Fish cognition and consciousness. J Agric Environ Ethics 26:25–39. https://doi.org/10.1007/s10806-011-9364-9

Alsop D, Vijayan MM (2008) Development of the corticosteroid stress axis and receptor expression in zebrafish. Am J Physiol Integr Comp Physiol 294:R711–R719. https://doi.org/10.1152/ajpregu.00671.2007

Aluru N, Vijayan MM (2006) Aryl hydrocarbon receptor activation impairs cortisol response to stress in rainbow trout by disrupting the rate-limiting steps in steroidogenesis. Endocrinology 147:1895–1903. https://doi.org/10.1210/en.2005-1143

Aluru N, Vijayan MM (2008) Molecular characterization, tissue-specific expression, and regulation of melanocortin 2 receptor in rainbow trout. Endocrinology 149:4577–4588. https://doi.org/10.1210/en.2008-0435

Aluru N, Vijayan MM (2009) Stress transcriptomics in fish: a role for genomic cortisol signaling. Gen Comp Endocrinol 164:142–150. https://doi.org/10.1016/j.ygcen.2009.03.020

Andrews PW, Bharwani A, Lee KR, Fox M, Thomson JA (2015) Is serotonin an upper or a downer? The evolution of the serotonergic system and its role in depression and the antidepressant response. Neurosci Biobehav Rev 51:164–188. https://doi.org/10.1016/j.neubiorev.2015.01.018

Appelbaum L, Wang G, Yokogawa T, Skariah GM, Smith SJ, Mourrain P, Mignot E (2010) Circadian and homeostatic regulation of structural synaptic plasticity in hypocretin neurons. Neuron 68:87–98. https://doi.org/10.1016/j.neuron.2010.09.006

Arends RJ, Mancera JM, Muñoz JL, Wendelaar Bonga SE, Flik G (1999) The stress response of the gilthead sea bream (Sparus aurata L.) to air exposure and confinement. J Endocrinol 163:149–157

Bahari-Javan S, Varbanov H, Halder R, Benito E, Kaurani L, Burkhardt S, Anderson-Schmidt H, Anghelescu I, Budde M, Stilling RM, Costa J, Medina J, Dietrich DE, Figge C, Folkerts H, Gade K, Heilbronner U, Koller M, Konrad C, Nussbeck SY, Scherk H, Spitzer C, Stierl S, Stöckel J, Thiel A, von Hagen M, Zimmermann J, Zitzelsberger A, Schulz S, Schmitt A, Delalle I, Falkai P, Schulze TG, Dityatev A, Sananbenesi F, Fischer A (2017) HDAC1 links early life stress to schizophrenia-like phenotypes. Proc Natl Acad Sci U S A 114:E4686–E4694. https://doi.org/10.1073/pnas.1613842114

Barry TP, Ochiai M, Malison JA (1995) In vitro effects of ACTH on interrenal corticosteroidogenesis during early larval development in rainbow trout. Gen Comp Endocrinol 99:382–387. https://doi.org/10.1006/GCEN.1995.1122

Bartholome B, Spies CM, Gaber T, Schuchmann S, Berki T, Kunkel D, Bienert M, Radbruch A, Burmester G-R, Lauster R, Scheffold A, Buttgereit F (2004) Membrane glucocorticoid receptors (mGCR) are expressed in normal human peripheral blood mononuclear cells and up-regulated after in vitro stimulation and in patients with rheumatoid arthritis. FASEB J 18:70–80. https://doi.org/10.1096/fj.03-0328com

Barton B (2002) Stress in fishes: a diversity of responses with particular reference to changes in circulating corticosteroids. Integr Comp Biol 42:517–525

Barton BA, Iwama GK (1991) Physiological changes in fish from stress in aquaculture with emphasis on the response and effects of corticosteroids. Annu Rev Fish Dis 1:3–26. https:// doi.org/10.1016/0959-8030(91)90019-G

Bassett L, Buchanan-Smith HM (2007) Effects of predictability on the welfare of captive animals. Appl Anim Behav Sci 102:223–245. https://doi.org/10.1016/j.applanim.2006.05.029

Bernard C (1974) Lectures on the phenomena of life common to animals and plants. Charles C Thomas, Springfield

Bernier NJ, Craig PM (2005) CRF-related peptides contribute to stress response and regulation of appetite in hypoxic rainbow trout. Am J Physiol Regul Integr Comp Physiol 289:R982–R990. https://doi.org/10.1152/ajpregu.00668.2004

Bernier NJ, Peter RE (2001) The hypothalamic-pituitary-interrenal axis and the control of food intake in teleost fish. Comp Biochem Physiol B Biochem Mol Biol 129:639–644

Bernier NJ, Lin X, Peter RE (1999) Differential expression of corticotropin-releasing factor (CRF) and urotensin I precursor genes, and evidence of CRF gene expression regulated by cortisol in goldfish brain. Gen Comp Endocrinol 116:461–477. https://doi.org/10.1006/gcen.1999.7386

Bernier NJ, Bedard N, Peter RE (2004) Effects of cortisol on food intake, growth, and forebrain neuropeptide Y and corticotropin-releasing factor gene expression in goldfish. Gen Comp Endocrinol 135:230–240. https://doi.org/10.1016/j.ygcen.2003.09.016

Blackard WG, Heidingsfelder SA (1968) Adrenergic receptor control mechanism for growth hormone secretion. J Clin Invest 47:1407–1414. https://doi.org/10.1172/JCI105832

Borski RJ, Hyde GN, Fruchtman S (2002) Signal transduction mechanisms mediating rapid, nongenomic effects of cortisol on prolactin release. Steroids 67:539–548. https://doi.org/10. 1016/S0039-128X(01)00197-0

Braithwaite VA, Boulcott P (2008) Can fish suffer? In: Branson E (ed) Fish welfare. Blackwell, Oxford Brown C (2015) Fish intelligence, sentience and ethics. Anim Cogn 18:1–17. https://doi.org/10. 1007/s10071-014-0761-0

Brown C, Laland K, Krause J (2008) Fish cognition and behavior. Blackwell Bury NR, Sturm A, Le Rouzic P, Lethimonier C, Ducouret B, Guiguen Y, Robinson-Rechavi M, Laudet V, Rafestin-Oblin ME, Prunet P (2003) Evidence for two distinct functional glucocor-ticoid receptors in teleost fish. J Mol Endocrinol 31:141–156

Cannon WB (1929) Organization for physiological homeostasis. Physiol Rev 9:399–431

Cannon WB (1932) The wisdom of the body. W W Norton & Co., New York, NY Cannon WB (1939) The wisdom of the body. Norton & Co., Oxford

Castanheira MF, Conceição LEC, Millot S, Rey S, Bégout M-L, Damsgård B, Kristiansen T, Höglund E, Øverli Ø, Martins CIM (2015) Coping styles in farmed fish: consequences for aquaculture. Rev Aquac 9:23. https://doi.org/10.1111/raq.12100

Castillo J, Teles M, Mackenzie S, Tort L (2009) Stress-related hormones modulate cytokine expression in the head kidney of gilthead seabream (Sparus aurata). Fish Shellfish Immunol 27:493–499. https://doi.org/10.1016/j.fsi.2009.06.021

Chabbi A, Ganesh CB (2012) Stress-induced inhibition of recruitment of ovarian follicles for vitellogenic growth and interruption of spawning cycle in the fish Oreochromis mossambicus. Fish Physiol Biochem 38:1521–1532. https://doi.org/10.1007/s10695-012-9643-z

Cooper CL, Dewe PJ (2004) Stress: a brief history. Blackwell, Oxford

Davis KB (2004) Temperature affects physiological stress responses to acute confinement in sunshine bass (Morone chrysops × Morone saxatilis). Comp Biochem Physiol Part A Mol Integr Physiol 139:433–440. https://doi.org/10.1016/j.cbpb.2004.09.012

de Jesus EGT, Hirano T (1992) Changes in whole body concentrations of cortisol, thyroid hormones, and sex steroids during early development of the chum salmon, *Oncorhynchus keta*. Gen Comp Endocrinol 85:55–61.

https://doi.org/10.1016/0016-6480(92)90171-F

de Kloet ER, Joëls M, Holsboer F (2005) Stress and the brain: from adaptation to disease. Nat Rev Neurosci 6:463–475. https://doi.org/10.1038/nrn1683

Delgado MJ, Cerdá-Reverter JM, Soengas JL (2017) Hypothalamic integration of metabolic, endocrine, and circadian signals in fish: involvement in the control of food intake. Front Neurosci 11. https://doi.org/10.3389/fnins.2017.00354

Doyon C, Gilmour K, Trudeau V, Moon T (2003) Corticotropin-releasing factor and neuropeptide Y mRNA levels are elevated in the preoptic area of socially subordinate rainbow trout. Gen Comp Endocrinol 133:260–271. https://doi.org/10.1016/S0016-6480(03)00195-3

Doyon C, Leclair J, Trudeau VL, Moon TW (2006) Corticotropin-releasing factor and neuropeptide Y mRNA levels are modified by glucocorticoids in rainbow trout, *Oncorhynchus mykiss*. Gen Comp Endocrinol 146:126–135. https://doi.org/10.1016/j.ygcen.2005.10.003

Falkenstein E, Tillmann H-C, Christ M, Feuring M, Wehling M (2000) Multiple actions of steroid hormones-A focus on rapid, nongenomic effects. Pharmacol Rev 52:513–556

Fanouraki E, Divanach P, Pavlidis M (2007) Baseline values for acute and chronic stress indicators in sexually immature red porgy (Pagrus pagrus). Aquaculture 265(1–4):294–304

Fanouraki E, Mylonas CC, Papandroulakis N, Pavlidis M (2011) Species specificity in the magni-tude and duration of the acute stress response in Mediterranean marine fish in culture. Gen Comp Endocrinol 173:313–322. https://doi.org/10.1016/j.ygcen.2011.06.004

Feder A, Nestler EJ, Charney DS (2009) Psychobiology and molecular genetics of resilience. Nat Rev Neurosci 10:446–457. https://doi.org/10.1038/nrn2649

Feist G, Schreck CB (2002) Ontogeny of the stress response in chinook salmon, Oncorhynchus tshawytscha. Fish Physiol Biochem 25:31–40. https://doi.org/10.1023/a:1019709323520

Flik G, Klaren PHM, Van den Burg EH, Metz JR, Huising MO (2006) CRF and stress in fish. Gen Comp Endocrinol 146:36–44. https://doi.org/10.1016/j.ygcen.2005.11.005

Fryer JN (1989) Neuropeptides regulating the activity of goldfish corticotropes and melanotropes. Fish Physiol Biochem 7:21–27. https://doi.org/10.1007/BF00004686

Fryer J, Lederis K, Rivier J (1984) Cortisol inhibits the ACTH-releasing activity of urotensin I, CRF and sauvagine observed with superfused goldfish pituitary cells. Peptides 5:925–930

Funder J, Pearce P, Smith R, Smith A (1988) Mineralocorticoid action: target tissue specificity is enzyme, not receptor, mediated. Science 242:583–585. https://doi.org/10.1126/science.2845584

Galhardo L, Oliveira R (2009) Psychological stress and welfare in fish. ARBS Annu Rev Biomed Sci 11:1–20

Galhardo L, Vital J, Oliveira RF (2011) The role of predictability in the stress response of a cichlid fish. Physiol Behav 102:367–372. https://doi.org/10.1016/j.physbeh.2010.11.035

Gallo VP, Civinini A (2005) The development of adrenal homolog of rainbow trout *Oncorhynchus mykiss*: an immunohistochemical and ultrastructural study. Anat Embryol (Berl) 209:233–242. https://doi.org/10.1007/s00429-004-0433-y

Geven EJW, Verkaar F, Flik G, Klaren PHM (2006) Experimental hyperthyroidism and central mediators of stress axis and thyroid axis activity in common carp (Cyprinus carpio L.). J Mol Endocrinol 37:443–452. https://doi.org/10.1677/jme.1.02144

Gilmour KM (2005) Physiological causes and consequences of social status in salmonid fish. Integr Comp Biol 45:263–273. https://doi.org/10.1093/icb/45.2.263

Gorissen M, Flik G (2016) The endocrinology of the stress response in fish: an adaptation-physiological view. In: Schreck CB, Tort L, Farrell AP, Brauner CJ (eds) Biology of stress in fish: fish physiology, vol 35. Academic Press, Cambridge, MA, pp 75–111

Greenwood AK, Butler PC, White RB, DeMarco U, Pearce D, Fernald RD (2003) Multiple corticosteroid receptors in a teleost fish: distinct sequences, expression patterns, and transcrip-tional activities. Endocrinology 144:4226–4236. https://doi.org/10.1210/en.2003-0566

Grissom N, Bhatnagar S (2009) Habituation to repeated stress: get used to it. Neurobiol Learn Mem 92:215–224. https://doi.org/10.1016/j.nlm.2008.07.001

Groeneweg FL, Karst H, de Kloet ER, Joëls M (2011) Rapid non-genomic effects of corticosteroids and their role in the central stress response. J Endocrinol 209:153–167. https://doi.org/10.1530/ JOE-10-0472

Herman JP (2013) Neural control of chronic stress adaptation. Front Behav Neurosci 7:61. https:// doi.org/10.3389/fnbeh.2013.00061

Huising MO, Metz JR, van Schooten C, Taverne-Thiele AJ, Hermsen T, Verburg-van Kemenade BML, Flik G (2004) Structural characterisation of a cyprinid (*Cyprinus carpio* L.) CRH, CRH-BP and CRH-R1, and the role of these proteins in the acute stress response. J Mol Endocrinol 32:627–648

Huising MO, Vaughan JM, Shah SH, Grillot KL, Donaldson CJ, Rivier J, Flik G, Vale WW (2008) Residues of corticotropin releasing factor-binding protein (CRF-BP) that selectively abrogate binding to CRF but not to urocortin 1. J Biol Chem 283:8902–8912. https://doi.org/10.1074/jbc. M709904200

Jentoft S, Held JA, Malison JA, Barry TP (2002) Ontogeny of the cortisol stress response in yellow perch (*Perca flavescens*). Fish Physiol Biochem 26:371–378. https://doi.org/10.1023/B:FISH. 0000009276.05161.8d

Jones CE, Riha PD, Gore AC, Monfils M-H (2014) Social transmission of Pavlovian fear: fear-conditioning by-proxy in related female rats. Anim Cogn 17:827–834. https://doi.org/10.1007/ s10071-013-0711-2

Jørgensen EH, Haatuft A, Puvanendran V, Mortensen A (2017) Effects of reduced water exchange rate and oxygen saturation on growth and stress indicators of juvenile lumpfish (*Cyclopterus lumpus* L.) in aquaculture. Aquaculture 474:26–33. https://doi.org/10.1016/j.aquaculture.2017. 03.019

Kiilerich P, Kristiansen K, Madsen SS (2007) Hormone receptors in gills of smolting Atlantic salmon, Salmo salar: expression of growth hormone, prolactin, mineralocorticoid and gluco-corticoid receptors and 11beta-hydroxysteroid dehydrogenase type 2. Gen Comp Endocrinol 152:295–303. https://doi.org/10.1016/ j.ygcen.2006.12.018

King W, Berlinsky DL (2006) Whole-body corticosteroid and plasma cortisol concentrations in larval and juvenile Atlantic cod Gadus morhua L following acute stress. Aquac Res 37:1282–1289. https://doi.org/10.1111/j.1365-2109.2006.01558.x

Koob G (2004) Allostatic view of motivation: implications for psychopathology. Neb Symp Motiv 50:1–18

Koob GF, Le Moal M (2001) Drug addiction, dysregulation of reward, and allostasis.

Neuropsychopharmacology 24:97–129. https://doi.org/10.1016/S0893-133X(00)00195-0 Koolhaas J, Korte S, De Boer S, Van Der Vegt B, Van Reenen C, Hopster H, De Jong I, Ruis MA,

Blokhuis H (1999) Coping styles in animals: current status in behavior and stress-physiology. Neurosci Biobehav Rev 23:925–935. https://doi.org/10.1016/S0149-7634(99)00026-3

Koolhaas JM, Bartolomucci A, Buwalda B, de Boer SF, Flügge G, Korte SM, Meerlo P, Murison R, Olivier B, Palanza P, Richter-Levin G, Sgoifo A, Steimer T, Stiedl O, van Dijk G, Wöhr M, Fuchs E (2011) Stress revisited: a critical evaluation of the stress concept. Neurosci Biobehav Rev 35:1291–1301. https://doi.org/10.1016/ j.neubiorev.2011.02.003

Korte SM (2001) Corticosteroids in relation to fear, anxiety and psychopathology. Neurosci Biobehav Rev 25:117–142

Korte SM, Koolhaas JM, Wingfield JC, McEwen BS (2005) The Darwinian concept of stress: benefits of allostasis and costs of allostatic load and the trade-offs in health and disease. Neurosci Biobehav Rev 29:3–38. https:// doi.org/10.1016/j.neubiorev.2004.08.009

Korte SM, Olivier B, Koolhaas JM (2007) A new animal welfare concept based on allostasis. Physiol Behav 92:422–

428. https://doi.org/10.1016/j.physbeh.2006.10.018

Laland KN, Hoppitt W (2003) Do animals have culture? Evol Anthropol Issues News Rev 12:150–159. https://doi. org/10.1002/evan.10111

Lankford SE, Adams TE, Cech JJ Jr (2003) Time of day and water temperature modify the physiological stress response in green sturgeon, Acipenser medirostris. Comp Biochem Physiol Part A Mol Integr Physiol 135:291–302. https://doi.org/10.1016/S1095-6433(03)00075-8

Lazarus RS, Folkman S (1984) Stress, appraisal, and coping. Springer, New York

Leatherland JF, Li M, Barkataki S (2010) Stressors, glucocorticoids and ovarian function in teleosts. J Fish Biol 76:86–111. https://doi.org/10.1111/j.1095-8649.2009.02514.x

Leclercq E, Davie A, Migaud H (2014) The physiological response of farmed ballan wrasse (Labrus bergylta) exposed to an acute stressor. Aquaculture 434:1–4. https://doi.org/10.1016/j.aquaculture.2014.07.017

Lieberman DA (2000) Learning: behavior and cognition. Wadsworth, Belmont, CA

Lovallo WR (2016) Stress and health: biological and psychological interactions, 3rd edn. Sage, Thousand Oaks, CA

Madaro A, Olsen RE, Kristiansen TS, Ebbesson LOE, Nilsen TO, Flik G, Gorissen M (2015) Stress in Atlantic salmon: response to unpredictable chronic stress. J Exp Biol 218:2538–2550. https://doi.org/10.1242/jeb.120535

Madaro A, Fernö A, Kristiansen TS, Olsen RE, Gorissen M, Flik G, Nilsson J (2016a) Effect of predictability on the stress response to chasing in Atlantic salmon (Salmo salar L.) parr. Physiol Behav 153:1–6. https://doi.org/10.1016/j.physbeh.2015.10.002

Madaro A, Olsen RE, Kristiansen TS, Ebbesson LOE, Flik G, Gorissen M (2016b) A comparative study of the response to repeated chasing stress in Atlantic salmon (Salmo salar L.) parr and post-smolts. Comp Biochem Physiol Part A Mol Integr Physiol 192:7–16. https://doi.org/10.1016/j.cbpa.2015.11.005

Madaro A, Folkedal O, Maiolo S, Alvanopoulou M, Olsen RE (2018) Effects of acclimation temperature on cortisol and oxygen consumption in Atlantic salmon (Salmo salar) post-smolt exposed to acute stress. Aquaculture 497:331–335. https://doi.org/10.1016/J.AQUACULTURE.2018.07.056

Madison BN, Tavakoli S, Kramer S, Bernier NJ (2015) Chronic cortisol and the regulation of food intake and the endocrine growth axis in rainbow trout. J Endocrinol 226:103. https://doi.org/10.1530/JOE-15-0186

Manuel R, Metz JR, Flik G, Vale WW, Huising MO (2014) Corticotropin-releasing factor-binding protein (CRF-BP) inhibits CRF-and urotensin-I-mediated activation of CRF receptor-1 and-2 in common carp. Gen Comp Endocrinol 202:69–75. https://doi.org/10.1016/j.ygcen.2014.04. 010

McCormick SD (2001) Endocrine control of osmoregulation in teleost fish. Integr Comp Biol 41:781–794. https://doi.org/10.1093/icb/41.4.781

McCormick SD, Regish A, O'Dea MF, Shrimpton JM (2008) Are we missing a mineralocorticoid in teleost fish? Effects of cortisol, deoxycorticosterone and aldosterone on osmoregulation, gill Na+, K+-ATPase activity and isoform mRNA levels in Atlantic salmon. Gen Comp Endocrinol 157:35–40. https://doi.org/10.1016/j.ygcen.2008.03.024

McEwen BS (2002) Sex, stress and the hippocampus: allostasis, allostatic load and the aging process. Neurobiol Aging 23:921–939

McEwen BS (2003) Mood disorders and allostatic load. Biol Psychiatry 54:200–207. https://doi. org/10.1016/S0006-3223(03)00177-X

McEwen BS, Lasley EN (2002) The end of stress as we know it. Joseph Henry, Washington, DC McEwen BS, Seeman T (1999) Protective and damaging effects of mediators of stress: elaborating and testing the concepts of allostasis and allostatic load. Ann N Y Acad Sci 896:30–47. https:// doi.org/10.1111/j.1749-6632.1999.tb08103.x

McEwen BS, Wingfield JC (2003) The concept of allostasis in biology and biomedicine. Horm Behav 43:2–15.

https://doi.org/10.1016/S0018-506X(02)00024-7

McVicar A, Ravalier JM, Greenwood C (2014) Biology of stress revisited: intracellular mecha-nisms and the conceptualization of stress. Stress Health 30:272–279. https://doi.org/10.1002/ smi.2508

Moghadam HK, Johnsen H, Robinson N, Andersen ØH, Jørgensen E, Johnsen HK, Bæhr VJ, Tveiten H (2017) Impacts of early life stress on the methylome and transcriptome of atlantic salmon. Sci Rep 7:5023. https://doi. org/10.1038/s41598-017-05222-2

Molet J, Maras PM, Avishai-Eliner S, Baram TZ (2014) Naturalistic rodent models of chronic early-life stress. Dev Psychobiol 56:1675–1688. https://doi.org/10.1002/dev.21230

Mommsen TP, Vijayan MM, Moon TW (1999) Cortisol in teleosts: dynamics, mechanisms of action, and metabolic regulation. Rev Fish Biol Fish 9(3):211–268

Moore-Ede MC (1986) Physiology of the circadian timing system: predictive versus reactive homeostasis. Am J Physiol Integr Comp Physiol 250:R737–R752. https://doi.org/10.1152/ ajpregu.1986.250.5.R737

Mrosovsky N (1990) Rheostasis: the physiology of change. Oxford University Press, New York, NY

Nardocci G, Navarro C, Cortés PP, Imarai M, Montoya M, Valenzuela B, Jara P, Acuña-Castillo C, Fernández R (2014) Neuroendocrine mechanisms for immune system regulation during stress in fish. Fish Shellfish Immunol 40:531–538. https://doi.org/10.1016/j.fsi.2014.08.001

Nilsen TO, Ebbesson LOE, Madsen SS, McCormick SD, Andersson E, Björnsson BT, Prunet P, Stefansson SO (2007) Differential expression of gill Na$^+$, K$^+$-ATPase alpha-and beta-subunits, Na$^+$, K$^+$,2Cl-cotransporter and CFTR anion channel in juvenile anadromous and landlocked Atlantic salmon Salmo salar. J Exp Biol 210:2885–2896. https://doi.org/10.1242/jeb.002873

Ohl F, Michaelis T, Vollmann-Honsdorf G, Kirschbaum C, Fuchs E (2000) Effect of chronic psychosocial stress and long-term cortisol treatment on hippocampus-mediated memory and hippocampal volume: a pilot-study in tree shrews. Psychoneuroendocrinology 25:357–363. https://doi.org/10.1016/S0306-4530(99)00062-1

Olsen RE, Sundell K, Hansen T, Hemre G, Myklebust R, Mayhew TM, Ringø E (2003) Acute stress alters the intestinal lining of Atlantic salmon, Salmo salar L.: An electron microscopical study. Fish Physiol Biochem 26(3):211–221

Olsen RE, Sundell K, Mayhew TM, Myklebust R, Ringø E (2005) Acute stress alters intestinal function of rainbow trout, Oncorhynchus mykiss (Walbaum). Aquaculture 250:480–495. https://doi.org/10.1016/ j.aquaculture.2005.03.014

Øverli Ø, Kotzian S, Winberg S (2002) Effects of cortisol on aggression and locomotor activity in rainbow trout. Horm Behav 42:53–61. https://doi.org/10.1006/hbeh.2002.1796

Paitz RT, Bukhari SA, Bell AM (2016) Stickleback embryos use ATP-binding cassette transporters as a buffer against exposure to maternally derived cortisol. Proc R Soc B Biol Sci 283:20152838. https://doi.org/10.1098/ rspb.2015.2838

Palermo F, Nabissi M, Cardinaletti G, Tibaldi E, Mosconi G, Polzonetti-Magni AM (2008) Cloning of sole proopiomelanocortin (POMC) cDNA and the effects of stocking density on POMC mRNA and growth rate in sole, Solea solea. Gen Comp Endocrinol 155:227–233. https://doi. org/10.1016/j.ygcen.2007.05.003

Pankhurst NW (2011) The endocrinology of stress in fish: an environmental perspective. Gen Comp Endocrinol 170:265–275. https://doi.org/10.1016/j.ygcen.2010.07.017

Pankhurst NW (2016) Reproduction and development. In: Schreck CB, Tort L, Farrell AP, Brauner CJ (eds) Biology of stress in fish: fish physiology, vol 35. Academic Press, Cambridge, MA, pp 295–331

Pavlidis M, Sundvik M, Chen Y-C, Panula P (2011) Adaptive changes in zebrafish brain in dominant-subordinate behavioral context. Behav Brain Res 225(2):529–537

Pavlidis M, Theodoridi A, Tsalafouta A (2015) Neuroendocrine regulation of the stress response in adult zebrafish, Danio rerio. Prog Neuro-Psychopharmacology Biol Psychiatry 60:121–131. https://doi.org/10.1016/

j.pnpbp.2015.02.014

Pavlov I (1927) Conditioned reflexes. Oxford University, Oxford

Pepels PPLM, Meek J, Wendelaar Bonga SE, Balm PHM (2002) Distribution and quantification of corticotropin-releasing hormone (CRH) in the brain of the teleost fish Oreochromis mossambicus (tilapia). J Comp Neurol 453:247–268. https://doi.org/10.1002/cne.10377

Peter MCS (2011) The role of thyroid hormones in stress response of fish. Gen Comp Endocrinol 172:198–210. https://doi.org/10.1016/j.ygcen.2011.02.023

Pickering AD, Pottinger TG, Sumpter JP, Carragher JF, Le Bail PY (1991) Effects of acute and chronic stress on the levels of circulating growth hormone in the rainbow trout, Oncorhynchus mykiss. Gen. Comp. Endocrinol. 83:86–93. https://doi.org/10.1016/0016-6480(91)90108-I

Prunet P, Sturm A, Milla S (2006) Multiple corticosteroid receptors in fish: from old ideas to new concepts. Gen Comp Endocrinol 147:17–23. https://doi.org/10.1016/j.ygcen.2006.01.015

Reid SG, Bernier NJ, Perry SF (1998) The adrenergic stress response in fish: control of catechol-amine storage and release. Comp Biochem Physiol C Pharmacol Toxicol Endocrinol 120:1–27

Rodriguez F, Lopez JC, Vargas JP, Gomez Y, Broglio C, Salas C (2002) Conservation of spatial memory function in the pallial forebrain of reptiles and ray-finned fishes. J Neurosci 22:2894–2903

Romero LM, Dickens MJ, Cyr NE (2009) The reactive scope model–a new model integrating homeostasis, allostasis, and stress. Horm Behav 55:375–389. https://doi.org/10.1016/J. YHBEH.2008.12.009

Rose JD (2002) The neurobehavioral nature of fishes and the question of awareness and pain. Rev Fish Sci 10:1–38. https://doi.org/10.1080/20026491051668

Rose JD (2007) Anthropomorphism and 'mental welfare' of fishes. Dis Aquat Org 75:139–154. https://doi.org/10.3354/dao075139

Rose JD, Arlinghaus R, Cooke SJ, Diggles BK, Sawynok W, Stevens ED, Wynne CDL (2014) Can fish really feel pain? Fish Fish 15:97–133. https://doi.org/10.1111/faf.12010

Roy B, Rai U (2008) Role of adrenoceptor-coupled second messenger system in sympatho-adrenomedullary modulation of splenic macrophage functions in live fish Channa punctatus. Gen Comp Endocrinol 155:298–306. https://doi.org/10.1016/j.ygcen.2007.05.008

Sadoul B, Vijayan MM (2016) Stress and growth. In: Schreck CB, Tort L, Farrell AP, Brauner CJ (eds) Biology of stress in fish: fish physiology, vol 35. Academic Press, Cambridge, MA, pp 167–205

Sarropoulou E, Tsalafouta A, Sundaram AYM, Gilfillan GD, Kotoulas G, Papandroulakis N, Pavlidis M (2016) Transcriptomic changes in relation to early-life events in the gilthead sea bream (Sparus aurata). BMC Genomics 17:506. https://doi.org/10.1186/s12864-016-2874-0

Sathiyaa R, Vijayan M (2003) Autoregulation of glucocorticoid receptor by cortisol in rainbow trout hepatocytes. Am J Phys 284:C1508–C1515. https://doi.org/10.1152/ajpcell.00448.2002

Schulkin J (2004) Allostasis, homeostasis and the costs of physiological adaptation. Cambridge University Press

Seasholtz A, Valverde RA, Denver RJ (2002) Corticotropin-releasing hormone-binding protein: biochemistry and function from fishes to mammals. J Endocrinol 175:89–97. https://doi.org/10. 1677/joe.0.1750089

Selye H (1936) A syndrome produced by diverse nocuous agents. Nature 138:32 Selye H (1950) Stress and the general adaptation syndrome. Br Med J 4667

Shively CA, Willard SL (2012) Behavioral and neurobiological characteristics of social stress versus depression in nonhuman primates. Exp Neurol 233:87–94. https://doi.org/10.1016/j. expneurol.2011.09.026

Signals C (2006) Physiologie du Comportement. Flammarion, pp 1–39

Steenbergen PJ, Richardson MK, Champagne DL (2011) The use of the zebrafish model in stress research. Prog Neuro-Psychopharmacol Biol Psychiatry 35:1432–1451. https://doi.org/10.1016/ j.pnpbp.2010.10.010

Sterling P (2004) Principles of allostasis: optimal design, predictive regulation, pathophysiology and rational therapeutics. In: Sterling P (ed) Allostasis, homeostasis, and the costs of physio-logical adaptation. Cambridge University Press, New York, pp 17–64

Sterling P (2012) Allostasis: a model of predictive regulation. Physiol Behav 106:5–15. https://doi. org/10.1016/ j.physbeh.2011.06.004

Sterling P, Eyer J (1988) Allostasis: a new paradigm to explain arousal pathology. In: Fisher S, Reason J (eds) Handbook of life stress, cognition and health. Wiley, New York, pp 629–649

Stouthart XJHX, Huijbregts MAJ, Balm PHM, Lock RAC, Bonga SEW (1998) Endocrine stress response and abnormal development in carp (Cyprinus carpio) larvae after exposure of the embryos to PCB 126. Fish Physiol Biochem 18:321–329

Sturm A, Bury N, Dengreville L, Fagart J, Flouriot G, Rafestin-Oblin ME, Prunet P (2005) 11-Deoxycorticosterone is a potent agonist of the rainbow trout (Oncorhynchus mykiss) min-eralocorticoid receptor. Endocrinology 146:47–55. https://doi.org/10.1210/en.2004-0128

Sturm A, Colliar L, Leaver MJ, Bury NR (2011) Molecular determinants of hormone sensitivity in rainbow trout glucocorticoid receptors 1 and 2. Mol Cell Endocrinol 333:181–189. https://doi. org/10.1016/j.mce.2010.12.033

Sumpter JP, Dye HM, Benfey TJ (1986) The effects of stress on plasma ACTH, α -MSH, and cortisol levels in salmonid fishes. Gen Comp Endocrinol 62:377–385. https://doi.org/10.1016/ 0016-6480(86)90047-X

Syed SA, Nemeroff CB (2017) Early life stress, mood, and anxiety disorders. Chronic Stress 1:247054701769446. https://doi.org/10.1177/2470547017694461

Szisch V, Papandroulakis N, Fanouraki E, Pavlidis M (2005) Ontogeny of the thyroid hormones and cortisol in the gilthead sea bream, Sparus aurata. Gen Comp Endocrinol 142:186–192. https://doi.org/10.1016/ J.YGCEN.2004.12.013

Szyf M (2013) DNA methylation, behavior and early life adversity. J Genet Genomics 40:331–338. https://doi. org/10.1016/j.jgg.2013.06.004

Takahashi H, Sakamoto T (2013) The role of "mineralocorticoids" in teleost fish: relative impor-tance of glucocorticoid signaling in the osmoregulation and "central" actions of mineralocorti-coid receptor. Gen Comp Endocrinol 181:223–228. https://doi.org/10.1016/j.ygcen.2012.11. 016

Tasker JG, Di S, Malcher-Lopes R (2006) Minireview: rapid glucocorticoid signaling via membrane-associated receptors. Endocrinology 147:5549–5556. https://doi.org/10.1210/en. 2006-0981

Thomas P (2012) Rapid steroid hormone actions initiated at the cell surface and the receptors that mediate them with an emphasis on recent progress in fish models. Gen Comp Endocrinol 175:367–383. https://doi. org/10.1016/j.ygcen.2011.11.032

Tort L (2011) Stress and immune modulation in fish. Dev Comp Immunol 35:1366–1375. https:// doi.org/10.1016/ j.dci.2011.07.002

Tsalafouta A, Papandroulakis N, Gorissen M, Katharios P, Flik G, Pavlidis M (2014) Ontogenesis of the HPI axis and molecular regulation of the cortisol stress response during early develop-ment in Dicentrarchus labrax. Sci Rep 4:5525. https://doi.org/10.1038/srep05525

Tsalafouta A, Papandroulakis N, Pavlidis M (2015) Early life stress and effects at subsequent stages of development in European sea bass (D. labrax). Aquaculture 436:27–33

Tsalafouta A, Gorissen M, Pelgrim TNM, Papandroulakis N, Flik G, Pavlidis M (2017) α -MSH and melanocortin receptors at early ontogeny in European sea bass (Dicentrarchus labrax, L.). Sci Rep 7:46075. https://doi. org/10.1038/srep46075

Turecki G, Meaney MJ (2016) Effects of the social environment and stress on glucocorticoid receptor gene methylation: a systematic review. Biol Psychiatry 79(2):87–96

Ursin H, Eriksen HR (2004) The cognitive activation theory of stress. Psychoneuroendocrinology 29:567–592. https://doi.org/10.1016/S0306-4530(03)00091-X

Vaiserman AM (2010) Hormesis, adaptive epigenetic reorganization, and implications for human health and longevity. Dose-Response 8:dose. https://doi.org/10.2203/dose-response.09-014. Vaiserman

van Praag H, Kempermann G, Gage FH (1999) Running increases cell proliferation and neurogenesis in the adult mouse dentate gyrus. Nat Neurosci 2:266–270. https://doi.org/10. 1038/6368

Van Weerd JH, Komen J (1998) The effects of chronic stress on growth in fish : a critical appraisal. Comp Biochem Physiol Part A Mol Integr Physiol 120:107–112

Vindas MA, Folkedal O, Kristiansen TS, Stien LH, Braastad BO, Mayer I, Øverli Ø (2012) Omission of expected reward agitates Atlantic salmon (Salmo salar). Anim Cogn 15:903–911. https://doi.org/10.1007/s10071-012-0517-7

Vindas MA, Johansen IB, Folkedal O, Höglund E, Gorissen M, Flik G, Kristiansen TS, Øverli Ø (2016a) Brain serotonergic activation in growth-stunted farmed salmon: adaption versus pathol-ogy. R Soc Open Sci 3:160030. https://doi.org/10.1098/rsos.160030

Vindas MA, Madaro A, Fraser TWK, Höglund E, Olsen RE, Øverli Ø, Kristiansen TS (2016b) Coping with a changing environment: the effects of early life stress. R Soc Open Sci 3:160382. https://doi.org/10.1098/rsos.160382

Vindas MA, Gorissen M, Höglund E, Flik G, Tronci V, Damsgård B, Thörnqvist P-O, Nilsen TO, Winberg S, Øverli Ø, Ebbesson LOE (2017) How do individuals cope with stress? Behavioural, physiological and neuronal differences between proactive and reactive coping styles in fish. J Exp Biol 220(8):1524–1532

Volkoff H, Canosa LF, Unniappan S, Cerdá-Reverter JM, Bernier NJ, Kelly SP, Peter RE (2005) Neuropeptides and the control of food intake in fish. Gen Comp Endocrinol 142:3–19. https:// doi.org/10.1016/j.ygcen.2004.11.001

Von Holst D (1998) The concept of stress and its relevance for animal behavior. Adv Study Behav 27:1–31

Weiss JM (1970) Somatic effects of predictable and unpredictable shock. Psychosom Med 32:397–308

Wendelaar Bonga SE (1997) The stress response in fish. Physiol Rev 77:591–625

Winberg S, Nilsson GE (1993) Roles of brain monoamine neurotransmitters in agonistic behaviour and stress reactions, with particular reference to fish. Comp Biochem Physiol Part C Pharmacol Toxicol Endocrinol 106:597–614. https://doi.org/10.1016/0742-8413(93)90216-8

Wingfield JC, Maney DL, Breuner CW, Jacobs JD, Lynn S, Ramenofsky M, Richardson RD (1998) Ecological bases of hormone—behavior interactions: the "emergency life history stage". Integr Comp Biol 38:191–206. https://doi.org/10.1093/icb/38.1.191

Yada T, Tort L (2016) Stress and disease resistance: immune system and immunoendocrine interactions. In: Schreck CB, Tort L, Farrell AP, Brauner CJ (eds) Biology of stress in fish: fish physiology, vol 35. Academic Press, San Diego, CA, pp 365–403

Zwollo P (2017) The humoral immune system of anadromous fish. Dev Comp Immunol 80:24. https://doi.org/10.1016/j.dci.2016.12.008

第 12 章
个体差异与应对方式

摘　要：根据目前的定义，动物福利学是取决于动物个体在应对不断变化的环境过程中产生的成功或者失败的结果，进而产生认知和情感的主观体验。一种情感的功能和进化方法认为，个体能否适应外界的刺激取决于持续时间、严重的程度、可控性和可预测性的特征。这些特征的好坏决定了特定的刺激或应对的结果对于个体而言是有益的还是有害的。例如，在慢性、不可预测或无法控制的刺激下，个体无法成功地积极应对这些情况，因此，应激诱导的行为减缓就被视为一种适应性的策略。同时，行为减缓与神经可塑性降低和神经内分泌改变共同发生，类似于哺乳动物在抑郁的状态下的大脑重塑的状态，因此，判定该种行为对于硬骨鱼类是一种不利的状态。另外，当应激源是温和的、可预测的且持续时间较短时，攻击和回避等主动反应可能具有适应性。这样的外界条件虽然会导致生理应激反应的快速激活，但并不一定损害福利。因此，当应激仅仅是抑制行为而不构成刺激时，个体阈值的变化可能是在该特定的情况下定义福利的关键。然而，对于个体而言采用积极（主动的）和消极（被动的）反应的阈值是可变的，复杂的基因—环境相互作用会影响福利相关性的发生和稳定性。在本章中，我们将回顾应对压力的方式中的关键组成的部分（行为、生理、神经内分泌学、突触可塑性和免疫能力）如何受到巨大的个体和遗传变异的影响，以及这些特定的性状特征如何影响鱼类福利。在水产养殖中的一个研究结果表明，如果目的是理解并量化个体应对能力变异的情况下的福利，那么与中枢神经系统功能相关的指标必须以某种方式被考虑衡量。目前，对神经可塑性的可用标志物的稳健性及其对应激暴露的敏感性尚未完全得到解决，但受损的福利状态通常可通过特征行为（如活动和进食减少，以及对额外的压力因素的反应能力减弱）来识别。

关键词：压力；可塑性；神经生物学；性格；应变能力；行为；抵抗

12.1　压力与福利

　　本章将重点聚焦于鱼类个体的生理应激反应、神经生物学及行为的差异。此外，也将讨论这种变化差异是什么及为什么与鱼类的福利相关。目前，大多数关于动物福利的研究都提供了几个基本的概念，其中之一便是个体对目前所处的状态的主观体验决定了个体是处于良好的福利状态还是糟糕的福利状态。动物的自身认知和情感的主观感受是一种新型的定义，所以并不完全符合当前自然科学领域的科学审查。然而，这些主观体验是可量化的生物过程（神经元之间的通信）的结果，也是自然选择的产物。

变异是选择的基础，在整个动物界中，无论是在野外环境还是在养殖环境，如果动物受到伤害，动物的反应会存有较大的个体差异。一些个体被动地逃离潜在的有害的刺激环境（即被动应对者），而另一些个体则积极地回避或试图对抗或消除障碍（即主动应对者）。这种对威胁的行为反应的变化在啮齿动物身上得到了很好地体现。其中，一些个体会马上主动地对构成直接威胁的刺激奋力进行反击（例如电击），而另一些个体则被动地毫无反应和躲避刺激。在鱼类中，也有类似的主动和被动回避的情况。

作为生存的基础，个体对压力的生理和行为反应是由复杂的基因—环境相互作用形成的。这些反应是个体的特征，也是会随着环境的变化而发生改变。神经内分泌应激反应的组成部分也与情绪和情感过程密切相关，进而与个体的福利体验直接相关。此外，压力期间的神经内分泌控制、适应性行为和情绪状态之间的联系在脊椎动物亚门中似乎处于保守的状态，未发生改变。

随着异质稳态概念发展（第 11 章），对于应激压力的研究正采取综合及进化的方式、方法进行，生理和行为压力的反应逐渐被视为个体在不断变化的环境中生存时至关重要的适应性的反应。当压力源较温和、可被预测且持续时间短时，可能会出现对压力适应性的攻击性和主动回避等反应。在长期、程度较重或不可预测的压力源下，个体通过减少主动攻击以及通过被动应对来保存能量或许是一种更好的方式。当"异质稳态的负荷超载"的状况出现且是由慢性、不可预测或无法控制的压力源引起的，而这些状况又未能被成功应对时，此时称之为福利受损。

这一定义非常适合鱼类，在急性与长期压力和 / 或接触类固醇激素（如皮质类固醇）的压力中可观察到相互对立的结果。与这一进化思维一致的是，对情绪的功能主义方法认为情绪已经进化出特定的功能，例如诱导对潜在的危险刺激做出适当的行为反应。所以，合乎情理的是，认知变化和情感困扰很可能是对压力过大时被动应对的一个重要的组成部分。因此，在压力处于具有抑制性而不是刺激性的阈值内，个体的变异很可能与个体在特定的情境中对福利的主观体验相关联。

12.2　个体应对方式的差异和特征

12.2.1　专业术语

在介绍应激压力反应下个体差异的概念时，需对术语进行适当的注释。在进化生态学、畜牧业和生物医学等不同的领域内，人们对不同的生物均具有的个体因应

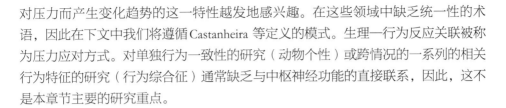

对压力而产生变化趋势的这一特性越发地感兴趣。在这些领域中缺乏统一性的术语，因此在下文中我们将遵循Castanheira等定义的模式。生理—行为反应关联被称为压力应对方式。对单独行为一致性的研究（动物个性）或跨情况的一系列的相关行为特征的研究（行为综合征）通常缺乏与中枢神经功能的直接联系，因此，这不是本章节主要的研究重点。

12.2.2　压力应对方式的特点

关于一致的行为表型（即应对方式）的生理和神经生物学的相关性，通常根据害羞—大胆或被动—主动攻击的分布，将动物分类为"反应性"或"主动性"。害羞、反应性个体的典型特征是应激后皮质醇的含量较高，交感神经活动较低（如肾上腺素和去甲肾上腺素的含量较低），它们通常表现出低攻击性、"静止和藏匿"的行为、较低的行为灵活性和风险应对能力。相比之下，大胆和主动攻击个体的典型特征是皮质醇的含量低以及交感神经活动更强。这些个体在受到压力时倾向于采取"战斗或逃跑"的策略，具有攻击性、刚性和常规性，并通常表现出较高的风险应对能力。鱼类和哺乳动物在应对方式上表现出的个体差异似乎得到了延续。在下文中，我们将回顾压力应对方式的关键组成部分（即行为、生理学、神经内分泌、神经元可塑性和免疫能力）如何受到巨大的个体和遗传变异的影响，并进一步讨论这些典型的特征是如何影响鱼类福利的。

12.3　应对方式和动物福利：行为的作用

行为代表鱼类感知周边环境时做出的反应，因此，其可以作为评估福利状况的重要指标。而应对方式可以决定个体如何对外界刺激做出评估（情绪和情感两方面），因此，在阐述养殖鱼类的福利概念时需要将压力应对纳入。据此，行为福利指标，如压力和环境扰动对摄食量、行为活动和攻击性的影响，实际上与不同的个体之间的对比行为相同（反应性和主动性个体的压力应对方式）。此外，如果这些行为在时间和/或背景上不恰当（即高度攻击性），它们可能会影响该个体的福利或同一群体中其他个体的福利。值得注意的是，产生的行为可能是适应性良好的，也可能是适应性较差的，通常取决于环境。在某些条件下有利的行为活动在其他的条件下可能会变得不利。如果动物被困在不利于其固有行为特征的环境条件下，其行为特征就会发生改变，进而去适应不良的环境条件，因此，福利会受到损害。

12.3.1 攻击性

攻击性是一个肯定会影响鱼类福利的行为，即攻击其他个体的倾向性。这种情况通常发生在养殖鱼类中，但是在不同的物种和生产系统下的攻击程度有所不同。一些养殖鱼类天生具有领地意识，并具有保卫领地和形成社会等级制度的本性。攻击行为与一些常见的水产养殖的相关问题有直接的关联，受到反复攻击的受害者会产生摄食量减少、长期处于环境压力中以及由于皮肤和鳍受损而导致疾病感染的风险增加等不利的情况。Cubitt 等的一项研究表明，即使在水产养殖的条件下，大西洋鲑鱼（*Salmo salar*）也会根据体型大小的不同而形成等级，其中，生长较慢、可能处于从属地位的个体会表现出大脑血清素含量升高的结果，表明存在慢性压力。另有一些作者提出了驯化如何影响鱼类攻击行为的问题。事实上，一种较为明显的可能性是，人们对鱼类进行的快速增殖的做法会在无意中导致了对积极主动个体的选择。而在水产养殖中，通常通过优化饲养的密度来减轻攻击性，从而防止领地竞争行为的发生。这表明预测应对方式的变化与当前的环境之间的相互作用的福利结果具有复杂性：攻击性行为是一种自然行为，在某些情况下表现出攻击性，可以减轻个体的压力并增加其可预测性。因此，通过增加饲养密度去降低攻击性水平的常见做法，实际上可能对积极主动的个体带来负面的福利影响。

12.3.2 对环境不稳定的行为反应

另一个对主动性和被动性个体产生不同影响的变量是环境稳定性。在压力应对方式上，个体认知上的一个根本差异是，积极主动的个体更倾向于将自己的行为建立在预期的结果和以前学到的惯例的基础上。另外，反应性个体对微小的环境扰动更加关注并表现出行为反应。这表明以固定和有限的饲养方式，以及与饲养程序相关的频繁的物理或环境压力为特征的集约饲养条件，可能有利于积极主动的个体，从而倾向于制定和遵循常规以确保获得所需的资源。在相同的条件下，反应性个体更有可能遭受低增长率和较差的福利的困扰。随后，多项的研究表明，应对方式会影响几种硬骨鱼类物种的生长性能和饲料转化率。这也是反映在摄食量上，且是常用的福利指标。

12.3.3 摄食量

应激后恢复摄食量是科研学者发现的一贯存在的行为之一，采用不同的压力应对方式的动物之间存在一定的差异。积极主动的个体在应激后很快恢复采食，而反应性个体则恢复较慢。这一点已在虹鳟鱼（*Oncorhynchus mykiss*）品系中反复得到证实，这些品系被选育为应激后皮质醇反应低（LR）和应激后皮质醇反应高（HR）

的品系。Andersson 等表明，在幼鱼阶段首次进食的时间也因应对方式而异。显然，应激后恢复摄食量与摄食行为和饲料效率等因素均是水产养殖的重要的性能特征。在非洲鲶鱼（*Clarias gariepinus*）中，最成功的个体是那些对食物的存在反应较快并在被转移到新环境后迅速恢复摄食的个体。与 LR 型虹鳟鱼一样，这些积极主动的鲶鱼以低的皮质醇水平应对压力。此外，积极主动的尼罗罗非鱼（*Oreochromis niloticus*）在被转移到新环境后似乎能更快地恢复摄食量。然而，在最近一项关于虹鳟鱼养殖研究通过首次摄食时间来表征应激的应对方式，研究发现主动性群体和被动性群体的生长速度均低于中间型群体。这提出了这样一种想法：选择标准也许应该有利于反应—主动连续体中的中间类型。水产养殖业的择优计划不仅选择具有高竞争力、快速生长、积极主动的个体，还需要"减少群体内的生长偏差"。

12.4　应对方式和动物福利：生理学和器官可塑性

与行为一样，用作鱼类福利状况指标的生理特征通常被认为是反应性和主动性压力应对方式中作对比的生理特征。硬骨鱼类的应激最常用的生理指标之一是下丘脑—垂体—肾上腺轴（hypothalamic-pituitary-interrenal，HPI）的反应性和输出。HPI 输出以类固醇激素皮质醇为代表，它对于调节水矿物质平衡、能量代谢和免疫功能等至关重要。

12.4.1　HPI 的反应性

众所周知，对压力的反应上，反应性鱼类比主动性鱼类产生的皮质醇的含量会更高。然而，这种简单的关系与一系列复杂的生理上的相互作用有关，阻碍了皮质醇的变化与福利结果的解释。例如，应对方式会影响获得主导或从属社会地位的可能性，这反过来又可能影响个体的压力水平。此外，血浆皮质醇水平的长期升高已被证明可以抑制 HPI 的反应性。同样，与未受压力的对照组的鱼相比，长期承受压力的鱼遭遇急性压力源时的血浆皮质醇的水平较低。此外，在长期承受压力的鱼中，压力引起的皮质醇反应的时间进程似乎较慢。慢性压力对 HPI 功能的影响在社会性鱼类中是明显的。例如，Øverli 等报道，生态位较低的北极红点鲑鱼（*Salvelinus alpinus*）的血浆中的基础皮质醇的水平升高，但对急性应激的反应比优势红点鲑鱼的皮质醇反应更小、更迟缓。Jeffrey 等在虹鳟鱼中获得了类似的结果。然而，目前尚不完全清楚这些差异是在 HPI 的什么水平以及通过什么样的机制产生的。尽管如此，研究表明，下丘脑水平糖皮质激素受体（GR）表达的变化以及端脑神经递质血清素（5-HT）代谢的变化参与了 HPI 反应性的慢性应激抑制。Jeffrey 等证明，在长期应激的虹鳟鱼中，促肾上腺皮质激素刺激的皮质醇的产生量减少。

慢性应激对 HPI 反应性的这些多层次影响与 HPI 受到不同层面的反馈机制的调节是一致的。此外，这强调了慢性压力可能会影响主动性和反应性个体分别具有低 HPI 反应性和高 HPI 反应性。

12.4.2 皮质醇诱发的病理学

从动物福利的角度来看，除了与压力相关的中枢神经过程之外，如果皮质醇的水平升高且持续时间较长，还会对可延展的器官系统产生多种直接有害的影响。例如，皮质醇已被证明会损害皮肤、抑制生长和繁殖，并抑制免疫系统的几个组成部分。皮质醇的暴露也被证明可以改变几种硬骨鱼类的肠壁并让其减少采食量。

在压力的状态下，反应性鱼类比主动性鱼类产生的皮质醇水平更高，所以可以假设，反复暴露于急性应激源会导致应激反应。反应性鱼类对皮质醇引起的病理表现更加敏感。然而，除了摄食量和生长性能等明显受到应对方式影响的因素之外，因高（或低）水平的皮质醇暴露而产生的病理影响在主动性和反应性鱼类中很少被研究。然而，最近的研究表明，皮质醇对心脏和大脑等重要且高度可塑的器官具有显著的影响。高水平的外源性皮质醇会诱导虹鳟鱼病理性心脏肥大并减少脑细胞增殖。与这些发现一致，高皮质醇反应的 HR 型虹鳟鱼比 LR 型虹鳟鱼有更大的心脏且纤维化的程度更高。HR 型虹鳟鱼的大心室也出现了哺乳动物病理性心肌肥厚的分子标志物高表达的情况，表明存有病理特征。因此，反应性鱼类可能比主动性鱼类更容易患皮质醇诱发的心脏病。另外，Korte 等认为主动性个体的交感神经支配可能使他们容易出现心血管问题，但这在主动性和反应性鱼类中仍有待证明。

12.4.3 免疫系统的可塑性和抗病性

脊椎动物另一个不可或缺但可塑性很强的生物必需品是免疫系统。鉴于神经内分泌应激系统的免疫调节性质，反应性个体和主动性个体在免疫能力和对传染病的敏感性方面可能存在差异。尽管文献表明，主动性和被动性个体所患的疾病和健康问题的类型通常有所不同，但很少有研究关注疾病在鱼类应对方式的背景下，抵抗力或免疫能力的其他方面。MacKenzie 等表明，选择应激反应会影响虹鳟鱼的抗病性，表明主动性和反应性鲤鱼（Cyprinus carpio）的基线促炎基因表达不同，并且对几种免疫基因的炎症挑战的反应不同。在我们自己的工作中，我们已经表明，外寄生海虱在 HR 型大西洋鲑鱼身上生长得更好，而 HR 型鱼在获得寄生虫的数量上也更多。

自然的情况下，寄生虫和病原体可能对福利产生不利的影响，就海虱（Lepeophtheirus）而言，它们的大量存在不仅会引起身体损伤，还会导致大脑

5-HT 神经传递的慢性增加。大脑血清素的活性升高是所有的脊椎动物对压力和厌恶经历的普遍反应。在鱼类中，社会压力、毒物暴露、捕食者、捕食者的嗅觉提示和限制性压力均会引起 5-HT 神经递质信号的增加。大脑中 5-HT 的动态变化对动物福利的潜在影响可以从其在情绪和情感中得到调控，在哺乳动物和鱼类的抑郁症的病理生理学中的研究中也可以得到类似的结果。这种保守的信号系统也是鱼类应激恢复能力和行为个体差异的主要的调节因素。

　　在福利的背景下，单胺神经递质 / 神经调节剂 5-HT 作为大脑信号物质的作用得到了充分的研究，它控制着行为、神经内分泌以及对压力和环境变化的自主反应。值得注意的是，鱼类和哺乳动物的主动 / 反应性的应对方式在 5-HT 的活性和反应性方面有所不同。相比之下，5-HT 作为免疫调节个体差异背后的直接机制的潜在作用在比较模型中的研究要少得多。一般来说，人们对神经免疫相互作用的个体差异知之甚少，但可能对养殖鱼类的福利产生重要的影响。毕竟，疾病和感染是目前水产养殖面临的主要的挑战。例如，在水产养殖中，潜在的免疫介导性质的心脏疾病非常普遍，且在发病率、死亡率和福利差异等方面都有很大的占比。此外，疫苗接种引起的自身免疫也很常见。迄今为止，尚未在这方面研究压力或免疫反应性的个体差异。这需要一种更为基础和能转化的方法来了解个体疾病的脆弱性。在这方面，硬骨鱼类可以作为重要的比较模型。

12.5　应对方式和动物福利：行为灵活性和神经可塑性

12.5.1　行为灵活性

　　如上所述，行为灵活性的变化是主要的特征之一。通常，积极主动的个体遵循习得的惯例并表现出有限的行为灵活性的能力，而反应性个体表现出更大的灵活性和意愿来快速响应不断变化的环境。同样在 HR—LR 模型中，相比较的应对方式可能包括对微妙的环境和无威胁性的新鲜事物的反应行为与精神变化。de Lourdes Ruiz-Gomez 等发现 HR 型鱼和 LR 型鱼耗费同样的时间来了解 T 型迷宫水箱中食物奖励的位置。然而，当食物被移动到新的位置后，LR 型鱼继续寻找原来的位置，而 HR 型鱼则立即调整其觅食行为并在新的位置获取食物。此外，Moreira 等报道，在接受将供水中断与限制应激联系起来的训练后，LR 型鱼在逆向学习的过程中比 HR 型鱼能更长时间地保留对应提示的条件性的生理反应（即使没有随后的限制，信号也会继续诱导反应较弱的主动表型中的应激反应）。最近，我们通过逆转学习方法研究了边缘多巴胺（DA）信号传导与个体灵活性差异之间的联系。在与大型且具有攻击性的同种 HR—LR 型鳟鱼进行实验的期间，通过阻断鳟鱼先前了解且可用的逃跑路线来进行实验。LR型鳟鱼针对透明的堵塞物进行了更多失败的逃跑尝试，而在HR型鳟鱼群体中却能够较少地出现失败的逃跑冲动。在显微解剖的端脑边缘区域观察到DA神经化学的区域离散变化，支持边缘同源物控制行为灵活性的个体差异的观点，即使在非哺乳动物的脊椎动物中也是如此。

12.5.2　神经可塑性

在最近的综述中，Sørensen等以及Øverli和Sørensen提出了一个新的观点，他们认为，神经发生和神经可塑性是决定采用不同的应对方式的基本的因素。危险的环境会引起单胺类神经递质的变化，如多巴胺和5-羟色胺，以及类固醇皮质激素的水平。这种神经内分泌状态反过来又直接在短期或长期通过影响神经可塑性的一系列的大脑结构过程来指导所采取的应对策略。在急性和慢性压力的情况下，对情况、学习和记忆的评估对于形成适应性的行为反应都很重要。在哺乳动物中，成体神经的发生是一个重要功能且与不同的应对方式的表达相关，似乎是为了提供变换学习响应和新的刺激而引发行为之间所需的认知灵活性的基质，而且神经发生可能在潜在的可塑性中发挥作用，使这些过程能够以最佳的方式发生。Johansen等在HR—LR型虹鲑鱼模型中研究了神经发生的相关基因在急性和慢性应激反应中的表达。值得注意的是，增殖细胞核抗原的表达（PCNA，端脑活跃增殖细胞的标志；端脑）、神经原性分化因子（端脑和小脑）与双皮质醇（端脑和下丘脑）等的水平在HR型鱼中一般比在LR型鱼中高。上述数据与哺乳动物的结果一致。在哺乳动物中，反应性个体的灵活和感知行为与海马区细胞骨架基因（例如α-微管蛋白、黏连蛋白和动力蛋白）的高表达有关，这表明神经可塑性更强。反应性个体在形态上有发育更好的海马体，并能够更好地处理信息，它们有了权衡后可以更清楚地意识到环境中的危险信号。值得注意的是，Vindas等观察到与反应性鱼类相比，神经可塑性标记脑源性神经营养因子在主动性鱼的海马同源物（背外侧端脑，DL）和外侧隔同源物（腹侧端脑的腹侧部分，VV）中的表达增加。另外，在基础的状态下，反应性个体与主动性个体相比可以使细胞核抗原（Dl）增殖更多。

值得注意的是，在人类和哺乳动物的抑郁症模型中，神经可塑性降低与情绪障碍和抑郁情绪有关。在情绪和情绪控制的进化范式中，几乎没有证据表明，在非哺乳动物的脊椎动物中不应该存在类似的关系。神经可塑性降低可能导致压力源和情景结果的主观的可预测性和可控性降低。对这种可怕困境的"合乎逻辑"的反应是消极的行为和相关的负面情绪。然而，虽然边缘区域的神经可塑性可能也与非哺乳动物的脊椎动物的福利相关，但由于应激诱导的脑重构具有时间和背景依赖性的性质，因此，必须谨慎解释结果。

12.6　总　结

表 12.1 总结了表明不同的鱼类应对方式的性状关联。

神经内分泌调控、适应性行为和压力下情绪状态之间的联系很可能在脊椎动物亚门中有所体现。当压力较轻、可预测且持续的时间短暂时，积极反应如攻击和积极回避可能是适应性的，而在长期、严重或不可预测的压力下，动物则会通过被动应对来减少风险和节省能量。考虑到情绪、认知功能和情感状态是进化的现象，由此产生的主观受损的福利往往是在"应激超负荷"出现时，这种情况是长期、不可预测或无法控制的条件导致的。这些条件并没有得到成功"适应变化"的调整。这种状态可通过特征性行为（例如活动和进食减少）和神经内分泌变化（例如神经可塑性降低和对额外的压力反应能力降低）进行识别。然而，采用积极（主动性）和被动（反应性）反应的阈值因个体而异，复杂的基因—环境交互作用影响着福利相关特征相关性的出现和稳定性。在水产养殖的应用研究中，一个实际的结果是，如果我们的目标为理解和衡量个体应对能力下的福利，那么与中枢神经系统功能相关的指标必须以某种方式进行设计。目前，存在的神经可塑性标志物的稳健性及其对压力暴露的敏感性尚未完全解决，但新出现的一个概念是适应变化的状态，即对新的变化做出反应的能力，可能与常规的条件一样重要。因此，用于记录生产单位中福利状况的调查应该包括将在常规的饲养条件下（"对照组"）的个体的行为、外部指标、生理和神经生物学与急性应激个体进行比较。理想的情况下，使用基因或表型标记来了解潜在的与应对风格相比较的信息，应有助于解释观察到的与预期的响应。尽管最近有了一些相关的研究结果，但在硬骨鱼类中，对于维持应对压力风格的个体差异的近因和远因机制仍然知之甚少。我们期待揭示新出现的神经免疫/微生物组框架与抑郁症及相关的"神秘综合征"（例如，慢性疲劳）之间的可能的进化根源，将进一步解决个体在应激和疾病抵抗方面的近因和远因机制的差异。在这种情况下，鱼类模型受益于最近测序的基因组和有良好表征的生活史的生物学。

表 12.1　主动性个体和被动性个体的个性特征差异

	分类	主动性	反应性	参考文献
行为特征	社群的支配地位	高	低	Pottinger 和 Carrick（1999），Øverli et al.（2004a）
	积极躲避	高	低	Brelin et al.（2005），Laursen et al.（2011），Martins et al.（2011b），Silva et al.（2010）
	攻击性	高	低	Castanheira et al.（2013），Øverli et al.（2004a, b）
	新环境下的进食动机[a]	高	低	Kristiansen 和 Fernö（2007），Martins et al.（2011a），Øverli et al.（2007）

续表

	分类	主动性	反应性	参考文献
行为特征	饲料效率	高	低	Martins et al.（2005），Martins et al.（2006），van de Nieuwegiessen et al.（2008）
	冒险和探索	高	低	Castanheira et al.（2013），Huntingford et al.（2010），MacKenzie et al.（2009），Millot et al.（2009）
	行为弹性	低	高	Chapman et al.（2010），de Lourdes Ruiz-Gomez et al.（2011），Höglund et al.（2017），Moreira et al.（2004）
生理特性	HPI 反应	低	高	Pottinger和Carrick（1999），Trenzado et al.（2003），Tudorache et al.（2013）
	交感神经活性[b]	高	低	Barreto和Volpato（2011），Schjolden et al.（2006），Verbeek et al.（2008）
	副交感神经反应	低	高	Barreto 和 Volpato（2011）Verbeek et al.（2008）
	热激反应	低	高	LeBlanc et al.（2012）
	心肌肥大和纤维化	低	高	Johansen et al.（2011）
	中枢神经系统神经发生的标志物水平	低	高	Johansen et al.（2012）
	促炎基因表达	高	低	MacKenzie et al.（2009）
	抗寄生性	高	低	Kittilsen et al.（2012）

注：a表示de Lourdes Ruiz-Gomez et al.（2008）指出了一个例外的情况：在运输和暂时的饥饿之后，高水平的皮质醇的HR型鱼的体重减轻了，其减轻的体重是LR型同种鱼的2倍，而且在新的环境中，HR型鱼比LR型鱼能更快地恢复进食。

b表示LeBlanc et al.（2012）指出了一个例外的情况。热休克导致经导管的LR型鱼的血浆肾上腺素比HR型鱼低。HPI代表下丘脑—垂体—肾上腺轴，CNS代表中枢神经系统。

参考文献

Anacker C, Hen R (2017) Adult hippocampal neurogenesis and cognitive flexibility; linking memory and mood. Nat Rev Neurosci 18(6):335–346

Andersson MÅ, Khan UW, Øverli Ø, Gjøen HM, Höglund E (2013a) Coupling between stress coping style and time of emergence from spawning nests in salmonid fishes: evidence from selected rainbow trout strains (*Oncorhynchus mykiss*). Physiol Behav 116:30–34

Andersson MÅ, Laursen DC, Silva P, Höglund E (2013b) The relationship between emergence from spawning gravel and growth in farmed rainbow trout Oncorhynchus mykiss. J Fish Biol 83:214–219

Baganz NL, Blakely RD (2012) A dialogue between the immune system and brain, spoken in the language of serotonin. ACS Chem Neurosci 4:48–63

Barreto RE, Volpato GL (2011) Ventilation rates indicate stress-coping styles in Nile tilapia. J Biosci 36:851–855

Barton BA, Iwama GK (1991) Physiological changes in fish from stress in aquaculture with emphasis on the response and effects of corticosteroids. Annu Rev Fish Dis 1:3–26

Barton BA, Schreck CB, Barton LD (1987) Effects of chronic cortisol administration and daily acute stress on growth, physiological conditions, and stress responses in juvenile rainbow trout. Dis Aquat Org 2:173–185

Blier P, El Mansari M (2013) Serotonin and beyond: therapeutics for major depression. Philos Trans R Soc Lond B Biol Sci 368:20120536

Brelin D, Petersson E, Winberg S (2005) Divergent stress coping styles in juvenile brown trout (*Salmo trutta*). Ann N Y Acad Sci 1040:239–245

Broom DM (1991) Animal welfare: concepts and measurement. J Anim Sci 69:4167–4175

Broom DM (1998) Welfare, stress, and the evolution of feelings. Adv Study Behav 27:371–403

Brun E, Poppe T, Skrudland A, Jarp J (2003) Cardiomyopathy syndrome in farmed Atlantic salmon Salmo salar: occurrence and direct financial losses for Norwegian aquaculture. Dis Aquat Organ 56:241–247

Campbell JM, Carter PA, Wheeler PA, Thorgaard GH (2015) Aggressive behavior, brain size and domestication in clonal rainbow trout lines. Behav Genet 45:245–254

Carragher J, Sumpter J, Pottinger T, Pickering A (1989) The deleterious effects of cortisol implantation on reproductive function in two species of trout, Salmo trutta L. and Salmo gairdneri Richardson. Gen Comp Endocrinol 76:310–321

Castanheira MF, Herrera M, Costas B, Conceição LE, Martins CI (2013) Can we predict personality in fish? Searching for consistency over time and across contexts. PLoS One 8:e62037

Castanheira MF et al (2017) Coping styles in farmed fish: consequences for aquaculture. Rev Aquac 9:23–41

Cavigelli SA (2005) Animal personality and health. Behaviour 142:1223–1244

Chapman BB, Morrell LJ, Krause J (2010) Unpredictability in food supply during early life influences boldness in fish. Behav Ecol 21:501–506

Conrad JL, Weinersmith KL, Brodin T, Saltz J, Sih A (2011) Behavioural syndromes in fishes: a review with implications for ecology and fisheries management. J Fish Biol 78:395–435

Cools R, Roberts AC, Robbins TW (2008) Serotoninergic regulation of emotional and behavioural control processes. Trends Cogn Sci 12:31–40

Coppens CM, de Boer SF, Koolhaas JM (2010) Coping styles and behavioural flexibility: towards underlying mechanisms. Philos Trans R Soc Lond B Biol Sci 365:4021–4028

Cryan JF, Dinan TG (2012) Mind-altering microorganisms: the impact of the gut microbiota on brain and behaviour. Nat Rev Neurosci 13:701–712

Cubitt KF, Winberg S, Huntingford FA, Kadri S, Crampton VO, Øverli Ø (2008) Social hierarchies, growth and brain serotonin metabolism in Atlantic salmon (Salmo salar) kept under commercial rearing conditions. Physiol Behav 94:529–535

Damsgård B, Huntingford F (2012) Fighting and aggression. In: Aquaculture and behavior. Wiley-Blackwell, West Sussex, pp 248–285

Dantzer R, O'Connor JC, Lawson MA, Kelley KW (2011) Inflammation-associated depression: from serotonin to kynurenine. Psychoneuroendocrinology 36:426–436

Dantzer R, Heijnen CJ, Kavelaars A, Laye S, Capuron L (2014) The neuroimmune basis of fatigue. Trends Neurosci 37:39–46

Davis KB, Torrance P, Parker NC, Suttle MA (1985) Growth, body composition and hepatic tyrosine aminotransferase activity in cortisol-fed channel catfish, Ictalurus punctatus Rafinesque. J Fish Biol 27:177–184. https://doi.org/10.1111/j.1095-8649.1985.tb04019.x

Dawkins MS (1990) From an animal's point of view: motivation, fitness, and animal welfare. Behav Brain Sci 13:1–9

Dayan P, Huys QJ (2009) Serotonin in affective control. Annu Rev Neurosci 32:95–126

De Boer SF, Koolhaas JM (2003) Defensive burying in rodents: ethology, neurobiology and psychopharmacology. Eur J Pharmacol 463:145–161

De Kloet ER, Joëls M, Holsboer F (2005) Stress and the brain: from adaptation to disease. Nat Rev Neurosci 6:463–

475

de Lourdes Ruiz-Gomez M et al (2008) Behavioral plasticity in rainbow trout (*Oncorhynchus mykiss*) with divergent coping styles: when doves become hawks. Horm Behav 54:534–538

de Lourdes Ruiz-Gomez M, Huntingford FA, Øverli Ø, Thörnqvist P-O, Höglund E (2011) Response to environmental change in rainbow trout selected for divergent stress coping styles. Physiol Behav 102:317–322

Duman RS, Aghajanian GK, Sanacora G, Krystal JH (2016) Synaptic plasticity and depression: new insights from stress and rapid-acting antidepressants. Nat Med 22:238–249

Ellis A (1981) Stress and the modulation of defense mechanisms in fish. In: Pickering A (ed) Stress and fish. Academic Press, London, pp 147–170

Ellis T, Yildiz HY, López-Olmeda J, Spedicato MT, Tort L, Øverli Ø, Martins CI (2012) Cortisol and finfish welfare. Fish Pysiol Biochem 38:163–188

Ferguson H, Poppe T, Speare DJ (1990) Cardiomyopathy in farmed Norwegian salmon. Dis Aquat Organ 8:225–231

Fevolden S, Røed K (1993) Cortisol and immune characteristics in rainbow trout (*Oncorhynchus mykiss*) selected for high or low tolerance to stress. J Fish Biol 43:919–930

Fevolden SE, Refstie T, Røed KH (1992) Disease resistance in rainbow trout (*Oncorhynchus mykiss*) selected for stress response. Aquaculture 104:19–29

Frijda NH (1986) The emotions: studies in emotion and social interaction. Maison De Sciences de l'Homme, Paris

Gesto M, Soengas JL, Míguez JM (2008) Acute and prolonged stress responses of brain monoam-inergic activity and plasma cortisol levels in rainbow trout are modified by PAHs (naphthalene, β -naphthoflavone and benzo (a) pyrene) treatment. Aquat Toxicol 86:341–351

Gosling SD (2001) From mice to men: what can we learn about personality from animal research? Psychol Bull 127:45

Graeff FG, Guimarães FS, De Andrade TG, Deakin JF (1996) Role of 5-HT in stress, anxiety, and depression. Pharmacol Biochem Behav 54:129–141

Gregory TR, Wood CM (1999) The effects of chronic plasma cortisol elevation on the feeding behaviour, growth, competitive ability, and swimming performance of juvenile rainbow trout. Physiol Biochem Zool 72:286–295. https://doi.org/10.1086/316673

Haugarvoll E, Bjerkås I, Szabo NJ, Satoh M, Koppang EO (2010) Manifestations of systemic autoimmunity in vaccinated salmon. Vaccine 28:4961–4969

Hedenskog M, Petersson E, Järvi T (2002) Agonistic behavior and growth in newly emerged brown trout (Salmo trutta L) of sea-ranched and wild origin. Aggress Behav 28:145–153

Höglund E, Weltzien F-A, Schjolden J, Winberg S, Ursin H, Døving KB (2005) Avoidance behavior and brain monoamines in fish. Brain Res 1032:104–110

Höglund E, Silva PI, Vindas MA, Øverli Ø (2017) Contrasting coping styles meet the wall: a dopamine driven dichotomy in behavior and cognition. Front Neurosci 11:383

Huntingford F, Andrew G, Mackenzie S, Morera D, Coyle S, Pilarczyk M, Kadri S (2010) Coping strategies in a strongly schooling fish, the common carp Cyprinus carpio. J Fish Biol 76:1576–1591

Iger Y, Balm P, Jenner H, Bonga SW (1995) Cortisol induces stress-related changes in the skin of rainbow trout (*Oncorhynchus mykiss*). Gen Comp Endocrinol 97:188–198

Jeffrey J, Gollock M, Gilmour K (2014) Social stress modulates the cortisol response to an acute stressor in rainbow trout (*Oncorhynchus mykiss*). Gen Comp Endocrinol 196:8–16

Johansen IB, Lunde IG, Røsjø H, Christensen G, Nilsson GE, Bakken M, Øverli Ø (2011) Cortisol response to stress is associated with myocardial remodeling in salmonid fishes. J Exp Biol 214:1313–1321

Johansen IB, Sørensen C, Sandvik GK, Nilsson GE, Höglund E, Bakken M, Øverli Ø (2012) Neural plasticity is affected by stress and heritable variation in stress coping style. Comp Biochem Physiol Part D Genomics

Proteomics 7:161–171

Johnson SC, Treasurer JW, Bravo S, Nagasawa K, Kabata Z (2004) A review of the impacts of parasitic copepods on marine aquaculture. Zool Stud 43:8–19

Khan UW et al (2016) A novel role for pigment genes in the stress response in rainbow trout (*Oncorhynchus mykiss*). Sci Rep 6:28969

Kittilsen S (2013) Functional aspects of emotions in fish. Behav Processes 100:153–159

Kittilsen S, Johansen IB, Braastad BO, Øverli Ø (2012) Pigments, parasites and personality: towards a unifying role for steroid hormones? PLoS One 7:e34281

Koolhaas J (2008) Coping style and immunity in animals: making sense of individual variation. Brain Behav Immun 22:662–667

Koolhaas J et al (1999) Coping styles in animals: current status in behavior and stress-physiology. Neurosci Biobehav Rev 23:925–935

Koolhaas JM, De Boer SF, Buwalda B, Van Reenen K (2007) Individual variation in coping with stress: a multidimensional approach of ultimate and proximate mechanisms. Brain Behav Evol 70:218–226

Koolhaas J, De Boer S, Coppens C, Buwalda B (2010) Neuroendocrinology of coping styles: towards understanding the biology of individual variation. Front Neuroendocrinol 31:307–321

Koppang EO et al (2008) Vaccination-induced systemic autoimmunity in farmed Atlantic salmon. JImmunol 181:4807–4814

Korte SM, Koolhaas JM, Wingfield JC, McEwen BS (2005) The Darwinian concept of stress: benefits of allostasis and costs of allostatic load and the trade-offs in health and disease. Neurosci Biobehav Rev 29:3–38

Korte SM, Olivier B, Koolhaas JM (2007) A new animal welfare concept based on allostasis. Physiol Behav 92:422–428

Krishnan V, Nestler EJ (2010) Linking molecules to mood: new insight into the biology of depression. Am J Psychiatry 167:1305–1320

Kristiansen TS, Fernö A (2007) Individual behaviour and growth of halibut (*Hippoglossus hippoglossus L.*) fed sinking and floating feed: evidence of different coping styles. Appl Anim Behav Sci 104:236–250

Lanfumey L, Mongeau R, Cohen-Salmon C, Hamon M (2008) Corticosteroid–serotonin interac-tions in the neurobiological mechanisms of stress-related disorders. Neurosci Biobehav Rev 32:1174–1184

Laursen DC, Olsén HL, de Lourdes Ruiz-Gomez M, Winberg S, Höglund E (2011) Behavioural responses to hypoxia provide a non-invasive method for distinguishing between stress coping styles in fish. Appl Anim Behav Sci 132:211–216

Laursen DC, Silva PI, Larsen BK, Höglund E (2013) High oxygen consumption rates and scale loss indicate elevated aggressive behaviour at low rearing density, while elevated brain serotonergic activity suggests chronic stress at high rearing densities in farmed rainbow trout. Physiol Behav 122:147–154

LeBlanc S, Höglund E, Gilmour KM, Currie S (2012) Hormonal modulation of the heat shock response: insights from fish with divergent cortisol stress responses. Am J Physiol Regul Integr Comp Physiol 302:R184–R192

Lucassen P, Oomen C, Schouten M, Encinas J, Fitzsimons C, Canales J (2016) Adult neurogenesis, chronic stress and depression. In: Adult neurogenesis in the hippocampus: health, psychopathol brain disease. Academic Press, Amsterdam, p 177

MacKenzie S, Ribas L, Pilarczyk M, Capdevila DM, Kadri S, Huntingford FA (2009) Screening for coping style increases the power of gene expression studies. PLoS One 4:e5314

Madaro A, Olsen RE, Kristiansen TS, Ebbesson LO, Nilsen TO, Flik G, Gorissen M (2015) Stress in Atlantic salmon: response to unpredictable chronic stress. J Exp Biol 218:2538–2550

Maes M et al (2009) The inflammatory & neurodegenerative (I&ND) hypothesis of depression: leads for future research and new drug developments in depression. Metabol Brain Dis 24:27–53

Martins CI, Schrama JW, Verreth JA (2005) The consistency of individual differences in growth, feed efficiency and feeding behaviour in African catfish Clarias gariepinus (Burchell 1822) housed individually. Aquac Res 36:1509–1516

Martins CI, Schrama JW, Verreth JA (2006) The relationship between individual differences in feed efficiency and stress response in African catfish Clarias gariepinus. Aquaculture 256:588–595 Martins CI, Conceição LE, Schrama JW (2011a) Feeding behavior and stress response explain individual differences in feed efficiency in juveniles of Nile tilapia Oreochromis niloticus. Aquaculture 312:192–197

Martins CI, Silva PI, Conceião LE, Costas B, Höglund E, Øverli Ø, Schrama JW (2011b) Linking fearfulness and coping styles in fish. PLoS One 6:e28084

Martins CI et al (2012) Behavioural indicators of welfare in farmed fish. Fish Physiol Biochem 38:17–41

McBride J, van Overbeeke A (1971) Effects of androgens, estrogens, and cortisol on the skin, stomach, liver, pancreas, and kidney in gonadectomized adult sockeye salmon (*Oncorhynchus nerka*). J Fish Res Board Can 28:485–490

McEwen BS, Stellar E (1993) Stress and the individual: mechanisms leading to disease. Arch Intern Med 153:2093–2101

Miller AH, Raison CL (2016) The role of inflammation in depression: from evolutionary imperative to modern treatment target. Nat Rev Immunol 16:22–34

Millot S, Bégout ML, Chatain B (2009) Risk-taking behaviour variation over time in sea bass Dicentrarchus labrax: effects of day–night alternation, fish phenotypic characteristics and selection for growth. J Fish Biol 75:1733–1749

Moltesen M, Laursen DC, Thörnqvist P-O, Andersson MÅ, Winberg S, Höglund E (2016) Effects of acute and chronic stress on telencephalic neurochemistry and gene expression in rainbow trout (*Oncorhynchus mykiss*). J Exp Biol 219:3907–3914

Moreira P, Pulman KG, Pottinger TG (2004) Extinction of a conditioned response in rainbow trout selected for high or low responsiveness to stress. Horm Behav 46:450–457

Nardocci G et al (2014) Neuroendocrine mechanisms for immune system regulation during stress in fish. Fish Shellfish Immunol 40:531–538

Nesse RM (1990) Evolutionary explanations of emotions. Hum Nat 1:261–289

Opendak M, Gould E (2015) Adult neurogenesis: a substrate for experience-dependent change. Trends Cogn Sci 19:151–161

Øverli Ø, Sørensen C (2016) On the role of neurogenesis and neural plasticity in the evolution of animal personalities and stress coping styles. Brain Behav Evol 87:167–174

Øverli Ø, Harris CA, Winberg S (1999a) Short-term effects of fights for social dominance and the establishment of dominant-subordinate relationships on brain monoamines and cortisol in rainbow trout. Brain Behav Evol 54:263–275

Øverli Ø, Olsen R, Løvik F, Ringø E (1999b) Dominance hierarchies in Arctic charr, Salvelinus alpinus L: differential cortisol profiles of dominant and subordinate individuals after handling stress. Aquacult Res 30:259–264

Øverli Ø, Pottinger TG, Carrick TR, Øverli E, Winberg S (2001) Brain monoaminergic activity in rainbow trout selected for high and low stress responsiveness. Brain Behav Evol 57:214–224

Øverli Ø et al (2004a) Stress coping style predicts aggression and social dominance in rainbow trout. Horm Behav 45:235–241

Øverli Ø et al (2004b) Behavioral and neuroendocrine correlates of displaced aggression in trout. Horm Behav 45:324–329

Øverli Ø, Sørensen C, Pulman KG, Pottinger TG, Korzan W, Summers CH, Nilsson GE (2007) Evolutionary background for stress-coping styles: relationships between physiological, behav-ioral, and cognitive traits in non-mammalian vertebrates. Neurosci Biobehav Rev 31:396–412

Øverli Ø, Nordgreen J, Mejdell CM, Janczak AM, Kittilsen S, Johansen IB, Horsberg TE (2014) Ectoparasitic sea lice (*Lepeophtheirus salmonis*) affect behavior and brain serotonergic activity in Atlantic salmon (*Salmo salar L.*): perspectives on animal welfare. Physiol Behav 132:44–50

Panksepp J (2004) Affective neuroscience: the foundations of human and animal emotions. Oxford University Press, Oxford Pickering A, Pottinger T (1989) Stress responses and disease resistance in salmonid fish: effects of chronic elevation of plasma cortisol. Fish Physiol Biochem 7:253–258

Pottinger T, Carrick T (1999) Modification of the plasma cortisol response to stress in rainbow trout by selective breeding. Gen Comp Endocrinol 116:122–132

Pottinger T, Carrick T (2001) Stress responsiveness affects dominant–subordinate relationships in rainbow trout. Horm Behav 40:419–427

Prunet P, Øverli Ø, Douxfils J, Bernardini G, Kestemont P, Baron D (2012) Fish welfare and genomics. Fish Physiol Biochem 38:43–60

Puglisi-Allegra S, Andolina D (2015) Serotonin and stress coping. Behav Brain Res 277:58–67

Réale D, Reader SM, Sol D, McDougall PT, Dingemanse NJ (2007) Integrating animal temperament within ecology and evolution. Biol Rev 82:291–318

Rey S, Boltana S, Vargas R, Roher N, MacKenzie S (2013) Combining animal personalities with transcriptomics resolves individual variation within a wild-type zebrafish population and iden-tifies underpinning molecular differences in brain function. Mol Ecol 22:6100–6115

Rey S et al (2016) Differential responses to environmental challenge by common carp Cyprinus carpio highlight the importance of coping style in integrative physiology. J Fish Biol 88:1056–1069

Romero LM, Dickens MJ, Cyr NE (2009) The reactive scope model—a new model integrating homeostasis, allostasis, and stress. Horm Behav 55:375–389

Ruzzante DE (1994) Domestication effects on aggressive and schooling behavior in fish. Aquacul-ture 120:1–24

Schjolden J, Pulman KG, Pottinger TG, Tottmar O, Winberg S (2006) Serotonergic characteristics of rainbow trout divergent in stress responsiveness. Physiol Behav 87:938–947

Sih A, Bell A, Johnson JC (2004) Behavioral syndromes: an ecological and evolutionary overview. Trends Ecol Evol 19:372–378

Silva PIM, Martins CI, Engrola S, Marino G, Øverli Ø, Conceição LE (2010) Individual differences in cortisol levels and behaviour of Senegalese sole (*Solea senegalensis*) juveniles: evidence for coping styles. Appl Anim Behav Sci 124:75–81

Silva PI, Martins CI, Khan UW, Gjøen HM, Øverli Ø, Höglund E (2015) Stress and fear responses in the teleost pallium. Physiol Behav 141:17–22

Simopoulos AP (2008) The importance of the omega-6/omega-3 fatty acid ratio in cardiovascular disease and other chronic diseases. Exp Biol Med 233:674–688

Sørensen C, Bohlin LC, Øverli Ø, Nilsson GE (2011) Cortisol reduces cell proliferation in the telencephalon of rainbow trout (*Oncorhynchus mykiss*). Physiol Behav 102:518–523

Sørensen C, Johansen IB, Øverli Ø (2013) Neural plasticity and stress coping in teleost fishes. Gen Comp Endocrinol 181:25–34

Stamps JA, Groothuis TG (2010) Developmental perspectives on personality: implications for ecological and evolutionary studies of individual differences. Philos Trans R Soc Lond B Biol Sci 365:4029–4041

Stockmeier CA (2003) Involvement of serotonin in depression: evidence from postmortem and imaging studies of serotonin receptors and the serotonin transporter. J Psychiatr Res 37:357–373

Summers CH, Winberg S (2006) Interactions between the neural regulation of stress and aggres- sion. J Exp Biol 209:4581–4589

Trenzado C, Carrick T, Pottinger T (2003) Divergence of endocrine and metabolic responses to stress in two rainbow trout lines selected for differing cortisol responsiveness to stress. Gen Comp Endocrinol 133:332–340

Tudorache C, Schaaf MJ, Slabbekoorn H (2013) Covariation between behaviour and physiology indicators of coping style in zebrafish (*Danio rerio*). J Endocrinol 219:251–258

van de Nieuwegiessen PG, Boerlage AS, Verreth JA, Schrama JW (2008) Assessing the effects of a chronic stressor, stocking density, on welfare indicators of juvenile African catfish, Clarias gariepinus Burchell. Appl Anim Behav Sci 115:233–243

Verbeek P, Iwamoto T, Murakami N (2008) Variable stress-responsiveness in wild type and domesticated fighting fish. Physiol Behav 93:83–88

Vindas MA et al (2016) Brain serotonergic activation in growth-stunted farmed salmon: adaption versus pathology. R Soc Open Sci 3:160030

Vindas MA et al (2017) How do individuals cope with stress? Behavioural, physiological and neuronal differences between proactive and reactive coping styles in fish. J Exp Biol 220:1524–1532

Weber R, Maceira JP, Mancebo M, Peleteiro J, Martín LG, Aldegunde M (2012) Effects of acute exposure to exogenous ammonia on cerebral monoaminergic neurotransmitters in juvenile Solea senegalensis. Ecotoxicology 21:362–369

Wiepkema P, Koolhaas J (1993) Stress and animal welfare. Anim Welf 2:195–218

Winberg S, Thörnqvist P-O (2016) Role of brain serotonin in modulating fish behavior. Curr Zool 62:317–323

Winberg S, Nilsson GE, Olsén KH (1991) Social rank and brain levels of monoamines and monoamine metabolites in Arctic charr, Salvelinus alpinus (L.). J Comp Physiol A 168:241–246

Winberg S, Myrberg AA Jr, Nilsson GE (1993) Predator exposure alters brain serotonin metabolism in bicolour damselfish. Neuroreport 4:399–402

Winberg S, Höglund E, Øverli Ø (2016) Variation in the neuroendocrine stress response. In: Fish physiology, vol 35. Elsevier, London, pp 35–74

Wingfield JC (2003) Control of behavioural strategies for capricious environments. Anim Behav 66:807–816

Zozulya AA, Gabaeva MV, Sokolov OY, Surkina ID, Kost NV (2008) Personality, coping style, and constitutional neuroimmunology. J Immunotoxicol 5:221–225

第 13 章
评估水产养殖中的鱼类福利

摘　要: 构建评估水产养殖中鱼类福利的框架必须有一套不同的福利指标，这些福利指标能够描述其福利需求的满足程度，从而描述其生活质量。该框架应同时利用基于投入和结果的福利指标。基于投入的福利指标是指描述鱼类所处的环境等条件的参数。在许多的情况下，基于投入的福利指标可以向渔民或评估人员发出条件恶化的早期预警，从而在情况变得过于严重之前有所缓解。然而，对鱼类所受到的所有可能的输入参数（鱼类在养殖设施中的所有的时间和所有可能的位置）进行完整的概述是非常具有挑战性的。因此，也有必要列入基于结果的福利指标。这些参数通常与动物直接相关，例如，描述动物本身或它们的行为。一个简单的经验法则是，只要这些鱼看起来正常，健康状况良好，表现出正常的行为并茁壮成长，就可以认为养殖系统或操作正在满足或没有显著影响鱼类的福利需求。如果不满足上述法则，就说明存在问题，应进一步调查。

关键词: 福利状态；福利需求；基于投入的福利指标；基于结果的福利指标；福利评估

13.1　引　言

　　淡水池塘养殖鲤鱼和罗非鱼已有数千年的历史，海水养殖鲻鱼也可以追溯到1500 多年前。虽然鱼类的养殖历史悠久，但直到最近鱼类才成为全球粮食生产的重要的组成部分；1950 年，全球的鱼类产量仅为 30 万吨，而 2016 年达 5400 万吨。规模化鱼类养殖的起步较晚，这一现象可能源于人类作为陆生生物，在认识和理解鱼类生存、繁殖及健康成长所需的特定的条件方面存在固有的限制。由于鱼类与人类生活在完全不同的环境中，具有不同的需求并且会面临不同的疾病问题，因此，与我们更熟悉的哺乳动物和鸟类的福利相比，鱼类的福利受到的公众关注较少也就不足为奇。然而，水产养殖中的鱼类福利已经引起欧洲食品当局以及一系列不同的动物福利非政府组织和其他机构的关注（第 1 章和第 2 章），在最近的一项调查中，有 30% 的欧洲消费者将鱼类福利评为可持续水产养殖最重要的方面之一。

　　随着公众意识的增强，一些零售商现在要求鱼类养殖户达到特定的福利标准。英国 RSPCA 对英国大西洋鲑鱼和虹鳟鱼确定的福利标准就是一个很好的福利认证例子。这些鲑鱼标准最早在 2002 年被创建，并且现在覆盖了英国超过 70% 的鲑鱼养殖行业。其他使用广泛的标准[如全球良好农业操作认证和水产养殖管理委员会

（Aquaculture Stewardship Council，ASC）农场标准]侧重于可持续水产养殖和减少鱼类养殖对环境的影响，而不是特定的福利标准。尽管如此，对鱼类福利的检查清单提出了确保鱼类福利的重要要求，并对养殖户大有帮助。

尽管"动物福利"一词在标准和立法中被频繁使用，但其确切的含义以及应如何评估动物福利并没有统一。定义和评估动物福利的方法主要有三种。第一种是最直接的方法，将重点放在生物学的功能上，并将动物的健康定义为生长和性能良好（等同于良好的动物福利）。然而，一些倡导动物权利的人和非政府组织则主张以自然为基础的方法（第二种方法），即自然环境和能够进行物种特定的固有行为也是获得良好福利的必要条件。第三种方法经常被宠物的主人、动物福利非政府组织、动物伦理学家和一些动物福利科学家提倡，即动物的感情和情绪状态决定了其福利状况。基于情感的定义也反映了大多数人对动物痛苦的关注，这也是公众关注动物福利的主要原因。

1979 年，英国 FAWC 公布了对良好的农场动物福利条件的五项要求，并称之为"五项自由"，每项都规定了如何实现"自由"（见栏目 1.1）。

这五项自由已被广泛采纳为陆地动物福利保障的实践清单（见《福利质量》）。然而，随着对动物福利的思考转向更注重感受的方法，关于"五项自由"的方法也在不断更新。Korte 等认为，一定程度的压力和不适可能对动物有益，即如果动物有能力和资源来适应和改变所面临的压力，就可能实现良好的动物福利。Mellor 等提出了另一种"五大领域"模式，即四个物理和功能领域（营养、环境、身体健康和行为）共同影响第五个领域（动物的精神状态）。但是，"五项自由"和"五大领域"模式对积极的福利状态的关注不够。为了解决这一问题，"五大领域"模式现已扩展到包括动物可能拥有的、能诱发积极影响的经历。此外，FAWC 也不再局限于关注痛苦和贫瘠的福利，而是从动物的角度出发，将福利需求和"有价值的生活"概念纳入其中。

在许多的国家，陆地动物和养殖鱼类受到相同的动物福利法律的保护。例如，《挪威动物福利法》提倡高福利标准和对动物的尊重。该法规定"动物具有内在价值，与其对人类或社会的功能性无关。必须善待动物，保护动物免受不必要的痛苦"。同样，英国于 2006 年颁布的《动物福利法》也涵盖了养殖鱼类，并禁止造成不必要的痛苦。这些法律通常要求包括鱼类在内的动物享有"良好的福利"，但没有具体说明"良好的福利"的含义。这使得养殖者和当局很难确定动物的福利水平是否符合规定，尤其是养殖鱼类。因此，当局和利益相关者都需要科学支持，开发以科学为基础的工具和协议，以评估养殖鱼类的福利。本章的目标是提供评估养殖鱼类福利的总体纲要或框架，并举例说明可操作的福利评估。

13.2　鱼类福利的定义与评估

　　一个有意义的动物福利的定义必须考虑到动物痛苦的伦理和法律，以及动物自身的主观体验。评估动物的需求和满足程度可以直接与感受联系起来，从而关联到福利（图 13.1）。我们还建议，将福利的概念限定在动物对其生活质量的主观体验，以获得更清晰的概念（栏目 13.1）。基于此，在本章中，我们将动物福利定义为"动物个体感知到的生活质量"。

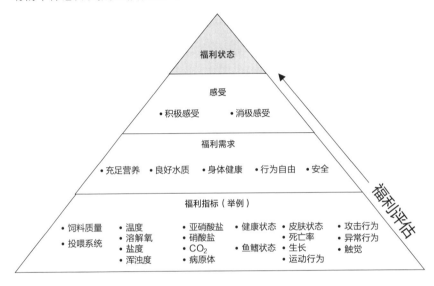

图 13.1　动物的福利状态由其积极和消极的感受决定，而积极和消极的感受又是由动物福利需求的满足程度决定。对于鱼类，我们定义了五大福利需求：充足的营养、适宜的水质、良好的健康（体能）、行为自由和安全。为了评估鱼类福利，有必要制定一套福利指标，描述特定的物种和生命阶段在当前的养殖条件下满足福利需求的程度

测农场中所有个体福利的农场动物有关）。

福利需求——动物感知的需求，即由动物的认知—情感系统监测的需求。福利需求得不到满足会导致福利状况不佳，而福利需求得到满足或改善会导致福利状况良好。

福利指标（welfare indicators，WIs）是指提供动物福利需求实现程度的测量信息或观察结果，被认为与福利状态相关。

基于投入的福利指标——描述影响一种或多种福利需求实现程度的因素的所有的测量或观察数据。通常，间接福利指标衡量动物所处的环境或描述动物所受的待遇。

基于结果的福利指标——描述福利需求实现程度的结果或后果的所有的测量或观察数据；动物如何应对其福利状态受到的影响。通常但不一定是基于动物行为、疾病症状、损伤或（压力）生理学测量的直接福利指标。

操作性福利指标（operational welfare indicators，OWIs）——在农场使用的实际可行的福利指标。

基于实验室的福利指标（laboratory-based welfare indicators，LABWIs）——需要进入实验室或其他分析设备进行评估的福利指标。

基于个体的福利指标——描述个体鱼类的外表、健康状况、生理或行为的基于结果的福利指标。

基于群体的福利指标——在群体水平上，根据对鱼的观察或从鱼身上（如水中的血液或鳞片）观察得出的基于结果的福利指标，包括觅食模式和行为、群体食欲和死亡率的水平。

福利评估——对选定的动物群体在规定的时间内所有的福利需求的满足程度进行评估。

13.2.1 福利需求

当提及动物的福利需求时，我们指的是与动物的定性体验相关联并受其监督的所有的需求。这些需求调节着动物的认知—情感控制机制（行为系统），如进食行为（饥饿）、社会接触、体温调节、探索环境和四处行动的能力以及对庇护所和安全的需求。动物可能存在的福利需求数不胜数，但为了简单起见，我们将其分为5个与养殖鱼类相关的重要需求。

1.充足的营养——包括与饲料和营养有关的所有的需求。

2.适当的水质——包括与养殖水环境水质和成分有关的所有的需求，水质及水环境的组成成分是实现鱼体渗透调节、呼吸和体温调节等身体机能所必需的，而且，水中的代谢废物和其他的有害的化学物质及颗粒物的含量是否超标也可能会影响鱼类福利和生理机能。

3.良好的健康状况——包括生理机能良好（大脑—身体），没有或轻微畸形、疾病、寄生虫和损伤。

4.行为自由——按照自然趋势/倾向生活，包括自由行动、寻找和获取资源（觅食）、社会接触（社会性物种）、迁徙和繁殖（在相关的生命阶段）以及休息。

5.安全——与保护身体免受伤害、避免感知到的危险、庇护所、躲避同类等相关的需求。

由于所有的福利需求都与鱼类福利有关，因此，福利评估应满足这些需求（图13.1）。不同的需求对鱼类福利的影响以及鱼类对某一需求无法满足的耐受度各不相同。例如，水中的含氧量通常在很短的时间内就会受到影响，而具有良好的能量储备的大型喂养鱼类在缺食 1 周或更长的时间后才会在其健康和福利状况中受到影响。鱼类需要食物资源、合适的水质和良好的健康状况，才能长期存活并获得良好的福利。相比之下，完全的行为自由并不一定是在养殖环境中生存的必要条件。例如，大西洋鲑幼鱼在公海和河流中进行远距离洄游。如果洄游是为了寻找食物或仅仅是为了游泳，那么在封闭的网箱中饲养鲑鱼可能不会损害它们的福利，因为养殖的鲑鱼可以在很大的空间内游来游去，并能随时获得食物。然而，如果洄游与繁殖有关，那么这种行为在商业养殖的条件下是不可能实现的，它们的行为福利需求可能会受到影响。还应强调的是，尽管逐一分析需求是有用的，但福利需求之间的界限不是绝对的，在许多的情况下会重叠。例如，营养不良可能导致健康状况不佳，而健康和伤害与安全密切相关。还应注意的是，目前的鱼类福利需求清单并不是绝对不变的，仍需就方法上达成共识。鱼类福利评估框架正在不断发展，其概念尚未完全成熟。

13.2.2　福利指标

由于我们无法直接询问鱼类对其生活条件的感受，因此，我们必须使用福利指标来获取有关鱼类福利状况的信息（图 13.1）。福利指标应具有可扩展性，这意味着观测值或测量值可分为两个（二元——存在/不存在）或更多的级别。这些级别与福利状态的增加、积极性或消极性相关联。使用不同的等级是一种直观的方法，可以很容易地被用户理解。然而，在不同的等级之间设定界限非常具有挑战性，例如对伤害进行视觉评分、定义某些水质参数的阈值等。福利指标的水平必须符合这些因素：1）有效，即与至少一种福利需求的满足程度密切相关；2）可靠，即不同的观察者和不同的抽样环境的评分大致相同。在理想的情况下，每个福利指标等级至少与一份科学出版物相关联。该出版物可以支持该等级与另一等级之间的区别（最好是报告统计意义上的显著的差异）。当然，每个福利指标等级应与福利相关，即福利指标与鱼类的福利状况之间应存在某种已知的相关性，但在关系明显的情况下，也可采用专家的意见。例如，尽管现有的数据可能只描述了将正常的鱼类与有严重的畸形或损伤的鱼类进行比较时的影响，但是可以合理地假设，畸形或损伤程度的增加对鱼类福利的负面影响越来越大。

福利指标可以是基于投入的，也可以是基于结果的（图13.2）。基于投入的福利指标是描述动物所受到的、影响一种或多种福利需求满足的所有的测定值。它们通常是描述动物可获得的资源和环境的参数。基于结果的福利指标可以衡量动物福利需求得到满足的程度的结果或后果。基于结果的福利指标通常是描述动物本身或其行为的参数。通常在文献中，以投入和结果为基础的福利指标分别被称为以环境为基础和以动物为基础的福利指标，也被称为间接福利指标和直接福利指标，用于强调它们间接地从环境或直接地从动物的状态来衡量福利。然而，这种方法并不总是完全一致，而且可能会造成混淆。例如，可以通过比较鱼缸进水与出水的氧饱和度来估算应激因素导致的耗氧量的增加。换句话说，测量是间接地对水环境进行的，而指标本身是基于动物的，是处理的结果。耗氧量的增加可以通过鳃盖开合的频率或测量血氧水平来估算，可以直观地看出该指标是以动物为基础的。

基于投入的福利指标可以很容易地测量，例如，水温是否在物种的适应的范围内。由于福利问题往往出现在次优的环境中，基于投入的福利指标也可在鱼出现福利问题之前发出警告。因此，与单独使用基于结果的福利指标相比，使用基于投入的福利指标可以更快地缓解鱼类福利的问题。然而，基于投入的福利指标也有局限性，它们对鱼类的影响可能是微妙的，并取决于如暴露时间和与其他的环境参数的相互作用。例如，水温的突变对鱼类福利的影响在很大的程度上取决于其他的因素，如环境饲养的温度、含氧量、水流、摄食状况，以及鱼类的生理和健康状况。此外，要确保在饲养系统的所有的相关位置随时监测可能影响鱼类的所有的参数也极具挑战性，几乎是不可能的。

相比之下，基于结果的福利指标包含影响福利的当前和历史输入的因素，这意味着只要鱼类看起来良好、行为正常并茁壮成长，就可以认为饲养系统或养殖操作满足了它们的福利需求。另外，如果大量的鱼类表现出行为异常、疾病或死亡率高的迹象，那么无论基于投入的福利指标预测的饲养环境有多好，福利状况都可能很差。基于结果的福利指标可以基于对个体鱼类的观察（如行为、皮肤和鳍的状况、健康状况），对群体个体的观察（如群体行为和死亡率百分比），或基于水中是否存在血液和鳞片等。养殖渔业的一个固有的问题是，很难对饲养系统中的所有的动物进行评估，尤其是在种群数量或密度高的情况下。因此，任何的评估都必须以具有代表性的鱼类样本为基础。然而，鱼类的应对方式可能存在很大的个体差异，如果某个鱼类亚群的福利需求受到影响，它们可能会在采样的过程中被遗漏，而无法被发现。基于结果的福利指标的另一个缺点是这些指标往往只有在福利受到损害的一段时间后才会显现出来，不清楚其根本原因。

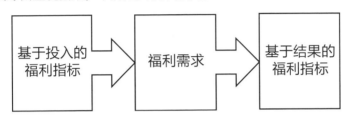

图 13.2　基于投入和基于结果的福利指标之间的关系简化的模型。基于投入的福利指标影响鱼类福利需求的满足程度，而基于结果的福利指标则描述如何通过鱼类自身的可衡量指标或产生鱼类的可衡量的指标来表现这种满足程度

　　鲑鱼福利指数模型根据多个基于结果的福利指标（描述个体鱼类的形态外观）来计算鱼类福利。根据我们使用该模型的经验，缺乏经验的评估员表示，福利指标的等级多且复杂，难以准确评分。因此，我们建议人工分级的评分系统应采用 4 个标准化级别的福利指标：（0）良好 / 完美；（1）损害轻微 / 略微 / 疑似；（2）损害明显；（3）损害强烈 / 极度严重。这样便于记住不同的指标等级并进行评分，同时，分辨率足够高，可以对福利状况进行有意义的描述。每个指标等级还应该有详细的说明，如果有相关的照片，也应该附上。养殖鲑鱼福利指标 FISHWELL 手册采用了这种方法。如果要在地区或国家使用这些评分标准，例如在不同的养殖场或公司之间进行福利评分，我们建议提供课程，培训检查员按照相同的方式对指标进行评分。

13.2.3　福利评估

　　在为特定的鱼种或特定的生命阶段制定福利评估方案时，必须确保福利指标涵盖所有的福利需求。一些基于投入的福利指标，如适当的水温和充足的氧气，由于它们很容易被监测，并对鱼类有直接的影响，应该始终包括在评估方案内。然而，只监测所有基于投入的福利指标是不够的，还需要补充基于结果的福利指标。因为不合适的生活条件会在特定的时候导致鱼类行为改变、食欲不振或生长不良，并可能导致疾病或死亡。此外，表面上良好的条件并不一定能带来良好的结果，反之，相对较差的条件可能会被难以衡量的因素（如良好的养殖技术）所弥补。因此，纳入足够数量的基于结果的福利指标可以作为一种保险，确保不会错过任何的负面影响。

同样重要的是，要选择可操作且符合目的的福利指标，这意味着它们在养殖场是切实可行的，并能有效说明鱼类福利需求的满足情况。理想的情况下，养殖户能够在养殖场评估和解释福利指标（即操作性福利指标，operational welfare indications，OWIs），但也可能需要将样本送往实验室进行分析（即基于实验室的福利指标，laboratory-based welfare indications，LABWIs），如果基于实验室的福利指标能在合理的时间内为养殖户提供有关鱼类福利的可靠的信息，那么这是可以接受的。

有些指标可能需要密集的劳动、耗费大量的时间，或者需要某种专业知识（经过培训的人员），因此，Noble等提出了一个三级系统来优化鱼类福利的评估。1级利用简单快速的OWI，如水质参数，并结合对鱼类的外观、行为和死亡率的观察（图13.3）。如果一个或多个基于1级输入的福利指标受到影响，农民必须对此做进一步的调查，并在可能的情况下采取缓解性的措施。如果基于结果的福利指标受到影响，养殖户应与鱼类健康的专业人员讨论。如果没有足够的信息来确定原因并采取缓解性的措施，养殖户必须立即使用2级OWI和LABWI。这包括对鱼类进行采样，以更准确地描述症状，并对水环境、饲养方法和处理方式进行详细的调查，以找出可能的原因。如果养殖户仍然没有足够的信息，那么需要进入3级，如果怀疑是饲养系统的某些故障导致福利受损，可以请教鱼类健康的专业人员和相应的技术人员。3级将使用需要专业技能的更复杂的OWI和LABWI。

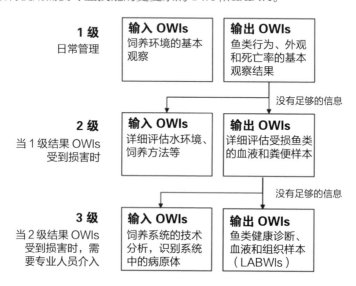

图13.3 在农场福利评估中使用不同的OWIs（操作性福利指标）和LABWIs（基于实验室的福利指标）的框架

13.3　鲑鱼福利指数模型

在鲑鱼福利指数模型（salmon welfare index model，SWIM）中，不同的福利指标的得分根据每个指标对鱼类福利的影响程度的加权被合并为一个整体的福利指数。SWIM 基于语义建模。它是一个正式的标准化模型，同时也是一个灵活的模型，其中，既使用了基于投入的福利指标，也使用了基于结果的福利指标，福利指标的数量可根据评估目标调整。计算出的总体的福利得分的范围为 0 到 1（从差到好）。这在比较不同鱼类群体的福利时尤其有用。在下面的例子中，仅使用基于结果的指标来比较两个不同鲑鱼种群的福利，其中一个种群的 SWIM 的得分为 0.7，另一个种群的 SWIM 的得分为 0.9。该分数可作为总体的福利指数，养殖者随后必须将其分解为不同的组成部分，以调查福利得分下降的原因。

图 13.4 显示了在同一海水网箱设施中两组不同的三文鱼的月死亡率。其中，一个生产笼有两个时期的月死亡率（1 级 OWI）超过 5%。在这两个网箱中，养殖户都将 40 条鱼的 SWIM 模型作为 2 级 OWI，以获得更详细的信息来调查死亡的原因。这些鱼在 11 月被放入大海，并且在第 2 年的 1 月之前死亡率没有增加。养殖户注意到网箱里有许多有伤口的鱼。从每组取样 20 条鱼进行研究，高死亡率笼子中 87% 的样品鱼有许多小且穿透性的伤口。然后，养殖户转到第 3 级，并请鱼类健康的专业人员帮助。鱼类健康的专业人员对这些鱼类进行了采样，证实了黏菌 *Moritella viscosa* 引起冬季溃疡的爆发。这两组鱼在夏季的状态都很好，但当进入深秋，水温再次开始下降时，同一组的死亡率再次上升到 5% 以上。从高死亡率笼子中取样的鱼显示，39% 的取样鱼有伤口（取样 2，图 13.4），同时也有很大比例的鱼有下颚畸形和吻部伤口。兽医的进一步调查显示耶尔森菌和粘着杆菌有致畸作用，也有许多鱼类有鳃损伤的迹象，但这两组都是如此（取样 2，图 13.4）。兽医认为鳃损伤是由藻类、浮游动物或水母引起的。基于这些发现，养殖户决定终止生产，以避免进一步的损失。

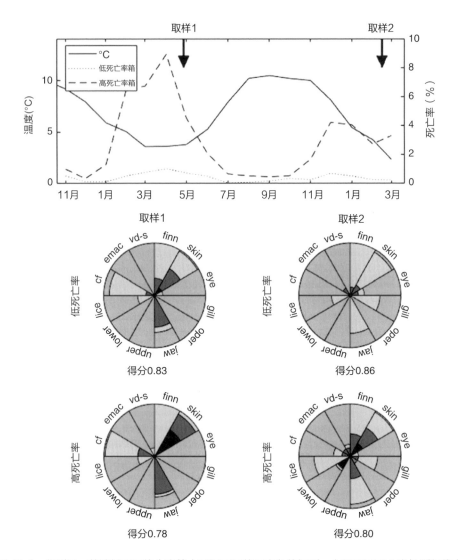

图 13.4　监测同一养殖场不同的生产笼中两组不同的三文鱼的福利。上图显示了 3 米处测得的水温，以及两个生产笼的月死亡率的百分比。圆盘显示了在两个不同的采样时间从每个笼子中抽取的 20 条鱼的形态福利指标的分布。每个扇区分为 0：绿色；1：黄色；2：红色；3：黑色。其中，彩色扇区的相对面积表示具有不同 WI 分数的鱼的比例。形态福利指标：状况（finn）、皮肤状况/病变（skin）、眼睛状况（eye）、鳃状况（gill）、眼睑畸形/损伤（oper）、颌骨伤口/鼻部损伤（jaw）、上颌畸形（upper）、下颌畸形（lower）、海虱感染（lice）、条件因素（cf）、消瘦状态（emac）、脊椎畸形（vd-s）

13.4　英国皇家防止虐待动物协会保证的标准

据我们所知，RSPCA 对大西洋鲑鱼和虹鳟鱼的保证标准是确保水产养殖鱼类福利的最全面的标准。它们规定了管理、健康、畜牧业实践、设备、饲养、环境质量、环境影响、幼鱼淡水养殖、海水养殖、运输和屠宰的一系列的要求。这些要求必须得到 RSPCA 的批准。在管理方面，标准侧重于员工培训（包括认真检查和记录）。这是为了确保所有的工作人员都能胜任畜牧和动物福利的工作，并确保及时发现任何的福利问题，以便妥善处理。健康要求包括制订基于特定的地点的兽医健康和福利计划，以及持续监测鱼类的疾病迹象和饲养环境或处理方法的问题。必须避免由于共同原因造成的反复的身体损伤，如果发现有任何严重生病或受伤的鱼无法恢复健康，必须通过击打其头部或使用适当过量的麻醉剂来处理这些鱼。畜牧业实践的要求细分为搬运、拥挤或分裂、分级、井船分级、推进或拖曳围栏、保护免受其他动物的伤害以及基因选择和改造。对于高密度的养殖，要求规定只有健康的鱼类才能暂时进行高密度聚集，且不得超过 2 小时。淡水生产的要求相对详细，对水质参数有具体的限制，包括氧气、游离氨、二氧化碳、pH、碱度、悬浮固体、亚硝酸盐和硝酸盐。这些要求涵盖了不同的生命阶段和生产系统。运输要求针对一系列不同的运输方法进行了规定，并侧重于员工的能力、设备和泵送系统（以确保它们适用于运输目的且不会导致身体创伤）。此外，必须满足氧气、温度和 pH 的特定的水质限制，并且不得超过最大的储存密度。

13.5　鱼类福利的保障制度

Van de Vis 等描述了如何使用危害分析和关键控制点来创建水产养殖生产中的鱼类福利的保障系统。首先，确定系统中可能以某种方式损害鱼类福利的危害因素。然后对危害因素进行评分，以评估每种危害因素的相对重要性（根据 EFSA 2008 修订）：

1. 发生概率 [极低（1）到高（5）]。

2. 受影响的人口比例 [20%（1）至 >80%（5）]。

3. 对鱼类福利的负面影响 [有限（1）至非常严重（4）] 或死亡率 [20%（1）到 >80%（5）]。

4. 效果持续的时间。

将每个分数除以所有危险的最大分数进行归一化，并将每个危险因素的总分数计算为四个子分数的乘积。下一步是确定关键控制点（critical control point，CCP）。这些是生产过程中可以得到应用控制以防止或减少鱼类福利恶化的点。例如，在养殖箱中，可以测量氧气浓度，必要时可以添加氧气。对于每个CCP，必须定义具有关键限度的运营福利指标，并制定监控程序。就管理因素而言，目标水平可能比临界的限值更合适，例如，只有在没有其他选择可以进行必要的程序的情况下，才能将鱼类从水中清除。对于每个CCP，当监测显示偏差超出临界的限值时，应采取一系列预定的措施。最后，程序必须到位，包括记录危险分析的记录保存系统、书面质量保证计划、记录CCP监控、临界值、验证活动和偏差处理，以确保FWAS能有效工作并继续有效工作。

13.6 总 结

在本章中，我们认为动物福利的概念应该基于动物自身所经历的生活质量。我们进一步假设，动物体验的生活质量与满足其生物功能（生存、生长和繁殖）所需的不同需求的程度密切相关，因为这一定是质量体验进化的主要原因（见第8章和第9章）。因此，个人或群体层面或环境层面的属性，可以表明不同的需求状态，将是鱼类福利的良好指标。

鱼类养殖可能涉及在大型的水槽、池塘或海水网箱中饲养数十万的个体，这使得全面了解所有的个体鱼类的健康和福利状况极具有挑战性。在海水网箱中，大部分种群可以避开水面，长时间在更深的水域游泳。如果养殖户使用水面观测器，他们观测鱼的视野会有所限制；如果使用水下相机（移动能力有限），他们看到的底下的视野也有所限制。如果发现生病或受伤的个体，通常也不可能捕捉到特定的鱼，除非拉网或在鱼群中追鱼，但是这会给鱼类个体带来压力，并使其他的鱼受到压力的影响。这些实际的挑战反映在一些农业法规中。例如，挪威关于家禽的法规（FOR-2001-12-1494）规定，所有受到损害或患有疾病的动物都必须接受必要的治疗或立即对其实施安乐死，而养殖鱼类的相应法规（FOR-2008-06-17-822）则没有此类要求。然而，家禽和鱼类都受到《动物福利法》（LOV-2009-06-19-97）的保护。此外，RSPCA的《大西洋鲑鱼福利标准》中的条款H 2.1指出："任何严重生病或受伤的鱼，或被发现没有康复的鱼，都必须立即被处理掉"。因此，至关重要的是，要开发技术，对养殖系统中的个体鱼类自动进行福利评估，并使其能够将生病或受伤的鱼类从鱼群中分离出来后进行治疗或安乐死。

为了确保未来水产养殖中鱼类福利的改善，必须制定并应用所有物种的福利评估计划，以便对不同的生产技术、养殖实践、养殖场的位置和处理操作进行比较。福利评估计划必须涵盖上述所有的总体的福利需求，以可靠且经过验证的福利指标为基础，并采用标准化的评估方法；必须每天监测最重要和维持生命的福利需求的实现情况，同时，还应定期对鱼类群体和饲养系统进行更频繁、更详细的检查，以持续推动未来的饲养系统、日常维护和运行的改进。为了进行基准测试和审计，数据应被存储在一个通用的数据库中，并向农民和新技术生产者公开关键的统计数据，以对其生产或处理操作进行基准测试。

　　致谢：本章是在鱼类福利监测项目（IMR 项目编号：14930）、FISHWELL 项目（FHF 项目编号：901157）和 REGFISHWECH 项目（NFR 项目编号为：267664）的基础上编写的。

参考文献

Bracke MBM, Spruijt BM, Metz JHM (1999) Overall welfare reviewed. Part 3: welfare assessment based on needs and supported by expert opinion. Neth J Agric Sci 47:307–322

Bracke MBM, Edwards SA, JHM M, Noordhuizen JPTM, Algers B (2008) Synthesis of semantic modelling and risk analysis methodology applied to animal welfare. Animal 2:1061–1072. https://doi.org/10.1017/S1751731108002139

Costa-Pierce BA (1987) Aquaculture in ancient Hawaii. BioScience 37:320–331 Dawkins MS (2008) The science of animal suffering. Ethology 114:937–945

Driessen CPG (2013) In awe of fish? Exploring animal ethics for non-cuddly species. In: Röcklinsberg H, Sandin P (eds) The ethics of consumption: the citizen, the market and the law. Wageningen Academic Publishers, The Netherland, 537 p

EFSA (European Food Safety Authority) (2008) Scientific Opinion of the Panel on Animal Health and Welfare on a request from the European Commission on Animal welfare aspects of husbandry systems for farmed Atlantic salmon. EFSA J 736:1–31

FAO (Food and Agriculture Organization of the United Nations) (2018) Fishery and aquaculture statistics. Global aquaculture production 1950–2016 (FishstatJ) [online]. FAO Fisheries and Aquaculture Department, Rome. Updated 2018. www.fao.org/fishery/statistics/software/ fishstatj/en

FAWC (Farm Animal Welfare Committee) (2009) Farm animal welfare in Great Britain: past, present and future. Farm Animal Welfare Council, London. https://www.gov.uk/government/ uploads/system/uploads/attachment_data/file/319292/Farm_Animal_Welfare_in_Great_Brit ain_-_Past Present_and_Future.pdf. Accessed 27 Mar 2018

Folkedal O, Stien LH, Torgersen T, Oppedal F, Olsen RE, Fosseidengen JE, Braithwaite VA, Kristiansen TS (2011) Food anticipatory behaviour as an indicator of stress response and recovery in Atlantic salmon post-smolt after exposure to acute temperature fluctuation. Physiol Behav 105:350–356. https://doi.org/10.1016/j.physbeh.2011.08.008

Folkedal O, Pettersen J, Bracke M, Stien L, Nilsson J, Martins C, Breck O, Midtlyng P, Kristiansen T (2016) On-farm evaluation of the Salmon Welfare Index Model (SWIM 1.0): theoretical and practical considerations. Anim Welf 25:135–149. https://doi.org/10.7120/09627286.25.1.135

Fraser D (2008) Understanding animal welfare. Acta Vet Scand 50(Suppl 1):S1. https://doi.org/10. 1186/1751-0147-50-S1-S1

Huntingford FA, Adams C, Braithwaite VA, Kadri S, Pottinger TG, Sandøe P, Turnbull JF (2006) Current issues in fish welfare. J Fish Biol 68:332–372

Hvas M, Folkedal O, Imsland A, Oppedal F (2017a) The effect of thermal acclimation on aerobic scope and critical swimming speed in Atlantic salmon, Salmo salar. J Exp Biol 220:2757–2764. https://doi.org/10.1242/jeb.154021

Hvas M, Karlsbakk E, Mæhle S, Wright DW, Oppedal F (2017b) The gill parasite Paramoeba perurans compromises aerobic scope, swimming capacity and ion balance in Atlantic salmon. Conserv Physiol 5:1–12. https://doi.org/10.1093/conphys/cox066

Korte SM, Olivier B, Koolhaas JM (2007) A new animal welfare concept based on allostasis. Physiol Behav 92:422–428. https://doi.org/10.1016/j.physbeh.2006.10.018

Lucas JS, Southgate PC (2012) Aquaculture: farming aquatic animals and plants. Wiley, West Sussex, 648 p

Mellor DJ (2016) Updating animal welfare thinking: moving beyond the "five freedoms" towards "A lifeworth living". Animals 6(3):21. https://doi.org/10.3390/ani6030021

Mellor DJ, Beausoleil NJ (2015) Extending the 'Five Domains' model for animal welfare assess-ment to incorporate positive welfare states. Anim Welf 24:241–253

Mellor DJ, Patterson-Kane E, Stafford KJ (2009) The sciences of animal welfare. Wiley-Blackwell, Oxford, 212 p

Noble C, Nilsson J, Stien LH, Iversen MH, Kolarevic J, Gismervik K (2018) Velferdsindikatorer for oppdrettslaks: Hvordan vurdere og dokumentere fiskevelferd. 328 p. isbn:978-82-8296-531-6

Oppedal F, Dempster T, Stien LH (2011) Environmental drivers of Atlantic salmon behaviour in sea-cages: a review. Aquaculture 311:1–18

Oppedal F, Samsing F, Dempster T, Wright DW, Bui S, Stien LH (2017) Sea lice infestation levels decrease with deeper 'snorkel' barriers in Atlantic salmon sea-cages. Pest Manag Sci 73:1935–1943

Pettersen JM, Bracke MBM, Midtlyng PJ, Folkedal O, Stien LH, Steffenak H, Kristiansen TS (2013) Salmon welfare index model 2.0: an extended model for overall welfare assessment of caged Atlantic salmon, based on a review of selected welfare indicators and intended for fish health professionals. Rev Aquac 6:162–179. https://doi.org/10.1111/raq.12039

Richards C, Bjørkhaug H, Lawrence G, Hickman E (2013) Retailer-driven agricultural restructuring—Australia, the UK and Norway in comparison. Agric Hum Values 30:235–245

RSPCA (Royal Society for the Prevention of Cruelty to Animals) (2014) A review of farm animal welfare in the UK. Freedom Foods, Farm animal welfare: past, present and future-report, September 2014. https://www.rspcaassured.org.uk/media/1041/summary_report_aug26_low-res.pdf. Accessed 23 May 2018

RSPCA (Royal Society for the Prevention of Cruelty to Animals) (2018a) RSPCA welfare standards for Farmed Atlantic Salmon (February 2018). RSPCA, Horsham, 96 p. https://sci ence.rspca.org.uk/sciencegroup/farmanimals/standards/salmon. Accessed May 23 2018

RSPCA (Royal Society for the Prevention of Cruelty to Animals) (2018b) RSPCA welfare standards for Farmed Atlantic Salmon (March 2018). RSPCA, Horsham, 51 p. https://science. rspca.org.uk/sciencegroup/farmanimals/standards/trout. Accessed 23 May 2018

Stien LH, Bracke MBM, Folkedal O, Nilsson J, Oppedal F, Torgersen T, Kittilsen S, Midtlyng PJ, Vindas MA, Øverli Ø, Kristiansen TS (2013) Salmon Welfare Index Model (SWIM 1.0): a semantic model for overall welfare assessment of caged Atlantic salmon: review of the selected welfare indicators and model presentation. Rev Aquac 5:33–57. https://doi.org/10.1111/j.1753-5131.2012.01083.x

Stien LH, Lind MB, Oppedal F, Wright DW, Seternes T (2018) Skirts on salmon production cages reduced salmon lice infestations without affecting fish welfare. Aquaculture 490:281–228. https://doi.org/10.1016/j.aquaculture.2018.02.045

van de Vis JW, Poelman M, Lambooij E, Bégout M-L, Pilarczyk M (2012) Fish welfare assurance system: initial steps to set up an effective tool to safeguard and monitor farmed fish welfare at a company level. Fish Physiol Biochem 38:243–257. https://doi.org/10.1007/s10695-011-9596-7

Webster J (2008) Animal Welfare: Limping Towards Eden: A Practical Approach to Redressing the Problem of Our Dominion Over the Animals. Blackwell, Oxford, 296 p

Zander K, Feucht Y (2018) Consumers' willingness to pay for sustainable seafood made in Europe. J Int Food Agribus Mark 30:251–275

第 14 章
不同的生产系统及操作过程中的养殖鱼类的福利

摘　要: 在进行水产养殖的生产过程中,不同的养殖系统的养殖操作程序也多种多样。而各种养殖系统的运行和操作过程都可能会对鱼类产生不同的福利影响。这种影响程度取决于鱼类的品种和其所处的生命阶段。本章中,我们广泛总结了鱼类在目前现有的和新兴的养殖系统中可能遇到的潜在的福利损害。这些系统包括:1)池塘养殖;2)流水养殖系统;3)半封闭式养殖系统;4)循环水养殖系统;5)网箱养殖;6)暴露于自然环境中的海上网箱养殖。我们还对运输和屠宰两项操作过程中的潜在的福利危害进行了概述,同时介绍了养殖户为防止福利损害可以采取的行动及评估鱼类生长过程中的福利状况的方法。

关键词: 养殖鱼种;福利;养殖系统;池塘养殖;流水养殖;循环水养殖系统;半封闭式养殖系统;网箱养殖;福利指标;运输;麻醉;屠宰

14.1　引　言

在第 13 章中,动物福利被定义为"动物自身所感知的生活质量",而福利需求则被定义为保证动物生活质量的所有的要求。我们将在本章中沿用并补充这种评估方法,探讨养殖鱼类在不同的养殖系统中的各种生产过程和操作环节中可能遇到的福利损害,特别是在运输和屠宰环节,同时概述并举例说明每个养殖系统中常见的养殖品种在生产和操作中的特定威胁,总结可缓解这些特定威胁的操作策略。

我们需要依靠福利指标了解不同的养殖系统或处理操作对鱼类福利的影响,由于假设鱼类的福利体验与其福利需求的满足程度直接相关,因此,所有能提供福利需求满足程度信息的测定或观察结果可归类为福利指标。

福利指标可分为各种类型,如基于投入的福利指标和基于结果的福利指标。基于结果的福利指标是描述福利需求得到满足或受到损害结果的所有的指标,通常是基于鱼类自身的指标,如健康状况和行为等。基于投入的福利指标是描述影响鱼类一种或多种福利需求实现的所有的指标。而适合在养殖生产实践中应用的福利指标被称为 OWIs,需要在实验室中通过实验操作进一步分析的福利指标被称为 LABWIs。若想了解更多的信息,可参考第 13 章。

鱼类可在各种各样的养殖系统中进行养殖,然而,目前,全球范围内的水产养殖模式由部分的养殖系统主导,主要包括:1)陆基养殖模式,如自然和人工池塘养殖、流水养殖（flow-through，FT）和跑道式养殖、循环水养殖系统（recirculating aquaculture system，RAS）；2）海上养殖模式，如淡水／近岸／离岸网箱养殖。因此，在本章中，我们将探讨池塘、流水养殖、循环水养殖系统和网箱养殖中潜在的鱼类福利的问题，向读者介绍目前正在大范围使用的生产系统中可能存在的福利问题（养殖系统情况详见表14.1）。我们还将简要介绍如半封闭式养殖系统（S-CCS）及离岸养殖等新型水产养殖系统带来的一些福利挑战。其他的养殖系统（如浮替网箱或潜水网箱）中的鱼类福利的情况在其他的地方已有所介绍。

在一个生产周期内，养殖鱼类会受到分级（将大小鱼分开）、更换养殖单元、高密度挤压、网捕／泵送、疫苗接种、药物治疗、寄生虫治疗、运输和屠宰等一系列的操作。这些操作可能会给鱼带来压力，也可能对鱼的身体造成伤害。本章不逐个讨论每一种操作对鱼类福利的影响，我们将重点关注运输和屠宰两种广泛采用的处理操作的潜在的福利影响。其他的关键操作例如拥挤（一定会对鱼类产生压力），在其他的出版物中，如Branson编辑的鱼类福利书籍，在RSPCA福利标准中以及在FISHWELL福利指标手册中，都有所描述。

表14.1　本章对不同生产系统的简要描述

生产系统	定义
池塘养殖	使用天然或人工的池塘，水面面积从几平方米（密集）到几百公顷（广阔）不等。采用低技术含量水的处理方法的重力给水系统；有入口和出口。利用自然条件进行水产养殖生产
流水养殖	养殖池和排水道的水由来自湖泊或河流的重力管道供应，或从海洋或湖泊抽水。不重复使用水。通常使用曝气和二氧化碳脱气系统减少对水的需求
RAS	RAS是（部分）水经过生物和机械处理后再使用，并从水中去除有限的废物化合物的系统
流水养殖系统：S-CCS	为一种浮式生产装置，鱼被养殖在一个不透水或半透水的结构中，新水必须主动进出该装置（通常是从水柱深处抽水）
网箱养殖	浮动生产单元，将鱼养殖在一个网或网箱中，并让受到水流驱动的水进出养殖系统以实现开放交换
离岸网箱养殖	网箱暴露在大浪中，也经常在没有岛屿保护的开阔海洋中遇到强大的水流

注：RAS为循环水养殖系统；S-CCS为半封闭式养殖系统。

14.2　世界水产养殖：一些重要的事实与数据

在过去的几十年里，全球水产养殖业迅速扩张。1996年，养殖鱼类的产量仅为1700万吨，20年后，于2016年，这一数字增加了2倍，达到5400多万吨。这一产量主要来自淡水物种（约 4600 万吨），其次是洄游物种（约 500 万吨）以及海洋物种（约 300 万吨，详见图 14.1）。2016 年，亚洲占全球水产养殖鱼类产量的88.2%，欧洲占 4.3%，美洲占 3.7%，非洲占 3.6%，大洋洲占 0.2%。

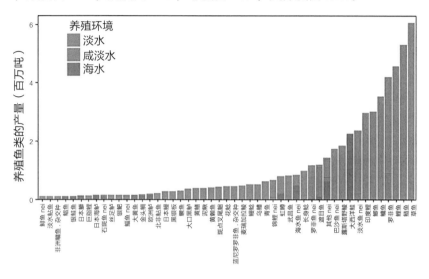

图 14.1　2016 年向联合国粮食及农业组织报告的养殖鱼类的产量[按品种及其养殖环境（淡水、咸淡水或海洋）分类]。"nei"＝未在其他地方登记

淡水鱼类（如草鱼、鲢鱼和鲤鱼）在全球养殖鱼类的产量中占主导的地位。尼罗罗非鱼既可以在淡水中养殖，也可以在微咸水中养殖，其产量排名第四，而第一大洄游性养殖物种大西洋鲑鱼仅排名第九。排名第一的海鱼是欧洲鲈鱼，在报告中的产量排名为第 35 位（图 14.1）。

水产养殖的养殖品种繁多（362 个物种），在很大的程度上归因于它们的生物学特性及其饲养和驯化的便利性，但也可以用历史和社会经济因素来解释。鲤科动物，如草鱼、鲢鱼和鲤鱼，是食草动物或杂食动物，以廉价和容易获得的食物资源为生。它们也很健壮，适应性强，已经进化到可以在静止、浑浊和缺氧的水体以及较大的温度范围下生存。这使得它们很容易饲养，池塘养殖已延续了几千年。另外，大西洋鲑鱼等远洋掠食性鱼类的养殖是在陆基养殖池和海上网箱技术成熟后才成为全球养殖产量的重要的组成部分。

　　鱼类在系统发育、习性和栖息地等方面的差异很大。由于这种多样性的存在，其福利需求可能也会有很大的差异。例如，在水质要求方面，在不同品种的养殖水体中，非游离氨（NH_3）的阈值浓度：对于非洲鲶鱼，建议在生长阶段，NH_3 浓度不应超过 $24 \mu M$，而虹鳟鱼的氨浓度应在 $0.9 \sim 1.4 \mu M$。水中的氨含量过高，会对鱼类造成神经毒性。因此，水体中的氨浓度应保持远低于特定物种的阈值浓度。

　　不论为满足鱼类特定物种的福利需要而确保适当水质的具体标准如何，全世界的水产养殖部门用于鱼类饲养、运输和屠宰的技术和程序也有很大的不同。这一品种与特定的鱼类品种、设备的可用性/经济性、工作人员的培训水平、文化因素或非政府组织、超市或其他购买者制定的标准（以及许多其他的因素）有关；所有的这些因素在国家内部和国家之间，甚至在一个特定的公司内部都可能有所不同。

　　总而言之，鱼类的品种、水产养殖系统和生产链的种类繁多，因此不可能在一本书的一章中全面概述水产养殖中所有与福利有关的问题。因此，我们在这里将用一些更具体的例子来对提到的问题进行逐条概述。此外，在考虑不同的生产系统和处理操作中的鱼类福利，并决定使用哪些福利指标来评估鱼类福利时，考虑鱼类在不同的生命阶段的不同的福利需求如何也很重要，特别是在鲑鱼等双胎鱼类中，它们生命周期的不同阶段是在明显不同的环境条件下完成的。与鸟类和哺乳动物相比，孵化出来的鱼类是非常小且发育不全的幼鱼，通常只有几毫米长，在最初的阶段非常容易受到饥饿、营养不良、伤害和压力的影响。然而，由于篇幅限制，本文将不考虑特定生命阶段的挑战，我们建议读者参考本书的其他章节中关于该主题的其他工作。

14.3　养殖鱼类的福利

14.3.1　养殖系统的概述

　　如引言中所述，尽管现有的和新兴的养殖系统的运用范围广泛，可用于养殖各种各样的鱼类，但全球水产养殖生产是由相对少数的养殖系统主导。在本节中，我们将研究与使用池塘养殖、流水养殖、RAS、网箱养殖和半封闭式养殖系统养殖鱼类相关的一些潜在的福利挑战和缓解性的策略，以及如何应对离岸养殖的挑战。

　　在许多的国家，特别是欧洲和北美地区，表 14.2 中列出的大多数的生产系统没有纳入农业系统。然而，在中国，混合养殖系统曾被广泛应用，特别是在内陆水产养殖中。水产养殖可以通过各种方式与农作物（主要是水稻）、蔬菜和牲畜的种植养殖相结合。然而，鱼类是主要的商品。

表 14.2　概述在不同的饲养系统中监测的主要的 WIs 和 LABWIs

类型	一些主要的经营福利指标					
	所有的系统	陆基系统			水上系统	
		池塘养殖	流水养殖	RAS	S-CCS	海上网箱养殖
投入型 WIs	溶解氧、温度、盐度、流速、光照条件、藻类、放养密度、总悬浮颗粒物、浊度、病原体	藻类、捕食者、温度、水流速度、pH	流速、曝气、氨气、投喂负荷	二氧化碳、pH、氨、硝酸盐、投喂负荷	流速、曝气、氨、投喂负荷	流速、曝气、温度、藻类
种群水平上的输出型 WIs	食欲、生长、死亡、偏离正常的行为、鱼体消瘦、健康和疾病	偏离正常的行为，食欲，死亡率、组织取样和非现场分析	偏离正常的行为、食欲、死亡率、组织取样和非现场分析	偏离正常的行为、食欲、死亡率、组织取样和非现场分析	偏离正常的行为、食欲、死亡率、组织取样和非现场分析	偏离正常的行为、食欲、死亡率、组织取样和非现场分析
个体水平上的输出型 WIs	瘦弱状态，鳞片脱落和皮肤状况、眼睛状况、畸形、鳍损伤、鳃盖损伤、口/颚损伤，鳃状态、性成熟、早熟、肠内饲料	消瘦状态，鳞片脱落和皮肤状况、眼睛状况、畸形、鳍损伤、表皮损伤、口/颚损伤	消瘦状态，鳞片脱落和皮肤状况、眼睛状况、畸形、鳍损伤、口/颚损伤	消瘦状态，鳞片脱落和皮肤状况、眼睛状况、畸形、鳍损伤、表皮损伤、口/颚损伤	消瘦状态、鳞片脱落和皮肤状况、眼睛状况、畸形、鳍损伤、表皮损伤、口/颚损伤	消瘦状态、鳞片脱落和皮肤状况、眼睛状况、畸形、鳍损伤、表皮损伤、口/颚损伤

混养模式的一个主要特点是一个系统的副产品 / 废物成为另一个系统的投入。过去，中国的鲤鱼混养系统通常与家禽、猪或鸭的生产相结合。牲畜产生的粪便也可以用作池塘的肥料，以其转化的有机物作为鱼的饲料。由于这种农业系统可能存在食品安全方面的影响和担忧，这种混合类型的养殖正在中国迅速消失。在池塘养殖方面，混养是中国最常用的养殖方法。中国是世界上最大的水产养殖生产国，其占全球养殖鱼类产量的近 60%。在其他的混合水产养殖系统中，来自耕农生产的副产品（如米糠）是鱼饲料的来源。在中国，与稻田共生的鱼类的产量约为 100 万吨。

另一种混养方法是水培，它是水产养殖和在没有土壤的情况下种植植物的结合。在水培中，养鱼的副产品或废物——富含营养的水被用作水培生产床的肥料。

目前，水培法在各国的应用规模较小。

另一种混合养殖的方法是多个营养层次的混合养殖（integrated multi-trophic aquaculture，IMTA）。IMTA是指在同一系统中同时养殖淡水或海水中不同营养水平的物种。不同的营养级之间的联系是这样的，即由鱼或虾（即养殖物种）或其未食用的饲料产生的副产品/废物成为营养水平较低的物种（即提取物种）的资源。例如，可提取的物种是无脊椎动物或植物。IMTA的一个特例是在鲑鱼养殖中使用清洁鱼类，将清洁鱼类与鲑鱼一起饲养（作为一种寄生虫管理的措施），不是为了将来供人类食用，而是为了捕食鲑鱼身上的海虱。

14.3.2　不同养殖系统中养殖鱼类的福利

在本节中，我们将重点关注水产养殖鱼类生长的生命阶段。如前文所述，由于养殖鱼类的种类繁多，我们无法详细说明在养殖的条件下对特定物种的福利要求，但我们可以概述如下。

1.在不同的生产系统中饲养鱼类时可能面临一般的福利挑战，并举例说明每个系统中一些最常用的养殖物种。

2.可用于确定和实施的缓解性的策略操作的框架和方法。

其可用于评估每个养殖系统中福利的OWI和LABWI（第13章），可以将其作为确定福利威胁和制定缓解性的战略的良好起点。欧洲食品安全局发表了一系列关于在欧洲不同的养殖系统中养殖大西洋鲑鱼、虹鳟鱼、欧洲鲈鱼、鲷鱼、欧洲鳗鱼和普通鲤鱼的福利要求和挑战的全面综述。最近出版的一本手册，概述了哪些OWI和LABWI适合大西洋鲑鱼养殖，其中有很大一部分是关于在不同的养殖系统中适合鲑鱼的OWI和LABWI。

有许多的福利挑战适用于所有的养殖系统及其相关的物种，特定的生命阶段的OWI和LABWI通常适用于所有的饲养系统，特别是基于投入的WI和基于结果的WI。我们在表14.2中强调了一些主要的生产系统的OWI，虽然该表确实强调了许多的WI是通用的，但其他的WI对于给定的养殖系统是特定的。这方面的一个很好的例子是在开放式或封闭式系统中养殖所带来的潜在的水质挑战（由于开放式生产系统中的外部水质问题和水再循环时系统驱动的问题）。在所有的系统中都应持续监测一些水质参数，如温度和氧气，这是两个最重要的水质福利指标。

14.3.2.1 池塘养殖

在全球的范围内，内陆养殖是最主要的养殖鱼类的类型，而土塘养鱼（图14.2）是食物生产中最大的水产养殖的贡献方式，特别是在经济较为不发达的国家。池塘养鱼是一种低技术含量的养殖方式，使用的生产系统的强度取决于养殖密度和外部投喂的情况。在投喂方面有多种选择，从未施肥的自然植物池塘，到施肥并加入饲料的池塘。施肥可增加初级生产者植物的产量。这些植物可作为食物网的基础，以满足鱼类的营养需求。这些技术有着悠久的历史，一千多年前发展起来的生产策略仍然适用于今天的养殖生产者。这些系统的悠久历史告诉我们，与技术更先进的养殖场相比，它们具有一定的优势，主要是因为它们是最具成本效益的水产养殖生产的方法，而且实际上是生产低价值养殖品种的唯一可行的选择。由于池塘水的供应是基于地理位置且是有限的，而且水未经处理，因此几乎无法避免或阻止意外情况的发生。

也有在池塘进行饱食投喂、补充新水和曝气的操作。这种集约化的池塘生产类似于直通式水池。这些地方通常很少有或根本没有水处理系统，水质也因其自然来源而异。温度会受到季节的影响，也在一定的程度上受到昼夜变化的影响。可溶性气体、pH和颗粒密度（悬浮固体）也可能发生变化，水中的低氧和颗粒物是主要的福利风险。小型集约化系统的生产是小型池塘养殖的低技术的变体，但对鱼类和生产环境的控制较少。

图14.2 土塘养鱼

粗放型的池塘养殖与集约化的生产有很大的不同。产水量大，鱼密度低；例如，典型的波兰鲤鱼池的面积为100公顷~300公顷，每公顷水面的产量仅为600~1500千克。鱼类有表达自然行为的机会，从而寻求庇护以及避免具有侵略性的同类。这些池塘作为封闭的生态系统进行管理，养殖户养殖多个物种，这也意味着必须确保每个物种的福利。

池塘中生产的主要鱼类是各种鲤鱼（草鱼、鲢鱼、鲤鱼等）和罗非鱼（尼罗罗非鱼等），其中，草鱼是世界范围内的主要的水产养殖品种。由于大面积的池塘是大型的开放系统，它们往往难以控制和监测。生产系统暴露于自然条件并依赖于自然条件。如果条件不利，改善水质参数的机会就很少。这对卫生控制是一项挑战，自21世纪初以来，锦鲤疱疹病毒一直在亚洲和欧洲传播。这种病毒在鲤鱼和锦鲤的所有的生命阶段都会引起严重的疾病和死亡。

14.3.2.2　流水养殖

水只一次性流经系统的渠道、养殖池或池塘，称为流水系统。流水槽是一种人工渠道，通常由混凝土建造的矩形盆地或水渠组成，并配有进水口和出水口（图14.3）。

图14.3　用于鳟鱼生长的流水养殖系统的流水槽

通过养殖系统的水流为鱼类提供氧气，并将溶解和悬浮的废物带出系统。然而，一部分悬浮废物沉降并积聚在渠道或养殖池的底部。这些系统需要定期被清洁。在欧洲，养殖污水通常在被排放到自然环境之前会经过处理。

一般来说，有两种类型的流水系统，即传统型和集约型。

● 在传统型系统中，充足的水流可确保鱼类获得足够的氧气。例如，当流入水的温度为 20℃时，为确保充足的氧气供应，所需的具体的流速估计为 2.4 m^3/[天数·鱼的体重以千克计]。尼罗罗非鱼等鱼种就是在这些系统中养殖的。

● 在集约型系统中，充氧机或纯氧为鱼类提供额外的氧气。在集约型系统中，冲洗代谢废物所需的流速也是一个关键因素，所需的特定流速估计为 0.248m^3/[天数·鱼的体重以千克计]。鳟鱼、大西洋鲑鱼、欧洲鲈鱼、鲷鱼、鳗鱼和多宝鱼都是在集约型系统中养殖的。

与 RAS 等相比，流水系统的一大优势是投资成本低。只要有能为养殖品种提供大量适宜温度的水，流水系统就可以在许多地方被使用。不过，流水系统原则上是开放式的系统，因此容易受到病原体和进水水质突然变化的影响。

水体溶解氧可能是流水养殖系统中最重要的福利风险的因素之一。如果氧气供应（曝气或增氧）与生物量不平衡，缺氧条件可能会影响鱼类的生长和福利。溶解氧的快速减少会导致代谢性碱中毒、血液 pH 值的快速变化，严重时还会导致死亡。为避免出现缺氧情况而添加氧气时，如果平衡不当，也会导致氧气过饱和（氧气的饱和度大于 100%）。氧气过饱和会导致鱼类的通气率下降和呼吸性酸中毒。为控制水体中的氧气水平并确保养殖池中的代谢废物被充分清除，应建立监测系统和备用系统，以防气泵出现故障。此外，经过培训的员工应按照良好的生产规范操作流水养殖系统。

14.3.2.3 半封闭式养殖系统

海洋中的半封闭式养殖系统（S-CCS）是一种流动式的生产系统，在养鱼的水环境与周围的自然环境之间提供密集或相对密集的物理屏障。在S-CCS中，深层水被泵入系统，这是为避免受到表层水的污染的同时，还可以收集并去除系统中的有机废物。此外，系统的物理屏障可降低鱼群逃逸的风险，并为养殖系统提供更加稳定的温度条件，这对海水鱼类在早期的生长阶段是有益的。

现有的S-CCS由不同的材料（玻璃钢板、防水布）制成，具有不同的形状（环形、跑道形、"袋状形"）和不同的规格（从 1000m^3 到 21000m^3 不等）。目前正在进行将大西洋鲑鱼孵化后养殖至 1 千克的S-CCS生产测试，其中S-CCS在全阶段海水养殖中的潜力也在考虑之中。研究显示，S-CCS对大西洋鲑鱼的生长和存活率无不利的影响。S-CCS的设计中包括自清洁和水质优化技术，其出现的问题可能导致系统中的流量减少和颗粒物积聚，从而对系统中的水质造成负面影响。因此，应及时监测养殖系统中的二氧化碳、溶解氧和氨，避免水质恶化对鱼类福利和健康造成危害。同时，还应考虑水泵故障时设有紧急的充氧和备用系统。现有的大多数的S-CCS不会对系统进水进行处理，这意味着来自海洋沉积物的病原体可能会进入系统。此外，由于细菌或藻类大量繁殖以及水母的出现，鱼类暴露于定期发生的病原体的水环境中。这些病原体会对鱼类的健康和福利产生负面的影响。目前，正在考虑使用漂浮式S-CCS对系统进水进行处理，进而更好地控制水质、提高生物的安全性、降低死亡率，改善鱼类的健康和福利。

14.3.2.4 循环水养殖系统

循环水养殖系统（RAS）是在去除水体中有限的有害污染物后将（部分）水循环再利用的系统。RAS中的水处理系统主要取决于水体再利用的程度、经济成本和基于鱼类品种和规格的水质要求。一个经典的RAS循环由固体颗粒物去除（机械过滤、倾析）、气体控制（增氧和二氧化碳脱气处理）、生物过滤（用生物滤池去除氨氮）、UV和臭氧处理这几个部分组成。此外，自动pH值和碱度调节、热交换和脱氮系统都是可以增加系统效率的组件。RAS也可在室外使用，如Jokumsen、Svendsen所描述的丹麦循环水养殖系统。RAS可减少污水的排放量，以满足日益严格的环境法规的要求，同时可使补水需求量减少到1/100以实现更有效的规模经济。随着技术的进一步发展和成本效益型室内RAS的出现，生产可以在可控的环境中进行，从而降低了室外水产养殖的风险，如自然灾害、鱼群逃逸、水体污染、病害和被捕食，这意味着在靠近售卖市场的地方，养殖鱼类可以全年在适宜的条件下生长。

虽然RAS可以养殖多种水生生物，但由于投资成本高、操作复杂，因此，养殖品种的选择主要局限于价值较高或对环境更敏感、生长更快、能确保高经济回报的处于早期的生命阶段的鱼类。具有良好的生长性能和市场条件的RAS生产品种有北极红点鲑鱼、大西洋鲑幼鱼、鳗鱼、石斑鱼、虹鳟鱼、欧洲鲈鱼、金头鲷鱼、黄尾鲫鱼和鲟鱼。鲈鱼、罗非鱼、非洲鲶鱼、肺鱼、鲮鱼、鲤鱼和白鱼等鱼种也可在RAS中养殖，但由于市场价格较低，这些鱼种的利润可能较低。梭鲈鱼和孵化后的大西洋鲑鱼是目前市场上新出现的品种，仍需优化生产。

除诸多的优势外，RAS还面临着一些挑战，如投资和运营成本的增加，需要更多的技术人员，需更高的水温来供给生产、较高的养殖密度，以及进水口处溶解氧饱和度的升高。这些都会影响鱼类福利。如果不考虑鱼类种类对水质的特殊需求，RAS尺寸的设计和制定不合理，可能会对鱼类福利造成威胁。如果产量超过系统的承载能力，养殖过程中可能会导致二氧化碳的积累、氧气耗尽、氮化合物（氨氮、亚硝酸盐氮和硝酸盐氮）的增加。因此，在RAS的养殖过程中对上述化合物的监测至关重要。长期暴露于劣质的水质中会对RAS中许多的养殖鱼种造成亚临床或临床的影响，从而鱼类更易患病。研究表明，当水质保持在适当的安全水平时，可以在RAS中以高放养密度养殖虹鳟鱼，而不会对鱼的生长性能产生负面的影响，也不会对某些形态上的OWI（如背鳍、胸鳍损伤）产生负面的影响，但尾鳍损伤

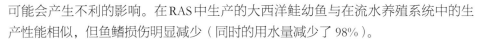

可能会产生不利的影响。在 RAS 中生产的大西洋鲑幼鱼与在流水养殖系统中的生产性能相似，但鱼鳍损伤明显减少（同时的用水量减少了 98%）。

生物过滤装置中氨硝化为硝酸盐的反应需要足够的碱度，碱度损失可通过添加 NaOH 或 NaHCO$_3$ 来进行补充。有文献记录表明，在尼罗罗非鱼 RAS 中的碱度管理方法（如使用农用石灰、碳酸钙等）可能导致肾钙化病。在用 NaHCO$_3$ 替代这些物质后，肾钙化的情况便有所缓解。在低交换量和近零交换量的 RAS 中，硝酸盐和钾的积累可能是导致产生鱼类游泳速度加快和侧泳等异常行为的原因。

良好的生物安保是 RAS 成功运行的先决条件，也是其相对于传统室外养殖系统的优势之一。RAS 中的潜在病源包括生物来源（鱼卵和鱼）、饲料来源和新（补充）水源。由于处理过程对生物滤池及其功能造成的干扰以及需要对不同的生命阶段的鱼类进行分隔，RAS 中外来疾病的根除会变得更加困难。全进全出的生产流程，搭配生产系统的消毒，对鱼类的健康管理至关重要。

在低交换率的 RAS 中，由于饲料用量高和缺乏臭氧处理，养殖池的能见度会大大降低，因此，很难通过人工或自动摄像机观察鱼类。而声学遥测技术已被证明是一种很有前途的实时监测 RAS 鱼类的技术。在水质监测方面，许多在线监测系统都是从水处理行业改造而来，或专门用于水产养殖。为确保可以准确监测水质，必须防止传感器表面出现生物污垢。

14.3.2.5 网箱养殖

网箱是一种浮动的生产装置，鱼类在网箱或网笼中封闭养殖，养殖系统内外进行开放式的水交换（见表 14.1）。网箱养殖可以利用现有的水资源，无论是海水（图 14.4）、河口、湖泊还是河流。这种开放式的生产方式的优点之一是，进入网箱的新水既能补充氧气，又能为鱼类提供流动的介质，同时还能清除残饵、粪便和溶解性的废物。

网箱养殖以鲑科鱼类为主，特别是大西洋鲑鱼（51%）。另外，1/4 的产量主要是虹鳟鱼、银鲑鱼、日本琥珀鱼（黄尾鱼）和鲶鱼。因此，本节将以大西洋鲑鱼的养殖为案例，有关大西洋鲑鱼的养殖系统的管理方法和可能遇到的问题同样适用于其他的养殖物种。

网箱中的水体可随时从周围的环境中得到补充，但这也会给鱼类福利带来挑战。就环境而言，与 RAS 和 S-CCS 相比，养殖户对鱼类所处的水质的控制非常有限，如果鱼类暴露在不理想的水质条件下，改善养殖状况可能会很困难。鱼类可能会受到日常和季节性变化的水质参数的各种变化的影响。这些参数也会随水深而发生明显的变化。对于在海水网箱中养殖的大西洋鲑鱼来说，这种可变性还可能受到潮流、风暴或淡水径流的影响。如果某些水质参数（如氧气）降到最佳的水平以

图 14.4 使用海水网箱养殖大西洋鲑鱼

下，对鱼类福利造成威胁，养殖户可以通过给网箱充气或增氧在一定的程度上减轻这种影响，或通过停止喂食以减少新陈代谢的需求，以及避免可能对鱼造成压力的各种处理操作或程序；还可以控制生物污损，以确保网箱及养殖密度条件下有足够的水流进出，从而降低低氧条件的风险。然而，对于其他的因素，如季节性温度过高或过低，在解除威胁之前，除停止喂食外，几乎无法缓解该问题。不过，大而深的网箱可以在一定的程度上规避这些问题，因为它们可以让鱼类有机会聚集和集群，例如网箱深处或其他的区域，溶氧和温度梯度对鱼类福利造成的威胁更小。

在生物安保方面，开放的水体交换可能会将病原体和其他的有害生物带入养殖系统。它们可能是细菌或病毒、寄生虫、刺吸生物或大量的浮游植物和浮游动物。细菌和病毒感染对鱼类健康和福利的影响可能非常大，这是一个关键的福利问题。其他的综述和研究对这些问题进行了阐述，这里不再赘述。然而，寄生虫感染、有害的藻华和浮游动物的爆发也会对鱼类健康和福利造成影响。对于大西洋鲑鱼来说，海虱可能是一个大问题：如果海虱的数量太多（鲑鱼表皮上的虱子面积大于 $0.12\mathrm{cm}^2$，就能让鲑鱼致死），鱼类本身也会受到影响，而且还需要进行大量的处理和治疗，才能将虱子的数量控制在较低的水平。减少鱼类疾病风险的一种方法是对大面积区域进行协调休渔，直到鱼类几乎没有感染疾病或寄生虫的状态。休渔意味着清空一个地点的鱼类后，在一段时间内不再重新放养。大西洋鲑鱼的产地在被捕捞后会休渔2~6个月，休渔措施应和养殖系统的监测相结合。

浮游动植物的大量繁殖较为少见，通常难以预测，并可能通过消耗氧气而对鱼类养殖水域的状态造成危害。它们还可能通过产生毒素、损害鱼鳃或消化道等方式对鱼类直接造成危害。它们还可能导致鱼类大量死亡，多年来一直影响日本琥珀鱼网箱养殖的鞭毛虫 *Chattonella spp.* 大量繁殖的问题就是最好的证明。在网箱养殖中，减少藻类和浮游动物可能很困难，但可以采取一些应急措施，如停止投喂，向网箱注入深水以稀释藻华，向网箱充氧或曝气，如果提前监测到藻华即将爆发，则可将网箱拖离藻华的爆发地（如果有后勤保障，可以调动资源来执行此任务），进行水处理和使用治疗剂。然而，并非所有的这些方法都有效，出于道德原因，有时可能还需要对鱼类进行屠宰或安乐死。

14.3.2.6　在暴露的环境下使用网箱进行离岸养殖

在暴露的环境下使用网箱养殖的主要的限制因素是海浪大和水流急。随着新型水产养殖区需求的增长，目前正在开发用于更加暴露的环境下养殖的新技术。这些技术可以利用平台或船型结构，并配有刚性网壁；还可以使用潜水网箱以避开不理想的海面条件和大浪/风暴。暴露环境下的养殖面临的两大类鱼类福利的挑战是强海流和海浪。当通过网箱的水流速度增加时，大西洋鲑鱼的游动结构就会发生变化，从自主巡航速度绕圈游动转变为按环境决定的速度随波逐流。如果水流速度超过了鱼的游泳负荷的范围，它们就会出现生理疲劳，并可能被推到网箱的后壁上。生理疲劳会引起最大的应激状态，导致内分泌、渗透压和呼吸系统紊乱，甚至可能导致死亡。养殖鱼类与网箱壁和其他的养殖装备触碰而造成的伤口也可能受到机会性细菌的感染，从而抑制伤口愈合，伤口进而可能发展成严重的溃疡。因此，为了在暴露的环境中进行负责任和合乎道德的养殖，有必要量化养殖鱼类的游泳能力，以及生物和环境因素对其产生的影响。一般来说，体型较大的鲑鱼的游泳能力更强，这使它们更能适应暴露的环境。因此，在转移到暴露的海域网箱之前让幼鱼长大，是使其适应暴露的环境的一种方法。

温度是决定海中网箱内鱼类游泳性能的主要的环境因素。在温度生态位的两个极端条件中，鱼类的游泳能力都会下降。对于暴露在外的养殖，主要的关注点在冬季。此时，极低的温度可能伴随暴风雨。疾病和寄生虫也会降低鱼类的游泳能力，因此在暴露的环境中可能会对鱼类福利产生进一步的负面影响。从福利的角度评估新地点的适宜性时，应详细记录水流和波浪的条件。具体而言，必须考虑水流的强度和持续时间，以及它与养殖鱼类保持连续的游泳速度的关系。关于鱼类如何承受大浪，由于难以进行实验测试，因此了解的情况相对有限。有证据显示，鱼只会选择进入波浪和水流较小的网箱深处，但据作者所知，这有待进一步证实。因此，暴露在养殖条件下的网箱应设计得足够深，以便鱼类能避开强浪。

14.4　不同的养殖方式下养殖鱼类的福利

在整个生产周期中，鱼类要经受一系列不同的养殖程序和操作。这些程序和操作也会对鱼类福利产生不同的影响。这些操作造成的应激是无法避免的，养殖者需要有效的指导，以了解鱼类在不同的养殖程序和日常操作中可能面临的问题。欧洲食品安全局已撰写了有关众多欧洲物种（包括大西洋鲑鱼、虹鳟鱼、欧洲鲈鱼、金头鲷鱼、欧洲鳗鱼和鲤鱼）的众多的常规操作和作业的福利风险的综述；读者可阅读这些综述，以了解有关的不同的常规操作（如疫苗接种、处理、拥挤、喂食和分级）的福利风险的更多的信息。在本节中，我们将介绍养殖鱼类（不考虑鱼的种类和养殖系统）的两项关键操作，分别是运输和麻醉/屠宰。

14.4.1　运　输

养殖鱼类在其生产周期内通常要经过多次运输。运输可通过卡车、船只或飞机进行，可在公司之间或场址之间进行。活鱼运输意味着鱼在运输过程中会受到各种应激，如拥挤、在运输车辆上装载、运输过程中可能发生的震荡、到达目的地后的卸载以及暴露在潜在的新环境中继续生长或等待被宰杀。一般来说，活鱼在运输过程中有以下的步骤。

- 运输前：

1. 确保鱼类目前的状态适合运输。
2. 让鱼禁食一段时间，时间从几天到 2 周不等。

- 运输阶段：

3. 运输活鱼间的相互挤压。
4. 装载运输工具。
5. 在水箱、塑料袋或船舱中运输。
6. 卸载。

- 运输后：

7. 鱼类被放生到新环境中或接受屠宰。

在运输过程中及其前后，同时或接连暴露于潜在的应激源，可能会诱发严重的生理应激。

显然，应尽量减少鱼类的应激反应，因为运输会导致鱼类的新陈代谢率升高，并可能导致鱼类的黏液脱落，从而导致水质恶化，也会降低鱼类进一步继续生长的活力和韧性（如果鱼类是在生产地点之间被运输）。养殖的工作人员与鱼类之间的互动也非常重要。对鱼的拥挤、装载或卸载控制不当可能导致鱼体严重受伤、鱼的攻击性增加，甚至鱼死亡。受伤、攻击性和死亡率是运输过程中基于OWI的重要的产出性的损耗指标。因此，必须确保有训练有素的工作人员在场（适当的人员培训也是OWI的一部分），以确保装载和卸载操作能顺利、快速地进行。

关于鱼类在运输过程中的密度，水质恶化是主要的考虑因素，但其他因素如运输距离、陆路运输时的路况、乘船或飞机运输时的天气条件、鱼类的大小、生命周期的阶段和鱼类的种类，以及系统是开放性的还是封闭性的，都会影响适宜的运输密度。在封闭的系统中，二氧化碳和氨（均由鱼类排出）会在运输过程中增加。需要提供氧气以避免缺氧，并使用二氧化碳脱气装置来控制二氧化碳的水平。运输过程中，水中的氧气、氨和二氧化碳水平是重要的输入性 OWI。由于鱼类容易眩晕，道路状况、天气条件和运输人员的技能水平也是重要的OWI。

大西洋鲑鱼等的实践经验表明，在运输过程中控制得当是可能的，因此，可以大大减少运输过程对鱼类福利的影响。事实上，如果运输时间足够长，平稳、无事故的运输阶段本身就可能有助于鱼类从运输过程中的拥挤和装载压力中恢复过来。有关水质和管理标准的主要建议可保证大西洋鲑鱼和虹鳟鱼等的运输被控制得良好，我们建议读者参阅这些综合指南以了解详情。

应注意的是，不同的物种对氧气、pH、盐度和温度的要求的差异很大，因此，需要针对具体的物种提出要求，以确保在运输过程中满足每个物种的福利需求。例如，尼罗罗非鱼在有悬浮固体存在的情况下可以承受相当低的氧气水平，而这些条件对鲑鱼来说则会造成极大的压力。因此，在种类繁多的养殖鱼类组中，不可能设定适用于所有物种的最佳条件。

运输工具的类型取决于鱼类是否需要在不同的公司或地点之间运输，例如两者都在陆地上，或者一个地点在陆地上，另一个公司或地点在海上。在将鲑鱼幼鱼运输到网箱进行继续生长时，可以使用直升机。而在实践中，直升机的使用是额外情况（其在英国的市场份额不到1%），因此，此处不涉及这种方法。表 14.3 和表14.4 分别介绍了欧洲用于将鱼苗、幼鱼或降海阶段的幼鱼运至继续生长的设施点的运输方法，以及将市场规格鱼类运至屠宰场的运输方法。表中还概述了运输方法的优缺点。

表 14.3　将大西洋鲑鱼、欧洲鲈鱼、金头鲷鱼、鲤鱼、尼罗罗非鱼和鳗鱼转移到陆上养殖设施点的运输方法

鱼种	运输方法	优点	缺点
大西洋鲑鱼 鲶鱼	活鱼舱渔船	鱼类可从运输过程中的压力胁迫中恢复过来	装卸过程会对鱼类造成压力胁迫。在封闭运输的过程中，水质可能会恶化

鱼类福利学

续表

鱼种	运输方法	优点	缺点
欧洲鲈鱼 / 金头鲷鱼	用卡车运到渡口或活鱼舱渔船上	可以灵活规划整个运输过程	水质可能会恶化。装卸过程会对鱼类造成压力胁迫
	活鱼舱渔船	鱼类可从运输过程中的压力胁迫中恢复过来	装卸过程会对鱼类造成压力胁迫
鲤鱼种，尼罗罗非鱼，玻璃鳗鱼	卡车	可以灵活规划整个运输过程	水质可能会恶化。装卸过程会对鱼类造成压力胁迫
玻璃鳗鱼，黄条鰤鱼，其他的鱼种	航运	适用于国内或跨州的长途运输	水质可能会恶化。装卸过程会对鱼类造成压力胁迫

表 14.4　将大西洋鲑鱼、鲤鱼、欧洲鳗鱼、非洲鲶鱼、虹鳟鱼、欧洲鲈鱼和金头鲷鱼运往屠宰场的运输方法

鱼种	运输方法	优点	缺点
大西洋鲑鱼，鲶鱼	活鱼舱渔船	鱼类可从运输过程中的压力胁迫中恢复过来	装卸过程会对鱼类造成压力胁迫。在封闭运输的过程中，水质可能会恶化
三文鱼，蓝鳍金枪鱼	船拖笼	避免车辆装载造成的压力	暂无数据记录
草鱼，鲢鱼，鲤鱼，鳙鱼，鲫鱼，欧洲鳗鲡鱼，非洲鲶鱼，尼罗罗非鱼，淡水虹鳟鱼	卡车	可以灵活规划整个运输过程	水质可能会恶化。装卸过程会对鱼类造成压力胁迫
欧洲鲈鱼 / 金头鲷鱼	NA	NA	NA

注：NA 为不适用，不将欧洲鲈鱼/金头鲷鱼运往屠宰场。

14.4.1.1　道路运输

道路运输经常用于将鱼从孵化场转运到养殖厂。道路运输也用于将适合市场售卖的鱼运到活鱼市场：例如在波兰，主要生产的鱼类有 70% 是鲤鱼，以及鲫鱼、鳙鱼、鲢鱼和尼罗罗非鱼；例如在亚洲，活鱼市场是很常见的。道路运输还可用于将活鱼运往屠宰场，如市场规格的虹鳟鱼、欧洲鳗鱼和非洲鲶鱼。

使用平板卡车上的专用水箱运输活鱼。在中国，用卡车或其他的车辆将市场规格的活鲤鱼装在水箱中运输。在餐馆和市场上，这些鱼类会在水族箱中存活几天，在市场上也会作为新鲜的产品出售。尽管有关草鱼、鲢鱼、鳙鱼和鲫鱼当前的运输方式的文献很少，但在欧洲和亚洲国家，这些鱼的种类被活体运输到市场和餐馆的数量相当可观，我们假定公路运输是主要的方式。

对于鱼苗或幼鱼，有两种公路运输的方法。可将这些动物放在保温箱中运输，其放养密度应与物种相适应，并控制温度和氧气的水平。鱼苗或幼鱼也可被装入塑

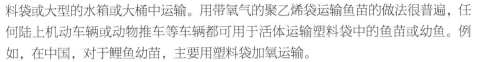

料袋或大型的水箱或大桶中运输。用带氧气的聚乙烯袋运输鱼苗的做法很普遍，任何陆上机动车辆或动物推车等车辆都可用于活体运输塑料袋中的鱼苗或幼鱼。例如，在中国，对于鲤鱼幼苗，主要用塑料袋加氧运输。

使用水箱运输鱼类时，水箱中的水要用压缩空气和氧气充气，以分别防止二氧化碳积聚和缺氧。最好的组合方式是使用压缩空气和纯氧，因为这样可以避免水中的氧气过饱和。氧气不应出现过饱和的状态，因为鱼类可能有患气泡病的风险。运输过程中应使用探针监测水中的氧气含量。

水箱或水袋中的运输是处于一个封闭的系统中，二氧化碳和 TAN（总氨氮，即 NH_3 和 NH_4^+ 浓度的总和）会在水中累积，可能会对鱼类造成压力，不应超过特定鱼种的 TAN（也取决于 pH）和二氧化碳的阈值。封闭的系统对最长的运输时间，无法给出精确的限制，这取决于鱼的种类、密度以及运输装置中的温度和水处理。

关于鱼类福利，还应注意装卸程序。一般来说，鱼类在装卸过程中会被网捕或泵送。这意味着鱼会暴露在空气中，或因与其他的鱼类、网具材料或泵送槽和储存槽的组件碰撞而受到机械伤害，尤其是在操作不当的情况下。对鲤鱼来说，这种鱼类能够很好地应对暴露于空气中的情况，而对于大西洋鲑鱼暴露于空气中的风险阈值，目前尚不清楚，RSPCA 的福利标准提供了预防性的建议，即暴露于空气中的时间不应超过 15 秒。使用鱼泵可以避免鱼类暴露在空气中，需要注意的是，使用鱼泵时不应使气体的总压过高和／或水中的氮气过饱和。在装鱼前，可在卡车上的水箱中或在井船上对水进行脱气，以避免／减少这一风险。

14.4.1.2　船舶运输

活鱼舱渔船通过不断抽入新水或对现有的贮水进行再循环来控制水质。活鱼舱通常用于将市场规格的大西洋鲑鱼运往屠宰场，还被用于将鲑鱼幼鱼、欧洲鲈鱼或金头鲷鱼转移到海上网箱中继续生长。活鱼舱渔船运输可采用开放式或封闭式的运输系统。如前所述，应该注意的是，使用封闭式的系统可能会导致水中二氧化碳和总氨氮的含量升高。而开放式的运输系统是一种流动系统，可以避免这些物质的积累。使用开放式还是封闭式的系统，取决于鱼类本身是否存在生物安全问题、当地的法规或运输途中鱼类病原体污染的风险。如前所述，关于大西洋鲑鱼幼鱼运输的两项研究显示，使用开放式系统的活鱼舱对幼鱼的福利没有负面的影响。Iversen 等的研究表明，大西洋鲑鱼幼鱼的皮质醇水平在运输的装载阶段会升高，但在实际的运输阶段会降低并恢复正常。然而，如果在恶劣的天气条件下进行运输，血浆皮质醇水平仍会升高。在大西洋鲑鱼运输的过程中，降低水温可减少多种因素对鱼类生理和福利的影响。降温时必须非常小心，降温速度不应超过 1.5 ℃／h。对于大西洋鲑鱼和虹鳟鱼而言，运输过程中的温度不应低于 6 ℃。

活鱼舱渔船还被用于将鲶鱼运到池塘继续生长，以及将市场规格的鲶鱼运到陆上设施点进行加工。另一种运输方式是用船拖着装有鱼的海上网箱。一些市场规格的鱼类物种可在网箱中被运输，如大西洋蓝鳍金枪鱼。在加拿大纽芬兰省，鲑鱼网箱被拖到陆上加工厂。在那里，鱼被泵送、击晕并屠宰。

14.4.1.3 航空运输

在国家之间交易鱼类或需要在大国内部/跨洲运输鱼类时，对鱼苗采用航空运输。鱼被装在塑料袋中，用氧气瓶给塑料袋充气，然后将塑料袋装入隔热的聚苯乙烯箱中进行航空运输。航空运输适用于玻璃鳗鱼和黄尾翠鱼等。

14.4.2 麻醉和屠宰

屠宰是杀死动物以供人类食用动物的常见的过程。"屠宰"这个词也用来描述通过放血杀死动物的行为。关于屠宰，一个重要的问题是这些方法是否会给鱼带来压力或痛苦。越来越多的研究表明，鱼类能够感知疼痛和恐惧。因此，为了在屠宰时保护养殖鱼类，应该在屠宰前用电击使其失去意识或知觉，以避免疼痛、恐惧或痛苦。这是欧盟立法中保护屠宰动物的一般规定。欧盟立法中关于人性化屠宰动物的一般规定，可作为养殖鱼类屠宰的参考。一般适用于以下情况：电击导致鱼类立即失去意识和敏感性，并持续到死亡；或当无法立即进行电击时，应使动物失去意识和知觉，而不会造成可避免的疼痛、恐惧或痛苦。

在考虑鱼类福利时，应检查屠宰过程中的所有的步骤。然而，在本章的范围内，我们仅关注用于各种养殖物种（草鱼、鲢鱼、鲤鱼、尼罗罗非鱼、鳙鱼、鲫鱼、鲶鱼、大西洋鲑鱼、条纹鲶鱼、虹鳟鱼、赤头鲷鱼、欧洲鲈鱼、金枪鱼、大菱鲆鱼和欧洲鳗鱼）的致晕和宰杀的方法。

本节中使用的特定定义

我们使用以下关于击晕和屠杀的定义。

无知觉——鱼类无法感知刺激（并因此对刺激无法做出反应）。

屠宰——为了生产食物而宰杀动物，尤其是养殖动物。

宰杀——在欧盟理事会第 1099/2009 号条例中被定义为任何有意导致动物死亡的过程。

致晕——任何导致无痛苦的意识和感觉丧失的故意的诱发过程，包括任何导致瞬间死亡的过程。当昏迷是可逆的时候，应随后使用一种能杀死它的方法。在不可

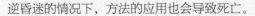

逆昏迷的情况下，方法的应用也会导致死亡。

无意识——一种无意识的状态（意识丧失）。在这种状态下，大脑无法处理感官输入，例如在（深度）睡眠、麻醉期间或由于大脑功能的暂时或永久损伤。

多项的研究报告称，屠宰可能会给鱼类带来压力，因为并非所有的养殖鱼类在屠宰前都被有效地致晕。表14.5简要概述了致晕和屠宰的方法。众所周知，仅凭行为观察测定不足以明确评估鱼类的脑功能水平。因此，需要一种综合的方法来评估鱼类是否昏迷。正如欧洲食品安全局建议的那样，需要采取两步走的方法来建立规范，以在屠宰时保护鱼类（即在屠宰前将其击昏），并随后将这些结果付诸实践。欧洲食品安全局的两步方法是：1）在实验室的环境中建立规范，以保护屠宰时的鱼类；2）评估后在实践或类似的条件下实施规范。需要注意的是，活体冷冻可在鱼类被致晕前使鱼类镇静，例如大西洋鲑鱼。由于对这种鱼类来说，这不是一种鱼类的致晕方法，所以，大西洋鲑鱼的活体冷冻没有出现在表14.5中。

表14.5　致晕或杀死鱼类的方法的相关介绍

击昏或击昏并屠宰	鱼的种类	优点	缺点
电击（可逆眩晕）	大西洋鲑鱼，鲶鱼，虹鳟鱼，鲤鱼，欧洲鳗鲡鱼，非洲鲶鱼	可立即击晕。可对鲑鱼进行鱼片预处理。用于鲶鱼：数据极少	需要有效的屠宰方法来避免鱼类从昏迷中恢复，产品质量可能会受到影响；由于鱼类的抗药性不同，可能会出现误杀
撞击（眩晕不可逆转）	大西洋鲑鱼	可实现立即眩晕，如果使用得当，无须恢复；该方法可使鱼眩晕并杀死鱼类，允许预先处理鱼片	因尺寸的变化而导致误击，可能会损坏鱼类的头部
	鲤鱼	只要正确使用，就不会恢复；该方法能使鱼类眩晕和死亡	手动操作可能导致失误，可能会损坏鱼类的头部
	鲶鱼	基本无数据记录	
	虹鳟鱼	只要正确使用，就不会恢复；该方法能使鱼类眩晕和死亡	手动操作可能导致失误，可能会损坏鱼类的头部
尖刺/划痕或水下射击（眩晕均为不可逆）	金枪鱼属	与在船上刺鱼/凿鱼和在海面上射击相比，对于小型金枪鱼采用刺鱼/凿鱼，对于大型金枪鱼采用水下使用鲁帕拉（lupara），更受欢迎	尚未用脑电图对这些方法进行评估，使用鲁帕拉（lupara）时，需要1名后备潜水员，以防需要第二次射击

续表

击昏或击昏并屠宰	鱼的种类	优点	缺点
二氧化碳迷昏	虹鳟鱼，大西洋鲑鱼		压力胁迫。鱼类会表现出强烈的回避和恐慌的行为，挪威禁止使用
丁香油和 Aquis™		脑电图登记显示大西洋鳕鱼被有效击晕	欧盟和挪威不允许将其用于屠宰鱼类，使用它可能会导致鱼类产生异味

为了确定在使用电击方法后是否满足一般的参考条件，必须在实验室环境中评估鱼的无意识和无知觉状态的开始时间和持续时间（第1步）。单独的行为观察测定可能不足以明确评估鱼的大脑功能的水平。通过使用脑电图，训练有素的观察者可以监测大脑中的电信号活动。此外，通过脑电图和行为来确定昏迷的鱼是否能在接受刺激的情况下被唤醒。当鱼没有反应时，这意味着鱼保持无意识，直到死亡。心脏的电信号活动（通过心电图确定）为评估致晕和宰杀方法提供了额外的信息，包括脑电图、心电图和LABWI。需要注意的是，鱼类的应激激素水平或产品质量参数不能作为鱼类意识和敏感性丧失的可靠的定量参数。

第2步是为了评估实际使用的致晕和杀鱼设备是否符合第1步中建立的致晕和宰杀标准。在这一步中，需要考虑以下的OWI：结合物理测量、行为观察和产品质量参数的视觉检查。对于电击麻醉，需要确定电流的强度（在水中是电流密度的高度）、波形、施加的电压（在水中是场强）以及鱼暴露于电击的持续时间；还需要确定麻醉后鱼离开电击器到应用宰杀方法的时间间隔。对于电击麻醉，需要将鱼杀死以防止昏迷的鱼再次苏醒。应用敲击时，应检查冲击工具的气压，确保压力足够并且准确击中每条鱼的头部。无论是电击还是敲击，都应该防止鱼体受损伤或将鱼体的损伤最小化。在屠宰场应有经过良好训练的工作人员来控制致晕和屠宰的过程。

14.4.2.1 电击致晕

鱼的电击致晕有两种方法：1）在水中；2）脱水后。关键是要有足够的电流通过鱼的大脑。要达到这个目的，脱水后需要在电极之间施加足够的电压，或者需要在水中施加足够的电场强度。需要注意的是波形、鱼在电击容器中的位置和鱼的密度（kg/L）都会影响电击致晕的有效性。在一个电击容器中，由于鱼之间的阻力不同，可能会发生误击。然而，与二氧化碳致晕相比，电击致晕能显著降低鲑鱼在屠宰过程中的应激水平。

通过施加电力来刺激大脑，引起整体癫痫式的活动或即时进入静息脑电图（根据脑电图的记录来判断），这些模式表明无意识和无感觉。在癫痫式活动和静息脑电图出现的期间，大脑中引发的电活动（体感或视觉）也被消除。

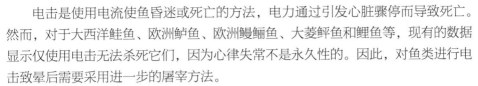

电击是使用电流使鱼昏迷或死亡的方法，电力通过引发心脏骤停而导致死亡。然而，对于大西洋鲑鱼、欧洲鲈鱼、欧洲鳗鲡鱼、大菱鲆鱼和鲤鱼等，现有的数据显示仅使用电击无法杀死它们，因为心律失常不是永久性的。因此，对鱼类进行电击致晕后需要采用进一步的屠宰方法。

在屠宰鱼类的设施中，对于大西洋鲑鱼、虹鳟鱼、欧洲鲈鱼、金黄鲷鱼和欧洲鳗鲡鱼，电击的两种方法都会被使用；而对于鲤鱼，电击只在水中应用。对非洲鲶鱼和巴氏鲶鱼，只有在脱水后才使用电击。大菱鲆鱼的电击致晕仍处于试验阶段。关于鲶鱼，目前缺乏关于脱水后电击效果的公开数据；然而，一些实际经验已经存在。

14.4.2.2　击打致晕

击打致晕是对鱼的头部进行手动或自动的打击。在大西洋鲑鱼的商业屠宰场，通常使用一种自动装置来击打致晕。据作者所知，手动击打法普遍应用于鲤鱼和虹鳟鱼（表 14.5）。一般来说，鱼在受到击打之前会从水里被捞出来。自动击打致晕的主要危害与种群中鱼的大小变化有关，会导致一些鱼误被击晕。应该指出的是，与二氧化碳昏迷等方法相比，在屠宰场实施击打麻醉大大改善了屠宰时鲑鱼的福利。

在脑电图仪上，出现 θ 波、δ 波和尖峰，随后是等电位的脑电图，表明鱼处于意识丧失和无知觉的状态。大西洋鲑鱼经过击晕后无法恢复是因为脑出血。关于鲶鱼的击晕方法很少，只有一篇论文报告称已有一些实际经验可供参考。

14.4.2.3　脑神经穿刺 / 脑神经去除 / 猎杀

对于金枪鱼，水下刺穿 / 凿穿和水下枪杀是首选的方法。从水面射击、船上刺穿或凿穿（需要挤压、拖拽或用钩子抓住），这两种方法都会严重影响这些鱼的福利。在一项实验室的研究中，用于金枪鱼脑神经去除的方法也被应用于大西洋鲑鱼。为此，研究制造了一个空心螺栓，并通过实时监测脑电图的情况显示大西洋鲑鱼的意识不会立即丧失。金枪鱼的脑电图尚未被记录。

14.4.2.4　丁香油 / 麻醉剂 Aquis ™

在欧盟和挪威，丁香油 /Aquis™ 不允许被用于鱼的昏迷 / 屠宰。克服立法要求的成本构成了在欧盟和挪威的屠宰中使用它的障碍。在一项关于大西洋鳕鱼的研究中，从脑电图记录显示 θ 波和 δ 波的出现可以判断 Aquis™ 使该物种失去知觉。

14.4.2.5　活体冷藏与低等至中等水平的二氧化碳浓度

在挪威，在屠宰大西洋鲑鱼时，已经不再使用结合二氧化碳的冷冻法。以前使用该方法时，鱼暴露在 -0.5~3℃ 的温度下，并添加二氧化碳以达到低等和中等水平

（65~257mg/L），同时将氧气保持在70%~100%的饱和度，在商业环境中，水被重新利用。采用该方法后，在冷冻海水中切除鳃并对鱼进行放血。对添加二氧化碳的活体冷藏的评估表明，这种方法是有压力的，不会使鱼昏迷。

14.4.2.6 二氧化碳致晕

在挪威，二氧化碳致晕法已被禁止。已知这种方法对大西洋鲑鱼和其他鱼类造成很大的压力胁迫。然而，其他一些国家仍然使用该方法来宰杀大西洋鲑鱼和虹鳟鱼。应用这种方法时，二氧化碳通过气泡形式被通入带有海水的容器中，直到pH值约为5.5~6.0。这相当于200~450mg/L的二氧化碳水平。随后，将鱼放入水中，经过2~4分钟后鱼停止挣扎。在下一步中，将鱼从容器中取出，进行放血处理。

14.4.2.7 冰或冰水混合物

将鱼转移到冰块或碎冰中会导致虹鳟鱼、欧洲鲈鱼和金头鲷鱼窒息。对于表14.6中列出的鲤科鱼类和大菱鲆鱼，比起缺氧，温度的急剧下降可能对这些物种产生更大的影响。已知鲤鱼物种对低氧水平的耐受性比鲈鱼和金黄色海鲷鱼更高。EFSA报告称，大菱鲆鱼在冰中可能需要4小时才能死亡。然而，鲫鱼是例外，它能够长时间忍受缺氧。这种鲤科鱼类能够应对厌氧代谢的酸碱后果，因为它能够将厌氧产生的乳酸转化为乙醇，乙醇可以自由地扩散到鳃并进入周围的水中。未找到关于将鲫鱼和鳙鱼转移到冰中进行屠宰的数据。对于鲫鱼和草鱼，使用冷冻致晕并进行屠宰。

冰水混合物是屠宰某些养殖鱼类的另一种常见的方法（见表14.6）。根据鱼类物种的不同，将鱼转移到冰水中可能也会导致鱼窒息。原因是在混合物中没有通气或添加氧气的情况下，鱼类的密度大幅增加。活体欧洲鲈鱼和金头鲷鱼可以按2∶1的比例放入桶中。混合物中冰块与水的比例范围从1∶2到3∶1不等。这意味着在将鱼类转移到冰水中时，初始的密度范围为每1000L水中有430~660kg的鱼，且已知这两种鱼类对温度的急剧下降表现出强烈的行为反应。由于转移，鱼的密度也从海上网箱中的$20kg/10^3L$提高到$430~660kg/10^3L$。对于这两个物种来说，在这种无额外补充氧气的情况下，密度增加22~33倍很可能导致鲈鱼和金头鲷鱼窒息，它们会强烈挣扎想要逃脱。值得注意的是，即使冰块完全转换成水，与海中网箱的密度相比，密度也增加了17倍。据EFSA报告，将虹鳟鱼转移到冰水混合物中也会导致其窒息。

比起鲈鱼和鲷鱼，尼罗罗非鱼和鲤鱼以其在低氧环境中有更好的生存能力而闻名。因此，很可能是温度的急剧下降导致尼罗罗非鱼和鲤鱼物种的应激，而不是本身的低氧水平导致的。至于是否将冰用于屠宰鲫鱼及鳙鱼，未有资料报道。在普通鲤鱼身上研究了鱼脑对冷休克的反应，将普通鲤鱼暴露于10℃的环境，同时温度逐渐下降，此时对鱼进行功能性磁共振成像研究，Van den Burg 等发现 90 秒后鱼的脑血容量减少。限制富含氧气的寒冷的血液从鱼鳃进入，可以减缓大脑温度的下降。这减缓了大脑因冷休克而降温的速度，从而延长了意识的周期。在欧洲食品安全局看来，不良的影响是明显的。

表 14.6　不通过致晕的方式杀死鱼类的方法介绍

击昏或击昏并屠宰	鱼种	优点	缺点
用中低水平浓度的二氧化碳进行活体冷冻，然后进行切鳃术	大西洋鲑鱼	鱼肉的品质好且安全	鱼类在被切鳃杀死之前不会被电晕。鱼类行为指标表明，这种方法可能会对鱼类造成压力
冰 / 水浆	欧洲鲈鱼，金头鲷鱼，虹鳟鱼，大菱鲆鱼，鲶鱼，草鱼，尼罗罗非鱼	易于使用，鱼肉的品质好且安全	温度骤降导致鱼类不适。窒息的发生取决于鱼的种类
在冰水中放血	大菱鲆鱼，鲶鱼	易于使用，鱼肉的品质好且安全	温度骤降导致鱼类不适。可能导致窒息
窒息	弃用的金头鲷鱼和虹鳟鱼	易于使用	鱼类受到压力，从干燥的鱼缸中逃脱，可能会导致鱼体受损
盐或氧	欧洲鳗鲡鱼		对鱼类造成压力。德国自 1997 年起禁用，荷兰自 2018 年 7 月 1 日起禁用

14.4.2.8　在冰水中放血

用冰水混合物对大菱鲆鱼进行放血。EFSA 报告这些动物在物理处理的过程中表现出逃避行为和其他的反应。Morzel 等的一项研究发现，在冰水混合物中放血后，大菱鲆鱼的行为反应会在 15~30 分钟内消失。EFSA 得出结论，在冰水中放血会对鱼类福利构成相当大的风险。大多数的鲶鱼是通过在冰水中放血和冷却而被杀死的。

14.4.2.9　空气窒息

空气窒息通常用于捕获的鱼。长时间暴露在空气中会使鳃组织塌陷，妨碍呼吸。然而，鱼不会很快失去意识。原因是鱼类在一定的程度上采取了应对窒息的多种策略，这些策略因物种而异。一个常见的策略是降低代谢率，即低代谢。在空气中失去知觉的时间受环境温度的影响：例如，虹鳟鱼在 20℃的空气中暴露 2.6 分钟后失去意识，而在 2℃时则需要 9.6 分钟。空气窒息曾被用于杀死虹鳟鱼，但出于福利的考虑，这种方法已不再用于欧洲水产养殖中的虹鳟鱼。对于鲷鱼来说，暴露在 22℃的空气环境中需要 5.5 分钟才能失去意识，现在地中海的鲷鱼屠宰已经不用这种方法。

14.4.2.10　用盐或氨水去除欧洲鳗鲡鱼的黏液

Van de Vis 和 Lambooij 简要概述了使用氨或盐杀死有意识的欧洲鳗鱼。众所周知，这些鱼类会努力逃离高盐度的水环境或氨水。根据使暴露在盐中的鳗鱼失去意识的时间，脑电图记录显示失去意识和敏感性可能需要超过 10 分钟的时间。用盐或氨去除黏液的过程会引起渗透性休克，使动物死亡。然而，有可能那些被清除黏液的鳗鱼是在意识清醒的时候被取出内脏的。在 EFSA 看来，这种方法会导致严重的压力和疼痛。自 2018 年 7 月 1 日起，荷兰已禁止使用盐杀死有意识的鳗鱼。

14.4.2.11　活体冷却

大西洋鲑鱼的活体冷却不存在于表 14.5 或表 14.6 中，因为它的用途并非用于屠宰。在向大西洋鲑鱼提供足够氧气的情况下，将其放入水中进行活体冷却是用于在昏迷前使鱼类平静的方法。先前有报道称，在 1 小时内将温度从 16℃降至 4℃，以及在 5 小时内将温度从 16℃降至 0℃，并没有导致大西洋鲑鱼的血浆皮质醇水平显著增加。

14.5　总　结

本章的目的是向读者阐述养殖的鱼类在不同的养殖系统中面临的共有的和系统特定的福利挑战，以及潜在的缓解性的策略。我们还概述了养殖生产从业者可以用来评估这些威胁和评估任何福利措施的有效性的工具。在所有的水产养殖的生产过程中，在常见的两个关键操作（运输和屠宰操作）中采用了这一方法。

就不同的养殖系统而言，差异最大的风险因素是供水有限的陆基循环水产养殖系统和流水开放式养殖系统。在开放式系统中，当系统补充新水时，水溶性的废物和颗粒废物被清除。在循环水的系统中，水溶性的废物或颗粒废物需要一些机械或生物处理。然而，封闭或半封闭系统为养殖者提供了许多的优势，比如控制水平以及生物安全、废物管理和处理以及防止逃逸等方面。最近在现有水体中部署的 S-CCS 的发展也引入了对养殖系统内水环境的一些控制，同时也引入了与供水相关的陆基流水系统或 RAS 的一些挑战。例如，当水的供应是再循环的或受到限制时，鱼的水溶性的废物积累的可能性增加，例如二氧化碳和氨。如果供水来自低碱度的软水，二氧化碳的积累会导致水的 pH 值降低，从而增加金属毒性（例如铝毒性）的风险。这可能导致血液携氧能力下降和生长速度减慢。通过开放式系统（如网箱）的不受控制的水流也会产生风险。例如，挪威三文鱼水产养殖持续增长的最大的限制因素之一是海流带来的各种病原体，如海虱和各种感染鳃的阿米巴原虫和病毒。如前所述，当将休渔与大西洋鲑鱼的网箱养殖系统监测相结合时，可以减少疾病的传播。

关于鱼苗/幼鱼的运输以及市场规格养殖鱼的部分显示，针对许多种类的鱼缺乏详细的协议来保障和监控其在运输过程中的情况，但也有一些明显的例外情况，比如RSPCA对虹鳟鱼和大西洋鲑鱼养殖所制定的全面的福利标准。对于其他的物种，这些协议需要考虑以下几点：1）物种及其需求，这也取决于它们的生长阶段，例如水质；2）运输车辆在装载和卸载的过程中对鱼类的处理；3）运输的持续时间，特别是对于封闭式系统中的鱼类，要考虑道路条件和海上的天气条件；4）负责处理和运输活鱼的工作人员的培训。就致晕和屠宰而言，应采用综合的方法来保护养殖鱼类。第一，建立有效且使鱼无法再苏醒的致晕规范。第二，应在商业条件下评估实验室结果的实施情况（正如EFSA 2018年所建议的）。第三，应提供受过适当培训的工作人员来控制致晕和屠宰的过程。

更好地监测和判断鱼类及其养殖环境，或它们所受的操作，也将帮助养殖从业者和利益相关者通过提供潜在威胁的早期预警，规避一些福利挑战，并为可能影响鱼类福利的未来决策提供有用的学习机会和经验。应该指出的是，在水产养殖生产链中已经采取了许多的预防措施来减少福利威胁，例如提供关于特定物种对于水质要求的指导，以及关于处理和其他操作的指导。

与所有的动物生产系统一样，在鱼类福利方面，整个水产养殖链中仍有一些流程可以改进。在过去的几十年里，水产养殖业和非政府组织等其他利益相关方采取行动，以明确的方式向广大的受众宣传他们在养殖鱼类生产可持续性方面的成就，例如为消费者提供鱼类产品的标签。然而，据作者所知，除了RSPCA为养殖大西洋鲑鱼和虹鳟鱼制定的福利保证标准外，没有其他的消费者福利标准或政府标准，如欧盟有机水产养殖产品标准，详细说明如何在整个水产养殖生产链中确保其他养殖物种的福利。

参考文献

Anonymous (1997) Verordnung zum Schutz von Tieren in Zusammenhang mit der Schlachtung oder Tötung–TierSchlV (Tierschutz-Schlachtverordnung), vom 3. März 1997, Bundesgesetzblatt Jahrgang 1997 Teil I S. 405, zuletzt geändert am 13. April 2008 durch Bundesgesetzblatt Jahrgang 2008 Teil I Nr. 18, S. 855, Art. 19 vom 24. April 2006

Anonymous (2006a) Transporting fish. https://thefishsite.com/articles/transporting-fish Anonymous (2006b) Forskrift om slakterier og tilvirkingsanlegg for akvakulturdyr Kapittel 4. In: kystdepartementet F-O (ed) Nasjonale tilleggsbestemmelser om fiskevelferd. Oslo, pp 13–14

Anonymous (2015). http://worldwideaquaculture.com/quick-easy-fish-farming-the-raceway-aqua culture-system

Anonymous (2017) China fishery statistical yearbook 2017. China Agriculture Press. ISBN: 9787109229419

Ashley PJ (2007) Fish welfare: current issues in aquaculture. Appl Anim Behav Sci 104:199–235

Belle SM, Nash CE (2008) Better management practices for net-pen aquaculture. In: Tucker CS, Hargreaves JA (eds) Environmental best management practices for aquaculture. Blackwell, Ames, pp 261–330

Beveridge MCM (2004) Cage aquaculture, 3rd edn. Blackwell, Oxford Blancheton JP, Piedrahita R, Eding EH, Roque D'orbcastel E, Lemarie G, Bergheim A, Fivelstad S (2007) Intensification of landbased aquaculture production in single pass and reuse systems. In: Aquaculture engineering and environment (Chapter 2)

Boerrigter JG, Manuel R, Bos R, Roques JA, Spanings T, Flik G, Vis HW (2015) Recovery from transportation by road of farmed European eel (*Anguilla anguilla*). Aquac Res 46:1248–1260

Bostock J, McAndrew B, Richards R, Jauncey K, Telfer T, Lorenzen K, Little D, Ross L, Handisyde N, Gatward I, Corner R (2010) Aquaculture: global status and trends. Philos Trans R Soc B 365:2897–2912

Boyd CE, Tucker CS (1998) Pond aquaculture water quality management. Kluwer Academic, Springer Science

Braithwaite V, Ebbesson LO (2014) Pain and stress responses in farmed fish. Rev Sci Tech 33:245–253

Braithwaite V, Huntingford F, Van den Bos R (2013) Variation in emotion and cognition among fishes. J Agric Environ Ethics 26:7–23

Branson EJ (2008) Fish welfare. Blackwell, Oxford, 300 p

Bregnballe J (2015) A guide to recirculation aquaculture. Copenhagen, Eurofish, p 96

Brett JR (1964) The respiratory metabolism and swimming performance of young sockeye salmon. J Fish Res Board Can 21:1183–1226

Chen C-Y, Wooster GA, Getchell RG, Bower PR, Timmons MB (2001) Nephrocalcinosis in Nile Tilapia from a recirculation aquaculture system: a case report. J Aquat Anim Health 134:368–372

Cho K, Sakamoto J, Noda T, Nishiguchi T, Ueno M, Yamasaki Y, Yagi M, Kim D, Oda T (2016) Comparative studies on the fish-killing activities of *Chattonella marina* isolated in 1985 and *Chattonella antiqua* isolated in 2010, and their possible toxic factors. Biosci Biotechnol Biochem 80:811–817

Chopin T, Cooper JA, Reid G, Cross S, Moore C (2012) Open-water integrated multi-trophic aquaculture: environmental biomitigation and economic diversification of fed aquaculture by extractive aquaculture. Rev Aquac 4:209–220

Commission Regulation (EC) No 889/2008 (2008) Laying down detailed rules for implementation of Council Regulation (EC) No 834/2007 on organic production and labelling of organic products with detailed rules on production, labelling and control. Off J Eur Union, L 250:1–84

Council Regulation (EC) No 1099/2009 (2009) On the protection of animals at the time of killing. Off J Eur Communities, L 303:1–30

Da Silva JM, Coimbra J, Wilson JM (2009) Ammonia sensitivity of the glass eel (*Anguilla anguilla* L.): salinity dependence and the role of branchial sodium/potassium adenosine triphosphatase. Environ Toxicol Chem 28:141–147

Dalla Villa P, Marahrens M, Velarde A, Calvo A, Di Nardo A, Kleinschmidt N, Fuentes Alvarez C, Truar A, Di Fede E, Otero JL Müller-Graf C (2009) Final report on project to develop animal welfare risk assessment guidelines on transport-project developed on the proposal CFP/EFSA/ AHAW/2008/02, 127 pp

Davidson J, Good C, Welsh C, Summerfelt S (2011) Abnormal swimming behavior and increased deformities in rainbow trout *Oncorhynchus mykiss* cultured in low exchange water recirculating aquaculture systems. Aquac Eng 45:109–117

Dempster T, Korsøen O, Folkedal O, Juell JE, Oppedal F (2009) Submergence of Atlantic salmon (*Salmo salar* L.) in commercial scale sea-cages: a potential short-term solution to poor surface conditions. Aquaculture 288:254–263

Edwards P (2008) The changing face of pond aquaculture in China. Glob Aquac Advocate 77–80. http://pdf. gaalliance.org/pdf/GAA-Edwards-Sept08.pdf

EFSA (2004) Opinion of the scientific panel on animal health and welfare (AHAW) on a request from the commission related to the welfare of animals during transport. Question No EFSA-Q-2003-094. EFSA J 44, 181 pp

EFSA (2008a) Scientific opinion of the panel on animal health and welfare on a request from the European Commission on animal welfare aspects of husbandry systems for farmed Atlantic salmon. EFSA J 736:1–31

EFSA (2008b) Scientific opinion of the panel on animal health and animal welfare on a request from the European Commission on the animal welfare aspects of husbandry systems for farmed trout. EFSA J 796:1–22

EFSA (2008c) Scientific opinion of the panel on animal health and welfare on a request from the European Commission on animal welfare aspects of husbandry systems for farmed European seabass and gilthead seabream. EFSA J 844:1–21

EFSA (2008d) Scientific opinion of the panel on animal health and welfare on a request from the European Commission on animal welfare aspects of husbandry systems for farmed European eel. EFSA J 809:1–18

EFSA (2008e) Scientific opinion of the panel on animal health and welfare on a request from the European Commission on animal welfare aspects of husbandry systems for farmed fish: carp. EFSA J 843:1–28

EFSA (2008f) Welfare aspects of husbandry systems for farmed European seabass and gilthead seabream. EFSA J 844:1–89

EFSA (2009a) Species-specific welfare aspects of the main systems of stunning and killing of farmed tuna. EFSA J 1072:1–53

EFSA (2009b) Species-specific welfare aspects of the main systems of stunning and killing of farmed turbot. EFSA J 1073:1–34

EFSA (2009c) Species-specific welfare aspects of the main systems of stunning and killing of farmed sea bass and sea bream. EFSA J 1010:1–52

EFSA (2009d) Species-specific welfare aspects of the main systems of stunning and killing of farmed rainbow trout. EFSA J 1013:1–55

EFSA (2009e) Species-specific welfare aspects of the main systems of stunning and killing of farmed Atlantic salmon. EFSA J 1012:1–77

EFSA (2009f) Species-specific welfare aspects of the main systems of stunning and killing of farmed eel (*Anguilla anguilla*). EFSA J 1014:1–42

EFSA (2009g) Species-specific welfare aspects of the main systems of stunning and killing of farmed carp. EFSA J 1013:1–37

EFSA (2018) Guidance on the assessment criteria for applications for new or modified stunning methods regarding animal protection at the time of killing. EFSA J 16(7):5343, 35 pp

Erikson U (2011) Assessment of different stunning methods and recovery of farmed Atlantic salmon (*Salmo salar*): isoeugenol, nitrogen and three levels of carbon dioxide. Anim Welf 20:365–375

Erikson U, Lambooij B, Digre H, Reimert HGM, Bondø, Van de Vis H (2012) Conditions for instant electrical stunning of farmed Atlantic cod after de-watering, maintenance of uncon-sciousness, effects of stress, and fillet quality–a comparison with Aqui-S™. Aquaculture 324–325:135–144

Espmark ÅM, Baeverfjord G (2009) Effects of hyperoxia on behavioural and physiological vari-ables in farmed Atlantic salmon (*Salmo salar*) parr. Aquac Int 17:341–353

FAO (1984) Inland aquaculture engineering. FAO, Rome. ISBN: 92-5-102168-6. http://www.fao. org/docrep/X5744E/x5744e0e.htm

FAO (2017) Fisheries and aquaculture software. FishStat Plus–Universal software for fishery statistical time series. In: FAO Fisheries and Aquaculture Department [online]. Rome. Updated 14 September 2017

FAO (2018a) FAO yearbook. Fishery and aquaculture statistics 2016. FAO, Rome, p 108. ISBN: 9789250099873. http://www.fao.org/3/i9942t/I9942T.pdf

FAO (2018b) Cultured aquatic species information programme–*Catla catla* (Hamilton, 1822), 11 pp. http://www. fao.org/fishery/culturedspecies/Catla_catla/en

FAO (2018c) Cultured aquatic species information programme *Carassius carassius* (Linnaeus, 1758), 9 pp. http:// www.fao.org/fishery/culturedspecies/Carassius_carassius/en

FAO (2018d) Cultured aquatic species information programme *Hypophthalmichthys nobilis* (Rich-ardson, 1845), 10 pp. http://www.fao.org/fishery/culturedspecies/Hypophthalmichthys_nobilis/ en

FAO (2018e) Cultured aquatic species information programme–*Hypophthalmichthys molitrix* (Valenciennes, 1844), 9 pp. http://www.fao.org/fishery/culturedspecies/Hypophthalmichthys_ molitrix/en

FAO (2018f) Cultured aquatic species information programme, 12 pp. *Oreochromis niloticus* (Linnaeus, 1758). http://www.fao.org/fishery/culturedspecies/Oreochromis_niloticus/en

FEAP (2018). www.feap.info/Default.asp?CAT2¼40&CAT1¼40&CAT0¼40&SHORTCUT¼590, visited May 2018

Foss A, Grimsbo E, Vikingstad E, Nortvedt R, Slinde E, Roth B (2012) Live chilling of Atlantic salmon: physiological response to handling and temperature decrease on welfare. Fish Physiol Biochem 38:565–571

Funge-Smith S, Phillips MJ (2001) Aquaculture systems and species. In: Aquaculture in the third millennium. In: Subasinghe P, Bueno MJ, Phillips C, Hough SE, McGladdery, Arthur JR (eds) Technical proceedings of the conference on aquaculture in the third millennium, Bangkok, 20–25 Feb 2000, pp 129–135. NACA, FAO, Bangkok, Rome Gamborg C, Sandoe P (2005) Sustainability in farm breeding: a review. Livest Prod Syst 92:221–231

Haenen OLM, Way K, Bergmann SM, Ariel E (2004) The emergence of koi herpesvirus and its significance to European aquaculture. Bull Eur Assoc Fish Pathol 24:293–307

Hallegraeff GM (1993) A review of harmful algal blooms and their apparent global increase. Phycologia 32:79–99

Hallegraeff GM (2003) Harmful algal blooms: a global overview. Manual on harmful marine microalgae. Monogr Oceanogr Methodol 11:25–49

Handeland SO (2016) Postsmoltproduksjon I semi-lukkede anlegg; Resultat fra en komparativ feltstudie. Fjerde konferanse om resirkulering av vann i akvakultur på Sunndalsøra, 25–26 oktober 2016

Handeland S Vindas M, Nilsen T, Ebbesson L, Sveier H, Tangen S, Nylund A (2015) Documen-tation of post smolt welfare and performance in large-scale Preline semi-containment system (CCS). CtrlAQUA annual report, pp 60–64

Heller M (2017) Food product environmental footprint literature summary: land-based aquaculture. Center for Sustainable Systems, University of Michigan, 17 pp

Hilbig R, Anken RH, Bauerle A, Rahmann H (2002) Susceptibility to motion sickness in fish: a parabolic aircraft flight study. J Gravit Physiol 9:29–30

Hjeltnes B, Bornø G, Jansen MD, Haukaas A, Walde C (eds) (2017) Fiskehelserapporten 2016. Oslo, Veterinærinstituttet, p 121

Horváth L, Urbányi B (2000) Fish species bred in Hungary. In: Horváth L (ed) Fish biology and fish breeding. Mezőgazda Kiadó, Budapest, pp 229–343 (in Hungarian)

Huntingford FA, Adams C, Braithwaite VA, Kadri S, Pottinger TG, Sandøe P, Turnbull JF (2006) Current issues in fish welfare. J Fish Biol 68:332–372

Hvas M, Folkedal O, Imsland A, Oppedal F (2017a) The effect of thermal acclimation on aerobic scope and critical swimming speed in Atlantic salmon, *Salmo salar*. J Exp Biol 220:2757–2764

Hvas M, Folkedal O, Solstorm D, Vågseth T, Gansel LA, Oppedal F (2017b) Assessing swimming capacity and schooling behaviour in farmed Atlantic salmon *Salmo salar* with experimental push-cages. Aquaculture 473:423–429

Hvas M, Karlsbakk E, Mæhle S, Wright DW, Oppedal F (2017c) The gill parasite *Paramoeba perurans* compromises aerobic scope, swimming capacity and ion balance in Atlantic salmon. Conserv Physiol 5, cox066

Iversen M, Finstad B, McKinley RS, Eliassen RA, Carlsen KT, Evjen T (2005) Stress responses in Atlantic salmon (*Salmo salar* L.) smolts during commercial well boat transports, and effects on survival after transfer to sea. Aquaculture 243:373–382

Jackson DC (2004) Acid-base balance during hypoxic hypometabolism: selected vertebrate strat-egies. Respir Physiol Neurobiol 141:273–283

Jena AK, Biswas P, Saha H (2017) Advanced farming systems in aquaculture: strategies to enhance the production. Innov Farming 2:84–89

Johansson D, Laursen F, Fernö A, Fosseidengen JE, Klebert P, Stien LH, Vågseth T, Oppedal F (2014) The interaction between water currents and salmon swimming behaviour in sea cages. PLoS One 9:e97635

Jokumsen A, Svendsen LM (2010) Farming of freshwater rainbow trout in Denmark. Charlottenlund: DTU aqua. Institut for Akvatiske Ressourcer. DTU Aqua-rapport; no. 219-2010

Karlsen C, Sørum H, Willasses NP, Åsbakk K (2012) Moritella viscosa bypasses Atlantic salmon epidermal keratocyte clearing activity and might use skin surfaces as a port of infection. Vet Microbiol 154:353–362

Kestin SC, Wotton SB, Gregory NG (1991) Effect of slaughter by removal from water on visual evoked activity in the brain and reflex movement of rainbow trout (*Oncorhynchus mykiss*). Vet Rec 128:443–446

King HR (2009) Fish transport in the aquaculture sector: an overview of the road transport of Atlantic salmon in Tasmania. J Vet Behav 4:163–168

Kolarevic J, Bæverfjord G, Takle H, Ytteborg E, Megård Reiten BK, Nergård S, Terjesen BF (2014) Performance and welfare of Atlantic salmon smolt reared in recirculating or flow through aquaculture systems. Aquaculture 432:15–25

Kolarevic J, Espmark AM, Aas-Hansen Ø, Terjesen BF, Saether BS (2015) Real time monitoring of water quality and fish welfare in recirculation aquaculture systems (RAS). Aquaculture Europe 2015, Rotterdam, 20–23 October 2015

Kolarevic J, Aas-Hansen Ø, Espmark ÅM, Baeverfjord G, Terjesen BF, Damsgård B (2016) The use of acoustic acceleration transmitter tags for monitoring of Atlantic salmon swimming activity in recirculating aquaculture systems (RAS). Aquacult Eng 72–73:30–39

Kolarevic J, Stien LH, Espmark ÅM, Izquierdo-Gomez D, Sæther B-S, Nilsson J, Oppedal F, Wright DW, Nielsen KV, Gismervik K, Iversen MH, Noble C (2018) Velferdsindikatorer for oppdrettslaks: Hvordan vurdere og dokumentere fiskevelferd–Del B. Bruk av operative velferdsindikatorer for ulike produksjonssystem. In: Noble C, Nilsson J, Stien LH, Iversen MH, Kolarevic J, Gismervik K (eds) Velferdsindikatorer for oppdrettslaks: Hvordan vurdere og dokumentere fiskevelferd, pp 142–223. ISBN: 978–82–8296-531-6

Koolhaas JM, Bartolomucci A, Buwalda BD, De Boer SF, Flügge G, Korte SM, Meerlo P, Murison R, Olivier B, Palanza P, Richter-Levin G (2011) Stress revisited: a critical evaluation of the stress concept. Neurosci Biobehav Rev 35:1291–1301

Lambooij E, Pilarczyk M, Bialowas H, Van den Boogaart JGM, Van de Vis JW (2007) Electrical and percussive stunning of the common carp (*Cyprinus carpio* L.): neurological and behavioural assessment. Aquac Eng 37:171–179

Lambooij E, Grimsbø E, Van de Vis JW, Reimert HGM, Nortvedt R, Roth B (2010) Percussion and electrical stunning of Atlantic salmon (*Salmo salar*) after dewatering and subsequent effect on brain and heart activities. Aquaculture 300:107–112

Lines JA, Spence J (2012) Safeguarding the welfare of farmed fish at harvest. Fish Physiol Biochem 38:153–162

Lines JA, Spence J (2014) Humane harvesting and slaughter of farmed fish. Rev Sci Tech 33:255–264

MacIntyre C, Ellis T, North BP, Turnbull JF (2008) The influences of water quality on the welfare of farmed trout: a review. In: Branson E (ed) Fish welfare. Blackwells Scientific, London, pp 150–178

Manuel R, Boerrigter J, Roques J, van der Heul J, van den Bos R, Flik G, Van de Vis H (2014) Stress in African catfish (*Clarias gariepinus*) following overland transportation. Fish Physiol Biochem 40:33–44

Marine Harvest (2018) Salmon farming industry handbook, 113 pp

Martins CIM, Eding EH, Verdegem MCJ, Heinsbroek LTN, Schneider O, Blancheton JP, d'Orbcastel ER, Verreth JAJ (2010) New developments in recirculating aquaculture systems in Europe: a perspective on environmental sustainability. Aquac Eng 43:83–93

McEwen BS, Wingfield JC (2003) The concept of allostasis in biology and biomedicine. Horm Behav 43:2–15

Morzel M, Sohier S, Van de Vis JW (2002) Evaluation of slaughtering methods of turbots with respect to animal protection and flesh quality. J Sci Food Agric 82:19–28

Nilsen A, Nielsen KV, Biering E, Bergheim A (2017) Effective protection against sea lice during the production of Atlantic salmon in floating enclosures. Aquaculture 466:41–50

Nilsson J, Stien LH, Iversen MH, Kristiansen TS, Torgersen T, Oppedal F, Folkedal O, Hvas M, Gismervik K, Ellingsen K, Nielsen KV, Mejdell CM, Kolarevic J, Izquierdo-Gomez D, Sæther B-S, Espmark ÅM, Midling KØ, Roth B, Turnbull JF, Noble C (2018) Velferdsindikatorer for oppdrettslaks: Hvordan vurdere og dokumentere fiskevelferd–Del A. Fiskevelferd og oppdrettslaks, kunnskap og teoretisk bakgrunn. In: Noble C, Nilsson J, Stien LH, Iversen MH, Kolarevic J, Gismervik K (eds) Velferdsindikatorer for oppdrettslaks: Hvordan vurdere og dokumentere fiskevelferd, pp 10–141. ISBN: 978-82-8296-531-6

Noble C, Gismervik K, Iversen, MH, Kolarevic J, Nilsson J, Stien LH, Turnbull JF (eds) (2018) Welfare indicators for farmed Atlantic salmon: tools for assessing fish. 351 pp. ISBN 978-82-8296-556-9

Nomura M, Sloman KA, Von Keyserlingk MAG, Farrell AP (2009) Physiology and behaviour of Atlantic salmon (*Salmo salar*) smolts during commercial land and sea transport. Physiol Behav 96:233–243

Oppedal F, Dempster T, Stien LH (2011) Environmental drivers of Atlantic salmon behaviour in sea-cages: A review. Aquaculture 311:1–18

Palič D, Norheim K, De Briyne N (2017) Fish diseases lacking treatment-gap analysis outcome. Report prepared for 15 pp. http://www.fve.org/uploads/publications/docs/fishmed_plus_gap_ analysis_outcome_final.pdf

Poli BM, Parisi G, Scappini F, Zampacavallo G (2005) Fish welfare and quality as affected by pre-slaughter and slaughter management. Aquac Int 13:29–49

Reglero P, Balbın R, Ortega A, Alvarez-Berastegui D, Gordoa A, Torres AP, Moltó V, Pascual A, De la Gándara F, Alemany F (2013) First attempt to assess the viability of bluefin tuna spawning events in offshore cages located in an a priori favourable larval habitat. Sci Mar 77:585–596

Remen M, Solstorm F, Bui S, Klebert P, Vågseth T, Solstorm D, Hvas M, Oppedal F (2016) Critical swimming speed in groups of Atlantic salmon *Salmo salar*. Aquac Environ Interact 8:659–664

Rensel JE, Whyte JNC (2003) Finfish mariculture and harmful algal blooms. Manual on harmful marine microalgae. Monogr Oceanogr Methodol 11:693–722

Robb DFH, Kestin SC (2002) Methods used to kill fish: field observations and literature reviewed. Anim Welf 11:269–282

Robb DHF, Wotton SB, McKinstry JL, Sorensen NK, Kestin SC (2000) Commercial slaughter methods used on Atlantic salmon: determination of the onset of brain failure by electroenceph-alography. Vet Rec 147:298–303

Roberts RJ, Bullock AM, Turners M, Jones K, Tett P (1983) Mortalities of *Salmo gairdneri* exposed to cultures of *Gyrodinium aureolum*. J Mar Biol Assoc UK 63:741–743

Roque d'Orbcastel E, Blancheton J-P, Belaud A (2009a) Water quality and rainbow trout perfor-mance in a Danish model farm recirculating system: comparison with a flow through system. Aquac Eng 40:135–143

Roque d'Orbcastel E, Person-Le Ruyet J, Le Bayon N, Blancheton J-P (2009b) Comparative growth and welfare in rainbow trout reared in recirculating and flow through rearing systems. Aquac Eng 40:79–86

Rosten TW, Kristensen T (2011) Best practice in live fish transport. NIVA REPORT SNO 6102-2011, 25 p

Rosten TW, Ulgenes Y, Henriksen K, Terjesen BF, Biering E, Winther U (2011) Oppdrett av laks og ørret i lukkede anlegg–forprosjekt. SINTEF, Trondheim, 76 pp

Roth B, Imsland A, Gunnarsson S, Foss A, Schelvis-Smit R (2007) Slaughter quality and rigor contraction in fanned turbot (*Scophthalmus maximus*); a comparison between different stunning methods. Aquaculture 272:754–761

RSPCA (2018a) RSPCA welfare standards for farmed Atlantic salmon. RSPCA, Horsham, 96 p. https://science. rspca.org.uk/sciencegroup/farmanimals/standards/salmon. Accessed 25 May 2018

RSPCA (2018b) RSPCA welfare standards for farmed rainbow trout. RSPCA, Horsham, 51 p. https://science.rspca. org.uk/sciencegroup/farmanimals/standards/trout. Accessed 25 May 2018

Rud I, Kolarevic J, Holan AB, Berget I, Calabrese S, Terjesen BF (2016) Deep-sequencing of the microbiota in commercial-scale recirculating and semi-closed aquaculture systems for Atlantic salmon post-smolt production. Aquac Eng 78:50–62

Sampaio FD, Freire CA (2016) An overview of stress physiology of fish transport: changes in water quality as a function of transport duration. Fish Fish 17:1055–1072

Sattari A, Lambooij E, Sharifi H, Abbink W, Reimert H, Van de Vis JW (2010) Industrial dry electro-stunning followed by chilling and decapitation as a slaughter method in Claresse® (*Heteroclarias* sp.) and African catfish (*Clarias gariepinus*). Aquaculture 302:100–105

Scherer R, Augusti PR, Steffens C, Bochi VC, Hecktheuer LH, Lazzari R, Radünz-Neto J, Pomblum SCG, Emanuelli T (2005) Effect of slaughter method on postmortem changes of grass carp (Ctenopharyngodon idella) stored in ice. J Food Sci 70:348–353

Schram E, Abbink W, Roques J, Spanings T, De Vries P, Bierman S, Van de Vis H, Flik G (2010) The impact of elevated exogenous ammonia levels on growth, feed intake and physiology of African catfish (*Clarias gariepinus*). Aquaculture 306:108–115

Schrijver R, Van de Vis H, Bergevoet R, Stokkers R, Dewar D, Van de Braak K, Witkamp S (2017) Welfare of farmed fish: common practices during transport and at slaughter. Final report written for the European Commission Directorate Health and Food Safety (SANTE), reference SANTE/ 2016/G2/009, Contract SANTE/2016/G2/SI2.736160, 186 p. https://publications.europa.eu/en/ publication-detail/-/ publication/59cfd558-cda5-11e7-5d5-01aa75ed71a1/language-en. ISBN: 978-92-79-75336-7

Segner H, Sundh H, Buchmann K, Douxfils J, Sundell KS, Mathieu C, Ruane N, Jutfelt F, Toften H, Vaughan L (2012) Health of farmed fish: its relation to fish welfare and its utility as welfare indicator. Fish Physiol Biochem 38:85–105

Shoubridge EA, Hochachka PW (1980) Ethanol: novel end-product in vertebrate anaerobic metab-olism. Science 209:308–309

Stickney RR (ed) (2000) Encyclopedia of aquaculture. Wiley-Interscience, New York

Stien LH, Bracke M, Folkedal O, Nilsson J, Oppedal F, Torgersen T, Kittilsen S, Midtlyng PJ, Vindas MA, Øverli Ø, Kristiansen TS (2013) Salmon welfare index model (SWIM 1.0): a semantic model for overall welfare assessment of caged Atlantic salmon: review of the selected welfare indicators and model presentation. Rev Aquac 5:33–57

Summerfelt ST, Zühlke A, Kolarevic J, Reiten BKM, Selset R, Gutierrez X, Terjesen BF (2015) Effects of alkalinity on ammonia removal, carbon dioxide stripping, and system pH, in semi-commercial scale WRAS operated with moving bed bioreactors. Aquacult Eng 65:46–54

Tacon AGJ, Halwart M (2007) Cage aquaculture: a global overview. In: Halwart M, Soto D, Arthur JR (eds) Cage aquaculture–regional reviews and global overview. FAO Fisheries Technical Paper, No. 498. FAO, Rome 2007, pp 1–16, 241 p

Timmons M, Ebeling J (2007) Recirculating aquaculture, 2nd edn. NRAC publication no 01-007, Cayuga aqua ventures, Ithaca, 769 pp

Troell M, Joyce A, Chopin T, Neori A, Buschmann AH, Fang J-G (2009) Ecological engineering in aquaculture–potential for integrated multi-trophic aquaculture (IMTA) in marine offshore systems. Aquaculture 297:1–9

Van de Vis H, Lambooij B (2016) Fish stunning and killing. In: Velarde A, Raj M (eds) Animal welfare at slaughter. 5M Publishing, Sheffield, pp 152–176

Van de Vis H, Kestin S, Robb D, Oehlenschlager J, Lambooij B, Munkner W, Kuhlmann H, Kloosterboer K, Tejada M, Huidobro A, Ottera H, Roth B, Sørensen NK, Akse L, Byrne H, Nesvadba P (2003) Is humane slaughter of fish possible for industry? Aquac Res 34:211–220

Van de Vis H, Kiessling A, Flik G, Mackenzie S (eds) (2012) Welfare of farmed fish in present and future production systems. Springer, Heidelberg, 312 pp

Van de Vis H, Abbink W, Lambooij B, Bracke M (2014) Stunning and killing of farmed fish: how to put it into practice? In: Devine C, Dikeman M (eds) Encyclopedia of meat sciences 2e, vol 3. Elsevier, Oxford, pp 421–426

Van den Burg EH, Peeters RR, Verhoye M, Meek J, Flik G, Van der Linden A (2005) Brain responses to ambient temperature fluctuations in fish: reduction of blood volume and initiation of a whole-body stress response. J Neurophysiol 93:2849–2855

Weimin M (2010) Recent developments in rice-fish culture in China: a holistic approach for livelihood improvement in rural areas. In: De Silva SS, Davy FB (eds) Success stories in Asian aquaculture. International Development Research Centre, Ottawa, ON, pp 15–40

Wendelaar Bonga SE (1997) The stress response of fish. Physiol Rev 77:591–625

Werkman M, Green DM, Murray AG, Turnbull JF (2011) The effectiveness of fallowing strategies in disease control in salmon aquaculture assessed with an SIS model. Prev Vet Med 98:64–73

Wood CM (1991) Acid-base and ion balance, metabolism, and their interactions, after exhaustive exercise in fish. J Exp Biol 160:285–308

第 15 章
观赏鱼和水族馆

摘 要: 观赏鱼的共同特点是,它们作为人们的业余爱好而被人们饲养,并提供观赏价值。观赏鱼有非常多的种类。无论是什么品种的典型的观赏鱼都将经过捕获(或者人工繁殖饲养),被运输到捕获站、批发点和零售商的展览缸,被浸网装入袋中后被运输到客户家中的水族箱,并被安置在缸中度过它的余生。在它生命的整个过程中,一系列的鱼类福利的问题会出现:它会面临多种压力应激环境,可能会遇到较差的水质或恶化的水,或者令其不适的化学条件(pH、离子组成、温度);它们可能被安置在过小的水族缸中,或者处于不适合的生存需求和生活方式的条件下;它们可能与不能共同生活的鱼一同饲养,却得不到合适的营养供给。

一方面,观赏鱼福利的话题包含了很多的内容,远远超过本书此章节所能涵盖的内容;另一方面,现已发表的相关文献存在严重的知识空白。本章概述了观赏鱼的福利问题,并尝试确定主要的重点领域。

关键词: 水族馆;花园池塘;捕获;运输;容纳环境;福利;适应;运动;接受

15.1 引 言

观赏鱼的共同点是,它们具有观赏价值,并且往往是基于人们的个人爱好而被养殖。观赏鱼的种类很多,涵盖了大多数鱼的科类别。相应地,不同鱼种的大小和对不同的环境条件(如饵料、水质、鱼缸的布局和压力)的适应也各不相同,从小型、健壮、适应性强的种类到大型、脆弱、适应性差的种类应有尽有。此外,在观赏鱼贸易和养殖的不同的环节中,其福利问题的影响是不可忽视的。数千年前,一些种类的观赏鱼被饲养并最终被驯化为池塘中的景观动物;时至今日,观赏鱼的养殖无论其规模还是多样性都得到了极大地发展。根据观赏鱼贸易协会(Ornamental Fish Industry, OFI)的资料,超过 120 个国家参与观赏鱼的捕捞、培育和进出口。联合国粮食及农业组织的数据表明,2011 年观赏鱼的出口额大约为 3.3 亿美元。据估计,观赏鱼的年交易量约为 15 亿条。OFI 认为,虽然联合国粮食及农业组织的数据一般是可靠的,但是关于观赏鱼的数据可能远远低于其实际值。绝大多数的观赏鱼是淡水鱼,但是每年仍有约 2000 万条海水观赏鱼被交易。据报道,参与贸易的观赏鱼约有 6000~7000 种,其中约 2/3 是淡水鱼种。Axelrod 等的淡水观赏鱼种图集和Burgess等的海洋观赏鱼种图集分别记录了超过10000种的观赏鱼。90%以上的淡水观赏鱼的贸易和养殖爱好者养殖的鱼类来自人工养殖；而海水观赏鱼则表现出相反的模式，90%以上的被交易的观赏鱼来自野生捕获。因此，对于海洋观赏鱼产业来说，捕捞方面的相关问题可能是观赏鱼福利的主要方面。在淡水观赏鱼产业中，捕捞在福利问题中所占的比例较小。

观赏鱼在养殖和贸易中经历了不同的阶段。对于野生捕获的观赏鱼来说，捕获只是一系列的紧张又短暂流程的第一环节，紧跟其后的是暂养、转卖、运输、购买和引进等一系列的活动。与捕获观赏鱼不同的是，饲养繁殖的观赏鱼经历产卵、孵化（除了卵胎生或胎生的鱼种）和培育。它们所生活的养殖环境至少在达到商品规格的要求前是足够它们生长和存活的。从它们的归宿来看，养殖观赏鱼所面临的情况和生存条件与野生捕获的观赏鱼类似（种鱼除外，种鱼需要继续生活在一个很稳定的环境中；这个环境不仅能支持其生存和生长，而且支持其繁殖）。所以，无论什么种类的观赏鱼最终都会被运送到零售商那里，被安置在一个展示池中，然后被浸网装入袋中，被运送到客户家中的水族缸中生活。观赏鱼在观赏鱼爱好者的鱼缸中度过其最后也是最长的生命阶段。观赏鱼的养殖和贸易相关的福利问题可以分为两类：一类是在其进入爱好者的鱼缸之前，由内在压力和潜在的破坏性过程引起的福利问题；另一类是观赏鱼自身的需求和爱好者所提供的条件之间的不匹配而引起的福利问题。在鱼类贸易和生活的各个阶段，都可能发生不同的福利问题。这些鱼可能会遭遇各种不同的环境压力：可能会遇到不合适的水质，诸如不适合生存的理化性质（pH、离子成分、温度等）；可能被安置在过狭窄的养殖缸中；可能生存在不满足其需求和生存方式的环境中；可能与无法相容的鱼混养；可能得不到合适的食物；可能患有疾病和生理缺陷。水产养殖业很早就开始考虑动物福利，而且世界贸易组织的相关规定涉及了观赏鱼养殖和贸易的方面。

15.2 章节概述

本章将先综合概述观赏鱼在养殖和贸易中的福利问题：涉及哪些福利问题，在贸易的哪个环节以及在鱼的生命的哪个阶段发生这些问题。同时，Walster和Stevens等的综述对观赏鱼的福利问题提出了一些补充性的看法。这一章不涉及个别物种的特殊福利的问题。对于哪些条件导致不同鱼种的福利问题，以及这些条件在观赏鱼养殖和贸易中多大程度能被满足，我们的了解是片面的。现存的文献中，只有一部分关于给定物种的福利问题。因为观赏鱼的种类是非常庞大的，所以现有的文献对我们推断观赏鱼的养殖福利的需求的价值有限。

关于动物福利有很多种定义和理解，但是"福利"这个术语，无论如何衡量，都应仅限于解决养殖动物切身的生活质量的问题。我们很难直接评估动物的体验感，但是我们有充分的依据使用替代方案作为福利的衡量标准：基于功能和基于自然状态的动物福利标准，可以在假设动物不能正常生活或者不能表现其自然条件下的行为的情况，认为它没有体验到良好的动物福利。诸如偏好和厌恶的行为反应有时可以用来作为鱼类感受的指标，但通常我们只能假设鱼类的生活质量是可测量的变量（例如：疾病，营养，生理功能，应激和展示本能行为以及应对挑战的能力）的函数，并受这些变量的影响。死亡作为一个非常确切的衡量变量，可以代表死前的福利较差，同时也意味着在相同的条件下生存的鱼也处在差的福利待遇下。

15.3   业余爱好者的水族箱中的鱼类福利

业余爱好者的水族箱中福利不良的基础通常可以被认为是饲养的鱼类需求与养鱼爱好者所能提供的鱼缸环境之间的差异。某些条件对于所有的鱼类都是有害的，例如，偏离适宜范围的水温，高亚硝酸盐和低氯化物的水平，或者高氨氮和高pH值。但是这些参数因种而异，一般来说，一些参数对于观赏鱼养殖的指导价值有限。同样，关于放养密度和鱼缸的最小的尺寸与鱼的体长的关系的建议也是如此。通常认为更大的鱼或更多数量的鱼需要更大的水族箱，但是除此之外，必须了解和满足物种的具体要求。

为鱼类提供适当的环境条件，包括水质、鱼缸的大小和布局、鱼类群落和饲料，可以带来良好的福利。这对于某些物种而言，比其他物种更容易实现。对于家庭水族箱来说，解决一般的福利问题的一个更简单的方法是，让零售商售卖那些环境要求更容易被满足的鱼类，而不是期望买主花更多的钱来为养殖需求很高的鱼类买单。提供良好的福利环境对于哪些鱼类比较容易？正如前面所说的，其中一个办法是看哪些物种通常能够在不同的鱼缸环境中生长、繁殖、保持健康，而且没有出现受到环境压迫的表现。

鱼类之间的社交互动（包括种内和种间的攻击），可能是导致身体受伤或死亡的原因。此外，占优势的鱼类可能会在一定的程度上压制其他个体，以至于其他个体受到持续的压迫，进而表现出持续躲藏和减少摄食的行为。另外，许多的观赏鱼种是群居性的或在某种程度上具有社交性，生活在大型鱼群和多物种群落中的鱼类往往比单独、小群体或单一物种群落中享有更好的福利。Saxby等和Sloman等已经报道了这种关系的例子。此外，在许多的情况下，水族缸中的攻击和领域性可能并不代表主要的福利问题。一个大型水族箱允许多个有领地行为的鱼保卫它们的领地，与邻近领地中的攻击性鱼类相对抗，和被困在优势鱼类的领地内是不同的情况。不同物种鱼类的福利与它们的社交环境之间的关系（即群体的大小和其他物种鱼类的存在），高度依赖养殖缸的大小和布局以及鱼类的状态（成熟的阶段、有优势的地位），因此，通用的操作规则的指导意义是有限的。

正如Sales和Janssens所指出的，供应观赏鱼的饲料在很大的程度上是对高密度养殖观赏鱼饲料的延伸。对个体物种的膳食需求的研究很少，而且并不涵盖参与贸易的大多数的观赏鱼的品种。此外，在群落型水族箱中，不同的物种通常具有不同的膳食需求，不仅涉及营养水平：不同的鱼类有不同的昼夜进食的模式，需要不同粒径的饲料；一些在水面附近进食，一些在底部进食，一些进食速度快，一些进食速度较慢。此外，即使加工饲料具有合适的营养成分和颗粒大小，并且出现在观赏鱼经常进食的区域，它们也可能不愿意食用。只以选定的猎物为食的鱼类以及胆小和从属的鱼类不能适当地进食，可能是与进食有关的大多数的福利问题的原因。

在大多数的情况下，动物在死亡前可能会经历一段时间的不良的福利状态。如果它们以被捕食者的身份结束生命，这段时间可能很短；而当它们最终因疾病、饥饿或呼吸衰竭而死亡时，这段时间可能较长。在极端的情况下导致死亡的环境条件和疾病，例如感染、环境缺氧、高亚硝酸盐的水平，将在恶劣的条件不那么严重时引起亚致死性的福利问题，导致虚弱或敏感个体死亡的条件也很可能减少幸存鱼类的福利。因此，种群中一些鱼类的死亡往往是幸存者福利不良的象征。由于很多水族箱的鱼类会在比其潜在寿命更早的年龄死亡，可以认为观赏鱼的死亡原因也是导致不良福利的重要原因，但这些原因并不一定导致死亡。然而，水族箱中的鱼的死亡原因有很多。Engelhardt发现，在从家庭水族箱和零售商处收集的1000多条不同物种的死鱼中，45%的病例中检测到各种非传染性的原因，38%的病例中发现了不同的传染性原因。其余样本没有表现出病理症状。

尽管鱼在与其不兼容的环境中生存会导致福利不佳是显而易见的，但其否命题可能并不成立：能够在特定的环境中生存和生长的鱼仍可能经历福利不佳。鱼是进化的生物，它们的适应能力和适应速率以及它们的运动、适应和习性都反映了它们的进化历史。动物进化的环境变化模式，结合鱼类的生理和行为约束，决定了鱼类的适应能力。物理、化学、生物和社会环境在空间和时间上存在差异和变化。这种变异的幅度可以非常小或非常大，并且可以发生在从小尺度（厘米、秒）到非常大的尺度（年度、跨洋）的各个层面。鱼类无法选择在哪个时间上存活，但它们可以在一定的程度上选择它们在空间中的位置，因此，不必处理它们在生态系统中所有的空间环境的变化。此外，从暂时不利的地点迁移到有利的地点可以减少所经历的时间环境的变化。对当前的环境不满意的鱼有三种可能的应对方式：第一，它可以使生理适应当前的次优环境，从而在足够的时间内克服生物体与环境之间的不匹配。这将有效地消除或至少减少对当前条件不满的原因。第二，它可以搬到一个更

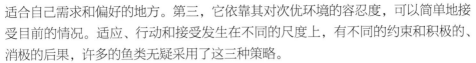

适合自己需求和偏好的地方。第三，它依靠其对次优环境的容忍度，可以简单地接受目前的情况。适应、行动和接受发生在不同的尺度上，有不同的约束和积极的、消极的后果，许多的鱼类无疑采用了这三种策略。

生理适应是有用的，但速度较慢，通常需要几天才能适应。如果动物适应的变化是短暂的，那么适应过程可能会让它比以前更糟糕。驯化的成本，如新蛋白质的合成，很难与环境压力引起的代谢成本的增加区分开来。在动物的环境经常变化，或者它们的行为倾向于将它们带入不同的环境的情况下，如果代谢成本对其的影响较大，那么缓慢的生理适应对其是有意义的。

动物只有在有动机的情况下才会移动，而移动的动机源于对当前环境的不满和对某些不同事物的需求。当动物筋疲力尽、死亡或接受当前的地理环境时，迁徙行为就结束了。那么，问题是不满的情绪应该以多快的速度消退：动物什么时候应该停止寻找更好的环境并接受其次优的环境？接受次优条件的好处是显而易见的；减少移动或付出努力的动机可以节省能量，降低死亡风险，并使动物能够利用其"享乐范围"，即对健康相关的事件和其他的环境条件做出积极和消极反应的能力。然而，过早放弃，即在持续努力可能成功的情况下，会使动物处于不必要的恶劣条件下，如果环境进一步恶化，还会有死亡的风险。

空间和时间环境的变异模式以及鱼类利用空间变异的能力因环境和物种而异。鱼类可以适应不同的水质参数，根据社会等级调整自己的行为，学会利用不太喜欢的食物资源，而不是从没有吸引力的环境中游出来。对环境进行行为控制的潜力，以及因此对次优环境的适应和生理耐受性的需求，在不同的系统之间是不同的。例如，在条件偶尔都很差的池塘或河流中演化的鱼类，不应把享乐或是新陈代谢的时间浪费在受挫折驱动的不懈的游泳上。对于大型的、迁徙的海洋物种，海洋在空间上是可变的，许多的海洋鱼类物种通过迁徙利用这种可变性，以克服时间波动并避开利用率低的地区。这些鱼既有必要的游泳能力，又能进入广阔的区域，从而能够从恶劣的环境中迁移。

有人可能会说，鲑鱼和金枪鱼等海洋迁徙动物在水产养殖中的生存和生长表明，这些动物能够很好地应对圈养的封闭环境，这意味着当前的养殖实践确保了合理的福利水平。然而，动物福利不仅仅是表层的定义，被广泛接受的是 Broom 的定义，即"个体的福利被视为尝试应对环境的状态"。尽管健康和生理功能对动物福利很重要，但最重要的方面可以说是动物对其生活质量的主观体验：它得到了它想要的吗？与动物是否能在所提供的环境中扮演重要的角色相比，关于福利的一个更有相关性的问题是它是否已经进化到接受自己。能够对生活质量有主观体验的动物不一定有良好的福利，因为它们的生存概率和增长率支持种群的持久性。自然选择作用于不同的竞争策略之间具有适应度的差异，即不同的策略在生存和繁殖方面的表现具有差异性。如果不愿意接受小的环境恶化是有益的（可用的空间环境的变异性通常会诱导动物寻找更好的生存环境），那么自然选择可能会产生一个永远不会满足于有限条件的个体群体。根据这一推理，可以得出结论，限制动物接触空间环境的变化，可能会对它们的福利产生严重的影响，特别是当时间变化被强加在动物身上时，例如当一个天生能够垂直迁徙的鱼被阻止接触深水，并且暴露于超出其喜好范围的昼夜或季节性温度波动时。

我们可以由此得出结论，鱼类接受与其最佳环境不同的环境的能力，可以从其进化的时间和空间环境的变化模式中推断出来，而且，那些从通过持续努力找到更好的条件的可能性很小的系统中进化而来的鱼，在次优水族馆条件下应该不会感到不满意。这种鱼的极端例子是一年生的鳉鱼，其中包括鳉鱼属的成员。当旱季结束时，卵子在补水后孵化，鱼类生活在大小和存在时间不可预测的临时的小水池中。这些小水池提供了多变的环境条件。

15.4　花园池塘的福利

养在花园池塘里的物种的数量要少得多。在温带地区，各种塞浦路斯物种和鲟鱼占主导地位，其中，两个占主导地位的物种是金鱼（*Carassius auratus*）和锦鲤（*Cyprinus carpio*）。这些鱼耐寒，能耐受各种不同的水质。如Ford和Beitinger所示，金鱼一旦适应环境，就可以在0.3~43.6℃的温度范围内存活。因为它们的潜在体积大，所以池塘的大小合适，通风充足，过滤能力和水交换率对稳定这些物种至关重要。此外，在气候波动（昼夜和季节性）相对较小的水体中饲养鱼类的概念还带来了一些额外的挑战：尤其是在浅池塘，在阳光明媚的夏季，鱼类的温度可能会迅速而极端地上升。而在另一种极端条件下，在冬季温度低于0℃的地区，冰层覆盖是另一重挑战：即使鱼类在冰下4℃的深水中存活良好（前提是池塘足够深，可以提供这样的环境），如果不能通过池塘中的开放水域进行气体交换，环境缺氧和鱼类呼吸产生的代谢产物的积累以及碎屑的分解可能会逐渐恶化其环境，使其在冬季难以生存。

15.5　捕获、运输和暂养的福利

鱼类捕获不可避免地导致一系列的压力。除了由追逐和限制引起的压力之外，各种捕获方法和捕获后的处理可能会对鱼类造成伤害或死亡。有关文献已由Rubec和Cruz进行了综述。入侵性的捕捉方法，包括使用氰化物、水质不良、拥挤、感染以及鱼类在压力过程之间恢复的时间不足，将导致较高水平的死亡率。根据

Rubec 和 Soundararajan 的说法，海洋观赏鱼从捕获到零售商手中的累积死亡率可能超过 90%。毫无疑问，生存下来的 10% 在从捕获地点到零售商处的过程中同样可能遭受不良的福利情况。大量存活的鱼在被捕捞者和捕获站交付给购买者时，有很大的比例并未出口，而是因为各种原因被废弃。在研究中，被废弃的鱼大多数并非因为它们属于一种不能销售的品种或尺寸，而是因为鳍部损伤、创伤和衰弱，可能是由捕捉或捕捉后的处理造成的。在捕获站、育种者、批发商和零售商中，在水箱的大小、水箱的布局和存栏密度方面存在成本和合理的生存率以及产品质量之间的权衡。用于观赏鱼运输的包装系统和标准也是如此，Lim 等认为鱼类的生存率能得到极大的提高。毫无疑问，运输是导致水族馆鱼类福利不良的主要原因之一。

15.6　下游死亡率和低价值的福利成本

本文认为价值链后期的高死亡率会导致价值链前期福利问题的增加。在家庭水族箱中死亡的鱼通常会被新的鱼替代，而在运输过程中死亡的鱼必须通过从批发商等处运送更多的鱼来进行补偿。此外，即使宰杀过程本身是迅速和无痛的，由于销路不畅而被丢弃的鱼也会经历低福利的压力时期。死亡率在价值链的每个阶段都可能相当高，因此，在家庭水族箱中的一条鱼实际上代表了从捕捉或繁殖过程中不断死亡后的幸存者。由于直到鱼到达家庭水族箱的大多数的操作和阶段在本质上都具有压力，因此，一个环境适应性良好的鱼在一个设置良好的家庭水族箱中，仍不可避免地存在着高水平的低福利问题。

热衷于家庭水族箱的拥有者可能会花费大量的时间和金钱来照顾他们的鱼，这远远超过了鱼的潜在的销售价值。但在鱼到达养殖爱好者的水族箱之前，它代表着一笔销售价值和一系列的饲养和运输成本。通常情况下，供应链在保持和运输鱼上花费的资金不应超过其销售价值。水族馆的鱼的价格在零售的物种、品系（例如七彩神仙鱼）和个体（尤其是锦鲤）之间的差异巨大。随着价值链的推移，即使是最便宜的鱼，也需要处理、存储、运输、药物治疗和饲料，相对的价格差异会减少。因此，零售价格低廉的鱼对于育种者、捕捞者或批发商来说价值较低。因为便宜的鱼由于运输和处理效率较低，或者水箱和运输袋中由于拥挤和水质不佳而造成的鱼类损失的相对成本较小，相比较更昂贵的鱼类，便宜的鱼的低福利和死亡率可能会增加。因此，一个改善观赏鱼福利的良好的方法则可能是保留少量的价格昂贵的鱼。

参考文献

Allen KO, Strawn K (1971) Rate of acclimation of juvenile channel catfish, *Ictalurus punctatus*, to high temperatures. Trans Am Fish Soc 100:665–671

Axelrod GS, Warren FZS, Burgess E, Pronek N, Axelrod HR, Wall JG (2007) Dr. Axelrod's atlas of freshwater aquarium fishes, 11th edn. T.F.H, Neptune City

Brett JR (1946) Rate of gain of heat-tolerance in goldfish (*Carassius auratus*). Univ Tor Stud Biol Ser 53:8–28

Broom DM (1988) The scientific assessment of animal welfare. Appl Anim Behav Sci 20:5–19

Burgess WE, Axelrod HR, Hunziker RE (2000) Dr. Burgess' atlas of marine aquarium fishes, 3rd edn. T.F.H, Neptune City

Chung KS (2001) Critical thermal maxima and acclimation rate of the tropical guppy *Poecilla reticulata*. Hydrobiologia 462:253–257

Dawkins MS (2004) Using behaviour to assess animal welfare. Anim Welf 13:3–7

Engelhardt A (1992) Causes of disease and death in ornamental fish–frequency and importance. Berl Munch Tierarztl Wochenschr 105:187–192

Evans DO (1990) Metabolic thermal compensation by rainbow trout–effects on standard metabolic rate and potential usable power. Trans Am Fish Soc 119:585–600

Ford T, Beitinger TL (2005) Temperature tolerance in the goldfish, *Carassius auratus*. J Therm Biol 30:147–152

Haugland M, Holst JC, Holm M, Hansen LP (2006) Feeding of Atlantic salmon (*Salmo salar* L.) post-smolts in the Northeast Atlantic. ICES J Mar Sci 63:1488–1500

Holm M, Holst JC, Hansen LP (2000) Spatial and temporal distribution of post-smolts of Atlantic salmon (*Salmo salar* L.) in the Norwegian Sea and adjacent areas. ICES J Mar Sci 57:955–964

Itoh T, Tsuji S, Nitta A (2003) Migration patterns of young Pacific bluefin tuna (*Thunnus orientalis*) determined with archival tags. Fish Bull 101:514–534

Jobling M (1994) Fish bioenergetics. Chapman and Hall, London

Jones PL, Sidell BD (1982) Metabolic responses of striped bass (*Morone Saxatilis*) to temperature acclimation. 2. Alterations in metabolic carbon sources and distributions of fiber types in locomotory muscle. J Exp Zool 219:163–171

Lim LC, Dhert P, Sorgeloos P (2003) Recent developments and improvements in ornamental fish packaging systems for air transport. Aquac Res 34:923–935

Lucas-Sánchez A, Almaida-Pagán PF, Mendiola P, de Costa J (2014) *Nothobranchius* as a model for aging studies. A review. Aging Dis 5:281–291

Militz TA, Kinch J, Foale S, Southgate PC (2016) Fish rejections in the marine aquarium trade: an initial case study raises concern for village-based fisheries. PLoS One 11(3):e0151624. https:// doi.org/10.1371/journal. pone.0151624

Peterson RH, Anderson JM (1969) Influence of temperature change on spontaneous locomotor activity and oxygen consumption of Atlantic salmon *Salmo salar* acclimated to two tempera-tures. J Fish Res Board Can 26:93–109

Polovina JJ (1996) Decadal variation in the trans-Pacific migration of northern bluefin tuna (*Thunnus thynnus*) coherent with climate induced change in prey abundance. Fish Oceanogr 5:114–119

Rubec PJ, Cruz FP (2005) Monitoring the chain of custody to reduce delayed mortality of net-caught fish in the aquarium trade. SPC Live Reef Fish Inf Bull 13:13–23

Rubec PJ, Soundararajan R (1991) Chronic toxic effects of cyanide on tropical marine fish. In: Chapman P et al (eds) Proceedings of the seventeenth annual toxicity workshop, November 5–7, 1990, Vancouver (Can Tech Rep Fish Aquat Sci 1774(1):243–251)

Sales J, Janssens GPJ (2003) Nutrient requirements of ornamental fish. Aquat Living Resour 16:533–540

Saxby A, Adams L, Snellgrove D, Wilson RW, Sloman KA (2010) The effect of group size on the behaviour and welfare of four fish species commonly kept in home aquaria. Appl Anim Behav Sci 125:195–205

Sloman KA, Baldwin L, McMahon S, Snellgrove D (2011) The effects of mixed-species assem-blage on the behaviour and welfare of fish held in home aquaria. Appl Anim Behav Sci 135:160–168

Stevens CH, Croft DP, Paull GC, Tyler CR (2017) Stress and welfare in ornamental fishes: what can be learned from aquaculture? J Fish Biol 91:409–428

Teletchea F (2016) Domestication level of the most popular aquarium fish species: is the aquarium trade dependent on wild populations? Cybium: Int J Ichthyol 40(1):21–29

Walster C (2008) The welfare of ornamental fish. In: Branson EJ (ed) Fish welfare. Blackwell, Oxford

第16章
实验动物鱼类

摘 要：在本章中，我们旨在概述鱼类在实验室研究中的使用程度。我们研究了最常用的物种（斑马鱼、鲑鱼、金鱼、青鳉鱼和三刺鲈鱼），并给出了这些物种在鱼类中成为如此受欢迎的实验动物的一些原因。此外，我们还介绍了一些关于将鱼类用作实验动物的立法以及它们的使用领域。我们描述了改善实验室鱼类福利以及用其进行研究质量的一般性的和具体性的措施。鉴于鱼类是一个具有特定的物种需求和适应能力的多样化的物种群体，很难制定一般性的指南，但我们认为，通过建立最常用的物种的知识数据库和福利指南，我们可以取得巨大的成就。本章还提到了规划和进行鱼类实验的指导方针，以及关于评估鱼类福利的建议。

关键词：鱼类；实验室；研究；斑马鱼；鲑鱼；金鱼；青鳉鱼；刺鳉鱼

16.1 引 言

全世界每年有数百万条鱼被用于研究。据报道，2017 年，欧盟国家使用了 120 多万条。当今，许多规范动物研究的立法都为鱼类提供了与其他脊椎动物相同的保护，但如果它们是一个物种，则通常指"鱼"。 FishBase描述了 34000 多种鱼类，它们比其他的脊椎动物都表现出更大的物种多样性。这种巨大的多样性带来了伦理和科学方面的挑战，因为我们无法在研究中在鱼类的一般立法中充分满足特定物种的需求。迫切需要更具体的指导方针，至少对于研究中常用的物种是如此。

鱼类被用于研究的原因有很多。传统上，鱼类是人类的重要的食物来源，野生种群面临的压力越来越大，水产养殖业蓬勃发展。因此，通过开发疫苗和改善环境条件，对水产养殖物种进行了大量的研究，以改善物种的健康。然而，这项研究主要是为了人类的利益，基于提高在集约饲养条件下的生产效率的愿望。

然而，鱼类现在越来越多地被用于生理学、遗传学、行为学和生态学等领域的基础和应用研究。大部分的这类工作是在斑马鱼身上进行的。斑马鱼已被证明是强健的动物，具有方便的短世代间隔和许多其他的优势，以下将进行详细介绍。

在本章中，我们讨论了鱼类在实验室研究中的应用，包括对常用的物种及其应用研究的综述。在获取鱼类并将其用于实验之前，我们将提出一些相关问题。我们还研究了如今关于在研究中使用鱼类的立法，以及改善鱼类研究和动物福利的方法。有效的科学结果取决于研究动物表现出代表其物种的正常行为，而不会因环境或其他的压力因素而导致身体或行为变化。我们对如何通过改善实验室鱼类的状况来提高研究的有效性和质量提出了一些建议。

16.2　鱼类在实验室研究中的使用程度

由于许多国家没有公布其使用研究动物的情况，因此，目前，世界范围内用于研究的鱼类总数并不容易估计。即使在欧盟（公布所有成员国的汇编数据）也不是每年发布报告，而且随着最新指令 2010/63 的实施，用于收集这些统计数据的方法也在发生变化。欧盟现已制定了年度统计报告模板，各会员国的统计数据已在委员会网站上公布。最新汇编的报告于 2020 年初发布。

欧盟最新汇编的报告涵盖了 2015—2017 年的情况。2017 年首次使用了近 940 万只动物，其中，小鼠和大鼠分别占 61% 和 12%。与 2016 年相比，欧盟的研究动物总数减少了近 43 万只，鱼类数量从 130 万条减少到 2017 年的 120 万条。

欧盟以外拥有大型的水产养殖业的国家，在鱼类疫苗的开发和测试等方面的研究中使用了大量的鱼类。例如，挪威在 2018 年的研究中使用了 160 万条鱼，而所有的其他物种的动物总数为 93000 个。2016 年，挪威使用了 1150 万条鱼，其中，仅 2 个实验就使用了 1060 万条鱼，这与水产养殖业中的海虱治疗有关。

鱼类被用于基础生物学、遗传学、癌症研究、疫苗生产、病理生理学和诊断工作的研究。鱼类也被用于测试杀菌剂和野外遥测监测，但这仅占实验室鱼类总使用量的一小部分。

加拿大在 2016 年使用了 430 万个研究动物，其中 160 万条是鱼类。这里再次出现了数量增加的趋势。

在美国，老鼠、鱼和鸟类不在《动物福利法》的涵盖范围内，因此无法估计其使用的数量，因为它们不属于年度统计数据的任何一部分。据"谈论研究组织"估计，一些地区总共使用了 1200 万至 2700 万个动物。2015 年，澳大利亚有 990 万种动物被用于研究，其中鱼类有 120 万条。

如前所述，目前还没有研究动物使用的全球统计的数据。了解它们在全球范围内的使用情况的一种方法是，将已发表的鱼类研究数量与啮齿动物和鸟类等其他的典型研究动物的数量进行比较。根据 ISI Web of Science 的数据，1945 年至 2017 年间，约有 350000 项关于鱼类的研究发表。这些数据表明，鱼类与鸟类和老鼠一样，是使用量增加最多的物种之一。自 1990 年以来，已发表的鱼类研究数量增加了 63%，而鸟类和小鼠的研究数量分别增加 62% 和 46%。ISI 的统计数据与欧盟国家报告的数字非常吻合，并说明了鱼类作为实验室模式生物在全球越来越受欢迎的情况。

鱼类在野外研究中经常被贴上标签，但通常不被报道。根据NOAA Fisheries的数据，在过去25年中，仅哥伦比亚河流域就有3500万条鱼被标记。全球被标记的鱼的总量肯定要高出许多倍。

16.3 最常用的鱼种及其流行的原因

对鱼类的研究涵盖了许多领域，但有些领域比其他的领域更常见。其中之一是使用模式物种研究生物学的机制，例如生理学、遗传学、毒理学和进化。这些模式物种通常是强壮、体型小、易于繁殖、世代间隔短的鱼类，如斑马鱼、青鳉鱼、孔雀鱼、刺腹鱼和金鱼。另一个常见的类别是对物种的特定特征和需求的研究。这一类包括四种最常见的水产养殖物种，通常包括鲑鱼、鲤鱼、罗非鱼、鲷鱼、虹鳟鱼、大西洋鲑鱼、罗非鱼、慈鲷、斑马鱼（*Danio rerio*）、鲈鱼（*Dicentrarchus labrax*）、大西洋庸鲽鱼（*Hippoglossus hippoglossus*）、大西洋鳕鱼（*Gadus morhua*）、大菱鲆鱼（*Scophthalmus maximus*）和非洲鲶鱼（*Clarias gariepenus*）。此外，还有大量与渔业和生态系统有关的研究，其中使用了大量的物种，包括鲑鱼、鳕鱼、鲱鱼、鲭鱼、鲈鱼、淡水鲈鱼、海鲈鱼和鲷鱼。

根据ISI Web of Science的数据，在1945年至2017年期间，鲑鱼（三文鱼和鳟鱼）是研究最多的鱼类群体，而斑马鱼（*Danio rerio*）是研究最多的鱼类物种，分别有97000份和36000份出版物。有关斑马鱼和鲑鱼的出版物合计占这一时期所有鱼类出版物的38%。

在这之后，最常见的物种是金鱼（*Carassius auratus*）、青鳉鱼（*Oryzias latipes*）和三棘刺鱼（*Gastrosteus acureatus*），分别有13300、6300和3700份注册出版物（表16.1）。近几十年来，青鳉鱼和刺鳟鱼越来越受欢迎，而金鱼作为实验室生物的历史更长。

传统上，大多数的鱼类研究是在与渔业或生态学有关的一般生物学方面。然而，近几十年来，与环境以及兽医和人类医学相关的研究越来越多。鱼类现在被广泛用于毒理学的研究和基因表达的研究（图16.1）。在引入CRISPR-Cas9的方法之后，许多人都能够进行基因功能的研究，因为这种方法能够针对任何生物体的基因进行特异性的靶向突变，从而也使得关键性状的遗传研究成为可能。对于这类研究来说，斑马鱼和青鳉鱼等较小的鱼类是理想的鱼种，因为它们易于在实验室饲养和繁殖。它们的卵和幼虫是透明的，易于操作。此外，它们的短世代间隔提供了研究多代和寻找进化影响的机会。在不远的将来，使用斑马鱼和青鳉鱼作为研究动物的趋势可能会越来越快。

表 16.1　1945 年至 2017 年的出版物总数（每 15 年为一组）

种类	1945—1960	1961—1975	1976—1990	1991—2005	2002—2017
金鱼	95	1004	2169	5214	6216
青鳉鱼	26	181	513	2081	5517
三文鱼	383	3030	9967	37668	58953
三棘刺鱼	145	128	292	1271	3731
斑马鱼	5	37	176	7925	32391

注:数据基于 ISI Web of Science。

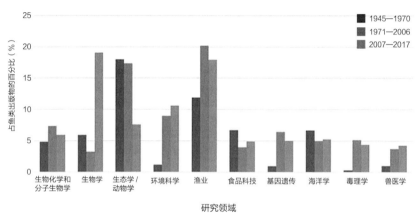

图 16.1　1945 年至 2017 年按研究领域分类的鱼类出版物的百分比。基于 ISI Web of Science 的数据

16.3.1　斑马鱼

直到 20 世纪 90 年代，关于斑马鱼的研究还不多（表 16.1），主要集中在基础动物学、神经科学、解剖学、发育生物学、环境科学和毒理学等主题。然而，自 1990 年以来，斑马鱼在分子生物学和遗传学研究中的应用有了巨大的增长。自 1991 年以来，这些新的研究领域占所有斑马鱼出版物的 66%。

老鼠在进化上更接近人类，因为它们是哺乳动物。那么，与毛茸茸的哺乳动物相比，斑马鱼的优势是什么呢？

斑马鱼不需要太多的养殖空间，因为它们很小，喜欢成群结队。斑马鱼易于繁殖，世代间隔短（3~4 个月），生产力高，每 2~3 天产几百个卵。它们的卵和幼虫是透明的，相对较大，这使得可以在胚胎长成完全成型的幼虫时对其进行显微镜观察。幼虫生长迅速，所有的主要器官在 36 小时内完成发育。最近的研究表明，70%的人类基因存在于斑马鱼中，这使它们成为研究脊椎动物发育和基因功能的有用的模式生物。另一个优点是胚胎在母体之外发育，与老鼠不同，因此，斑马鱼的卵和幼虫可以很容易地被操纵。此外，它们的透明度使荧光标记的组织能够可视化。斑马鱼也可用作污染的指标（见例 16.1）。

> **例 16.1** 中国研究人员克隆了对雌激素敏感的基因，并将其注射到斑马鱼的受精卵中。这些转基因鱼在暴露于雌激素污染的水中时会变绿。雌激素与男性不育有关。斑马鱼在幼虫阶段具有再生鳍、皮肤、心脏、侧线毛细胞和大脑的能力。这种能力，以及它们与人类密切相似的遗传关系，使斑马鱼成为许多医学研究中引人瞩目的模式生物。

16.3.2　鲑　鱼

早在鱼类成为科学研究对象之前，它们就已经是一种重要的食物来源。池塘养鱼已有数千年的历史。自 1850 年左右以来，太平洋鳟鱼，也称为虹鳟鱼（*Oncorhynchus mykiss*），和欧洲鳟鱼（*Salmon trutta*）一直在被养殖，以补充和增加自然种群。然而，大西洋鲑鱼（*Salmo salar L.*）及其太平洋近亲橙鳍鲑鱼（*Oncorhynchus tshawytscha*）、虹鳟鱼（*O.mykiss*）和银大麻哈鱼（*O.kisutch*）的商业养殖始于 20 世纪 70 年代。到 1990 年，鲑鱼的养殖取得了巨大的成功，目前在水产养殖业中占据主导的地位。

鱼类在世界水产养殖年产量中所占的比例最大（7400 万吨中有 4400 吨），三文鱼和鳟鱼是世界贸易中价值最大的单一鱼类商品。由于鲑鱼具有巨大的经济重要性，任何能够提高农业效率或生产力的研究都将具有高度的优先权。因此，近几十年来，养殖鲑鱼已成为最常用的实验鱼。我们不可能全面了解所有已发表的关于鱼类的论文。尽管 ISI Web of Science 并没有涵盖所有的出版物，但它是我们了解哪些物种和研究方向在鱼类研究中占主导地位的最佳的数据源。根据 ISI 的数据，在过去 10 年中，超过 25%的已发表的鱼类论文都是关于鲑鱼的。从 1945 年到 1990 年，大约 13000 篇关于鲑鱼的研究被发表，至今已有 84000 多篇论文。

水产养殖鲑鱼的病害问题也是研究的重点。自 1991 年以来，兽医学、疫苗开发和测试、遗传学、食品科学和技术、环境科学和毒理学领域的研究数量有所增加。21 世纪以来，鲑鱼虱一直是最大的问题。自 2000 年以来，近 90%的关于鲑鱼虱（*Lepeophtheirus salmonis*）的出版物（共 1197 篇论文）已经发表，其中，70%

是在过去 10 年中发表的。

鲑鱼产业的另一个挑战是养殖鱼类的逃逸污染了野生鲑鱼的基因库。有人建议使用无菌三倍体鲑鱼（有三组染色体）作为解决方案，但三倍体鲑鱼对低氧或高温的耐受性较差。在商业生产的条件下，这些鱼的畸形发生率增加，死亡率也更高。

最近，CRISPR-Cas9 方法已被用于敲除控制鲑鱼生殖细胞发育和存活的基因，以生产无菌鲑鱼。这项研究旨在开发一种可以对鱼类进行绝育的疫苗，使养殖鲑鱼不育。这可能会挽救野生鲑鱼种群中剩下的基因，但会以较差的鱼类福利为代价。养殖的三文鱼和鳟鱼可能会经历与疫苗接种和除虱等相关的压力处理。此外，养殖鲑鱼的密度远高于它们在自然环境中的密度。

16.3.3 金 鱼

从 20 世纪 60 年代到 80 年代，使用金鱼作为对象的研究有所增加。在 13300 篇关于该物种的论文中，只有 95 篇在 1960 年之前发表（表 16.1）。这些论文大多涉及神经科学和内分泌学。重要的领域包括生长、食欲、代谢、生殖、性腺生理和应激反应的调节。金鱼被描述为脊椎动物神经内分泌信号和生殖调控的优秀的模式生物。多年来，它们也被用作视觉研究的模式生物。

16.3.4 青鳉鱼

青鳉鱼（*Oryzias latipes*）来自亚洲，它们被用于遗传性研究已经超过 100 年。作为一种模式物种，它们的许多优势与斑马鱼相同：体型小，世代间隔短，生产力高，需要的空间小，生活在浅滩上。青鳉鱼的耐受性高，在 6~40℃的温度范围内苗壮成长，而且不易感染疾病。此外，作为脊椎动物，它们的基因组相对较小，只有斑马鱼的一半。与斑马鱼不同的是，青鳉鱼有性染色体，其中有很大的变异性。因此，青鳉鱼是研究性别决定相关机制的常用的模式物种。青鳉鱼也是环境研究的一个重要的测试系统。它们被广泛用于致癌研究和生态毒理学中的内分泌干扰物的测试。海洋青鳉鱼已被用于海洋研究。

青鳉鱼甚至在国际空间站上被饲养，以研究微重力对破骨细胞活性和脊椎动物感知重力系统的影响。

16.3.5 三棘刺鱼

北纬30° 以上的大部分内陆和沿海水域都有三棘刺鱼（*Gasterosteus aculeatus*）。海洋种群溯河产卵，在淡水或半咸水中繁殖。因此，它们对盐度和温度的变化具有高度的耐受性，这使它们成为生理研究的良好的模式物种。三棘刺鱼来自多变的环境，易在自然界中找到，也易繁殖和饲养，这使它们成为受欢迎的研究动物。三棘刺鱼在整个分布区域表现出巨大的形态变异，使其成为进化和种群遗传学研究的理想的模式物种。关于三棘刺鱼的出版物有 1/5 是关于进化生物学的。此外，三棘刺鱼还表现出精细的繁殖行为。雄鱼保卫领地、筑巢、照顾受精卵和鱼苗。这些复杂的再生产行为都受到激素的控制，使三棘刺鱼成为内分泌、行为学和行为研究的热门对象。它们还被用于研究裂头绦虫（*Schistocephalus solidus*）和三棘刺鱼之间的宿主—寄生虫的关系。这已成为寄生虫学中研究相互作用、进化和致病性的经典模型。

16.4　鱼类用作实验动物的研究类型

最近一项研究利用 ISI 的网站，对 1945 年至 2017 年关于鱼类的约 350000 项研究进行了分析，让我们了解了过去 50 年来鱼类物种和研究主题的选择是如何变化的。总的来说，研究重点已经从较一般的生态学、动物学和海洋地理学研究转变为以遗传学、分子生物学、毒理学、兽医学和基础生物学为主导的实验室研究。然而，与渔业和环境科学相关的研究也有所增加，这意味着该领域仍在进行大量的鱼类研究（图 16.1）。

16.5　关于将鱼类用于实验目的的立法

16.5.1　鱼类研究人员的教育和培训要求

现行欧盟立法（第 2010/63 号指令）规定，每个饲养者、供应商和使用者工作时必须有足够的工作人员在场，并且在履行以下任何职能之前，他们必须接受充分的教育和培训：

（a）对动物执行程序；

（b）设计程序和项目；

（c）照顾动物；

（d）杀死动物。

成员国必须根据指令附件五中的主题，公布教育和培训的最低要求，以及这些人员如何获得、维持和证明这些职能的详细信息。附件五中提到的主题包括立法和伦理、生物学和行为、麻醉、镇痛和人道处死以及实验设计。还希望对工作人员进行监督，直到他们获得并表现出必要的能力。欧盟委员会发布了关于该指令实施的广泛的指导意见，特别是关于教育和培训框架的指导文件。该框架具有基于模块化学习成果的培训结构、监督原则和标准、能力评估,持续的专业发展和课程的相互批准/认证。

然而,用于鱼类研究人员课程的针对物种的教育和培训材料仍然短缺。

16.5.2 鱼类研究的立法要求和指南

规范动物研究的现代立法为鱼类提供了与其他脊椎动物大致相同的保护,但它们通常被看作一个物种。因此,对于在研究中大量使用的鱼类物种,至少需要针对特定的物种和特定的情况的指导方针,这一需求很大,但尚未得到很好的满足。

例如,斑马鱼是欧盟指令中唯一具体提及的鱼类。附件一列出了必须专门繁殖的研究物种。附件三涉及护理和住宿,与其他物种的详细情况相反,只包含一个非常简短和笼统的关于鱼类的章节。本节涵盖供水和水质、氧气、氮化合物、pH值和盐度、温度、照明和噪声、储存密度和环境的复杂性以及喂养和处理。然而,这些描述非常简短,没有提到任何物种的名字。该附件甚至规定,如果"行为特征表明不需要",则不必提供"适当的环境富集"(如藏身处或底层基质)。附件四描述了可接受的捕杀方法,对鱼类有单独的一栏,但没有提到任何物种的名称。

欧洲委员会的《保护用于实验和其他科学目的的脊椎动物公约》也是如此。该公约的附录 A 为动物的住宿和照料提供了指导方针。附录包括关于环境及其控制、健康、住宿和集群、护理、人道杀戮和运输的一般指导。在修订本附录时,为应用于最广泛的物种召集了专家工作组,其中包括一个鱼类小组。本附录编制的背景文件包含大量的科学文献,可在 FELASA 在线图书馆中公开获取,但关于鱼类的文件除外。但附录中有补充,"虹鳟鱼(*Oncorhynchus mykiss*)、大西洋鲑鱼(*Salmo salar*)、罗非鱼、斑马鱼(*Danio rerio*)、欧洲鲈鱼(*Dicentrarchus labrax*)、大西洋大比目鱼(*Hippoglossus Hippoglossus*)、大西洋鳕鱼(*Gadus morhua*)、大菱鲆鱼(*Scophthalmus maximus*)、非洲鲶鱼(*Clarias gariepenus*)"可在专家组拟定的背景文件中查阅。

在缺乏更多鱼类细节的情况下,必须使用欧盟指令的其他部分来提高鱼类福利。其中包括使用当地动物福利机构。该机构能就福利相关的事宜提供建议,包括住宿和护理。这些机构应接受国家委员会的建议,而国家委员会则应相互交流。该指令还要求企业必须确保有一名负责的工作人员可以获得关于使用特定物种的知识。鱼类研究也应如此。

16.6 改进鱼类研究的三个 R 和其他概念

20 世纪 50 年代,英国动物福利大学联合会委托了动物实验的研究人员。这项工作由William Russell和Rex Burch完成。动物实验替代品的科学在当今仍处于起步阶段，技术逻辑障碍是主要原因。因此，Russell和Burch专注于减少不人道行为的方法，间接导致动物研究的人性化。他们发现了两种主要的非人道行为：

1.直接性的不人道：由程序造成的直接痛苦。

2.偶然性的不人道：由其他因素造成的痛苦，如运输、住宿条件、社会群体和不良的畜牧业。

偶然性的不人道，如今更常被称为偶然性的痛苦，是当今实验室动物科学领域的一个重要概念，因为科学家在计划实验时很容易忽视这一点。应在获取、护理和使用研究动物的所有的阶段进行讨论，以将偶然性的痛苦降至最低，这不仅是出于福利的考虑，而且因为忽视偶然性的不人道将降低所收集数据的有效性。

Russell和Burch在1959年出版的《人道实验技术原理》中介绍了他们的调查结果。这本书详细描述了他们在工作中发展起来的一个概念，现在全世界都称之为3R：替代 *Replacement*、减少 *Reduction*、优化 *Refinement*。

"替代"是指任何使用无感知物质的科学方法，这些方法可能会取代使用有意识的脊椎动物的方法。

"减少"是指用于获取给定数量信息的动物数量的任何减少。

"优化"是指事态发展导致仍需在动物身上进行手术的严重程度降低。

Russell和Burch区分了两种类型的替代：完全替代，完全不使用动物；相对替代，包括对麻醉动物的非恢复（最终）实验和人性化地杀死动物以获得研究材料。

Michael Balls提出，将替代技术分为两类可能会有所帮助：直接替代，其中，替代方法产生的信息与动物研究大致相同；间接替代，其中所获得的信息是不同的，但可以用于类似的目的。

3R现在在全球立法中被具体或间接提及，包括欧盟指令2010/63。许多机构都对Russell和Burch的概念做出了自己的解释。如今，许多人不会将对动物在生命终末阶段使用麻醉视为替代方法，即使它们没有感知能力。许多人仍保留使用非动物替代方法。

欧盟指令第13条要求成员国确保，如果根据欧盟立法，获得结果的另一种方法或测试策略（不需要使用活动物）得到认可，则不执行程序。因此，重要的是让鱼类研究人员了解替代方法的发展（见例16.2）。

> 例16.2 在毒性试验中，可以用鱼代替老鼠。它们也被用于测试水产养殖业的疫苗的效果。传统上，LD_{50}方法用于毒性测试。该试验旨在估计50%的试验动物死亡的浓度，因此，它与许多动物的疼痛和痛苦有关。为了避免将死亡作为终

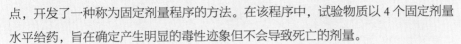

点，开发了一种称为固定剂量程序的方法。在该程序中，试验物质以 4 个固定剂量
水平给药，旨在确定产生明显的毒性迹象但不会导致死亡的剂量。

　　这些使用整个动物的测试类型称为体内测试。然而，在许多情况下，用鱼试验
可以通过使用微生物、细胞培养物或生物分子（所谓的体外方法）来代替。细胞培
养有其优点，未来的体外测试可能取代大部分的体内测试。

　　同样，在 Russell 和 Burch 的书中，被用于减少不人道行为的方法，已经发展到
包括通过使用环境富集等技术来积极改善动物福利（第 5 章）。

　　已经提出了许多其他的"R"来补充 Russell 和 Burch 的那些概念。在鱼类研究
中，相关性 *Relevance* 和再现性 *Reproducibility* 是特别有建设性的概念。例 16.3 举例
说明了为什么会出现这种情况。

　　例 16.3　研究表明，在实验室的条件下，减少水槽中的大西洋鲑鱼的数量并
不总是最好的。根据鱼类的生命阶段，必须在精简和优化之间保持谨慎的平衡。最
近的研究表明，与大群体相比，小群体（<50 个）的三文鱼、小鲑鱼具有更强的战
斗力、更高的皮质醇水平和更大的个体差异。

16.6.1　3S

　　尽管 3R 在动物研究伦理的讨论中占据主导地位，但在 20 世纪 70 年代（3R
引起广泛的关注之前）提出的另一条原则值得一提。这个概念是 Carol Newton
（1925—2014）的 3S。与 3R 不同的是，3S 从未被出版过，人们只从 1975 年在美
国华盛顿特区举行的一次研讨会上的一句话中知道它们，当时其他的参与者之
一 Harry Rowsell 提到了它们。根据 Rowsell 的说法，Newton 的 3S 是"好科学 *Good
Science*""好理智 *Good Sense*"和"好情感 *Good Sensibilities*"。史密斯和霍金斯发
表了一篇文章，对这一概念进行了解释。

16.6.2　关爱文化

　　欧盟第 2010/63 号指令的第 31 条规定，研究机构的当地的动物福利机构应跟
踪机构层面项目的发展和结果，营造关爱的氛围，并为实际应用和及时实施与替代
原则相关的最新技术和科学发展提供工具，精简和细化，以便增强动物的终身体
验。在过去的几年里，营造一种关爱的氛围已经成为另一种改善福利的手段。在这

种情况下，不仅是为了动物，而且是为了所有参与关爱和使用动物的人。更有甚者，敦促用户采用挑战文化，不一定接受当前的做法，而是寻找更好（即危害更小、更加科学有效）的动物研究的方法。2016 年成立了一个国际护理文化网络。

16.7　我们如何提高研究质量，以改善实验鱼的条件？

对动物福利的考虑和 3R 的概念，最终目的是用替代品取代有感知能力的动物，植根于所有规范动物研究的现代立法中。动物福利的改善也具有科学优势，因为动物能够更好地应对周围的环境，承受最小的压力，从而提供最有效的数据。

16.7.1　鱼类实验严重程度的分类

欧盟指令要求根据"动物个体在手术过程中预计会经历的疼痛、痛苦或持久伤害的程度"，对每个手术的严重程度进行分类，目的是提高透明度，促进项目授权的过程，并提供监测合规性的工具。成员国必须确保根据具体的情况将所有的程序分为"未康复""轻度""中度"或"重度"。欧盟委员会工作组关于严重程度分类的报告描述了这些类别的分配标准。这主要侧重于与"传统"陆地实验室动物物种相关的程序。

由于"鱼类"是一个极其多样化的脊椎动物类别，不同物种之间的手术效果可能会有显著的差异。鱼类程序严重程度分类的分配标准不仅应注意物种的差异，还应注意许多的程序是在水外进行的，这本身就涉及捕获、处理和固定的压力（例 16.4）。此外，许多鱼类在其生命周期的自然阶段都会经历巨大的生理变化。因此，相同的程序可能会以不同的方式影响不同的年龄组。基于这些原因，Norecopa 委托了一个工作组，该工作组制定了一套用于鱼类程序严重性分类的指南，使用了与欧盟委员会报告类似的格式。更多的资源可在 Norecopa 的网站上获得。

例 16.4　常规的处理，如使用浸网将鱼从一个水箱移到另一个水箱，已证明会影响随后进行的行为研究的结果。然而，有更好的网可供选择：使用一个黑暗的袋子，将鱼和一些水箱的水一起转移。

16.7.2　鱼类的疼痛、痛苦和痛苦的检测与缓解

管理鱼类疼痛的技术尚处于起步阶段，在许多的情况下是基于对哺乳动物的经验推断。迫切需要可靠的方法来检测和减轻每种常用物种的痛苦。这也将使严重程

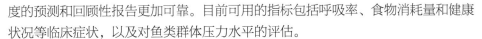

度的预测和回顾性报告更加可靠。目前可用的指标包括呼吸率、食物消耗量和健康状况等临床症状，以及对鱼类群体压力水平的评估。

与传统的哺乳动物相比，鱼类在研究中对压力、疾病和死亡率的耐受性更强，这可能反映了社会对鱼类的普遍态度。这种态度应该被改变。然而，在某些情况下，如果相关物种的自然死亡率很高，则很难评估死亡率。此时，非常需要更多针对鱼类麻醉和镇痛及具体情况的指导（见例 16.5）。

> **例 16.5**　间氨基苯甲酸乙酯甲磺酸盐（也称为 MS-222）可能是世界上使用最广泛的麻醉剂，因为它是美国食品药品监督管理局批准用于人类食用的鱼类的唯一的麻醉药物。它已由加拿大卫生部注册用于鱼类兽医用途，在英国、意大利、西班牙和挪威同样如此。然而，众所周知，许多鱼类在被引入含有 MS-222 的水中时表现出强烈的厌恶行为。尽管 MS-222 的麻醉可以最大限度地减少来自更严重的压力源的影响，但它仍然会造成压力，并会导致皮质醇水平升高等生理影响。其他的麻醉剂，如丁香油、丁香酚、美托咪酯、乙氧基甲酸酯和三溴乙醇已被证明具有较少的负面影响（皮质醇反应较低）。最佳的麻醉剂的选择将取决于种类、暴露时间和剂量。因此，迫切需要最常用的物种的麻醉指南。
>
> 镇痛药直到最近才偶尔被用于鱼类。我们同样需要增加对适合鱼类的止痛药的了解，并制定其使用指南。

16.7.3　人道终点

在涉及哺乳动物的研究中，人们对人道终点的概念给予了大量的关注，即一旦达到目标，或者如果动物达到预先指定的最大的痛苦程度，就会人性化地杀死动物（或将其从实验中移除并治疗）。这样可以避免动物遭受不必要的痛苦。欧盟指令第 13 条详细描述了这一概念，要求尽可能使用早期人道终点。如果死亡作为终点是不可避免的，则程序应设计为：

（a）尽可能少地导致动物死亡；

（b）将动物遭受的痛苦的持续时间和强度降至最低，并尽可能确保无痛死亡。

完善鱼类实验的终点有很大的潜力。许多的研究者认为，鱼类通常直到死亡前才表现出明显的痛苦的临床症状，这使得在研究中应用人道终点变得困难。随着我们对鱼类行为生理学的了解不断加深，科学家和技术人员将更善于发现早期的痛苦迹象，这将减少把死亡作为终点的使用。

16.7.4　鱼类研究指南

研究中，鱼类的护理和使用指南可能很难追踪，因为它们通常由一个科学组织在一个国家制定出来。为了改善这种情况，Norecopa数据库提供了一份全球指南清单。其中包括实验研究中的鱼类健康和福利监测的一般指南。作者希望在这一领域内制定更多的物种特异性的指南，哺乳动物物种健康监测指南也是如此。

ENRICH Fish项目等研究也在帮助传播关于实验室和养殖大西洋鲑鱼住宿改良的信息方面发挥了作用。当前的形势需要更多的此类项目。

2009年，在挪威加勒穆恩举行的"研究鱼类护理和使用的协调性"的协商会议上，介绍了鱼类处理、出血和给药技术的指南。自那以后，在制定新的指导方针方面没有取得多大的进展，但提供了斑马鱼指南和3R资源的概述。

16.7.5　鱼类实验的有效性、再现性和可翻译性

即使ARRIVE等报告指南的发展和大量的期刊得到广泛的认可，对报告动物实验的科学论文的分析揭示了令人担忧的疏漏。基于更适合哺乳动物研究的现有指南，科学家已经制定了专门为鱼类实验设计的报告指南，但仍需提高研究本身的质量。报告准则是提高科学出版物质量的宝贵动力，但它们不足以提高出版前研究的质量。

事实上，人们普遍担心实验室动物研究缺乏再现性和可翻译性，并创造了一个新的术语：动物学，即研究如何从动物研究中获得知识。除了这种担忧之外，科学界还普遍关注出版偏见，即倾向于报告积极的结果。

动物实验报告指南无法解决与不良实验设计相关的问题。如果动物实验要达到当前的伦理、福利和科学标准，就必须在所有的阶段对其质量进行评估，包括计划、性能、结果解释和出版。对鱼的实验带来了额外的挑战，因为它们生活在一种我们不熟悉的媒介中，我们对福利要求、疼痛感知不完全了解，以及"鱼"往往被视为一种物种。系统和周密的规划增加了成功的可能性，是实施3R的重要步骤。为此，针对动物实验规划的建议也已经制定出来。PREPARE指南结合了一份清单（目前有21种语言版本）和一个全面的网站，网站链接到清单中的15个主题的大量物种和情境特定的指南。新的指导方针在可用时会被添加到此网站。

除了关注实验动物福利的伦理原因外，这样做还有很大的科学优势。为了获得科学有效的结果，被研究的动物必须处于良好的状态，而不是受到压力。因此，良好的福利也是良好的科学。

16.8　总　结

对鱼类进行的大量研究极大地促进了我们对鱼类行为、认知和感知的理解。通过这些研究,我们深入了解了鱼类生物学,进而引发了公众和监管对鱼类福利的关注。这一角度创造了一个积极的反馈循环,提高了新的研究项目中的鱼类福利(图16.2)。

在科学文献中,很难总结鱼类福利的进展,因为这些往往是其他主题论文的一部分。有必要专门开展更多关于研究鱼类福利的工作。

正如前文所述,研究鱼类的另一个挑战是它们有 30000 多个个体物种,每种都有自己的需求。因此,不可能为鱼类研究制定详细的通用指南。然而,由于大多数的鱼类研究是针对少数几种物种进行的(特别是鲑鱼、斑马鱼、青鳉鱼、孔雀鱼和三棘刺鱼),通过专注于制定这些物种的详细指南和法规,我们可以相对迅速地提高实验室鱼类的研究质量和条件。

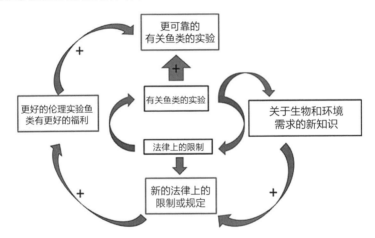

图 16.2　伦理和科学的正反馈回路

重要的是,我们要利用通过实验研究获得的新知识来改进立法。

福利研究需要检测动物福利状态的能力。就我们今天所知,与哺乳动物相比,鱼类的面部表情和肢体语言非常有限。必须寻找其他良好的福利指标。福利指标是与鱼类福利的可预测变化相关的可量化的内部或外部参数。这些指标可以是:

1. 外部的病理特征,例如皮肤感染和伤口、鳞片丢失或鳍的侵蚀。
2. 内部参数,例如皮质醇、乳酸或毒素水平。

3.行为指标，例如活动模式的变化、停止进食、失去自然反射或水面游泳。

4.形态指标，例如皮肤色素沉着或眼球中有气体存在。

为了能够利用这些福利指标，我们需要关于正常变异的基础知识，以便验证最常用的福利指标。这样，我们将能够建立一个知识数据库和评分指南，用于评估最常用物种的福利。如果从鲑鱼和斑马鱼开始，我们将改善大约30%的实验室鱼的生活。这项工作的确已经开始。Stien和其同事最近为大西洋鲑鱼制定了一个总体的福利评估模型（SWIM 1.0）。该模型旨在帮助渔民评估鲑鱼的福利状况，当然也适用于研究，并且其结果应该被纳入未来的法规和指南中。

参考文献

Balls M (2008) Professor W.M.S. Russell (1925–2006): Doyen of the three Rs. ALTEX 14, Special Issue, 1–7. In: Proceedings of the 6th World Congress on Alternatives & Animal Use in the Life Sciences, August 21–25, 2007, Tokyo. http://www.asas.or.jp/jsaae_old/zasshi/WC6_PC/ paper1pdf. Accessed 13 Mar 2020

Barber I, Scharsack JP (2010) The three-spined stickleback-Schistocephalus solidus system: an experimental model for investigating host-parasite interactions in fish. Parasitology 137:38

Barber I, Hoare D, Krause J (2000) Effects of parasites on fish behaviour: a review and evolutionary perspective. Rev Fish Biol Fish 10:131–165

Bert B, Chmielewska J, Bergmann S, Busch M, Driever W, Finger-Baier K, Hößler J, Köhler A, Leich N, Misgeld T, Nöldner T, Reiher A, Schartl M, Seebach-Sproedt A, Thumberger T, Schönfelder G, Grune B (2016) Considerations for a European animal welfare standard to evaluate adverse phenotypes in teleost fish. EMBO J 35:1151–1154. https://doi.org/10.15252/ embj.201694448. Accessed 13 Mar 2020

Blanco AM, Sundarrajan L, Bertucci JI, Unniappan S (2017) Why goldfish? Merits and challenges in employing goldfish as a model organism in comparative endocrinology research. Gen Comp Endocrinol 257:13. https:// doi.org/10.1016/j.ygcen.2017.02.001. Accessed 13 Mar 2020

Botham PA (2004) Acute systemic toxicity–prospects for tiered testing strategies. Toxicol In Vitro 18(2):227–230

Brattelid T, Smith AJ (2000) Guidelines for reporting the results of experiments on fish. Lab Anim 34:131–135. https://journals.sagepub.com/doi/abs/10.1258/002367700780457590. Accessed 13 Mar 2020

Brydges NM, Boulcott P, Ellis T, Braithwaite VA (2009) Quantifying stress responses induced by different handling methods in three species of fish. Appl Anim Behav Sci 116:295–301

Byrd E, Widmar NO, Fulton J (2017) Of fur, feather and fin: human's use and concern for non-human species. Animals 7(3):22. https://doi.org/10.3390/ani7030022. Accessed 13 Mar 2020

Castaño A, Bols N, Braunbeck T, Dierickx P, Halder M, Isomaa B, Kawahara K, Lee LEJ, Mothersill C, Pärt P, Repetto G, Sintes JR, Rufli H, Smith R, Wood C, Segner H (2003) The use of fish cells in ecotoxicology the report and recommendations of ECVAM workshop 47. ATLA 31:317–351. https://journals.sagepub.com/doi/abs/10.1177/026119290303100314. Accessed 13 Mar 2020

Chalmers I, Bracken MB, Djulbegovic B, Garattini S, Grant J, Gülmezoglu AM, Howells DW, Ioannidis JPA, Oliver S (2014) How to increase value and reduce waste when research priorities are set. Lancet 383:156–165. https:// doi.org/10.1016/s0140-6736(13)62229-1. Accessed 13 Mar 2020

Chen H, Hu J, Yang J, Wang Y, Xu H, Jiang Q, Gong Y, Gu Y, Song H (2010) Generation of a fluorescent transgenic zebrafish for detection of environmental estrogens. Aquat Toxicol 96:53–61

Council of Europe (1986) European convention for the protection of vertebrate animals used for experimental and other scientific purposes (ETS 123). http://www.coe.int/en/web/conventions/ full-list/-/conventions/treaty/123. Accessed 13 Mar 2020

Dong S, Kang M, Wu X, Ye T (2014) Development of a promising fish model (*Oryzias melastigma*) for assessing multiple responses to stresses in the marine environment. BioMed Research International. ID 563131, 17 p. https://doi.org/10.1155/2014/563131. Accessed 13 Mar 2020

Ellery AW (1985) Guidelines for specification of animals and husbandry methods when reporting the results of animal experiments. Report of the Working Committee for the Biological Characterization of Laboratory Animals/GV-SOLAS, Laboratory Animals 19, pp 106–108. https://journals.sagepub.com/doi/abs/10.1258/002367785780942714. Accessed 13 Mar 2020

Erkekoglu P, Giray BK, Başaran N (2011) 3R principle and alternative toxicity testing methods. FABAD J Pharm Sci 36(2):101–117

European Union (2010) Directive 2010/63/EU of the European Parliament and of the Council of 22 September 2010 on the Protection of Animals Used for Scientific Purposes. https://eur-lex. europa.eu/legal-content/EN/TXT/?uri¼celex%3A32010L0063. Accessed 13 Mar 2020

European Union (2019) Implementation, interpretation and terminology of Directive 2010/63/EU. https://ec.europa.eu/environment/chemicals/lab_animals/interpretation_en.htm. Accessed 13 Mar 2020

European Union (2020) 2019 report on the statistics on the use of animals for scientific purposes in the Member States of the European Union in 2015–2017. https://eur-lex.europa.eu/legal-con tent/EN/TXT/?qid¼4158168 9520921&uri¼CELEX:52020DC0016. Accessed 13 Mar 2020

Expert Working Group Report (2009) On severity classification of scientific procedures performed on animals. Brussels, 2009. http://ec.europa.eu/environment/chemicals/lab_animals/pdf/report_ ewg.pdf. Accessed 13 Mar 2020

FAO (2016) The state of world fisheries and aquaculture 2016. Contributing to food security and nutrition for all Rome, 190 pages. http://www.fao.org/3/a-i5555e.pdf. Accessed 13 Mar 2020

FAO (2019a) *Salmo trutta* (Berg, 1908). http://www.fao.org/fishery/culturedspecies/Salmo_trutta/en. Accessed 13 Mar 2020

FAO (2019b) *Salmo salar* (Linnaeus, 1758). http://www.fao.org/fishery/culturedspecies/Salmo_ salar/en. Accessed 13 Mar 2020

FELASA (2019a) Library. http://www.felasa.eu/about-us/library. Accessed 13 Mar 2020 FELASA (2019b) Recommendations. http://www.felasa.eu/working-groups/recommendation. Accessed 13 Mar 2020

FishBase (2019). https://www.fishbase.se. Accessed 13 Mar 2020

Garner JP, Gaskill BN, Weber EM, Ahloy-Dallaire J, Pritchett-Corning KR (2017) Introducing Therioepistemology: the study of how knowledge is gained from animal research. Lab Anim 46:103–113

Glover KA, Solberg MF, McGinnity P, Hindar K, Verspoor E, Coulson MW, Hansen MM, Araki H, Skaala Ø, Svåsand T (2017) Half a century of genetic interaction between farmed and wild Atlantic salmon: status of knowledge and unanswered questions. Fish Fish 1–38. https://doi.org/10.1111/faf.12214. Accessed 13 Mar 2020

Goldshmit Y, Sztal T, Jusuf PR, Hall TE, Nguyen-Chi M, Currie PD (2012) Fgf-dependent glial cell bridges facilitate spinal cord regeneration in zebrafish. J Neurosci 32(22):7477–7492. https:// doi.org/10.1523/JNEUROSCI.0758-12.2012. Accessed 13 Mar 2020

Gressler LT, Riffel APK, Parodi TV, Saccol EMH, Koakoski G, Costa ST, Pavanato MA, Heinzmann BM, Caron B, Schmidt D, Llesuy SF, Barcellos LJG, Baldisserotto B (2014) Silver catfish *Rhamdia quelen* immersion anaesthesia with essential oil of *Aloysia triphylla* (L'Hérit) Britton or tricaine methanesulfonate: effect on stress response and antioxidant status. Aquac Res 45(6):1061–1072

Hawkins P (2009) An overview of existing guidelines for handling, bleeding, administration and identification techniques. https://norecopa.no/media/6342/fish-guidelines.pdf. Accessed 13 Mar 2020

Hawkins WE, Walker WW, Fournie JW, Manning JS, Krol RM (2003) Use of the Japanese medaka (*Oryzias latipes*) and guppy (*Poecilia reticulata*) in carcinogenesis testing under national toxicology program protocols. Toxicol Pathol 31:88–91. https://journals.sagepub.com/doi/10. 1080/01926230390174968. Accessed 13 Mar 2020

Hawkins P, Dennison N, Goodman G, Hetherington S, Llywelyn-Jones S, Ryder K, Smith AJ (2011) Guidance on the severity classification of scientific procedures involving fish: report of a working group appointed by the Norwegian consensus-platform for the replacement, reduction and refinement of animal experiments (Norecopa). Lab Anim 45:219–224. https://doi.org/10. 1258/la.2011.010181. Accessed 13 Mar 2020

Hodson PV (1985) A comparison of the acute toxicity of chemicals to fish, rats and mice. J Appl Toxicol 5:2220–2226

Howe K, Clark MD, Torroja CF et al (2013) The zebrafish reference genome sequence and its relationship to the human genome. Nature 496:498–503. https://doi.org/10.1038/nature12111. Accessed 13 Mar 2020

Humane Research Australia (2016) 2015 Australian Statistics of Animal Use in Research and Teaching. http://www.humaneresearch.org.au/statistics/statistics_2015. Accessed 13 Mar 2020 IUCN Red List (2014) Table 1. Numbers of threatened species by major groups of organisms (1996–2014). http://cmsdocs.s3.amazonaws.com/summarystats/2014_3_Summary_Stats_Page_ Documents/2014_3_RL_Stats_Table_1.pdf. Accessed 13 Mar 2020

Iversen I, Finstad B, McKinley RS, Eliassen RA (2003) The efficacy of metomidate, clove oil, Aqui-Sk and Benzoak® as anaesthetics in Atlantic salmon (*Salmo salar* L.) smolts, and their potential stress-reducing capacity. Aquaculture 221:549–566

Johansen R, Needham JR, Colquhoun DJ, Poppe TT, Smith AJ (2006) Guidelines for health and welfare monitoring of fish used in research. Lab Anim 40:323–340. https://journals.sagepub. com/doi/abs/10.1258/002367706778476451. Accessed 13 Mar 2020

Katsiadaki I, Sanders M, Sebire M, Nagae M, Soyano K, Scott AP (2007) Three-spined stickleback: an emerging model in environmental endocrine disruption. Environ Sci 14:263–283

Kilkenny C, Browne WJ, Cuthill IC, Emerson M, Altman DG (2010) Improving bioscience research reporting: the ARRIVE guidelines for reporting animal research. PLoS Biol 8: e1000412. https://doi.org/10.1371/journal.pbio.1000412. Accessed 13 Mar 2020

Kimmel CB, Ballard WW, Kimmel SR, Ullmann B, Schilling TF (1995) Stages of embryonic development of the zebrafish. Dev Dyn 203:253–310

Kishimoto N, Shimizu K, Sawamoto K (2012) Neuronal regeneration in a zebrafish model of adult brain injury. Dis Model Mech 5:200–209. https://doi.org/10.1242/dmm.007336. Accessed 13 Mar 2020

Klein HJ, Bayne KA (2007) Establishing a culture of care, conscience, and responsibility: addressing the improvement of scientific discovery and animal welfare through science-based performance standards. ILAR J 43(1):3–11

Koyama J, Kawamata M, Imai S, Fukunaga M, Uno S, Kakuno A (2008) Java medaka: a proposed new marine test fish for ecotoxicology. Environ Toxicol 23(4):487–491. https://doi.org/10. 1002/tox.20367. Accessed 13 Mar 2020

Lamatsch DK, Steinlein C, Schmid M, Schartl M (2000) Noninvasive determination of genome size and ploidy level in fishes by flow cytometry: detection of triploid *Poecilia Formosa*. Cytometry 39:91–95

Ledford H (2015) CRISPR, the disruptor. Nature 522(7554):20–24

Ljiri K (2003) Life-cycle experiments of medaka fish aboard the international space station. Adv Space Biol Med 9:201–216

Louhimies S (2015) Refinement facilitated by the culture of care. In: Proceedings of the EUSAAT congress, 20–23

Sept 2015, Linz. ALTEX, vol 4(2), p 154. Abstract available at http://www. altex.ch/resources/ALTEX_Linz_
proceedings_2015_full.pdf. Accessed 13 Mar 2020

Macleod MR, Michie S, Roberts I, Dirnagl U, Chalmers I, Ioannidis JPA, Al-Shahi Salman R, Chan A-W, Glasziou
P (2014) Biomedical research: increasing value, reducing waste. Lancet 383:101–104. https://doi.org/10.1016/
s0140-6736(13)62329-6. Accessed 13 Mar 2020

Martinez-Conde S, Macknik SL (2008) Fixational eye movements across vertebrates: comparative dynamics,
physiology, and perception. J Vis 8:28. https://doi.org/10.1167/8.14.28. Accessed 13 Mar 2020

Mattilsynet (2019) Forsøksdyr. https://www.mattilsynet.no/dyr_og_dyrehold/dyrevelferd/forsoksdyr/.Accessed 13
Mar 2020

McKinnon JS, Rundle HD (2002) Speciation in nature: the threespine stickleback model systems. Trends Ecol Evol
17:480–488

Mettam JJ, Oulton LJ, McCrohan CR, Sneddon LU (2011) The efficacy of three types of analgesic drugs in reducing
pain in the rainbow trout, *Oncorhynchus mykiss*. Appl Anim Behav Sci 133 (3):265–274

Munafò MR, Nosek BA, Bishop DVM, Button KS, Chambers CD, du Sert NP, Simonsohn U, Wagenmakers E-J,
Ware JJ, Ioannidis JPA (2017) A manifesto for reproducible science. Nat Hum Behav 1:0021. https://doi.
org/10.1038/s41562-016-0021. Accessed 13 Mar 2020

Myosho T, Takehana Y, Hamaguchi S, Sakaizumi M (2015) Turnover of sex chromosomes in *Celebensis* group
medaka fishes. Genes Genomes Genet 5:2685–2691

Nilsson (2017) Social enrichment and requirements for the tank rearing of Atlantic salmon. https:// norecopa.no/
media/7276/nilsson.pdf. Accessed 13 Mar 2020

Nissen SB, Magidson T, Gross K, Bergstrom CT (2016) Publication bias and the canonization of false facts. eLife
5:e21451. https://doi.org/10.7554/eLife.21451. Accessed 13 Mar 2020

NOAA Fisheries (2014) Salmon restoration and PIT tags: big data from a small device. https:// www.fisheries.noaa.
gov/feature-story/salmon-restoration-and-pit-tags-big-data-small-device. Accessed 13 Mar 2020

Norecopa (2019a) The International Culture of Care Network. https://norecopa.no/coc. Accessed 13 Mar 2020

Norecopa (2019b) Severity classification. http://norecopa.no/categories. Accessed 13 Mar 2020 Norecopa (2019c)
The 3R Guide database. https://norecopa.no/3r-guide-database. Accessed 13 Mar2020

Norecopa (2019d) ENRICH fish. http://www.enrich-fish.net. Accessed 13 Mar 2020

Norecopa (2019e) Harmonisation of the care and use of fish in research. https://norecopa.no/ meetings/fish-
2009. Accessed 13 Mar 2020

Norecopa (2019f) 3rs resources and guidelines for zebrafish. http://norecopa.no/media/7724/ zebrafish-resources.
pdf. Accessed 13 Mar 2020

Ostlund-Nilsson S, Maier I, Huntingford F (2007) Biology of the three-spined stickleback. Taylor & Francis Group,
London, p 392

Paget E (1983) The LD50 test. Acta Pharmacol Toxicol 52:1–14

Pelletier C, Hanson KC, Cooke SJ (2007) Do catch-and-release guidelines from state and provincial fisheries
agencies in North America conform to scientifically based best practices? Environ Manag 39:760–773. https://
doi.org/10.1007/s00267-006-0173-2. Accessed 13 Mar 2020

Popesku JT, Martyniuk CJ, Mennigen J, Xiong H, Zhang D, Xia X, Cossins AR, Trudeau VL (2008) The goldfish
(*Carassius auratus*) as a model for neuroendocrine signaling. Mol Cell Endocrinol 293:43–56

Popovic NT, Strunjak-Perovic I, Coz-Rakovac R, Barisic J, Jadan M, Berakovic AP, Klobucar RS (2012) Tricaine
methane-sulfonate (MS-222) application in fish anaesthesia. J Appl Ichthyol 28:553–564

Readman GD, Owen SF, Murrell JC, Knowles TG (2013) Do fish perceive anaesthetics as aversive? PLoS One
8(9):e73773. https://doi.org/10.1371/journal.pone.0073773. Accessed 13 Mar 2020

Rowan A, Goldberg A (1995) Responsible animal research: a riff of Rs. ATLA 23:306–311

Russell WMR, Burch RL (1959) The principles of humane experimental technique. Universities Federation for Animal Welfare, Wheathampstead. https://caat.jhsph.edu/principles/the-princi ples-of-humane-experimental-technique. Accessed 13 Mar 2020

SALMOTRIP (2013) Feasibility study of triploid salmon production. http://cordis.europa.eu/result/ rcn/60437_en.html. Accessed 13 Mar 2020

Sambraus F (2016) Solving bottlenecks in triploide Atlantic salmon production. Temperature, hypoxia and dietary effects on performance, cataracts and metabolism. PhD thesis University of Bergen, p 69. http://bora.uib.no/handle/1956/15352. Accessed 13 Mar 2020

Small BC (2003) Anesthetic efficacy of metomidate and comparison of plasma cortisol responses to tricaine methanesulfonate, quinaldine and clove oil anesthetized channel catfish *Ictalurus punctatus*. Aquaculture 218:177–185

Smith AJ, Hawkins P (2016) Good science, good sense and good sensibilities: the three Ss of Carol Newton. Animals 6:70. https://doi.org/10.3390/ani6110070. Accessed 13 Mar 2020

Smith AJ, Clutton RE, Lilley E, Hansen KEA, Brattelid T (2017) PREPARE: guidelines for planning animal research and testing. Lab Anim 52:135–141. https://journals.sagepub.com/ doi/full/10.1177/0023677217724823. Accessed 13 Mar 2020

Sneddon LU (2009) Pain perception in fish: indicators and endpoints. ILAR J 50(4):338–342. https://doi.org/10.1093/ilar.50.4.338. Accessed 13 Mar 2020

Sneddon LU (2012) Clinical anesthesia and analgesia in fish. J Exotic Pet Med 21:32–43

Speaking of Research (2019) Worldwide animal research statistics. https://speakingofresearch.com/ 2017/09/27/canada-sees-rise-in-animal-research-numbers-in-2016/. Accessed 13 Mar 2020

Spence R, Gerlach G, Lawrence C, Smith C (2008) The behaviour and ecology of the zebrafish, *Danio rerio*. Biol Rev 83:13–34. https://doi.org/10.1111/j.1469-185X.2007.00030.x. Accessed 13 Mar 2020

Stallard N, Whitehead A, Ridgway P (2002) Statistical evaluation of the revised fixed-dose procedure. Hum Exp Toxicol 21:183–196

Stien LH, Bracke MBM, Folkedal O, Nilsson J, Oppedal F, Torgersen T, Kittilsen S, Midtlyng PJ, Vindas MA, Øverli Ø, Kristiansen TS (2013) Salmon welfare index model (SWIM 1.0): a semantic model for overall welfare assessment of caged Atlantic salmon: review of the selected welfare indicators and model presentation. Rev Aquac 5:33–57. https://doi.org/10.1111/j.1753-5131.2012.01083.x. Accessed 13 Mar 2020

Tannenbaum J, Bennett BT (2015) Russell and Burch's 3Rs then and now: the need for clarity in definition and purpose. J Am Assoc Lab Anim Sci 54:120–132. https://www.ingentaconnect. com/content/aalas/jaalas/2015/00000054/00000002/art00002. Accessed 13 Mar 2020

Thompson RRJ, Paul ES, Radford AN, Purser J, Mendl M (2016) Routine handling methods affect behaviour of three-spined sticklebacks in a novel test of anxiety. Behav Brain Res 306:26–35

Van den Heuvel MJ, Clark DG, Fielder RJ, Koundakjian PP, Oliver GJA, Pelling D, Tomlinson NJ, Walker AP (1990) The international validation of a fixed-dose procedure as an alternative to the classical LD50 test. Food Chem Toxicol 28:469–482

Wade N (2010) Research offers clue into how hearts can regenerate in some species. NY Times, March 24. https://www.nytimes.com/2010/03/25/science/25heart.html. Accessed 13 Mar 2020

Wargelius A, Leininger S, Skaftnesmo KO, Kleppe L, Andersson E, Taranger GL, Schulz RW, Edvardsen RB (2016) Dnd knockout ablates germ cells and demonstrates germ cell independent sex differentiation in *Atlantic salmon*. Sci Rep 6:21284. https://doi.org/10.1038/srep21284. Accessed 13 Mar 2020

Wittbrodt J, Shima A, Schartl M (2002) Medaka–a model organism from the far east. Nat Rev 3:53–64

Woods IG, Kelly PD, Chu F, Ngo-Hazelett P, Yan Y-L, Huang H, Postlethwait JH, Talbot WS (2000) A comparative map of the zebrafish genome. Genome Res 10(12):1903–1914

第 17 章
商业渔业中的渔获物福利

摘　要：将渔获物福利引入商业野生捕捞渔业是具有挑战性的。在本章中，我们讨论如何以科学为基础来理解商业渔业的渔获物福利问题，并提出改善福利的实际的解决方法，包括如何改善可持续性、产品质量和保质期，从而提高盈利能力。这不仅有道德上的好处，而且对渔业发展也会有实质性的帮助。迄今为止，专门针对商业渔业渔获物福利发展的研究较为匮乏，相比之下，关于研究商业渔业中被放生动物的存活和活力情况的文献很多，而且还在不断增加。最近在欧盟引入了"渔获物上岸条例"，这是推动该领域研究发展的最新因素。此外，在良好的福利做法和产品质量方面，特别是在渔获物处理和屠宰方面，水产养殖业有许多值得借鉴的地方。本章利用这些现有的研究成果制定了一个基于风险评估的框架，以分辨与捕捞有关的压力源，并提出了减轻其对渔获物福利和产品质量影响的方法。这一框架是在 4 种截然不同的案例研究捕捞方法的背景下制定的：拖网捕捞、围网捕捞、刺网/索网捕捞和笼捕。最后，总结了当前的研究重点和在商业渔业中发展注重福利的做法的重大的战略挑战。

关键词：捕捞福利；商业渔业；基于科学的方法；耐久性

17.1　引　言

在商业野生捕捞渔业中引入鱼类福利，或更普遍的"渔获物福利"，面临几个挑战。首先，大多数的目标物种是"没有商业价值的"，直到最近，它们在捕获过程中受到的待遇还没有引起公众的兴趣。此外，渔业是一个保守的行业，许多渔民从未有过对于即将被屠宰的动物的福利问题的思考。商业性野生捕捞渔业仍然是全球粮食安全的重要组成部分，特别是对发展中国家来说，因此，禁止或限制不适当的做法在政治上可能会面临较大的阻碍。世界上有超过 1.2 亿人直接依赖与渔业相关的活动（捕鱼、加工、贸易），其中，大多数人生活在发展中国家或新兴国家，90% 的人从事小规模的渔业。即使人们意识到，引入福利政策的做法无论从道德或政治角度都是正确的，但在渔业规模和实际操作性等方面仍存有问题，使得引入福利政策的做法在技术和成本上让人们望而却步。然而在本章中，我们将讨论如何采用基于科学的方法来了解商业渔业的捕捞福利，从而得出切实可行的解决方案，以改善福利。这不仅具有道德上的受益，而且可能对渔业产生切实的利益，包括改善可持续性、产品质量和保质期，从而提高盈利能力。

关于"鱼类福利"是什么，有广泛的观点。一些人认为福利是鱼自身对其生活质量的体验，即"什么是好的，什么是坏的"（基于感觉的定义），另一些人认为良好的福利是适当的身体机能，无论相关鱼类如何经历它（基于功能的定义），或动物应该"过着自然的生活，表达自然发生的行为"（基于自然的定义）。渔业一般只会对捕捞的鱼的福利产生负面影响，因此无论使用哪种定义，改善福利的目的都是减少负面影响，将压力、伤害和受影响的个体数量降至最低。尽管对基于自然和基于感觉的福利政策的定义和应用进行伦理讨论是非常有意义的，但如果要将具有福利意识的做法引入商业渔业，它们的需要是具有实际和功利意义的，因此需对福利采取功能性的方法。为了得到行业的支持，需在良好的福利和产品质量之间建立经验联系，从而促进效益的提升，并提供一个重要的动力。这种捕获物福利的功能性方法还需要考虑到经历捕获过程的不仅是被留存的捕获物，还有被捕获后但要么逃脱，要么被渔民主动放生的动物，因为它们是"不受欢迎和不被需要的"。

联合国粮食及农业组织的《渔具国际标准统计分类》以结构和作业的方式为基础，将捕捞方式分为11大类58种不同的捕捞方法。绝大多数的捕鱼方法不是良性的，因为鱼暴露在一系列的应激源中，这些应激源作用于鱼以引起应激反应。应激反应是面对应激源产生的所有的生理和行为适应的总和（见第11章）。此外，商业捕鱼作业影响的动物远不止那些在鱼市上岸的渔获物。自19世纪末Holt开展工作以来，人们已经认识到，除了报告的总渔获量之外，捕鱼有可能导致被捕捞种群的无意或附带死亡。这些潜在的"间接死亡"有几个来源，包括非法、未报告和无管制捕捞，逃逸死亡率，被废弃的渔具误伤，底栖生境和群落的改变。

Huntingford和Kadri建议，通过使用"自上而下"的方法去解决环境退化和对野生捕捞渔业中非目标物种的附带损害，这对个体鱼类的福利可能是受益的，引用"致力于更好地管理自然资源"是一个更好的渔业伦理框架，而不是仅对鱼类福利的关注。然而，我们认为，"自下而上"的方法更有可能使渔民和其他的利益相关方参与以福利为重点的捕捞方法和做法，并将解决渔业管理中的几个基本问题，包括副渔获物、环境退化、不明的捕捞死亡率（以及种群评估中的相关不确定性）、产品质量下降和公众的认知度差。也就是说，"对更好的鱼类/渔获物福利的承诺是管理自然资源的一种更有道德、更有吸引力的准则"。

宰杀前的急性应激已被证明会降低几个鱼种的肉质，包括大西洋鲑鱼（*Salmo Salar*）、海鲑鱼（*Salmo Trutta*）、大西洋鳕鱼（*Gadus Morhua*）、黑线鳕鱼（*Melanogrammus Aeglefinus*）、大比目鱼（*Scophthalmus Max*）、罗非鱼（*Sparus Aurata*）和花鱼（*Dicentarchus Labrax*）。因此，"渔获物福利"不仅仅是一个道德问题；它有可能确保渔获物的良好的产品质量，并促进任何不需要的渔获物的生

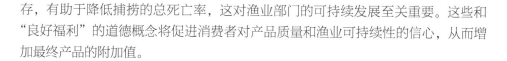

存，有助于降低捕捞的总死亡率，这对渔业部门的可持续发展至关重要。这些和"良好福利"的道德概念将促进消费者对产品质量和渔业可持续性的信心，从而增加最终产品的附加值。

17.1.1　良好的渔获物福利做法的功能定义

为此，本章将把良好的渔获物福利做法定义为：在被宰杀或放生之前，最大限度地减少对任何滞留鱼类的物理损害和平衡负荷的捕捞与处理的方法，从而提高放生后存活的可能性和良好的产品质量。我们认为，这是一个实用的定义，同时兼顾了基于感觉的福利观点的倡导者和基于功能观点的倡导者，它使得渔获物福利相对容易衡量和量化。我们建议，通过促进良好的渔获物福利，从而将应激源对渔获物的影响降至最低，注重福利的做法将促进任何不需要的和已释放的渔获物的生存，从而促进被开发种群和生态系统的可持续性，同时还提高保留渔获物的质量，从而提高其盈利能力。

17.1.2　章节目标

迄今为止，专门针对商业渔业渔获物福利的研究较为匮乏。因此，本章不会仅局限于捕捞过程中的鱼类福利，因为许多相关的应激源和可能的缓解措施在不同的分类群中可能是相似的。此外，关于商业渔业中被放生动物的存活和活力情况的文献比较多；并且，最近在欧洲联盟共同渔业政策中引入了上岸政策（丢弃禁令）。此外，在良好的福利做法和产品质量方面，特别是在渔获物处理和屠宰方面，水产养殖业有许多值得学习的地方。本章将利用这些现有的知识制定一个基于风险评估的框架，以确定与捕捞有关的压力源，并提出减轻其对渔获物的福利和产品质量影响的方法。这一框架将结合 4 种截然不同的研究捕捞方法的案例来制定：拖网捕捞、围网捕捞、刺网 / 索网捕捞和笼捕。最后将总结当前的研究重点和在商业渔业中发展注重福利的做法的重大的战略挑战。

17.2　在捕获过程中制定评估福利的框架

在考虑捕获过程中改善捕获福利的潜在的解决方案之前，有必要定义动物在捕获过程中可能经历的应激源。捕获可大致归类为四步过程：1）捕获、2）检索、3）处理（和排序）和 4）端点。其中，端点可以是释放或屠宰（图 17.1）。动物也可能在捕获或取回的过程中逃脱，然后不会暴露在所有的步骤中。在 Davis 方法的基础上，可以将动物从捕获到随后释放或屠宰所采取的路径概念化，并确定相关的应激源和可能的影响变量（图17.1）。使用这种概念性的风险评估方法，我们确定了11个与捕获相关的主要的应激源：缺氧、疲惫和力竭、气压创伤、温度休克、渗透调节的痛苦、拥挤、躯体创伤和损伤、光线曝光、离水、移位和捕食（见第17.3节）。

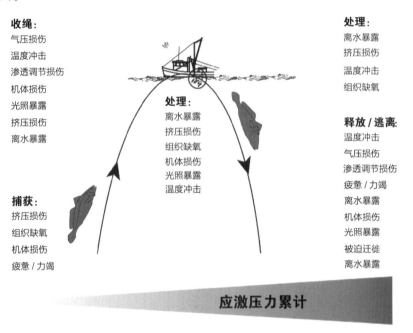

收绳：
气压损伤
温度冲击
渗透调节损伤
机体损伤
光照暴露
挤压损伤
离水暴露

处理：
离水暴露
挤压损伤
组织缺氧
机体损伤
光照暴露
温度冲击

捕获：
挤压损伤
组织缺氧
机体损伤
疲惫 / 力竭

处理：
离水暴露
挤压损伤
温度冲击
组织缺氧

释放 / 逃离：
温度冲击
气压损伤
渗透调节损伤
疲惫 / 力竭
离水暴露
机体损伤
光照暴露
被迫迁徙
离水暴露

应激压力累计

图17.1 动物在捕获过程中遇到的应激源的概念路径分析：从捕获点到随后的释放或宰杀。"打捞"是指捕捞过程的一个阶段，即从捕捞深度打捞渔具及其渔获物并带上船。"装卸"是指将渔获物从渔具上移走、在船上进行装载和分拣作业的过程。改编自Davis，2002；Broadhurst et al.，2006；Breen，Catchpole，2020

　　每种应激源的相对重要性将取决于受影响动物的生物学、捕捞方法的设计和操作以及动物被捕获的环境。此外，随着时间的推移，这些应激源可能会对受影响的动物产生累积影响，其中，应激源的总体影响将是应激源的严重程度和暴露在其中的时间的产物。此外，对于特定物种和 / 或渔业，在压力因素和替代压力因素之间可能存在复合 / 协同效应，这里不作描述。在特定的渔业 / 环境中，要正确描述与捕捞有关的压力因素对特定的物种 / 分类群的潜在影响，需要制定适当的方法来评估福利，这一点在第17.4节中有讨论。

　　最后，在第17.5节中，将这一概念性的福利评估应用于4种捕捞方法范例上，

以概括地说明这一方法，并查明改善渔获物福利的可能途径，第 17.6 节对此做了更详细的探讨。

17.3　捕获过程中遇到的压力源

下面讨论与捕获有关的主要的压力源，包括其原因和可能的影响变量（关于压力和压力反应的介绍，见第 11 章）。

下面讨论的许多的应激源都有可能导致养殖动物的疼痛。事实上，越来越多的证据表明，鱼类以及甲壳类动物具有伤害性感受的能力，也就是神经生理学和解剖学以感知破坏性的刺激（第 10 章）。然而，疼痛是伤害性感受的主观体验。目前，人们争论鱼类是否能够感知主观体验，这需要一定程度的认知。从我们对"良好福利的实践"的功能定义的角度来看，无论应激源是被体验为疼痛，还是只被感知为伤害性感受，它都会对动物福利产生负面影响。

17.3.1　缺　氧

氧气不足，称为"缺氧"，是包括鱼类在内的所有需氧生物的重要和潜在的致命应激源。在捕获鱼类的情况下，导致缺氧的原因可能是：动物所处的水中的氧气浓度低（低氧）；受伤或收缩导致动物呼吸能力下降（窒息）；从动物的呼吸介质中完全再现。不同的物种对低氧的耐受性会有所不同，并且会受到各种环境参数的调节，尤其是温度。氧气需求也强烈依赖于鱼的活动水平，例如紧张和挣扎的动物比平静的动物更容易受到缺氧的影响。然而，长期的低氧最终会导致细胞死亡和关键的生物系统的失效。

17.3.2　疲惫和力竭

在捕获过程中（如在拖网中），当养殖动物从渔具（如鱼钩和刺网）中解脱出来，或在渔船甲板上时，可能会因为过度剧烈的活动而变得疲惫或筋疲力尽。此外，过度游泳也会导致某些鱼类死亡，这是由于鱼类血液中乳酸和其他代谢酸的积累而造成生理异常。其虽不致命，但与疲惫相关的氧气缺乏也会限制动物新陈代谢的能力，并损害它们应对其他应激源的能力。精疲力竭的影响将加剧，进而因缺氧而更加加剧（见第 17.3.1 节）。

17.3.3　减压和气压创伤

从海水深处快速上升将导致静水压力降低，这可能通过两种相关的机制对部分的水生动物造成伤害及应激：物理性和生理性气压创伤（见第 18 章和第 19 章）。根据博伊尔定律，身体气压创伤是由于动物体内密闭的空间（如鱼的体视性鱼囊）迅速且失控地膨胀导致的。这种快速的膨胀会导致鱼鳔壁破裂，向腹部释放气体，进一步的膨胀可能会导致内脏通过嘴或泄殖孔外翻。捕获鱼类时产生的影响可能是急性且易观察的，同时也可能是慢性的，损伤会在捕获后随着时间的推移而愈加严重（例如突眼症）。在水深超过 40 米时，这种影响往往会继续增加，那里的环境静水压力的降低会导致鱼鳔体积扩大 5 倍以上。尽管这种不利的影响取决于物种以及实际的情况，但从较浅的深海捕捞也可能比从较深的深海捕捞更具有破坏性和致命性（见第 18 章）。根据 Henry 定律，生理性气压伤是由于动物血液和组织液中溶解的气体从溶液中释放出来，这会导致血液和组织中形成气泡，从而阻碍血液供应，扰乱一些关键系统的生理功能，特别是视觉和神经系统。除了气压伤造成的直接损伤外，气体膨胀产生的浮力增加可能会阻止获释人员下降，或使在打捞过程中逃生的人员浮到水面上。漂浮使鱼类更容易受到与水面有关的压力（见 17.3.8、17.3.9 和 17.3.11 章节）。浸泡和再加压（潜水）可能会降低死亡率；然而，气压创伤的亚致死性和长期影响（例如生殖）仍然有待进一步的研究，而这些与福利的相关性可能比当下的道德要求更重要。

17.3.4 温度休克

鱼和许多的其他的水生生物一样是变温动物，即它们的体温随着环境温度的变化而变化。环境温度的快速变化会扰乱动物的新陈代谢，称为"温度休克"，有时会导致死亡。由渔具捕获的动物在收回渔具期间最有可能经历应激性的温度变化。此时，它们可以在温跃层快速上升，特别是在暴露于远高于致命温度阈值的环境空气的温度下（例如，冬季低于 10℃；夏季高于 30℃）。

17.3.5 渗透调节的痛苦

许多动物需要维持"渗透调节"，即血液和其他组织液中溶解盐的最佳的浓度，以使其新陈代谢能有效地发挥作用。这对于呼吸水的水生动物来说尤其具有挑战性，因为它们不断地在呼吸表面交换水和溶解的离子。当动物受到压力时，这一挑战就会加剧，因为关键的应激反应之一是增加呼吸表面的血液循环，以增加从水中吸收溶解氧的潜在能力。因此，这增加了水 / 离子交换，导致海洋物种的血液浓缩（脱水）和淡水物种的血液稀释。

17.3.6　拥　挤

高密度养殖和拥挤可导致养殖的水生动物出现应激、伤害和死亡。拥挤期间受到的压力可能会导致活动量增加，如突发性的游动。如果生物量足够大和 / 或溶解氧供应受到限制，以及空间受限，这将进一步增加因与渔获物和渔具的身体接触而受伤、缺氧的可能性。因此，拥挤可视为集体压力的来源（另见第 17.3.9 节）。

17.3.7　躯体创伤和损伤

在捕获、处理和释放动物的过程中，可能会造成相当大的身体创伤，并可能导致一系列的伤害，包括皮肤磨损、撕裂、刺伤、钝器创伤和挤压。此外，许多的水生动物，特别是中上层物种，进化出相对脆弱的皮肤，不能很好地适应与坚硬、粗糙的身体表面接触。除了靶器官的功能丧失外，物理性创伤可能会导致血液和其他组织液的损失，进一步降低对其他应激源的代谢能力，并增加感染的可能性。

17.3.8　光线曝光

与海面相比，由于典型捕捞深度的衰减，自然光照水平大大降低。在地表，白天的光照强度将比这些动物适应的正常的栖息地高出许多个数量级。这可能会导致眼睛中感觉色素迷失和变白，导致某些物种出现短期或永久性失明。除了可见光波长外，被带到水面的水生动物将暴露在具有潜在破坏性的紫外线下，这有可能损伤暴露的组织并诱发黑色素瘤。

17.3.9　离　水

从水中捞出，即"离水"，可能会给水生动物带来一系列潜在的应激新的刺激。例如，缺乏水的支持性、静水性将意味着许多动物将第一次体验到它们在空气中的重量，它们在进化上对此并不能很好的适应。此外，这些新的刺激将与一系列的其他的应激源相结合：缺氧 / 窒息、气压创伤、失水、温度休克和光照。因此，"离水"通常被用作所有这些应激源的综合效应的统称。

17.3.10　移　位

放生动物的位置可能不接近最初被捕获的区域或深度，特别是使用拖网捕获的情况下，这称为"移位"。新的地点可能在环境参数（如深度、水流、温度、盐度）以及提供庇护所和食物方面为被释放的动物提供不适当的栖息地。这可能会进一步降低已经受到威胁的动物的生存能力。对于肉食性鱼种，在深海捕获和随后在水面释放可能会引起气压创伤（见第 17.3.3 节），随后的恢复行为可能会引起一种类型的垂直移位，迫使鱼类缓慢下降到最初的捕获深度。

17.3.11　捕　食

被释放的动物的紧张和虚弱的状态可能会导致行为障碍，这可能会降低它们能够避开捕食者的可能性。海鸟很可能是最普遍的被丢弃动物的捕食者之一，因为它们在海平面或略低于海面觅食，它们会跟随渔船专门捕食被丢弃的动物，因此，在大多数动物最脆弱的时候，它是对被丢弃的动物构成最大的捕食性威胁之一。

17.4　制定职能福利指标

养殖鱼类的福利评估在第 13 章中有广泛的讨论。在此，我们将简要讨论与评估遭遇商业渔具的水生动物的福利及其相关压力源最相关的关键指标。可以大致遵循两个方法。首先，在实验室环境中进行观察，以建立生理、行为和质量标准，并描述在受控的条件下对典型捕获相关应激源的反应。其次，在商业捕捞的作业期间对动物进行现场观察和监测，具有代表性地描述了这些应激源对福利的复合影响。

17.4.1　环境保护

描述动物从捕获到随后的释放或宰杀所经历的环境变化，确定许多最常见的与捕获相关的应激源是至关重要的。简单地测量深度、温度、盐度、水流移动、氧气浓度和光照强度随时间的变化，便可以确定减压损伤、温度休克、渗透调节的痛苦、疲乏、缺氧、光线曝光和复发的可能性及可能的程度。现在有相对低成本的技术来测量这其中的大多数指标，通常是使用简单的标签以便捷的方式贴在渔具上的形式进行。

17.4.2　生　理

有一系列广泛的生理指标可以用来描述对与捕获相关的压力的主要和次要反应（见第 11 章），以及确定对肉类质量的后续影响的潜在机制和释放后的存活率。与捕获相关的压力源中，特别相关的是了解受影响的物种的新陈代谢的范围，因为这可以让我们了解个体应对急性和潜在的致命压力源的能力，如疲惫、缺氧和离水。在评估宰杀方法的效果时，使用脑电系统监测大脑活动，有助于确定动物的意识状态。

17.4.3 品 质

使用与品质相关的衡量标准有可能将福利与利益相关者直接相关的产品特征经验联系起来。尽管良好的品质和相关的指标可能因物种和消费者的偏好而异，但使用诸如渔获量损害指数等，允许通过对擦伤、磨损和齿轮损坏等因素进行评分，进而对产品品质进行感官评估。鱼肉的外观、血迹、稠度和裂开的程度（鱼肉之间的结缔组织断裂）也是具有代表性的定性指标。更多的品质量化措施包括使用穿孔测试来检查质地，通过检测鱼肉的pH或通过使用反射光谱来测量残留在肉中的血液。

17.4.4 行为和活力

通常对潜在威胁（应激源）的行为反应是首要观察的反应之一，进而形成对整个动物福利状况的综合评价（第 4 章）。此外，作为一种衡量福利的标准，行为的变化很容易被观察到，记录下来是非侵入性的，而且只能是非侵入性的。最新的水下视频技术的发展可以为现在的商业捕捞渔业提供相对低成本的解决办法，可以实现在以往具有挑战性的条件下进行行为观察以及为更深入和可重复的分析创建出永久的记录。

对于受影响的动物来说，对应激源的反应，死亡率可以说是"不好的福利"的终极表现，对于幸存的个体来说，死亡可能意味着近乎致命的条件。有大量且不断涌现的文献描述了从商业捕捞作业中放生的动物的死亡率，为在广泛的条件下使用不同的捕捞方法捕获的动物的福利状况提供了重要的方法。此外，评估反射/行为的损害以及伤害的发生是预测死亡率的一个很好的指标，现在正被用来系统地评估放生动物的生命力。这项工作的主要的观察结果包括：较小的动物通常更有可能死亡；死亡率通常随着接触捕获方法的增加而增加（拖网的持续时间、浸泡时间等）；离水（分拣次数和空气暴露）。

17.5 在捕获的过程中评估福利

不同的物种和捕获方法所产生的与捕获相关的应激源的特点将是不同的，并因其发生的环境和时间框架而改变。关于捕获方法可能对目标渔获物和副渔获物产生的影响，需要考虑它们的作业模式以及它们如何与目标动物的行为相互作用，这可能是有益的。为此，我们将考虑 4 种不同的渔具类型，它们代表了截然不同的作业模式：刺网和拖网（被动缠绕）；围网（主动围网）；海底拖网（主动放牧）；捕鱼笼子（被动吸引）。与其他的捕鱼方法相关的压力源在本书的其他章节中有详细的描述：海底围网（第18章）和钓鱼（第19章）。为避免重复，对所有的捕获方法的取回、处理和宰杀过程进行了一般性的讨论，同时提供了相关的特定方法的例子。

17.5.1 捕 获

1.刺网和索网（被动缠绕，图17.2）

刺网和索网依靠鱼类的自然迁徙和/或觅食行为来捕捉它们，因为它们试图游过能见度低的网。一旦鱼被缠住，它将不可避免地挣扎逃脱，最终使它疲惫不堪/筋疲力尽。由于鱼是软体动物，试图挣脱的过程可能会导致擦伤。此外，受限的运动和收缩，特别是如果有鳃的话，可能会导致它们出现窒息的状态。从刺网和索网中放生的动物的存活率取决于各种因素，包括对低氧的耐受性、类群、动物的尺寸及暴露在空气中的时间。即使丢失或被遗弃，刺网和索网也可以继续捕捉动物或"幽灵捕鱼（暗中伤害到鱼类）"，这将大大增加暴露在这些应激源下的动物数量及其暴露时间。

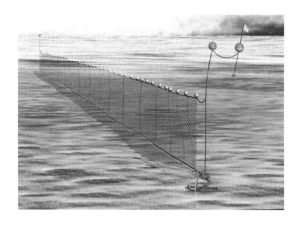

图17.2 刺网和索网由细小、能见度低的网板组成，垂直悬挂在浮索和加重地绳之间的水中，后者将遇到它们的动物缠绕在一起。刺网在每个面板中都有一个网片，而索网有几个网层，这些网层通常由小网目的内层和大网目的外层组成。资料来源：Galbraith et al. 2004

2.围网（活动环境，图17.3）

随着渔网的拖曳，渔网体积逐渐减少，将渔获物集中在靠近渔船的地方，在那里可以使用登陆网或抽水系统将渔获物带上船。一旦渔网的体积减小到限制鱼群移动的程度，并且它们的密度变得拥挤（在自然的状态下不会遭遇到的密度），捕获过程就开始对大多数的渔获物造成压力和伤害。在这方面上，有渔网或其他鱼类的身体接触的风险增加，进而导致机体摩擦受损。当拥挤变得非常密集，渔获物便被压在渔网上而受到挤压伤害，以及收缩的运动阻碍了鳃的有效换气，这可能会导致窒息。在更大的渔获量中，这种情况可能会进一步加剧，因为大量的鱼类生物量会迅速耗尽周围水域的氧气。此外，拥挤还会在一些物种中引发逃离反应，这些物种会迅速摆动尾巴以试图远离威胁刺激。这可能很快导致精疲力竭，并进一步加剧缺氧和窒息的风险。实验已经证明围网放生的鱼的拥挤密度和死亡率之间有很强的相关性。

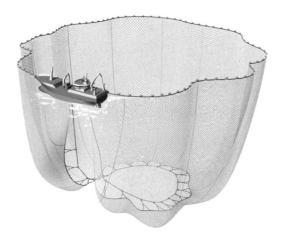

图 17.3　围网是围绕中上层鱼类自然聚集物展开或设置的网。它们本质上是一堵长达 1000 米、深达 200 米的网墙，从移动的船只上展开，以包围目标鱼群。一旦养殖区域被包围，网底的一根钱包钢丝就会被拉进来，以关闭网底。资料来源：Galbraith et al. 2004

3. 笼子（被动吸引，图 17.4）

用笼子捕获的基本原理是动物自愿进入。因此，至少在动物进入笼子之前，捕获过程可以被认为是没有压力的。一旦被捕获，这种动物可能会因为接触到渔网和笼子的框架，以及与其他在笼子里的动物有身体接触而受伤。由于封闭的环境也可能会产生应激反应。对笼子里捕获的鱼的行为观察表明，在一些最初的逃跑尝试之后，鱼通常要么在笼子里的有限空间内游来游去，要么在笼子里平静下来。大型动物 [包括鱼（即鳗鱼）、章鱼、螃蟹和龙虾]，在笼中捕食较小的动物。然而，从笼子中捕获和放生的动物具有较高的存活率（表 17.1），可以说明，笼子一般不会严重影响福利；然而，如果鱼不能潜入水中，死亡率可能很高。人们一般会认为在用笼子捕获的过程中，压力最大、最具伤害性的部分是在于收回笼子的过程。与刺网和索网一样，笼子也会在它们被丢失或遗弃后继续进行着"幽灵捕鱼"。

图17.4　笼子是使用吸引器（通常是诱饵）诱捕目标鱼的陷阱（Thomsen et al. 2010）。资料来源：Galbraith et al. 2004

表17.1　捕获并释放的动物存活率

物种	存活率（%）	引用
挪威龙虾（*Nephrops norvegicus*）	>96	Wileman et al.（1999）
蓝蟹（*Callinectes sapidus*）	81	Darnell et al.（2010）
深水红蟹（*Chaceon quinquedens*）	95	Tallack（2007）
鳕鱼（*Gadus morhua*）	79~96	Humborstad et al.（2016b）

4.海底拖网（主动集群，图17.5）

对于不能移动的物种，拖网只起到筛子的作用，收集水中的动物。然而，对于更具流动性和活跃性的物种来说，与拖网的行为相互作用可能是复杂的，并可能造成伤害。一旦进入拖网的口中，许多鱼就会转身试图游到网前。最终，这些鱼变得疲惫不堪，开始转向并回到拖网中。当鱼可能再次试图朝拖网的方向游去时，这种情况可能会重复到更远的渔网中，但只会使鱼更加疲惫不堪进而落到更深的渔网中。鱼最终落入拖网末端的网囊中，如果无法通过网囊或其他选择性装置逃脱，它们最终聚集在那里，成为渔获物的一部分。

随着鱼以这种方式进入网中，它们变得越来越疲惫，随着网的缩小，它们与网的伤害接触的风险增加。动物在网口撞击网具的某些部件或从地面网具下通过时，

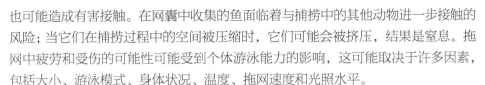

也可能造成有害接触。在网囊中收集的鱼面临着与捕捞中的其他动物进一步接触的风险；当它们在捕捞过程中的空间被压缩时，它们可能会被挤压，结果是窒息。拖网中疲劳和受伤的可能性可能受到个体游泳能力的影响，这可能取决于许多因素，包括大小、游泳模式、身体状况、温度、拖网速度和光照水平。

图17.5 海底拖网是一种复杂的装置，由一个锥形网组成，用长金属丝缠在渔船的后面。拖网在垂直的方向上是由一个加重的地面装置和一个浮力标组成，在横向上是由拖网"门"组成的，当拖网在水中被拖曳时，"门"被水动力分开。资料来源：Galbraith et al.2004

17.5.2 收 回

在这一阶段，渔具及其渔获物被从捕捞深处取回并被带上船。从圈养动物的潜在压力源的角度来看，有两个关键步骤，这将使捕获过程中已经经历的压力源与额外的压力源发生复合。

1.上升到海水表面

当渔具被拖到水面上时，捕获的鱼将经历静水压力的迅速降低，这可能会造成气压创伤（见第17.3.3节）。此外，这种迅速通过水体的过程还会造成环境条件中其他压力的变化，包括水温、盐度和光照强度。

2.从水中打捞上来

随着渔获物浮出水面，将不会存有它们呼吸所需的溶解氧（见第17.3.1节）。此外，温度的变化以及暴露在光线（特别是破坏性的紫外线）下的压力可能会加剧。在过渡期间，渔具的移动（特别是在恶劣的天气条件下）可能会增加鱼接触渔具、渔船和渔获物的其他部件时产生机体损伤的风险。同时，缺乏水的支持性和静水性将导致许多鱼类首次体验到它们在空气中的重量。此外，大量的捕捞活动，使得渔获物的重量相加并可能导致挤压伤。

17.5.3 处理渔获物

渔获物一旦被打捞到渔船上，必须直接处理，为加工和储存做充足的准备。

1.从渔具上取下

在这个阶段经历的压力源将取决于渔具的类型，如何将渔获物保持在渔具中，以及动物的身体形状和大小。例如，通常可以快速打开拖网网囊，并有效地清空渔获物。对于使用钩子的齿轮，将需要一些取下钩子的方法；这通常是通过机械装置，但也可以使用手动脱钩。在刺网和索网中，要迅速而不受伤害地清除缠绕的渔获物，特别是甲壳类动物，这可能具有挑战性。在围网中，通常直接用泵系统或着陆网从网中取出渔获物，而把网留在水中，将渔获物集中在有限的体积内。

2.控制

一旦从渔具上取下渔获物，且将其混合在一起后就需要分类，通常会将其放在甲板上或放入某种形式的容器中。这种封闭的性质将对等待分类的动物所经历的压力因素产生重要的影响。如果只是把鱼搁置在甲板上，鱼就有可能受到额外的身体伤害，包括被船员竖直悬挂，以及暴露在空气中，还有阳光和风带来的干燥效应。当在捕获箱或"储存器"中时，躺在箱内的动物的这些风险会降低，但在大量的捕获中，可能会增加因挤压而与其他动物接触而受伤的风险。

3.分类

此过程通常是由船员手工完成，但在一些渔业中也会采用机械分拣系统（通常是栅格），以及从捕获箱中分拣渔获物的传送带。所有这些分拣方式均会导致不同程度的机体损伤和创伤。渔获物暴露在空气中、温度冲击和阳光等复合应激源中的时间将取决于捕获物的大小和船员的效率。通常来讲，船员在快速分拣渔获物方面会做得非常有效，但他们可能不太会投入精力去仔细处理渔获物，以避免其进一步的身体创伤和伤害；尤其是在处理不想要的渔获物时，这一现象更为明显。

17.5.4 释放和逃脱

根据渔业的实际情况，渔民可能不需要很大比例的渔获量，因为大部分的渔获物很少具有或没有商业价值，或者体形偏小，或者没有可用的渔业资源配额。这些不具备价值的动物将经历被留下的捕获物所经历的所有的应激源（除去屠宰）。此外，不想要的渔获物通常被扔向海面丢弃，并有再次暴露空气和受伤的风险。

渔具在捕获目标动物方面并不完全有效，因此，相当大比例的动物可能会在遇到渔具时逃脱。此外，为了减少不需要的渔获物，在开发有选择地捕获目标动物的渔具方面进行了大量的投资，同时允许不需要的渔获物逃脱。这些逃脱的动物所经历的压力将取决于逃跑的路线以及它们在捕获过程中逃去的目的地。已有的证据表明一些逃逸的动物确实会死亡。与被放生的动物相比，它们很明显会遇到更少、更不极端的应激源，因此，更有可能在遇到捕捞渔具时幸存下来。在几个被拖网捕获后但仍生存的物种中，无论是被丢弃的还是逃脱的，均观察到生存与个体的大小显著相关，研究均支撑了游泳能力是一个重要的生存特征的假说。其他与生存有关的因素还有：拖网的持续时间、渔获物的大小和组成、网具的结构和网目的大小。

17.5.5　宰　杀

最佳的宰杀方法应当在宰杀动物之前使动物失去知觉，没有可避免的痛苦（例如，机械击晕和放血，随后在冰水中冷冻）。目前，商业渔船上的宰杀方式各不相同，这取决于动物的形态、捕鱼方法、船只的大小／年龄以及渔获物的大小和组成；但一般而言，目前的宰杀方式均没有达到这一最佳的福利标准。如来自拖网的渔获物通常被存放在甲板上或专用的箱中，在被清洗和转移到货舱冷藏／冰冻之前，在那里对鱼进行单独分类、去除内脏以及放血。因此，死亡很可能是由于鱼在意识清醒时失血过多造成的，而对于那些被带上船不久后被处理的鱼来说，或者对于其余的鱼类来说，死亡原因可能是在甲板上窒息。对于如利用围网捕捞且具有非常大的渔获量的情况时，通常直接从网中将鱼转移／抽到冰水中，这将导致它们可能死于缺氧，并且这也被证明是具有压力的，尤其是对温血和冷血物种。如果动物被单独从渔具（如笼子和多钩长线）上转移，可能会使用福利性的宰杀方法；但通常动物在被处理（内脏／放血）和存储之前不会被击晕。然而，如果通过避免压力性死亡来保持渔获物的质量是有价值的，渔民们会投资使用最佳的宰杀方法。

17.5.6　总　结

从这一部分可以推断，一些捕获方法本质上比其他的方法更具有福利——同情性；例如，笼子和围网可以最大限度地减少与捕获相关的压力，直至捕获过程的后期。然而，这种概念性的风险评估是基于目前有限的样本捕获方法而得到的关于福利的可用的知识，但并没有对这些假设进行实际的验证。无论捕获方法如何，本风险评估强调，压力的最高风险可能发生在取回和处理阶段（图 17.6）。虽然对于留下的渔获物来说，暴露在这些压力因素下可能是不可避免的，但在捕获过程的早期阶段，特别是在收回渔具之前，通过促进释放任何不想要的渔获物可以显著改善任何不需要的渔获物的福利。

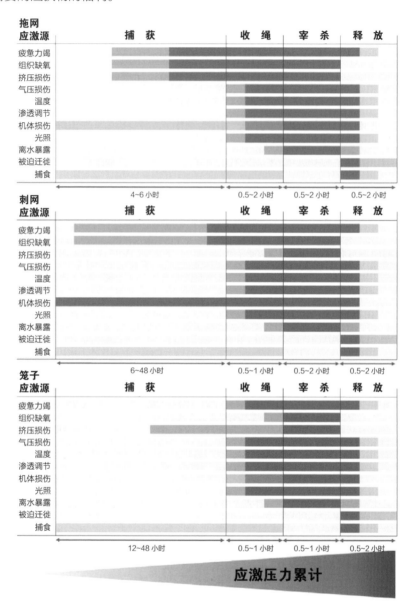

图17.6 福利风险评估的概念化例子。基于直接观察或其他的经验证据，可以估计应激源在捕获操作的每个阶段影响圈养动物的可能风险。图显示了从拖网、刺网和笼子中捕获和释放的拟黄鱼的概念性风险。研究表明，对于不同的捕获方法，遇到压力源的风险可能不同，但最有可能的压力源是处在提取和处理阶段。备注：低风险（浅灰色）、中等风险（灰色）和高风险（深灰色）

17.6　推广良好的渔获物福利的措施

准确地了解特定的应激源的严重程度和持续时间，以及与其他的应激源的复合效应和随时间的累积效应（第 17.4 节），可用于确定如何以及何时在捕捞的过程中最有效地采用措施来改善渔获物的福利。在此期间，有必要优先考虑被丢弃或逃脱个体的福利，如果这些动物受伤，其福利可能会比被宰杀的渔获物更差。

本节的其余部分是关于促进放生动物的生存的 MINOUW 讲习班讨论的成果。

一般原则

在一些渔业活动中，通过避免捕获不想要的动物可以大大改善相当一部分渔获物的福利，可以通过改变捕捞方法来实现这一目的。

1.不在有大量无用动物的区域或时间进行捕鱼，以避免不必要的渔获量。

2.提高渔具的选择性，以便在回收渔具之前将不需要的渔获物去除。

例如，即使无法避免意外捕获，简单地改变捕捞方法仍可改善渔获物中的动物福利。

● 限制捕捞作业的持续时间（如拖曳的持续时间、浸泡时间）将限制每只动物暴露于与捕获相关的应激源的时间，这样它们就可能有更大的能力（即更强的生命力）来应对在收回、处理和释放的过程中经历的应激源。

● 捕获量减少也将有利于不想要的渔获量。例如，在拖网网囊较小的渔获量中，受伤和 / 或窒息的风险可能会降低。此外，较小的渔获量将意味着渔民将更快地处理渔获物，从而减少在处理阶段暴露于与再现相关的压力源。

17.6.1　捕　捉

1.刺网和索网

从刺网中释放出来的动物的存活率可能很低，原因是将动物从网中取出时的处理方式很粗暴，而且在动物体内的留存时间相对较长，会有效杀死网中的所有的脊椎动物。因此，为了促进不想要的动物存活，首要的选择是避免捕捉它们。

刺网和索网的选择性可通过一系列与渔具相关的参数来改变，包括网具的材料、颜色、厚度、网目尺寸、悬挂率等。此外，声学探测仪已成功用于减少海洋哺乳动物的副渔获物。在渔网底部加一块板（"greca"）以防止缠绕，可成功减少不需要的甲壳类和其他底栖无脊椎动物的捕获量，并减少螃蟹和捕食性螺对商业渔获物的捕食。在一些渔业中，在动物体内留存较长的时间（>24 小时）内捕获副渔获物是捕获过程的重要的组成部分，以诱饵吸引目标动物，例如刺龙虾。在这种情况下，建议使用从以前的渔获物和其他渔场获得的饵料，并将其放入饵料袋中，同时缩短动物体内留存的时间，作为一种可能的替代方法。

"幽灵捕鱼"是指丢失或丢弃的渔具，特别是刺网和网箱等静态渔具，在渔民无法利用渔获物的情况下继续捕鱼。可通过一系列的缓解措施来解决这一问题，包括修改渔具和操作方法，以最大限度地减少渔具的丢失；可生物降解的部件，以减少丢失后的幽灵捕捞能力；促进渔具的岸上处置，以避免在海上被遗弃；以及实施丢失渔具的报告和回收计划。

2.围网

捕获前的特征描述：围网通常被认为是一种非选择性的渔具。然而，当渔民在捕捞的过程的早期阶段掌握了足够的有关渔获物的信息以决定是否捕捞时，捕捞过程便具有高度选择性。例如，在爱琴海北部，以沙丁鱼和凤尾鱼为目标的围网渔业报告的副渔获量非常低。该渔场使用多个浮灯吸引沙丁鱼和鳀鱼；在用划艇收集这些浮灯时，如果发现副渔获物的比例过高，则在下网前放弃捕捞。挪威围网也在开发捕获前的特征描述方法，利用水声估算目标鱼群的生物量和物种，并在早期捕获阶段利用小型加农炮拖网采集样本，以确定大小的分布和质量。

滑落的做法：如果早期的捕获特征显示捕获物不合适或太大，则要制定措施，以便在捕获物仍在水中时能安全地从网中释放（这一过程称为"滑落"），将死亡的风险降至最低。例如，Marçalo等证实，如果让沙丁鱼群通过渔网上特意形成的开口逃逸，而不是将它们划过浮线，则可显著提高沙丁鱼的存活率。

3.笼子

可通过改变网孔的大小（释放小鱼）、引入逃生口（释放小型底栖动物）以及限制入口的尺寸和形状以防止大型捕食者（如海豹）进入，实现网箱的选择性。还可将网箱浮在水面上，以防止甲壳类等不需要的底栖动物进入网箱，这些动物的存在可能会增加处理的时间并伤害捕获的鱼类。

结构：有些网箱被设计成可在甲板上折叠，便于储存。然而，这些鱼篓在拖到水面时也会"塌陷"，增加鱼与网的接触数量和程度。如果有合适的机制来防止这种情况，就能大大提高回收过程中的渔获物福利。

材料：与对鳕鱼实施拖网一样，使用无磨损性的网具材料，并确保没有锋利的边缘等，可以降低圈养动物受伤的风险。

笼子的尺寸：笼子的尺寸要足够大，以容纳捕获量，这将减少拥挤效应。此外，有证据表明这还能提高捕获率。

幽灵捕鱼：见索网和刺网。

4.拖网

拖网的选择性可通过简单改变网具的尺寸和加入方形网板与选择网格等选择性的装置来提高。物种选择也可通过修改拖网入口和主体来改善，例如分离板和无顶

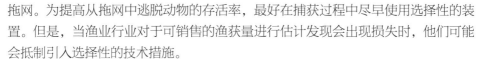

拖网。为提高从拖网中逃脱动物的存活率，最好在捕获过程中尽早使用选择性的装置。但是，当渔业行业对于可销售的渔获量进行估计发现会出现损失时，他们可能会抵制引入选择性的技术措施。

限制拖网的时间是减少捕捞相关应激因素暴露的一个切实选择，并且已证明可提高弃鱼的存活率。尽管实践表明较短的拖网时间可以在拖网中捕获质量更好的鱼，但当渔获量很小时，渔民仍不太可能接受此种做法。

在拖网作业中控制渔获量已经变得更加实际，因为最近的一系列的创新措施限制了渔获量，然后自动释放多余的渔获量。

网具的结构和材料可通过使用非磨损性的材料，如无结网和其他可替代网眼结构（如"T90"）进行改良，以避免对捕获的动物造成伤害。

有内衬的网具被用来减少网具中的水流，从而减少鱼类的疲惫和伤害，以采集标本用于实验。这种方法最近在商业拖网中得到进一步的发展，以保护渔获物并提高选择性。

17.6.2　打　捞

受控减压： 已经制定了科学的规程，对鱼鳔闭合的鱼类进行减压，减压速度既可避免物理性的气压创伤，也可在一定的程度上避免温度冲击。然而，期望渔民以这种缓慢的速度拖拽渔具是不现实的，因为仅从 100 米处拖拽就需要许多小时。因此，在现实中，回收过程中与环境变化相关的压力实际上是不可避免的。目前，唯一实际的解决办法是处理这些压力源带来的后果及发生的情况（见 17.6.3 和 17.6.4）。

1. 从水中打捞

迅速而谨慎地处理： 应尽可能快速、小心地从水中捞起渔获物，以避免受伤和在表层水域被捕食的风险，同时避免撞击船只和/或甲板设备。

渔获物的分类： 在拖网的渔获物中，特别是在较小的船上，有时需要将渔获物分开，以便安全地将渔获物及其内装物吊上船，并限制渔获物内部的挤压效应。然而，渔获物的其余部分仍留在拖网延伸部分的水中，继续面临磨蚀的伤害和海鸟捕食的风险。渔获物福利的益处取决于多个因素，包括渔获物的大小和组成、海面条件以及船员执行该程序的技能和效率。

将渔获物保存在水中： 将渔获物保留在少量的水中，这经常用于获取适用的、未受伤的样本，以供科学研究（例如通过避免与出水有关的应激源进行标记）。可以通过在网具内部缝上部分不透水的衬垫，在渔获物被吊上船时，在网具内仍可以保留一些水。

17.6.3 处理和分类

避免出水/在水中操作：在可行的情况下，应将渔获物从渔具直接转移到水中，以便在分拣过程中将其保持在水中。这样做的第一个好处是，直接将渔获物转移到水中，有助于避免因接触坚硬的表面或渔获物的其他成分而受伤。此外，只要水箱内的条件合适，这种处理方法将减轻在动物体内留存太久而带来的影响。水箱应持续供水，其温度、盐度和溶解氧的含量应能最大程度地减少温度休克、渗透压和缺氧的影响。理想的情况下，水应通过小孔网络从容器底部供应，以确保网具中的动物最有可能聚集的地方不会形成缺氧区（见第 18 章）。

在船上安装一个装满水的储水箱是不切实际的，甚至是不安全的，船员应尽量减少物理性/磨蚀性接触的影响，并尝试向网具中持续喷水。即使在甲板上用浸过水的布盖住笼子，也有助于减轻捕获物受到的某些影响。

避免阳光直射：在分拣的过程中，无论把捕获物放在哪里，都应避免阳光直射，以避免强光可能造成的压力和伤害。

迅速而小心地操作：应尽可能快速、小心地分拣和处理渔获物，以避免受伤的风险和进一步的压力。如果船员的工作效率高且认真负责，手工分拣比机械分拣更有优势。不过，对于大的渔获量，这可能需要与减少分拣时间进行权衡，从而最大限度地减少浸泡暴露，在这种情况下，机械化分拣（如格栅）可能更有益处。

优先顺序：不需要的渔获物的分类和释放应优先于上岸渔获物的处理，以尽量减少在动物体内留存的时间，应首先处理受保护和易受伤害的动物。

活力评估：对渔获物中被放生生物的生命力进行评估，确保任何被释放的动物确实具有存活的潜力，这是非常有益的。这些评估既不复杂也不耗时，只需根据信息的分类表执行即可。将捕获物置于水中，有助于这一过程，因为这样更容易识别活跃的、生命力更强的动物，以及那些因气压创伤而无法离开水面的动物。

17.6.4 释放不想要的渔获物

迅速而小心地操作：一旦选定要放生的动物，就应迅速、小心地将其放生到水中，放生的途径应有助于其逃离水面，并尽量减少进一步的受伤和遭遇捕食者的可能性。

适当的释放地点：在切实可行和安全的情况下，应将它们释放到它们能很快找到合适的栖息地和食物的地方（即最好靠近它们最初捕获的地方）。

协助加压：遭受物理性的气压创伤（即鳔过度肿胀或破裂）的动物将无法游离水面。可以使用一种能够将压力实现再压缩的装置来帮助它们。休闲捕鱼者已经开发出解决这一问题的有效方法，也可以为商业渔业中的动物放生开发此类装置，特

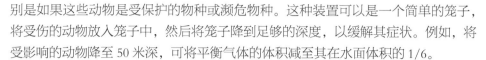

别是如果这些动物是受保护的物种或濒危物种。这种装置可以是一个简单的笼子，将受伤的动物放入笼子中，然后将笼子降到足够的深度，以缓解其症状。例如，将受影响的动物降至 50 米深，可将平衡气体的体积减至其在水面体积的 1/6。

放生管道： 为了保护被放生的动物免受捕食鸟类的伤害，可以通过一个管道将它们放生，管道中不断有水流通过，深度约为 5 米。虽然一些潜水鸟类可以游到这个深度，但大多数的海鸥仍游不到。此外，静水压力的小幅增加将有助于鱼类的气压创伤（将气体体积减小到 2/3）。

17.6.5　宰　杀

实施有利于福利的宰杀方案，是在商业渔业中引入良好福利操作的最重大的挑战之一。在水产养殖业中已经开发了适当的方法，例如自动击晕和放血技术（第 14 章）。然而，其中一些技术的有效性值得怀疑；例如 Robb 等的研究发现，自动击晕器中 50% 的击晕并不准确。此外，即使渔民可能有动力开发和使用这类方法，但有效的操作和规模方面的挑战可能使这些解决方案在一些渔业实施的过程中显得不切实际和 / 或成本太过高昂。例如，在中上层的渔业中，一次捕获的量可达几百吨（含几十万条鱼）。此外，近海渔船上的条件比水产养殖捕捞设施更不稳定，这可能会进一步降低任何一种自动化技术的有效性。目前正在研究开发其他的人道主义的宰杀方法，如使用麻醉或电击。第 18 章将详细探讨一个更有趣的解决方案，即开发活体捕获方法，使用低应激方法捕获鱼类，然后将其保存在有利于福利的饲养设施中直至宰杀。动物因此就能从最初的捕获中恢复过来，并以现有的屠宰方法的最佳速度进行捕捞。

17.6.6　总　结

本文考虑的每一种捕捉方法均有可能改善动物的福利。也有可能采用一种更有利于动物福利的方法来取代另一种方法。不过，这很可能会影响捕获效率，进而影响经济可行性，因为在许多情况下，首选的捕获方法是为在特定的环境中捕获特定的目标物种 / 组合而开发和优化的。一般来说，在回收和处理阶段最有可能出现与捕获相关的应激反应。然而，减轻这些压力的能力有限，尤其是与环境变化有关的压力。因此，在捕获过程的早期（即在打捞之前），将捕获物中不需要的动物进行释放应该是一件优先被考虑的事。

鱼类福利学

17.7　展望未来

　　良好的捕捞福利是有意义的。在商业捕捞渔业中引入良好的福利实践不仅符合道德规范，还能减少无用的渔获物和附带死亡率，使渔业保持可持续的发展，并能提高肉质和产品的保质期。通过为高质量、可持续和道德捕捞的食品开辟优质的市场，这本身就可以为渔民提供良好的有关捕捞的福利措施，进而提供经济利益。此外，可通过产品认证计划，如海洋管理认证和免检食品计划，激励福利捕捞做法，并要求相关的溢价。

　　然而，仅靠经济利益可能还不够，甚至对所有的渔业都不适用。这可能需要监管激励措施，使渔业的实践更好地与社会道德的转变保持一致。这种监管激励措施的最近的一个例子是欧盟共同渔业政策中引入的"上岸契约"（弃鱼禁令）。这是为了回应公众对浪费性丢弃行为的谴责而引入的，这些行为不仅被允许，而且事实上是由欧洲渔业法规所驱动的。上岸契约中包括"高存活率的免税政策"，这是一项务实的措施，旨在避免因无意中迫使渔民保留本可存活的无用的渔获物而增加不必要的捕捞死亡率。这一免税政策可促使一些渔业人员开始进行研究计划，即调查无用的渔获物中各部分生物的存活潜力。这增加了渔民和研究人员对与捕捞过程相关的压力因素的深入了解，进而推动减轻这些压力因素的进一步的发展方向，以促进放生鱼类的存活率和总体的渔获物福利。

　　本章确定了在商业捕鱼中引入良好的福利实践的几项战略挑战，可优先考虑该领域的未来研究。

　　● 减少无用的渔获物——该领域的持续研究将显著改善某些渔业中无用的渔获物的福利，这也可能对保留渔获物产生协同效益（如减少渔获量）。

　　● 制定监测/评估方法——需要针对具体的物种和渔业的方法，以正确描述压力因素的特征，从而确定改善渔获物福利的优先领域。

　　● 证明良好的福利能促进质量——压力与质量指标之间联系的经验证据能有力地激励利益相关者采用良好的福利做法。

　　● 改进渔获物处理和宰杀的方法——这是最重大的挑战之一，可能会抵消捕获过程中其他地方对渔获物福利和质量的任何改进。

　　总而言之，野生捕捞商业渔业不仅对全球的粮食安全至关重要，而且有可能生产优质的"野生捕捞/自由放养"肉制品，最终对生活在野外环境中的动物身上采用人道主义的、有福利意识的做法进行汇总。然而，为实现这个理想化的目标，我们不应该否定渔民目前的捕捞方式，这种捕捞方式已经演变了几千年，使我们能够在困难和危险的环境中捕捞宝贵的食物资源。相反，我们必须以建设性的方式共同努力，更多地了解与捕获相关的压力因素以及如何减轻这些压力，然后将这些知识转化为切实可行且有意义的指南，告知渔民有关良好的捕获福利的最佳做法。

　　致谢　本章的部分内容基于"促进弃鱼存活"研讨会的成果和讨论，该研讨会的报告见 Breen，M. & Morales Nin，B.（2017）。我们衷心感谢与会同事的投入和热烈讨论：Beatriz Morales Nin、Francesc Maynou、Miquel Palmer、Montse Demestre、Pilar Sánchez、Alfredo de Vinesa Gutiérrez、Mariona Segura、Claudio Viva、Alessandro Ligas、Catarina Adão、Ada Campos、Ana Marçalo 和 Hugues Benoit。此次的研讨会是欧盟资助项目MINOUW（H2020-SFS-2014-2）[http://minouw-project.eu/]（欧盟委员会合同号：634495）的一部分。同时感谢 Helen McGregor 和 Keith Mutch 提供的 Galbraith et al.（2004）版权的原始图像，并感谢 Sebastian Uhlmann 提供图 17.1 的原始图像。最后，我们要特别感谢许多匿名的渔民，他们支持我们的研究。让我们与他们一起工作，使我们能够更好地了解捕鱼过程及其影响。

参考文献

Adams (2013) The future of commercial fishing. New Zealand Herald. http://www.nzherald.co.nz/ business/ news/article.cfm?c_id¼43&objectid¼11132876

Agnew DJ, Pearce J, Pramod G, Peatman T, Watson R et al (2009) Estimating the worldwide extent of illegal fishing. PLoS One 4(2):e4570. https://doi.org/10.1371/journal.pone.0004570

Anders N, Fernö A, Humborstad OB, Løkkeborg S, Utne-Palm AC (2017) Species specific behaviour and catchability of gadoid fish to floated and bottom set pots. ICES J Mar Sci 74 (3):769–779. https://doi. org/10.1093/icesjms/fsw200

Anders N, Breen M, Saltskår J, Totland B, Øvredal JT et al (2019a) Behavioural and welfare implications of a new slipping methodology for purse seine fisheries in Norwegian waters. PLoS One 14(3):e0213031. https://doi. org/10.1371/journal.pone.0213031

Anders N, Roth B, Grimsbø E, Breen M (2019b) Assessing the effectiveness of an; electrical stunning and chilling protocol for the slaughter of Atlantic mackerel (Scomber scombrus). PLoS One 14(9):e0222122. https://doi. org/10.1371/journal.pone.0222122

Bagni M, Civitareale C, Priori A, Ballerini A, Finoia M, Brambilla G, Marino G (2007) Pre-slaughter crowding stress and killing procedures affecting quality and welfare in sea bass (*Dicentrarchus labrax*) and sea bream (*Sparus aurata*). Aquaculture 263:52–60

Barthel BL, Cooke SJ, Suski CD, Philipp DP (2003) Effects of landing net mesh type on injury and mortality in a freshwater recreational fishery. Fish Res 63(2):275–282. ISSN: 0165-7836. https://doi.org/10.1016/S0165-7836(03)00059-6

Barton BA (2002) Stress in fishes: a diversity of responses with particular reference to changes in circulating corticosteroids. Integr Comp Biol 42:517–525

Bayse SM, Pol MV, He P (2016) Fish and squid behaviour at the mouth of a drop-chain trawl: factors contributing to capture or escape. ICES J Mar Sci 73(6):1545–1556. https://doi.org/10. 1093/icesjms/fsw007

Beamish FWH (1966) Muscular fatigue and mortality in haddock (*Melanogrammus aeglifinus*) caught by otter trawl. J Fish Res Bd Can 23(10):1507–1521

Bellquist L, Beyer S, Arrington M, Maeding J, Siddall A, Fischer P, Hyde J, Wegner NC (2019) Effectiveness of descending devices to mitigate the effects of barotrauma among rockfishes (Sebastes spp.) in California recreational fisheries. Fish Res 215(2019):44–52. ISSN 0165-7836. https://doi.org/10.1016/j.fishres.2019.03.003

Benoît HP, Hurlbut T, Chassé J (2010) Assessing the factors influencing discard mortality of demersal fishes in four fisheries using a semi-quantitative indicator of survival potential. Fish Res 106:436–447

Bennett JR, Maloney R, Possingham HP (2015) Biodiversity gains from efficient use of private sponsorship for flagship species conservation. Proc B 282:1–7

Bjørnevik M, Solbakken V (2010) Pre-slaughter stress and subsequent effect on flesh quality in farmed cod. Aquac Res 41:467–474. https://doi.org/10.1111/j.1365-2109.2010.02498.x

Black EC (1958) Hyperactivity as a lethal factor in fish. J Fish Res Bd Can 15:573–586 Bonga SEW (1997) The stress response in fish. Physiol Rev 77(3):591–625

Borderías AJ, Lamua M, Tejada M (1983) Texture analysis of fish fillets and minced fish by both sensory and instrumental methods. Int J Food Sci Tech 18(1):85–95

Borges L, Lado EP (2019) Discards in the common fisheries policy. In: Uhlmann SS, Ulrich C, Kennelly S (eds) The evolution of the policy: The European discard policy–educing unwanted catches in complex multi-species and multi-jurisdictional fisheries. Springer. https://link. springer.com/chapter/10.1007/978-3-030-03308-8_2

Breen M (2004) Investigating the mortality of fish escaping from towed fishing gears–a critical analysis. PhD Thesis, University of Aberdeen. 313 pp

Breen M, Catchpole T (eds) (2020) ICES WKMEDS guidance on method for estimating discard survival. ICES Cooperative Research Report

Breen M, Morales Nin B (eds) (2017) Deliverable report 2.16: data on the survival of unwanted catch. Science, technology, and society initiative to minimize unwanted catches in European fisheries: project MINOUW. SFS-09-2014. http://minouw-project.eu/wp-content/uploads/2018/ 07/D2-16-Data-on-the-survival-of-unwanted-catch.pdf

Breen M, Dyson J, O'Neill FG, Jones E, Haigh M (2004) Swimming endurance of haddock (*Melanogrammus aeglefinus* L.) at prolonged and sustained swimming speeds, and its role in their capture by towed fishing gears. ICES J Mar Sci 61:1071–1079

Breen M, Huse I, Ingolfsson OA, Madsen N, Soldal AV (2007) Survival: an assessment of mortality in fish escaping from trawl codends and its use in fisheries management. Final report on EU contract Q5RS-2002-01603, 300 pp

Breen M, Isaksen B, Ona E, Pedersen AO, Pedersen G, Saltskår J, Svardal B, Tenningen M, Thomas PJ, Totland B, Øvredal JT, Vold A (2012) A review of possible mitigation measures for reducing mortality caused by slipping from purse-seine fisheries. ICES CM 2012/C:12

Broadhurst MK, Suuronen P, Hulme A (2006) Estimating collateral mortality from towed fishing gear. Fish Fish 7:180–218

Broadhurst MK, Millar RB, Brand CP, Uhlmann SS (2009) Modified sorting technique to mitigate the collateral mortality of trawled school prawns (*Metapenaeus macleayi*). Fish Bull 107:286–297

Browman HI, Cooke SJ, Cowx IG, Derbyshire SWG, Kasumyan A, Key B, Rose JD, Schwab A, Skiftesvik AB, Stevens ED, Watson CA, Arlinghaus R (2018) Welfare of aquatic animals: where things are, where they are going, and what it means for research, aquaculture, recreational angling, and commercial fishing. ICES J Mar Sci 76:82. https://doi.org/10.1093/icesjms/fsy067

Brown C (2015) Fish intelligence, sentience and ethics. Anim Cogn 18:1–17

Brown J, Macfadyen G (2007) Ghost fishing in European waters: impacts and management responses. Mar Pol 31:488–504

Brown RS, Pflugrath BD, Colotelo AH, Brauner CJ, Carlson TJ, Deng ZD, Seaburg AG (2012) Pathways of barotrauma in juvenile salmonids exposed to simulated hydroturbine passage: Boyle's law vs. Henry's law. Fish

Res 121–122:43–50. ISSN: 0165-7836. https://doi.org/10. 1016/j.fishres.2012.01.006

Buhl-Mortensen L, Aglen A, Breen M, Buhl-Mortensen P, Ervik A, Husa V, Løkkeborg S, Røttingen I, Stockhausen HH (2013) Impacts of fisheries and aquaculture on sediments and benthic fauna: suggestions for new management approaches. Fisken og Havet 3, 69 pp

Carretta J, Barlow J, Enriquez L (2008) Acoustic Pingers eliminate beaked whale bycatch in a gill net fishery. Publications, Agencies and Staff of the U.S. Department of Commerce. Paper 47. http://digitalcommons.unl. edu/usdeptcommercepub/47

Catanese G, Hinz H, del Mar Gil M, Palmer M, Breen M, Mira A, Pastor E, Grau A, Campos-Candela A, Koleva E, Grau AM, Beatriz Morales-Nin B (2018) Comparing the catch compo-sition, profitability and discard survival from different trammel net designs targeting common spiny lobster (Palinurus elephas) in a Mediterranean fishery. Peer J 6:e4707. https://doi.org/10. 7717/peerj.4707

Chapman CJ, Shelton PMJ, Shanks AM, Gaten E (2000) Survival and growth of the Norway lobster *Nephrops norvegicus* in relation to light-induced eye damage. Mar Biol 136:233–241

Chopin F, Inoue Y, Arimoto A (1996) Development of a catch mortality model. Fish Res 25:377–382

Claireaux G, Webber DM, Lagardere JP, Kerr SR (2000) Influence of water temperature and oxygenation on the aerobic metabolic scope of Atlantic cod (*Gadus morhua*). J Sea Res 44:257–265

Cole RG, Tindale DS, Blackwell RG (2001) A comparison of diver and pot sampling for blue cod (*Parapercis colias: Pinguipedidae*). Fish Res 52(3):191–201

Cooke SJ, Donaldson MR, O'Connor CM et al (2013) The physiological consequences of catch-and-release angling: perspectives on experimental design, interpretation, extrapolation and relevance to stakeholders. Fish Man Ecol 20:268–287

Darnell MZ, Darnell KM, McDowell RE, Rittschof D (2010) Postcapture survival and future reproductive potential of ovigerous blue crabs *Callinectes sapidus* caught in the central North Carolina pot fishery. Trans Am Fish Soc 139(6):1677–1687. https://doi.org/10.1577/T10-034.1

Davis MW (2002) Key principles for understanding fish bycatch discard mortality. Can J Fish Aq Sci 59:1834–1843

Davis MW (2010) Fish stress and mortality can be predicted using reflex impairment. Fish Fish 11:1467–2979

Davis MW, Olla BL (2001) Stress and delayed mortality induced in Pacific halibut *Hippoglossus stenolepis* by exposure to hooking, net towing, elevated seawater temperature and air: implica-tions for management of bycatch. N Am J Fish Manag 21:725–732

Davis MW, Olla BL (2002) Mortality of lingcod towed in a net is related to fish length, seawater temperature and air exposure: a laboratory bycatch study. N Am J Fish Manag 22:395–404

Davis MW, Olla BL, Schreck CB (2001) Stress induced by hooking, net towing, elevated seawater temperature and air in sablefish: lack of concordance between mortality and physiological measures of stress. J Fish Biol 58:1–15

Dawkins MS (2004) Using behaviour to assess animal welfare. Anim Welf 13:S3–S7

Dawson SM, Slooten E (2005) Management of gillnet bycatch of cetaceans in New Zealand. J Cetacean Res Manag 7(1):59–64

Dehadrai PV (1966) Mechanism of gaseous exophthalmia in the Atlantic cod, *Gadus morhua* L. J Fish Res Bd Can 23:909–914

Depestele J, Rochet M-J, Dorémus G, Laffargue P, Stienen EWM (2016) Favorites and leftovers on the menu of scavenging seabirds: modelling spatiotemporal variation in discard consumption. Can J Fish Aquat Sci 73:1446–1459

DFO (2018) A review of the use of recompression devices as a tool for reducing the effects of barotrauma on rockfishes in British Columbia Canadian Science Advisory Secretariat (Pacific Region) Science Response 2018/043. https://waves-vagues.dfo-mpo.gc.ca/Library/40716120. pdf

Diggles BK, Cooke SJ, Rose JD, Sawynok W (2011) Ecology and welfare of aquatic animals in wild capture fisheries.

Rev Fish Biol Fish 21:739–765

Digre H, Hansen UJ, Erikson U (2010) Effect of trawling with traditional and 'T90' trawl codends on fish size and on different quality parameters of cod Gadus morhua and haddock Melanogrammus aeglefinus. Fish Sci 76:549. https://doi.org/10.1007/s12562-010-0254-2

Digre H, Tveit GM, Solvang-Garten T, Eilertsen A, Aursand IG (2016) Pumping of mackerel (Scomber scombrus) onboard purse seiners, the effect on mortality, catch damage and fillet quality. Fish Res 176:65–75

Domenici P, Herbert NA, LeFrançois C, Steffensen JF, McKenzie DJ (2012) The effect of hypoxia on fish swimming performance and behaviour. In: Palstra AP, Planas JV (eds) Swimming physiology of fish. Springer, Berlin, pp 129–161

Donaldson MR, Cooke SJ, Patterson DA, Macdonald JS (2008) Cold shock and fish. J Fish Biol 73:1491–1530. https://doi.org/10.1111/j.1095-8649.2008.02061.x

Eigaard OR, Bastardie F, Breen M, Dinesen GE, Hintzen NT, Laffargue P, Mortensen LO, Nielsen JR, Nilsson HC, O'Neill FG, Polet H, Reid DG, Sala A, Sköld M, Smith C, Sørensen TK, Tully O, Zengin M, Rijnsdorp AD (2015) Estimating seabed pressure from demersal trawls, seines, and dredges based on gear design and dimensions. ICES J Mar Sci 73:i27. https://doi. org/10.1093/icesjms/fsv099

Eigaard OR, Bastardie F, Breen M, Dinesen GE, Hintzen NT, Laffargue P, Mortensen LO, Rasmus Nielsen J, Nilsson H, O'Neill FG, Polet H, Reid DG, Sala A, Sköld M, Smith C, Sørensen TK, Tully O, Zengin M, Rijnsdorp AD (2016) A correction to "Estimating seabed pressure from demersal trawls, seines and dredges based on gear design and dimensions". ICES J Mar Sci 73:2420. https://doi.org/10.1093/icesjms/fsw116

Elliott DG (2011a) The skin | Functional morphology of the integumentary system in fishes. In: Farrell AP (ed) Encyclopedia of fish physiology. Academic, San Diego

Elliott DG (2011b) The skin | The many functions of fish integument. In: Farrell AP (ed) Encyclopedia of fish physiology. Academic, San Diego

Esaiassen M, Akse L, Joensen S (2013) Development of a catch-damage-index to assess the quality of cod at landing. Food Control 29:231–235

FAO (1990) FAO international standard statistical classification of fishing gear (ISSCFG). http:// www.fao.org/ docrep/008/t0367t/t0367t00.htm

FAO (2016) Abandoned, lost or otherwise discarded gillnets and trammel nets: methods to estimate ghost fishing mortality, and the status of regional monitoring and management, by Eric Gilman, Francis Chopin, Petri Suuronen and Blaise Kuemlangan. FAO fisheries and aquaculture tech-nical paper no. 600, Rome

Farrington M, Carr A, Pol M, Szymanski M (2008) Selectivity and survival of Atlantic cod (Gadus morhua) [and haddock (Melangrammus aeglefinus)] in the Northwest Atlantic longline fishery. Final report. NOAA/NMFS Saltonstall-Kennedy program. Grant number: NA86FD0108. http:// archives.lib.state.ma.us/bitstream/ handle/2452/429957/ocn960945695.pdf?sequence¼1& isAllowed¼y

Feathers MG, Knable AE (1983) Effects of decompression upon largemouth bass. N Am J Fish Manag 3:86–90

Ferro RST, Jones EG, Kynoch RJ, Fryer RJ, Buckett B-E (2007) Separating species using a horizontal panel in the Scottish North Sea whitefish fishery. ICES J Mar Sci 64:1543–1550

Ferter K, Weltersbach MS, Humborstad O-B, Fjelldal PG, Sambraus F, Strehlow HV, Vølstad JH (2015) Dive to survive: effects of capture depth on barotrauma and post-release survival of Atlantic cod (Gadus morhua) in recreational fisheries. ICES J Mar Sci 72:2467–2481

Frank TM, Widder EA (1994) Comparative study of behavioral sensitivity thresholds to near-UV and blue-green light in deep-sea crustaceans. Mar Biol 121:229–235

Furevik DM, Humborstad OB, Jørgensen T, Løkkeborg S (2008) Floated fish pot eliminates bycatch of red king crab and maintains target catch of cod. Fish Res 92(1):23–27

Galbraith RD, Rice A, Strange E (2004) An Introduction to commercial fishing gear and methods used in Scotland.

Scottish Fisheries Information Pamphlet No. 25 2004. ISSN: 0309 9105, 44 pp

Gale MK, Hinch SG, Donaldson MR (2013) The role of temperature in the capture and release of fish. Fish Fish 14:1–33

Garthe S, Camphuysen K, Furness RW (1996) Amounts of discards by commercial fisheries and their significance as food for seabirds in the North Sea. MEPS 136:1–11

Gilman E, Suuronen P, Hall M, Kennelly S (2013) Causes and methods to estimate cryptic sources of fishing mortality. J Fish Biol 83:766–803. https://doi.org/10.1111/jfb.12148

Graham N, Kynoch RJ, Fryer RJ (2003) Square mesh panels in demersal trawls: further data relating haddock and whiting selectivity to panel position. Fish Res 62(3):361–375. ISSN: 0165-7836. https://doi.org/10.1016/S0165-7836(02)00279-5

Greenwell MG, Sherrill J, Clayton LA (2003) Osmoregulation in fish. Mechanisms and clinical implications. Vet Clin North Am Exot Anim Pract 6(1):169–189. vii

Grimaldo E, Sistiaga M, Larsen RB (2014) Development of catch control devices in the Barents Sea cod fishery. Fish Res 155:122–126

Gullestad P, Aglen A, Bjordal Å, Blom G, Johansen S, Krog J, Misund OA, Røttingen I (2014) Changing attitudes 1970–2012: evolution of the Norwegian management framework to prevent overfishing and to secure long-term sustainability. ICES J Mar Sci 71:173–182

Hall MA, Alverson DL, Metuzals KI (2000) By-catch: problems and solutions. Mar Pollut Bull 41 (1):210

Hamley JM (1975) Review of gillnet selectivity. J Fish Res Bd Can 32(11):1943–1969

Harris RR, Ulmestrand M (2004) Discarding Norway lobster (*Nephrops norvegicus* L.) through low salinity layers–mortality and damage seen in simulation experiments. ICES J. Mar Sci 61:127–139

HLPE (2014) Sustainable fisheries and aquaculture for food security and nutrition. A report by the High Level Panel of Experts on Food Security and Nutrition of the Committee on World Food Security, Rome 2014. http://www.fao.org/3/a-i3844e.pdf

Holst R, Madsen N, Moth-Poulsen T, Fonseca P, Campos A (1998) Manual for gillnet selectivity. European Commission. http://constat.dk/Papers/Gillman.pdf

Holt EWL (1895) An examination of the present state of the Grimsby trawl fishery: with especial reference to the destruction of immature fish. Revision of tables. J Mar Biol Assoc 3:337–448

Hughes GM (1975) Respiratory responses to hypoxia in fish. Am Zool 13:475–489

Humborstad O-B, Mangor-Jensen A (2013) Buoyancy adjustment after swimbladder puncture in cod *Gadus morhua*: an experimental study on the effect of rapid decompression in capture-based aquaculture. Mar Biol Res 9:383–393

Humborstad O-B, Utne-Palm AC, Breen M, Løkkeborg S (2018) Artificial light in baited pots substantially increases the catch of cod (Gadus morhua) by attracting active bait, krill (Thysanoessa inermis). ICES J Mar Sci. https://doi.org/10.1093/icesjms/fsy099

Humborstad OB, Ferter K, Kryvi H, Fjelldal P (2016a) Exophthalmia in wild-caught cod (*Gadus morhua* L.): development of a secondary barotrauma effect in captivity. J Fish Dis 40:41–49

Humborstad O-B, Breen M, Davis MW, Løkkeborg S, Mangor-Jensen A, Midling KØ, Olsen RE (2016b) Survival and recovery of longline-and pot-caught cod (*Gadus morhua*) for use in capture-based aquaculture (CBA). Fish Res 174:103–108

Hunt DE, Maynard DL, Gaston TF (2014) Tailoring codend mesh size to improve the size selectivity of undifferentiated trawl species. Fish Manag Ecol 21:503–508. https://doi.org/10. 1111/fme.12099

Huntingford FA, Kadri S (2009) Taking account of fish welfare: lessons from aquaculture. J Fish Biol 75:2862–2867. https://doi.org/10.1111/j.1095-8649.2009.02465.x

Huntingford FA, Adams C, Braithwaite VA, Kadri S, Pottinger TG, Sandøe P, Turnbull JF (2006) Current issues in fish welfare. J Fish Biol 68:332–372

Huse I, Vold A (2010) Mortality of mackerel (*Scomber scombrus* L.) after pursing and slipping from a purse-seine. Fish Res 106(1):54–59

Hvas M, Folkedal O, Imsland A, Oppedal F (2017) The effect of thermal acclimation on aerobic scope and critical swimming speed in Atlantic salmon, *Salmo salar*. J Exp Biol 220:2757–2764

ICES (2005) Joint report of the study group on unaccounted fishing mortality (SGUFM) and the workshop on unaccounted fishing mortality (WKUFM). ICES CM 2005/B:08

ICES (2014) Report of the workshop on methods for estimating discard survival (WKMEDS), 17–21 February 2014, ICES HQ, Copenhagen, Denmark. ICES conference and meeting (CM) 2014/ACOM: 51, 114 pp

ICES (2015a) Report of the workshop on methods for estimating discard survival 2, 24—28 November 2014, ICES HQ. ICES CM 2014\ACOM:66, 35 pp

ICES (2015b) Report of the workshop on methods for estimating discard survival 3 (WKMEDS 3), 20–24 April 2015, London. ICES CM 2015\ACOM:39, 47 pp

ICES (2015c) Final report of TOR innovative dynamic catch control devices in fishing. ICES-FAO Working Group on Fisheries Technology and Fish Behavior (WGFTFB). http://ices.dk/sites/ pub/Publication%20Reports/ Expert%20Group%20Report/SSGIEOM/2015/2015% 20WGFTFB%20Annex%204%20Final%20report%20 of%20TOR%20Innovative%20dynamic %20catch%20control%20devices%20in%20fishing.pdf

ICES (2016a) Report of the workshop on methods for estimating discard survival 4 (WKMEDS4), 30 November–4 December 2015, Ghent. ICES CM 2015\ACOM:39, 57 pp

ICES (2016b) Report of the workshop on methods for estimating discard survival 5 (WKMEDS 5), 23–27 May 2016, Lorient, France. ICES CM 2016/ACOM:56, 51 pp

Ingolfsson OA, Soldal AV, Huse I, Breen M (2007) Escape mortality of cod, saithe and haddock in a Barents Sea trawl fishery. ICES J Mar Sci 64:1836–1844

Johnsen S (2012) The optics of life: a biologist's guide to light in nature. Princeton University Press, Princeton. ISBN: 978-0-691-13990-6 (hbk); 978-0-691-13991-3 (pbk)

Jury SH, Howell H, O'Grady DF, Watson WH III (2001) Lobster trap video: in situ video surveillance of the behaviour of *Homarus americanus* in and around traps. Mar Freshw Res 52(8):1125–1132

Kaiser MJ, Huntingford FA (2009) Introduction to papers on fish welfare in commercial fisheries. J. Fish Biol 75:2852–2854

Karlsson-Drangsholt A, Svalheim RA, Aas-Hansen Ø, Olsen SH, Midling K, Breen M, Grimsbø E, Johnsen HK (2017) Recovery from exhaustive swimming and its effect on fillet quality in haddock (*Melanogrammus aeglefinus*). Fish Res 97:96–104. https://doi.org/10.1016/j.fishres. 2017.09.006

Karp WA, Breen M, Borges L, Fitzpatrick M, Kennelly SJ, Kolding J, Nielsen KN, Viðarsson JR, Cocas L, Leadbitter D (2019) Strategies used throughout the world to manage fisheries discards–lessons for implementation of the eu landing obligation. In: Uhlmann SS, Ulrich C, Kennelly S (eds) The European discard policy-reducing unwanted catches in complex multi-species and multi-jurisdictional fisheries. Springer. https://link.springer. com/chapter/10.1007/ 978-3-030-03308-8_1

Key B (2016) Why fish do not feel pain. Animal Sentience 2016.003

Killen SS, Marras S, McKenzie DJ (2011) Fuel, fasting, fear: routine metabolic rate and food deprivation exert synergistic effects on risk-taking in individual juvenile European sea bass. J Anim Ecol 80:1024–1033. https:// doi.org/10.1111/j.1365-2656.2011.01844.x

Kitsios E (2016) The nature and degree of skin damage in mackerel (*Scomber scombrus*) following mechanical stress: can skin damage lead to mortality following crowding in a purse seine? MSc Thesis, University of Bergen, 64 pp

Krag LA Herrmann B, Karlsen JD, Mieske B (2015) Species selectivity in different sized topless trawl designs: does size matter? Fish Res 172:243–249. ISSN: 0165-7836. https://doi.org/10. 1016/j.fishres.2015.07.010

Kristoffersen S, Tobiassen T, Steinsund V, Olsen RL (2006) Slaughter stress, post-mortem muscle pH and rigor development in farmed Atlantic cod (*Gadus morhua* L.). Int J Food Sci Tech 41:861–864

Larsen RB, Isaksen B (1993) Size selectivity of rigid sorting grid in bottom trawls for Atlantic cod (*Gadus morhua*) and haddock (*Melanogrammus aeglefinus*). ICES Mar Sci Symp 196:178–182

Lines JA, Spence J (2014) Humane harvesting and slaughter of farmed fish. Rev Sci Tech 33 (1):255–264

Lundberg P, Vainio A, MacMillan DC, Smith RJ, Veríssimo D, Arponen A (2019) The effect of knowledge, species aesthetic appeal, familiarity and conservation need on willingness to donate. Anim Conserv 22:432–443. https://doi.org/10.1111/acv.12477

Macfadyen G, Huntington T, Cappell R (2009) Abandoned, lost or otherwise discarded fishing gear. UNEP regional seas reports and studies, no. 185. FAO fisheries and aquaculture technical paper, no. 523. Rome, UNEP/FAO, 115 p

Marçalo A, Marques T, Araújo J, Pousão-Ferreira P, Erzini K, Stratoudakis Y (2010) Fishing simulation experiments for predicting effects of purse seine capture on sardines (*Sardina pilchardus*). ICES J Mar Sci 67:334–344

Marçalo A, Araújo J, Pousão-Ferreira P, Pierce GJ, Stratoudakis Y, Erzini K (2013) Behavioural responses of sardines *Sardina pilchardus* to simulated purse-seine capture and slipping. J Fish Biol 83(3):480–500

Marçalo A, Guerreiro PM, Bentes L, Rangel M, Monteiro P, Oliveira F, Afonso CML, Pousão-Ferreira P, Benoit HP, Breen M, Erzini K, Gonçalves JMS (2018) Effects of different slipping methods on the mortality of sardine, *Sardina pilchardus*, after purse-seine capture off the Portuguese Southern coast (Algarve). PLoS One 13(5):e0195433. https://doi.org/10.1371/jour nal.pone.0195433

Marçalo A, Breen M, Tenningen M, Onandia I, Arregi L, Gonçalves JMS (2019) Chapter 11–Mitigating slipping related mortality from purse seine fisheries for small pelagic fish: Case studies from European Atlantic waters. In: Uhlmann SS, Ulrich C, Kennelly S (eds) The European discard policy-reducing unwanted catches in complex multi-species and multi-jurisdictional fisheries. Springer. https://link.springer.com/chapt er/10.1007/978-3-030-03308-8_15

Matos E, Gonçalves A, Nunes ML, Dinis MT, Dias J (2010) Effect of harvesting stress and slaughter conditions on selected flesh quality criteria of gilthead seabream (*Sparus aurata*). Aquaculture 305:66–72. https://doi.org/10.1016/j.aquaculture.2010.04.020

McKenzie DJ, Axelsson M, Chabot D, Claireaux G, Cooke SJ, Corner RA, De Boeck G, Domenici P, Guerreiro PM, Hamer B, Jørgensen C, Killen SS, Lefevre S, Marras S, Michaelidis B, Nilsson GE, Peck MA, Perez-Ruzafa A, Rijnsdorp AD, Shiels HA, Steffensen JF, Svendsen JC, Svendsen MBS, Teal LR, van der Meer J, Wang T, Wilson JM, Wilson RW, Metcalfe JD (2016) Conservation physiology of marine fishes: state of the art and prospects for policy. Conserv Physiol 4(1):cow046. https://doi.org/10.1093/conphys/cow046

Meintzer P, Walsh P, Favaro B (2017) Will you swim into my parlour? In situ observations of Atlantic cod (*Gadus morhua*) interactions with baited pots, with implications for gear design. PeerJ 5:e2953. https://doi.org/10.7717/peerj.2953

Merker B (2016) Drawing the line on pain. Animal Sentience 2016.030

Metcalfe JD (2009) Welfare in wild capture marine fisheries. J Fish Biol 75:2855–2861

Midling KØ, Koren C, Humborstad O-B, Sæther B-S (2012) Swimbladderhealing in Atlantic cod (*Gadus morhua*), after decompression and rupture incapture-based aquaculture. Mar Biol Res 8:373–379

Morzel M, Sohier D, Hans Van de Vis H (2003) Evaluation of slaughtering methods for turbot with respect to animal welfare and flesh quality. J Sci Food Agric 82:19–28. https://doi.org/10.1002/ jsfa.1253

Nichol D, Chilton E (2006) Recuperation and behaviour of Pacific cod after barotrauma. ICES J Mar Sci 63:83–94

NOAA Fisheries Website (2020) Recompression devices: helping anglers fish smarter. https:// videos.fisheries.noaa. gov/detail/videos/recreational-fishing/video/3619674964001/ recompression-devices:-helping-anglers-fishsmarter?autoStart¼true

Olla BL, Davis MW, Schreck CB (1997) Effects of simulated trawling on sablefish and walleye pollock: the role of light intensity, net velocity and towing duration. J Fish Biol 50:1181e1194

Olsen SH, Sørensen NK, Larsen R, Elvevoll EO, Nilsen H (2008) Impact of pre-slaughter stress on residual blood in fillet portions of farmed Atlantic cod (*Gadus morhua*) measured chemically and by visible and near-infrared spectroscopy. Aquaculture 284(1):90–97

Olsen RE, Oppedal F, Tenningen M, Vold A (2012) Physiological response and mortality caused by scale loss in Atlantic herring. Fish Res 129–130:21–27

Pascoe PL (1990) Light and capture of marine animals. In: Herring PJ, Campbell AK, Whitfield M, Maddock L (eds) Light and life in the sea. Cambridge University Press, Cambridge, 357 pp

Peregrin LS, Butcher PA, Broadhurst MK, Millar RB (2015) Angling-induced barotrauma in snapper *Chrysophrys auratus*: are there consequences for reproduction? PLoS One 10:1371

Poli BM, Parisi G, Scappini F, Zampacavallo G (2005) Fish welfare and quality as affected by preslaughter and slaughter management. Aquacult Int 13:29–49

Portz DE, Woodley CM, Cech JJ (2006) Stress-associated impacts of short-term holding on fish. Rev Fish Biol Fish 16:125–170

Precision Seafood Harvesting (2014). http://www.precisionseafoodharvesting.co.nz/

Raby GD, Packer JR, Danylchuk AJ, Cooke SJ (2014) The underappreciated and understudied role of predators in the mortality of animals released from fishing gears. Fish Fish 15:489–505

Rihan D, Uhlmann SS, Ulrich C, Breen M, Catchpole T (2019) Chapter 4—Requirements for documentation, data collection and scientific evaluations. In: Uhlmann SS, Ulrich C, Kennelly S (eds) The European discard policy-reducing unwanted catches in complex multi-species and multi-jurisdictional fisheries. Springer. https://link.springer.com/chapter/10.1007/978-3-030-03308-8_3

Robb DHF (2008) Welfare of fish at harvest. In: Branson EJ (ed) Fish welfare. Blackwell, Oxford, 300 pp. ISBN-13: 978-1-4051-4629-6

Robb DHF, Wotton SB, McKinstry JL, Sørensen NK, Kestin SC (2000) Commercial slaughter methods used on Atlantic salmon: determination of the onset of brain failure by electroenceph-alography. Vet Rec 147:298–303

Rogers SG, Langston HT, Targett TE (1986) Anatomical trauma to sponge-coral reef fishes captured by trawling and angling. Fish Bull 84(3):697–704

Rogers NJ, Urbina MA, Reardon EE, McKenzie DJ, Wilson RW (2016) A new analysis of hypoxia tolerance in fishes using a database of critical oxygen level (Pcrit). Conserv Physiol 4(1): cow012. https://doi.org/10.1093/conphys/cow012

Rose JD, Arlinghaus R, Cooke SJ, Diggles BK, Sawynok W, Stevens ED, Wynne CDL (2014) Can fish really feel pain? Fish Fish 15:97–133. https://doi.org/10.1111/faf.12010

Roth B, Heia K, Skåra T, Sone I, Birkeland S, Jakobsen RA, Akse L (2013) Kvalitetsavvik sildefilet. Sluttrapport (In Norwegian). https://nofimaas.sharepoint.com/sites/public/_layouts/ 15/guestaccess.aspx?guestaccesstoken¼c sN3daighAgM5EZdXXyfXCtQPu%2Fq9% 2BXqRQ2SXZa4lco%3D&docid¼09f5f587768644956a1be158981 3fc074

Rummer JL, Bennett WA (2005) Physiological effects of swim bladder overexpansion and cata-strophic decompression on Red Snapper. Trans Am Fish Soc 134:1457–1470

Ryer CH (2002) Trawl stress and escapee vulnerability to predation in juvenile walleye pollock: is there an unobserved bycatch of behaviorally impaired escapees? Mar Ecol Prog Ser 232:269e279

Ryer CH (2004) Laboratory evidence for behavioural impairment of fish escaping trawls: a review. ICES J Mar Sci 61:1157–1164

Ryer CH, Ottmar ML, Sturm EA (2004) Behavioral impairment after escape from trawl codends may not be limited to fragile fish species. Fish Res 66:261e269

Salomon M, Markus T, Dross M (2014) Masterstroke or paper tiger–the reform of the EU's common fisheries policy. Mar Policy 47:76–84. ISSN: 0308-597X. https://doi.org/10.1016/j. marpol.2014.02.001

Sangster GI, Lehmann K, Breen M (1996) Commercial fishing experiments to assess the survival of haddock and whiting after escape from four sizes of diamond mesh codends. Fish Res 25:323–345

Schreck CB, Olla BL, Davis MW (1997) Behavioral responses to stress. Fish Stress Health Aquac 62:145–170

Seafish (2013) The seafish guide to illegal, unreported and unregulated fishing (IUU), September, 2013. http://www.seafish.org/media/publications/SeafishGuidetoIUU_201309.pdf

Shephard S, Minto C, Zölck M, Jennings S, Brophy D, Reid D (2014) Scavenging on trawled seabeds can modify trophic size structure of bottom-dwelling fish. ICES J Mar Sci 71:398–405

Sigholt T, Erikson U, Rustad T, Johansen S, Nordtvedt TS, Seland A (1997) Handling stress and storage temperature affect meat quality of farm-raised Atlantic salmon (*Salmo salar*). J Food Sci 62:898–905

Skjervold PO, Fjæra SO, Østby PB, Einen O (2001) Live-chilling and crowding stress before slaughter of Atlantic salmon (*Salmo salar*). Aquaculture 192:265–280

Smith LS (1993) Trying to explain scale loss mortality: a continuing puzzle. Rev Fish Sci 1 (4):337–355

Sneddon LU, Elwood RW, Adamo SA, Leach MC (2014) Defining and assessing animal pain. Anim Behav 97:201–212. https://doi.org/10.1016/j.anbehav.2014.09.007

Star-Oddi (2017). https://www.star-oddi.com/products/aquatic-animals

Stien L, Hirmas E, Bjørnevik M, Karlsen Ø, Nortvedt R, Rørå AMB, Sunde J, Kiessling A (2005) The effects of stress and storage temperature on the colour and texture of pre-rigor ¢lleted farmed cod (*Gadus morhua* L.). Aquac Res 36:1197

Suuronen P (2005) Mortality of fish escaping trawl gears. FAO fisheries technical paper, 478, 72 p

Sweet M, Kirkham N, Bendall M, Currey L, Bythell J et al (2012) Evidence of melanoma in wild marine fish populations. PLoS One 7(8):e41989. https://doi.org/10.1371/journal.pone.0041989

Tallack SML (2007) Escape ring selectivity, bycatch, and discard survivability in the New England fishery for deep-water red crab. ICES J Mar Sci 64:1579–1586

Tenningen M, Vold A, Olsen RE (2012) The response of herring to high crowding densities in purse-seines: survival and stress reaction. ICES J Mar Sci 69:1523–1531

Thomsen B, Humborstad OB, Furevik DM (2010) Fish pots: fish behaviour, capture processes, and conservation issues. In: He P (ed) Behaviour of marine fishes: capture processes and conserva-tion challenges. Wiley, Iowa, pp 143–158

Torgersen T, Bracke MBM, Kristiansen TS (2011) Reply to Diggles et al. (2011): Ecology and welfare of aquatic animals in wild capture fisheries. Rev Fish Biol Fish 21:767–769

Uhlmann SS, Broadhurst MK (2007) Damage and partitioned mortality of teleosts discarded from two Australian penaeid fishing gears. Dis Aquat Org 76:173–186. https://doi.org/10.3354/ dao076173

Uhlmann SS, Broadhurst MK (2015) Mitigating unaccounted fishing mortality from gillnets and traps. Fish Fish 16:183–229. https://doi.org/10.1111/faf.12049

Utne-Palm AC, Breen M, Løkkeborg S, Humborstad O-B (2018) Behavioural responses of krill and cod to artificial light in laboratory experiments. PLoS One 13(1):e0190918. https://doi.org/10. 1371/journal.pone.0190918

Van de Vis H, Kestin S, Robb D, Oehlenschläger J, Lambooij B, Münkner W, Kuhlmann H, Kloosterboer K, Tejada M, Huidobro A, Otterå H, Roth B, Sørensen NK, Akse L, Hazel BH, Nesvadba P (2003) Is humane slaughter of fish possible for industry? Aquac Res 34:211–220

Veldhuizen LJL (2017) Understanding social sustainability of capture fisheries. PhD thesis, Wageningen University, Wageningen, 160 p. ISBN: 978-94-6257-964-4. https://doi.org/10. 18174/392826

Veldhuizen LJL, Berentsen PBM, de Boer IJM, van de Vis JW, Bokkers EAM (2018) Fish welfare in capture fisheries: a review of injuries and mortality. Fish Res 204:41–48. ISSN: 0165-7836. https://doi.org/10.1016/j.fishres.2018.02.001

Vold A, Anders N, Breen M, Saltskår J, Totland B og Øvredal JT (2017) Best practices in slipping from purse seines. (Beste praksis for slipping fra not. Utvikling av standard slippemetode for makrell og sild i fiske med not. Faglig sluttrapport for FHF-prosjekt 900999.) Rapport fra Havforskningen no 6-2017. ISSN: 1893-4536 (online) (In Norwegian)

Wagner H (1978) Einfluss der Schleppzeiten und Steertfüllung auf die Qualität des Fisches (in German). Seewirtschaft 10:399–400

Wedemeyer GA, Barton BA, McLeay DJ (1990) Stress and acclimation. In: Schreck CB, Moyle PB (eds) Methods for fish biology. American Fisheries Society, Bethesda, pp 451–489

Wileman DA, Ferro RST, Fonteyne R, Millar RB (1996) Manual of the methods of measuring the selectivity of towed fishing gears. ICES coop. res. rep. no. 215. Copenhagen, 126 p

Wileman DA, Sangster GI, Breen M, Ulmestrand M, Soldal AV, Harris RR (1999) Roundfish and Nephrops survival after escape from commercial fishing gear. EU contract final report. EC contract no: FAIR-CT95-0753

Wood CM, Turner JD, Graham MS (1983) Why do fish die after severe exercise? J Fish Biol 22:189–201

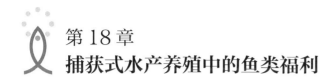

第18章
捕获式水产养殖中的鱼类福利

摘要: 捕获式水产养殖（capture-based aquaculture，CBA）将水产养殖的实践与捕捞渔业相结合，使捕获的渔物能够在短期或长期内保持活力，用于饲养或活体储存。CBA使我们能够推出多种品种，从软体动物、扇贝和甲壳动物到鱼类，如金枪鱼、鳕鱼、鳗鱼和石斑鱼。在CBA中，与传统的捕捞相比，处理和适应新环境对让鱼类在捕获的过程中处于暴露的应激因素有额外的影响，而这种影响的持续时间从传统捕捞的几分钟到几小时增加到了CBA的几天甚至几个月。我们展示了在大西洋鳕鱼商业捕捞中，对福利的强烈关注已经存在，并解释了有这种关注背后的理由。我们以大西洋鳕鱼（*Gadus morhua*）为例进行了案例研究，作为一个强有力的样本和模型物种，用于检测福利风险并采取措施加以缓解；进而讨论了与捕捞、运输和活体储存三个广泛阶段相关的主要的福利问题，并确定了CBA中当前普遍存在的鱼类福利的挑战；并强调了从渔业和水产养殖相结合的行业中汲取的经验教训，以及在这个行业中，已经存在并成功进行着的渔业和水产养殖之间的知识转移的过程。

关键词: 捕获式水产养殖；渔具；底围网；活捕；活体运输；活体仓储

18.1 捕获式水产养殖和鱼类福利的原理

Ottolenghi等最早定义捕获式水产养殖（CBA），并与孵化式水产养殖（hatchery-based aquaculture，HBA）进行区分：从野外采集、早期的生命阶段到成鱼的"种子"材料，然后通过使用水产养殖技术在人工饲养的条件下将这些材料培育到适合销售的尺寸。CBA将水产养殖实践与捕捞渔业相结合，以使捕获物在短时间或长时间内存活，用于饲养或活体储存；因此，持续生长并不是CBA的决定性前提。CBA使我们能够生产许多物种，从软体动物、扇贝和甲壳类动物到金枪鱼、鳕鱼、鳗鱼、乌鱼和石斑鱼等鱼类。据估计，CBA约占海洋水产养殖的20%，具有广泛的环境、生物多样性和社会经济的影响。捕获野生鱼类可用于许多不同的目的，包括但不限于食品生产、公共水族馆展示、观赏（第15章）和实验（第16章），因此，CBA面临一些福利的挑战。在本章中，我们重点关注活体捕捞渔业中的鱼类福利，主要包括：1）在消费上存在的商业利益；2）网箱中的活鱼。

CBA中使用的技术因所涉及的门类和物种的不同而有很大的差异；但对于有鳍鱼类，CBA通常涉及一个广泛的三阶段程序：1）捕获；2）运输；3）活体储存。在

CBA中，在第二和第三阶段对新环境的潜在处理和适应可能会对鱼类在捕获过程中暴露的压力源产生额外的影响（第17章）。这种影响的持续时间是从传统捕鱼的几分钟和几小时急剧增加到CBA的几天和几个月。随着CBA将鱼类的地位从受渔业立法（配额、选择性和环境问题）约束的自由生活动物转变为在处理、宰杀和福利方面受截然不同的法规约束的养殖动物，基于知识的跨学科方法是成功管理该行业的先决条件。

因此，CBA中的捕获和运输的一个核心原则是尽可能减少鱼类暴露于捕获和处理的压力源，确保该过程在水产养殖的过程中为活体储存提供始终如一的健壮的和具有高生存潜力的动物。尽管这种方法主要是由质量和经济动机驱动的，但鱼类福利仍然与整个过程有着内在的联系，并且是整个过程的核心，这使得CBA中的福利问题比传统的海洋渔业中的福利问题更加突出。

在一个关于大西洋鳕鱼CBA的案例研究中，我们展示了这种高度专业化的渔业是如何关注福利的，并强调了在渔业和水产养殖交汇的行业中采用这种方法的优势，以及水产养殖和渔业之间最佳的实践程序的成功转移。在介绍了鳕鱼的CBA后，更广泛地讨论了其他重要的CBA鱼种的例子。

18.2 大西洋鳕鱼的CBA：个案研究

在挪威的一项案例研究中，大西洋鳕鱼的CBA从3月开始并持续到6月，沿着特罗姆斯和芬马克县海岸，用海底围网捕获成年鱼（超过捕捞可允许的最低尺寸），并将其暂养在海笼中，全年生产和供应新鲜、优质的鱼。未成熟的鳕鱼（3~5年）跟随毛鳞鱼（*Mallotus villosus*）为产卵迁移到海岸；在捕获物中，尽管卵和产卵后的鳕鱼也很常见，但未成熟的鳕鱼的捕获量占大多数。在过去30年中，鳕鱼的CBA反映了沿海船只的可用配额，低配额导致高活动量，反之亦然。在挪威，过去10年中每年CBA的着陆量从1000吨到6000吨不等。2006年制定的大西洋鳕鱼CBA法规以捕获后的福利为主要的关注点。我们回顾了3个不同阶段的过程、鱼类面临的主要的压力源以及如何减轻这些压力。

18.2.1 捕获阶段

与鳕鱼海底围网的捕获阶段（图18.1）相关的主要压力源包括物理接触、被迫长时间游泳以及从深处上升时的减压/热应力。这些压力源会导致机械损伤/伤口、疲惫和气压创伤，从而降低鱼类福利和生存潜力。

18.2.1.1　物理影响

一些研究发现，各式装备（主要是拖网）会在鳕鱼的身上造成伤害。被捕获物与渔具的接触可能是由直接撞击引起的，也可能是被其他捕获的鱼挤压到网壁上，或者试图通过网逃跑时，鱼沿着围网和围网内部摩擦时引起损伤。因此，需要使用适当的针对特定物种的网目尺寸，以确保幼鱼不会在通过围网时受伤，将其风险降至最低。在拖曳渔具捕获的鳕鱼中经常观察到与捕捞相关的损害，这种损害可能对质量产生多重影响。众所周知，更大的拖运量会导致更高的死亡率，这可能是由于个体的压力增加和窒息风险增加所致。

图 18.1　海底围网捕鱼包括将鳕鱼群定位、包围和放牧到连接在加重绳索上的围网中。通过部署一根绳索（1000~2000 米，取决于深度和覆盖区域的大小）、围网和三角形配置的第二根绳索进行围海。然后，浮标被拿起，船只缓慢向前移动，将绳索拉近，将鱼送入围网。当绳索平行时，鱼就会被围网捕获。绳索被拉上来，围网从底部升起。从射网到将鱼带到船旁的整个过程的典型的持续时间约为 1~1.5 小时（图片由 Seafish 提供：www.Seafish.org）

为了减少物理影响，在鳕鱼的 CBA 围网渔业中必须使用无结网材料，并建议保持低的渔获量，且只有在天气良好的情况下才能进行捕捞，因为这些措施可以减少压力、伤害，提高渔获物的存活率和质量。除了避开鱼类资源丰富的地区外，还出现了减少渔获量的渔获量控制系统，从而降低遭受压力损害的鱼类比例。

18.2.1.2 力竭游泳（持续高强度的游泳）

据观察，鳕鱼和黑线鳕都可能在游泳耐力实验中死亡。因此，在CBA中观察到的游泳能力的下降和疲劳后的压力，可能解释了死亡率的差异。研究表明，从拖网捕鱼区逃脱的鱼类往往表现出游泳能力受损和行为缺陷，这使它们容易受到更高的捕食风险和更低的觅食成功率的影响。白色肌肉组织中的呼吸物质耗尽可能是导致这类鱼的游泳能力下降的原因。Olsen等发现，捕捞时间最长、渔获量最高的鱼类的死亡率也最高，并且鱼类的初始血液的pH值最低，血液中的乳酸水平升高。

减少力竭运动的基本的预防措施是减少拖航时间，这可以通过使用更短的绳索、更快的拖航速度或设置更窄的围网来实现。然而，其中一些措施可能会对捕捞效率产生负面影响，除非可用性很高，否则渔民可能会采取相反的做法来最大限度地提高捕捞量。因此，一定程度的生理损伤目前是不可避免的。

18.2.1.3 气压创伤

在主动上升的过程中，闭鳔鱼通过一个被称为"卵圆窗"的高度血管化的区域慢慢吸收鱼鳔内多余的气体。然而，在捕获的情况下，上升速度通常超过补偿机制的能力，并且组织所含气体的体积增加，导致鱼鳔破裂。在丹麦围网浮出水面前的几秒钟内，一连串的气泡在水面破裂的现象可以清楚地被观察到。当鱼鳔膨胀但没有破裂时，鱼会失去对浮力的控制，并被困（漂浮）在水面上，使它们面临鸟类捕食和热休克的风险。

直觉上，人们会认为鱼鳔破裂及其影响会造成太大的伤害，无法进行活体储存。法律还规定，捕获的深度应"以最大限度地减少长期气压创伤的方式进行调整"。为了避免鳔破裂，这意味着要从非常浅的深度或以非常慢的上升速度捕获鱼类，接近它们的自然速度。然而，鱼鳔内的气体吸收是一个缓慢的过程，鳕鱼需要大约4小时才能将鳔内的压力降低50%，这意味着丹麦围网将不能作为捕获装置。在分拣的过程中（见下文），鱼有明显的气压损伤的迹象，如漂浮、肿胀的眼睛、外翻的胃被移走并被宰杀；然而，丹麦围网捕获的适合CBA（即后分选）的大多数鳕鱼涨破了鱼鳔，但仍然能膨胀。这种违反直觉的说法背后的原因是，鳕鱼具有气体释放和快速修复的机制，这使鳕鱼能够清除多余的气体。

避免有害气压创伤的缓解性的措施是在拖网的最后阶段保持网兜深入水下并降低回程速度，因为这会使多余的气体在浮出水面之前慢慢溢出。因此，CBA的鳕鱼通常在150~250米，这确保了鱼鳔会被刺破。然而，上升率的重要性尚不完全清楚，但因鱼鳔破裂浮起的比例也取决于拥挤的程度和捕获量（作者未发表的数据）。

18.2.2　运输阶段

18.2.2.1　装　载

运输阶段从装载过程开始，该过程包括从囊网中泵出鱼类或使用囊网升降机（图 18.2）。这两种操作都涉及沿着船侧在囊网延伸部分内来回移动鱼类，可能会发生磨损和其他的损伤，如表皮、口部、鳃盖、眼睛等的损伤或鳍裂。鱼类可能会受到囊网内其他鱼类的压力损伤，尤其是当被提升到船上时，而在泵送的过程中，可能会发生真空/压力室内的直接冲击，以及由阀门关闭造成的压力损伤。

为了降低福利风险，强制使用具有三种用途的拖网渔具帆布袋，因为：1）减少着陆过程中的接触磨损；2）减少空气中的重量和压力损伤；3）减少空气暴露，尤其是在低温着陆时。进一步的捕获控制也是重要的，例如，较小的装载量减少了卸鱼量并减少了洗涤。在真空泵中，主要的问题是避免尖角。当鱼进入真空泵室时，通过将软管的抽吸速度降至最低来最大限度地减少由减速带来的损坏。

图 18.2　用CBA装载鳕鱼时规定强制使用的一个帆布袋

18.2.2.2　捕获物的分类和筛选

就降低CBA后期福利不佳的风险而言，分拣可能是CBA过程中最重要的阶段。这是渔民在水产养殖阶段统计其捕获量并评估鱼类是否适合储存的第一次机会。然而，分拣过程本身可能是影响福利的一个风险因素。从囊网或泵上卸载造成的物理影响、空气暴露和缺氧是最突出的威胁。此外，长时间暴露在太阳的辐射下会损害皮肤和鱼体的健康，而低温会导致皮肤黏液冻结，以至于产生冻伤。

必须对所有非正常浮起、明显受伤或活力下降的鱼类进行分类和宰杀。许多渔民通常从装满水（或部分装满水）的水箱中挑选不合适的鱼（图18.3）。这样做的主要原因是1）减少机械损伤（减速和磨损）；2）降低缺氧和热损伤的风险；3）有助于识别漂起的鱼，漂浮鱼的白色腹部在水中时非常显眼。

清除有可见性的损伤迹象的鱼类大大降低了当下和分选后的死亡率，从而减少了福利较差的垂死鱼类的数量。由于肉眼无法轻易评估动物的内部状态，一些未明显受伤的鱼类仍会延迟死亡。根据它们的大小和状况，以及鱼类进入渔网的时间（游泳的持续时间），它们通常会表现出多种生理状态。衰竭程度可以通过测量生理指标（如乳酸、葡萄糖、pH等）来估计。然而，这些指标可能需要大量的人力，因此不适合在商业渔业中常规使用。更重要的是，虽然这些指标对确定亚致死压力的水平很有意义，但是它们与死亡率的结果并没有很好的相关性。也有研究人员认为，鳕鱼在圈养的条件下可能会出现继发性凸眼症。由于其为气压创伤的影响，在分拣时不会表现出来，但迄今为止，这种影响仅在实验室的条件下得到证实。

图18.3 左图：渔民从装满水的箱子分拣捕获物。右图：偏好在水中悬浮的鳕鱼，不适合活体储存

分拣箱中的行为，尤其是鱼类活动，是最常被用作疲惫和活力的指标之一。在一个典型的捕鱼场景中，在捕捞结束时被带上船的鱼是最疲惫的，专业的渔民可以很容易地观察到一段时间内鱼类运动的停止。当不能确定捕获鱼类的状况时，渔民通常也会检查其反应能力。最常见的反射是尾巴反射（当尾巴受到刺激时，鱼会抽搐），其次是当鱼沿着长轴（身体的主轴，从头部到尾部方向）旋转时的眼球运动（前庭眼球反应）、头部的复合运动（交替呼吸运动）以及鳍的竖起。鳕鱼的反射动作死亡率预测因子曲线表明，反射损伤小于50%的鱼类可能会从捕获压力中恢复。在CBA渔业中，通常采用预防原则，这意味着缺乏一种以上反射反应的鱼类将被宰杀。虽然经验丰富的渔民可以在分拣过程中熟练利用这些手段进行分拣，

但包括反射测试在内的新的最佳的分拣指南也有助于新的 CBA 渔民提高分拣技能，更好地了解该技术。

18.2.2.3　养殖池

当鳕鱼被释放到运输罐中时，大多数的鳕鱼会因为负浮力出现力竭，并游到底部。在运输初期（通常为 1~24 小时），由于鱼类堆积在一起会消耗生存空间的氧气资源，因此，缺氧的风险很高（图 18.4 和图 18.5）。在这段时间后，鱼类的生理机能会恢复，气体重新填充鱼鳔，鱼离开底部后开始游泳。

众所周知，缺氧是鳕鱼运输过程中的主要的致命因素。在 20 世纪 90 年代初，鳕鱼的 CBA 开始时，单管进水口最初位于底部的上方，更替的水会从鱼类上方经过，导致底部密集的鱼类层内缺氧。这种缺氧往往导致超过 50% 发生极端死亡。20 世纪 90 年代中期引入的改造技术是安装一个双层底部，在上底部每 100cm^2 处穿孔一个直径为 8mm 的孔，位于原始底部上方 10cm 处。通过新底部泵送的替代海水在整个养殖箱区域产生了均匀分布的上升流，确保了充足的富氧水供应给底部的鱼。自 2005 年以来，这一技术一直是强制执行的，仅这一创新就将养殖箱汇总的死亡率降低到 10% 以下。

增加水箱的静息面积也可以提高存活率。通过安装一个水平分隔底板，将养殖池分成两个相等的体积，与养殖池相比，静息面积增加了 1 倍，运输能力至少可以增加 50%（图 18.4）。

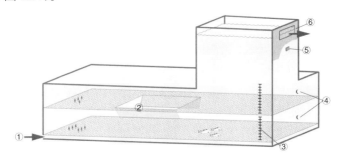

图 18.4　大西洋鳕鱼的 CBA 的典型的运输罐设计。通过使用平坦的穿孔双层底部来优化供水，以确保每条鱼都能用替代海水冲洗。通过安装额外的分离器底板（2），增加了可用的休息区域。量表（3）用于估计拥挤的程度。储罐内的视频监控（4）意味着可以监控拥挤、乏力、增加通气量、上浮问题或恐慌行为等行为指标。在这种情况下，渔民将开始宰杀，以避免福利差、死亡和产品质量差。流出水的氧气监控（5）是识别供水问题或在高氧气消耗期间增加供水的重要手段。这可以防止缺氧并促进污染物的去除（6）

图 18.5 在运输罐恢复的最初几个小时，拥挤可能是一个问题，从罐底部持续供应水是生存的先决条件

鳕鱼目前的运输密度约为 $150kg/m^3$。尽管这一数字在不同的船只之间的差异很大，但远低于先前实验研究中使用的密度（$>500kg/m^3$）。研究发现，高密度运输会影响生理参数，提高血浆皮质醇和葡萄糖的水平，但不会显著提高死亡率。有研究表明，鳕鱼可以耐受低氧饱和的水平；然而，许多因素影响鱼类的耐缺氧性。氧气在水中的溶解度随着温度的变化而变化，温度越高，意味着溶解氧（单位 mg/L）越少。氧气的消耗量也与鱼的大小和数量成正比，较小的鱼在每单位重量消耗的氧气量方面比较大的鱼多。此外，如果鱼类受到压力、鳃功能受损或者血液的携氧能力降低，则鱼类需要水中更高的溶解氧浓度。

运输过程中，氧气监测不是强制性的，部分原因是恰当的标准并不适用于所有的情况。然而，许多船只确实监测氧气，一个有用的经验法则是将流出的水保持在 80% 或更高的饱和度。到目前为止，这似乎是一个有效的预防性的安全标准。另一个广泛采用的安全标准是水置换率至少为 0.5L/（kg·min），这除了确保足够的氧气外，还可以减少代谢废物的积累。因此，需要进一步对此进行研究，特别是在鳕鱼的 CBA 过程中遇到的各种压力情况和环境条件下的氧气需求。

18.2.3　活体储存阶段

18.2.3.1　恢　复

CBA过程的最后阶段是从将鱼泵入或收集池开始。在 20 世纪 80 年代和 90 年代，渔民们使用标准的柔性养殖网进行活捕和养殖。这将导致一个问题，因为很大一部分的渔获物可能仍然精疲力竭或受到气压创伤问题的困扰，因此，鱼类需要停留在笼子的底部进行恢复。捕获后的恢复可能需要 24 小时，由于网基变形和鱼堆积在一起，如果没有给它们足够的底层的休息空间，任何仍然需要恢复时间的鱼类都可能因其他鱼类遭受压力损伤、磨蚀性伤害和 / 或窒息。

这一挑战促使人们开发了坚固的平底网箱（图 18.6），这为鱼类提供了一个稳定的恢复平台，从而降低了窒息和死亡的风险。鱼类可以在转移后的 1~2 天内恢复浮力控制，并恢复游泳。在这个阶段，它们就可以转移到生长网箱中了。法规要求在恢复阶段每天对鱼类进行检查，并且底板区域的容纳密度不得超过 $50kg/m^2$。一旦鱼恢复浮力，为了恢复它们的活力，将其转移到笼中，进行不喂食的短期饲养或喂食的长期饲养。

在最初的 4 周里，鱼类可以在没有饲料的情况下饲养，之后必须每天喂食。在活体饲养 12 周后，这些鱼受水产养殖法的管辖，CBA 从业者必须持有饲养这些鱼的相关的许可证，并遵守国家的宰杀程序。

图 18.6　鳕鱼在平底回收笼内休息

18.2.3.2　无喂食的储存

在 4 周的禁食期内，鳕鱼面临着一些潜在的行为和生理挑战，如饥饿/厌食症、和同类相食。没有喂食的活体储存不会使鳕鱼受到非典型条件的影响，因为它们在野外经常会长时间没有食物，尤其是在冬季。为了在这些条件下生存，鱼类必须调动其组织中的营养物质。因此，对缺乏饲料的容忍度取决于鱼类的体能储备的状况，并因鳕鱼的体型、生命阶段、产卵情况或一年中的时间而异。如果这些鱼的状况已经很差，在捕获时的能量储备很低，或者处于无法长时间不进食的生命阶段，那么都可能影响到福利和运营的经济性。先前的研究报告称，鳕鱼在缺食 56 天或 84 天后体质下降并停止生长，在没有饲料的情况下饲养 107 天或 154 天时状况再次变差。正如一些研究所发现的那样，长期缺乏饲料也会对肝体细胞指数有害，但其他的研究则不然。这也可能对鱼类的生理状况有害，并可能降低压力耐受性。有极少的鳕鱼研究证实，如果上岸时的体型差异很大，缺乏饲料也可能导致同类相残。转移时和暂养期间的低能量储备也可能使鳕鱼容易受伤或爆发疾病（见下文）。

因此，与饲料剥夺有关的福利风险取决于一系列的因素，这些因素主要与它们进入笼子时的能量状态有关。所以，在饲养阶段进行定期监测对于确保鱼类能够耐受饲料的匮乏期至关重要。笼式放养的严格的尺寸分级（这是强制性的）将降低同类相残行为的风险。

18.2.3.3　喂食储存

当决定将鳕鱼存储一段较长的时间并提供饲料时，CBA 渔民面临的第一个挑战是如何使鱼逐渐接受人工饲料或饵鱼。这个饵料驯养的过程与经典的鳕鱼水产养殖挑战不同，后者在孵化阶段需要将幼鱼从活体饵料过渡到人工饲料，因为渔民需要将超过 3 年的野生成年鱼逐渐过渡到可能的新饵料上。这一挑战与其他的 CBA 尝试有所不同，例如黄尾鰤鱼（*Seriola quinqueradiata*）的 CBA 渔业。该渔业捕捞幼鱼，然后在短时间内成功地将它们从活体饵料过渡到人工颗粒饲料的食性，同时鱼被运送到养殖笼中。鳕鱼的 CBA 行业更类似于金枪鱼的 CBA 渔业，后者也使用围网捕捞技术捕捞成年鱼进行增殖，然后需要将它们过渡至饲料。

饮食过渡成功与否与饲料的类型以及饲料如何被提供给鱼有关。这些决策和传统的水产养殖者经常面临的经典的营养和饲料管理挑战有相似之处。众所周知，提供不充足的饲料量或使用不适当的喂食策略可能对鱼类福利产生不利的影响。鳕鱼的 CBA 从业者通常以鳕鱼毛鳞鱼或鲱鱼饲喂鱼类：这些饲料以 25kg 的冷冻块的形式被投放到养殖笼中。这些冷冻块漂浮在笼子中，鱼在其解冻的过程中食用。这种饲料及其喂养方法通常优于人工制粒饲料，因为鳕鱼通常很难适应干饲料。然而，即使采用当前的喂食策略，即喂食含有天然猎物的冷冻块，饲料过渡的成功率通常也只有 70%。未开始进食的鱼可能会减重并经历一段厌食期，这取决于储存期的长短。

在早期识别这些不进食的鱼，将使养殖者能够分级出显示厌食迹象的个体，并解决相关的福利问题。事实证明，就消除或缓解进食问题的操作技术而言，在早期阶段很难根据鱼体的大小或条件因子对这些不摄食的鱼类进行识别。然而，使用基于个体鱼类进食动机的分级方法的初步尝试在区分进食者和不进食者以及分类上岸鱼类种群方面取得了一定的成效。这使渔民能够收获那些最终难以适应圈养环境的鱼，并让渔民专注于生产和维持那些既具有适应性又能在养殖笼中茁壮成长的个体。

18.2.3.4　疾　病

鳕鱼的CBA 中的疾病主要由捕获和处理过程中造成的伤口和损伤所引起，这可能导致感染、失血和渗透压控制能力下降。虚弱的鱼类也更容易受到常见的鳃寄生虫（如刺毛虫）的侵害，进一步导致养殖鳕鱼的大规模的死亡。尽管目前尚无CBA中的鳕鱼疾病的统计数据，CBA的鳕鱼可能也容易受到养殖鳕鱼已知的病毒和细菌感染的影响。在养殖鳕鱼中，非典型疣状败血病（铜绿假单胞菌）和弧菌病（弧菌）都曾给鳕鱼养殖带来问题。鲑鱼弧菌也曾在野生捕获的幼年鳕鱼中被报告过。目前，关于 CBA的鳕鱼疾病的担忧与非配方湿饲料以及野生和养殖种群之间的疾病的相互作用和传播有关。这种担忧是由于病毒在饲料鱼（鲱鱼和鳕鱼）和野生鳕鱼本身中的潜伏性。尤其是病毒性出血性败血症病毒，它也经常出现在健康的鱼类中；在不理想的条件下，高密度的饲养可能导致压力并增加疫情爆发的可能性。

为了避免疾病爆发，需要最大限度地减少捕获和处理过程中由身体接触造成的伤害，并明确重点，进行分类。然而，目前的鳕鱼的CBA的做法是，大多数捕获的鳕鱼是健壮的成年鳕鱼，它们在相对较冷的水域中饲养相对较短的时间，这降低了疾病爆发的可能性。目前，大西洋鲑鱼养殖和鳕鱼的CBA之间的 10km 屏障被视为防止疾病双向传播的预防措施。只有当饲料鱼和养殖鱼不在同一个地理区域时，新鲜或冷冻的饲料鱼才有可能成为威胁鱼类健康的因素，因此，可以认为用毛鳞鱼和鲱鱼喂养的鳕鱼的风险很小。在挪威，自 20 世纪 80 年代中期以来，开始对养鱼场进行例行检查，重点关注感染风险、生产系统中的疾病发展风险以及向其他养殖场的传播风险。然而，挪威的立法对鳕鱼的短期和长期的CBA 有所不同。如果鳕鱼的CBA是用于捕获和活体储存，并且不到 12 周，法规只要求在死亡率增加或有理由怀疑疾病导致的情况下进行兽医检查。如果鳕鱼的CBA的持续时间超过 12

周，CBA的养殖场必须像常规的水产养殖场一样接受常规的检查。

18.3 讨 论

18.3.1 鳕鱼作为CBA和间接福利研究的示范鱼种

捕获渔业中的鱼类福利的研究仍处于起步阶段，尽管对此方面的关注正在增加，针对特定的渔具或渔业进行福利改善的研究仍然很少进行（见第17章）。鉴于世界各地商业渔业之间存在广泛的差异，引入福利概念的最合理的方式是专注于为每个个体渔业量身定制最佳的实践准则。Lovatelli提供了识别CBA原则和针对广泛的物种和渔业的良好的实践准则的技术指南。

福利是CBA的固有特征，是渔业与注重福利的水产养殖业的结合（第14章）。尽管鳕鱼的CBA是一个相对较小的行业，但在鱼类福利方面，鳕鱼可能是鱼类福利方面研究最深入的CBA物种之一，也是北半球任何标准下研究最多的鱼类之一。鳕鱼的CBA的渔业立法从一开始就以福利为导向，渔民需要证明他们具备足够的有关福利的知识和能力以及船只配备以满足福利立法的要求。对于鳕鱼的CBA行业，这导致了有关CBA福利的出版物数量的增加，其中一些利用和参考了可能对捕获鱼类的福利产生关联或间接影响的研究。有关商业渔具逃逸者和抛弃物死亡率的出版物和综述汇编中，许多还概述了通过修改渔具、改进操作和捕获后的处理技术来降低死亡率的措施。这种方法在优化目标鱼类在存储期间的生存方面与CBA的实践是一致的。长期以来，人们已经意识到，在养殖鱼类中，通过减少暴露于应激因素可以实现高质量和延长鱼类的生命。同样在传统的渔业中，生产高质量产品的先决条件是在加工前保持低压力和低伤害。而且，有充分的证据表明，捕获技术和加工因素会影响渔具和季节之间与渔具和季节之内的鱼类质量。因此，鳕鱼是一个优秀的CBA模式物种，已经有足够的数据来探讨鱼类福利的问题，并作为其他物种的潜在风险及其缓解性的措施的示例。

18.4 CBA的捕获方法：改善福利

在任何的CBA渔业中，捕捞阶段的失败对于CBA的结果和鱼类福利至关重要。除了船舶、捕捞装备、方法论和人为要求之外，在尝试进行活体捕捞之前，必须考虑几个因素。其中，一些因素与CBA的后期阶段相关，因为福利问题只在运输和储存的过程中显现。例如，在特定的捕鱼地点，大小和物种的组成会影响分类时间和氧气消耗，而鱼类的状态和饲养状况会影响其应激耐受力和水质污染，潜在的温

度梯度和高的表面温度会影响新陈代谢和应激反应。

综合考虑时间和空间尺度的知识，特别是关于渔民不应进行活体捕捞的条件方面的知识，应成为未来工作的重点。这项工作应侧重于改进包括潜在的福利风险在内的日志数据，并与船长和养殖户进行面谈，共同理解促进良好的鱼类福利的最佳的捕捞和饲养条件。就鳕鱼的CBA而言，动态捕捞控制系统对拖网大小的标准化及其对生命力的影响似乎是捕捞方面的下一个的自然步骤。

在更广泛的背景下，如果我们希望提高鱼类福利，我们应该"像存储活鱼一样捕捞鱼"。这一原则可以应用于新的和现有的CBA渔业，作为识别风险因素并减轻其影响的开始，同时也适用于不一定以活体捕捞为目标的渔业（第17章）。这些原则甚至被应用于挪威新渔船的开发和建造。例如，如果应用CBA原则，传统的底拖渔船上可以实现高生存率和更高的质量，尽管最近的一项研究对此提出了质疑，但我们怀疑这两项研究之间的差异在于分类不足。进一步的短期储存，一方面确实延长了潜在福利影响的持续时间，但另一方面允许采用更有益于福利的宰杀方法，如电击或撞击击晕，而不是窒息或压力死亡。

围网捕获中上层鱼种的活体捕获和短期扣留的传统由来已久，这属于CBA的定义。在这些渔业中，捕鱼方法通过行业自身主导的试错过程得到了改进。如果CBA的捕捞方法变得越来越良性化，捕获的鱼类能够在捕捞的过程中存活下来，那么在非CBA渔业中采用这些方法可以说在资源利用和鱼类福利方面都是有利的。CBA和传统的渔业之间也可以建立其他潜在的福利桥梁，这些桥梁不仅限于目标物种的福利。例如，只有在鱼类存活的情况下，通过渔具的选择性装置释放非目标副渔获物才是合理的，CBA技术可以揭示每种渔具或技术在副渔获物逃逸和释放时在福利方面的结果。在第一次尝试鲱鱼围网捕捞中的爆网死亡率时，使用了CBA方法作为对照。在后来减少滑动有害影响的实验中，该研究的主要优势是，用于捕获、转移和储存鱼类的方法与用于存活率高的远洋物种的活体捕获的方法相同。正在进行的研究课题也非常侧重于围网渔业中提高生存率和改善福利的活捕方法。

18.4.1　运输：水产养殖的知识转移显而易见

水产养殖、CBA和渔业之间存在相当大的知识转移的潜力，这在运输阶段更加显而易见。除了源自水产养殖研究的鱼类福利的通用的基本概念外，诸如运输、水质、拥挤（图18.5）、处理和养殖箱的设计（图18.4）等更具体的福利问题也直接适用于CBA。此外，CBA可以利用水产养殖中广泛已知的风险知识库，例如受伤、拥挤、处理和饥饿，以及在福利受损时采取的行动。利用生命周期和WIs来评估和量化福利威胁的技术是水产养殖中另一个具有重要研究兴趣的领域，这是水产养殖和渔业之间知识转移的关键领域。为了改善和评估渔业与水产养殖中的鱼类福利，必须开发和利用可靠的量化福利的方法。水产养殖产生的许多指标可用于评估鱼类福利，但许多的指标不适用于船上的商业环境（或金枪鱼的拖网围栏），因为在这些环境中，需要快速、可重复、稳健和用户友好的OWIs。CBA从业者可获得的一套水产养殖OWIs：直接行为指标，如游泳行为、通气活动、攻击性；形态指标，如表皮或鳍损伤或其他的外部损伤；生理指标，如葡萄糖或乳酸水平；健康指标，如死亡率；间接指标，如水质。此外，反射障碍和使用条件推理的分类生命力评估正在兴起，不仅是压力的衡量标准，也是死亡率的预测指标。然而，令人担忧的是，其中许多的方法尚未针对广泛的物种进行评估和验证。

短期滞留的与压力相关的状况受到水质、限制密度、养殖容器的设计以及与竞争和捕食相关的行为的影响。与鳕鱼的CBA一样，这些领域的知识转移已经相当可观。然而，水质是CBA研究不足的领域，知识转移的潜力尚未得到充分的开发。温度、溶解氧、氨氮、亚硝酸盐、硝酸盐、盐度、pH值、二氧化碳、碱度和水硬度是影响生理应激的最常见的水质参数，但在实践中只有氧气和温度是常规控制的，其他的水质条件在CBA的渔业中很少被控制。为了提高捕获物的价值，限制密度通常被推到船只承载能力的极限，这可能会导致压力事件（温度升高、波浪运动、水质差等）引起的死亡率增加。尽管水箱设计优化、分拣程序改进、监测的增加（尤其是压力行为指数的视频）在CBA中变得越来越普遍，但在运输过程中，大量的死亡仍可能成为一系列物种的问题，而不仅仅是鳕鱼的CBA（例如拖网中的蓝鳍金枪鱼）。造成这种死亡的原因尚不清楚。了解和预防威胁福利事件的关键在于结合鱼类的行为、生理、运输条件的知识和CBA中潜在的不良事件的详细记录。为了实现这一点，除了更好地监测鱼类的饲养环境和行为外，还需要更多地关注了解鱼类的状态（大小、状况、进食状态等）。

18.4.2　活体储存：适应圈养生活

从幼年欧洲鳗鲡鱼（<1g）到大型成年金枪鱼（高达约600kg），CBA的物种高度多样，因此，活体储存阶段的福利挑战也多种多样。在活体储存阶段，关注福利的主要领域与非驯养动物的圈养有关。这些动物分为1）短期储存而不喂食，因此存在与厌食症或同类相残等相关的潜在的福利问题；2）长期储存而喂食，其中主要的福利问题与饲料过渡和疾病有关。

鱼类在活体储存阶段的福利取决于物种适应和处理新环境的能力（见第11章）。每个物种都有自己对饲养环境的要求，因此，了解生物需求是至关重要的。事实上，某些野生鱼类甚至可能不适合在CBA进行活体储存。对于那些有需要的鱼类来说，选择一个合适的养殖场是至关重要的，以避免出现无法满足鱼类福利需求的情况，例如浑浊的水域、超出鱼类游泳能力的水流以及超出其承受范围的温度。其中任何一种，无论是单独出现还是共同出现，都可能导致福利问题，并可能导致死亡。鳕鱼是一种健壮的 CBA 物种，将其作为其他潜在 CBA 物种福利的案例研究可以学到很多东西。

优化饮食和饲料过渡是许多 CBA 物种共有的关键方面，饲料过渡失败可能导致饥饿、健康状况不佳和福利低下。因此，在早期阶段识别和清除不摄食者对福利是至关重要的。在 CBA 活体储存中，依赖野生捕获的食物作为营养来源往往被认为是有问题的，因为这些饲料本来可以被用于人类消费，也可能对生物安全产生负面影响——它们可能是病原体转移的媒介或导致营养不足。因此，开发配方饲料是首选项，但这是一项极具挑战性的任务，许多物种仍然依赖新鲜或加工的野生捕获的水生资源作为饲料。对于一些物种，如幼年黄尾鱼和石斑鱼（*Epinephlus* spp.），如果鱼类没有经过适当的尺寸分级，喂食的风险尤其高，对食物剥夺很敏感，可能会发生同类相食，特别是当鱼长期被关在水箱里。捕捞后进食的开始也可能至关重要，例如，如果幼鱼超过 3 天没有进食，它们通常无法适应人工饲料，挪威的野生捕获北极红点鲑鱼（*Salvelinus alpinus*）也有类似的发现（作者的观察结果）。

虽然疾病到目前为止还不是鳕鱼 CBA 的主要问题，但其他物种（如鳗鱼）可能容易爆发严重的疾病。Ottolenghi 等对四大 CBA 物种群（鳗鱼、黄尾鱼、石斑鱼和金枪鱼）的当前的健康状况和疾病病原体进行了深入的概述。由于捕获、处理或不理想的活体饲养条件的压力，CBA 的鱼类可能更容易感染疾病。随后，疾病可能会在高密度饲养的鱼类中迅速传播。因此，需要研究每种目前和潜在的 CBA 物种在培养条件下对疾病的易感性。疾病在区域和物种之间的转移也引起了许多 CBA 渔业的关注，包括但不限于鳕鱼、石斑鱼和隆头鱼。

18.5　总　结

与传统的渔业所涉及的急性的应激反应不同，捕获和处理对 CBA 后期成功捕获和饲养鱼类的潜在影响使福利成为挪威鳕鱼的 CBA 的一个关键的考虑因素。通过将该行业作为一个案例研究，我们展示了如何处理捕获、运输和活体储存三个阶段的福利问题。

这可以作为将福利问题引入其他 CBA 渔业以及整个渔业的一座桥梁。正如我们上文所指出的，如果我们希望改善捕捞渔业的福利，我们应该"像储存活鱼一样捕鱼"。尽管对渔业福利的研究有限，但可以从对 CBA 的研究以及对逃逸鱼和抛弃鱼的生存和命运的研究中建立跨学科的桥梁。在 CBA 的运输过程中，从水产养殖转移知识的潜力变得显而易见，这是第一次有机会对渔获物进行审计和分类，也使其成为决定 CBA 结果成功程度的决定性阶段。进一步还需要高度关注 OWIs，并需要专门的设备和程序。鱼类在活体储存阶段的福利取决于单个物种适应和处理新环境的能力。储存期间要考虑的主要的福利因素与饥饿、成功进行饲料过渡和疾病有关。鳕鱼的CBA目前面临的挑战涉及何时、何地进行活体捕获。此外，还需要完善操作指标和监测系统，以在早期识别运输和活体储存的过程中的潜在的福利问题。综合一系列的时间和空间尺度的知识，应该是未来工作的重点，特别是关于渔民不应该进行活体捕获的条件的知识。在运输和活体储存的阶段，与水产养殖及其常规更密切的合作将更有优势，以确保充分交流知识，并利用现有的最佳的实践来发现和应对福利挑战。

参考文献

Akse L, Midling K (1997) Live capture and starvation of capelin cod (*Gadus morhua* L.) in order to improve the quality. Dev Food Sci 38:47–58

Arnold G, Walker MG (1992) Vertical movements of cod (*Gadus morhua* L.) in the open sea and the hydrostatic function of the swimbladder. ICES J Mar Sci 49:357–372

Beamish F (1979) Swimming capacity. Fish Physiol 7:101–187

Beaulieu M-A, Guderley H (1998) Changes in qualitative composition of white muscle with nutritional status of Atlantic cod, *Gadus morhua*. Comp Biochem Physiol A Mol Integr Physiol 121:135–141

Benoît HP, Hurlbut T, Chassé J, Jonsen ID (2012) Estimating fishery-scale rates of discard mortality using conditional reasoning. Fish Res 125:318–330

Black D, Love RM (1986) The sequential mobilisation and restoration of energy reserves in tissues of Atlantic cod during starvation and refeeding. J Comp Physiol B Biochem Syst Environ Physiol 156:469–479

Borderias AJ, Sanchez-Alonso I (2011) First processing steps and the quality of wild and farmed fish. J Food Sci 76:R1–R5. https://doi.org/10.1111/j.1750-3841.2010.01900.x

Botta J, Bonnell G, Squires B (1987a) Effect of method of catching and time of season on sensory quality of fresh raw Atlantic cod (*Gadus morhua*). J Food Sci 52:928–931

Botta J, Kennedy K, Squires B (1987b) Effect of method of catching and time of season on the composition of Atlantic cod (*Gadus morhua*). J Food Sci 52:922–924

Breen M, Dyson J, Oneill F, Jones E, Haigh M (2004) Swimming endurance of haddock (L.) at prolonged and sustained swimming speeds, and its role in their capture by towed fishing gears. ICES J Mar Sci 61:1071–1079. https://doi.org/10.1016/j.icesjms.2004.06.014

Broadhurst MK, Suuronen P, Hulme A (2006) Estimating collateral mortality from towed fishing gear. Fish Fish 7:180–218

Brown JA, Minkoff G, Puvanendran V (2003) Larviculture of Atlantic cod (*Gadus morhua*): progress, protocols and problems. Aquaculture 227:357–372

Brown JA, Watson J, Bourhill A, Wall T (2010) Physiological welfare of commercially reared cod and effects of crowding for harvesting. Aquaculture 298:315–324. https://doi.org/10.1016/j.aquaculture.2009.10.028

Chabot D, Claireaux G (2008) Environmental hypoxia as a metabolic constraint on fish: the case of Atlantic cod, *Gadus morhua*. Mar Pollut Bull 57:287–294. https://doi.org/10.1016/j.marpolbul.2008.04.001

Chopin F, Arimoto T (1995) The condition of fish escaping from fishing gears—a review. Fish Res 21:315–327

Colt JE, Tomasso JR (2001) Hatchery water supply and treatment. In: Wedemeyer GA (ed) Fish hatchery management, 2nd edn. American Fisheries Society, Bethesda, pp 91–186

Damsgård B, Bjørklund F, Johnsen HK, Toften H (2011) Short-and long-term effects of fish density and specific water flow on the welfare of Atlantic cod, *Gadus morhua*. Aquaculture 322:184–190

Davis MW (2010) Fish stress and mortality can be predicted using reflex impairment. Fish Fish 11:1–11. https://doi.org/10.1111/j.1467-2979.2009.00331.x

Davis MW, Schreck CB (2005) Responses by Pacific halibut to air exposure: lack of correspon-dence among plasma constituents and mortality. Trans Am Fish Soc 134:991–998

Davis M, Olla B, Schreck C (2001) Stress induced by hooking, net towing, elevated sea water temperature and air in sablefish: lack of concordance between mortality and physiological measures of stress. J Fish Biol 58:1–15

Demers NE, Bayne CJ (1997) The immediate effects of stress on hormones and plasma lysozyme in rainbow trout. Dev Comp Immunol 21:363–373

Diggles B (2015) Development of resources to promote best practice in the humane dispatch of finfish caught by recreational fishers. Fish Manag Ecol 23:200–207

Diggles BK, Cooke SJ, Rose JD, Sawynok W (2011) Ecology and welfare of aquatic animals in wild capture fisheries. Rev Fish Biol Fish 21:739–765. https://doi.org/10.1007/s11160-011-9206-x

Digre H, Hansen UJ, Erikson U (2010) Effect of trawling with traditional and 'T90' trawl codends on fish size and on different quality parameters of cod Gadus morhua and haddock Melanogrammus aeglefinus. Fish Sci 76:549–559. https://doi.org/10.1007/s12562-010-0254-2

Digre H, Rosten C, Erikson U, Mathiassen JR, Aursand IG (2017) The on-board live storage of Atlantic cod (*Gadus morhua*) and haddock (*Melanogrammus aeglefinus*) caught by trawl: fish behaviour, stress and fillet quality. Fish Res 189:42–54

Dreyer BM, Nøstvold BH, Midling KØ, Hermansen Ø (2008) Capture-based aquaculture of cod. In: Lovatelli A, Holthus PF (eds) Capture-based aquaculture global overview. FAO fisheries technical paper no. 508, Rome, pp 183–198

Eigaard OR, Bastardie F, Breen M, Dinesen GE, Hintzen NT, Laffargue P, Mortensen LO, Nielsen JR, Nilsson HC, O'Neill FG (2016) Estimating seabed pressure from demersal trawls, seines, and dredges based on gear design and dimensions. ICES J Mar Sci 73:i27–i43

Ellis T, Berrill I, Lines J, Turnbull JF, Knowles TG (2012) Mortality and fish welfare. Fish Physiol Biochem 38:189–199. https://doi.org/10.1007/s10695-011-9547-3

Esaiassen M, Nilsen H, Joensen S, Skjerdal T, Carlehög M, Eilertsen G, Gundersen B, Elvevoll E (2004) Effects of catching methods on quality changes during storage of cod (*Gadus morhua*). LWT Food Sci Technol 37:643–648. https://doi.org/10.1016/j.lwt.2004.02.002

Esaiassen M, Akse L, Joensen S (2013) Development of a catch-damage index to assess the quality of cod at landing. Food Control 29:231–235. https://doi.org/10.1016/j.foodcont.2012.05.065

Fänge R (1953) The mechanisms of gas transport in the euphysoclist swimbladder. Acta Physiol Scand Suppl 30:1–133

Fletcher R, Roy W, Davie A, Taylor J, Robertson D, Migaud H (2007) Evaluation of new microparticulate diets for early weaning of Atlantic cod (*Gadus morhua*): implications on larval performances and tank hygiene. Aquaculture 263:35–51

Grimaldo E, Sistiaga M, Larsen RB (2014) Development of catch control devices in the Barents Sea cod fishery. Fish Res 155:122–126

Guderley H, Lapointe D, Bédard M, Dutil J-D (2003) Metabolic priorities during starvation: enzyme sparing in liver and white muscle of Atlantic cod, *Gadus morhua* L. Comp Biochem Physiol A Mol Integr Physiol 135:347–356

Hatlen B, Grisdale-Helland B, Helland SJ (2006) Growth variation and fin damage in Atlantic cod (*Gadus morhua* L.) fed at graded levels of feed restriction. Aquaculture 261:1212–1221

Hermansen Ø, Eide A (2013) Bioeconomics of capture-based aquaculture of cod (*Gadus morhua*). Aquac Econ Manag 17:31–50

Humborstad O-B, Mangor-Jensen A (2013) Buoyancy adjustment after swimbladder puncture in cod *Gadus morhua*: an experimental study on the effect of rapid decompression in capture-based aquaculture. Mar Biol Res 9:383–393. https://doi.org/10.1080/17451000.2012.742546

Humborstad O-B, Davis MW, Løkkeborg S (2009) Reflex impairment as a measure of vitality and survival potential of Atlantic cod (*Gadus morhua*). Fish Bull 107:395–402

Humborstad O-B, Isaksen B, Midling K, Saltskår J, Totland B, Øvredal JT (2010) Optimal føringskapasitet og velferd for levende, villfanget torsk. Del 2: Praktiske forsøk-uttesting av etasjeskiller for økt hvileareal

Humborstad O-B, Breen M, Davis MW, Løkkeborg S, Mangor-Jensen A, Midling KØ, Olsen RE (2016a) Survival and recovery of longline-and pot-caught cod (*Gadus morhua*) for use in capture-based aquaculture (CBA). Fish Res 174:103–108

Humborstad OB, Ferter K, Kryvi H, Fjelldal P (2016b) Exophthalmia in wild-caught cod (*Gadus morhua* L.): development of a secondary barotrauma effect in captivity. J Fish Dis 40:41–49

Huntingford F, Kadri S (2009) Taking account of fish welfare: lessons from aquaculture. J Fish Biol 75:2862–2867

Huntingford FA, Adams C, Braithwaite V, Kadri S, Pottinger T, Sandøe P, Turnbull J (2006) Current issues in fish welfare. J Fish Biol 68:332–372

Ingólfsson ÓA, Jørgensen T (2006) Escapement of gadoid fish beneath a commercial bottom trawl: relevance to the overall trawl selectivity. Fish Res 79:303–312

Ingólfsson ÓA, Soldal AV, Huse I, Breen M (2007) Escape mortality of cod, saithe, and haddock in a Barents Sea trawl fishery. ICES J Mar Sci 64:1836–1844

Jobling M, Meløy O, Santos JD, Christiansen B (1994) The compensatory growth response of the Atlantic cod: effects of nutritional history. Aquac Int 2:75–90

Johansen L-H, Jensen I, Mikkelsen H, Bjørn P-A, Jansen P, Bergh Ø (2011) Disease interaction and pathogens exchange between wild and farmed fish populations, with special reference to Norway. Aquaculture 315:167–186

Jørgensen T, Midling K, Espelid S, Nilsen R, Stensvåg K (1989) Vibrio salmonicida, a pathogen in salmonids, also causes mortality in net-pen captured cod (*Gadus morhua*). Bull Eur Assoc Fish Pathol 9:42–44

Kaweewat K, Hofer R (1997) Effect of UV-B radiation on goblet cells in the skin of different fish species. J Photochem Photobiol B Biol 41:222–226

Khan R (2004) Disease outbreaks and mass mortality in cultured Atlantic cod, *Gadus morhua* L., associated with Trichodina murmanica (Ciliophora). J Fish Dis 27:181–184

Lambooij E, Digre H, Reimert H, Aursand I, Grimsmo L, Van de Vis J (2012) Effects of on-board storage and electrical stunning of wild cod (*Gadus morhua*) and haddock (*Melanogrammus aeglefinus*) on brain and heart activity. Fish Res 127:1–8

Lovatelli A (2011) Use of wild fishery resources for capture-based aquaculture. FAO technical guidelines for responsible fisheries. FAO, Rome, p 81

Lovatelli A, Holthus PF (2008) Capture-based aquaculture: global overview, vol 508. FAO Fisheries Technical Paper, Rome

Lyngstad TM, Høgåsen HR, Ørpetveit I, Hellberg H, Dale OB, Lillehaug A (2008) Faglig vurdering i forbindelse med bekjempelse av viral hemoragisk septikemi (VHS) i Storfjorden. Norwegian Veterinary Institute, Report 3:1–20

Lyngstad TM, Hellberg H, Viljugrein H, Jensen BB, Brun E, Sergeant E, Tavornpanich S (2016) Routine clinical inspections in Norwegian marine salmonid sites: a key role in surveillance for freedom from pathogenic viral haemorrhagic septicaemia (VHS). Prev Vet Med 124:85–95

Margeirsson S, Jonsson GR, Arason S, Thorkelsson G (2007) Influencing factors on yield, gaping, bruises and nematodes in cod (*Gadus morhua*) fillets. J Food Eng 80:503–508

Martins CI, Galhardo L, Noble C, Damsgård B, Spedicato MT, Zupa W, Beauchaud M, Kulczykowska E, Massabuau J-C, Carter T (2012) Behavioural indicators of welfare in farmed fish. Fish Physiol Biochem 38:17–41

Metcalfe J (2009) Welfare in wild-capture marine fisheries. J Fish Biol 75:2855–2861

Midling KØ, Koren C, Humborstad O-B, Sæther B-S (2012) Swimbladder healing in Atlantic cod (*Gadus morhua*), after decompression and rupture in capture-based aquaculture. Mar Biol Res 8:373–379

Misimi E, Martinsen S, Mathiassen JR, Erikson U (2014) Discrimination between weaned and unweaned Atlantic cod (*Gadus morhua*) in capture-based aquaculture (CBA) by X-ray imaging and radio-frequency metal detector. PLoS One 9:e95363

Misund OA, Beltestad AK (1995) Survival of herring after simulated net bursts and conventional storage in net pens. Fish Res 22:293–297

Mood A (2010) Worse things happen at sea: the welfare of wild-caught fish. Summary report. fishcount.org.uk

Murray A (2016) A modelling framework for assessing the risk of emerging diseases associated with the use of cleaner fish to control parasitic sea lice on salmon farms. Transbound Emerg Dis 63:270–277

Nakada M (2008) Capture-based aquaculture of yellowtails. In: Lovatelli A, Holthus PF (eds) Capture-based aquaculture global overview. FAO fisheries technical paper no. 508, Rome, pp 199–215

Noble C, Kadri S, Mitchell DF, Huntingford FA (2007) Influence of feeding regime on intraspecific competition, fin damage and growth in 1+ Atlantic salmon parr (*Salmo salar* L.) held in freshwater production cages. Aquac Res 38:1137–1143

Noble C, Berrill IK, Waller B, Kankainen M, Setälä J, Honkanen P, Mejdell CM, Turnbull JF, Damsgård B, Schneider O (2012a) A multi-disciplinary framework for bio-economic modeling in aquaculture: a welfare case study. Aquac Econ Manag 16:297–314

Noble C, Jones HAC, Damsgård B, Flood MJ, Midling KØ, Roque A, Sæther B-S, Cottee SY (2012b) Injuries and deformities in fish: their potential impacts upon aquacultural production and welfare. Fish Physiol Biochem 38:61–83

Olsen RE, Sundell K, Ringø E, Myklebust R, Hemre G-I, Hansen T, Karlsen Ø (2008) The acute stress response in fed and food-deprived Atlantic cod, *Gadus morhua* L. Aquaculture 280:232–241. https://doi.org/10.1016/j.aquaculture.2008.05.006

Olsen SH, Tobiassen T, Akse L, Evensen TH, Midling KØ (2013) Capture-induced stress and live storage of Atlantic cod (*Gadus morhua*) caught by trawl: consequences for the flesh quality. Fish Res 147:446–453. https://doi.org/10.1016/j.fishres.2013.03.009

Olsen SH, Digre H, Grimsmo L, Toldnes B, Eilertsen A, Evensen TH, Midling KØ (2014) Implementering av teknologi for optimal kvalitet i fremtidens prosesslinje på trålere "OPTIPRO" –Fase 1

Ottolenghi F (2008) Capture-based aquaculture of bluefin tuna. Capture-based aquaculture Global Overview. FAO fisheries technical paper 508, pp 169–182

Ottolenghi F, Silvestri C, Giordano P, Lovatelli A, New MB (2004) Capture-based aquaculture: the fattening of eels, groupers, tunas and yellowtails. FAO

Person-Le Ruyet J, Labbé L, Le Bayon N, Sévère A, Le Roux A, Le Delliou H, Quéméner L (2008) Combined effects of water quality and stocking density on welfare and growth of rainbow trout (*Oncorhynchus mykiss*). Aquat Living Resour 21:185–195

Plante S, Chabot D, Dutil JD (1998) Hypoxia tolerance in Atlantic cod. J Fish Biol 53:1342–1356

Poli B, Parisi G, Scappini F, Zampacavallo G (2005) Fish welfare and quality as affected by pre-slaughter and slaughter management. Aquac Int 13:29–49

Portz DE, Woodley CM, Cech JJ (2006) Stress-associated impacts of short-term holding on fishes. Rev Fish Biol Fish 16:125–170

Rotabakk BT, Skipnes D, Akse L, Birkeland S (2011) Quality assessment of Atlantic cod (*Gadus morhua*) caught by longlining and trawling at the same time and location. Fish Res 112:44–51. https://doi.org/10.1016/j.fishres.2011.08.009

Rummer JL, Bennett WA (2005) Physiological effects of swim bladder overexpansion and cata-strophic decompression on red snapper. Trans Am Fish Soc 134:1457–1470. https://doi.org/10. 1577/t04-235.1

Ryer C (2004) Laboratory evidence for behavioural impairment of fish escaping trawls: a review. ICES J Mar Sci 61:1157–1164. https://doi.org/10.1016/j.icesjms.2004.06.004

Sæther BS, Noble C, Humborstad O, Martinsen S, Veliyulin E, Misimi E, Midling KØ (2012) Fangstbasert akvakultur. Mellomlagring, oppfôring og foredling av villfanget fisk. Nofima Rep 14:50

Sæther B-S, Noble C, Midling KØ, Tobiassen T, Akse L, Koren C, Humborstad OB (2016) Velferd hos villfanget torsk i merd–Hovedvekt på hold uten fôring ut over 12 uker. Nofima Rep 16:32 Sainsbury J (1997) Commercial fishing methods: an introduction to vessels and gears. Oceanogr LitRev 11:1345

Salman J, Vannier P, Wierup M (2009) Species-specific welfare aspects of the main systems of stunning and killing of farmed tuna. Scientific opinion of the panel on animal health and welfare. ESFA J 1072:1–53

Samuelsen OB, Nerland AH, Jørgensen T, Schrøder MB, Svåsand T, Bergh Ø (2006) Viral and bacterial diseases of Atlantic cod *Gadus morhua*, their prophylaxis and treatment: a review. Dis Aquat Org 71:239–254

Sangster G, Lehmann K (1993) Assessment of the survival of fish escaping from commercial fishing gears. ICES CM, 6–7

Santos G, Schrama J, Mamauag R, Rombout J, Verreth J (2010) Chronic stress impairs perfor-mance, energy metabolism and welfare indicators in European seabass (*Dicentrarchus labrax*): the combined effects of fish crowding and water quality deterioration. Aquaculture 299:73–80

Sanz A, Furné M, Trenzado CE, de Haro C, Sánchez-Muros M (2012) Study of the oxidative state, as a marker of welfare, on Gilthead Sea bream, *Sparus aurata*, subjected to handling stress. J World Aquacult Soc 43:707–715

Schurmann H, Steffensen J (1997) Effects of temperature, hypoxia and activity on the metabolism of juvenile Atlantic cod. J Fish Biol 50:1166–1180

Segner H, Sundh H, Buchmann K, Douxfils J, Sundell KS, Mathieu C, Ruane N, Jutfelt F, Toften H, Vaughan L (2012) Health of farmed fish: its relation to fish welfare and its utility as welfare indicator. Fish Physiol Biochem 38:85–105

Skall HF, Olesen NJ, Mellergaard S (2005) Viral haemorrhagic septicaemia virus in marine fish and its implications for fish farming–a review. J Fish Dis 28:509–529

Soldal AV, Engås A (1997) Survival of young gadoids excluded from a shrimp trawl by a rigid deflecting grid. ICES J Mar Sci 54:117–124

Soldal AV, Isaksen B, Marteinsson JE, Engås A (1991) Scale damage and survival of cod and haddock escaping from a demersal trawl. ICES CM Documents B 44

Southgate PJ (2008) Welfare of fish during transport. In: Branson EJ (ed) Fish welfare. Blackwell, Oxford, pp 185–194

Staurnes M, Sigholt T, Pedersen HP, Rustad T (1994) Physiological effects of simulated high-density transport of Atlantic cod (*Gadus morhua*). Aquaculture 119:381–391

Steen J (1963) The physiology of the swimbladder in the eel *Anguilla vulgaris*. Acta Physiol 59:221–241

Sundnes G (1957) On the transport of live cod and coalfish. J Conseil 22:191–196

Suuronen P (2005) Mortality of fish escaping trawl gears. No 478. Food & Agriculture Org

Suuronen P, Erickson DL (2010) Mortality of animals that escape fishing gears or are discarded after capture: approaches to reduce mortality. In: He P (ed) Behavior of marine fishes: capture processes and conservation challenges. Wiley, Oxford, pp 265–293

Suuronen P, Lehtonen E, Tschernij V, Larsson P (1996) Skin injury and mortality of Baltic cod escaping from trawl codends equipped with exit windows. Arch Fish Mar Res 44:165–178

Suuronen P, Lehtonen E, Jounela P (2005) Escape mortality of trawl caught Baltic cod (*Gadus morhua*)—the effect of water temperature, fish size and codend catch. Fish Res 71:151–163. https://doi.org/10.1016/j.fishres.2004.08.022

Tenningen M, Vold A, Olsen RE (2012) The response of herring to high crowding densities in purse-seines: survival and stress reaction. ICES J Mar Sci 69:1523–1531

Tupper M, Sheriff N (2008) Capture-based aquaculture of groupers. In: Lovatelli A, Holthus PF (eds) Capture-based aquaculture global overview. FAO fisheries technical paper no. 508, Rome, pp 217–253

Tytler P, Blaxter J (1973) Adaptation by cod and saithe to pressure changes. Neth J Sea Res 7:31–45

Volkoff H, Xu M, MacDonald E, Hoskins L (2009) Aspects of the hormonal regulation of appetite in fish, with emphasis on goldfish, Atlantic cod and winter flounder: notes on actions and responses to nutritional, environmental and reproductive changes. Comp Biochem Physiol A Mol Integr Physiol 153:8–12

Wilson SM, Raby GD, Burnett NJ, Hinch SG, Cooke SJ (2014) Looking beyond the mortality of bycatch: sublethal effects of incidental capture on marine animals. Biol Conserv 171:61–72

Wood C, Turner J, Graham M (1983) Why do fish die after severe exercise? J Fish Biol 22:189–201

第 19 章
休闲渔业中的鱼类福利

摘　要: 休闲渔业是一项全球性的活动,尤其在中欧、北欧以及澳大利亚等国家广泛流行,与休闲渔业活动有关的鱼类福利的问题日益受到重视。本章介绍了休闲渔业,回顾了与休闲渔业相关的鱼类福利的文献,并概述了潜在的生物影响以及减少此类影响的方法。首先,我们着重讨论如何减少休闲渔业过程中对鱼类福利的影响。其次,我们描述了两个案例研究,强调了鱼类福利的实际含义可能与科学研究脱节,而更多关乎于活动本身的基本伦理的问题。最后,我们展望了在当前鱼类福利讨论的背景下的休闲渔业的未来。

关键词: 最佳的实践准则;捕获和释放;鱼类福利;功能导向方法;娱乐渔业或休闲渔业;亚致死的影响

　　休闲渔业是流行于全球的一项活动。虽然休闲渔业广受认可,并在生物和社会经济领域占有重要的地位,但一些国家和学术文献仍对与这项活动相关的鱼类福利的问题给予了相当大的关注。本章为您介绍了休闲渔业,并综述与休闲渔业相关的鱼类福利问题的文献资料。我们将聚焦于如何减少休闲渔业对鱼类福利的影响,并在鱼类福利讨论的基础上,展望休闲渔业的未来。休闲渔业或者一般的垂钓行为是否在伦理上可接受,很大程度上取决于个人或文化价值观,因此,我们不会探讨或者回答与休闲渔业相关的伦理问题。例如,有些人可能会从伦理的角度出发,对捕捞和释放的做法提出疑问,认为这样做没有充分的理由,并会对鱼类造成伤害。也有些人认为,相较于释放,杀死在垂钓中捕获的鱼更为合适。此外,还有些人可能会认为,将鱼类杀死后供人类食用在伦理上是不被允许的。这些极端的例子向我们展示了在休闲渔业中,对于捕捉和释放鱼类的不同的伦理判断。这也说明了在不同的文化和价值观下,人们对于同一件事情的看法可能存在巨大的差异。作为科学工作者,我们的职责是客观地描述事实,而不是评判对错。因此,本章主要聚焦于如何最大程度地减少休闲渔业对鱼类福利的负面影响。同时,我们也将通过两个案例研究,向读者展示在现实的世界中,鱼类福利的讨论可能会引发对整个休闲渔业活动的伦理适当性的质疑。此外,我们旨在展示,虽然通过强大、可复制的科学方法解决休闲渔业对鱼类福利的影响具有重要的意义,但在更广泛的鱼类福利的讨论中,这种方法可能缺乏实际的意义。

19.1　休闲渔业的概述

19.1.1　定　义

休闲渔业是一项多样化的活动，它的定义并不十分明确。休闲渔业与商业捕鱼的区分似乎很明显，因为商业捕鱼的主要动机是个人参与者的盈利活动，但在休闲垂钓中所获得的渔获物也可以被出售（例如，挪威的海洋休闲渔业），或在商业背景下进行休闲捕鱼（例如，包船捕鱼）。休闲渔业与自给性渔业的区分更加困难，因为许多相关的从业者在捕鱼时具有类似于生存的动机。因此，休闲渔业的定义各不相同。例如，联合国粮食及农业组织将休闲渔业定义为"捕捞水生动物（主要是鱼类）不构成个人满足基本营养需要的主要资源，一般不在出口、国内或黑市上出售或交易"，而国际海洋科学委员会认为休闲渔业是"主要为休闲娱乐或个人消费"。Pitcher 和 Hollingworth 承认，休闲渔业与其他形式的渔业不同，其主要目的是娱乐，而不是维持生计或经济收入。然而，捕鱼并将捕获的猎物供个人食用是休闲渔业中必要的"乐趣"，这为休闲垂钓者提供了必要的营养物质。值得一提的是，虽然休闲渔业主要是一项休闲活动，但它与经济活动具有一定的关联。与商业捕捞和生存捕捞不同的是，追求娱乐活动的主要参与者（垂钓者）通常不会为了自身的生存而获取必要的资源，因此，他们的行为与经济利益没有太大的关联性。休闲渔业是所有工业化国家在淡水中的主要的捕鱼活动，并随着社会经济的发展而迅速增长。在沿海地区，特别是在发达国家，休闲渔业也是一种常见的捕鱼形式。

虽然垂钓者使用一系列的渔具（例如刺网、陷阱、钩线），但主要的捕捞方法是使用钓竿垂钓。因此，本章主要关注钓竿垂钓这种捕捞方式，但也强调其他商业捕捞常用的捕捞方法（见第 17 章），这些方法在休闲渔业中也会对鱼类福利产生影响。除了捕捞猎物，垂钓者通常会因为法规或个人动机而释放一定比例的猎物。这种做法被称为"捕捞和释放"（C&R），其定义为"用钓竿等渔具进行捕鱼，并在假定其不受伤害的情况下将鱼放回原本生存的水域"。由法律规定（例如最小的捕捞尺寸或捕捞限额）而进行的 C&R 被称为规定性 C&R，而对合法可收获的鱼类进行的 C&R 则被称为自愿放生。如果释放所有的渔获物，则使用"总 C&R"一词。实际上，总 C&R 在大多数的休闲渔业中罕见，并且其他形式的 C&R 可能存在于所有的休闲渔业中。

19.1.2　相关性

休闲渔业是全球流行的娱乐活动之一。Arlinghaus 等估计，大约 1/10 的社会成员从事休闲渔业；仅在北美，欧洲和大洋洲就有约 1.18 亿从业者。关于其他地区的从业率尚不明确，但可以预计全球渔业从业者的人数至少为 2.2 亿人。最近的一项调查显示，仅在中国就可能有 2.2 亿垂钓者。当地较高的休闲渔业的捕捞压力可能影响鱼类种群。此外，一些研究表明，海洋休闲渔业可能在某些物种的渔获量中占有很大的比例。虽然具有潜在的生物影响，但是休闲渔业仍为社会提供了经济利益。例如，休闲渔业为个体渔业从业者提供了食物、自然体验、教育和其他的个人收益；有助于社会就业、财富、资源管理以及经济收益。同时，休闲渔业还是动物解放与动物权利倡导者的关注焦点。

19.1.3　与鱼类福利有关的管理问题

与海洋休闲渔业相关的法规在不同的司法管辖区之间具有较大的差异。在世界上的一些国家（例如大多数低收入和中等收入国家），几乎没有与海洋休闲渔业相关的良好的监管框架。一些管辖区拥有州或联邦政府许可的监管方案（如北美和澳大利亚的所有的州和省），并在大部分的海域实施较为科学的监管框架。在欧洲的许多地区，虽然政府负责内陆水域的休闲渔业的管理，但受限于产权法，其发挥的作用有限。休闲渔业具有多样化的管理方式；渔业劳动、捕捞法、栖息地管理和放养是为了确保渔业的可持续开发。捕捞部门的动机和期望在同一休闲渔业中也具有很大的差异，因此，寻找有效的工具来管理整个渔业以实现生态和社会目标可能是一个巨大的挑战。共同努力（投入）的管理规定可以通过许可系统、渔具限制和休渔期等方式限制渔业作业。渔业产出（例如收获）通常通过捕捞限额、最小的捕捞尺寸或其他的收获规定进行调整。近年来，总 C&R 已被用作一种管理渔业生产的方式，用于降低某些渔业因过度捕捞而造成的高捕捞死亡率，同时保证垂钓作业正常进行。然而，总 C&R 作为一种管理方式，已在一些欧洲国家引起了几场基于道德伦理的鱼类福利的辩论。休闲渔业的捕捞与释放（C&R）能够通过避免过度死亡来维护鱼类福利，到全面的捕捞与释放被视为高成本的鱼类福利，但没有合理的原因（如烹饪）对鱼类进行捕捉，辩论者们从多个角度进行了探讨。

一些与休闲渔业相关的管理技术指南以及各种区域、国家和国际行业规范已经被制定，但在当前的鱼类福利的环境下，这些管理措施的执行程度尚不明确。一般情况下，行业规范可以促进可持续性的休闲渔业和负责任制的捕捞作业，既可以维持种群质量，又可以最大程度地减少垂钓对鱼类福利的影响。个人钓手可以咨询相关的准则，钓鱼俱乐部以及渔业管理机构也可以依据相关的技术指南和行业规范来制定符合区域文化背景的外联材料、内部政策和相关的业务。通常来说，专门针对鱼类福利的法规并不常见，因为垂钓者的具体的行为被难以监管（例如，在C&R 期间将捕获的鱼直接暴露于空气中）。但是，包括德国在内的某些地区有非常具体的监管准则和条例用以限制对鱼类福利有害的行为。例如，德国禁止使用活饵鱼，并规定必须在可捕捞的鱼上岸后通过电击致晕，随后去鳞将其杀死，以尽量减少对鱼的伤害。此外，自然资源管理机构有义务进行教育和宣传，并借此改善鱼类福利。

19.2　休闲渔业背景下的鱼类福利

将鱼类福利的问题与水产养殖相互联系是长久以来的传统（详见第 1 章和第 11 章）。在过去的 10 年，人们开始逐渐关注野生捕捞业，特别是休闲渔业的现状。事实上，在捕捞业中讨论鱼类福利似乎是在休闲渔业的背景下开始的，而关于商业捕捞业（第 17 章和第 18 章）的讨论则在之后才开始。使用钓竿垂钓会对鱼类造成一定程度的伤害（特别是鱼钩造成的组织损伤）和生理干扰（特别是在逃跑和挣扎期间）。此外，捕获后的鱼可能在暴露于空气后被杀死或者释放。这些过程都有可能对鱼类福利造成潜在的影响。除了实际的捕捞过程（即鱼类咬钩、挣扎和被处理），讨论的重点还放在了 C&R 和宰杀上。

评估鱼类福利具有不同的方法（详见 13 章）。在休闲渔业的背景下，通常使用两种方法：基于感觉的方法和基于功能的方法。基于感觉的方法侧重于鱼类在垂钓捕获和释放的过程中可能感受的痛苦，基于功能的方法则侧重于个体的适当功能。基于功能的方法也被 Arlinghaus 等称为评估鱼类福利的实用的方法，他们建议使用该方法更客观地衡量福利指标，以评估鱼类福利。在渔业中，福利是指减少或避免对鱼类的负面影响。无论是从感觉还是从功能的角度来描述对鱼类的影响，大多数的鱼类福利的评估方法有一个共同的目标，即避免或尽量减少对渔业资源的损害，并尽可能保持鱼类个体的健康。

关于鱼类福利的讨论，多数集中在休闲渔业的负面影响上。这些影响可分为亚致死和致死影响。潜在的亚致死影响可以进一步分为一级（例如激素反应）、二级（例如葡萄糖动员）和三级（例如行为障碍）应激反应以及损伤和健康影响。这些影响可能会对健康指标，例如生长或健康本身（例如生殖率和存活率下降）产生影响。例如，捕捞和释放可能会对鱼类造成较大的压力并伤害鱼类，如行为改变、进食表现受损、生长减缓、生殖率减少以及放生后的死亡率增加。然而，有几个例子表明，与休闲渔业相关的活动对鱼类福利产生了积极的影响，例如参与增加和保护鱼类种群的渔业管理或减少野生环境中鱼类个体的压力（例如大坝）。例如，垂钓者直接或间接参与了自然栖息地的恢复，这改善了产卵场和生态系统的总体的健康状况。此外，拆除水坝使鱼类能够进行自然产卵洄游，从而有助于改善个别鱼类的福利。尽管鱼类福利的概念是个体概念，而不是专注于种群的概念，但从鱼类福利的角度来看，垂钓者参与或支持渔业管理和自然栖息地的改善是一件有积极意义的事情。

19.3 促进福利的方法

在下文，我们将重点介绍休闲渔业在各个领域对鱼类个体造成的伤害及其对鱼类福利产生的负面影响，我们还将介绍如何减少或完全避免这种影响。我们将关注于已被科学研究工作所证明的问题，从捕捞、处理、捕死或释放全过程介绍对鱼类福利的影响。

19.3.1 捕　捞

捕捞过程对鱼类福利的影响因捕捞方法而异。钓鱼要使用鱼钩，这一定会对鱼类造成伤害。通常的情况下，鱼会被鱼钩上的诱饵吸引，然后吞食。因此，鱼钩钩在了鱼的嘴唇、口腔、鳃、食管或胃。有时，鱼类会在身体外部被无意或有意地钩住，这被称为非正常钩住或卡住。根据鱼被钩住的部位的不同，鱼钩会造成不同程度的伤害。例如，当鱼被钩住下颚时，鱼钩产生的伤害比钩住鳃、食管或其他重要的组织时要小。鱼钩钩住的部位和伤害的严重程度取决于多种因素，包括但不限于鱼钩的大小和类型、鱼饵的类型、钓鱼的方法（例如被动和主动钓鱼）以及鱼嘴的大小与小型鱼饵的相对关系。被鱼钩钩住的位置因不同类型的鱼钩而存在较大的差异。例如，当鱼钩被鱼吞下时，传统的 J 型鱼钩相比于圆形鱼钩更容易深深地钩住鱼类。鱼钩钩住的位置也取决于所用的鱼饵或鱼饵的类型及其大小。天然的饵料（例如蚯蚓）比人工的鱼饵（例如金属匙）更容易被鱼吞下，但这也取决于钓鱼的方法，最终取决于鱼饵的大小和鱼钩的大小。被动的鱼饵提供给鱼吞下鱼钩的时间，而鱼钩通常在鱼饵被主动摄食时被立即回收（在使用人工鱼饵捕鱼时，回收的速度很快）。然而，当使用特定的鱼饵类型（例如带有 2 个三钩组的曲柄鱼饵），并且鱼饵被鱼猛烈抢夺时，鱼被鱼钩误钩的可能性会增加。

一旦鱼上钩，就必须将它钓起。重要的是要选择适当的钓具，以确保成功回收并避免断线，这可能会使鱼钩留在鱼的体内。回收或挣扎的时间会影响鱼类的体力消耗，并取决于鱼竿和线的种类、鱼的大小和环境条件（如水流）等因素。回收鱼的时间越长，鱼就越疲惫，这可能对福利状况产生负面影响。挣扎的时间通常与血液和肌肉中乳酸的积累以及应激激素皮质醇的血浆浓度呈正相关。较高的水温往往会增加对鱼类的负面影响。钓竿或鱼线越轻，将鱼钓起所需的时间就越长，特别是当鱼很大的时候。

另一个影响鱼类福利的因素是捕捞深度。捕获深度不仅影响回收时间（即捕捞深度越深，回收时间越长），而且还可能导致某些鱼类出现气压伤的症状。当鱼被迫上浮到水面时，周围环境的压力降低会导致鱼鳔膨胀，引起气压伤的症状，例如鱼鳔破裂、血液中有气泡形成（图 19.1）、眼球突出和皮肤气泡等症状。这种症状，会对鱼类个体的福利产生特定种类的短期或长期的影响。

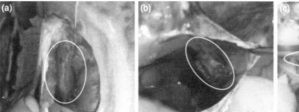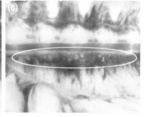

图 19.1　在气压快速下降后，伴有气压伤的大西洋鳕鱼的（a）主总静脉、（b）肝静脉、（c）尾侧主静脉中的气体栓塞图片。用白环圈出受伤的静脉（Ferter et al. 2015b, licensed by CC BY 4.0）

19.3.2　处　理

　　鱼被钓起时必须上岸。有许多不同的着陆技术，它们具有不同的福利影响。一些着陆技术（例如使用带有大钩的长杆鱼叉）仅适用于鱼在上岸后立即被杀死的情况。最常见的着陆技术包括使用着陆网、手动着陆、使用鱼叉或使鱼搁浅。当不打算将鱼捕获时，最好在水中脱钩，以减少钓手处理鱼的时间。着陆网可能会对鱼类的黏膜造成损伤，但使用无结、细网眼的网可以将这种损伤最小化。手动着陆可以减少对鱼的伤害，但必须操作正确。虽然在脱钩的过程中使用毛巾可能会导致鱼类的黏液受损，但在某些鱼类中，与仅使用手动处理相比，使用毛巾处理并未发现显著的亚致死影响或死亡。然而，使用毛巾比在水下用手脱钩更加困难。常见的手动着陆技术包括握住鱼的嘴巴、鳃盖下方或尾部。在抬起鱼类时，重要的是用双手支撑它以分配体重并避免损伤脊髓。一些工具（例如唇钳）可以协助手动着陆，但这些工具可能会对某些鱼类造成严重的损害。用鱼叉刺杀鱼类可能会导致严重的伤害，因为用鱼叉经常刺入重要的器官，这通常是致命的。因此，被鱼叉刺杀的鱼类不应该被释放，而应立即被杀死。然而，对于嘴唇被钓起的大型鱼类，使用细鱼叉导致的伤害不会比钩伤本身更严重。搁浅会对鱼的黏液膜造成显著的损伤。此外，鱼的其他部位（例如眼睛或鳃）在接触到泥土、沙子、岩石或植被时可能会受到损害，因此，从鱼类福利的角度来看，将鱼搁浅比手动着陆更具有破坏性。

　　鱼上岸时，通常会被脱钩。如果鱼被捕捞，在脱钩之前杀死它，可以最大限度地减少对鱼类福利的负面影响并保持肉质。当鱼被释放时，应尽量减少或避免空气暴露。因为空气暴露可能导致鱼类应激和生理紊乱，特别是在鱼剧烈挣扎之后。空气暴露甚至可能导致某些敏感物种死亡。为了避免皮肤或黏液损伤，在脱钩的过程中，可以将捕获的鱼放在一个带有软橡胶表面的脱钩垫上。脱钩设备可以帮助被深钩的鱼。对于一些物种，剪断深钩鱼嘴巴附近的钓线可能比试图脱钩更为有益。虽然一些物种能够自行吐出鱼钩，但其他物种可能会遇到困难。拍摄捕获物可以在鱼被杀死后进行，或者当鱼再次被释放时，将鱼从水中提起以尽量减少空气暴露。一些垂钓者在杀死或释放鱼之前将他们的捕获物放在所谓的保留网或袋中，这可能会对鱼类产生负面影响。将鱼保存在活鱼桶是钓鱼比赛中的常见的做法，而无论是保留鱼还是在称重的过程中进行额外的处理，都可能对鱼类产生负面影响。

19.3.3 释　放

如果要释放鱼类，建议在鱼脱钩后尽快释放鱼，以避免额外的处理对鱼类造成压力。只有没有严重的钩伤或其他的伤害（例如由于气压伤或着陆而引起的伤害）的鱼类才能被释放，因为受到严重伤害的鱼类可能会受到致命或亚致命的短期和长期的影响。然而，在某些规定中，某些鱼类的释放可能是强制性的，与鱼类的状况无关（即使受致命的伤害，杀死或保留亚成鱼都是非法的）。鱼在释放后的死亡率和亚致死影响具有物种特异性，取决于许多的因素，包括但不限于钩伤、挣扎时间、捕获的深度和水温。被释放的鱼可能表现出不同程度的行为改变，这可能会对鱼类福利产生影响。例如，在繁殖季节，某些物种的筑巢行为可能受到损害，并导致繁殖失败。当捕食者的数量较高时，被放生的鱼类可能由于行为异常而更容易被捕食。在这种情况下，可以在释放前将鱼类放入恢复袋或恢复箱以帮助鱼类从被捕和处理的压力中恢复。物理康复这种方式仍可能会对某些鱼类造成压力并降低其释放后的活动能力。严重疲劳的鱼在被释放到强水流时可能难以恢复，并漂流到下游。在这种情况下，通常建议进行辅助通气（即将鱼来回移动，以增加鳃部的水流），但对鱼类是否有益存在疑问。患有气压伤的鱼可能难以呼吸，更容易成为鸟类捕食者的猎物。排气法用于释放鱼鳔中过量的空气，虽然这种方法对某些物种 [（例如黑海鲈 *Centropristis striata*）] 有益，但已有研究表明对其他的物种有负面影响或无影响。此外，要正确地进行排气操作，以避免对重要的器官造成损伤。另一种协助鱼类下潜的方法是使用重物。这些重物被固定在鱼的嘴唇上，然后降至所需的深度。一旦周围的环境气压与鱼类个体平衡，重物就会从鱼身上被释放并浮回水面。

19.3.4 捕　杀

从鱼类福利的角度来看，在鱼上岸后快速将其杀死是可取的（见第17章）。休闲的钓手使用不同的方法将鱼杀死，其中一些可能对鱼类福利产生负面影响。理想的方法应该是使鱼立即失去知觉并快速杀死它。通过将鱼暴露在空气中或将活鱼放入冰冷的水中窒息，并不理想，因为这可能需要很长的时间才会让鱼死亡。休闲的钓手采用更有利于鱼类福利的方法：击晕、刺穿或者活体断头、射击鱼类（对于大型的物种）。这些方法在一些国家是合理的。有关如何宰杀鱼类以促进福利和提高肉质质量的指南已经在网上存在。商业上提供了用来敲击鱼头的特殊工具，称为"鱼类敲击器"，通常在出血之前用来击昏鱼类。在未击昏鱼的情况下，割断鱼的喉咙可能会对福利产生负面影响，因为鱼可能需要几分钟才能死亡。

19.3.5　放　流

放流是与鱼类福利相关的问题，但尚未得到大量的讨论。虽然放流可以增加和保护鱼类种群，但放流的鱼类通常从育苗场带入野外，它们不仅要在人工环境中度过初始的养殖阶段，而且还要面临运输和释放的压力。因此，放流鱼类的自然死亡率通常高于野生鱼类，这可能涉及鱼类福利的问题。在整个养殖的过程中，抓握和处理所引起的压力可能会导致鱼类福利的问题，并导致行为障碍和鳍部损伤。此外，运输会影响鱼类福利。放流后，如果适应性不良或被迫与野生鱼类竞争，鱼的死亡率会增加，尤其是幼鱼，这使得放流后的鱼类的存活数量较少，但鱼更加强壮，更有利于鱼类福利。放流通常是为了维持鱼类种群和渔业健康，因此，放流失败会带来经济上的损失，并对鱼类福利造成影响。增加放流的成功率对鱼类福利是有益的：只有适应良好的鱼类才能以正确的大小进行放流，并尽可能减少处理和运输的压力，才能在放流后更好地生存。因此，增加放流的成功率和鱼类福利是相辅相成的。

19.4　与休闲渔业相关的鱼类福利案例研究的讨论

以下 2 个研究案例展示了 2 个国家对鱼类福利问题的处理方法。这些案例研究表明，从鱼类福利的角度来看，休闲渔业的最终的处理方式往往与之前讨论的如何最大限度地减少鱼类福利的负面问题几乎没有联系。因为人们通常根据行为者的动机来判断其对动物的行为是否存在伦理层面的问题，而不是通过人类行为对动物福利的影响程度。Riepe 和 Arlinghaus 表示，对特定的钓鱼行为（如 C&R）的负面评价以及对整个休闲渔业的伦理判断主要是由人们的潜在的价值观和动物权利的相关态度来解释，而且人们认为动物能够经历类似人类的心理状态（如痛苦）的程度则较少或根本没有。以下 2 个案例研究针对的是鱼类交互者的动机是否存在伦理问题，而不是针对鱼类所受的影响的严重程度如何的科学问题，从福利的角度来看，已有的行为被认为是有益的。但具有讽刺意味的是，这仍可能对鱼类福利造成损害。

19.4.1 德国的动物福利法和休闲垂钓

根据德国的动物福利法，只有在所谓的合理的理由下，才允许伤害鱼类，例如在休闲捕鱼期间。虽然动物福利法中没有给出休闲钓鱼合法的合理的理由，但是一种常见的观点是：通过法院一系列的判决得到证实的，损害鱼类并因此对它们的福利产生负面影响的充分理由是，行为者为了吃鱼而捕鱼。与之相反，休闲渔业中任何与个人消费无关的行为和做法都可能被认为是有问题的，通常被禁止或受到公众和垂钓者的规范性的抵制。例如，存放合法大小的鱼以便立即捕获（因为可以在释放前直接将鱼食用），自愿捕捉和释放合法大小的鱼（该行为被认为是缺乏收获动机并主要是为了玩弄食物），或者与捕捉和释放相关的竞技钓鱼。然而，如果一个人在将钓线投入水中之前有合理的理由，那么钓鱼者可以在法律允许的范围内通过捕捉和释放而对鱼类福利产生负面影响，如果鱼太小或是非目标的物种，则将其释放，或是将其杀死。

正如前几节所详细阐述的那样，这些例子表明，从鱼类福利的角度来判断某种休闲钓鱼的行为是否可行，可能不如从自然科学的角度判断来得容易，特别是关于鱼类在整个过程中的经历。例如，相同的做法，比如将"捕捞和释放"（C&R）应用在一个未达到法定长度标准的鱼上，比如在对最低的长度限制为50cm的情况下，可能会被认为在法律和伦理上是可行的。然而，如果在没有一般捕捞动机的情况下，自愿释放一条50.5cm长的狭鳕鱼，可能会使钓手受到法律的追究。然而，这两种情况对鱼类福利的影响是相同的。更重要的是，在德国，没有捕捞动机的钓鱼行为被认为是违反伦理的，从法律的角度来看，这意味着所有被捕捞并且合法尺寸的鱼都必须作为晚餐食物被带回家。这又意味着，将鱼杀死被认为在伦理上优于自愿释放的部分或全部的捕获物。然而，从被捕个体的角度来看，杀死还是释放不是一个值得讨论的问题。事实上，有人可能会主张，迅速释放一条良好状态的鱼可以使其从捕捞引起的生理应激中快速恢复，并恢复到繁殖模式下继续存活。从鱼类个体的角度来看，其主要的生存目的是存活并为下一代贡献基因（被定义为生物适应性），最好的情况是根本不被捕捞，其次是在没有主要影响的情况下进行捕捞和释放，而被捕杀则是第三个选择。

19.4.2 关于挪威海洋鱼类捕捞和释放方法的讨论

在挪威海洋休闲渔业中，自愿性和监管性的C&R都很常见。虽然挪威实施了全面的弃鱼禁令，但根据挪威的渔业条例，允许释放有活力的鱼。这项法规适用于挪威大部分地区的自愿性和监管性的C&R，但在斯卡格拉克岛，与垂钓相关的自愿性的C&R，已在最近被禁止。由于潜在的福利问题，已经引发了几次与自愿性的C&R相关的公开辩论。特别是大西洋大比目鱼（*Hippoglossus hippoglossus*）的C&R最近成为一个热门话题。由于其体型和在垂钓过程中出色的耐力，大西洋大比目鱼在自愿性的C&R物种中深受垂钓游客和居民垂钓者的欢迎。因此，该物种被认为对挪威的渔业旅游业和休闲渔民具有重要的意义，特别是在挪威的北方，与德国的情况相似。近年来，大比目鱼的自愿性的C&R作业受到了媒体的大量关注，并引发了几次公开辩论，因为它被视为在没有充分理由的情况下虐待动物。最近，根据贸易、工业和渔业部的调查，挪威食品安全局对大比目鱼的自愿性的C&R进行了评估。他们的结论是，从动物福利的角度来看，自愿性的C&R存在问题并且应该禁止所有的海洋物种的自愿性的C&R，因为只有以收获为目的的捕鱼动机被认为是可行的。最近，这一声明已被修订，规定如果垂钓者的唯一意图是通过自愿性的C&R进行娱乐，则该禁令适用。和德国一样，该判断仅与行为者的动机和意图的道德伦理相关，而与被捕的鱼类个体无关。考虑到辩论的复杂性，挪威食品安全局进一步强调以自愿性的C&R禁令作为指导方针，而不是依赖实际的渔业法规，虽然，如果不遵守这一禁令，他们可能会考虑对渔业法规进行实际修改。最近，对大比目鱼实施了最大的捕捞尺寸为200cm的规定，这会导致释放较大的个体。然而，即使规定了最大的捕捞尺寸，这样的"捕捞和释放"禁令也可能存在问题，因为它可能导致意想不到的生态后果。低于最大的捕捞尺寸的大型渔获物通常是被人自愿释放的，因为它们是重要的产卵者，而且由于粗糙的肉质和较高的环境污染物的浓度，其不适合作为食物。因此，如果在较高的捕捞压力下将如此大的产卵鱼捕获，最终可能会对鱼类种群和食用鱼类的人产生负面影响。因此，应该在实施自愿性的C&R法规之前仔细评估其必要性和后果，因为由个人观点驱动的政策可能会带来与过度捕捞相关的重要种群的保护问题。

19.5　从鱼类福利的角度看待休闲渔业的未来

钓鱼和其他的休闲捕鱼方式不可避免地对鱼类福利产生一些负面影响，例如对个体鱼类造成压力和伤害，我们发现，改变渔民的行为，可以减少这些问题的发生。然而，正如我们的研究案例所揭露的结果一样，从福利的角度来看，休闲捕鱼的行为在伦理上是否可行的问题最终可能取决于捕鱼者的意图，以及人类的价值观和立场，这是自然科学无法回答的。但是，自然科学可以通过研究福利指标来促进鱼类福利，而且这些指标可以作为改善休闲渔业中鱼类福利的基础。此外，这些研究可以作为评估钓鱼和钓鱼作业（如C&R）对福利影响的基础，并根据其他的人类利益衡量这些影响。

正如我们的研究案例所示，尽管如此，鱼类福利的问题很快就牵扯到伦理领域，与休闲渔民的伦理可接受或不可接受的意图相关。在这一背景下，最引人瞩目的福利辩论集中在自愿性的C&R问题上，如果从业者在没有基本捕捞意图的前提下捕鱼，一些国家会被认为存在伦理问题，而在其他国家（如美国、加拿大、英国）的文化中，同样的做法被视为减小渔业影响的理想的解决方案。近年来，在休闲渔业乃至整个渔业中，伦理辩论已发展到质疑捕捞食用是否可接受的地步。这种发展可能会反过来导致自愿性的C&R成为在伦理上优于捕杀鱼类的做法。另外，如果认为休闲渔业的唯一目的是个人消费，那么在伦理上质疑将鱼捕杀是否可以接受就等同于限制休闲渔业。正如这些案例所示，一旦对如何对鱼类福利影响最小化的简单的应用生物学的问题越界了，处理鱼类福利的问题就会变得复杂起来。

Dawkins建议，鱼类福利可以在不涉及意识或痛苦等有争议的话题的情况下得到改善。在休闲渔业的背景下也有相似的观点被提出。我们已经表明，通过制定最佳的实践指导，已经做出了努力来最大限度地减少对个体鱼类的负面的福利影响，但应该可以在物种特异性的水平上得到更多的改进。

参考文献

Aalbers SA, Stutzer GM, Drawbridge MA (2004) The effects of catch-and-release angling on the growth and survival of juvenile white seabass captured on offset circle and J-type hooks. N Am J Fish Manag 24:793–800

Aas Ø, Thailing CE, Ditton RB (2002) Controversy over catch-and-release recreational fishing in Europe. In: Pitcher TJ, Hollingworth CE (eds) Recreational fisheries: ecological, economic and social evaluation. Blackwell Science, Oxford, pp 95–106

Alós J, Arlinghaus R, Palmer M, March D, Álvarez I (2009) The influence of type of natural bait on fish catches and hooking location in a mixed-species marine recreational fishery, with implica-tions for management. Fish Res 97:270–277

Arends R, Mancera J, Munoz J, Bonga SW, Flik G (1999) The stress response of the gilthead sea bream (*Sparus aurata L.*) to air exposure and confinement. J Endocrinol 163:149–157

Arlinghaus R (2007) Voluntary catch and release can generate conflict within the recreational angling community: a qualitative case study of specialised carp, *Cyprinus carpio*, angling in Germany. Fish Manag Ecol 14:161–171

Arlinghaus R (2008) The challenge of ethical angling: the case of C&R and its relation to fish welfare. In: AAS Ø (ed) Global challenges in recreational fisheries. Blackwell, Oxford, pp 223–236

Arlinghaus R, Cooke SJ (2009) Recreational fisheries: socioeconomic importance, conservation issues and management challenges. In: Dickson B, Hutton J, Adams WM (eds) Recreational hunting, conservation and rural livelihoods: science and practice. Oxford, Wiley-Blackwell, pp 39–58

Arlinghaus R, Hallermann J (2007) Effects of air exposure on mortality and growth of undersized pikeperch, *Sander lucioperca*, at low water temperatures with implications for catch-and-release fishing. Fish Manag Ecol 14:155–160

Arlinghaus R, Schwab A (2011) Five ethical challenges to recreational fishing: what they are and what they mean. In: American fisheries society symposium, pp 219–234

Arlinghaus R, Mehner T, Cowx I (2002) Reconciling traditional inland fisheries management and sustainability in industrialized countries, with emphasis on Europe. Fish Fish 3:261–316

Arlinghaus R, Cooke SJ, Lyman J, Policansky D, Schwab A, Suski C, Sutton SG, Thorstad EB (2007a) Understanding the complexity of catch-and-release in recreational fishing: an integra-tive synthesis of global knowledge from historical, ethical, social, and biological perspectives. Rev Fish Sci 15:75–167

Arlinghaus R, Cooke SJ, Schwab A, Cowx IG (2007b) Fish welfare: a challenge to the feelings-based approach, with implications for recreational fishing. Fish Fish 8:57–71

Arlinghaus R, Klefoth T, Gingerich A, Donaldson M, Hanson K, Cooke S (2008a) Behaviour and survival of pike, *Esox lucius*, with a retained lure in the lower jaw. Fish Manag Ecol 15:459–466

Arlinghaus R, Klefoth T, Kobler A, Cooke SJ (2008b) Size selectivity, injury, handling time, and determinants of initial hooking mortality in recreational angling for northern pike: the influence of type and size of bait. N Am J Fish Manag 28:123–134

Arlinghaus R, Klefoth T, Cooke SJ, Gingerich A, Suski C (2009a) Physiological and behavioural consequences of catch-and-release angling on northern pike (*Esox lucius* L.). Fish Res 97:223–233

Arlinghaus R, Schwab A, Cooke S, Cowx I (2009b) Contrasting pragmatic and suffering-centred approaches to fish welfare in recreational angling. J Fish Biol 75:2448–2463

Arlinghaus R, Cooke SJ, Cowx IG (2010) Providing context to the global code of practice for recreational fisheries. Fish Manag Ecol 17:146–156

Arlinghaus R, Beard TD Jr, Cooke SJ, Cowx IG (2012a) Benefits and risks of adopting the global code of practice for recreational fisheries. Fisheries 37:165–172

Arlinghaus R, Schwab A, Riepe C, Teel T (2012b) A primer on anti-angling philosophy and its relevance for recreational fisheries in urbanized societies. Fisheries 37:153–164

Arlinghaus R, Tillner R, Bork M (2015) Explaining participation rates in recreational fishing across industrialised countries. Fish Manag Ecol 22:45–55

Arlinghaus R, Lorenzen K, Johnson BM, Cooke SJ, Cowx IG (2016) Management of freshwater fisheries: addressing habitat, people and fishes. In: Craig JF (ed) Freshwater fisheries ecology. Wiley, Chichester, pp 557–579

Arlinghaus R, Abbott JK, Fenichel EP, Carpenter SR, Hunt LM, Alós J, Klefoth T, Cooke SJ, Hilborn R, Jensen OP, Wilberg MJ, Post JR, Manfredo MJ (2019) Opinion: governing the recreational dimension of global fisheries. Proc Natl Acad Sci 116:5209–5213

Barthel B, Cooke S, Suski C, Philipp D (2003) Effects of landing net mesh type on injury and mortality in a freshwater recreational fishery. Fish Res 63:275–282

Bartholomew A, Bohnsack J (2005) A review of catch-and-release angling mortality with implica-tions for no-take reserves. Rev Fish Biol Fish 15:129–154

Barton BA, Peter RE, Paulencu CR (1980) Plasma cortisol levels of fingerling rainbow trout (*Salmo gairdneri*) at rest, and subjected to handling, confinement, transport, and stocking. Can J Fish Aquat Sci 37:805–811

Beardmore B, Hunt LM, Haider W, Dorow M, Arlinghaus R (2015) Effectively managing angler satisfaction in recreational fisheries requires understanding the fish species and the anglers. Can J Fish Aquat Sci 72:500–513

Borch T, Moilanen M, Olsen F (2011) Marine fishing tourism in Norway: structure and economic effects. Økonomisk Fiskeriforskning 21:1–17

Bovenkerk B, Braithwaite V (2016) Beneath the surface: killing of fish as a moral problem. In: Meijboom FLB, Stassen EN (eds) The end of animal life: a start for ethical debate: ethical and societal considerations on killing animals. Wageningen Academic, Wageningen, pp 225–250

Browman HI, Cooke SJ, Cowx IG, Derbyshire SW, Kasumyan A, Key B, Rose JD, Schwab A, Skiftesvik AB, Stevens ED, Watson CA, Arlinghaus R (2019) Welfare of aquatic animals: where things are, where they are going, and what it means for research, aquaculture, recreational angling, and commercial fishing. ICES J Mar Sci 76:82–92

Brown RS, Pflugrath BD, Colotelo AH, Brauner CJ, Carlson TJ, Deng ZD, Seaburg AG (2012) Pathways of barotrauma in juvenile salmonids exposed to simulated hydroturbine passage: Boyle's law vs. Henry's law. Fish

Res 121–122:43–50

Brownscombe JW, Thiem JD, Hatry C, Cull F, Haak CR, Danylchuk AJ, Cooke SJ (2013) Recovery bags reduce post-release impairments in locomotory activity and behavior of bonefish (*Albula* spp.) following exposure to angling-related stressors. J Exp Mar Biol Ecol 440:207–215

Brownscombe JW, Bower SD, Bowden W, Nowell L, Midwood JD, Johnson N, Cooke SJ (2014a) Canadian recreational fisheries: 35 years of social, biological, and economic dynamics from a national survey. Fisheries 39:251–260

Brownscombe JW, Nowell L, Samson E, Danylchuk AJ, Cooke SJ (2014b) Fishing-related stressors inhibit refuge-seeking behavior in released subadult Great Barracuda. Trans Am Fish Soc 143:613–617

China Society of Fisheries (2018) The development report of China's recreational fishery. China Fish 12:20–30

Coleman FC, Figueira WF, Ueland JS, Crowder LB (2004) The impact of United States recreational fisheries on marine fish populations. Science 305:1958–1960

Collins MR, McGovern JC, Sedberry GR, Meister HS, Pardieck R (1999) Swim bladder deflation in Black Sea bass and vermilion snapper: potential for increasing postrelease survival. N Am J Fish Manag 19:828–832

Colotelo AH, Cooke SJ (2011) Evaluation of common angling-induced sources of epithelial damage for popular freshwater sport fish using fluorescein. Fish Res 109:217–224

Cooke S, Cowx I (2004) The role of recreational fishing in global fish crises. Bioscience 54:857–859

Cooke SJ, Sneddon LU (2007) Animal welfare perspectives on recreational angling. Appl Anim Behav Sci 104:176–198

Cooke S, Suski C (2004) Are circle hooks an effective tool for conserving marine and freshwater recreational catch-and-release fisheries? Aquat Conserv Mar Freshwat Ecosyst 14:299–326

Cooke S, Suski C (2005) Do we need species-specific guidelines for catch-and-release recreational angling to effectively conserve diverse fishery resources? Biodivers Conserv 14:1195–1209

Cooke SJ, Donaldson MR, O'Connor CM, Raby GD, Arlinghaus R, Danylchuk AJ, Hanson KC, Hinch SG, Clark TD, Patterson DA, Suski CD (2013a) The physiological consequences of catch-and-release angling: perspectives on experimental design, interpretation, extrapolation and relevance to stakeholders. Fish Manag Ecol 20:268–287

Cooke SJ, Suski CD, Arlinghaus R, Danylchuk AJ (2013b) Voluntary institutions and behaviours as alternatives to formal regulations in recreational fisheries management. Fish Fish 14:439–457

Cooke SJ, Twardek WM, Lennox RJ, Zolderdo AJ, Bower SD, Gutowsky LFG, Danylchuk AJ, Arlinghaus R, Beard D (2018) The nexus of fun and nutrition: recreational fishing is also about food. Fish Fish 19:201–224

Cooke SJ, Twardek WM, Reid AJ, Lennox RJ, Danylchuk SC, Brownscombe JW, Bower SD, Arlinghaus R, Hyder K, Danylchuk AJ (2019) Searching for responsible and sustainable recreational fisheries in the Anthropocene. J Fish Biol 94:845–856

Danylchuk AJ, Adams A, Cooke SJ, Suski CD (2008) An evaluation of the injury and short-term survival of bonefish (*Albula spp.*) as influenced by a mechanical lip-gripping device used by recreational anglers. Fish Res 93:248–252

Davie P, Kopf R (2006) Physiology, behaviour and welfare of fish during recreational fishing and after release. N Z Vet J 54:161–172

Davis MW (2002) Key principles for understanding fish bycatch discard mortality. Can J Fish Aquat Sci 59:1834–1843

Dawkins MS (2017) Animal welfare with and without consciousness. J Zool 301:1–10

Diggles B (2015) Development of resources to promote best practice in the humane dispatch of finfish caught by recreational fishers. Fish Manag Ecol 23:200–207

Diggles B, Cooke S, Rose J, Sawynok W (2011) Ecology and welfare of aquatic animals in wild capture fisheries. Rev Fish Biol Fish 21:739–765

DigsFish Services Pty Ltd (2019) Humane killing of fish [Online]. http://www.ikijime.com/fish/. Accessed 08 Mar 2019

Eckroth JR, Aas-Hansen Ø, Sneddon LU, Bichão H, Døving KB (2014) Physiological and behavioural responses to noxious stimuli in the Atlantic Cod (*Gadus morhua*). PLoS One 9: e100150

EIFAC (2008) EIFAC code of practice for recreational fisheries, EIFAC. Occasional Paper No. 42, Rome, 45

FAO (2012) Recreational fisheries. FAO technical guidelines for responsible fisheries. No. 13, Rome, FAO, 176

Ferguson R, Tufts B (1992) Physiological effects of brief air exposure in exhaustively exercised rainbow trout (*Oncorhynchus mykiss*): implications for "catch and release" fisheries. Can J Fish Aquat Sci 49:1157–1162

Ferter K, Borch T, Kolding J, Vølstad JH (2013) Angler behaviour and implications for management–catch-and-release among marine angling tourists in Norway. Fish Manag Ecol 20:137–147

Ferter K, Hartmann K, Kleiven AR, Moland E, Olsen EM (2015a) Catch-and-release of Atlantic cod (*Gadus morhua*): post-release behaviour of acoustically pretagged fish in a natural marine environment. Can J Fish Aquat Sci 72:252–261

Ferter K, Weltersbach MS, Humborstad O-B, Fjelldal PG, Sambraus F, Strehlow HV, Vølstad JH (2015b) Dive to survive: effects of capture depth on barotrauma and post-release survival of Atlantic cod (*Gadus morhua*) in recreational fisheries. ICES J Mar Sci 72:2467–2481

Forskrift om utøvelse av fisket i sjøen (2013) Kapittel X. Forbud mot utkast og oppmaling [Online]. https://lovdata.no/forskrift/2004-12-22-1878/ § 48. Accessed 28 Mar 2017

French RP, Lyle J, Tracey S, Currie S, Semmens JM (2015) High survivorship after catch-and-release fishing suggests physiological resilience in the endothermic shortfin mako shark (*Isurus oxyrinchus*). Conserv Physiol 3:cov044

Gale MK, Hinch SG, Donaldson MR (2013) The role of temperature in the capture and release of fish. Fish Fish 14:1–33

Gould A, Grace B (2009) Injuries to barramundi *Lates calcarifer* resulting from lip-gripping devices in the laboratory. N Am J Fish Manag 29:1418–1424

Granek EF, Madin EM, Brown M, Figueira W, Cameron DS, Hogan Z, Kristianson G, de Villiers P, Williams JE, Post J (2008) Engaging recreational fishers in management and conservation: global case studies. Conserv Biol 22:1125–1134

Griffiths SP, Bryant J, Raymond HF, Newcombe PA (2017) Quantifying subjective human dimensions of recreational fishing: does good health come to those who bait? Fish Fish 18:171–184

Grixti D, Conron SD, Jones PL (2007) The effect of hook/bait size and angling technique on the hooking location and the catch of recreationally caught black bream *Acanthopagrus butcheri*. Fish Res 84:338–344

Hall K, Broadhurst M, Butcher P, Rowland S (2009) Effects of angling on post-release mortality, gonadal development and somatic condition of Australian bass *Macquaria novemaculeata*. J Fish Biol 75:2737–2755

Hannah RW, Rankin PS, Penny AN, Parker SJ (2008) Physical model of the development of external signs of barotrauma in Pacific rockfish. Aquat Biol 3:291–296

Henry NA, Cooke SJ, Hanson KC (2009) Consequences of fishing lure retention on the behaviour and physiology of free-swimming smallmouth bass during the reproductive period. Fish Res 100:178–182

Herfaut J, Levrel H, Thébaud O, Véron G (2013) The nationwide assessment of marine recreational fishing: a French example. Ocean Coast Manag 78:121–131

Hühn D, Arlinghaus R (2011) Determinants of hooking mortality in freshwater recreational fisheries: a quantitative meta-analysis. Am Fish Soc Symp 75:141–170

Hühn D, Lübke K, Skov C, Arlinghaus R (2014) Natural recruitment, density-dependent juvenile survival, and the potential for additive effects of stock enhancement: an experimental evaluation of stocking northern pike (*Esox lucius*) fry. Can J Fish Aquat Sci 71:1508–1519

Huntingford FA, Adams C, Braithwaite V, Kadri S, Pottinger T, Sandøe P, Turnbull J (2006) Current issues in fish welfare. J Fish Biol 68:332–372

Hyder K, Weltersbach MS, Armstrong M, Ferter K, Townhill B, Ahvonen A, Arlinghaus R, Baikov A, Bellanger M, Birzaks J, Borch T, Cambie G, Graaf M, Diogo HMC, Dziemian Ł, Gordoa A, Grzebielec R, Hartill B, Kagervall A, Kapiris K, Karlsson M, Kleiven AR, Lejk AM, Levrel H, Lovell S, Lyle J, Moilanen P, Monkman G, Morales-Nin B, Mugerza E, Martinez R, O'Reilly P, Olesen HJ, Papadopoulos A, Pita P, Radford Z, Radtke K, Roche W, Rocklin D, Ruiz J, Scougal C, Silvestri R, Skov C, Steinback S, Sundelöf A, Svagzdys A, Turnbull D, Hammen T, Voorhees D, Winsen F, Verleye T, Veiga P, Vølstad JH, Zarauz L, Zolubas T, Strehlow HV (2018) Recreational sea fishing in Europe in a global context–participation rates, fishing effort, expenditure, and implications for monitoring and assessment. Fish 19:225–243

ICES (2013) Report of the ICES working group on recreational fisheries surveys (2013) (WGRFS), 22–26 April 2013, Esporles, Spain. ICES CM 2013/ACOM:23

Jensvoll J (2007) Avlivning og utblødning av torsk. Master thesis, University of Tromsø, 71 Johnston FDJFD, Arlinghaus RAR, Dieckmann UDU (2010) Diversity and complexity of angler behaviour drive socially optimal input and output regulations in a bioeconomic recreational-fisheries model. Can J Fish Aquat Sci 67:1507–1531

Klefoth T, Kobler A, Arlinghaus R (2008) The impact of catch-and-release angling on short-term behaviour and habitat choice of northern pike (*Esox lucius*). Hydrobiologia 601:99–110

Klefoth T, Kobler A, Arlinghaus R (2011) Behavioural and fitness consequences of direct and indirect non-lethal disturbances in a catch-and-release northern pike (*Esox lucius*) fishery. Knowl Manag Aquat Ecosyst 11:18

Kleiven AR, Fernandez-Chacon A, Nordahl J-H, Moland E, Espeland SH, Knutsen H, Olsen EM (2016) Harvest pressure on coastal Atlantic cod (*Gadus morhua*) from recreational fishing relative to commercial fishing assessed from tag-recovery data. PLoS One 11:e0149595

Lewin W-C, Arlinghaus R, Mehner T (2006) Documented and potential biological impacts of recreational fishing: insights for management and conservation. Rev Fish Sci 14:305–367

Løkkeborg S, Siikavuopio S, Humborstad O-B, Utne-Palm A, Ferter K (2014) Towards more efficient longline fisheries: fish feeding behaviour, bait characteristics and development of alternative baits. Rev Fish Biol Fish 24:985–1003

Lorenzen K (2005) Population dynamics and potential of fisheries stock enhancement: practical theory for assessment and policy analysis. Philos Trans R Soc Lond B Biol Sci 360:171–189

Lorenzen K (2006) Population management in fisheries enhancement: gaining key information from release experiments through use of a size-dependent mortality model. Fish Res 80:19–27

Lorenzen K, Beveridge M, Mangel M (2012) Cultured fish: integrative biology and management of domestication and interactions with wild fish. Biol Rev 87:639–660

Lynch AJ, Cooke SJ, Deines AM, Bower SD, Bunnell DB, Cowx IG, Nguyen VM, Nohner J, Phouthavong K, Riley B, Rogers MW, Taylor WW, Woelmer W, Youn S-J, Beard TD (2016) The social, economic, and environmental importance of inland fish and fisheries. Environ Rev 24:115–121

Macinko S, Schumann S (2007) Searching for subsistence: in the field in pursuit of an elusive concept in small-scale fisheries. Fisheries 32:592–600

Mattilsynet (2015) Fang og slipp av marin fisk. Letter sent to the Ministry of Trade. Industry and Fisheries, Oslo

Mattilsynet (2019) Fritidsfiske og dyrevelferdsloven [Online]. https://www.mattilsynet.no/fisk_og_ akvakultur/ fiskevelferd/fritidsfiske_og_dyrevelferdsloven.21109. Accessed 08 Mar 2018

Meka JM (2004) The influence of hook type, angler experience, and fish size on injury rates and the duration of capture in an Alaskan catch-and-release rainbow trout fishery. N Am J Fish Manag 24:1309–1321

Meka JM, McCormick SD (2005) Physiological response of wild rainbow trout to angling: impact of angling duration, fish size, body condition, and temperature. Fish Res 72:311–322

Metcalfe JD (2009) Welfare in wild-capture marine fisheries. J Fish Biol 75:2855–2861

Muoneke MI, Childress WM (1994) Hooking mortality: a review for recreational fisheries. Rev Fish Sci 2:123–156

Nilsson J, Engstedt O, Larsson P (2014) Wetlands for northern pike (*Esox lucius* L.) recruitment in the Baltic Sea. Hydrobiologia 721:145–154

NRK (2016) Her svømmer Daniel med en kveite på 2,5 meter [Online]. https://www.nrk.no/ nordland/her-svommer-daniel-med-en-kveite-pa-2_5-meter-1.13068206. Accessed 28 Mar 2017

Olson L (2003) Contemplating the intentions of anglers: the ethicist's challenge. Environ Ethics 25:267–277

Parkkila K, Arlinghaus R, Artell J, Gentner B, Haider W, Aas Ø, Barton D, Roth E, Sipponen M (2010) European inland fisheries advisory commission methodologies for assessing socio-economic benefits of European inland recreational fisheries. EIFAC Occasional Paper, 112

Pawson MG, Glenn H, Padda G (2008) The definition of marine recreational fishing in Europe. Mar Policy 32:339–350

Payer RD, Pierce RB, Pereira DL (1989) Hooking mortality of walleyes caught on live and artificial baits. N Am J Fish Manag 9:188–192

Pitcher TJ, Hollingworth CE (2002) Fishing for fun: where's the catch? Blackwell, Oxford, pp 1–16

Post JR, Sullivan M, Cox S, Lester NP, Walters CJ, Parkinson EA, Paul AJ, Jackson L, Shuter BJ (2002) Canada's recreational fisheries: the invisible collapse? Fisheries 27:6–17

Potts WM, Downey - Breedt N, Obregon P, Hyder K, Bealey R, Sauer WHH (2020) What consti-tutes effective governance of recreational fisheries?—A global review. Fish Fish 21: 91–103

Pullen CE, Hayes K, O'Connor CM, Arlinghaus R, Suski CD, Midwood JD, Cooke SJ (2017) Consequences of oral lure retention on the physiology and behaviour of adult northern pike (*Esox lucius* L.). Fish Res 186(Part 3):601–611

Pullen CE, Arlinghaus R, Lennox RJ, Cooke SJ (2019) Telemetry reveals the movement, fate, and lure-shedding of northern pike (*Esox lucius*) that break the line and escape recreational fisheries capture. Fish Res 211:176–182

Radford Z, Hyder K, Zarauz L, Mugerza E, Ferter K, Prellezo R, Strehlow HV, Townhill B, Lewin W-C, Weltersbach MS (2018) The impact of marine recreational fishing on key fish stocks in European waters. PLoS One 13:e0201666

Radomski PJ, Grant GC, Jacobson PC, Cook MF (2001) Visions for recreational fishing regula-tions. Fisheries 26:7–18

Rapp T, Cooke SJ, Arlinghaus R (2008) Exploitation of specialised fisheries resources: the importance of hook size in recreational angling for large common carp (*Cyprinus carpio* L.). Fish Res 94:79–83

Rapp T, Hallermann J, Cooke SJ, Hetz SK, Wuertz S, Arlinghaus R (2012) Physiological and behavioural consequences of capture and retention in carp sacks on common carp (*Cyprinus carpio* L.), with implications for catch-and-release recreational fishing. Fish Res 125:57–68

Rapp T, Hallermann J, Cooke SJ, Hetz SK, Wuertz S, Arlinghaus R (2014) Consequences of air exposure on the physiology and behavior of caught-and-released common carp in the laboratory and under natural conditions. N Am J Fish Manag 34:232–246

Richard A, Dionne M, Wang J, Bernatchez L (2013) Does catch and release affect the mating system and individual reproductive success of wild Atlantic salmon (*Salmo salar* L.)? Mol Ecol 22:187–200

Riepe C, Arlinghaus R (2014) Explaining anti-angling sentiments in the general population of Germany: an application of the cognitive hierarchy model. Hum Dimens Wildl 19:371–390

Roach J, Hall K, Broadhurst M (2011) Effects of barotrauma and mitigation methods on released Australian bass *Macquaria novemaculeata*. J Fish Biol 79:1130–1145

Robinson KA, Hinch SG, Raby GD, Donaldson MR, Robichaud D, Patterson DA, Cooke SJ (2015) Influence of postcapture ventilation assistance on migration success of adult sockeye salmon following capture and release. Trans Am Fish Soc 144:693–704

Salvanes AGV, Braithwaite V (2006) The need to understand the behaviour of fish reared for mariculture or restocking. ICES J Mar Sci 63:345–354

Schisler GJ, Bergersen EP (1996) Postrelease hooking mortality of rainbow trout caught on scented artificial baits. N Am J Fish Manag 16:570–578

Schwabe M, Meinelt T, Phan TM, Cooke SJ, Arlinghaus R (2014) Absence of handling-induced saprolegnia infection in juvenile rainbow trout with implications for catch-and-release angling. N Am J Fish Manag 34:1221–1226

Stålhammar M, Fränstam T, Lindström J, Höjesjö J, Arlinghaus R, Nilsson PA (2014) Effects of lure type, fish size and water temperature on hooking location and bleeding in northern pike (*Esox lucius*) angled in the Baltic Sea. Fish Res 157:164–169

Strehlow HV, Schultz N, Zimmermann C, Hammer C (2012) Cod catches taken by the German recreational fishery in the western Baltic Sea, 2005–2010: implications for stock assessment and management. ICES J Mar Sci 69:1769–1780

Sullivan CL, Meyer KA, Schill DJ (2013) Deep hooking and angling success when passively and actively fishing for stream-dwelling trout with baited J and circle hooks. N Am J Fish Manag 33:1–6

Suski C, Svec J, Ludden J, Phelan F, Philipp D (2003a) The effect of catch-and-release angling on the parental care behavior of male smallmouth bass. Trans Am Fish Soc 132:210–218

Suski CD, Killen SS, Morrissey MB, Lund SG, Tufts BL (2003b) Physiological changes in largemouth bass caused by live-release angling tournaments in southeastern Ontario. N Am J Fish Manag 23:760–769

Suski CD, Cooke SJ, Danylchuk AJ, O'Connor CM, Gravel M-A, Redpath T, Hanson KC, Gingerich AJ, Murchie KJ, Danylchuk SE (2007) Physiological disturbance and recovery dynamics of bonefish (*Albula vulpes*), a tropical marine fish, in response to variable exercise and exposure to air. Comp Biochem Physiol A Mol Integr Physiol 148:664–673

Thompson M, Van Wassenbergh S, Rogers SM, Seamone SG, Higham TE (2018) Angling-induced injuries have a negative impact on suction feeding performance and hydrodynamics in marine shiner perch, *Cymatogaster aggregata*. J Exp Biol 221:jeb180935

Tracey SR, Hartmann K, Leef M, McAllister J (2016) Capture-induced physiological stress and postrelease mortality for Southern bluefin tuna (*Thunnus maccoyii*) from a recreational fishery. Can J Fish Aquat Sci 73:1547–1556

Tufts B, Holden J, DeMille M (2015) Benefits arising from sustainable use of North America's fishery resources: economic and conservation impacts of recreational angling. Int J Environ Stud 72:850–868

Volpato GL (2009) Challenges in assessing fish welfare. ILAR J 50:329–337

Volpato GL, Gonçalves-de-Freitas E, Fernandes-de-Castilho M (2007) Insights into the concept of fish welfare. Dis Aquat Org 75:165–171

Webster J (2005) Animal welfare: limping towards Eden. Wiley-Blackwell, Oxford, p 279

Weithman AS (1999) Socioeconomic benefits of fisheries. In: Kohler CC, Hubert WA (eds) Inland fisheries management in North America, 2nd edn. Bethesda, American Fisheries Society, pp 193–213

Weltersbach MS, Strehlow HV (2013) Dead or alive–estimating post-release mortality of Atlantic cod in the recreational fishery. ICES J Mar Sci 70:864–872

Weltersbach MS, Ferter K, Sambraus F, Strehlow HV (2016) Hook shedding and post-release fate of deep-hooked European eel. Biol Conserv 199:16–24

Wilde GR (2009) Does venting promote survival of released fish? Fisheries 34:20–28

Wilde GR, Pope KL, Durham BW (2003) Lure-size restrictions in recreational fisheries. Fisheries 28:18–26

World Bank (2012) Hidden harvest: the global contribution of capture fisheries. Report No. 66469-GLB, Washington, International Bank for Reconstruction and Development, p 152

第 20 章
人为污染对野生鱼类福利的影响

摘　要: 几个世纪以来，人类活动改变了自然环境。例如，清理土地、水资源引用和农业灌溉改变了水生生态系统，各种扩散污染源和点源污染源的输入也改变了水生生态系统。自然水体的改变导致水质和栖息地的变化，最终影响本地鱼类的福利，并可能危及其生存。在本章中，我们回顾了不同类别的污染物，并提供了在世界各地的淡水和海洋环境中观察到的野生鱼类种群受影响的关键例子。其中包括对重大的污染事件和主要的污染源的研究案例。从直接毒性、生理扰动到行为和物种组成的改变，各种影响都被记录在案，并强调要对水生环境的人为输入进行持续管理。

关键词: 人为污染; 健康; 氧化应激; 亚致死应激

20.1　引　言

　　人为干扰是关乎野生鱼类福利的主要的考虑因素。这些干扰包括任何改变生态系统结构的外部力量，比如可能导致直接或间接死亡的有毒的化学污染物，或是影响生活空间和资源可用性的栖息地改变。脉冲干扰是短期的干扰事件（例如化学物质意外泄漏或洪水事件），而压力干扰则是长期的干扰，鱼在最初受干扰后保持已改变的状态（例如由大坝造成的障碍或沉积物的污染物的浓度升高）。斜坡干扰是指，无论是否存在上限或渐近线，干扰随着时间的推移而增加（例如湿地中沉积物的增加）。对每种干扰类型的生物响应同样可以被归类为脉冲（短期并回到基线）、压力（较长期并形成新的基线/改变稳定的状态）或斜坡（随时间增加/减少的响应）；对相同干扰的响应将因不同类型的生物而异。鱼类栖息在多样的环境中，可能会接触到不同类型的压力、脉冲和斜坡干扰。在这样的环境中，生存和繁殖的能力基于生理和生态方面的差异，这些差异有助于物种的适应性和从污染等干扰中恢复的能力。

　　有些鱼类能够在极端的条件下生活，并表现出对恶劣环境的进化适应。例如，一年生鳉鱼（*Austrofundulus limnaeus*）栖息在南美洲短暂的热带池塘中，并产生耐受紫外线辐射、盐度变化、缺氧和干燥的胚胎。胚胎可以在滞育的状态下抑制其代谢，并因此成为研究如何实现这些独特生物适应的遗传机制的重要的脊椎动物模型。北极红点鲑鱼（*Salvelinus alpinus*）是分布于最北边的淡水鱼类，生活在温度极端的极地地区，夏季有 24 小时的日照，冬季有 24 小时的黑暗。该物种可以根据光周期改变活动节律，并在低于 1℃的温度条件下在弱光的环境中觅食。

上述例子说明了鱼类的生理和行为需求的多样性，以及鱼类福利受到干扰的可能后果。此外，对鱼类福利的干扰在某些情况下（如水产养殖的鱼类生产）被认为是可以接受的，在其他的情况下（如实验室研究）可能难以接受。因此，定义"良好的鱼类福利"是非常复杂的，而且必然针对特定的物种。一个良好的鱼类福利的定义应该包括鱼类健康，并且满足鱼类行为（和社会）的需要，脱离痛苦或恐惧。

为了确保鱼类的健康和整体的福利，定期监测是不可或缺的方法。对于圈养的鱼类来说，监测相对容易实施，但对于野生的鱼类而言，由于其自由游动的特性，进行监测的难度显著增加。为了全面了解野生鱼类的健康状况，需要进行种群评估以评估丰度和个体的大小／年龄，同时，结合生物监测来综合判断其健康状况。然而，由于野生鱼类的监测难度较大，将特定的干扰因素与实际的影响联系起来的研究成果相对较少。

在本章中，我们回顾了人为污染对野生鱼类的福利所产生的影响。首先，我们概括了对于特定的污染物中类别已知的效应；接着，通过案例研究，总结了生态系统中已知的影响。

20.2 第一部分：污染类型

点源污染源自明确的地点，通常是有意排放废物的场所，例如污水排放口。与此相对，非点源或扩散污染则可能源自无意的废物泄漏，包含各种难以识别和追踪到源头的物质。扩散污染与特定的土地用途有着密切的关系，比如城市土地利用导致雨水污染，或农业活动造成农药和营养物质的污染。无论来源如何，水污染都是一种重要的人为干扰，对全球的鱼类福利产生负面影响。

20.2.1 营养素

人类活动引发的养分负荷的增加已致使地球上许多地区出现富营养化的现象，尤其是发达国家。富营养化如今被视为全球地表水面临的最大的威胁之一。当水体中的氮（N）和磷（P）的输入导致水道经历过度的植物生长时，便会产生富营养化。这些氮和磷的输入源自肥料、土地清理、动物生产以及人类和动物废物的排放等途径。富营养化的直接后果包括选择性死亡，从而引发群落结构的变化（如耐受营养丰富的物种逐渐占据优势）；间接后果则包括导致水体浊度上升和溶解氧的含量下降，进一步引发食物链的改变，最终影响群落结构。

富营养化可导致水体的透明度降低，从而影响依赖视觉选择线索的物种进行性选择，例如棘鱼、沙虾虎鱼、海龙鱼和慈鲷鱼。此外，富营养化还会影响宿主与寄生虫的相互作用，导致鱼类感染机会性寄生虫的概率增加。据 Warry 等的研究报告，河口幼鱼群落中的底层物种的丰富度与集水区的施肥程度呈负相关。

在 20 世纪，营养物质向地表水的迁移量急剧上升，其中，尤其以农业来源的迁移为主。全球迁移量估算约为每年 6700 万吨氮和 900 万吨磷，超过总输入量的 50%。预测未来随着气候变化的加剧，这一状况将更为严重。因为在强降雨事件发生时，农业土壤进入河流集水区的氮负荷将会增加。

氮元素以氨（NH_4）、硝酸盐（NO_3）和亚硝酸盐（NO_2）的形式存在于水中，在高浓度下对鱼类具有极强的毒性。然而，实际的环境中，这些浓度通常远低于致毒阈值。

20.2.2　缺　氧

富营养化的后果之一是藻类大量繁殖，藻类分解时需要的氧气也随之增加。当水中的溶解氧浓度达到 <2.0mL O_2/L（~35% S；2.9mg/L）时，水中溶解氧的浓度降低会导致缺氧，当水中溶解氧的浓度达到 <0.5mL O_2/L 时，会导致严重缺氧。根据一系列的鱼类和无脊椎动物物种的平均致死浓度，Vaquer-Sunyer 和 Duarte 建议使用 4.6mg/L 的阈值来定义缺氧（~62.5% S；3.2mL O_2/L）。无论使用哪种阈值，严重缺氧的水源仍然限制了物种的生存空间，全球有 400 多个系统受到不利的影响。根据近 100 年的数据，受缺氧影响的沿海地区的数量正以每年 5.5% 的速度迅速增加。此外，在温带地区，通常存在季节性的缺氧模式。

不同生物种间的氧阈值存在显著的差异，并在缺氧的环境下产生一系列的行为及生理适应。例如，部分的底栖生物会主动回避低氧的水域，迁移至较浅、含氧量较高的区域，以防止缺氧现象。鱼类在缺氧的条件下的生理反应有：提高血红蛋白的通过率和氧结合的能力，降低部分代谢途径以节省能量，直至最终转为无氧呼吸。与此相关的一系列的福利问题包括：因迁移至浅水区域而导致的捕食风险增加，生长速度和健康状况下降，以及对后代的跨代和表观遗传影响的可能性。

20.2.3　海洋酸化

预计，若大气中的二氧化碳的排放量持续上升，至 2100 年，海洋中的二氧化碳浓度的波动可能增至当前水平的 10 倍。这将使得地表水中的二氧化碳浓度从现有的约 390 μatm 上升至 >1000 μatm。同时，引发海洋系统缺氧的同一批的过程亦涉及海洋酸化，其影响可能进一步加剧。由于低溶解氧及相关的低 pH 有利于碳酸生成和海水酸化，这可能对海洋的生态环境产生更为严重的影响。

酸化对鱼类的主要影响可归纳为以下 4 点：1）在高浓度的大气 CO_2 环境下，影响耳石生成；2）调整细胞外及细胞内的酸碱平衡，从而影响生理过程；3）改变酸碱状况，对能量预算产生影响；4）引发行为变化（例如盐度和温度偏好）。鱼类具备调整细胞外酸碱平衡的能力以进行补偿，但这可能导致过度钙化及行为调整。

水中二氧化碳浓度的升高可能干扰氧气的输送与吸收，并对生理功能产生损害，导致能量从关乎生命的重要需求（如运动、繁殖以及避免被捕食和应对环境压力等）中转移。低溶解氧与低 pH 值的组合对河口养殖鱼类的早期的生命阶段的生长与存活会产生不利的影响，其程度各异，但普遍存在。这种状况可能对适应性和生存产生累积和协同的负面影响。在海水中，PCO_2 的上升影响了橙子小丑鱼（*Amphiprion perula*）幼鱼的成年诱因识别的能力，使它们被吸引到原本应避免的诱因上。酸化导致幼鱼的感知能力受损，进而对寻找适宜的定居点的能力产生负面影响。在成鱼中，长期暴露于高 CO_2 浓度的环境会对 2 种澳大利亚珊瑚鱼的生殖输出产生影响：在秘鲁双锯鱼（*Amphiprion perula*）中，表现为窝卵的数量和每窝卵的数量增加；而在多棘丽鱼（*Acanthochromis polyacanthus*）中，则呈现为卵窝数量和大小减少。

显然，海洋酸化对野生鱼类种群的福利产生了严重的负面影响。由于应对措施主要针对特定的物种，因此，难以精确预测其可能带来的影响。此外，即使改善了导致富营养化、缺氧和酸化等人为因素的管理，未来的气候变化仍将加剧这些压力因素的幅度，从而可能对鱼类福利产生广泛的影响。

20.2.4 重金属

金属污染是全球性的问题，源于采矿、工业活动以及自然地质的过程。金属主要通过工业废水等点源以及雨水和城市径流等扩散源进入水生系统。部分金属（含类金属）对人体有益，因为生物体需要微量金属来维持正常的生理功能（如血红蛋白中的铁有助于氧的结合）。然而，非必需金属的存在通常与压力和解毒反应相关。金属的毒性取决于其生物利用度，而生物利用度受金属在自然环境中形成的有机和无机络合物的影响。对鱼类福利产生不利影响的主要金属包括铅、汞、镉、铬、镍、铜、锌、锡、铝和砷。

在各类淡水鱼中，如大斑南乳鱼（*Galaxias maculatus*），金属污染对其产生诸多的影响，包括加剧氧化应激和离子调节失衡，改变对应激的行为反应，延缓胚胎发育并降低幼鱼的质量，以及减弱趋光反应。此外，金属污染的生理反应可能因盐度或处理压力等额外的压力源而加剧。在鱼类的生命早期阶段，金属毒性可能导致生长迟缓，提高发育不全的发生率，降低存活率，并增加畸形率。其中，骨骼畸形尤为令人忧虑，因为它会影响鱼类的基本特征，如游泳能力，进而影响其他的行

为，如逃避捕食者和迁移。

金属可以在特定的鱼类组织中积累，随着时间的推移，会影响新陈代谢并引起氧化应激，导致细胞改变、染色体损伤，并可能导致多代效应，金属也可能影响鱼类的优势行为和社会互动的生理过程。

为了评估食物网的相互作用及其对金属生物累积的影响，研究者从中国的长江上游采集了 26 种不同的鱼类样本，发现在大型掠食性鱼类和底栖摄食的物种中，金属（砷、铬、镉、汞、铜、锌、铅、铁）的浓度最高。此外，在从波兰湖泊采样的赤鲈鱼（*Perca fluviatilis*）和拟鲤鱼（*Rutilis ruggli*）中，研究者观察到一些物种在组织积累中的特异性的差异。研究表明，鲈鱼肝脏中的铜浓度与肝指数呈正相关，而赤鲈性腺中的汞浓度与性腺指数呈负相关。

在澳大利亚一处金属污染严重的河口，研究人员 Fu 等对沙平头鱼（*Platycephalus lauensis*）进行了采样分析。他们发现，与在未受污染地区采集的鱼类样本相比，这些鱼类的基因在与金属稳态、解毒和氧化应激相关的方面表现出显著的上调现象。此外，他们还观察到污染地区的鱼类的鳃组织出现较高的病理学的病变率，但鳃寄生虫的患病率相对较低。

长期接触金属可能导致生物种群产生适应性，进而提高金属的耐受性，并引发生理机能的变化以及生物累积动力学的调整。例如，在英国某河流中的褐鳟鱼（*Salmo trutta*）种群在短短 1km 的距离内呈现出遗传差异，形成各自独立的种群，这是河流严重污染而导致的"化学屏障"所造成的。

20.2.5　持久性的有机污染物

持久性的有机污染物，源于各类工业和农业活动，已成为全球瞩目的重要的污染类型。其中，研究最为深入、对环境影响较大的持久性的有机污染物包括二噁英和呋喃、多氯联苯、多环芳烃、多溴二苯醚，以及部分的全氟烷基和多氟烷基物质。这些污染物在环境中具有持久性，易在接触的有机体中产生生物累积，并具有生殖毒性。根据《斯德哥尔摩公约》，众多持久性的有机污染物已在全球范围内被禁用，其余部分的化学物质也受到了严格的使用限制或逐步淘汰的策略。持久性的有机污染物的毒性作用主要通过芳香烃受体（AhR）途径传导。相关的研究已充分记录了持久性的有机污染物对鱼类福利的影响。

效力最强的污染物，即 2，3，7，8-四氯二苯并对二噁英，对处于生命早期阶段的鱼类产生强烈的毒性。其独特的毒性反应可被预测，这些反应包括卵黄囊和心包的水肿、出血以及血管损伤、颅面畸形和色素过度沉着。此外，其他 AhR 激动剂化学品同样对鱼苗产生类似的影响。20 世纪，安大略湖中高浓度的持久性的有机污染物与湖鳟鱼（*Salvelinus namaycush*）种群崩溃事件存在直接的关联。

某些持久性的有机污染物兼具内分泌干扰物的特性。Baldigo等在研究中发现，纽约哈德逊河的4种雄鱼——西鲤鱼（*Cyprinus carpio*）、大口黑鲈鱼（*Micropterus salmoides*）、小口黑鲈鱼（*Micropterus dolomieui*）、云斑鮰鱼（*Ameiurus nebulosus*））的组织中，性类固醇（17β-雌二醇和11-酮睾酮）与卵黄蛋白原蛋白的比例与脂基多氯联苯残留物有关。

20.2.6　内分泌干扰物

内分泌干扰物是指能干扰内分泌系统正常功能的化学物质，包括但不限于药品、某些金属、持久性的有机污染物、农药和增塑剂。这些物质能与激素受体结合或阻断，导致激素生成上调或下调，以及引发特定的内分泌途径的级联效应。在鱼类中，下丘脑—垂体—性腺轴是最会被研究的系统，它负责调控生殖的诸多环节，同时还涉及葡萄糖调节和甲状腺代谢途径。鱼类暴露于内分泌干扰物后，可能出现影响性选择和生殖成果（婚配成功）的行为变化，以及生理和形态的变化。

接触内分泌干扰物可能导致跨代和表观遗传的影响，引发生殖结果不佳、后代存活率下降和生育力降低。部分的人造污染物被认定为内分泌干扰物，如污水中的天然与合成的雌激素、农药、药品及个人护理产品。一项针对野生动物产生内分泌干扰物的评估指出，传统的化合物（如持久性的有机污染物）的影响大于多数现行使用的化合物，但17α-乙炔基炔雌醇（EE2）及其他与污水相关的雌激素化合物除外，这些化合物经广泛的研究，已被证实对鱼类种群产生不利的影响。在加拿大实验湖区进行的全湖实验表明，长期暴露于高效合成雌激素17α-乙炔基雌激素（EE2）的鱼类将受到负面的影响：黑头呆鱼（*Pimephales promelas*）呈现内分泌干扰效应，包括雄性性腺雌性化、卵黄蛋白的原产量增加及卵子发生改变。接触2年内，捕捞量减少、繁殖失败，导致小鱼种群几乎灭绝。然而，其他湖区的鱼类未受严重的影响，说明生活史特征（即生命周期长度）是预测内分泌干扰物对野生鱼类种群影响的关键因素。后续的研究发现，在停止接触EE2后，鱼类的丰度和分布开始恢复。

在英国，多项的研究持续揭示环境雌激素对鱼类生殖能力的影响。两性性腺发育（如雄性睾丸发育卵母细胞）与生育力的减退密切相关，在严重的情况下甚至可能导致性别完全逆转和女性化。然而，尽管实验室和实地研究积累了丰富的科学文献，但英国河流中人口水平受内分泌干扰影响的确切程度仍难以确定，此问题尚未完全得到解决。

20.2.7　农　药

农药作为全球现代农业集约化生产中的一种关键害虫的防控手段，根据特定的生物体研发出多种类别，具备各异的作用模式（因而具有不同的毒性），如针对无脊椎动物害虫的杀虫剂以及针对杂草物种的除草剂。对于鱼类福利的影响（实验室环境下）有详尽的记录，尤其针对过期的农药，许多因其公认的持久性、生物累积性和毒性特性而被禁用。农药对鱼类的一般影响主要体现在直接毒性、亚致死压力反应（即解毒酶和保护蛋白上调）以及生殖毒性。另外，部分的农药具有生物累积性，还有一些被认定为内分泌干扰物，是因为证实其能干扰激素系统。

Belenguer 等在西班牙东部采集的鱼类样本中发现，有机磷杀虫剂二嗪农的组织浓度与富尔顿条件因子之间存在显著的关联，暗示生长可能受到农药暴露的影响。拟除虫菊酯是一类广泛应用于农业、畜牧业及家庭的杀虫剂。拟除虫菊酯在野生鱼类中具有生物累积性，在意大利东北部工业区发生化学品泄漏事件后，拟除虫菊酯污染导致大量的鱼类死亡，涉及多个物种。在巴西，使用含有多种农药的灌溉水稻种植系统饲养的鲤鱼（*Cyprinus carpio*）表现出某些合成拟除虫菊酯和杀真菌剂的生物累积，以及鱼类的脑、肝脏、鳃和肌肉中酶活性的改变，以及脂质过氧化和蛋白质氧化的增加。

20.2.8　新型的污染物和问题

伴随着全球人口的增长和科技的不断创新，环境中的新型的污染物不断涌现。新型的污染物指的是在环境中可检测到的天然或人造的化学品，但尚未受到现行环境法规的限制。这些新出现的污染物可能对野生的鱼类造成潜在的福利隐患，然而在许多的情况下，关于其影响的数据尚不充足。

塑料污染作为人类发展的直接产物，是一种人造材料，自 20 世纪 40 年代起，其应用的领域广泛。鉴于塑料不具备降解特性，其一旦进入环境，便会长久留存，并通常分解为微小的碎片。海洋塑料污染与鱼类福利息息相关，最显著的问题是由饥饿导致的死亡，以及因摄入塑料而阻塞消化系统进而引发的死亡，还包括暴露于吸收了摄入塑料颗粒的污染物之中。Rochman 等在关于人类食用鱼类中含有的人造碎片的一项比较研究中指出，在印度尼西亚鱼类市场采集的所有的鱼类物种中，有 55%的样本在消化道中发现了碎片（包括塑料和纤维）；在美国鱼类市场采集的所有的鱼类物种中，这一比例高达 67%。这些鱼类样本涵盖了各种营养水平和栖息地的类型，包括从小型觅食者到大型捕食者。

全氟烷基和多氟烷基物质（PFASs）为新出现的一类污染物，其可能对鱼类福利产生负面影响。PFASs 在工业领域的应用广泛，包括消防泡沫、防污织物、不粘煎锅和防水服等。这些物质在环境中持久存在，并在生物体内积累。全氟辛酸（PFOA）和全氟辛烷磺酸（PFOS）这两种广泛应用的PFASs已被认定为有害污染物。根据《斯德哥尔摩公约》，这两种物质应被逐步淘汰，并在未来面临禁令。研究发现，由意大利两条水道采集的野生鳗鱼（*Anguilla anguilla*）的血液样本中，全氟辛酸和全氟辛烷磺酸的浓度与肝脏巨噬细胞聚集和脂质空泡化有关。此外，从比利时多条河流中采集的鲤鱼（*Cyprinus carpio*）和鳗鱼（*A. anguilla*）样本显示，肝脏中的全氟辛烷磺酸的浓度与血清丙氨酸氨基转移酶的活性、蛋白质的含量和电解质水平的变化显著相关。

每年，若干新型化学品会被登记，被应用于工业与农业生产中。这些化学品的有用特性（如持久性和耐磨性）往往导致其在水生生态系统中能持久存在。因此，防止或最大限度地减少化学品进入水体，是保障野生鱼类福利最有效的途径。

20.3 第二部分：案例分析——环境中的污染物及其对野生鱼类的影响

20.3.1 水体污染及其对野生鱼类种群的影响

水产养殖，尤其是海水网箱养鱼，引入了一系列影响野生鱼类种群的环境污染物。其中，高放养密度产生的大量的粪便和溢出饲料成为关键因素。这种局部营养输入可能导致底栖生物群落的改变和低溶解氧的条件。在这种情况下，水交换不足，营养阈值超过环境可生物同化的接受阈值。然而，这些废物同时也作为一种有吸引力的营养补充。在热带和温带系统中，养殖场因而成为野生鱼类聚集的"热点"，养殖场附近的鱼类丰度和多样性显著增加。野生鱼类通过优先在养殖场进食，改善和分散了营养负荷，但同时也经历饮食变化，包括从海洋来源的长链多不饱和脂肪酸转变为陆地来源的短链脂肪酸。关于这种饮食变化对野生种群的可能影响，研究尚且不足。此外，由被废弃的饲料吸引至养殖场的鱼类面临疾病传播的风险增加，如养殖鱼类向野生鱼类传播疾病，并且易受捕捞压力和捕食增加的影响。

饲料、抗生素、杀寄生虫剂和防污剂的使用可能在水产养殖场的周边引发污染物的排放。汞含量升高和有机卤素的现象已出现，但目前尚不确定此类影响是源于受污染的饲料，还是由与养殖场相关的鱼类群体的营养水平提升而导致的生物放大作用所引起的。野生鱼类受这些水平影响的研究尚未展开。

在养鱼场使用抗菌剂的情况下，残留物可能出现在野生鱼类的组织中，导致选择性的耐药基因出现，并随着时间的推移，耐药基因可能增加抗菌剂耐药性的概率。选择性微生物生长能够影响正常的皮肤和肠道植物群的生物多样性。此举可能对鱼类的免疫力产生负面影响，并降低其恢复能力。抗生素耐药性已成为水产养殖领域面临的重大挑战。在密集养殖的环境下，疾病爆发，迅速蔓延。若无切实可行的治疗措施，感染将引发大规模的死亡，对种群造成严重的影响。疫苗的研发使得部分国家（如挪威、苏格兰）的渔民基本摒弃了抗菌药物的使用，然而在其他的国家（如智利），抗菌药物的应用频率依然较高。为了最大限度地降低污染的影响，水产养殖业正在研发一系列的创新技术（包括新型的饲料输送系统）以减少溢出，将养殖场迁移至离岸的位置，以便更有效地分散废弃物，保护与养殖场相关的鱼类免受捕捞，以及实施控制疾病的措施。在这些方面的成功优化将最大程度地减少对野生鱼类的负面影响。

20.3.2　酸　雨

诸多地区的淡水鱼类种群易遭受酸性沉淀物或"酸雨"的侵害。工业排放的二氧化硫和氮氧化物与大气中的水分子反应生成硫酸和硝酸，从而使得大气水分子的 pH 介于 3.5 至 5.0 之间。随后，这些酸性物质通过降水（湿沉淀）或大气与地表之间的接触（干沉淀）而沉积，并在水生环境中通过地表径流逐渐累积。长期接触会导致水体缓冲能力的侵蚀，使得易受影响的湖泊 pH 降至 5.0 以下。

在 20 世纪 50 年代至 90 年代期间，酸雨导致斯堪的纳维亚地区数千个湖泊和河流中的鱼类死亡，同时，整个西欧和北美也观测到了大规模的鱼类种群减少的现象。鱼类种群减少的初期可能间接归因于酸化，因为无脊椎动物往往是最先受到 pH 变化的影响，而在直接影响发生之前，猎物丰度的下降可能导致掠食性鱼类饥饿。此外，早期鱼类的生命阶段相较成年鱼类更为脆弱，从而导致恢复失败。例如，pH 值低于 5.1~5.9 足以降低几种加拿大淡水鱼的卵和幼体的存活率。成鱼的致命 pH 在不同的物种间存在较大的差异，其大小强烈依赖于诸如适应、暴露时长、水硬度、游离二氧化碳的浓度以及其他的污染物，如铝等因素，后者的影响与低 pH 有关。适应酸性环境的种群中的成虫能够至少暂时承受 pH3.7 的环境，但 pH<5.0 的情况更为普遍。在 pH>6.3 的水域中，鱼类种群的生产力达到顶峰，而在弱酸性水道中的生产力则较低，这可能源于食物供应的不足以及亚致死效应，如生理压力、感知障碍和行为变化，这些因素都可能削减生殖率。例如，当 pH<6.4 时，鲑鱼的繁殖行为会受到抑制。

当酸沉降现象得到缓解时，鱼类种群将逐渐恢复。然而，这一恢复过程可能需要数年甚至数十年的时间，这主要取决于将 pH 和营养水平恢复到自然状态的速度。特别是当某些区域发生局部的灭绝时，如需进行生物增殖或重新放养，那么恢复周期可能会更加漫长。

20.3.3　溢油对野生鱼类的影响

海洋石油泄漏已成为化石燃料开采与提炼所带来的不可避免的后果。由此，环境中的各类污染物对野生鱼类种群产生一系列的有毒影响。石油是一种由线性烃、多环芳烃（PAHs）、五环萜烷以及苯、甲苯、二甲苯等复杂组分构成的混合物。在海水中，苯系物往往迅速降解，而多环芳烃的持久性较强，可在沉积物中累积。

2010 年，英国石油公司深水地平线石油钻井平台发生火灾，导致超过 300 万桶原油泄漏至墨西哥湾。据评估，沿海及大陆地区的石油污染的范围达 144192 平方公里，其中，88%的区域的多环芳烃的浓度高于对海洋生物产生毒性影响的已知水平。水柱中的碳氢化合物的浓度比 2010 年之前测量的水平高出 160 倍，达到平均值（95%CI），为 104 ± 17ppb（总烃）和 43 ± 17ppb（PAH）。

测定鱼胆汁中的多环芳烃（PAH）代谢物的含量是评估其暴露于碳氢化合物状况的敏感手段。尽管 2011 年的研究发现，墨西哥湾部分鱼类胆汁中的萘当量浓度高达 470000ng/g，但自那时起，该指标水平呈逐步下降的趋势。同样，在深水地平线石油泄漏事件发生后的 3 年内，在红笛鲷鱼（*Lutjanus campechanus*）和灰鲷鱼（*Balistes capriscus*）中，几种已知通过 PAH 暴露而上调的肝脏生物标志物[（如乙氧基试卤灵-O-脱乙基酶（EROD）、谷胱甘肽转移酶（GST）和谷胱甘肽过氧化物酶（GPx）]的活性亦呈下降的趋势。出乎意料的是，墨西哥湾的鱼类种群的数量在石油泄漏后有所恢复，但由于渔业活动停止和捕食减少（海鸟及其他的大型肉食动物死亡），鱼类种群受影响的程度难以精确评估。尽管如此，墨西哥湾的物种组成和鱼类的补充模式的变化迹象已开始显现。例如，在漏油事件发生后的多年里，海湾鲱鱼（*Brevoortia patronus*）因捕食者减少而出现异常高的补充量。

发育及其后续的生理效应逐渐显现，例如，大型掠食性物种出现心脏畸形，以及健身和游泳能力相应减弱。这些变化可能对墨西哥湾的鱼类种群的演化和整体生态系统的完整性产生重大的影响。

20.3.4　放射性核素对野生鱼类的影响

核能的生产方式已在全球范围内得到广泛的应用，然而，放射性物质意外泄漏至海洋生态系统，可能对野生鱼类的种群产生严重的影响。2011 年，日本发生地震并引发海啸，导致福岛第一核电站被淹没，进而发生灾难性爆炸。此次事故致使大量的放射性铯（^{134}Cs、^{137}Cs）及其他的同位素释放到太平洋。福岛事故之后，放射性核素进入环境的两大主要途径为大气沉降物和受污染海水的排放。此外，地下水和河流径流亦为额外且持续的污染源。

放射性铯同位素具有较长的半衰期（^{134}Cs 为 2.06 年，^{137}Cs 为 30.2 年），在事故发生后,其在表层海水和海洋生物群中得以广泛检测。此外,释放的其他的放射性核素还包括 ^{90}Sr、^{239,240}Pu 和 ^{129}I。这些核素由于半衰期较长(大于 1 年),均存在健康风险。放射性核素可损害细胞及染色体 DNA,导致一系列不利的影响。在慢性辐射暴露后,观察到适应性降低,表现为血液成分的变化和免疫抑制,以及生殖输出减少、生育力下降、死亡率上升和鱼类在生命早期阶段的异常。放射性污染以贝克勒尔(Bq)为单位,衡量单位时间内放射性物质的数量。大量的报告提及的污染程度为 5 贝克勒尔(PBq,10^{15}Bq)。福岛事故的总核沉降物估计在 8.8~50PBq 之间。

鱼类通过水和食物摄入铯。铯具有中度生物浓缩(自水中摄入)和生物放大(随营养级上升)的特性。2011 年,福岛周边沿海地区采集的所有的鱼类中,约有一半样本的铯含量超出规定的 100Bq/kg 阈值,底层鱼类的铯浓度往往高于中上层鱼类。在 4 年内,仅有不到 1% 的样本铯的含量超标。在福岛港污染严重的区域,部分鱼类的铯含量仍高于安全标准,故设置网栅以防止受污染的鱼类离港。由于底层物种持续暴露于摄食受污染的底栖生物中,其鱼类的铯含量的减少速度较中上层的物种缓慢。福岛地区的野生鱼类的种群监测工作需持续推进,虽至今无证据显示其遭受不利的影响,但慢性辐射照射可能导致健康及生殖能力下降,进而影响未来的鱼类福利。

20.4 总 结

污染和其他的人类活动对动物福利产生了全方位的影响,比如从化学物质如重金属和碳氢化合物的直接毒性,到由富营养化、相关缺氧和海洋酸化导致的回避行为和物种变异。对野生鱼类的压力和福利进行量化极具挑战,需采用一系列多元化的终点指标。这些指标可以从个体鱼类直至整个鱼类群落进行衡量。

为了确保鱼类种群的可持续性并满足适当的福利要求,不仅要关注当前的污染程度及相应的减缓措施,还需充分考虑未来的气候变化对鱼类可能带来的影响,特别是改变淡水和海洋生态系统中氮循环和酸性化学等过程的动态。

动物伦理立法在管理圈养鱼类以及调控人类与鱼类之间的互动(如渔业法规)方面已取得一定的成效,然而,要建立并维持野生鱼类的适当的福利标准,不仅需对物理干扰(如栖息地被破坏)实施紧密的适应性管理,还需针对农业和水产养殖业所导致的化学污染物和废弃物进行有效的管控。这些问题亟待全球协同应对,以保护和养护我们多元化的全球的鱼类资源。

参考文献

Abril SIM, Costa PG, Bianchini A (2018) Metal accumulation and expression of genes encoding for metallothionein and copper transporters in a chronically exposed wild population of the fish *Hyphessobrycon luetkenii*. Comp Biochem Physiol C-Toxicol Pharmacol 211:25–31

Akortia E, Okonkwo JO, Lupankwa M, Osae SD, Daso AP, Olukunle OI, Chaudhary A (2016) A review of sources, levels, and toxicity of polybrominated diphenyl ethers (PBDEs) and their transformation and transport in various environmental compartments. Environ Rev 24:253–273

Alabaster JS, Lloyd RS (1982) Water quality criteria for freshwater fish, 2nd edn. Butterworths, London

Alexander TJ, Vonlanthen P, Seehausen O (2017) Does eutrophication-driven evolution change aquatic ecosystems? Philos Trans R Soc B 372:20160041

Arechavala-Lopez P, Sæther BS, Marhuenda-Egea F, Sanchez-Jerez P, Uglem I (2015) Assessing the influence of salmon farming through total lipids, fatty acids, and trace elements in the liver and muscle of wild saithe *Pollachius virens*. Mar Coast Fish 7:59–67

Bagdonas K, Humborstad O-B, Løkkeborg S (2012) Capture of wild saithe (*Pollachius virens*) and cod (*Gadus morhua*) in the vicinity of salmon farms: three pot types compared. Fish Res 134–136:1–5

Baldigo BP, Sloan RJ, Smith SB, Denslow ND, Blazer VS, Gross TS (2006) Polychlorinated biphenyls, mercury, and potential endocrine disruption in fish from the Hudson River, New York, USA. Aquat Sci 68:206–228

Barbee NC, Ganio K, Swearer SE (2014) Integrating multiple bioassays to detect and assess impacts of sublethal exposure to metal mixtures in an estuarine fish. Aquat Toxicol 152:244–255

Belenguer V, Martinez-Capel F, Masiá A, Picó Y (2014) Patterns of presence and concentration of pesticides in fish and waters of the Júcar River (Eastern Spain). J Hazard Mater 265:271–279

Beusen AHW, Bouwman AF, Van Beek LPH, Mogollon JM, Middelburg JJ (2016) Global riverine N and P transport to ocean increased during the 20th century despite increased retention along the aquatic continuum. Biogeosciences 13:2441–2451

Beyer J, Trannum HC, Bakke T, Hodson PV, Collier TK (2016) Environmental effects of the Deepwater Horizon oil spill: a review. Mar Pollut Bull 110:28–51

Bille L, Binato G, Gabrieli C, Manfrin A, Pascoli F, Pretto T, Toffan A, Pozza MD, Angeletti R, Arcangeli G (2017) First report of a fish kill episode caused by pyrethroids in Italian freshwater. Forensic Sci Int 281:176–182

Björklund H, Bondestam J, Bylund G (1990) Residues of oxytetracycline in wild fish and sediments from fish farms. Aquaculture 86:359–367

Blanchfield PJ, Kidd KA, Docker MF, Palace VP, Park BJ, Postma LD (2015) Recovery of a wild fish population from whole-lake additions of a synthetic estrogen. Environ Sci Technol 49:3136–3144

Bogevik AS, Natário S, Karlsen Ø, Thorsen A, Hamre K, Rosenlund G, Norberg B (2012) The effect of dietary lipid content and stress on egg quality in farmed Atlantic cod *Gadus morhua*. J Fish Biol 81:1391–1405

Brander SM, Gabler MK, Fowler NL, Connon RE, Schlenk D (2016) Pyrethroid pesticides as endocrine disruptors: molecular mechanisms in vertebrates with a focus on fishes. Environ Sci Technol 50:8977–8992

Brewer PG, Peltzer ET (2009) Limits to marine life. Science 324:347–348

Budria A (2017) Beyond troubled waters: the influence of eutrophication on host-parasite interac-tions. Funct Ecol 31:1348–1358

Buesseler K, Dai MH, Aoyama M, Benitez-Nelson C, Charmasson S, Higley K, Maderich V, Masque P, Morris PJ, Oughton D, Smith JN, Annual R (2017) Fukushima Daiichi-derived radionuclides in the ocean: transport, fate, and impacts. Annu Rev Mar Sci 9:173–203

Burridge L, Weis JS, Cabello F, Pizarro J, Bostick K (2010) Chemical use in salmon aquaculture: a review of current practices and possible environmental effects. Aquaculture 306:7–23

Bustnes JO, Lie E, Herzke D, Dempster T, Bjørn PA, Nygård T, Uglem I (2010) Salmon farms as a source of organohalogenated contaminants in wild fish. Environ Sci Technol 44:8736–8743

Bustnes JO, Nygard T, Dempster T, Ciesielski T, Jenssen BM, Bjorn PA, Uglem I (2011) Do salmon farms increase the concentrations of mercury and other elements in wild fish? J Environ Monit 13:1687–1694

Cabello FC, Godfrey HP, Tomova A, Ivanova L, Dolz H, Millanao A, Buschmann AH (2013) Antimicrobial use in aquaculture re-examined: its relevance to antimicrobial resistance and to animal and human health. Environ Microbiol 15(7):1917–1942

Callier MD, Byron CJ, Bengtson DA, Cranford PJ, Cross SF, Focken U, Jansen HM, Kamermans P, Kiessling A, Landry T, O'Beirn F, Petersson E, Rheault RB, Strand Ø, Sundell K, Svåsand T, Wikfors GH, McKindsey CW (2017) Attraction and repulsion of mobile wild organisms to finfish and shellfish aquaculture: a review. Rev Aquac 10:924. https://doi.org/10.1111/raq. 12208

Checkley DM, Ayon P, Baumgartner TR, Bernal M, Coetzee JC, Emmett R, Guevara-Carrasco R, Hutchings L, Ibaibarriaga L, Nakata H, Oozeki Y, Planque B, Schweigert J, Stratoudakis Y, van der Lingen CD (2009) Habitats. Cambridge Univ Press, Cambridge

Clasen B, Loro VL, Murussi CR, Tiecher TL, Moraes B, Zanella R (2018) Bioaccumulation and oxidative stress caused by pesticides in *Cyprinus carpio* reared in a rice-fish system. Sci Total Environ 626:737–743

Cloern JE (2001) Our evolving conceptual model of the coastal eutrophication problem. Mar Ecol Prog Ser 210:223–253

Colborn T, Saal FSV, Soto AM (1993) Developmental effects of endocrine-disrupting chemicals in wildlife and humans. Environ Health Perspect 101:378–384

Colorni A, Diamant A, Eldar A, Kvitt H, Zlotkin A (2002) *Streptococcus iniae* infections in Red Sea cage-cultured and wild fishes. Dis Aquat Org 49:165–170

Cook PM, Robbins JA, Endicott DD, Lodge KB, Guiney PD, Walker MK, Zabel EW, Peterson RE (2003) Effects of aryl hydrocarbon receptor-mediated early life stage toxicity on lake trout populations in Lake Ontario during the 20th century. Environ Sci Technol 37:3864–3877

Corcellas C, Eljarrat E, Barcelo D (2015) First report of pyrethroid bioaccumulation in wild river fish: a case study in Iberian river basins (Spain). Environ Int 75:110–116

DeBruyn AMH, Trudel M, Eyding N, Harding J, McNally H, Mountain R, Orr C, Urban D, Verenitch S, Mazumder A (2006) Ecosystemic effects of salmon farming increase mercury contamination in wild fish. Environ Sci Technol 40:3489–3493

Defo MA, Bernatchez L, Campbell PGC, Couture P (2018) Temporal variations in kidney metal concentrations and their implications for retinoid metabolism and oxidative stress response in wild yellow perch (*Perca flavescens*). Aquat Toxicol 202:26–35

Dempster T, Sanchez-Jerez P, Bayle-Sempere JT, Giminez-Casualdero F, Valle C (2002) Attraction of wild fish to sea-cage fish farms in the south-western Mediterranean Sea: spatial and short-term variability. Mar Ecol Prog Ser 242:237–252

Dempster T, Uglem I, Sanchez-Jerez P, Fernandez-Jover D, Bayle-Sempere J, Nilsen R, Bjørn P (2009) Coastal salmon farms attract large and persistent aggregations of wild fish: an ecosystem effect. Mar Ecol Prog Ser 385:1–14

Dempster T, Sanchez-Jerez P, Fernandez-Jover D, Bayle-Sempere JT, Nilsen R, Bjørn PA, Uglem I (2011) Proxy measures of fitness suggest coastal fish farms can act as population sources and not ecological traps for wild gadoid fish. PLoS One 6:e15646–e15646

DePasquale E, Baumann H, Gobler CJ (2015) Vulnerability of early life stage Northwest Atlantic forage fish to ocean acidification and low oxygen. Mar Ecol Prog Ser 523:145–156

Diamant A, Banet A, Ucko M, Colorni A, Knibb W, Kvitt H (2000) Mycobacteriosis in wild rabbitfish *Siganus rivulatus* associated with cage farming in the Gulf of Eilat, Red Sea. Dis Aquat Org 39:211–219

Diaz RJ, Rosenberg R (2008) Spreading dead zones and consequences for marine ecosystems. Science 321:926–929

Durrant CJ, Stevens JR, Hogstrand C, Bury NR (2011) The effect of metal pollution on the population genetic structure of brown trout (*Salmo trutta* L.) residing in the river Hayle, Cornwall, UK. Environ Pollut 159(12):3595–3603

Ervik A, Thorsen B, Eriksen V, Lunestad BT, Samuelsen OB (1994) Impact of administering antibacterial agents on wild fish and blue mussels *Mytilus edulis* in the vicinity of fish farms. Dis Aquat Org 18:45–51

Fernandez-Jover D, Martinez-Rubio L, Sanchez-Jerez P, Bayle-Sempere JT, Lopez Jimenez JA, Martínez Lopez FJ, Bjørn P-A, Uglem I, Dempster T (2011) Waste feed from coastal fish farms: a trophic subsidy with compositional side-effects for wild gadoids. Estuar Coast Shelf Sci 91:559–568

Fu D, Bridle A, Leef M, Norte Dos Santos C, Nowak B (2017) Hepatic expression of metal-related genes and gill histology in sand flathead (*Platycephalus bassensis*) from a metal contaminated estuary. Mar Environ Res 131:80–89

Gall SC, Thompson RC (2015) The impact of debris on marine life. Mar Pollut Bull 92:170–179

Giari L, Guerranti C, Perra G, Lanzoni M, Fano EA, Castaldelli G (2015) Occurrence of perfluorooctanesulfonate and perfluorooctanoic acid and histopathology in eels from north Italian waters. Chemosphere 118:117–123

Giguère A, Campbell PGC, Hare L, Cossu-Leguille C (2005) Metal bioaccumulation and oxidative stress in yellow perch (Perca flavescens) collected from eight lakes along a metal contamination gradient (Cd, Cu, Zn, Ni). Can J Fish Aquat Sci 62:563–577

Glover KA, Sørvik AGE, Karlsbakk E, Zhang Z, Skaala Ø (2013) Molecular genetic analysis of stomach contents reveals wild Atlantic cod feeding on piscine reovirus (PRV) infected Atlantic salmon originating from a commercial fish farm. PLoS One 8:e60924

Glover CN, Urbina MA, Harley RA, Lee JA (2016) Salinity-dependent mechanisms of copper toxicity in the galaxiid fish, *Galaxias maculatus*. Aquat Toxicol 174:199–207

Gobler CJ, Baumann H (2016) Hypoxia and acidification in ocean ecosystems: coupled dynamics and effects on marine life. Biol Lett 12:20150976

Guerrero-Bosagna C, Valladares L, Gore AC (2007) Endocrine disruptors, epigenetically induced changes, and transgenerational transmission of characters and epigenetic states. In: Gore AC (ed) Endocrine-disrupting chemicals: from basic research to clinical practice. Humana, Totowa, pp 175–189

Hamilton PB, Cowx IG, Oleksiak MF, Griffiths AM, Grahn M, Stevens JR, Carvalho GR, Nicol E, Tyler CR (2016) Population-level consequences for wild fish exposed to sublethal concentra-tions of chemicals–a critical review. Fish 17(3):545–566

Handy RD, Poxton MG (1993) Nitrogen pollution in mariculture–toxicity and excretion of nitrogenous compounds by marine fish. Rev Fish Biol Fish 3:205–241

Hannan KD, Rummer JL (2018) Aquatic acidification: a mechanism underpinning maintained oxygen transport and performance in fish experiencing elevated carbon dioxide conditions. J Exp Biol 221:jeb154559

Harley RA, Glover CN (2014) The impacts of stress on sodium metabolism and copper accumu-lation in a freshwater fish. Aquat Toxicol 147:41–47

Harris CA, Hamilton PB, Runnalls TJ, Vinciotti V, Henshaw A, Hodgson D, Coe TS, Jobling S, Tyler CR, Sumpter JP (2011) The consequences of feminization in breeding groups of wild fish. Environ Health Perspect 119:306–311

Hawley KL, Rosten CM, Haugen TO, Christensen G, Lucas MC (2017) Freezer on, lights off! Environmental effects on activity rhythms of fish in the Arctic. Biol Lett 13:20170575

Henry TB (2015) Ecotoxicology of polychlorinated biphenyls in fish–a critical review. Crit Rev Toxicol 45:643–661

Hesthagen T, Sevaldrud IH, Berger HM (1999) Assessment of damage to fish populations in Norwegian lakes due to acidification. Ambio 28:112–117

Hesthagen T, Fjellheim A, Schartau AK, Wright RF, Saksgård R, Rosseland BO (2011) Chemical and biological recovery of Lake Saudlandsvatn, a formerly highly acidified lake in southernmost Norway, in response to decreased acid deposition. Sci Total Environ 409:2908–2916

Hoff PT, Van Campenhout K, de Vijver K, Covaci A, Bervoets L, Moens L, Huyskens G, Goemans G, Belpaire C, Blust R, De Coen W (2005) Perfluorooctane sulfonic acid and organohalogen pollutants in liver of three freshwater fish species in Flanders (Belgium): relationships with biochemical and organismal effects. Environ Pollut 137:324–333

Holtze KE, Hutchinson NJ (1989) Lethality of low pH and Al to early life stages of six fish species inhabiting Precambrian shield waters in Ontario. Can J Fish Aquat Sci 46:1188–1202

Huntingford FA, Kadri S (2008) Welfare and fish. In: Branson EJ (ed) Fish welfare. Blackwell, Oxford, pp 19–31

Hurem S, Gomes T, Brede DA, Mayer I, Lobert VH, Mutoloki S, Gutzkow KB, Teien HC, Oughton D, Alestrom P, Lyche JL (2018) Gamma irradiation during gametogenesis in young adult zebrafish causes persistent genotoxicity and adverse reproductive effects. Ecotoxicol Environ Saf 154:19–26

Ikuta K, Suzuki Y, Kitamura S (2003) Effects of low pH on the reproductive behavior of salmonid fishes. Fish Physiol Biochem 28:407–410

Incardona JP, Gardner LD, Linbo TL, Brown TL, Esbaugh AJ, Mager EM, Stieglitz JD, French BL, Labenia JS, Laetz CA, Tagal M, Sloan CA, Elizur A, Benetti DD, Grosell M, Block BA, Scholz NL (2014) Deepwater Horizon crude oil impacts the developing hearts of large predatory pelagic fish. Proc Natl Acad Sci USA 111:E1510–E1518

Jeppesen E, Kronvang B, Olesen JE, Audet J, Sondergaard M, Hoffmann CC, Andersen HE, Lauridsen TL, Liboriussen L, Larsen SE, Beklioglu M, Meerhoff M, Ozen A, Ozkan K (2011) Climate change effects on nitrogen loading from cultivated catchments in Europe: implications for nitrogen retention, ecological state of lakes and adaptation. Hydrobiologia 663:1–21

Jorgenson JL (2001) Aldrin and dieldrin: a review of research on their production, environmental deposition and fate, bioaccumulation, toxicology and epidemiology in the United States. Environ Health Perspect 109:113–139

Kennedy CJ (2011) The toxicology of metals in fishes. In: Farrell AP (ed) Encyclopedia of fish physiology: from genome to environment, vol 3. Academic, San Diego, pp 2061–2068

Kidd KA, Blanchfield PJ, Mills KH, Palace VP, Evans RE, Lazorchak JM, Flick RW (2007) Collapse of a fish population after exposure to a synthetic estrogen. Proc Natl Acad Sci USA 104:8897–8901

Kong EY, Cheng SH, Yu KN (2016) Zebrafish as an in vivo model to assess epigenetic effects of ionizing radiation. Int J Mol Sci 17(12):2108

Lake PS (2000) Disturbance, patchiness, and diversity in streams. J N Am Benthol Soc 19:573–592

Lazartigues A, Thomas M, Banas D, Brun-Bellut J, Cren-Olive C, Feidt C (2013) Accumulation and half-lives of 13 pesticides in muscle tissue of freshwater fishes through food exposure. Chemosphere 91:530–535

Leivestad H, Muniz IP (1976) Fish kill at low pH in a Norwegian river. Nature 259:391–392 Letcher RJ, Bustnes JO, Dietz R, Jenssen BM, Jorgensen EH, Sonne C, Verreault J, Vijayan MM,

Gabrielsen GW (2010) Exposure and effects assessment of persistent organohalogen contam-inants in Arctic wildlife and fish. Sci Total Environ 408:2995–3043

Li WC, Tse HF, Fok L (2016) Plastic waste in the marine environment: a review of sources, occurrence and effects. Sci Total Environ 566:333–349

Luczynska J, Paszczyk B, Luczynski MJ (2018) Fish as a bioindicator of heavy metals pollution in aquatic ecosystem of Pluszne Lake, Poland, and risk assessment for consumer's health. Ecotoxicol Environ Saf 153:60–67

Madigan DJ, Baumann Z, Snodgrass OE, Dewar H, Berman-Kowalewski M, Weng KC, Nishikawa J, Dutton PH, Fisher NS (2017) Assessing Fukushima-derived radiocesium in migratory Pacific predators. Environ Sci Technol

51:8962–8971

Matthiessen P, Wheeler JR, Weltje L (2018) A review of the evidence for endocrine disrupting effects of current-use chemicals on wildlife populations. Crit Rev Toxicol 48:195–216

McKinlay R, Plant JA, Bell JNB, Voulvoulis N (2008) Endocrine disrupting pesticides: implica-tions for risk assessment. Environ Int 34:168–183

McNeil BI, Sasse TP (2016) Future Ocean hypercapnia driven by anthropogenic amplification of the natural CO2 cycle. Nature 529:383

McRae NK, Gaw S, Glover CN (2018) Effects of waterborne cadmium on metabolic rate, oxidative stress, and ion regulation in the freshwater fish, inanga (*Galaxias maculatus*). Aquat Toxicol 194:1–9

Meinshausen M, Smith SJ, Calvin K, Daniel JS, Kainuma MLT, Lamarque JF, Matsumoto K, Montzka SA, Raper SCB, Riahi K, Thomson A, Velders GJM, van Vuuren DPP (2011) The RCP greenhouse gas concentrations and their extensions from 1765 to 2300. Clim Chang 109:213–241

Melzner F, Gutowska MA, Langenbuch M, Dupont S, Lucassen M, Thorndyke MC, Bleich M, Portner HO (2009) Physiological basis for high CO2 tolerance in marine ectothermic animals: pre-adaptation through lifestyle and ontogeny? Biogeosciences 6:2313–2331

Melzner F, Thomsen J, Koeve W, Oschlies A, Gutowska MA, Bange HW, Hansen HP, Kortzinger A (2013) Future Ocean acidification will be amplified by hypoxia in coastal habitats. Mar Biol 160:1875–1888

Menz FC, Seip HM (2004) Acid rain in Europe and the United States: an update. Environ Sci Pol 7:253–265

Mieiro CL, Pereira ME, Duarte AC, Pacheco M (2011) Brain as a critical target of mercury in environmentally exposed fish (*Dicentrarchus labrax*)—Bioaccumulation and oxidative stress profiles. Aquat Toxicol 103:233–240

Mills KH, Chalanchuk SM, Allan DJ (2000) Recovery of fish populations in Lake 223 from experimental acidification. Can J Fish Aquat Sci 57:192–204

Mohmood I, Mieiro CL, Coelho JP, Anjum NA, Ahmad I, Pereira E, Duarte AC, Pacheco M (2012) Mercury-induced chromosomal damage in wild fish (*Dicentrarchus labrax L.*) Reflecting aquatic contamination in contrasting seasons. Arch Environ Contam Toxicol 63:554–562

Munday PL, Donelson JM, Dixson DL, Endo GGK (2009) Effects of ocean acidification on the early life history of a tropical marine fish. Proc R Soc B 276:3275–3283

Murawski SA, Fleeger JW, Patterson WF, Hu CM, Daly K, Romero I, Toro-Farmer GA (2016) How did the Deepwater Horizon oil spill affect coastal and continental shelf ecosystems of the Gulf of Mexico? Oceanography 29:160–173

Palace VP, Evans RE, Wautier KG, Mills KH, Blanchfield PJ, Park BJ, Baron CL, Kidd KA (2009) Interspecies differences in biochemical, histopathological, and population responses in four wild fish species exposed to ethynylestradiol added to a whole lake. Can J Fish Aquat Sci 66:1920–1935

Pereira LS, Ribas JLC, Vicari T, Silva SB, Stival J, Baldan AP, Valdez Domingos FX, Grassi MT, Cestari MM, Silva de Assis HC (2016) Effects of ecologically relevant concentrations of cadmium in a freshwater fish. Ecotoxicol Environ Saf 130:29–36

Pistevos JCA, Nagelkerken I, Rossi T, Connell SD (2017) Ocean acidification alters temperature and salinity preferences in larval fish. Oecologia 183:545–553

Rabalais NN, Diaz RJ, Levin LA, Turner RE, Gilbert D, Zhang J (2010) Dynamics and distribution of natural and human-caused hypoxia. Biogeosciences 7:585–619

Rochman CM, Tahir A, Williams SL, Baxa DV, Lam R, Miller JT, Teh FC, Werorilangi S, Teh SJ (2015) Anthropogenic debris in seafood: plastic debris and fibers from textiles in fish and bivalves sold for human consumption. Sci Rep 5:14340

Rummel CD, Loder MGJ, Fricke NF, Lang T, Griebeler EM, Janke M, Gerdts G (2016) Plastic ingestion by pelagic and demersal fish from the North Sea and Baltic Sea. Mar Pollut Bull 102:134–141

Salze G, Tocher DR, Roy WJ, Robertson DA (2005) Egg quality determinants in cod (*Gadus morhua* L.): egg performance and lipids in eggs from farmed and wild broodstock. Aquac Res 36:1488–1499

Samuelsen OB, Lunestad BT, Husevag B, Holleland T, Ervik A (1992) Residues of oxolinic acid in wild fauna following medication in fish farms. Dis Aquat Org 12:111–119

Sanchez-Jerez P, Fernandez-Jover D, Uglem I, Arechavala-Lopez P, Dempster T, Bayle-Sempere JT, Valle Pérez C, Izquierdo D, Bjørn P-A, Nilsen R (2011) Coastal fish farms as fish aggregation devices (FADs). In: Bortone SA, Brandini FP, Fabi G, Otake S (eds) Artificial reefs in fishery management. CRC, Taylor & Francis Group, Boca Raton, pp 187–208

Sazykina TG, Kryshev AI (2003) EPIC database on the effects of chronic radiation in fish: Russian/ FSU data. J Environ Radioact 68:65–87

Schaefer J, Frazier N, Barr J (2016) Dynamics of near-coastal fish assemblages following the Deepwater Horizon oil spill in the northern Gulf of Mexico. Trans Am Fish Soc 145:108–119

Schindler DW (1988) Effects of acid rain on freshwater ecosystems. Science 239:149–157 Sfakianakis DG, Renieri E, Kentouri M, Tsatsakis AM (2015) Effect of heavy metals on fish larvae deformities: a review. Environ Res 137:246–255

Short JW, Geiger HJ, Haney JC, Voss CM, Vozzo ML, Guillory V, Peterson CH (2017) Anom-alously high recruitment of the 2010 Gulf Menhaden (*Brevoortia patronus*) year class: evidence of indirect effects from the Deepwater Horizon blowout in the Gulf of Mexico. Arch Environ Contam Toxicol 73:76–92

Sloman KA (2007) Effects of trace metals on salmonid fish: the role of social hierarchies. Appl Anim Behav Sci 104:326–345

Smeltz M, Rowland-Faux L, Ghiran C, Patterson WF, Garner SB, Beers A, Mievre Q, Kane AS, James MO (2017) A multi-year study of hepatic biomarkers in coastal fishes from the Gulf of Mexico after the Deepwater Horizon oil spill. Mar Environ Res 129:57–67

Smith VH, Schindler DW (2009) Eutrophication science: where do we go from here? Trends Ecol Evol 24:201–207

Sumpter JP, Jobling S (2013) The occurrence, causes, and consequences of estrogens in the aquatic environment. Environ Toxicol Chem 32:249–251

Taranger GL, Karlsen Ø, Bannister RJ, Glover KA, Husa V, Karlsbakk E, Kvamme BO, Boxaspen KK, Bjørn PA, Finstad B et al (2015) Risk assessment of the environmental impact of Norwegian Atlantic salmon farming. ICES J Mar Sci 72:997–1021

Thomas ORB, Barbee NC, Hassell KL, Swearer SE (2016) Smell no evil: copper disrupts the alarm chemical response in a diadromous fish, *Galaxias maculatus*. Environ Toxicol Chem 35:2209–2214

Tijani JO, Fatoba OO, Babajide OO, Petrik LF (2016) Pharmaceuticals, endocrine disruptors, personal care products, nanomaterials and perfluorinated pollutants: a review. Environ Chem Lett 14:27–49

Trudeau V, Tyler C (2007) Endocrine disruption. Gen Comp Endocrinol 153:13–14

Tyler CR, Routledge EJ (1998) Oestrogenic effects in fish in English rivers with evidence of their causation. Pure Appl Chem 70:1795–1804

UNEP (2001) Stockholm convention on persistent organic pollutants. United Nations Environment Programme. http://chm.pops.int

Vaquer-Sunyer R, Duarte CM (2008) Thresholds of hypoxia for marine biodiversity. Proc Natl Acad Sci USA 105:15452–15457

Vita R, Marin A, Madrid JA, Jimenez-Brinquis B, Cesar A, Marin-Guirao L (2004) Effects of wild fishes on waste exportation from a Mediterranean fish farm. Mar Ecol Prog Ser 277:253–261

Wada T, Fujita T, Nemoto Y, Shimamura S, Mizuno T, Sohtome T, Kamiyama K, Narita K, Watanabe M, Hatta N, Ogata Y, Morita T, Igarashi S (2016) Effects of the nuclear disaster on marine products in Fukushima: an update after five years. J Environ Radioact 164:312–324

Wagner JT, Singh PP, Romney AL, Riggs CL, Minx P, Woll SC, Roush J, Warren WC, Brunet A, Podrabsky JE (2018) The genome of *Austrofundulus limnaeus* offers insights into extreme vertebrate stress tolerance and embryonic development. BMC Genomics 19:155

Walker MK, Cook PM, Butterworth BC, Zabel EW, Peterson RE (1996) Potency of a complex mixture of polychlorinated dibenzo-p-dioxin, dibenzofuran, and biphenyl congeners compared to 2,3,7,8-tetrachlorodibenzo-p-dioxin in causing fish early life stage mortality. Fundam Appl Toxicol 30:178–186

Wang WX, Rainbow PS (2008) Comparative approaches to understand metal bioaccumulation in aquatic animals. Comp Biochem Physiol C 148:315–323

Wang SY, Lau K, Lai KP, Zhang JW, Tse ACK, Li JW, Tong Y, Chan TF, Wong CKC, Chiu JMY, Au DWT, Wong AST, Kong RYC, Wu RSS (2016) Hypoxia causes transgenerational impair-ments in reproduction of fish. Nat Commun 7:12114

Wardrop P, Shimeta J, Nugegoda D, Morrison PD, Miranda A, Tang M, Clarke BO (2016) Chemical pollutants sorbed to ingested microbeads from personal care products accumulate in fish. Environ Sci Technol 50:4037–4044

Warry FY, Reich P, Cook PLM, Mac Nally R, Woodland RJ (2018) The role of catchment land use and tidal exchange in structuring estuarine fish assemblages. Hydrobiologia 811:173–191

Watts JEM, Schreier HJ, Lanska L, Hale MS (2017) The rising tide of antimicrobial resistance in aquaculture: sources, sinks and solutions. Mar Drugs 15:158–158

Welch MJ, Munday PL (2016) Contrasting effects of ocean acidification on reproduction in reef fishes. Coral Reefs 35:485–493

Wu RSS (2002) Hypoxia: from molecular responses to ecosystem responses. Mar Pollut Bull 45:35–45

Wu RSS, Lam KS, Mackay DW, Lau TC, Yam V (1994) Impact of marine fish farming on water-quality and bottom sediment–a case-study in the subtropical environment. Mar Environ Res 38:115–145

Xu YH, Peng H, Yang YQ, Zhang WS, Wang SL (2014) A cumulative eutrophication risk evaluation method based on a bioaccumulation model. Ecol Model 289:77–85

Yi YJ, Tang CH, Yi T, Yang ZF, Zhang SH (2017) Health risk assessment of heavy metals in fish and accumulation patterns in food web in the upper Yangtze River, China. Ecotoxicol Environ Saf 145:295–302

Zabel EW, Walker MK, Hornung MW, Clayton MK, Peterson RE (1995) Interactions of polychlorinated dibenzo-p-dioxin, dibenzofuran, and biphenyl congeners for producing rainbow-trout early-life stage mortality. Toxicol Appl Pharmacol 134:204–213

Zhou HL, Wu HF, Liao CY, Diao XP, Zhen JP, Chen LL, Xue QZ (2010) Toxicology mechanism of the persistent organic pollutants (POPs) in fish through AhR pathway. Toxicol Mech Methods 20:279–286

Zlotkin A, Hershko H, Eldar A (1998) Possible transmission of *Streptococcus iniae* from wild fish to cultured marine fish. Appl Environ Microbiol 64:4065–4067

第 21 章
我们学到了什么？

摘　要： 从本书中，我们学到了什么？理解和评估鱼类福利确实是一个挑战。然而，根据现有的信息，我们在许多的情况下已经能够得出非常确定的结论。尽管其中一些结论可能会被某些研究人员修正其至驳斥，但我们在本书中避免使用"这表明""不能排除""大多数的情况下""可能"等词语。这是编辑们在阅读书中章节后对鱼类的认知能力、意识和福利的当前理解。我们还提出了 3 个重要的研究领域的建议。

关键词： 鱼类福利；水产养殖；综合；认识；预测；异质稳态

1.许多鱼类物种的认知能力可与其他的脊椎动物相媲美。鱼类可以轻松学会将各种刺激与环境、资源以及危险联系起来。它们的学习速度受到实际的关系成本与行动成本的影响。鱼类还可以做更复杂的事情，包括与其他的鱼类合作、解决问题以及使用工具。我们知道它们可以做到这一点，并且通常理解它们为什么这样做，但我们不知道它们是如何做到的。涉及的机制可能与我们最初假设的大不相同。但尽管同一种鱼类具有某项技能，并不意味着所有的鱼类都共享该技能。鱼类在物种和栖息地的数量上表现出丰富的多样性，脊椎动物的大脑区域性功能的变化最大，其对环境挑战的反应具有显著的可塑性。较为稀少的鱼类拥有较高的心智能力，更大的大脑容量赋予其认知益处，可以提高取食成功率、选择配偶和反抗捕食者的行为，但同时，更高的代谢率可能降低繁殖力和生长速率，并导致免疫力的下降。鱼类几乎占据了所有的水生栖息地，从热带珊瑚礁到深渊，任何特定物种的心智能力取决于其遇到的环境和社会的复杂性，并且除物种之间存在差异，在种群、应对方式、生活阶段和性别之间也存在差异。面临认知挑战的鱼类物种拥有较大的大脑。因此，我们需要保持对鱼类的认知和学习能力的生态视角。

2.哺乳动物的大脑不是反应性的，而是预测性的，我们假设类似的预测性在鱼类的大脑中也起着关键的作用。基于类似情况的经验，大脑不断尝试预测感觉输入及其最可能的原因。这些预测与传入的感觉信号进行比较，并持续调整以减少预测的误差。这与感觉知觉的观点背道而驰，意味着动物是积极主动的"预测性食肉动物"，试图在感官刺激到来之前保持领先一步。因此，体验到的福利取决于它们的预测以及它们能够如何适应和调整新的情况。鱼类还能够理解其环境并预测哪种行为最有可能是具有适应性的。

预测可以基于积累经验，积累时间或长或短，并且基于遗传的预测持续整个生命周期。预测也可以具有各种复杂程度，经典条件化会产生简单的预测，但在更复杂的情况下也可以进行预测。基于经验的预测可能会产生长期的影响，我们希望为养殖鱼类提供一个完全适应其生活的环境。预测可以帮助鱼类调整其状态以适应未来的情况，但它们也可能陷入具有慢性负面期望的情况中，这可能导致某些鱼类产生厌食感。单一的生活环境将使鱼类容易受到压力的影响，并在面临新的挑战时不具备较高的调节能力以适应新的环境。

3.可用的证据表明，鱼类具有某种程度的意识和经历主观感受，但直到现在，这仍然存在争议。根据欧洲的法律和法规，我们采取预防性的方法，并声称鱼类应该受到道德保护，特别是我们对养殖、水族馆或实验室中的鱼类有责任，因为它们依赖于我们的照顾，而我们与它们有一种特定的关系。因此，改善鱼类福利具有意义。

关于鱼类是否具有意识感受和疼痛的持续辩论往往过分两极化，双方的科学家基于有限的证据做出基于认知的解释和概括。不同的鱼类物种的主观体验应该是不同的。例如，一些辐鳍鱼类物种在受到疼痛刺激时表现出显著的生理和行为的变化，但由于疼痛的重要性可能会因鱼类在自然界中的选择范围而有所不同，我们猜想不同的物种会以不同的方式感知疼痛。我们应该联合起来寻求可以将所有的证据联系起来的完整线索，并自问一个问题：不同的鱼类物种经历何种意识，以及它们经历何种程度的疼痛。

4.并非所有的鱼类适合传统的养殖、捕捞驯养或公共水族馆。这些物种具有不同的"个性"，可从适应性/灵活性/可塑性较强的物种到灵活性较差的物种进行分类。即使我们试图调整养殖环境以满足特定物种的需求，也会出现条件不理想的时期。适应次优环境的能力受到物种在其自然环境中所经历的时间和空间环境变异的影响。此外，鱼类在条件受限的环境中进化，可能对次优养殖和水族馆条件表现出较好的适应性。

在公共水族馆中的多物种群落中，选择相互搭配良好的物种至关重要；否则，一种具有攻击性的物种可能会对其他物种的个体造成压力和伤害。

即使在同一物种中，也存在不同的"个性"类型。构成主动性应对风格的行为更大程度上是基于对环境的预测，而不是针对被动性应对风格，而在密集饲养系统中可预测的条件有利于冒险的主动性个体。即便如此，主动性个体更具有攻击性，并且更倾向于遵循"一旦条件改变，就会处于不利的地位"的惯例，即使在混合的群体中，主动性个体的表现更好，这并不一定意味着它们在单一物种群体中的表现更好。

5.养殖鱼类并没有在进入封闭养殖环境或水箱、海上网箱中所需的极高密度的条件下进行过进化适应。大多数的水产养殖物种的驯化程度相对较低，养殖鱼类保留了大部分野生同类的自然行为。一些问题表现为养殖鱼类展现出在不恰当的情况下的自然反应，另一些问题则是因为它们未能在更合适的情况下展现出自然反应。为了促进养殖环境的福利，关键在于将养殖环境和日常养殖管理与每个物种的需求匹配，而且环境的丰富化和多样性可以仿照自然栖息地的一些特征进行设置。随着时间推移，驯化不仅影响鱼类的生长速率和抗病能力，还会影响其攻击行为和社会交流。因此，在选择商业鱼类品种的基因进行繁育计划时，应当借鉴在陆地饲养的动物中所学到的经验。

6.养殖鱼类所经历的环境改变了其大脑、生理和行为的某些方面，并影响表现出的成年表型。了解加工水产品和水产养殖过程中的程序对福利至关重要，鱼类甚至可以学会对自己厌恶的事物做出积极的反应。然而，缺乏关键刺激的养殖环境可能会损害学习新事物的能力，并且高密度的鱼类和频繁的干扰对认知能力提出了要求。不可预测的慢性应激降低了学习能力，社会行为可以取代诸如食物之类的强烈的刺激，而环境丰富化可以改善认知能力。

7.大脑的核心任务不是维持稳态，而是通过一种被称为"异质稳态"的平衡行为来高效地调节身体预算和功能。大脑不断监控大量的外部和内部的参数，以预测变化的需求、评估优先事项，并在它们导致错误之前准备好有机体满足这些需求。生理应激是应对胁迫的自然反应，它使鱼类能够采取有效的对策，但在密集养殖的条件下，对真实感知到的威胁的长时间的应激可能会对鱼类的表现和福利产生不利的影响。当压力因素轻微、可预测且持续的时间短时，出现如回避和攻击的主动应对的措施是具有适应性的，并不一定会损害鱼类福利。然而，由压力引起的长期行为抑制可能导致出现疾病或类似抑郁的状态，损害鱼类福利。

8.我们相信鱼类能够体验情感并感受痛苦，因此，我们主张尽可能让它们的生活愉快。但这并不意味着我们必须避免所有可能导致鱼类短期福利受损的情况。在冲突的情况下，我们应在一定的限度内优先考虑养殖物种的需求，通过功利主义方法权衡鱼类和人类之间的成本和利益。然而，最重要的是我们在养殖场、水族馆、实验研究以及捕捞野生鱼类时，要保持一定的标准，关注影响鱼类福利的因素。我们应为每个物种、水产养殖和捕捞实践制定一个优先级的列表，并努力解决一个问题又一个问题。在鱼类福利达不到可接受的标准且在实践中无法得到改善的情况下，我们应完全禁止某些养殖或使用区域的做法。

然而，我们只需采取措施消除会一定程度影响福利的压力因素。在优先级的列表中，把最重要的问题排在前面，随后解决较不严重的问题，这些问题受到的反馈力度将递减。如果鱼类暴露于它们能够处理的适度的胁迫中，它们将不会体验到不良的福利。由于大多数的物种在一定的程度上已经进化为通过活动使自身获益，生活在缺乏胁迫的环境中的个体甚至可能比偶尔受到胁迫的鱼类体验到更差的福利。"压力是生命的调味品"。因此，我们可以为确保动物福利再增加一个点到五项自由中——第六项自由："摆脱绝对自由"。由于野生鱼类物种必须在自然界中竞争生存，养殖鱼类如果偶尔受到胁迫，会很快恢复正常，我们不应过分担心。让鱼类暴露于无法适应的环境，并导致畸形发育、慢性压力或受伤，是完全不同的问题。

9.我们必须继续寻找衡量福利的操作指标，并确定相关而实用的措施。鱼类的学习能力为评估福利开辟了新的途径。有些指标从科学的角度来看更有意义，而不是从理想的角度。一个被低估的指标是粗略的福利指标——死亡率。死亡率是"糟糕福利"的最终表达。当然，我们不能断言低死亡率便意味着良好的福利，但是一旦排除技术故障和捕食事件等短期事件，高死亡率明确证明那些死亡的鱼类一直生活在不可接受的福利状况下，并且也表明幸存的个体处于接近致命的条件。因此，我们建议设定一个整体死亡率的最大值。如果养殖场反复超过这个值，必须采取有力的措施。

10.鱼类在它们的自然环境中也面临了许多的挑战，而人类的影响并没有使它们的生活变得更容易。鱼类对外来事物判断的方式是事先适应和针对它们的生态位进行调整，野生鱼类在遇到渔具时往往会错误地对新物体进行分类并被捕捉。人为的环境变化可能使鱼类接近它们的耐受水平，并对认知和福利产生负面影响。

被渔具捕获的鱼类只会在短时间内暴露于危急的情况。这对于被用于人类消费的鱼类以及被捕获并被丢弃或释放的鱼类都是如此。但在应激事件期间，福利仍可能受到损害，而被释放或逃脱渔具的鱼类也可能遭受长期的负面的来自身体和心理的影响。从福利的角度来看，我们应该接受这一点吗？考虑到其他的重要问题，如食品安全、人类营养和经济方面时，答案是肯定的。但这要求在捕捞的过程中鱼类所经历的压力和痛苦尽可能地少。简单的渔业实践改进，如减少捕获量，可以提高保留捕获鱼类的福利。屠宰前的急性应激会降低鱼肉的质量，建立良好的福利与产品质量之间的经验联系将是改善福利的重要动力。通过产品认证计划，可以鼓励符合道德层面的捕捞实践，例如基于鱼类失去知觉和死亡之前在甲板上停留的最长的时间。

捕捞和释放更为复杂。仅仅因为钓鱼带来的乐趣，就能够将鱼类暴露于有害事件正当化吗？捕捞和释放是否在伦理上可接受，取决于个人的价值观。但一旦我们考虑到休闲钓鱼活动所带来的积极方面，比如钓鱼者充当环境的监护者、参与自然栖息地的修复和鱼类种群的保护，只要以负责任的方式进行钓鱼，最大程度地减少鱼类身体的伤害和压力，而长期的负面影响微乎其微，那么捕捞和释放可能是可以接受的。然而，类似针对鸟类和哺乳动物的做法在公众的舆论中不会被接受，因此，当我们为鱼类选择这种做法时，我们可能是"文化盲目"的。

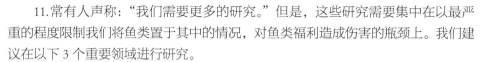

11.常有人声称："我们需要更多的研究。"但是，这些研究需要集中在以最严重的程度限制我们将鱼类置于其中的情况，对鱼类福利造成伤害的瓶颈上。我们建议在以下 3 个重要领域进行研究。

（1）主观经验

尽管我们永远无法完全理解鱼类如何体验它们的世界，但对鱼类意识的类型和程度进行高度专注的实验应该有助于我们在福利问题上做出更明智的决策。此外，对鱼类的研究将改善我们对被开发利用的哺乳动物等更高级生物的理解，甚至有助于我们更好地了解人类自身。

（2）可预测性和可控性的作用

鱼类的行为是由预测驱动的，因此，除非我们理解预测在其中的作用机制，否则将无法理解鱼类为什么会做出特定的行为。关于预测如何引导鱼类对环境中感官输入的选择问题，可能比关于意识的问题更加具体和有可测试性。因此，也许我们应该停止询问鱼类在多大的程度上是有意识的，而是尝试找出它们需要多聪明才能做出正确的预测和决策。如果一条鱼能够在复杂的情况下预测要做什么，并且能够根据自身的状态和其他的相关因素做出灵活的行为，这应该能告诉我们一些关于它们的意识状态的信息。经验性预测有时根深蒂固，以及预测误差如何修改随后的预测，也应有进一步的研究，同时还应研究预测在主动与被动鱼类中的作用。最后，我们应该尝试确定养殖系统中的最佳的可预测性的程度。

（3）对不同的压力源进行排序

如果我们要消除影响鱼类福利的最严重的情况，有必要对不同的压力因素进行排名。虽然已经观察到鱼类会付出代价来获取可以避免自身疼痛并牺牲进入有利的区域以获得疼痛缓解，但据我们所知，尚未明确指出鱼类是否将慢性的应激视为比急性的、强烈的应激更严重。目前为止，我们假定长期应激是最糟糕的，但它们可能可以实现缓慢适应的情况。通过使鱼类在不同的情况下做出选择，可以对不同的应激因素的严重程度排序。例如，训练鱼类逃离亚健康的状态，使它们通过一道障碍物以接受急性应激（例如电击），可以将中等水平的慢性应激（例如氧气水平降低）与急性高水平的应激进行比较。这将使我们能够对不同类型的应激进行判断定性。这些知识将有助于我们修改养殖条件和捕鱼技术，以改善鱼类福利。

我们需要更多有关各种物种的基础知识，特别是那些我们了解甚少的物种。然而，考虑到鱼类丰富的多样性，要对所有的物种的认知和适应能力进行表征是不现实的，至少在可预见的未来是这样的。此外，所有的物种的个体都具有道德价值和完整性，应该受到尊重和保护，以免受到人类不必要的有害的影响。

参考文献

Huntingford FA, Adams C, Braithwaite VA, Kadri S, Pottinger TG, Sandoe P, Turnbull JF (2006) Current issues in fish welfare. J Fish Biol 68:332–372

Selye H (1976) Forty years of stress research: principal remaining problems and misconceptions. Can Med Assoc J 115:53–56

Sneddon LU (2015) Pain in aquatic animals. J Exp Biol 218:967–976

UK Farm Animal Welfare Council (FAWC) (1995) Five freedoms of the farm animal welfare council. http:// webarchive.nationalarchives.gov.uk/20121007104210/http:/www.fawc.org.uk/ freedoms.htm. Accessed 20 February 2020